S. 476.

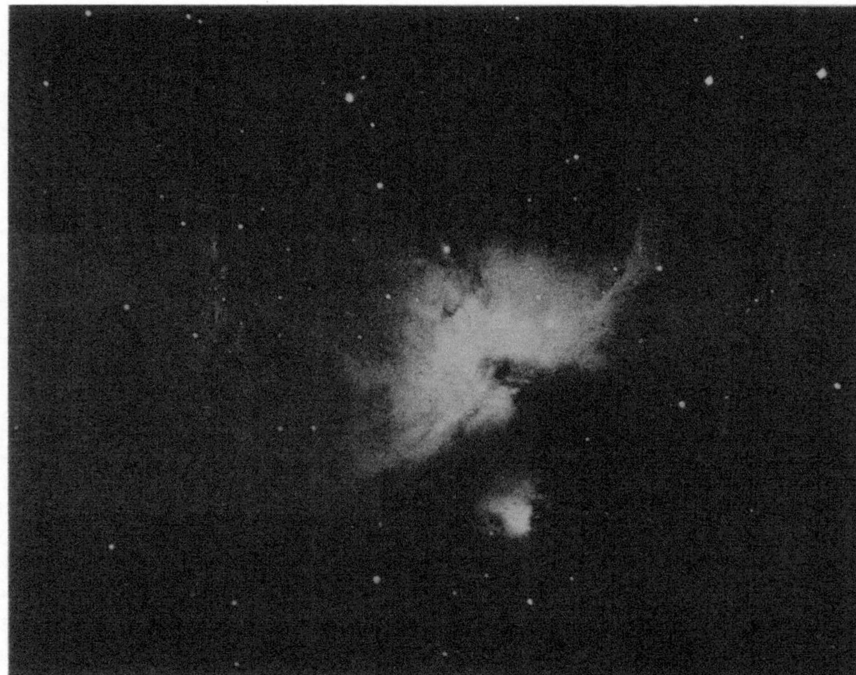

Der grosse Nebel im Orion, 1883.

Geschichte der Astronomie

während des

neunzehnten Jahrhunderts.

Gemeinfasslich dargestellt

von

A. M. Clerke.

Autorisierte deutsche Ausgabe

von

H. Maser.

Jupiter 1879.

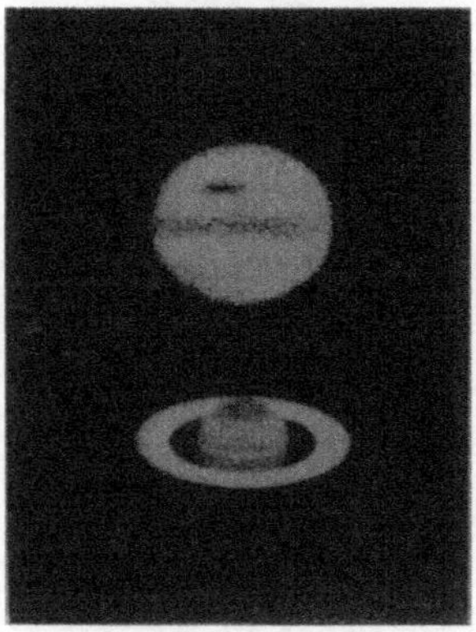

Saturn 1885.

Berlin.
Verlag von Julius Springer
1889.

ISBN 978-3-642-50357-3 ISBN 978-3-642-50666-6 (eBook)
DOI 10.1007/978-3-642-50666-6
Softcover reprint of the hardcover 1st edition 1889

Vorwort des Herausgebers.

Das astronomischen Entdeckungen in neuester Zeit zugewandte allgemeine Interesse macht eine historische Darstellung wünschenswert, welche die ungeheuren während der letzten Dezennien gemachten Fortschritte in den Hilfsmitteln und den Resultaten der Astronomie und die universelle Bedeutung der gefundenen Thatsachen in einer dem grösseren Publikum verständlichen Sprache vor Augen führt. Eine vorzügliche Darstellung dieser Art giebt, wie allseitig anerkannt worden ist, das im Jahre 1887 in zweiter Auflage erschienene Clerke'sche Werk *„A Popular History of Astronomy during the nineteenth Century.“* Die in grösster Vollständigkeit aufgeführten Thatsachen sind in ihm zu einzelnen Abschnitten gruppiert, wodurch nicht nur eine leichtere Übersicht über alles, was in dem besonderen Zweige der Wissenschaft des Himmels bisher geleistet worden ist, ermöglicht wird, sondern auch eine mehr erzählende statt nur einfach berichtende Darstellungsform eingehalten werden kann. Es nähert sich dadurch dieses Werk den in jüngster Zeit so beliebt gewordenen populären Schriften über astronomische Gegenstände, unterscheidet sich von ihnen aber durch die Reichhaltigkeit des verarbeiteten Materials, sowie durch die Vollständigkeit der Quellenangaben, durch die es auch für den Studierenden des Faches ein nützliches Handbuch und ein sicherer Wegweiser wird. Wegen dieser Eigenartigkeit des Clerke'schen Werkes, hinsichtlich deren näheren Charakterisierung noch auf die Vorrede der Verfasserin hingewiesen werden kann, und weil wir im Deutschen keine auch das letzte Jahrzehnt mit seinen zahlreichen Entdeckungen umfassende Geschichte der Astronomie besitzen, erschien es nützlich, dieses Werk auch einem grösseren deutschen Leserkreise durch eine Übersetzung zugänglich zu machen. Dieselbe sucht nicht nur den Sinn und Inhalt getreu und korrekt wiederzugeben, sondern auch die stellenweise bilderreiche Sprache des Originals durch entsprechende deutsche Ausdrücke nachzuahmen. Wenn trotzdem noch einige Härten geblieben sein sollten, so möge man dies im Hinblick auf die Schwierigkeiten, welche die Übersetzung gerade eines populär gehaltenen Werkes verursacht, entschuldigen.

Berlin, September 1888.

Der Herausgeber.

Vorrede zur ersten Auflage.

Der Fortschritt der Astronomie während der letzten hundert Jahre ist ein rascher und aussergewöhnlicher gewesen. Zudem war er in seinen verschiedenen Stadien derart, dass er sich mit Leichtigkeit in gemeinverständlicher Weise darstellen lässt. Diesem Umstande verdankt das vorliegende Buch seine Entstehung. Es unternimmt den Versuch, den gewöhnlichen Leser zu befähigen, mit geistigem Interesse dem Laufe der modernen astronomischen Forschungen zu folgen, und, soweit dies gegenwärtig möglich ist, den umfassenden Wechsel in dem ganzen Aussehen, den Zielen und Methoden der Wissenschaft des Himmels zu seiner vollen Wirkung zu bringen.

Seit Professor Grant sein verdienstvolles Werk über die *Geschichte der physikalischen Astronomie* veröffentlichte, ist der dritte Teil eines Jahrhunderts verflossen. Während dieses Zeitraums ist eine sogenannte »neue« Astronomie an der Seite der alten entstanden. Ihr Aufkommen hatte zur einen Folge, dass die Wissenschaft von den Himmelskörpern sowohl in ihren Bedürfnissen, wie in ihrem Wesen volkstümlicher wurde. Volkstümlicher in ihren Bedürfnissen, weil ihr Fortgang neuerdings wesentlich von dem Interesse des grossen Publikums an ihr und von dessen Bemühungen, sie zu fördern, abhängt; volkstümlicher in ihrem Wesen, weil diejenige Art des Wissens, deren Pflege sie sich jetzt vornehmlich angelegen sein lässt, leichter verständlich und der gewöhnlichen Erfahrung weniger fremd ist, als die, welche man mit Hilfe des Kalküls auf Grund des durch Passageinstrument und Chromographen gesammelten Materials entwickelt hatte.

So wurde es möglich, die wesentlichsten Teile der modernen astronomischen Entdeckungen in einfacher Sprache zu beschreiben. Ist es aber möglich, so kann es auch nur wünschenswert sein, es zu thun. Der Astronomie dürfte dadurch, dass man ihr neue Sympathien erwirbt, ein nicht unwesentlicher Dienst erwiesen werden, und auch nur einem einzigen Geiste zum Verständnis der zahlreichen Werke, welche zu allen Zeiten unwiderstehlich zum Menschen vom Ruhme Gottes gesprochen haben, zu verhelfen, dürfte das Ziel eines nicht unedlen Ehrgeizes sein.

Das vorliegende Werk beansprucht nicht, eine vollständige oder erschöpfende Geschichte der Astronomie während des von ihm in Betracht gezogenen Zeitraums zu sein. Es beabsichtigt, eine Übersicht über die Fortschritte der Wissenschaft des Himmels nach ihrer charakteristischen Seite hin seit der Zeit Herschel's zu bieten. Abstruse mathematische Theorien sind bis auf die von ihnen zu Tage geförderten merkwürdigeren Resultate von der Betrachtung ausgeschlossen. Diese bildeten während des achtzehnten Jahrhunderts Umfang und Inhalt der Astronomie, und ihre fundamentale Wichtigkeit kann niemals verringert und sollte niemals geleugnet werden. Aber seitdem in neuerer Zeit die Kraft der Fernrohre so ungeheuer entwickelt worden ist, seitdem die physikalischen Wissenschaften so gewaltige Fortschritte gemacht und auch die Himmelskörper in den Bereich ihrer Untersuchungen mit Hilfe des Spektroskops gezogen haben, haben wir zahlreiche Erfahrungen bezüglich der Natur und der speziellen Verhältnisse dieser Körper gesammelt, die gewissermassen eine eigene Wissenschaft bilden und unabhängig sind von verwickelten und nur dem Eingeweihten verständlichen Formeln. Diese Art von Erkenntnis bildet den hauptsächlichen Gegenstand des hiermit dem Publikum dargebotenen Buches.

Mancherlei Gründe bestimmten mich, einer Geschichte der Astronomie vor einem Lehrbuche den Vorzug zu geben. In einem Lehrbuche wird dargelegt, was wir wissen; eine Geschichte giebt uns überdies Kunde, wie wir zu dieser Kenntnis kommen. Sie führt uns daher die Thatsachen in der natürlichen Reihenfolge ihrer sicheren Feststellung vor und erzählt anstatt aufzuzählen. Eine Geschichte nimmt nicht die Wunder der Phantasie zu Hilfe, sie bedarf keiner Verschönerung durch stilistische Kunst oder hochtönende Phrasen. Ihr bester Schmuck ist ungeschminkte Wahrheit, und dieser ist ihr, das glaube ich vertrauensvoll beanspruchen zu können, auf den folgenden Seiten zu Teil geworden.

Einheit in der Darstellung wurde zu vereinigen gesucht mit einer gebührenden Berücksichtigung der chronologischen Reihenfolge, indem die verschiedenen Ereignisse in den einzelnen Kapiteln nach den besonderen Abschnitten der beschreibenden Astronomie gruppiert wurden. Das Ganze zerfällt in zwei Teile, deren Grenzlinie etwa die Mitte des laufenden Jahrhunderts bildet. Herschel's Untersuchungen über den Bau des Himmels bilden das wesentliche Merkmal des ersten Teils; die Entdeckung der Sonnenflecken, der Periode des Ergmagnetismus und der Spektralanalyse bestimmen den Charakter des zweiten. Wo es aber die Beschaffenheit des Gegenstandes erforderte, ist diese Anordnung verlassen worden. Klarheit und Zusammengehörigkeit verdienten offenbar den Vorzug vor dem starren Festhalten an der Reihenfolge. So sind z. B. bei der Behandlung der teleskopischen Erforschung der verschiedenen Planeten die gesamten beigebrachten Thatsachen in ununterbrochenem Zuge erzählt worden. Eine sonst vielleicht natürliche und zweckdienliche Zerteilung wäre hier durchaus gekünstelt und daher verwirrend gewesen.

Die Interessen der Studierenden haben Berücksichtigung erfahren durch ein vollständiges und authentisches System von Hinweisen auf die Quellen. Das Material ist mit sehr wenigen Ausnahmen aus den Originalabhandlungen entnommen. Es war mein Bestreben, so wenig wie möglich aus zweiter Hand zu schöpfen. Ich habe mir viele Mühe gegeben, dem Ursprunge von Ideen nachzuspüren, die oft, lange bevor sie in der wissenschaftlichen Welt Wiederhall fanden, dunkel ausgesprochen waren, und jedem einzelnen Entdecker das, was ihm gehört, streng und unparteiisch zukommen zu lassen. Eine grosse Bedeutung wurde auch dem biographischen Elemente beigelegt, da dasselbe bestimmend ist für den ganzen Lauf der menschlichen Thätigkeit. Der Fortschritt der Wissenschaft kann gewissermassen ein Lebensprozess genannt werden. Das Leben des Menschen bequemt sich ihm an und geht in ihm auf. Untersuchungen über die Art und Weise, wie dies in jedem besonderen Falle geschehen, müssen stets ein lebhaftes Interesse besitzen, sei es nun, dass dadurch das Studium gefördert oder zur Nacheiferung angeregt werde.

Herrn Professor Edward S. Holden, Astronomen an der Sternwarte zu Washburn, Wisconsin, und Herrn Dr. Copeland, Chefastronomen an Lord Crawford's Observatorium zu Dunecht, spricht die Verfasserin für viele wertvolle Mitteilungen ihren Dank aus.

London, September 1885.

A. M. Clerke.

Inhaltsverzeichnis.

Drittes Kapitel.

Fortschritte unsrer Kenntnisse von der Sonne.

Viertes Kapitel.

Planetarische Entdeckungen.

Fünftes Kapitel.

Kometen.

Sechstes Kapitel.

Fortschritte in den Instrumenten.

II. Abschnitt.

Neuere Fortschritte der Astronomie.

Erstes Kapitel.

Begründung der astronomischen Physik.

Zweites Kapitel.

Beobachtungen und Theorien über die Sonne.

Drittes Kapitel.

Neuere Sonnenfinsternisse.

Viertes Kapitel.

Spektroskopie der Sonne.

Fünftes Kapitel.

Die Temperatur der Sonne.

Sechstes Kapitel.

Die Entfernung der Sonne von der Erde.

Siebentes Kapitel.

Planeten und Satelliten.

Achtes Kapitel.

Planeten und Satelliten. (Fortsetzung.)

Neuntes Kapitel.

Theorien über die Entstehung der Planeten.

Zehntes Kapitel.

Neuere Kometen.

Elftes Kapitel.

Neuere Kometen. (Fortsetzung.)

Zwölftes Kapitel.

Fixsterne und Nebel.

Dreizehntes Kapitel.

Hilfsmittel der Forschung.

Einleitung.

Wir können drei Arten von Astronomie unterscheiden, von denen jede einen anderen Ursprung und eine andere Geschichte hat, die aber gegenseitig von einander abhängen und bei der Gemeinsamkeit ihrer Grundlagen nur eine einzige Wissenschaft bilden. Der Zeit nach zuerst entstand die Kunst, die Wiederkehr der Gestirne zu beobachten und ihre Stellung am Himmel zu messen. In ihr allein bestand die ganze Astronomie der Chinesen und Chaldäer, während der rege griechische Geist noch einen äusserst komplizierten geometrischen Plan für die Bewegungen der Himmelskörper hinzufügte. Diesen ersetzte dann Copernicus durch ein harmonischeres System, ohne jedoch noch irgend welche Vorstellung von einer bewegenden Ursache zu haben. Die Planeten umliefen die Sonne in Kreisen, weil es so in ihrer Natur lag, just wie das Laudanum zum Schlafen bringt, weil es eine einschläfernde Kraft (»virtus dormitiva«) besitzt. Dieser erste und älteste Zweig der Astronomie ist als **„beobachtende“** oder **„praktische“** Astronomie bekannt. Ihre Aufgabe ist es, Thatsachen so genau wie möglich zu verzeichnen; Theorien, welche dazu dienen, diese Thatsachen in einer den Verstand befriedigenden Weise mit einander zu verknüpfen, lässt sie ihrem Wesen nach unberücksichtigt.

Die zweite Art von Astronomie ist durch Newton begründet worden. Ihr Wesen wird am treffendsten durch das Wort **„Gravitationsastronomie“** ausgedrückt, doch wird sie auch **„theoretische“** Astronomie genannt.[1]) Sie ist gegründet auf den Begriff der Ursache, und ihr kunstvoller Bau ist in allen seinen Teilen aufge-

[1]) Die zuerst von Kepler gebrauchte und lange auf diesen Zweig der Wissenschaft angewendete Bezeichnung »physikalische Astronomie« hat in neuerer Zeit eine andere Bedeutung erhalten.

richtet nach den Vorschriften eines einzigen Gesetzes, das an sich zwar einfach ist, dessen verwickeltes Gewebe von Konsequenzen aber nur durch die subtile Vermittelung eines ausgebildeten Kalküls aufgelöst zu werden vermag.

Der dritte und letzte Teil der Wissenschaft des Himmels kann passend als **„physikalische und beschreibende** Astronomie“ bezeichnet werden. Diese will wissen, was die Himmelskörper an sich selbst sind, und überlässt das Wie und Woher ihrer Bewegungen einer anderweitigen Beantwortung. Forschungen solcher Art wurden aber erst durch die Erfindung des Fernrohrs möglich, so dass Galilei ihr eigentlicher Begründer war; indessen gab ihnen Herschel zuerst eine hervorragendere Bedeutung, die zu befestigen und selbständiger zu machen der gesamte Fortschritt der Wissenschaft während des neunzehnten Jahrhunderts seine Dienste lieh. Untersuchungen, mit dem Teleskop begonnen, wurden nach vorher ungeahnten Richtungen hin ausgedehnt und erfolgreich durchgeführt mit Hilfe des Spektroskops und der photographischen Kammer; und in diesem Buche wird ein grosser Teil unserer Aufmerksamkeit von den auf diese Weise erlangten glänzenden Resultaten in Anspruch genommen werden.

Die unerwartete Entwickelung dieser neuen physikalischen Wissenschaft des Himmels ist die Hauptthatsache in der neueren Geschichte der Astronomie. Sie lag ausserhalb des gewöhnlichen Ganges der Ereignisse. Sicherlich konnte die Höhe, zu der sie gegenwärtig gelangt ist, nicht vorausgesehen werden. Es war das Erringen des Preises durch einen Bewerber, dem man kaum die Fähigkeiten zugetraut hatte, in den Wettkampf mit einzutreten. Orthodoxe Astronomen der alten Schule sahen mit einer gewissen Verachtung herab auf Beobachter, welche ihre Nächte lieber mit der Durchmusterung der Oberfläche des Mondes und der Planeten als mit der Bestimmung ihrer Durchgänge zubrachten und ihre Tagesarbeit nicht Reduktionen und Kalkulationen, sondern dem Zählen und Messen der Sonnenflecke widmeten. Man betrachtete sie als irreguläre Praktikanten, die vielleicht zu dulden, sicherlich aber nicht zu ermutigen waren.

Der Fortschritt der Astronomie im achtzehnten Jahrhundert nahm im allgemeinen einen geraden und folgerichtigen Lauf. Das Zeitalter nach Newton hatte zu seiner besonderen Aufgabe, die allgemeine Geltung des Gravitationsgesetzes zu beweisen und den verwickelten Konsequenzen desselben nachzuspüren. Die Erfüllung dieser Aufgabe nahm gerade hundert Jahre in Anspruch. Sie war in Wirklichkeit vollendet, als Laplace am 19. November 1787 vor der französischen Akademie die Ursache der beschleunigten Bewegung des Mondes auseinandersetzte. Als blosse Maschine betrachtet, hatte sich das Sonnensystem, soweit es damals bekannt war, als vollständig und in allen seinen Teilen begreiflich erwiesen, und in der *Mécanique céleste* waren seine mechanischen Vollkommenheiten unter einer majestätisch einheitlichen Form dargestellt, in welche die allmählichen Triumphe des analytischen Genies über Probleme, die zu den schwierigsten gehörten, welche jemals vom menschlichen Geiste behandelt wurden, geschickt mit eingeflochten waren.

Die Theorie bedarf indessen einer Bestätigung durch die Praxis. Alle ihre Angaben sind aus der Beobachtung abgeleitet, und die Unzuverlässigkeit derselben wird um so unerträglicher, je mehr die Theorie selbst sich der Vollkommenheit nähert. Die Beobachtung andererseits ist die unbarmherzige Kritikerin der Theorie; sie deckt die schwachen Punkte auf und ruft Verbesserungen hervor, die den Ausgangspunkt für neue Entdeckungen bilden können. So ergänzen sich Theorie und Beobachtung gegenseitig, indem sie abwechselnd die Führung bei dem unaufhörlichen Vorwärtsschreiten der Wissenschaft übernehmen.

Während so Lagrange und Laplace in Frankreich die Gravitationstheorie des Sonnensystems zur Vollendung brachten, wurde ein Werk von sehr verschiedener Art, jedoch nicht minder unentbehrlich für das künftige Emporblühen der Astronomie, in England ausgeführt. Die königliche Sternwarte zu Greenwich ist eine der wenigen nützlichen Institutionen, welche ihren Ursprung von der Regierung Carls II. herdatieren. Die leitende Stellung, welche sie stets in der Wissenschaft der Beobachtung des Himmels einnahm, war während nahezu anderthalb Jahrhunderten nach ihrer Gründung eine ganz ausschliessliche. Sie war absolut ohne Rivalin. Systematische Beobachtungen der Sonne, des Mondes, der Gestirne und der Planeten wurden während des ganzen achtzehnten Jahrhunderts nur in Greenwich angestellt. Hier wurde Material für die zuverlässige Verbesserung der Theorie angehäuft, und hier wurden Verfeinerungen an den Instrumenten und Methoden eingeführt, durch welche schliesslich die ausgezeichnete Genauigkeit der modernen astronomischen Praxis erreicht wurde.

Der Hauptförderer dieser Verbesserungen war James Bradley. Wenige Männer haben in eben solchem Grade wie er die Fähigkeit besessen, genau zu beobachten und aus dem Beobachteten Schlüsse zu ziehen. Er liess nichts durchgehen. Der geringste Widerspruch zwischen dem, was man wirklich sah, und dem, was man zu sehen erwartet hatte, erregte seine angespannteste Aufmerksamkeit, und er hörte nie auf über einen Gegenstand nachzudenken, als bis er ihn vollständig durchdrungen hatte. Diesen Eigenschaften verdankte er seine Entdeckungen der Aberration des Lichtes und der Nutation der Erdachse. Erstere wurde im Jahre 1729 angekündigt. Sie besagt, dass, weil das Licht sich nicht augenblicklich fortpflanzt, die Himmelskörper von ihrem wahren Orte um ein Stück verschoben erscheinen, welches abhängt von dem Verhältnis der Geschwindigkeit des Lichts zu der Geschwindigkeit der Erde in ihrer Bahn. Da sich aber das Licht mit ungeheurer Geschwindigkeit fortpflanzt, so ist die Verschiebung nur sehr gering, und nach Ablauf eines Jahres kehrt jeder Stern wieder in seine ursprüngliche Stellung zurück.

Bradley's zweite grosse Entdeckung wurde im Jahre 1748 endgültig festgestellt. Die Nutation ist ein wirkliches »Schwanken« der Erdachse, hervorgerufen durch die vom Monde ausgehende Anziehung des äquatorialen Wulstes der Erde (wegen ihrer nicht ganz kugelförmigen Gestalt). Es folgt daraus eine scheinbare Ortsveränderung der Sterne, indem jeder von ihnen innerhalb eines Zeitraums von achtzehn Jahren und etwa sieben Monaten eine kleine Ellipse um seinen wahren oder »mittleren« Ort beschreibt.

Die Kenntnis der Thatsache und der Gesetze dieser kleinen Unregelmässigkeiten ist aber höchst wesentlich für den Fortschritt der beobachtenden Astronomie; denn ohne sie würden wir die Stellungen der Himmelskörper niemals genau wissen und mit einander vergleichen können. Daher hat Bradley durch ihre Entdeckung die Wissenschaft sofort zu einem hohen Grade von Genauigkeit gebracht. Doch war dies nicht sein einziges Werk. Nachdem er im Jahre 1742 als königlicher Astronom angestellt worden war, führte er während der Jahre 1750—62 eine Reihe von Beobachtungen aus, die den eigentlichen Anfang einer exakten Astronomie bildeten. Ihre Vorzüglichkeit muss indessen zum Teil der Mitwirkung von John Bird angerechnet werden, durch welchen Bradley im Jahre 1750 ein Messinstrument von bis dahin unerreichter Güte erhielt. Denn nicht allein war die Kunst der Beobachtung im achtzehnten Jahrhundert eine spezifisch englische Kunst, auch die Hilfsmittel zur Beobachtung wurden fast ausschliesslich von britischen Künstlern geliefert. John Dollond, der Sohn eines Webers zu Spitalfields, erfand die achromatische Linse im Jahre 1758 und beseitigte damit das Haupthindernis für die Entwickelung der Kraft der Refraktionsfernrohre; James Short aus Edinburg stand unerreicht da in der Konstruktion von Reflektoren; die Sektoren, Quadranten und Kreise von Graham, Bird, Ramsden und Cary vermochten die Werkstätten des Kontinents nicht nachzumachen.

So schritten die praktische und die theoretische Astronomie bezüglich in England und in Frankreich parallel neben einander her, indem die Ausbildung ihrer verschiedenen Werkzeuge — des Teleskops und des Quadranten auf der einen und des Kalküls auf der andern Seite — in beiden Ländern gleichen Schritt hielt. Die ganze Zukunft der Wissenschaft schien ihnen allein zu gehören. Das Erlahmen des Interesses infolge eines allzuraschen Erreichens der Vollkommenheit, zu welcher sie einander anspornten, schien die einzige Gefahr zu sein, die ihrer wartete. Da auf einmal stand ein Rival an ihrer Seite, der zwar ihren Fortgang nicht bedrohte, wohl aber ihre Popularität für sich in Anspruch zu nehmen sich anschickte.

Das Auftreten Herschel's bildete in der astronomischen Geschichte des achtzehnten Jahrhunderts die einzige bemerkenswerte Anomalie. Dieselbe erwies sich als entscheidend für den Gang der Ereignisse im neunzehnten. Sie war durch das Vorhergegangene unerklärbar, und doch drehte sich alles Nachfolgende um sie. Sie gab der Arbeit eine neue Richtung und versetzte dem Nachdenken einen frischen Impuls. Sie eröffnete dem überschäumenden Strome des öffentlichen Interesses, welches astronomischen Gegenständen entgegengebracht wurde, einen Abzugskanal.

Einen grossen Teil dieses Interesses verdankte man dem Eintreffen von Ereignissen, die berechnet waren, die Aufmerksamkeit des Uneingeweihten zu fesseln und sein Staunen zu erregen. Die vorausgesagte Wiederkehr des Halleyschen Kometen im Jahre 1759 bestätigte in niemals dagewesener Weise die Rechnungen der Astronomen. Sie benahm diesen Körpern für immer ihren unheilverkündenden Charakter und ordnete sie als Mitbürger des Sonnensystems ein. Ferner waren die Vorübergänge der Venus vor der Sonne in den Jahren 1761 und 1769 die ersten Vorkommnisse dieser Art, seitdem die Wissenschaft zur Erkenntnis ihrer eigenen Bedeutung erwacht war. Grossartige Vorbereitungen, Reisen nach entlegenen und schwer zugänglichen Gegenden, staatliche Expeditionen, internationale Mitteilungen, alles zu dem Zwecke, sie möglichst erfolgreich zu beobachten, brachten ihre hohe Bedeutung dem Publikum lebhaft zum Bewusstsein, ein Resultat, welches unterstützt wurde durch die geschickte Feder Lalande's, der begreiflich zu machen suchte, wie jene sorgfältigen Arrangements zu einer genauen Kenntnis der Entfernung der Sonne von der Erde führen sollten. Endlich hatte die Herschel'sche Entdeckung des Uranus am 13. März 1781 die überraschende Wirkung einer völligen Neuheit. Seit das Menschengeschlecht mit der Sippe der Planeten bekannt geworden, war ihre Zahl unverändert geblieben. Das Ereignis brach sonach mit uralten Überlieferungen und schien die Astronomie als ewig jung und voll von vorher ungeahnten Möglichkeiten hinzustellen.

Noch populärer wurde die Wissenschaft durch das weitere Verfolgen einer so auffällig eröffneten Bahn. Herschel's gewaltige Teleskope, seine durch sie bewerkstelligte Entdeckung zweier Monde des Saturn und ebenso vieler Monde des Uranus, seine durchdringende Erforschung der Sonne, seine malerische Theorie ihrer Konstitution und die scharfsinnige Bestimmung der von ihr im Raume beschriebenen Bahn, seine Entdeckung der Doppelsternsysteme, seine kühnen Worte über das Weltall, seine grandiosen Gedanken und die erhabene und doch einfache Sprache, in der er sie vortrug — wirkten in ihrer Vereinigung auch auf diejenigen mächtig ein, welche für neue Eindrücke am wenigsten empfänglich waren. Auch blieb die hervorgerufene Begeisterung nicht auf die britischen Inseln beschränkt. In Deutschland folgte — in weitem Abstande — Schröter den Bahnen Herschel's. v. Zach brachte von Gotha aus denjenigen allgemeinen Ideenaustausch in Gang, der einer vorwärtsstrebenden Bewegung erst Leben giebt. Bode schrieb für ungelehrte Leser viel und gut. Lalande half durch seine gemeinverständlichen Vorlesungen und Abhandlungen eine Zuhörerschaft heranbilden, an welche selbst Laplace in seiner »*Exposition du Système du Monde*« sich zu wenden nicht verschmähte.

Dieser grosse Zuwachs an Volkstümlichkeit gab den Anstoss zu dem ausserordentlich raschen Fortschreiten der Astronomie im neunzehnten Jahrhundert. Staatliche Begünstigung verbunden mit persönlichem Eifer genügten für die älteren Zweige der Wissenschaft. Wenige gut ausgestattete Institute vermochten das Material herbeizuschaffen, welches einige alleinstehende Denker nötig hatten, um Theorien von wundervoller Schönheit und Ausbildung aufzustellen, denen aber ihre abstrakte Natur im Wege stand, den Beifall des allgemeinen Publikums zu gewinnen. Die neue physikalische Astronomie hingegen hängt in ihrem Gedeihen von der Gunst der grossen Menge ab, die anzuziehen ihre merkwürdigen Resultate wohlgeeignet sind. Sie ist in einer ganz besonderen Weise die Wissenschaft von Liebhabern; auch die allerbescheidenste Mitarbeit ist ihr willkommen. Man bedarf dazu »keines sicheren Auges und keiner festen Hand« und kann doch gute Dienste thun in der Durchforschung des Himmels. Ja oft genug ist der Preis einer Entdeckung, den zu erringen dem geschultesten Beobachter nicht gelungen war, dem Fleisse eines Laien und Ungeübten zu Teil geworden.

Demgemäss ist auch die Zahl der Beobachter gestiegen; Sternwarten sind in allen Teilen der Welt errichtet, Vereine zu gegenseitigem Rat und Beistand gegründet worden. Ein feierlicher astronomischer Kongress tagte 1798 in Gotha, damals unter Herzog Ernst II. und v. Zach der Hauptpflegestätte der deutschen Astronomie, und beschloss eine gemeinschaftliche Suche nach dem Planeten, der, wie man vermutete, noch unentdeckt zwischen den Bahnen des Mars und Jupiter die Sonne umkreiste. Die Astronomische Gesellschaft in London wurde im Jahre 1820, die ähnliche deutsche Institution im Jahre 1863 gegründet. Beide haben einen hohen Einfluss auf die Erweiterung der örtlichen und allgemeinen Interessen der Wissenschaft, deren Förderung sie gewidmet sind, geübt; anderswo übernahmen ältere oder minder speziell zu diesem Zwecke gebildete Körperschaften analoge Funktionen, und aller Orten schiessen neue Vereine auf.

Die modernen Verkehrserleichterungen haben dazu beigetragen, der neueren Astronomie ihren assoziativen Character noch tiefer einzuprägen. Der elektrische Telegraph verleiht eine Art von Allgegenwart, welche unschätzbar ist für einen Beobachter des Himmels. Durch Vermittelung eines Drahtes, einer Batterie und eines Signalverzeichnisses sieht er, was nur immer von irgend einer Stelle unserer Erdkugel aus zu sehen ist; indem er sich dabei aber auf andere als auf seine eigenen Augen verlassen muss, steht er da als ein einzelnes Glied in einer weitverzweigten Organisation der Intelligenz. Auch die Tagespresse ist eine mächtige Förderin des Zusammenarbeitens gewesen. Sie hat vornehmlich die Vereinigung sämtlicher Astronomen der Welt zu einer Körperschaft zu stande gebracht, die von dem einzigen Streben beseelt ist, in ihrem speziellen Fache für das, was Bacon eine Geschichte der Natur genannt, Einzelthatsachen zu sammeln, die gelegentlich durch den Scharfsinn und die Einsicht eines höher als seine Fachgenossen begabten Forschers zusammengefasst und erklärt werden können. Die erste wirklich erfolgreiche periodische Zeitschrift für Astronomie, war die durch v. Zach im Jahre 1800 begründete »Monatliche Korrespondenz«. Ihr folgten 1822 die »Astronomischen Nachrichten«, später die »Memoirs« und »Monthly Notices« der astronomischen Gesellschaft zu London, sowie die Unmenge von einzelnen Publikationen, welche heutzutage in jedem zivilisierten Lande die in der Astronomie gemachten Entdeckungen zur Kenntnis der verschiedenen Arten von Lesern bringen und dadurch den Gang ihres Fortschrittes unberechenbar beschleunigen.

Öffentliches Wohlwollen hat die Erschliessung materieller Hilfsquellen zur Folge. Es äussert sich sowohl in persönlichen Unternehmungen als auch in einer weitgehenden Freigebigkeit. Die erste reguläre Sternwarte auf der südlichen Halbkugel wurde durch Sir Thomas Makdougall Brisbane im Jahre 1821 zu Paramatta gegründet; die königliche Sternwarte am Kap der guten Hoffnung war 1829 vollendet. Ähnliche Anstalten errichtete die ostindische Kompagnie während des ersten Drittels des neunzehnten Jahrhunderts zu Madras, Bombay und St. Helena. Die Organisation der Astronomie in den Vereinigten Staaten von Nordamerika verdankte einem kräftigen Aufwallen des Volksenthusiasmus ihre Entstehung. Vergebens hatte John Quincy Adams im Jahre 1825 im Kongress die Gründung eines Nationalobservatoriums betrieben; 1843 aber begeisterten Ormsby MacKnight Mitchel's Vorlesungen über die Erscheinungen am Himmel eine empfängliche Zuhörerschaft so sehr, dass sie ihm die Mittel verschaffte zur Errichtung der ersten astronomischen Anstalt in Cincinnati, die ihres Namens in diesem grossen Lande würdig war. Und am 1. Januar 1882 waren innerhalb seiner Grenzen nicht weniger als hundertundvierundvierzig in Wirksamkeit.

Die Erscheinung des grossen Kometen von 1843 brachte die Bewegung um einen weiteren Schritt vorwärts. Der durch sie hervorgerufenen Erregung verdankte die Sternwarte des Harvarder College, das »amerikanische Pulkowa« genannt, direkt ihre Entstehung, und anderwärts blieb das Beispiel nicht ohne Nachwirkung. Korporationen, Universitäten, Stadtgemeinden wetteiferten mit einander in der Schaffung solcher Institute; private Subskriptionen wurden eröffnet, Abgesandte nach Europa beordert, um Instrumente anzukaufen und in ihrem Gebrauche sich zu unterrichten. Und in wenigen Jahren stand die junge Republik hinsichtlich ihrer astronomischen Leistungen mindestens auf gleicher Höhe mit Ländern, in denen die Wissenschaft seit dem Anbruch der Zivilisation gepflegt worden war.

Eine ungeheure Erweiterung der Ziele der Astronomie war die Folge und zum Teil auch die Ursache der von unserm Zeitalter erlebten grossen Ausdehnung des Gebietes, innerhalb dessen sie kultiviert wurde. Im letzten Jahrhundert war ihr Gesichtskreis ein verhältnismässig enger. Probleme, welche über den Bereich des Sonnensystems hinausgingen, blieben beinahe unbeachtet, weil sie unerforschlich schienen. Erst Herschel zeigte, dass das Sternenall der Untersuchung zugänglich sei, und überwies dadurch der Wissenschaft neue Welten zur Eroberung in der Zukunft — Welten, die für unsere Begriffe von Zahl, Verschiedenheit und Ausdehnung erhaben, mannigfaltig, »unendlich oft unendlich« waren. Die allmähliche Inbesitznahme derselben hat die von ihr erst wachgerufenen Kräfte ganz und gar in Anspruch genommen und wird sie noch lange in Anspruch nehmen.

Doch ist dies nicht die einzige Richtung, nach welcher hin die Astronomie ihre Grenzen hinausgeschoben oder besser ganz beseitigt hat. Die Verschmelzung aller physikalischen Wissenschaften ist vielleicht die grösste Geistesthat der Neuzeit. Dieser Prozess schloss auch die Astronomie mit ein, so dass man nunmehr von ihr mit Bacon sagen kann, sie habe »das gesamte Wissen« (dieser Art) »in ihren Bereich gezogen.« Dafür leistete sie wieder der weiteren Ausdehnung der Physik einen mächtigen Vorschub. Jeder Komet, der sich der Sonne nähert, bildet das Feld für Versuche über die elektrische Erleuchtung verdünnter Materie, die in einem ungeheuren Massstabe zu unserm Besten angestellt werden. Die Sonne, die Sterne und Nebel bilden ebenso viele himmlische Laboratorien, in denen das Wesen und die gegenseitigen Beziehungen der chemischen »Elemente« in bindenderer Weise geprüft werden können, als es irdische

Verhältnisse gestatten, und in denen Entdeckungen von weitreichender Wichtigkeit in der Molekularphysik sich bestätigen oder neue machen lassen. Die Gesetze des Erdmagnetismus können vollständig nur bei gleichzeitigem Studium der Oberfläche der Sonne erforscht werden. Vielleicht werden uns eines Tages die Stellungen der Planeten etwas von drohenden Trockenheiten, Hungersnöten und Stürmen erzählen. Ja mit gewissen Eigenschaften unserer eigenen Atmosphäre, die für die Existenz des Menschengeschlechts nicht minder wesentlich sind, als die Möglichkeit, sie einzuathmen, sind wir erst ganz kürzlich durch das eingehende Studium ihrer verschiedenartigen Wirkung auf Sonnenstrahlen bekannt geworden.

Die Astronomie verallgemeinert die Resultate der andern Wissenschaften. Sie zeigt die Naturgesetze in ihrer Wirkung über ein weiteres Feld und unter mannigfaltigeren Bedingungen, als die gewöhnliche Erfahrung darbietet. Die gewöhnliche Erfahrung andrerseits ist unentbehrlich für *ihren* Fortschritt geworden. Der Sternenhimmel nimmt nicht mehr wie ehedem ihre gesamte Aufmerksamkeit in Anspruch. Mit *einem* Blick erfasst sie das Unendlichgrosse und das Unendlichkleine. Die Umläufe der zahlreichen Gestirne um einander innerhalb von Zeiträumen, die, wenn der Verstand sie sich vorzustellen sucht, bis an die Ewigkeit hinanzureichen scheinen, liegen nicht mehr ausserhalb ihrer Sehweite; sie kümmert sich um die Zusammensetzung auch des kleinsten Atoms der Materie, welche den Aether in Lichtschwingungen versetzt. Auf welche Weise sie diese ungeheuer ausgedehnte Erbschaft angetreten und was sie bis heute damit gethan, soll in den folgenden Kapiteln darzustellen versucht werden.

I. Abschnitt.

Fortschritte der Astronomie während der ersten Hälfte des neunzehnten Jahrhunderts.

Erstes Kapitel.

Begründung der siderischen Astronomie.

Bis vor ungefähr hundert Jahren wurden die Sterne von den praktischen Astronomen vornehmlich als eine Anzahl geeigneter fester Punkte betrachtet, vermittelst deren die Bewegungen der verschiedenen Glieder des Sonnensystems bestimmt und mit einander verglichen werden konnten. Sie dienten in der That gewissermassen als Meilensteine sowohl an der grossen von den Planeten durchwanderten himmlischen Heerstrasse wie an den hin und wieder von Kometen betretenen Seitenwegen des Raumes. Nicht dass man nicht zu jeder Zeit Neugierde über ihre Natur gezeigt und sogar Vermutungen über ihren Ursprung geäussert hätte! Beides erhielt von Zeit zu Zeit eine mächtige Anregung durch das Auftauchen von neuen Sternen in einer Gegend, welche die Philosophen als »incorruptibel« oder keiner Veränderung unterworfen beschrieben hatten. Wahrscheinlich verdankte der Katalog des Hipparch und sicher der des Tycho Brahe, etwa siebzehn Jahrhunderte später, dem plötzlichen Aufleuchten eines neuen Sterns seine Entstehung. Der allgemeine Anblick des Himmels wurde auf diese Weise (freilich unvollkommen) von Zeit zu Zeit wieder einmal aufgezeichnet, und die Zählung der Sterne wurde mit fortschreitender Übung immer zuverlässiger und vollständiger; indessen blieben die Mysterien des Sternengewölbes unenthüllt.

Mit Einschränkung, aber doch in recht eigentlichem Sinne, kann William Herschel der Begründer der siderischen Astronomie genannt werden. Hatte man auch vor seiner Zeit manche merkwürdige Thatsachen wahrgenommen und manche scharfsinnige Spekulationen über die Beschaffenheit der Gestirne gewagt, so hatte man doch nicht einmal die Elemente einer systematischen Wissenschaft zusammengebracht. Die sicher festgestellten Thatsachen lassen sich in wenigen Sätzen zusammenfassen.

Giordano Bruno war der erste, der den Gestirnen eine Bewegung zuschrieb, freilich nur vermutungsweise. Seine kühne Vermutung fand jedoch im Jahre 1718 ihre Bestätigung, als Halley bekannt machte,[1]) dass Sirius, Aldebaran, Beteigeuze und Arcturus seit der Zeit, da Ptolemäus ihre Örter in seinem Kataloge angegeben, ihren Stand am Himmel unverkennbar geändert hätten. Ein ähnlicher Schluss wurde 1738 von J. Cassini aus der Vergleichung seiner eigenen Beobachtungen mit den im Jahre 1672 von Richer zu Cayenne angestellten gezogen; und im Jahre 1756 veröffentlichte Tobias Mayer ein Verzeichnis, welches die Richtung und Grösse von siebenundfunfzig Eigenbewegungen[2]) angab und sich stützte auf die funfzig Jahre früher von Olaus Römer bestimmten Sternörter. Hiernach konnten die Sterne nicht länger als »fest« betrachtet werden, doch blieb die Frage zu entscheiden, ob die wahrgenommenen Bewegungen wirkliche oder nur scheinbare waren, und die Beantwortung dieser Frage erwies sich damals noch nicht als möglich. Schon im vorhergehenden Jahrhundert hatte der scharfsinnige Robert Hooke mit Rücksicht auf gewisse mutmassliche Ortsveränderungen der Gestirne eine »Änderung des Sonnensystems« in Aussicht gestellt;[3]) Bradley und Lambert wiesen nach, ersterer 1748, letzterer 1761, dass derartige scheinbare (zu jener Zeit bereits wohlbeglaubigte) Ortsveränderungen höchstwahrscheinlich der vereinigten Wirkung der Bewegung der Sonne und der Bewegung der Gestirne zuzuschreiben seien, und Mayer unternahm wirklich den Versuch, sie zu berechnen, aber ohne Resultat.

Am 13. August 1596 sah David Fabricius, ein nicht berufsmässiger Astronom in Ost-Friesland, im Nacken des Walfisches einen

---

[1]) *Phil. Trans.*, vol. XXX, p. 737. — [2]) Unter achtzig verglichenen Sternen fanden sich siebenundfunfzig, welche ihre Plätze um mehr als 10" geändert hatten. Geringere Abweichungen nahm man damals als innerhalb der Grenzen der Beobachtungsfehler liegend an. *Tobiae Mayeri Op. Inedita,* t. I, pp 80—81, und Herschel in *Phil. Trans.,* vol. LXXIII, pp. 275—278. — [3]) *Posthumous Works,* p. 506.

Stern dritter Grösse, der im Oktober verschwunden war. Er war indessen wieder sichtbar im Jahre 1603, wo ihn Bayer in seinen Katalog unter dem griechischen Buchstaben *o* eintrug, und wurde während der Phasen seines Aufleuchtens und scheinbaren Erlöschens in den Jahren 1638—39[1]) von einem deutschen Professor namens Holwarda beobachtet. Von Hevelius erhielt dieser erste bekannte **periodische** Stern den Namen »Mira« oder der Wunderbare, und Boulliaud bestimmte 1667 die Dauer seines Phasencyklus zu 334 Tagen. Derselbe blieb nicht das einzige Beispiel. Im Jahre 1600 nahm Janson an einem Stern im Schwan einen Wechsel in der Lichtstärke wahr, und 1669 fand Montanari, dass Algol im Perseus dieselbe Absonderlichkeit in bemerkenswertem Grade teilte. 1782 umfasste diese Art ein halbes Dutzend Sterne. Fügt man nun noch hinzu, dass man bei einigen Sternen ein besonders nahes, aber, wie angenommen wurde, nur zufälliges Nebeneinanderstehen bemerkt hatte, und dass das Misslingen der wiederholten Versuche, eine jährliche Parallaxe zu finden, auf Entfernungen hinwies, die mindestens 400000-mal so gross waren, wie die der Erde von der Sonne[2]), so ist das Bild von der Wissenschaft der Gestirne bei Beginn des letzten Viertels des achtzehnten Jahrhunderts in Wirklichkeit vollendet. Das Wissen war durch drei Thatsachen bereichert worden, nämlich dass die Sterne wirkliche oder scheinbare Bewegungen haben, dass sie unmessbar weit entfernt sind und dass einige von ihnen mit periodisch veränderlichem Lichte leuchten. Aber die auf diese Weise spärlich gesammelten Thatsachen waren nicht danach angethan, eine weitere Entwicklung zu versprechen. Sie traten vereinzelt und ohne Ordnung vor den Forscher. Sie mussten vervielfältigt und geordnet werden, und es schien, als ob Jahrhunderte beharrlicher Arbeit vergehen müssten, ehe aus ihnen bindende Schlüsse gezogen werden könnten. Die Sternenwelt war so das eigentliche Feld für verwegene Spekulationen, denen durch systematische Untersuchungen keine Schranken gezogen wurden, bis endlich Herschel seine Laufbahn als Beobachter des Himmels begann.

Der grösste der neueren Astronomen wurde geboren in Hannover am 15. November 1738. Er war das vierte Kind von Jsaak Herschel,

---

[1]) Arago in *Annuaire du Bureau des Longitudes*, 1842, p. 313. — [2]) Bradley an Halley, *Phil. Trans.*, vol. XXXV (1728), p. 660. Seine Beobachtungen bezogen sich direkt nur auf zwei Sterne, γ im Drachen und η im Grossen Bären, doch erstreckte sich das Resultat auch auf einige kleinere Sterne.

einem Hautboisten im Musikkorps der hannoverschen Garde, und zunächst bestimmt, seinem Vater im Berufe zu folgen. Nach Beendigung des unglücklichen Feldzuges von 1757 nahmen ihn jedoch seine Eltern aus dem Regiment, in einer, wie man glauben darf, etwas unceremoniellen Weise. In der That verfiel er der Strafe der Desertion, die ihm — nach einer Äusserung des Herzogs von Sussex gegen George Airy — durch einen förmlichen, ihm persönlich durch Georg III. bei seiner Vorstellung im Jahre 1782 eingehändigten Pardon erlassen wurde.[1]) Nachdem er vier Jahre Militärdienste geleistet hatte, ging er im Alter von neunzehn Jahren nach England, sein Glück zu suchen. Von dem Leben voller Not und Entbehrung, welches folgte, ist wenig bekannt, ausser dass er 1760 zum Leiter der Regimentsmusik der Durhamer Miliz engagiert und 1765 als Organist in Halifax angestellt wurde. Diesen Posten vertauschte er ein Jahr später mit dem ehrenvolleren eines Organisten an der Octagonkapelle zu Bath. Von nun an begann das Glück für ihn zu blühen. In Bath fand man damals die glänzendste und fashionabelste Gesellschaft Englands, und der junge Hannoveraner wurde schnell bei ihr beliebt und kam in Mode. Zahlreiche Engagements wurden ihm angetragen. Er wurde Director der öffentlichen Conzerte; er leitete Oratorien, engagierte Sänger, veranstaltete Proben, componierte Chöre, Lieder, Messen und gab daneben Privatunterricht, der zuweilen auf fünfunddreissig, ja auf achtunddreissig Stunden die Woche stieg.

Aber alle diese verschiedenartigen Beschäftigungen erfüllten nicht sein ganzes Denken. Ungeachtet der Armut seiner Familie war seine Erziehung nicht vernachlässigt worden, und gierig hatte er stets jede Art von Wissen, die ihm in den Weg kam, in sich aufgenommen. Nun er ein vielbeschäftigter und in glücklichen Verhältnissen lebender Mann war, hätte man erwarten können, dass ihn die Ausübung seines Berufes ganz in Beschlag nehmen würde. Im Gegenteil, seine Leidenschaft zu lernen schien zu wachsen, je weniger er Zeit behielt, ihr nachzugehen. Er studierte Italienisch, Griechisch, Mathematik; Maclaurin's Fluxionen dienten »seinem Geiste zur Erholung,« Smith's Harmonik und Optik und Ferguson's Astronomie leisteten ihm Gesellschaft auf seinem Nachtlager. Was er las, erregte seinen Geist, ohne ihn zu befriedigen. Er wollte nicht nur wissen,

---

[1]) Holden, *Sir William Herschel, his Life and Works*, p. 17.

sondern entdecken. Im Jahre 1773 lieh er sich ein kleines Fernrohr, und durch dieses that er einen vorläufigen Blick in jene fruchtbaren und abwechslungsreichen Gefilde, in denen er so viele Jahre hindurch einherwandeln sollte. Von nun an war der Zweck seines Lebens bestimmt: Er musste »den Bau des Himmels kennen lernen,»[1]) und diesem erhabenen Ehrgeiz blieb er treu bis an sein Ende.

Ein mächtigeres Instrument war das erste Erfordernis, und hier kam ihm sein mechanisches Talent zu Hilfe. Nachdem er von einem Quäker, der Optiker war, dessen Apparate erworben, machte er sich an die Verfertigung von Spiegeln mit einem Eifer, der die Wunder, welche sich ihm erschliessen sollten, im Voraus zu sehen schien. Noch nicht fünfzehn Jahre später hatte er seine Schleif- und Poliermaschinen erfunden, deren Arbeit bis dahin ganz und gar mit der Hand verrichtet werden musste. Während dieses beschwerlichen und mühevollen Verfahrens (das nicht ohne Schaden unterbrochen werden durfte und jedesmal sechzehn Stunden dauerte) wurden seine Kräfte aufrecht erhalten durch die Nahrung, die ihm seine Schwester[2]) stückweise in den Mund steckte, und sein Geist fand Unterhaltung, indem sie ihm aus Tausend und eine Nacht, aus Don Quixote oder anderen leichteren Werken vorlas. Endlich sah er sich nach wiederholten misslungenen Versuchen im Besitze eines Spiegelteleskops — eines $5\frac{1}{2}$-füssigen Gregory — von seiner eigenen Konstruktion. Eine Darstellung seiner ersten Beobachtung mit ihm, ausgeführt an dem grossen Nebel im Orion — der für ihn ein Gegenstand fortwährenden Kopfzerbrechens und fleissiger Untersuchung war —, wird von der Königlichen Gesellschaft zu London aufbewahrt. Sie trägt das Datum des 4. März 1774.[3])

Im folgenden Jahre führte er seine erste Durchmusterung des Himmels aus, die besonders bemerkenswert ist, weil sie Zeugnis giebt von den grossen und neuen Ideeen, die ihn bereits erfüllten, und von der Begeisterung, mit welcher er sich ihrer Führung überliess. Überbürdet durch Verpflichtungen seines Berufs, suchte er doch stets

---

[1]) *Phil. Trans.*, vol. CI, p. 269. — [2]) Karoline Lucretia Herschel, geboren zu Hannover am 16. März 1750, gestorben ebendaselbst am 9. Januar 1848. Sie ging nach England im Jahre 1772 und war ihres Bruders ergebene Gehilfin zuerst bei seinen musikalischen Unternehmungen und später gegen das Ende seines Lebens bei seinen astronomischen Arbeiten. — [3]) Holden, a. a. O. S. 39.

einige Augenblicke für die Sterne zu erübrigen, und in den Zwischenakten des Theaters sah man ihn oft vom Klavier zum Fernrohr eilen, gewiss »mit jener ungewöhnlichen Hast, welche alle seine Handlungen begleitete.«[1]) Die Kraft und Vollkommenheit seiner Teleskope wuchs immer mehr. Spiegel von sieben, zehn, ja zwanzig Fuss Brennweite wurden nach und nach vollendet und unerhörte Vergrösserungen angewendet. Sein Fleiss war unermüdlich, seine Ausdauer unüberwindlich. Innerhalb einundzwanzig Jahren gingen nicht weniger als 430 parabolische Spiegel aus seinen Händen hervor. Er stand im zweiundvierzigsten Lebensjahre, als er seine erste Abhandlung an die *Philosophical Transactions* sandte, aber während der folgenden neununddreissig Jahre beliefen sich seine Beiträge — unter ihnen viele von bedeutendem Umfange — insgesamt auf neunundsechzig, die eine für die Geschichte der Astronomie ausserordentlich wichtige Sammlung bilden. Als blosser Durchforscher des Himmels leistete er Ungeheures. Er entdeckte 2500 Nebel, 806 Doppelsterne, durchmusterte das gesamte Firmament zu vier verschiedenen Malen, zählte die Sterne in 3400 »Aichfeldern«*) und führte eine photometrische Klassifikation der hauptsächlichsten Sterne aus, die sich auf eine eingehende (und zum ersten Male systematisch angestellte) Untersuchung ihrer relativen Lichtstärke stützte. Er arbeitete ebenso sorgfältig und beharrlich wie schnell, sparte keine Zeit und unterliess keine Vorsichtsmassregel, um zuverlässige Genauigkeit bei seinen Beobachtungen zu erreichen, und vermochte doch in einer Nacht mit grösster Sorgfalt an 400 verschiedene Objekte zu untersuchen.

Die Entdeckung des Uranus war eine ganz zufällige Folge des Schemas, welches er für sich selbst aufgestellt hatte — eine Frucht, gewissermassen im Vorübergehen gepflückt. Nichtsdestoweniger bildete sie den Wendepunkt in seiner Laufbahn. Aus einem die Beobachtung der Gestirne liebenden Musiker war er auf einmal ein bedeutender Astronom geworden. Von den Plackereien eines mühevollen Berufes wurde er erlöst und als königlicher Astronom mit einem bescheidenen jährlichen Gehalte von 200 Pfund angestellt; er erhielt die Mittel für den Bau des vierzigfüssigen Reflektors, von dessen grosser

---

[1]) *Memoir of Caroline Herschel*, p. 37.

*) Eine Gegend des Himmels aichen heisst bei Herschel die Sterne im Gesichtsfelde eines Fernrohrs zählen behufs Bestimmung ihrer relativen Häufigkeit an den verschiedenen Stellen des Sternengewölbes und der Ausdehnung des letzteren nach der Tiefe. (Anm. d. Übers.)

raumdurchdringenden Kraft er bis dahin unerhörte Offenbarungen erwartete, kurz, es wurde nicht nur die Möglichkeit für sein ferneres Wirken geschaffen, sondern es wurde ihm geradezu zur Pflicht gemacht.[1]) Am Pfingstsonntag des Jahres 1782 spielten und sangen William und Caroline Herschel zum letzten Male öffentlich in der St. Margarethen-Kapelle zu Bath; im August desselben Jahres verlegten sie ihren Haushalt nach Datchet in der Nähe von Windsor und am 3. April 1786 nach Slough. Hier häuften sich Freuden und Ehren auf den glücklichen Entdecker. Im Jahre 1788 heiratete er Marie, die einzige Tochter von James Baldwin, einem Kaufmann der City von London, und Witwe von John Pitt — eine Frau, bei welcher sich häusliche Tugenden mit dem Besitze eines bedeutenden Vermögens zusammenfanden. Die Frucht ihrer Verbindung war ein Sohn, von dessen Arbeiten — der würdigen Fortsetzung derjenigen seines Vaters — wir später zu reden haben werden. Herschel wurde 1816 zum Ritter des Hannoverschen Welfenordens und 1821 zum ersten Vorsitzenden der Königlichen Astronomischen Gesellschaft ernannt, deren erster Sekretär für auswärtige Sachen sein Sohn wurde. Seine Gesundheit war jedoch schon seit einigen Jahren angegriffen, und am 25. August 1822 starb er zu Slough im vierundachtzigsten Lebensjahre und wurde begraben auf dem Kirchhofe zu Upton.

Seine Grabschrift rühmt von ihm, dass er »die Schranken des Himmels durchbrochen«; sehen wir zu, in welchem Sinne dies richtig ist.

Der erste, der sich eine bestimmte Vorstellung von dem Bau des Sternensystems machte, war Thomas Wright, der Sohn eines Zimmermanns zu Byer's Green in der Nähe von Durham. Von ihm rührt die sogenannte »Schleifstein-Theorie« (Grindstone Theorie) des Universums her; dieselbe betrachtete die Milchstrasse als die auf das Himmelsgewölbe geworfene Projektion einer schicht- oder scheibenartigen Anordnung von Sternen (bei welcher unsere Sonne nahe im Mittelpunkte liegt), die an Grösse und Verteilung den leuchtenden Punkten der Sternbilder analog sind.[2]) Ihm folgte Kant,[3]) der über die Anschauungen seines Vorgängers noch hinausging, indem er, mehr durch Spekulation als aus wissenschaftlichen Gründen, den

[1]) Siehe Holden's *Sir William Herschel*, p. 54. — [2]) *An Original Theory or New Hypothesis of the Universe*, London 1750. Siehe ferner De Morgan's Zusammenfassung von dessen Ansichten im *Philosophical Magazine*, April 1848. — [3]) *Allgemeine Naturgeschichte und Theorie des Himmels*, 1755.

Nebeln die noch lange Zeit von ihnen eingenommene Stellung von »Inselwelten« zuwies, die ausserhalb des Milchstrassensystems gelegen, aber von gleicher Art wie dieses wären. Auch Johann Heinrich Lambert,[1]) der Schneiderlehrling aus Mühlhausen, kam zu dieser Ansicht, aber unabhängig von jenen beiden. Dieser bedeutende Mann hatte grossartige Vorstellungen, seine Ansichten waren kühn, seine Äusserungen über gewisse Punkte voll von Vorahnungen späterer Entdeckungen. Die Sternenwelt stellte sich ihm dar als eine Stufenfolge von Systemen, die begann mit der Planetenschar, aufstieg zu den Mengen von Sonnen innerhalb des Milchstrassenringes — der »Ekliptik der Sterne,« wie er ihn nannte — und sich entwickelte zu Gruppen von zahlreichen Milchstrassen; diese wiederum bildeten zusammen ein Ganzes von einer höheren Ordnung, und so immer weiter fort, bis einem der Verstand schwindelt und erliegt vor der Unermesslichkeit der angestaunten Schöpfungen.

»So bewegt sich eins ums andere — die Erde um die Sonne, die Sonne um den Mittelpunkt ihres Systems, dieses System wieder um den ihm mit anderen Systemen gemeinschaftlichen Mittelpunkt, diese Gruppe, diese Vereinigung von Systemen um einen ihr mit andern Gruppen der nämlichen Art gemeinschaftlichen Mittelpunkt; und wo werden wir hiermit zu Ende sein?«[2])

Das schwindelerregende Problem, das man auf diese Weise spekulativ zu bewältigen versucht hatte, unternahm Herschel auf experimentellem Wege zu lösen. Das Resultat dieser merkwürdigen Untersuchung war, dass zum ersten Male eine zusammenhängende Reihe von Thatsachen und von aus solchen abgeleiteten Schlüssen hinsichtlich des Sternenuniversums in den Kreis der menschlichen Erkenntnis gezogen wurde, mit andern Worten, war die Begründung einer mit Recht so genannten Wissenschaft der Sterne.

Tobias Mayer hatte die perspektivischen Wirkungen, welche eine vorwärtsschreitende Bewegung des Sonnensystems am Sternenhimmel zur Folge haben muss, anschaulich gemacht, indem er sie da-

---

[1]) *Kosmologische Briefe*, Augsburg 1761. — [2]) *The System of the World*, p. 125, London 1800 (eine Übersetzung des vorigen). Lambert betrachtete die Nebel als Sternenhaufen, aber nicht als ausserhalb unseres Fixsternsystems bestehende Welten. Nur im Falle des Orionnebels äussert er eine solche Vermutung, doch bemerkt er hinterdrein, dass derselbe ein Centrum für dasjenige von den niedrigeren die Milchstrasse bildenden Systemen, zu welchem unsere Sonne gehört, sein könnte.

mit verglich, dass dem Auge eines vorwärtsschreitenden Beschauers die Bäume in einem Walde auf der vorderen Seite auseinanderzurücken, nach hinten zu aber sich zusammenzudrängen scheinen;[1]) er vermochte aber nicht die Erscheinungen, die er auf diese Weise richtig beschrieb, wirklich am Himmel zu entdecken. Durch eine genauere Untersuchung einer kleinen Anzahl von Eigenbewegungen glückte es Herschel, gerade die von Mayer vorhergesagten Wirkungen nachzuweisen. Er zeigte z. B., dass Arcturus und Wega in der That um sehr kleine Beträge sich von einander zu entfernen, Sirius und Aldebaran aber sich einander zu nähern schienen, und mit einer erstaunlichen Leistung seines divinatorischen Geistes setzte er den »Apex« oder den Punkt, nach welchem sich die Sonne hinbewegt, in die Nähe des Sternes λ im Sternbilde des Herkules,[2]) nur wenige Grade von dem Orte entfernt, den die neuesten und feinsten Untersuchungsmethoden ergeben haben. Die Richtigkeit dieses Schlusses wurde lange bezweifelt; sie hat aber triumphierend ihre Bestätigung und kaum eine Korrektur erhalten. Die Frage nach der »säkularen Parallaxe« der Fixsterne war damit in Wirklichkeit beantwortet.

Anders stand es jedoch mit ihrer jährlichen Parallaxe. Das Suchen nach einer solchen hatte bereits Bradley zu den wichtigen Entdeckungen der Aberration des Lichts und der Nutation der Erdachse geführt; es sollte jetzt auch Herschel zu einer Entdeckung von verschiedenem, aber noch grossartigerem Charakter führen. In keinem Falle aber wurde der Zweck, den man ursprünglich im Auge gehabt, erreicht.

Gleich bei dem ersten Bekanntwerden der Copernikanischen Theorie war die scheinbare Unbeweglichkeit der Fixsterne als ein Argument gegen die Richtigkeit derselben geltend gemacht worden. Denn wenn die Erde wirklich in einem weiten Kreise um die Sonne sich bewegte, so mussten Gegenstände in dem umgebenden Raume ihre Lagen zu ändern scheinen, wofern nicht ihre Entfer-

---

[1]) *Op. Ined.*, t. I, p. 79. — [2]) *Phil. Trans.*, vol. LXXIII (1783), p. 273. Er gab im Jahre 1805 (*Phil. Trans.*, vols. XCV und XCVI) eine zusammenfassende Darstellung des Gegenstandes, aber er war, obwohl er eine strengere Methode anwandte, nicht ganz so glücklich in seinem Resultat. Es ist bemerkenswert, dass Prévost fast gleichzeitig mit Herschel eine ähnliche Untersuchung wie dieser mit sehr beträchtlichem Erfolge anstellte. Klügel bestätigte Herschel's Resultat durch eine analytische Untersuchung im Jahre 1789.

nungen von einem Massstabe waren, der bei den damals herrschenden beschränkten Vorstellungen vom Universum ganz extravagant erschien.[1]) Die Existenz solcher scheinbaren oder »parallaktischen« Ortsveränderungen wurde demgemäss als der Prüfstein der neuen Ansichten betrachtet, und ihre Entdeckung war ein Gegenstand des lebhaftesten Wunsches für diejenigen, welche an der Aufrechterhaltung jener Ansichten ein Interesse hatten. Copernicus selbst unternahm den Versuch, aber mit seinem »Triquetrum«, einem mit Scharnieren versehenen hölzernen Lineal mit durch Tinte gezeichneten Teilstrichen, das er sich selbst verfertigt hatte, war er kaum imstande, Winkel von zehn Minuten zu messen, geschweige denn Bruchteile einer Sekunde. Galilei, ein sehr eifriger Verteidiger des Systems, spitzte, ein erblindeter und elender Greis, in Arcetri gewissermassen seine Ohren, um Nachrichten von einer Entdeckung zu hören, auf welche noch zwei weitere Jahrhunderte warten mussten. Hooke glaubte für den glänzenden Stern im Kopfe des Drachen eine Parallaxe gefunden zu haben, doch beruhte dies auf einer Täuschung. Bradley kam zu der Überzeugung, dass derartige Bewegungen zu gering wären, um sich durch seine Instrumente messen zu lassen. Herschel machte einen erneuten Versuch mit einer noch nicht praktisch zur Anwendung gebrachten Methode.

Es ist eine von der täglichen Erfahrung bestätigte Thatsache, dass zwei in verschiedenen Entfernungen gelegene Gegenstände einem in Bewegung begriffenen Beschauer ihre relative Lage zu einander zu ändern scheinen. Galilei schlug im dritten seiner Dialoge über die verschiedenen Weltsysteme[2]) vor, dieses Prinzip zur Bestimmung der Parallaxe der Sterne zu benutzen. Denn zwei Sterne, die scheinbar nahe bei einander liegen, aber in Wirklichkeit durch eine grosse räumliche Kluft von einander getrennt sind, müssen ihre gegenseitigen Stellungen, wenn sie von entgegengesetzten Punkten der Erdbahn betrachtet werden, verändern; oder besser, der entferntere bildet einen vorläufig als fest betrachteten Punkt, auf welchen die Bewegungen des andern passend bezogen werden können. Hierdurch wurden Komplikationen, zahlreicher und verwirrender, als Galilei selbst sich dachte, beseitigt, und das Problem war zurückgeführt auf das einer einfachen mikrometrischen Messung. Die »Doppel-

[1]) »Ingens bolus devorandus est,« schrieb Kepler an Herwart im Mai 1603. — [2]) *Opere,* t. I., p. 415.

sternmethode« wurde gleichfalls angegeben von James Gregory im Jahre 1675 und sodann von Wallis 1693;[1]) Huygens zuerst und später Dr. Long zu Cambridge (um 1750) stellten vergebliche Versuche mit ihr an, aber schliesslich führte sie, unter den Händen Bessel's, zu der erfolgreichen Bestimmung der Parallaxe des 61. Sterns im Schwan.

Die Vorteile dieser Methode waren Herschel nicht entgangen. Sein Versuch, für die nächsten Sterne bestimmte Entfernungen festzustellen, war keine besondere Bemühung für sich, sondern ein Teil des festbestimmten Planes, von welchem seine Beobachtungen geleitet wurden. Er hatte sich vorgenommen, den Himmel zu »loten,« und das erste Erfordernis hierzu war eine Kenntnis der Länge seiner Lotleine. So kam es, dass seine besondere Aufmerksamkeit schon früh auf die Doppelsterne sich richtete.

»Ich beschloss,« schreibt er,[2]) »jeden Stern am Himmel mit der grössten Aufmerksamkeit und mit Anwendung sehr hoher Vergrösserungen zu untersuchen, um für jene Untersuchung Material zu sammeln, durch welches ich in den Stand gesetzt würde, meine Beobachtungen den meinem Zwecke am besten entsprechenden Sternen zuzuwenden. Das Feld hat sich so ergiebig erwiesen und verspricht noch eine so reiche Ausbeute denen, die geneigt sind es zu bebauen, dass ich nicht umhin kann, jeden Liebhaber der Astronomie einzuladen, sich mit mir zu Beobachtungen zu verbinden, die unvermeidlich zu neuen Entdeckungen führen müssen.«

Das erste Ergebnis dieser Untersuchungen war ein klassifizierter Katalog von 269 Doppelsternen, den er im Jahre 1782 der Königlichen Gesellschaft überreichte, und dem er drei Jahre später ein weiteres Verzeichnis von 434 derartigen Sternen folgen liess. In diesen beiden Sammlungen waren die Entfernungen zwischen den Individuen eines jeden Paares sorgfältig gemessen und (mit wenigen Ausnahmen) die Winkel zwischen den Verbindungslinien ihrer Mittelpunkte und einer unveränderlichen Linie (technisch »Positionswinkel« genannt) mit Hilfe eines eigens zu diesem Zwecke eingeteilten Fadenmikrometers gemessen. Überdies wurde durch die Beobachtung der verschiedenen an den Sternenpaaren sichtbaren Farben eine wichtige Neuigkeit bekannt, indem die eigenartigen und lebhaften Kontraste derselben jetzt zum ersten Male beschrieben wurden.

---

[1]) *Phil. Trans.*, vol. XVII, p. 848. — [2]) *Phil. Trans.*, vol. LXXII, p. 97.

Die Thatsache der doppelten Sterne betrachtete man zu damaliger Zeit als eine rein optische Erscheinung. Ihre Komponenten befinden sich, glaubte man, in Wirklichkeit in unbestimmter Entfernung von einander, sie werden aber durch den Umstand, dass sie, von der Erde aus gesehen, nahezu in derselben Gesichtslinie sich befinden, in eine zufällige Nachbarschaft zu einander gebracht. Und doch hatte Bradley zwischen den Jahren 1718 und 1759 eine 30° betragende Änderung des Positionswinkels der beiden den Castor bildenden Sterne wahrgenommen und war somit nahe daran gewesen, einen physischen Zusammenhang zwischen ihnen zu entdecken.[1]) Überdies schrieb John Michell, auf Gründe aus der Wahrscheinlichkeitsrechnung gestützt, im Jahre 1767: »Es ist im besonderen höchst wahrscheinlich und im allgemeinen nahezu gewiss, dass derartige doppelte Sterne so, wie sie aus zwei oder mehr nahe bei einander befindlichen Sternen zu bestehen scheinen, auch in Wirklichkeit aus nahe bei einander liegenden und unter der Einwirkung eines gewissen allgemeinen Gesetzes stehenden Sternen bestehen;«[2]) und 1784 schrieb er:[3]) »Es ist nicht unwahrscheinlich, dass wir in wenigen Jahren bestimmte Kenntnis davon haben werden, dass einige aus der grossen Anzahl von doppelten, dreifachen u. s. w. Sternen, welche Herschel beobachtet hat, Systeme von um einander sich bewegenden Körpern sind.«

Diese bemerkenswerte theoretische Vorahnung fand ein praktisches Seitenstück in Deutschland. Pater Christian Mayer, ein jesuitischer Astronom in Mannheim, unternahm es im Januar 1776, Beispiele von Sternenpaaren zu sammeln, und bald darauf veröffentlichte er die vermeintliche Entdeckung von »Satelliten« für viele von den hauptsächlichsten Sternen.[4]) Seine Beobachtungen waren indessen weder genau noch weit genug fortgesetzt, um zu brauchbaren Resultaten bei einer solchen Untersuchung zu führen. Seine Entdeckungen wurden verspottet, seine Fixsterntrabanten betrachtet als Eingebungen einer krankhaften Phantasie. »Man glaubte nicht an so ausserordentliche Dinge,« schrieb Lalande[5]) ein Jahr, nachdem dieselbe Thatsache durch bessere Gründe beglaubigt worden war.

---

[1]) Doberck, *Observatory*, vol. II, p. 110. — [2]) *Phil. Trans.*, vol. LVII, p. 249. — [3]) Ebendaselbst, vol. LXXIV, p. 56. — [4]) *Beobachtungen von Fixsterntrabanten*, 1778, und *De Novis in Coelo Sidereo Phaenomenis*, 1779. — [5]) *Bibliographie*, p. 569.

Herschel teilte anfangs die allgemeine Ansicht über den rein optischen Zusammenhang der Doppelsterne. Hiervon giebt der Zweck, zu welchem er seine Listen zusammenstellte, an sich selbst ein ausreichendes Zeugnis, da das, was man die Differential-Methode der Parallaxenbestimmung nennen könnte, in seinem Erfolge, wie wir gesehen haben, von der Ungleichheit der Entfernung abhängt. Es war »viel zu voreilig,« erklärte er im Jahre 1782,[1]) »irgendwelche Theorien von kleinen Sternen, die sich um grössere herumbewegen, aufzustellen,« während er im folgenden Jahre[2]) bemerkte, dass die identische Eigenbewegung der beiden Sterne, welche für das unbewaffnete Auge die einzige leuchtende Scheibe des Castor bilden, nur dadurch erklärt werden könnte, dass man sie beide in gleicher Weise der »systematischen Parallaxe,« welche eine Folge der Bewegung der Sonne im Raume ist, zuschriebe. Er zeigte hierdurch deutlich, dass er bis dahin an ein physisches Band, welches die beiden Körper zwingt, sich um einander zu bewegen, noch nicht gedacht hatte. Doch war er jeder besseren Überzeugung sehr leicht zugänglich, und überdies hatte er durch ebenso zahlreiche wie vorzügliche Beobachtungen reichliches Material gesammelt, um sich und andere zu überzeugen. Im Jahre 1802 war er so weit, dass er die Thatsache seiner Entdeckung bekannt geben konnte, und in den beiden folgenden Jahren legte er der Königlichen Gesellschaft in eingehender Weise die durch fünfundzwanzigjährige Arbeit gesammelten Beweise vor für eine eigene Bewegung nach Art derjenigen in unserm Planetensystem bei nicht weniger als fünfzig Doppelsternen, die nach seiner Erklärung fortan als wirkliche Binarsysteme zu betrachten sind, welche »durch das Band gegenseitiger Anziehung fest zusammengehalten werden.«[3]) Nach einer ums Jahr 1759 von Bradley gemachten Bemerkung, die uns Dr. Maskelyne in seinem Tagebuche glücklicherweise aufbewahrt hat, fiel zu jener Zeit die Verbindungslinie der beiden Komponenten des Castor genau zusammen mit der Linie, welche Castor mit Pollux verbindet. Vermöge dieses Umstandes können zu der Zeit, während welcher Herschel das Paar beobachtete, noch achtzehn Jahre hinzugerechnet werden; zugleich fand dadurch der durch neuere Beobachtungen erbrachte Beweis einer Veränderung ihrer Lage eine Bestätigung. Die Umlaufszeiten

---

[1]) *Phil. Trans.*, vol. LXXII, p. 162. — [2]) *Ibid.*, vol. LXXIII, p. 272. — [3]) *Ibid.*, vol. XCIII, p. 340.

für viele der um einander kreisenden Sonnen wurden näherungsweise bestimmt, und zwar für Castor 342 Jahre, für γ im Löwen 1200, für δ in der Schlange 375, für ε im Bootes 1681 Jahre. Der Stern ε in der Leier erwies sich als ein zwiefacher Doppelstern, indem an jedem der beiden die Gruppe bildenden Paare eine Lagenänderung wahrgenommen wurde. Ja, auch die Bedeckung eines Sternes durch einen andern im Laufe ihrer gegenseitigen Umkreisungen, von welcher seltsamen Erscheinung im Jahre 1802 sich zwei Beispiele (δ im Schwan und ζ im Herkules) ereigneten, wurde beobachtet.

So wurde durch den Scharfsinn und die Ausdauer eines einzigen Beobachters endlich ein fester Grund gelegt, auf dem sich das Gebäude der Wissenschaft von den Sternen erheben konnte. Die lange vorausgeahnte Analogie zwischen dem Hauptgestirne unsres Systems und den glänzenden, das Firmament schmückenden Lichtpunkten war keine Eingebung der Phantasie mehr, sondern physische Wirklichkeit; die fundamentale Eigenschaft der Anziehung hatte sich als eine der gesamten Materie, so weit sie nur immer das Fernrohr zu untersuchen vermochte, gemeinsame erwiesen, und Gesetz, Unterordnung und Regelmässigkeit herrschten — ein Zeugnis eines erhabenen und durchdachten Planes — nicht minder in jenen unbegrenzten Regionen des Raumes wie in unserer beschränkten irdischen Heimat. Die Entdeckung hatte, um mit Arago zu reden, wirklich eine grosse Zukunft, da sie eine sichere Erkenntnis da einführte, wo vorher mehr oder weniger wahrscheinliche Vermutungen fast unbeschränkte Herrschaft hatten; und sichere Erkenntnis sucht sich immer weiter auszudehnen und von Stufe zu Stufe fortzuschreiten.

Wir müssen nunmehr einen Blick werfen auf diejenigen Arbeiten Herschel's, welche für unsere Kenntnis von dem Bau des Weltalls bahnbrechend waren. Die Erforschung des schimmernden Gürtels der Milchstrasse mit Leine und Senkblei, die genaue Bestimmung ihrer Form, die Messung ihrer Dimensionen und die Enthüllung der Geheimnisse ihres Baues war die Hauptaufgabe seines Lebens, die er niemals aus dem Gesicht verlor, und der sich alle andern Untersuchungen unterordneten. Er stand absolut allein bei diesem kühnen Unternehmen. Sich selbst überlassen, musste er Methoden ersinnen, Material ansammeln und die Resultate daraus ziehen. Gleichwohl kann ohne Gefahr behauptet werden, dass alle

Kenntnis, die wir von diesem hehren Gegenstande besitzen, von ihm vorbereitet und zum grossen Teil vorausgesehen ist.

Die sinnreiche Methode des »Sternaichens« (star-gauging) und das Ziel derselben, nämlich die Darstellung des Sternensystems als einer unregelmässigen Schicht von gleichförmig verteilten Sonnen, bildet den bekanntesten Teil seiner Arbeiten. Indessen war sie nur eine erste rohe Annäherung, deren Prinzip noch ein volles halbes Jahrhundert, nachdem sein Urheber es schon wieder aufgegeben, sein Renommee in der astronomischen Litteratur behielt. Dieses Prinzip war die allgemeine Gleichmässigkeit der Sternenverteilung. Wenn gleiche Teile des Raumes wirklich gleichviel Sterne enthielten, so würde offenbar die Anzahl der in jeder Richtung sichtbaren Sterne genau proportional sein der Ausdehnung des Systems in dieser Richtung, da eine wirkliche grössere Ausdehnung eine scheinbare Zusammenhäufung zur Folge haben würde. Das Verfahren der »Himmelsaichung« besteht demzufolge darin, dass man die Sterne in den einzelnen Gesichtsfeldern des Fernrohrs zählt und daraus die Tiefen des Himmelsraumes berechnet, welcher erforderlich ist, um sie fassen zu können. Das Resultat von 3400 solchen Operationen war der Plan der Milchstrasse, mit dem jeder Leser eines astronomischen Lehrbuchs bekannt ist. Bei der Untersuchung von verschiedenen Teilen des Himmels ergab sich, wie zu erwarten war, ein sehr verschiedener Anblick. Manche Gesichtsfelder waren fast leer, während andere (in oder nahe an der Milchstrasse) erhellt wurden durch den Glanz von vielen hundert Sternen, die in ein Feld ungefähr von der Grösse des vierten Teils des Vollmondes zusammengedrängt waren. An den dichtesten Stellen wurde konstatiert, dass 116000 Sterne innerhalb einer Viertelstunde das Gesichtsfeld passiert hatten. Hier schätzte Herschel »die Länge seiner Lotleine« ungefähr 497-mal so gross als die Entfernung des Sirius, mit andern Worten, der Grenzstern oder die äusserste Sonne des Systems in dieser Richtung, die der zwanzigfüssige Reflektor noch erreichen konnte, war unbegreiflich weit entfernt. Da aber die Entfernung des Sirius, nicht weniger wie die jedes anderen Fixsterns, eine noch unbekannte Grösse war, so waren die so für die Milchstrasse gefundenen Dimensionen bloss relativ; man konnte sich eine Vorstellung von ihrer Form und Struktur machen (wenn man die Richtigkeit der Grundannahme zugab), aber ihre wahre oder absolute Ausdehnung blieb unbestimmt.

Schon im Jahre 1785 nahm indessen Herschel Spuren einer Tendenz wahr, welche die Annahme jeglicher Annäherung an eine mittlere gleichförmige Verteilung der Sterne vollständig hinfällig machte. Es war dies die Wirkung dessen, was er »eine haufenbildende Kraft« in der Milchstrasse nannte. Bereits während er es unternahm, unter der Voraussetzung, dass jeder Stern im Raume von seinen Nachbarn so weit wie die Sonne vom Sirius entfernt sei, ein »richtiges mittleres Resultat« abzuleiten, hatte er »viele sich zusammenschliessende Haufen«[1]) unterscheiden können. »Es scheint,« schrieb er im Jahre 1789, »dass der Himmelsraum aus Regionen besteht, in denen Sonnen zu besonderen Systemen zusammengetreten sind,« und in gewissen Ansammlungen vermochte er »eine Reihe oder einen Zusammenhang von Sternen, die sich um einen Mittelpunkt gruppierten,« anzugeben, was ohne Zweifel auf das Vorhandensein attraktiver Kräfte hindeutete.[2]) Dreizehn Jahre später beschrieb er unsere Sonne und die sie begleitenden Sternbilder als umgeben von »einer prächtigen Vereinigung unzählig vieler Sterne, die Milchstrasse genannt, innerhalb deren eine mächtige Ausgleichung entgegengesetzter Attraktionen wirksam sein müsse, um die dazwischenliegenden Sterne in Ruhe zu halten. Denn obwohl von unserer Sonne und allen Sternen, die wir sehen, mit Recht behauptet werden könne, dass sie in der Ebene der Milchstrasse sich befinden, so sei er doch durch langes Anschauen und fortgesetzte Untersuchung derselben gegenwärtig zu der Ansicht gekommen, dass die Milchstrasse selbst aus Sternen bestehe, die auf ganz andere Art ausgestreut seien, als die unmittelbar um uns her befindlichen.« »Diese ungeheure Anhäufung,« fügte er hinzu, »ist keineswegs gleichförmig. Die sie bildenden Sterne zeigen deutliche Spuren von Zusammenballung zu vielen abgesonderten Teilen.«[3])

Die folgenden Sätze, welche im Jahre 1811 geschrieben sind, enthalten eine definitive Zurücknahme der ihm häufig zugeschriebenen Ansicht.

»Ich muss offen gestehen,« sagt er, »dass durch Fortsetzung meiner Streifzüge durch den Himmel meine Meinung über die Anordnung der Sterne, über ihre Grösse und einige andere Besonderheiten eine allmähliche Änderung erfahren hat; und in der That, wenn

---

[1]) *Phil. Trans.*, vol. LXXV, p. 255. — [2]) *Ibid.*, vol. LXXIX, pp. 214, 222. — [3]) *Ibid.*, vol. XCII, pp. 479, 495.

man die Neuheit des Gegenstandes in Betracht zieht, so darf man sich nicht wundern, wenn manches, das man vorher für ausgemacht annahm, sich bei näherer Prüfung ganz anders zeigt, als wofür man es allgemein, aber ohne hinlänglichen Grund gehalten. So könnte z. B. eine gleichmässige Zerstreuung der Sterne bei gewissen Berechnungen zugelassen werden; untersuchen wir aber die Milchstrasse oder die eng zusammengedrängten Sternhaufen, von denen ich in meinen Katalogen so viele Beispiele verzeichnet habe, so muss diese vorausgesetzte Gleichförmigkeit der Zerstreuung aufgegeben werden.«[1])

Eine andere Annahme, deren Unrichtigkeit er aber nicht zu entdecken vermochte, seit er sie einmal verwertet hatte, behielt er bis ans Ende seines Lebens bei. Sie besagt, dass die Helligkeit eines Sterns eine näherungsweise Messung seiner Entfernung gestattet. Auf dieses Prinzip gründete er 1817 seine Methode der »Verkleinerung der Öffnungen.«[2]) Nach dieser werden zwei Sterne, die durch zwei vollkommen gleiche Fernrohre betrachtet werden, »gleichgestellt,« indem man einen gewissen Teil des Objektivglases des nach dem helleren Stern gerichteten Fernrohrs mit einem Schirme bedeckt. Von den Entfernungen der verglichenen Sterne wird angenommen, dass sie in demselben Verhältnis stehen, wie die verkleinerte und die ursprüngliche Objektivöffnung der Instrumente, durch welche sie untersucht wurden. Wäre in der That die absolute Lichtstärke eines jeden Sterns dieselbe, so könnte das Resultat vertrauensvoll acceptiert werden. Da wir aber keine Berechtigung haben, einen »Normalstern« zur Erleichterung unserer Berechnungen anzunehmen, vielmehr aller Grund vorhanden ist, eine unbegrenzte Abstufung sowohl in der Grösse, als in der wahren Leuchtkraft bei den Sonnen unseres Firmamentes vorauszusetzen, so verlieren die aus einer solchen Vergleichung gezogenen Schlüsse allen Wert.

Ausser in diesen Untersuchungen über die verschiedenartige Anhäufung der Sterne kann Herschel noch in einem andern Zweige der siderischen Wissenschaft mit Recht ein Pionier genannt werden. Er war der erste, der sich ernstlich mit jenen rätselhaften Objekten, die wir als »Nebel« kennen, beschäftigte. Die Geschichte unserer Bekanntschaft mit ihnen ist verhältnismässig kurz. Der vor der Erfindung des Fernrohrs allein als solcher erkannte Nebel ist der im Gürtel der Andromeda, der in der Mitte des zehnten Jahrhunderts

[1]) *Phil. Trans.*, vol. CI, p. 269. — [2]) *Ibid.*, vol. CVII, p. 311.

dem persischen Astronomen Abdurrahman Al-Sufi sicher bekannt war und sich in einer alten holländischen, mutmasslich aus dem Jahre 1500 herstammenden Karte des Sternbildes durch Punkte bezeichnet findet.[1]) Doch hatte man noch so wenig Notiz von ihm genommen, dass in Wirklichkeit — wenigstens soweit Europa in Betracht kommt — seine Entdeckung (1612) dem Simon Marius (Mayer von Genzenhausen) zugeschrieben werden könnte, der seinen Schein sehr passend mit demjenigen »einer Kerze, die durch ein dünnes Hornblatt scheint,« vergleicht. Die erste Erwähnung des grossen Nebels im Orion findet sich bei einem Schweizer Jesuiten, namens Cysatus, dem Nachfolger Pater Scheiner's auf dem Lehrstuhl der Mathematik zu Ingolstadt. Er benutzte ihn, anscheinend ohne eine Ahnung von seiner Neuheit, zur Vergleichung mit dem Kometen von 1618.[2]) Trotzdem war er auch im Jahre 1656 den Astronomen noch etwas neues, als Huygens ihn beschrieb, als wäre er »eine Öffnung im Himmel, die einen Ausblick in eine darüber befindliche leuchtendere Region gestattet.«[3]) Halley kannte 1714 sechs solcher Nebel, die nach seiner Ansicht aus einem »leuchtenden Medium« bestehen, das durch den ganzen Weltäther zerstreut ist.[4]) Er scheint jedoch von einigen vorher von Hevelius bemerkten Nebeln keine Kenntnis gehabt zu haben. Lacaille brachte vom Kap der guten Hoffnung — als Erstlingsfrüchte der Beobachtung des südlichen Himmels — ein Verzeichnis von zweiundvierzig Nebeln mit, die in drei der Zahl nach gleiche Klassen geordnet waren;[5]) und Messier (von Ludwig XV. mit dem Spitznamen »der Kometenjäger« belegt), der diese Objekte als eine Quelle voll lauter Verwirrungen bei dem Betreiben seiner Lieblingsbeschäftigung betrachtete, versuchte eine methodische Sichtung derselben und trug sie in einen Katalog ein, der 1781 103 Objekte umfasste.[6])

Diese vorläufigen Versuche verloren ihre Bedeutung, als Herschel mit seinen Riesenteleskopen seine »Streifzüge durch den Himmel« begann. Im Jahre 1786 legte er der Königlichen Gesellschaft einen

---

[1]) Bullialdus, *De Nebulosa Stella in Cingulo Andromedae* (1667); siehe auch G. P. Bond, *Mem. Am. Ac.*, vol. III, pag. 75 und Holden's Monographie über den Nebel im Orion, *Washington Observations*, vol. XXV, 1878 (publiziert 1882). — [2]) *Mathemata Astronomica*, p. 75. — [3]) *Systema Saturnium*, p. 9. — [4]) *Phil. Trans.*, vol. XXIX, p. 390. — [5]) *Mém. Ac. des Sciences*, 1755. — [6]) *Conn. des Temps*, 1784 (publ. 1781), p. 227. Ein vorheriges Verzeichnis von 45 Nebeln erschien in den *Mém. Ac. d. Sc.*, 1771.

beschreibenden Katalog von 1000 Nebeln und Sternhaufen vor, dem er drei Jahre später einen zweiten, eine gleiche Anzahl enthaltenden, folgen liess. Hierzu kam 1802 noch eine Nachlese von 500. Mittlerweile hatten seine Ansichten über ihre Natur eine bemerkenswerte Änderung erfahren. Indem er fand, dass seine mächtigen Instrumente viele Nebelflecke in Sterne auflösten, bei denen man vorher keine Spur einer solchen Struktur wahrgenommen hatte, kam er naturgemäss zu dem Schlusse, dass die Auflösbarkeit nur eine Frage der Entfernung und der teleskopischen Kraft sei. Er wurde (wie er selbst sagte) in allmählicher Stufenfolge von deutlich erkennbaren Sternhaufen, wie den Plejaden, hinübergeführt zu Flecken, die keine Spur einer Stellarformation zeigten, und zwar standen diese Abstufungen in so engem Zusammenhange mit einander, dass kein Zweifel darüber übrig blieb, dass alle diese Erscheinungen ebenfalls stellar waren. Die eigenartige Verschiedenheit ihrer Erscheinung wird von ihm folgendermassen geschildert:

»Ich habe,« sagt er, »doppelte und dreifache Nebel in mannigfaltiger Anordnung gesehen; grosse mit kleinen, die Begleiter zu sein scheinen; schmale, aber sehr ausgedehnte lichte Nebel oder glänzende Tüpfel; einige von der Gestalt eines Fächers, ähnlich einem elektrischen Büschel, das aus einem leuchtenden Punkte herauskommt; andere von kometenartigem Aussehen mit einem scheinbaren Kern im Mittelpunkte, oder gleich wolkigen Sternen, umgeben von einer nebligen Atmosphäre; eine andere Art wiederum enthielt einen Nebel von der milchigen Art, gleich jener wunderbaren unerklärlichen Erscheinung um den Stern ϑ im Orion, während noch andere mit einer matteren und bunten Art von Licht schimmerten, welches ihre Auflösbarkeit in Sterne verrät.«

»Diese seltsamen Objekte« waren für ihn »nichts Geringeres als ganze Sternensysteme,«[1]) von denen einige »wohl unsere Milchstrasse an Grösse übertreffen mögen.« Doch liess er eine weite Verschiedenheit sowohl in ihrer Beschaffenheit wie in ihrer Ausdehnung zu. Das System, zu welchem unsere Sonne gehört, beschrieb er als »einen sehr ausgedehnten verzweigten Haufen von vielen Millionen Sternen, der höchst wahrscheinlich aus vielen teils sehr weit von einander gelegenen, teils ziemlich nahe bei einander befindlichen kleinen Sternen, die den Rest gesammelt haben mögen, entstanden

---

[1]) *Phil. Trans.*, vol. LXXIV, p. 442. — *Ibid.*, LXXIX, pag. 213.

ist.«[1]) Die fortgesetzte Wirkung dieser nämlichen »haufenbildenden Kraft« aber würde, wie er meinte, schliesslich dazu führen, dass die ursprüngliche majestätische Milchstrasse in zwei- oder dreihundert gesonderte Gruppen aufbricht, deren Zusammenhäufung man bereits deutlich sehen könne. Solche kleineren Nebel, entstanden aus dem »Zerfall« anderer unserm eigenen ähnlicher »sich teilender« Nebel, liegen, wie er mit dem Fernrohr erkannte, gleichsam aufgeschichtet in gewissen Gegenden des Himmels. »Eins von diesen Nebellagern,« belehrt er uns, »ist so reichhaltig, dass, als ich einen Abschnitt desselben in der Zeit von nur sechsunddreissig Minuten durchging, ich nicht weniger als einunddreissig Nebel entdeckte, die alle auf einem schönen blauen Himmel deutlich sichtbar waren.« Die Schicht im Haar der Berenice war nach seinem Urteil dasjenige von solchen Lagern, welches unserm System am nächsten liegt; auch die deutliche Anhäufung von Nebeln um beide Pole des Kreises der Milchstrasse entging seiner Wahrnehmung nicht.

Durch Fortsetzung dieser Schlussreihe war er imstande (wie er glaubte), die Lebensgeschichte der Nebel von ihrer ursprünglich lockeren und sich weithin erstreckenden Formation durch Haufen von stufenweise wachsender Verdichtung hindurch bis zu der Art der »planetarischen« Nebel, von ihm so genannt wegen der bestimmten und gleichförmigen Scheiben, welche sie zeigen, zu verfolgen. Er betrachtete diese letzteren als »sehr alt und einer Periode der Veränderung oder Auflösung entgegengehend.«[2])

»Diese Methode, den Himmel zu betrachten,« schloss er, »scheint ihn in ein neues Licht zu setzen. Nunmehr sieht er aus wie ein üppiger Garten, der die grösste Mannigfaltigkeit von Erzeugnissen in verschiedenen blühenden Beeten enthält; und ein Vorteil, den wir wenigstens aus demselben einernten können, ist der, dass wir den Kreis unsrer Erfahrung auf eine unermessliche Dauer ausdehnen können. Denn um das Gleichnis fortzusetzen, das ich dem Pflanzenreiche entlehnte, so ist es nicht beinahe dasselbe, ob wir fortleben, um nach und nach das Sprossen, Blühen, Sichbelauben, Früchtetragen, Verwelken und Verwesen einer Pflanze mit anzusehen, oder ob eine grosse Zahl von Exemplaren, die aus jedem Zustande, den die Pflanze während der Dauer ihrer Existenz durchläuft, erlesen sind, uns auf einmal vor Augen gelegt wird.«[3])

---

[1]) *Phil. Trans.*, vol. LXXV, p. 254. — [2]) *Ibid.*, vol. LXXIX, p. 225. — [3]) *Phil. Trans.*, vol. LXXIX, p. 226.

Schon war aber diese vermeintliche Stetigkeit unterbrochen. Nach reiflicher Überlegung über das durch die Nebelsterne dargebotene Phänomen sah sich Herschel im Jahre 1791 genötigt, seine ursprüngliche Meinung wesentlich zu modifizieren.

»Als ich diese Untersuchungen verfolgte,« sagt er, »befand ich mich in der Lage eines Naturforschers, der den verschiedenen Arten von Tieren und Insekten von der höchsten Vollkommenheit bis hin zur niedrigsten Lebensstufe nachspürt: Angekommen beim Pflanzenreiche, vermag er uns kaum die genaue Grenze anzugeben, bei welcher das Tier aufhört und die Pflanze anfängt, ja er kann sogar die Vermutung hegen, dass sie nicht wesentlich verschieden sind. Aber an sich selbst denkend, vergleicht er z. B. einen von der menschlichen Gattung mit einem Baum, und jeder Zweifel über den Gegenstand verschwindet vor ihm. In gleicher Weise gehen wir von einem grobgeschichteten Sternhaufen, wie den Plejaden, durch geringfügige Abstufungen hindurch, bis wir zu einem solchen Objekte, wie dem Nebel im Orion, gelangen; und hierbei sind wir stets geneigt, bei der einmal angenommenen Vorstellung, dass ungeheuer weit entfernte und unbegreiflich zusammengedrängte Sterne zu dieser merkwürdigen Erscheinung Anlass geben, zu bleiben. Wir müssen daher Objekte von grösserer Verschiedenheit suchen, um wieder auf den rechten Weg zu kommen. Ein Blick gleich dem des Naturforschers, welcher sein Auge von dem vollkommenen Tier hinwendet zur vollkommenen Pflanze, ist notwendig, um den Schleier von dem Geiste des Astronomen wegzunehmen. Das Objekt, welches ich oben erwähnte, war das zu diesem Zwecke erforderliche Phänomen. Man betrachte z. B. den 19. Haufen meiner 6. Klasse und werfe dann seinen Blick auf diesen wolkigen Stern, und das Resultat wird nicht weniger entscheidend sein, als das des Naturforschers, auf welches wir angespielt haben. Unser Urteil, kann ich zu behaupten wagen, wird sein, dass der Nebel um den Stern nicht von stellarer Natur ist.«[1])

Die so erlangte Überzeugung von der Existenz eines im Raume weit verbreiteten »leuchtenden Fluidums« (eine Überzeugung, die viel später durch das Spektroskop vollständig gerechtfertigt wurde) führte ihn auf ein Gebiet endloser Spekulation. Was war die Natur desselben? Konnte es »verglichen werden mit dem Leuchten des

---

[1]) *Phil. Trans.,* vol. LXXXI, p. 72.

elektrischen Fluidums beim Nordlicht? oder mit dem prächtigeren Kegel des Zodiakallichtes?« Vor allen Dingen, was war seine Funktion im Kosmos? Und über diesen Punkt gab er bereits von der Richtung, in welcher sich sein Geist bewegte, eine Andeutung durch die Bemerkung, dass »es angemessener zu sein scheine, durch die Verdichtung dieser selbstleuchtenden Materie einen Stern hervorgehen zu lassen, als ihre Existenz von einem Sterne abhängig zu machen.«[1])

Es war dies keine neue Idee. Tycho Brahe hatte das Aufblitzen des Sterns vom Jahre 1572 zu erklären gesucht als die Folge einer plötzlichen Koncentration von nebliger Materie in der Milchstrasse und hatte sogar den Raum bestimmt, welcher durch das Abgeben des leuchtenden Stoffes finster und leer geworden war; und Kepler folgte, als er über eine ähnliche Erscheinung eines Sterns im Jahre 1604 nachdachte, nahezu dem nämlichen Gedankengange. Aber erst unter Herschel's Behandlung nahm der neblige Ursprung der Sterne die Gestalt einer förmlichen Theorie an. Er dachte lange und ernstlich darüber nach und legte schliesslich in zwei umfangreichen Abhandlungen, respektive aus den Jahren 1811 und 1814, die zu ihren Gunsten sprechenden Gründe dar. Dieselben beruhten ganz und gar auf dem »Prinzip der Stetigkeit.« Zwischen den aufeinanderfolgenden Klassen seiner fortlaufenden Zusammenstellung der Objekte giebt es, wie er sagte, »vielleicht keinen so grossen Unterschied, als wie er sich bei einer jährlichen Beschreibung der menschlichen Figur zeigen würde, wenn man dieselbe von der Geburt eines Knaben bis zu seiner Blüte als Mann fortsetzen wollte.«[2]) Von diffusen Nebeln, die kaum noch in den lichtstärksten Instrumenten sichtbar waren, die aber nach seiner Schätzung nahezu 152 Quadratgrade des Himmels bedeckten,[3]) bis zu den planetarischen Nebeln, die, wie er annahm, in ihrer Mitte bereits fest waren, sammelte er Beispiele von jedem Grade und jeder Art der Verdichtung. Die Beweiskraft seiner Schlüsse wurde indessen augenscheinlich dadurch beeinträchtigt, dass er sich ausser Stande erklärte, zwischen den matten Strahlen entfernter Sternhaufen und dem milchigen Lichte wirklich gasförmiger Nebel einen Unterschied zu finden.

Man könnte behaupten, dass solche Spekulationen an sich nutzlos und notwendig arm an Resultaten sein müssten. Sie be-

---

[1]) *Phil. Trans.*, vol. LXXXI, p. 85. — [2]) *Ibid.*, vol. CI., p. 271. — [3]) *Ibid.*, p. 277.

friedigen aber ein dem menschlichen Verstande eigentümliches Bestreben und sollten, wenn in schicklichem Sinne angestellt, weder getadelt noch missachtet werden. Herschel's Theorie wird eine stete und nicht unwürdige Übung für das menschliche Denken sein, wenn auch neuere Entdeckungen hinsichtlich derselben im besten Falle nur in zögernder und unverbindlicher Weise ein Zeugnis für sie ablegen. Es kann hinzugefügt werden, dass sie, wie es scheint, vollständig unabhängig von der Laplaceschen Nebularhypothese über den Ursprung des Sonnensystems aufgestellt worden ist. In der That datiert sie, wie wir gesehen haben, in ihren ersten Anfängen aus dem Jahre 1791, während die Ansichten des französischen Geometers erst im Jahre 1796 bekannt wurden.

Wir können nun die Hauptresultate von Herschel's langjähriger Durchforschung des Himmels zusammenstellen. Die scheinbaren Bewegungen der Sterne hatten ihre Erklärung gefunden, indem ein Teil derselben als Folge einer fortschreitenden Bewegung der Sonne und der sie begleitenden Planeten nach einem Punkte im Sternbilde des Herkules hin deutlich erkannt wurde, während ein grösserer Betrag der Verschiebung auf Rechnung der wirklichen, nach Ausdehnung und Richtung verschiedenen Bewegungen der Sterne selbst zu setzen war. Durch die Wirkung einer der allgemeinen Schwere analogen, wenn nicht mit ihr identischen, Centralkraft wurden, so hatte man erkannt, Sonnen von jedem Grade in Bezug auf Ausdehnung und Lichtstärke und zuweilen von glänzenden Farbenkontrasten in Systemen von zwei, drei, vier, ja sechs Gliedern zusammengehalten, deren Umläufe um einander sowohl in Bezug auf Dauer, als hinsichtlich der Gestalt der Bahn eine grosse Mannigfaltigkeit darboten. Auf diese Weise war ein neuer Abschnitt der physikalischen Astronomie geschaffen[1]) und zum ersten Male eine strenge Rechnung innerhalb der Region der Fixsterne ermöglicht worden. Von dem unermesslichen Problem der Anordnung und der Beziehungen der Millionen die Milchstrasse bildenden Sterne war gezeigt worden, dass es einer experimentellen Behandlung und einer wenigstens teilweisen Lösung fähig sei, ungeachtet der Verschiedenheiten und Verwicklungen, die in einem vorher nicht geahnten Grade in der Anordnung dieses majestätischen Systems herrschten. Die Existenz eines leuchtenden Fluidums, welches über

---

[1]) Sir J. Herschel, *Phil. Trans.*, vol. CXIV., part III, p. 1.

unermessliche Gebiete des Raumes sich verbreitete und in engster Beziehung zu den Sternkörpern stand, war nahezu bewiesen und der Versuch gemacht worden, die Stellung und den Nutzen desselben bei der Schöpfung durch eine kühne aber plausible Vermutung zu erklären. Veränderungen von gewaltigem Umfange hatte man überall vor sich gehen sehen. Ein Stern — der 55. im Herkules — verschwand gewissermassen unter den Augen des Astronomen, und das Verschwinden anderer war mehr als blosse Vermutung. Bei manchen Sternen hatte sich ein fortschreitendes Ab- oder Zunehmen des Lichts als wahrscheinlich gezeigt, ohne dass man sie für periodisch veränderlich hätte halten können; überall hatte man Kräfte in Wirksamkeit bemerkt, durch welche sogar der Bau des Himmels selbst langsam aber von Grund aus geändert werden musste. Nach allen Richtungen hin sah man einzelne Gruppen in der Bildung begriffen, Sonnen strömten zusammen und häuften sich an um mächtige Attraktionscentren, neue Systeme entstanden, während andere abgenutzte zu zerfallen oder sich neu zu bilden bestrebt waren, sobald die von der unendlichen Weisheit für sie vorgesehene Laufbahn vollendet war. Und »auf diese Weise — um die eigenen Worte des Beobachters anzuführen, welcher »weiter in den Raum hineingesehen, als irgend ein Mensch vor ihm«[1]) — ist der Zustand, in welchen die unaufhörliche Wirkung der haufenbildenden Kraft die Milchstrasse bis jetzt gebracht hat, eine Art von Chronometer, der benutzt werden kann, um die Zeit ihres vergangenen und zukünftigen Daseins zu messen. Und obgleich wir den Gang dieses geheimnisvollen Chronometers nicht kennen, so ist es dennoch gewiss, dass, ebenso wie das Aufbrechen der Milchstrasse in einzelnen Teilen uns den Beweis giebt, dass sie nicht ewig dauern wird, wir darin ebenfalls ein Zeugnis haben, dass sie nicht von Ewigkeit her bestanden hat.«[2])

---

[1]) Seine eigenen Worte an den Dichter Campbell, erwähnt bei Holden, *Life and Works,* p. 109. — [2]) *Phil. Trans.,* vol. CIV., p. 283.

Zweites Kapitel.

Fortschritte der siderischen Astronomie.

Wir müssen nun Arbeiten betrachten, die einen ganz anderen Charakter tragen wie diejenigen Sir William Herschel's. Durchforschung und Entdeckung machen nicht das ganze Geschäft der Astronomie aus; der minder kühne, jedoch nicht minder mühsame Versuch, eine immer vollkommenere Herrschaft über die ihr von Alters her überwiesenen Probleme zu gewinnen, kann im Gegenteil als ihre hauptsächliche Aufgabe betrachtet werden. Eine Kenntnis der Bewegungen der Himmelskörper ist von den frühesten Zeiten an von den dringendsten Bedürfnissen des Menschengeschlechts gefordert worden; und wenn die Wissenschaft den Ansprüchen des praktischen Lebens Rechnung trägt, so kommt sie vorwärts, ebenso wie sie in vielen Fällen dadurch ihren Anfang genommen hat. In der That ist der Versuch, unser Wissen in solchen Dingen einer absoluten Genauigkeit so nahe als möglich zu bringen, von einer nicht geringen Autorität[1]) geradezu als der wahre Zweck der Astronomie bezeichnet worden.

Verschiedene Ursachen trafen bei Beginn des gegenwärtigen Jahrhunderts zusammen, um den dahin abzielenden Untersuchungen einen frischen und kräftigen Anstoss zu geben. Der rasche Fortschritt der Theorie führte beinahe ein gleiches Vorwärtsschreiten der Beobachtung herbei; Verfeinerungen in den Instrumenten machten dieses Vorwärtsschreiten möglich. Herschel's Entdeckungen belebten das öffentliche Interesse an den Untersuchungen der himmlischen Erscheinungen; königliche, kaiserliche und grossherzogliche Begünstigung erweiterten den Kreis individueller Anstrengung. Der eigentliche Herd der neuen Bewegung lag in Deutschland. Bis dahin war die Sternwarte eines Flamsteed und Bradley der

---

[1]) Bessel, *Populäre Vorlesungen*, pp. 6, 408.

anerkannte Mittelpunkt der praktischen Astronomie gewesen; die Greenwicher Beobachtungen waren massgebend für ganz Europa, und die Kunst des Beobachtens gedieh um so mehr, mit je grösserer Treue die Greenwicher Methoden nachgeahmt wurden. Dr. Maskelyne, der den Posten des Direktors der Greenwicher Sternwarte (Astronomer Royal) sechsundvierzig Jahre lang (1765 bis 1811) inne hatte, war kein unwürdiger Nachfolger seines grossen Vorgängers. Seine Gründung des *Nautical Almanac* im Jahre 1767 verschafft ihm allein gerechten Anspruch auf einen ehrenvollen Namen; er führte an der Sternwarte die wichtige Neuerung einer systematischen Veröffentlichung der Resultate ein, und seine zahlreichen mit Sorgfalt ausgeführten Beobachtungen bildeten die Grundlage für die Ausbildung der Theorien und Verbesserung der Tafeln der Bewegungen der Himmelskörper, welche ausserhalb zur raschen Vollendung gebracht wurden. Er besass aber nicht die Fähigkeit, einen dauernden Einfluss auf die Zukunft auszuüben. Er war mehr danach geschaffen, das Überlieferte fortzusetzen, als eine neue Schule zu gründen. Er liebte die altgewohnten Wege und, so unermüdlich er auch war, war doch ein bestimmter Zweck erforderlich, um ihn vermöge der zu seiner Erreichung notwendig werdenden Bedürfnisse einen Schritt vorwärts zu treiben. So war z. B. in beinahe funfzig Jahren nach Bradley's Tode die Anschaffung einer kleinen achromatischen Linse[1]) die einzige bemerkenswerte Veränderung in der instrumentalen Ausrüstung der Sternwarte. Das Transitinstrument, der Zenithsektor und der Mauerquadrant, mit denen Bradley seine unvergleichlichen Beobachtungen angestellt hatte, behielten ihre Plätze lange noch, nachdem sie durch die Zeit schlecht geworden und durch den Fortschritt der Erfindungen veraltet waren; und erst ganz am Ende seiner Laufbahn bestellte Maskelyne, angetrieben durch die Pond'sche Entdeckung bedeutender Fehler, einen Troughton'schen Kreis, dessen Anwendung er aber nicht mehr erlebte.

Mittlerweile schien das schwere nationale Unglück, von welchem Deutschland in dem ersten Teile des jetzigen Jahrhunderts heimgesucht wurde, die bereits seit einigen Jahren daselbst im Fortschreiten begriffene geistige Wiedergeburt eher zu fördern als zu hemmen. Die Astronomie war eine der ersten von den Wissen-

[1]) Angebracht am alten Transitinstrument den 11. Juli 1772.

schaften, die den neuen Antrieb fühlten. Durch die Bemühungen eines Bode, Olbers, Schröter und v. Zach wurden richtige und erhabene Vorstellungen von dem Gegenstande verbreitet, weiteren Kreisen wurde das Verständnis für die Sache eröffnet und einträchtig und mit uneigennützigem Eifer ein fester Grund gelegt zu einer gemeinschaftlichen Thätigkeit. Sie erhielten eine mächtige Unterstützung durch die im Jahre 1804 von einem jungen Artillerieoffizier, namens v. Reichenbach, ins Werk gesetzte Begründung eines optischen und mechanischen Instituts zu München. Hier wurden die Arbeiten der englischen Instrumentenbauer zum ersten Male erreicht und später, als Fraunhofer in das neue Etablissement eintrat, die Arbeiten der englischen Optiker weit übertroffen. Die Entwickelung, welche dieser ausserordentliche Mann den Refraktionsfernrohren gab, war unentbehrlich für den Fortschritt desjenigen fundamentalen Teils der Astronomie, welcher in der genauen Bestimmung der Stellung der Himmelskörper besteht. Reflektoren sind brillante Werkzeuge für Entdeckungen, doch sind sie nur mit Schwierigkeit zu dem prosaischen Geschäfte der Messung von Rektascensionen und Poldistanzen zu gebrauchen. Eine ausgezeichnete Verbesserung in der Kunst der Herstellung von Flintglas fiel daher in sehr glücklicher Weise zusammen mit dem Aufgange einer Deutschen Schule wissenschaftlich gebildeter Mechaniker, die die instrumentalen Hilfsmittel für die bevorstehende Reform liefern konnten. Von dem Leiter dieser Reform haben wir nunmehr zu reden.

Friedrich Wilhelm Bessel wurde geboren zu Minden in Westfalen am 22. Juli 1784. Eine gewisse Vorliebe für Zahlen und ein immer lebhafterer Widerwille gegen das Lateinische lenkten seine Neigung und seines Vaters Wahl auf eine kaufmännische Laufbahn. In seinem fünfzehnten Jahre trat er demgemäss in das Haus Kuhlenkamp und Söhne in Bremen als Handlungslehrling ein. Er war nun vollständig auf seine eigenen Hilfsquellen angewiesen. Von seinem Vater, einem in kümmerlichen Verhältnissen lebenden, durch eine grosse Familie schwer belasteten Regierungsbeamten, hatte er, das wusste er wohl, nichts zu erwarten. Seine schlafenden Fähigkeiten wurden erweckt durch die Notwendigkeit, sich selbst helfen zu müssen, und er fasste den Beschluss, sich auf dem vor ihm liegenden Pfade männlich vorwärts zu bringen. Der Posten eines Superkargo bei einer der Handelsexpeditionen, die von den

Hansastädten nach China und Ostindien gesandt wurden, war das Ziel seines kindlichen Ehrgeizes, für dessen Erreichung er sich selbst durch fleissige Aneignung von passenden und nützlichen Kenntnissen zu befähigen suchte. Er lernte Englisch in zwei oder drei Monaten, eignete sich mit zufälliger Unterstützung eines Büchsenschmiedelehrlings einige Brocken Spanisch an, studierte die Geographie der fernen Länder, die er zu besuchen hoffte, sammelte sich Kenntnisse über ihr Klima, ihre Einwohner, Erzeugnisse und Handelsverbindungen. Sein Wunsch, einige Bekanntschaft mit der (damals sehr vernachlässigten) Kunst, wie man Beobachtungen zur See anstellt, zu machen, führte ihn vom Schiffswesen zur Astronomie und von der Astronomie zur Mathematik, und auf diese Weise bahnte er sich seinen Weg in eine neue Welt.

Es war für ihn wesentlich, dass die praktischen Probleme ihn angezogen hatten, bevor sein Geist noch reif war, den Zauber ihrer abstrakten Schönheiten zu fühlen. Sein erster Beobachtungsversuch wurde mit einem nach seinen eigenen Angaben roh gearbeiteten Sextanten und mit einer gewöhnlichen Uhr angestellt. Das Objekt desselben war die Bestimmung der Länge von Bremen, und sein Erfolg erfüllte ihn, wie er uns selbst erzählt, [1]) mit einer freudigen Begeisterung, welche, da sie ihn in seinen Neigungen bestärkte, sein Schicksal entschied. Er studierte nun mit Gier Bode's *Jahrbuch* und v. Zach's *Monatliche Correspondenz,* überwand mit Hilfe von Lalande's *Traité d'Astronomie* jede ihm entgegentretende Schwierigkeit und ergänzte mit erstaunlicher Schnelligkeit die Lücken in seinen mathematischen Kenntnissen. In zwei Jahren vermochte er ein Problem in Angriff zu nehmen, welches die Geduld, wenn nicht die Geschicklichkeit des erfahrensten Astronomen auf die Probe gestellt haben würde. Unter den Papieren des Grafen von Aigremont hatte v. Zach die Harriot'schen Beobachtungen des Halley'schen Kometen bei seinem Erscheinen im Jahre 1607 gefunden und dieselben als Ergänzung zu Bode's *Jahrbuch* veröffentlicht. Mit Fleiss und Sorgfalt, angefacht durch jugendlichen Eifer, den doch die ungenaue Beschaffenheit jener Beobachtungen kaum verdiente, leitete Bessel aus denselben eine Bahn für diesen berühmten Körper her und legte seine Arbeit Olbers vor, dessen Ruf in kometarischen Untersuchungen ihn für diese Huldigung besonders geeignet er-

---

1) *Briefwechsel mit Olbers,* S. 16.

scheinen liess. Der wohlwollende Physiker und Astronom zu Bremen begrüsste mit unverhohlener Freude eine derartige Leistung, die aus einer solchen Quelle hervorgegangen war. Fünfzehn Jahre zuvor hatte die französische Akademie eine ähnliche Leistung mit dem Preise gekrönt; jetzt war ihresgleichen von einem zwanzigjährigen Jüngling hervorgebracht worden, der durch seinen kaufmännischen Beruf vollauf in Anspruch genommen, ein Autodidakt und gezwungen war, die dem Studium gewidmeten Stunden von seiner Nachtruhe abzusparen. Olbers sandte sofort die Abhandlung an v. Zach zur Veröffentlichung mit einer die Verhältnisse ihres Verfassers klarlegenden Bemerkung, und sofort war der Name Bessel's im Munde aller Gelehrten Europas.

Bis jetzt hatte er jedoch noch nicht die Absicht, die Astronomie zu seinem Beruf zu wählen. Noch zwei Jahre fuhr er fort, bei Tage seine Geschäfte im Kontor zu verrichten und bei Nacht über der *Mécanique Céleste* und der Differentialrechnung zu liegen. Als aber die Stelle eines Assistenten an Schröter's Sternwarte zu Lilienthal durch den Abgang Harding's nach Göttingen im Jahre 1805 vakant geworden war, wurde dieselbe durch Olbers' Betreiben ihm angeboten. Nicht ohne Sträuben entschloss er sich, das Schreibpult mit dem Fernrohr zu vertauschen. Er stand bei seinen Prinzipalen im höchsten Ansehen; er beherrschte vollständig die Einzelheiten des Geschäfts, dem sein scharfer praktischer Verstand mit lebhaftem Interesse folgte; seine Lehrjahre waren beinahe vorüber und eine nicht unwillkommne Aussicht auf verhältnismässigen Überfluss lag vor ihm. Die Liebe zur Wissenschaft behielt jedoch die Oberhand; er wählte die Armut und die Sterne und ging nach Lilienthal mit einem Gehalt von hundert Thalern jährlich. Bei einem Rückblick auf die Thätigkeit seines Lebens erklärte Olbers lange nachher, dass der grösste Dienst, den er der Astronomie erwiesen, der gewesen sei, dass er den Genius Bessel's erkannt, geleitet und gefördert habe.[1])

Vier Jahre lang blieb er bei Schröter in Stellung; gegen das Ende dieser Zeit übertrug ihm die preussische Regierung die Oberaufsicht über die Errichtung einer Sternwarte zu Königsberg, die nach vielen verdriesslichen, durch die unglücklichen Verhältnisse des Landes bedingten Verzögerungen am Schlusse des Jahres 1813

---

[1]) R. Wolf, *Geschichte der Astronomie,* S. 518.

vollendet war. Königsberg war die erste wirklich erfolgreiche deutsche Sternwarte; sie wurde überdies ein Mittelpunkt der Belehrung nicht für Deutschland allein, sondern für die ganze astronomische Welt. Zweiunddreissig Jahre hindurch war sie der Schauplatz für Bessel's Arbeiten, und diese hatten die Rekonstruktion der gesamten Beobachtungswissenschaft nach einem verbesserten und einheitlichen Plane zum Ziele.

Eine Kenntnis der Stellungen der Sterne ist die Grundlage der Astronomie.[1]) Ihre Konfiguration giebt dem Himmel sein besonderes Aussehen und lässt die sich ändernden Bahnen der beweglicheren Objekte durch verhältnismässig feste und im allgemeinen unveränderliche Lichtpunkte bestimmen. Eine eingehendere und genaue Bekanntschaft mit der Zahl der Sterne, bloss vom Standpunkt der Himmelsbeschreibung aus betrachtet, ist daher zu allen Zeiten ein Hauptziel der Himmelswissenschaft gewesen und ist während des gegenwärtigen Jahrhunderts mit einem Eifer und Erfolge angestrebt worden, welcher alle vorausgegangenen Bemühungen als unbedeutend erscheinen lässt. In Lalande's *Histoire Céleste,* die im Jahre 1801 veröffentlicht ist, waren die Örter von nicht weniger als 47 390 Sternen angegeben, aber gleichsam nur im Rohen, so dass mühevolle Rechnungen nötig waren, um sie für Genauigkeit heischende Zwecke nutzbar zu machen. Piazzi gab ein Beispiel verfeinerter Beobachtungsmethoden, deren Ergebnis die Veröffentlichung zweier gegen 7000 Sterne enthaltenden Kataloge in den Jahren 1803 und 1804 war, welche ihrer Zeit ein Muster von dem waren, was solche Werke sein sollten. Stephen Groombridge zu Blackheath war in ähnlicher Weise und sehr erfolgreich thätig. Aber es war mehr erforderlich als der Fleiss einzelner Beobachter. Man bedurfte einer systematischen Reform, und dies war es, was Bessel unternahm und durchführte.

Die direkte Beobachtung liefert nur das sogenannte »rohe Material« von den Stellungen der Himmelskörper.[2]) Eine Anzahl von sehr verwickelten Verbesserungen muss angebracht werden, bevor ihre mittleren Örter am Himmelsgewölbe aus ihren scheinbaren erkannt werden können. Von diesen ist die beträchtlichste und bekannteste die atmosphärische Refraktion, durch welche die Objekte höher am Himmel zu stehen scheinen, als es in Wirklichkeit der

---

[1]) Bessel, *Pop. Vorl.,* S. 22. — [2]) Bessel, *Pop. Vorl.,* S. 440.

Fall ist. Ihr Effekt verschwindet im Zenith und erreicht in einer von dem Drucke und der Temperatur abhängenden Stufenfolge ein Maximum im Horizont. Ferner sind die Punkte, auf welche die Messungen bezogen werden, selbst in Bewegung, entweder beständig in einer Richtung, oder periodisch hin und her. Die Präcession der Tag- und Nachtgleichen schreitet langsam vorwärts oder vielmehr zurück; die Nutation des Poles oscilliert in einer Periode von ungefähr achtzehn Jahren. Hierzu kommt noch, dass die allmähliche Fortpflanzung des Lichtes im Verein mit der Bewegung der Erde in ihrer Bahn eine kleine unter dem Namen der Aberration bekannte Ortsveränderung veranlasst.

Man sieht nun leicht, dass jede Unzuverlässigkeit in der Anwendung dieser Korrektionen geradezu die Grundlagen einer exakten Astronomie untergräbt. Allerdings kommen nur ausserordentlich kleine Grössen in Betracht; aber das Gedeihen und der Fortschritt der modernen Wissenschaft des Himmels hängt ab von der sicheren Erkenntnis ausserordentlich kleiner Grössen. In den ersten Jahren dieses Jahrhunderts gab es indessen kein einheitliches System für die »Reduktion« (so nennt man die vollständige Korrektion der Beobachtungsresultate). Vieles war dem persönlichen Belieben der Beobachter überlassen, die für die verschiedenen »Elemente« der Reduktion solche Werte wählten, die ihnen gerade am besten schienen. Hierdurch entstand eine sehr verderbliche Verwirrung, welche eine vereinigte Thätigkeit nicht aufkommen liess und den Nutzen mühevoller Untersuchungen beeinträchtigte. Diesem Stand der Dinge half Bessel durch angestrengten Fleiss, durch Scharfsinn und Geduld in durchaus befriedigender Weise ab.

Das erste, was er unternahm, war eine sorgfältige Durchmusterung der früheren Beobachtungen, welche Bradley von 1750 bis zu seinem Tode im Jahre 1762 zu Greenwich angestellt hatte. Der daraus zusammengestellte Katalog von 3222 Sternen gab für ein derartiges Werk das erste Beispiel systematischer Reduktion nach einem einheitlichen Plane. Ohne auf Einzelheiten, die in einem Buche wie dem vorliegenden nicht am Platze wären, einzugehen, hält es schwer, eine Vorstellung von der mühevollen Art eines solchen Unternehmens zu geben. Es enthielt zugleich die Bildung einer Theorie der Fehler eines jeden von den Bradley'schen Instrumenten und eine schwierige und subtile Ermittlung des wahren Wertes jeder Korrektion, die angewendet werden musste, bevor die

Angaben der Greenwicher Journale zu einem endgültigen und authentischen Kataloge zusammengestellt werden konnten. Obwohl schon 1813 vollendet, erschienen die Resultate doch erst fünf Jahre später unter dem stolzen, aber nicht unpassenden Titel *„Fundamenta Astronomiae."* Der hervorragende Wert des Werkes besteht darin, dass es den Anfang einer exakten Astronomie fast um ein halbes Jahrhundert zurückdatiert, indem es über den Zustand des Himmels bis zurück zum Jahre 1755 eine umfassende, durchaus zuverlässige Kenntnis verschafft. Durch Vergleichung mit Piazzi's Katalogen wurde der Betrag der Präcession genauer bestimmt, die eigenen Bewegungen einer beträchtlichen Anzahl von Sternen wurden mit Sicherheit erkannt und sichere Vorausbestimmungen der Örter der Gestirne — das Zeugnis des Eindringens in die Geheimnisse der Natur — wurden möglich. Bessel's endgültige Verbesserungen der Reduktionsmethoden wurden 1830 in seinen *Tabulae Regiomontanae* veröffentlicht. Sie bildeten nicht nur einen Fortschritt in der Genauigkeit, sondern gewährten auch eine bedeutende Erleichterung in der Anwendung und wurden sogleich überall adoptiert. Auf diese Weise wurde die Astronomie eine wirklich universale Wissenschaft; Unsicherheiten und Verschiedenheiten waren beseitigt und Beobachtungen, die zu irgend einer Zeit und an irgend einem Orte angestellt worden waren, vermochte man mit einander zu vergleichen.[1])

Indessen blieb noch mehr zu thun. Um die aus den Katalogen Bradley's und Piazzi's gezogenen Resultate mit grösserer Strenge zu bestätigen, war ein drittes Vergleichungsglied erforderlich, und Bessel unternahm es, dies zu beschaffen. Durch eine Reihe von 75011 Beobachtungen, die während der Jahre 1821 bis 1833 mit der äussersten Schärfe und Sorgfalt ausgeführt wurden, stieg die Zahl der genau bekannten Sterne bis auf ungefähr 50000, und ein reicher Vorrat von zuverlässigen Thatsachen lag aufgestapelt für den Gebrauch künftiger Astronomen. Bei diesem Geschäfte war Argelander, den er von der Finanzwissenschaft zur Astronomie hinübergezogen und mit seinen eigenen Methoden vertraut gemacht hatte, sein Assistent und Nachfolger. Die grosse *»Bonner Durchmusterung,«*[2]) in welcher 324198 am nördlichen Himmel sichtbare

---

[1]) Durège, *Bessels Leben und Wirken,* S. 28. — [2]) *Bonner Beobachtungen,* Bd. 3—5, 1859—62.

Sterne aufgezählt sind, und der zugehörige in den Jahren 1857 bis 1863 veröffentlichte »*Atlas*,« welcher ein Bild unserer siderischen Umgebung von vorher unerreichter Vollständigkeit giebt, verdanken, wie man mit Recht behaupten kann, der Initiative Bessel's ihre Entstehung und bilden eine Fortsetzung von dem, was er begonnen.

Seine Thätigkeit war aber nicht bloss in Anspruch genommen durch die Ausbildung einer umfassenden Reform der Astronomie; sie umfasste auch specielle Probleme. Das lange fehlgeschlagene Suchen nach einer Parallaxe der Fixsterne wurde mit frischem Eifer wieder aufgenommen, sobald eine mechanische oder optische Verbesserung eine neue Aussicht auf glücklichen Erfolg eröffnete. Illusorische Resultate waren im Überfluss vorhanden. Piazzi glaubte im Jahre 1805 an der Wega, am Aldebaran, Sirius und Procyon beträchtliche jährliche Ortsveränderungen wahrzunehmen; in Wirklichkeit waren aber seine Instrumente durch den beständigen Gebrauch abgenutzt, und man konnte sich nicht mehr auf sie verlassen.[1]) Sein Landsmann Calandrelli sah sich in ähnlicher Weise getäuscht. Der berühmte Streit zwischen dem Chefastronomen zu Greenwich und Dr. Brinkley, dem Direktor der Sternwarte am College zu Dublin, drehte sich um denselben Gegenstand. Brinkley, welcher im Besitze eines Meridiankreises erster Güte war, glaubte ziemlich grosse Parallaxen für vier der glänzendsten Sterne entdeckt zu haben; Pond behauptete, im Vertrauen auf das Zeugnis der Greenwicher Instrumente, das Nichtvorhandensein derselben. Der Streit zog sich vierzehn Jahre hin, von 1810 bis 1824, und kam zu keinem endgültigen Abschlusse, doch bestätigte die Folgezeit in überzeugender Weise die Richtigkeit der nach der negativen Seite sich neigenden Ansicht.

Man hatte guten Grund, hinsichtlich der Parallaxen etwas ungläubig zu sein. Ankündigungen von ihrer Entdeckung waren so häufig geworden, dass sie schon keinen Glauben fanden, bevor sie noch widerlegt worden waren; und Struve, der in den Jahren 1818 bis 1821 zu Dorpat Untersuchungen über diesen Gegenstand anstellte, hatte klar gezeigt, dass die in Betracht kommenden Grössen so winzig waren, dass sie ausserhalb der zuverlässig messenden Kraft eines jeden damals im Gebrauch befindlichen Instrumentes lagen.

[1]) Bessel, *Pop. Vorl.*, S. 238.

Schon waren aber die Hilfsmittel in Vorbereitung, welche diese Kraft bedeutend steigern sollten.

Am 21. Juli 1801 stürzten zwei alte Häuser in einem Gässchen München's ein und begruben unter ihren Trümmern sämtliche Bewohner. Nur einer wurde lebend, obwohl arg verletzt, herausgegraben. Es war ein Waisenknabe von vierzehn Jahren, namens Joseph Fraunhofer. Der Kurfürst Maximilian Joseph war Augenzeuge dieses Vorfalls, interessierte sich für den Überlebenden und tröstete ihn in seinem Unglück durch ein Geschenk von achtzehn Dukaten. Selten ist Geld besser angelegt worden. Einen Teil davon gab der junge Fraunhofer aus für Bücher und eine Glaspoliermaschine, mit deren Hilfe er Mathematik und Optik studierte und sich im Geheimen in der Anfertigung von Linsen übte; mit dem Reste erkaufte er seine Freiheit von einem gewissen Weichselberger, einem Spiegelmacher von Beruf, zu dem er nach dem Tode seiner Eltern in die Lehre gegeben worden war. Es folgte eine Zeit der Not und Entbehrung, während welcher er jedoch seine Kenntnisse schnell erweiterte und auf diese Weise sich in hervorragendem Masse vorbereitete für die Aufgabe, die seiner wartete, als er im Jahre 1806 in die optische Abteilung des zwei Jahre vorher durch v. Reichenbach und Utzschneider gegründeten Etablissements eintrat. Er warf sich jetzt mit Eifer auf die Verbesserung des achromatischen Fernrohrs, und nach einem langen Studium der Theorie der Linsen und vielen mühsamen Versuchen in der Anfertigung von Flintglas gelang es ihm am 12. Dezember 1817, ein Objektivglas von ausgezeichneter Güte und Vollkommenheit zu vollenden, welches $9\frac{1}{2}$ Zoll im Durchmesser und eine Brennweite von vierzehn Fuss hatte.

Diese (nach damaligen Begriffen) riesenhafte Linse hatte Struve für die russische Regierung bestellt, und im Jahre 1824 wurde der »grosse Dorpater Refraktor« — das erste jener ungeheuren achromatischen Fernrohre, welche in der neueren Astronomie eine so bedeutungsvolle Rolle gespielt haben — an der Stelle aufgerichtet, an welcher er sich noch heute befindet. Durch sinnreiche Verbesserungen in der Montierung und Ausrüstung war es für die feinsten mikrometrischen Arbeiten geeignet und bot so niemals dagewesene Erleichterungen sowohl in der Erforschung von Doppelsternen (wozu es Struve hauptsächlich benutzte), als auch bei solchen feinen Messungen, welche dazu dienen sollten, die Existenz einer merklichen Parallaxe der Sterne zu beweisen oder zu widerlegen. Fraunhofer konstruierte ferner für die Königsberger Sternwarte das erste wirklich brauchbare Heliometer. Das Prinzip dieses Instrumentes (das passender ein »Mikrometer mit geteiltem Objektiv« genannt wird) besteht in der Trennung zweier verschiedener Bilder desselben Objekts um einen genau messbaren Betrag. Soll z. B. ein Doppelstern untersucht werden, so werden die beiden halben Linsen, in welche das Objektiv geteilt ist, verschoben, bis etwa der obere Stern in dem einen Bilde zusammenfällt mit dem unteren Stern in dem andern; ihre Entfernung von einander ergiebt sich dann aus dem Betrage der gemachten Bewegung.[1])

Dieses wirklich neue Untersuchungsmittel wurde abgeliefert und aufgestellt im Jahre 1829, drei Jahre nach dem Ableben seines Erfinders. Die Dorpater Linse hatte Fraunhofer den Adelstitel und die alleinige Leitung des Münchener optischen Instituts (das seit 1814 von der mechanischen Abteilung vollständig getrennt war) eingebracht. Was er jedoch vollendet hatte, war nur ein kleiner Teil von dem, was er zu vollenden willens war. Er sah die Möglichkeit vor sich, die lichtsammelnde Kraft des grossen, von Struve erworbenen achromatischen Fernrohrs nahezu zu vervierfachen; er erdachte an den Reflektoren ebenso wichtige Verbesserungen, wie diejenigen, welche er bereits an den Refraktoren angebracht hatte, und war nebenbei mit Untersuchungen über die Natur des Lichts beschäftigt, deren wichtigen Charakter zu würdigen wir bald Gelegenheit haben werden. Aber seine Gesundheit verschlechterte sich durch die Nachwirkungen jenes ersterwähnten Unfalls und durch die übermässige und ungesunde Arbeit; und, immer noch in der Hoffnung, aus einer beabsichtigten Reise nach Italien Genesung finden zu können, starb er an der Abzehrung am 7. Juni 1826 im Alter von neununddreissig Jahren. Sein Grab in München trägt die kurze Inschrift: *Approximavit sidera* (Er hat uns die Sterne näher gerückt).

Bessel wurde mit der ausgezeichneten messenden Kraft des Königsberger Heliometers nicht eher bekannt, als bis er sich entschloss, dasselbe bei einer Inangriffnahme des schon hundert Jahre alten

[1]) Die Köpfe der Schrauben, welche beim Königsberger Heliometer dazu dienen, die Hälften des Objektivs zu bewegen, haben einen so beträchtlichen Umfang, dass der tausendste Teil einer Umdrehung, der einem Zwanzigstel einer Bogensekunde entspricht, mit der grössten Genauigkeit gemessen werden kann. Main, *R. A. S. Mem.*, vol. XII, p. 53.

Problems der Bestimmung der Entfernung der Sterne zu benutzen. Aber erst im Jahre 1837 fand er Musse, sich mit dieser Untersuchung zu beschäftigen. Bei der Auswahl eines Fundamentalsterns wandte er ein neues Prinzip an. Es war bis dahin angenommen worden, dass unsere nächsten Nachbarn im Raume die glänzendsten Zierden unsres Himmels sein müssten. Die Kenntnis der Eigenbewegungen der Sterne, welche man durch eine aufmerksame Vergleichung der neuen Sternörter mit den früheren erlangt hatte, gab ein anderes Merkmal für ihre Entfernungen an die Hand. Man kann sich unmöglich der Folgerung verschliessen, dass die anscheinend am schnellsten sich bewegenden Sterne, im ganzen genommen, uns auch am nächsten sind, wobei freilich die einzelnen Ausnahmen von der Regel sehr zahlreich sein mögen. Nun hatte schon im Jahre 1792 [1]) Piazzi die ungewöhnlich grosse eigene Bewegung (5.2″ jährlich) eines Doppelsterns fünfter Grösse in dem Sternbilde des Schwans als einen Hinweis auf einen verhältnismässig geringen Abstand von der Erde wahrgenommen. Mit noch grösserem Nachdruck richtete Bessel im Jahre 1812 [2]) die Aufmerksamkeit der Astronomen auf diese Thatsache und der 61. Stern im Schwan wurde als der »flüchtige Stern« bekannt. Der scheinbare Betrag seiner Geschwindigkeit ist freilich von so geringer Art, dass er in tausend Jahren seinen Platz um kaum $3\frac{1}{2}$ Monddurchmesser geändert haben wird, und eine Viertelmillion Jahre wird erforderlich sein, um ihn den ganzen Umkreis des sichtbaren Himmels durchlaufen zu lassen. Trotzdem hat er nur wenige Nebenbuhler hinsichtlich der Schnelligkeit der Bewegung, da im Vergleich zu der seinigen die scheinbare Ortsveränderung der grossen Mehrzahl von Sternen fast unmerklich ist.

Dieses interessante, obwohl unscheinbare Objekt wählte Bessel zur Untersuchung mit seinem Heliometer, während Struve einen ähnlichen und etwas früheren Versuch mit dem glänzenden Edelstein in der Leier anstellte, dessen arabischer Name eines »fallenden Adlers« als Erinnerung an frühere Zeiten noch in dem Namen Wega fortlebt. Beide Astronomen bedienten sich übereinstimmend der »Differential«-Methode, für welche ihre Instrumente und in der Nähe der von ihnen gewählten Sterne befindliche kleine physisch

---

[1]) *Specola Astronomica di Palermo,* lib. VI, p. 10, note. — [2]) *Monatliche Correspondenz,* Bd. XXVI, S. 162.

davon getrennte Begleiter besondere Vorteile darboten. Im Dezember 1838 machte Bessel die Resultate seiner einjährigen Beobachtungen bekannt, die für den 61. Stern im Schwan eine Parallaxe von ungefähr einer Drittel Sekunde ergaben (0.3136″).[1]) Darauf liess er sein Heliometer herunternehmen und reparieren, worauf er die Untersuchung wieder aufnahm und schliesslich im März 1840[2]) eine Reihe von 402 Messungen beendigte. Die resultierende Parallaxe von 0.3483″ (entsprechend einer Entfernung, die etwa 600000-mal so gross ist, wie die der Erde von der Sonne) schien mit grösster Genauigkeit festgestellt zu sein und ist bemerkenswert als das erste publizierte Beispiel einer mit so grossem Fleisse ausgeführten Lotung des Himmelsraumes, die wirklich und unzweifelhaft bis auf den Grund gedrungen war. Sie wurde mit merkwürdiger Genauigkeit in den Jahren 1842—43 von C. A. F. Peters zu Pulkowa bestätigt, doch zeigten spätere Untersuchungen, dass sie gerade auf eine halbe Sekunde zu erhöhen war.[3])

Struve's Messungen flössten weniger Vertrauen ein. Sie erstreckten sich auf drei Jahre (1835—38), doch waren es verhältnismässig nur wenige und wurden häufig unterbrochen. Trotzdem hat sich die Parallaxe von ungefähr einer viertel Sekunde (0.2613″), die er aus ihnen für den Stern *α* in der Leier ableitete und im Jahre 1840[4]) bekannt machte, als vorhanden, nur ein wenig zu gross, erwiesen.[5])

Mittlerweile war ein Resultat von ähnlicher Art, aber von stringenterem Charakter als das Bessel'sche oder Struve'sche, man möchte fast sagen, durch Zufall vermittelst einer anderen Methode und in einer entfernteren Gegend erhalten worden. Thomas Henderson, ursprünglich Schreiber bei einem Rechtsanwalt in seiner Vaterstadt Dundee, war durch seine astronomischen Talente

[1]) *Astronomische Nachrichten,* No. 365—366. Es mag erwähnt werden, dass die sogenannte »jährliche Parallaxe« eines Sterns nur die Hälfte seiner scheinbaren Ortsveränderung ist. Mit andern Worten, es ist der Winkel an der Spitze eines Dreiecks, dessen Grundlinie der Radius der Erdbahn und dessen Seiten die Entfernungen des betreffendan Sternes sind. — [2]) *Ibid.,* Nos. 401 u. 402. — [3]) Sir R. Ball's Messungen zu Dunsink ergaben für 61 Cygni eine Parallaxe von 0.47″, die von Professor Hall in Washington im Jahre 1881 fast genau bestätigt wurde. Eine sehr sorgfältige Bestimmung des letzteren aber, deren Ergebnis er 1886 veröffentlichte, reduzierten den Wert auf 0.27″. — [4]) *Additamentum in Mensuras Micrometricas,* p. 28. — [5]) Hall's schliesslicher Wert für die Parallaxe der Wega im Jahre 1886 ist 0.134″.

bekannt geworden und wurde im Jahre 1831 als Direktor der neu errichteten Sternwarte am Kap der guten Hoffnung angestellt. Er begann seine Beobachtungen im Jahre 1832 und führte ungeachtet der vielen Mängel seiner Instrumente während einer dreizehnmonatlichen Amtsführung eine überraschende Anzahl von Arbeiten ersten Ranges aus. In der Absicht, die Deklination des lichtstarken Doppelsterns α im Centauren (welcher nach Sirius und Canopus als der glänzendste Stern am Himmel prangt) zu korrigieren, führte er eine Menge aufeinanderfolgender Bestimmungen seines Ortes aus und beschloss, nachdem er sich von der sehr beträchtlichen eigenen Bewegung desselben (3.6'' jährlich) überzeugt hatte, die früher gemachten Beobachtungen hinsichtlich etwaiger Spuren von parallaktischer Ortsveränderung zu prüfen. Dies geschah nach seiner Rückkehr nach Schottland, woselbst er das Amt eines Chef-Astronomen von 1834 bis zu seinem frühzeitigen Tode im Jahre 1844 bekleidete. Das Ergebnis rechtfertigte seine Erwartungen. Aus den am Kap gemachten und gehörig reduzierten Deklinationsmessungen ergab sich deutlich eine Parallaxe von etwa einer Bogensekunde (die durch Gill's und Elkin's Beobachtungen in den Jahren 1882—83 auf 0.75'' herabgesetzt wurde); doch enthielt er sich, vielleicht aus übermässiger Vorsicht, der Veröffentlichung derselben, bis das gleichzeitige Zeugnis von Lieutenant Meadows' Bestimmungen der Rektascension desselben Sterns eine vollständigere Gewissheit brachte.[1]) Als schliesslich am 9. Januar 1839 Henderson seine Entdeckung der Astronomischen Gesellschaft mitteilte, konnte er nicht mehr die Priorität, die ihm eigentlich gebührte, in Anspruch nehmen. Bessel war ihm mit der Parallaxe des 61. Sterns im Schwan gerade um zwei Monate zuvorgekommen.

So waren von drei verschiedenen Gegenden drei erfolgreiche und beinahe gleichzeitige Angriffe auf die lange belagerte Burg der himmlischen Geheimnisse unternommen worden. Dasselbe Werk ist seitdem ununterbrochen weiter verfolgt worden und hat zu dem allgemeinen Resultat geführt, dass die Sterne in ihrer überwältigenden Mehrheit viel zu weit entfernt sind, als dass sie auch nur die geringste Spur von einer aus dem Umlauf der Erde in ihrer Bahn herrührenden optischen Veränderung zeigen könnten. Nur in ungefähr zwanzig Fällen sind kleine Parallaxen bestimmt

---

[1]) *Mem. Roy. Astr. Soc.*, vol. XI., p. 61.

worden, einige genau (d. i. innerhalb mässiger Fehlergrenzen), andere mehr oder minder unzuverlässig. Das Verzeichnis ist instruktiv sowohl durch das, was es enthält, als durch das, was in ihm fehlt. Es schliesst Sterne von vielen Helligkeitsgraden ein, vom Sirius bis hin zu einem namenlosen teleskopischen Stern im Grossen Bären,[1]) und doch besitzt dieses kleine Objekt eine um so viel kleinere Entfernung von uns als der glänzende Arcturus, dass der letztere an die Stelle des andern gesetzt eine fünfzehnmal so grosse Helligkeit wie vorher zeigen würde. Ferner hat man für bei weitem die meisten der glänzendsten Sterne keine merkliche Parallaxe finden können, während die meisten der der Erde am nächsten gelegenen Sterne von fünfter, sechster, ja neunter Grösse sind. Als offenbare Folge hiervon ergiebt sich, dass die Mannigfaltigkeit in dem Sternensystem ungeheuer viel grösser ist als angenommen wurde, und dass Schätzungen von Entfernungen, die sich auf die scheinbare Grösse stützen, vollkommen zwecklos sind. Man kann hinzufügen, dass wahrscheinlicher Weise in Wirklichkeit sehr viel mehr kleine Sterne vorhanden sind als grosse, d. h. Körper, die an Umfang und Leuchtkraft unsrer Sonne nachstehen, viel mehr da sind, als solche Riesen wie Sirius, Arcturus, Canopus und Capella. Zugleich sieht man, dass sowohl die sogenannte »optische« wie »geometrische« Methode, die relativen Sternentfernungen zu schätzen, eine thatsächliche Grundlage haben, obwohl dieselbe durch komplizierte Beziehungen so ins Dunkle gehüllt ist, dass ihre individuelle Anwendung höchst bedenklich ist. Im ganzen genommen spricht viel dafür, dass die glänzenderen Sterne uns näher als die schwächeren sind, und im ganzen genommen befinden sich die die grösste scheinbare Bewegung zeigenden Sterne unter denen, deren wirkliche Entfernung am geringsten ist. In der That kann man sich keiner von diesen Folgerungen verschliessen, man müsste denn besondere Anordnungen voraussetzen wollen, die an sich höchst unwahrscheinlich sind und, wie wir vertrauensvoll sagen können, nicht existieren.

Die Entfernungen auch der wenigen Sterne, von denen man messbare Parallaxen gefunden hat, gehen über das menschliche Vorstellungsvermögen weit hinaus. Um sie von einander unterscheiden und passend ausdrücken zu können, musste eine neue

---

[1]) Dieser in Lalande's *Hist. Cél.* unter 21185 aufgeführte Stern hat nach Argelander eine eigene Bewegung von 4.734″ und nach Winnecke eine Parallaxe von 0.511″. *Month. Not.*, vol. XVIII., p. 289.

Längeneinheit, die selbst von unfassbarer Grösse ist, geschaffen werden; wir können sie den Weg des Lichts während eines Jahres (ein Jahr Lichtzeit) nennen. Die feinen Schwingungen des Äthers, die von der Oberfläche der leuchtenden Körper nach allen Seiten sich ausbreiten, durchwandern 299 860 Kilometer in der Sekunde oder rund 9.6 Billionen Kilometer im Jahre. Vier und ein Drittel solcher Massstäbe sind erforderlich, um den Abgrund zu überspannen, der uns von dem nächsten Fixstern trennt. Das Licht braucht mit andern Worten vier Jahre und vier Monate, um vom Sterne α im Centauren die Erde zu erreichen, und doch liegt dieser Stern etwa 16 Billionen Kilometer näher bei uns (soweit man bis jetzt weiss), als jedes andere Glied des Sternensystems.

Die Bestimmung der Parallaxe ermöglicht, wenn es sich um Binarsysteme handelt, die Bestimmung ihrer Masse. Denn wenn die Entfernung der beiden ein solches System bildenden Körper von der Erde festgestellt ist, so kann man die Bogensekunden, um welche sie scheinbar von einander entfernt sind, in Millionen Meilen verwandeln, und man braucht nur noch ihre Umlaufszeit zu kennen, um imstande zu sein, durch eine leichte Aufgabe der Proportionsrechnung ihre vereinigte Masse ausgedrückt durch diejenige der Sonne zu finden. Da z. B. nach den Angaben von Hind die beiden Sterne, welche den Stern α im Centauren bilden, ihren gemeinschaftlichen Schwerpunkt in einer mittleren Entfernung gleich 29 Radien der Erdbahn und in einer Periode von 85 Jahren umkreisen, so muss die attraktive Kraft der beiden zusammen gerade gleich $3\frac{1}{3}$-mal derjenigen der Sonne sein. Wir können uns eine Vorstellung von ihren gegenseitigen Beziehungen machen, wenn wir uns denken, dass sich ein zweiter leuchtender Körper von der Art unsrer Sonne um diese etwa in der Bahn des Neptun herumbewege. Systeme von noch majestätischeren Verhältnissen sinken aber durch die ungeheure Entfernung zu scheinbarer Unbedeutendheit herab. Ein Doppelstern vierter Grösse in der Cassiopeja (η), welchem nach der Angabe von O. Struve eine kleine Parallaxe zukommt, scheint eine Masse mehr als zehnmal so gross wie der Centralkörper unserer Welt zu besitzen, während der 61. Stern im Schwan ein Beispiel einer binären Verbindung darbietet, in welcher nur ein Bruchteil der Gravitationskraft der Sonne herrscht.

Ferner kann man auch den wirklichen Betrag der Eigenbewegungen, soweit es sich um denjenigen Teil derselben handelt, welcher auf die Himmelskugel projiziert wird, bei Sternen mit bekannter Entfernung feststellen. Z. B. beträgt die jährliche Reise des 61. Sterns im Schwan quer zur Gesichtslinie etwa 217 (engl. 1000) und die von α im Centauren ungefähr 97 (engl. 446) Millionen (geographischer) Meilen.*) Ein kleiner Stern, No. 1830 in Groombridge's Katalog der Circumpolarsterne, durchfliegt seinen Weg mit einer Geschwindigkeit von 50 Meilen in einer Sekunde, einer Geschwindigkeit, die nach Newcomb's Meinung über die Gravitationskraft des ganzen kontrollierbaren Sternensystems hinausgeht, und der Stern ζ im Tukan besitzt nach Dr. Gill nahezu die Hälfte dieser erstaunlichen Geschwindigkeit, abgesehen von der Bewegung, die nur immer ein jeder von diesen Sternen nach der Erde hin oder von der Erde weg besitzen kann, und von der uns schliesslich das Spektroskop berichten wird.

Herschel's Folgerung über die Bewegung der Sonne unter den Sternen war von den hervorragendsten seiner Nachfolger nicht als stichhaltig angenommen worden. Bessel behauptete, dass es durchaus keinen überwiegenden Grund gebe, der zu Gunsten der vermeintlichen Richtung derselben nach einem Punkte im Sternbilde des Herkules spräche.[1] Biot, Burckhardt, ja Herschel's eigener Sohn teilten diese Ansicht. Indessen gab das Erscheinen von Argelander's Preisschrift im Jahre 1837[2]) der Frage ein anderes Aussehen. Herschel's erste denkwürdige Lösung im Jahre 1783 gründete sich auf die noch unvollkommen bekannten Bewegungen von dreizehn Sternen; seine zweite im Jahre 1805 auf die Bewegungen von nicht mehr als sechs Sternen. Argelander erhielt nun ein durchaus übereinstimmendes Resultat aus der grossen Zahl von 390 Sternen, die mit der gewissenhaften, den Bessel'schen und seinen eigenen Arbeiten charakteristischen Genauigkeit bestimmt waren. Die Richtigkeit der so beharrlich behaupteten Thatsache konnte nicht länger bezweifelt werden; sie wurde fünf Jahre später durch den jüngeren Struve und noch besser im Jahre 1847[3]) durch Galloway's ausschliesslich auf die scheinbaren Orts-

---

*) Die Angaben des Originals sind nach dem Verhältnis: 1 geogr. Ml. = 7420 *m* = 4.611 engl. Ml. umgerechnet, wobei aber nur Daten von grösserer Wichtigkeit mit grösserer Genauigkeit angegeben sind. Unter »Meilen« sind stets geographische Meilen zu verstehen. (Anm. d. Übers.)

[1]) *Fund. Astr.*, p. 309. — [2]) *Mém. Prés. à l'Ac. de St. Pétersb.*, t. III. — [3]) *Phil. Trans.*, vol. CXXXVII, p. 79.

veränderungen von südlichen Sternen gegründete Untersuchung bestätigt. In den Jahren 1859 und 1863 kamen Herr (jetzt Sir George) Airy und Herr Dunkin[1]) mit Benutzung aller Hilfsmittel der modernen Wissenschaft und des reichen Materials, welches ihnen durch 1167 von Main sorgfältig bestimmte Eigenbewegungen geliefert wurde, zu Folgerungen, genau analog denen, welche nahezu achtzig Jahre früher von dem grossen Beobachter der Sterne ausgesprochen waren, und durch Plummer's neue Untersuchung dieses Gegenstandes im Jahre 1883[2]) erhielten jene Folgerungen nur eine geringe Modifikation. Die allgemeine Richtung der Sonnenbewegung kann daher als bekannt betrachtet werden; was aber den Betrag dieser Bewegung anbelangt, so sind die Grundlagen für eine Schätzung desselben viel weniger befriedigend. Otto Struve's Schätzung von etwa $33\frac{1}{2}$ Millionen Meilen das Jahr gründet sich auf die Annahme einer durchschnittlichen jährlichen Parallaxe von etwa einer Viertel Sekunde für die Sterne erster Grösse; und da nur fünf unter zwanzig Sternen erster Grösse überhaupt eine messbare Parallaxe zu haben scheinen, so verdient jene Schätzung offenbar nur sehr wenig Vertrauen.

Wie zu erwarten war, ist die Spekulation hinsichtlich des Zweckes und Zieles der Entdeckungsreise durch den Raum, die unser Sonnensystem unternommen hat, nicht müssig, aber ganz und gar ergebnislos gewesen. Schon die Mannigfaltigkeit der darüber aufgestellten Vermutungen ist ein Mass für ihre Unfruchtbarkeit. Lange bevor noch der Bau des Himmels zum Gegenstande methodischer Untersuchung gemacht worden war, war Kant geneigt, den Sirius als die »Centralsonne« der Milchstrasse zu betrachten, während Lambert der Meinung war, dass der ungeheure Orionnebel der Sitz der regierenden Kraft für eine untergeordnete unsere Sonne einschliessende Gruppe sein könne. Herschel sprach die Vermutung aus, dass sich der grosse Sternhaufen im Herkules (der nach seiner Schätzung 14000 Sterne enthält) als der oberste Sitz der attraktiven Kraft ausweisen könnte;[3]) Argelander nahm seinen Centralkörper in dem Sternbilde des Perseus an;[4]) Boguslawsky in Breslau wies Fomalhaut, dem glänzenden Sterne im südlichen Fische, diesen Ehrenposten zu. Mädler (welcher 1839 Struve's

---

[1]) *Mem. Roy. Astr. Soc.*, vols. XXVIII und XXXII. — [2]) *Mem. Roy. Astr. Soc.*, vol. XLVII, p. 327. — [3]) *Phil. Trans.*, vol. XCVI, p. 230. — [4]) *Mém. Prés. à l'Ac. de St. Pétersbourg*, t. III, p. 603 (gelesen am 5. Febr. 1837).

Nachfolger zu Dorpat wurde) folgerte aus einer formelleren Untersuchung, dass die regierende Kraft in dem Sternensystem nicht in einer einzigen überwiegenden Masse, sondern in dem Schwerpunkte der sich selbstregierenden umkreisenden Sternenmenge ihren Sitz habe.[1]) In dem ersten Falle (wie wir aus dem Beispiel des Planetensystems wissen) würden die Bewegungen der Sterne in der Nähe des Mittelpunktes am schnellsten sein, im zweiten würden sie mit der Entfernung von demselben schneller werden.[2]) Mädler zeigte, dass man keinen Teil des Himmels als eine Gegend von ausnahmsweise schnellen Bewegungen bezeichnen könne, wie sie sich aus dem Vorhandensein eines gigantischen (wenn auch möglicherweise dunklen) Centralkörpers ergeben würden, dass aber innerhalb und in der Umgebung der Gruppe der Plejaden eine Gemeinsamkeit ausserordentlich langsamer Bewegungen unzweifelhaft bestehe, und setzte demgemäss dorthin den Schwerpunkt der Milchstrasse.[3]) Der glänzende Stern Alcyone wurde so die »Centralsonne,« aber in einem rein passiven Sinne, indem seine Führerschaft bedingt ist durch seine Lage in der Nähe des Punktes, in welchem sich die entgegengesetzten Kräfte neutralisieren und der somit in Ruhe ist. Die Periode des Umlaufs der Sonne um diesen Punkt wurde nach einer eingestandenermassen nur auf Mutmassungen sich stützenden Methode auf 18200000 Jahre bestimmt, indem er auf Grund der sehr gewagten Annahme, dass die Entfernung der Sonne von der Alcyone vierunddreissig Millionen-mal so gross wie die der Erde von der Sonne ist, für unser System eine Geschwindigkeit von etwa $6\frac{1}{2}$ Meilen in der Sekunde ableitete.

Das Regierungssystem in der Sternenwelt, wie es der Dorpater Astronom entworfen hatte, besass, wie man bemerken kann, den am meisten bewährten konstitutionellen Charakter, indem es den Einfluss des höchsten Würdenträgers eher beschränkte als vermehrte. Während wir aber den Grundplan, nach welchem die Milchstrasse organisiert ist, noch nicht kennen und vielleicht niemals kennen lernen werden, streben neuere Untersuchungen doch mehr und mehr dahin, ihn nicht (so zu sagen) als monarchisch, sondern als förderativ hinzu-

---

[1]) *Die Centralsonne, Astr. Nachr.*, No. 566—67, 1846. — [2]) Sir J. Herschel's Anmerkung zum *Treatise on Astronomy* und *Phil. Trans.*, vol. CXXIII, part II, p. 502. — [3]) Dieser Ort liegt (nach Sir J. Herschel, *Outlines of Astronomy*, p. 631, 10. ed.) ausserhalb der Grenzen einer diskutierbaren Wahrscheinlichkeit wegen seiner Entfernung von der Ebene der Milchstrasse (volle 26°).

stellen. Die von Mädler entdeckte Gemeinsamkeit der Eigenbewegungen in der Nähe der Plejaden kann demgemäss eine ganz andere Bedeutung haben, als er sich dachte.

Wir müssen nunmehr der Bessel'schen Begründung einer sogenannten »Astronomie des Unsichtbaren« einige Aufmerksamkeit schenken.[1]) Seine Vorhersagung hinsichtlich des Planeten Neptun gehört nicht zu dem gegenwärtigen Abschnitte unseres Gegenstandes; aber eine ganz analoge Entdeckung in dem Sternensystem war gleichfalls von ihm sehr deutlich im voraus angekündigt worden. Seine ersten Vermutungen über die Ungleichförmigkeit in der Eigenbewegung des Sirius rühren aus dem Jahre 1834 her und erstreckten sich 1840 auch auf Procyon; und nach einer Reihe feinerer Messungen mittelst des neuen Repsold'schen Kreises sprach er im Jahre 1844 die Ansicht aus, dass diese Unregelmässigkeiten ihren Ursprung dem Vorhandensein dunkler Körper verdanken, um welche die beiden glänzenden Hundssterne sich bewegen, während sie ihren Weg quer durch den Himmelsraum verfolgen.[2]) Er schrieb sogar beiden eine ungefähre Umlaufszeit von funfzig Jahren zu. »Ich halte,« schrieb er später an Humboldt, »an der Überzeugung fest, dass Procyon und Sirius wirkliche Binarsysteme bilden, die aus einem sichtbaren und einem unsichtbaren Sterne bestehen. Es ist kein Grund zu der Annahme vorhanden, die Eigenschaft des Leuchtens sei eine wesentliche Eigenschaft kosmischer Massen. Dass zahllose Sterne sichtbar sind, beweist offenbar nichts gegen das Dasein zahlloser unsichtbarer.«[3])

Einem den überkommenen Vorstellungen so widersprechenden Schlusse wurde wenig Glauben geschenkt, bis Peters 1851[4]) fand, dass die scheinbaren Unregelmässigkeiten in den Bewegungen des Sirius vollständig erklärt werden könnten durch einen Umlauf innerhalb einer Periode von funfzig Jahren. Bessel's Vorhersagung sollte aber mit noch mehr Glanz bestätigt werden. Am 31. Januar 1862 entdeckte Alvan Clark jun. (eine der berühmten amerikanischen Optikerfirmen), als er einen neuen achtzehnzölligen Refraktor probierte, in der That den hypothetischen Begleiter des Sirius genau an der von der Theorie geforderten Stelle. Er war nun gerade während eines halben Umlaufs (Periode 49.4 Jahre) beobachtet

---

[1]) Mädler in Westermann's *Jahrbuch* 1867, S. 615. — [2]) Brief Bessel's an Sir J. Herschel in *Month. Not.*, vol. VI, p. 139. — [3]) Wolf, *Gesch. d. Astr.*, S. 743, Anmerk. — [4]) *Astr. Nachr.*, No. 745—48.

worden und musste — wofern es nicht noch andere Körper gab, die die Bewegung des Sirius störten — von sehr schwacher Leuchtkraft im Verhältnis zu seiner Masse sein. Seine anziehende Kraft ist in der That etwa halb so gross wie die des Hauptsterns, während er nur $\frac{1}{10000}$ des Lichtes von diesem ausstrahlt. Sirius selbst besitzt andererseits ein weit höheres Ausstrahlungsvermögen als unsere Sonne. Er wiegt — wenn man Dr. Gill's Parallaxe von 0.38″ als richtig annimmt — so viel wie drei Sonnen und leuchtet wie siebzig. Möglicherweise ist er durch die Hitze ungeheuer ausgedehnt, und unzweifelhaft absorbiert seine Atmosphäre einen sehr viel geringeren Teil seines Lichtes, als es bei den Sternen von der Art unserer Sonne der Fall ist. Was den Procyon anlangt, so bleibt eine Bestätigung durch das leibliche Auge noch zu wünschen, aber für das geistige Auge ist das Vorhandensein einer beträchtlichen störenden Masse durch die 1862 von Auwers angestellte Untersuchung völlig beglaubigt.[1] Nach Auwers kommt diesem System eine Umlaufszeit von vierzig Jahren zu.

Bessel sollte jedoch die Anerkennung des »Unsichtbaren« als eines legitimen und nutzbringenden Feldes für astronomische Untersuchungen nicht mehr erleben. Er starb gerade sechs Monate vor der Entdeckung des Neptun am 17. März 1846 an einer geheimnisvollen Krankheit, die schliesslich als eine Folge einer ausgedehnten Pilzwucherung im Magen erkannt worden ist. Der von ihm leer gelassene Platz war nicht leicht auszufüllen. Selten in der That wird man jemand finden, der die Forderungen der theoretischen und praktischen Astronomie in gleichem Grade wie er erfüllte, oder die Wissenschaft, der er sich zu eigen gegeben, mit einem ebenso umfassenden, praktischen und durchdringenden Blicke überschaute.

Die Laufbahn Friedrich Georg Wilhelm Struve's giebt ein Beispiel für den Grundsatz, dass die Wissenschaft, je mehr sie sich entwickelt, auch immer mehr in Einzelheiten zerfällt. Er könnte mit Recht ein Spezialist in Doppelsternen genannt werden. Sein erster Versuch mit dem Teleskop zielte auf eine Bestätigung von Herschel's Ansicht über die Umlaufsbewegung des Castor hin, und niemals gab er die Vorliebe auf, die diese erste Beobachtung zugleich andeutete und bestimmte. Er war geboren zu Altona, als Sohn einer angesehenen Pächterfamilie, am 15. April 1793 und pro-

---

[1]) *Astr. Nachr.*, No. 1371—1373.

movierte 1811 für Philologie an der neuen russischen Universität zu Dorpat. Er wandte sich dann der Astronomie zu, wurde 1813 Professor der Astronomie und Mathematik und begann seine Thätigkeit an der soeben von Parrot im Auftrage Alexander's I. errichteten Dorpater Sternwarte. Aber erst im Jahre 1819 wurde er durch die Erwerbung eines fünffüssigen Troughton'schen Refraktors in den Stand gesetzt, die Bestimmung der Positionswinkel von Doppelsternen regelmässig und mit leidlicher Genauigkeit auszuführen. Das daraus resultierende Verzeichnis von 795 Stellarsystemen gab das Signal für eine allgemeine Wiederaufnahme der Herschel'schen Arbeiten in diesem Fache. Die ausserordentliche Erleichterung der Beobachtung, welche das Fraunhofer'sche achromatische Fernrohr gewährte, ermutigte ihn, am 11. Februar 1825 eine Durchmusterung des gesamten Himmels bis zu 15° südlich vom Himmelsäquator in Angriff zu nehmen, welche ihn länger als zwei Jahre beschäftigte und bei einer Prüfung von etwa 120000 Sternen eine Sammlung von ungefähr 2200 vorher noch nicht als solche wahrgenommenen zusammengesetzten Objekten ergab. Die folgenden zehn Jahre waren feinen und viele Geduld erfordernden Messungen gewidmet, deren Resultate er in seinen *Mensurae Micrometricae* zusammenfasste und im Jahre 1837 zu St. Petersburg veröffentlichte. Dieses monumentale Werk giebt die Örter, Stellungen, Entfernungen, Farben und relative Lichtstärke von 3112 doppelten und vielfachen Sternen an, die sämtlich mit der äussersten Geschicklichkeit und Sorgfalt bestimmt sind. Die Aufzeichnung ist eine solche, die mit fortschreitender Zeit an Wert gewinnt und Menschenalter hindurch als Muster eines Nachweises dienen wird, durch welchen man Veränderungen entdecken oder Entdeckungen bestätigen kann.

Es geht aus Struve's Untersuchungen hervor, dass etwa je der vierzigste von allen Sternen bis zur neunten Grösse zusammengesetzt ist, dass aber das Verhältnis bei den glänzenderen Sternen doppelt so gross ist.[1]) Er führte diese Thatsache auf die Schwierigkeit zurück, die schwachen Begleiter sehr entfernter Sterne aufzufinden. Er sowohl wie Bessel hatten ferner bemerkt, dass Doppelsterne im allgemeinen durch bedeutende Eigenbewegungen sich auszeichnen. Struve's Katalog enthielt keinen Stern, dessen Kom-

---

[1]) *Über die Doppelsterne, Bericht,* 1827, S. 22.

ponenten mehr als 32″ von einander entfernt waren, weil über diese Entfernung hinaus ein bloss optisches Nebeneinanderstehen wahrscheinlich wird. Aber das ungeheure Überwiegen der ausserordentlich nahe bei einander stehenden Sterne über die gleichsam nur lose verbundenen Körper beweist ihre physische Verbindung, auch wenn kein anderer Beweis vorhanden wäre. Viele der vorher für einfach gehaltenen Sterne wurden bei der Untersuchung mit dem Dorpater Refraktor zerlegt, während in einigen Fällen ein Glied eines als binär angenommenen Systems sich selbst wieder als doppelt enthüllte, so dass der überraschte Beobachter sich einer dreifachen Gruppe von Sonnen gegenübergestellt sah. Ferner wurden fünf Beispiele von zwei so nahe bei einander liegenden Paaren bemerkt, dass man die Überzeugung von ihrer gegenseitigen Abhängigkeit gewinnen musste;[1]) ausserdem kamen 124 Beispiele von dreifachen, vierfachen und mehrfachen Verbindungen vor, deren wirkliche Existenz keinem vernünftigen Zweifel unterlag.[2])

Es war zuerst von Bessel ausgesprochen worden, dass die Thatsache, dass Sterne eine gemeinschaftliche Eigenbewegung darbieten, ein untrügliches Zeugnis für ihre wirkliche Vereinigung zu Systemen abgeben könnte. Dies war demgemäss eins der Hauptkriterien, welche Struve anwandte, um wirkliche Binarsysteme von bloss optischen zu unterscheiden. Nur allein aus diesem Grunde wurde der 61. Stern im Schwan als eigentlicher Doppelstern zugelassen, und es wurde gezeigt, dass, obwohl seine Komponenten beinahe genau geradlinige Bahnen zu beschreiben schienen, doch die Wahrscheinlichkeit dafür, dass sie ein zusammenhängendes Paar bilden, in Wirklichkeit grösser ist als die, dass die Sonne morgen früh wieder aufgeht.[3]) Überdies entdeckte man, dass dieses Band einer identischen Bewegung Körper weit über die Entfernung hinaus, um welche die Glieder von Binarsystemen gewöhnlich getrennt sind, mit einander verknüpfte[4]) und in so vielen Fällen vorhanden war, dass man zu dem Schlusse genötigt wurde, dass die einfachen

---

[1]) *Über die Doppelsterne*, *Bericht*, S. 25. — [2]) *Mensurae Micr.*, p. XCIX. — [3]) *Stellarum Fixarum imprimis Duplicium et Multiplicium Positiones Mediae*, pp. CXC.; CCIII. — [4]) Z. B. die südlichen Sterne: 36 A Ophiuchi (der selbst doppelt ist) und 30 Scorpii, die 12′ 10″ von einander entfernt sind. *Ibid.*, p. CCIII. Neuere Untersuchungen haben das Feld, über welches diese Art von Verbindung sich erstreckt, bedeutend erweitert.

Sterne die mit einander verbundenen an Zahl nicht mehr als zwei- oder dreimal übertreffen.[1])

Im Jahre 1835 wurde Struve von Kaiser Nikolaus mit der Oberaufsicht über die Errichtung einer neuen Sternwarte zu Pulkowa in der Nähe von St. Petersburg beauftragt, die der speziellen Pflege der Stellarastronomie gewidmet sein sollte. Unbeschränkte Hilfsmittel wurden ihm zur Verfügung gestellt, und das von ihm geschaffene Institut übertraf, wie allgemein anerkannt wurde, alle andern seiner Art an Glanz, Wirksamkeit und Vollständigkeit. Sein Hauptruhm in instrumentaler Beziehung war ein Refraktor von 15 Zoll Öffnung aus der Werkstatt von Merz und Mahler (den Nachfolgern Fraunhofer's), welcher das berühmte Dorpater Teleskop weit hinter sich liess und lange ohne Rivalen blieb. Nach Vollendung dieses Musteretablissements am 19. August 1839 wurde Struve als Direktor desselben angestellt und erfüllte die wichtigen Pflichten dieses Postens mit der gewohnten Strenge noch bis zum Jahre 1858, wo ihn seine schwache Gesundheit bewog, zu Gunsten seines 1819 zu Dorpat gebornen Sohnes Otto Struve abzudanken. Er starb am 23. November 1864.

Eine Untersuchung über die Gesetze der Sternverteilung, die er während der ersten Jahre seines Aufenthalts zu Pulkowa unternahm, führten Struve im allgemeinen zu einer Bestätigung der Folgerungen, zu denen Herschel hinsichtlich des Baues des Himmels gekommen war. Nach seiner Ansicht ist die als Milchstrasse bekannte Erscheinung hervorgebracht durch eine Ansammlung von (grösstenteils) ungleichmässig dichten Sternhaufen, innerhalb deren die Sonne eine etwas excentrische Lage einnimmt. Der neblige Ring, welcher auf diese Weise das Licht unzählig vieler Welten vereinigt, unterscheidet sich nach ihm nur wenig von der Form eines grössten Kreises, und als Grund für diese Abweichung von der Symmetrie führt er an, dass die den Ring bildenden Sterne über eine gebogene oder »gebrochene Ebene« zerstreut seien oder in zwei nur wenig gegen einander geneigten Ebenen liegen, in der Nähe von deren Durchschnitt unser System steht.[2]) Er versuchte ferner zu zeigen, dass die Grenzen dieser ungeheuren Ansammlung für immer der menschlichen Wahrnehmung verborgen bleiben müssen

[1]) *Stellarum Fixarum etc.*, p. CCLIII. — [2]) *Études d'Astronomie Stellaire*, 1847, p. 82.

wegen der allmählichen Absorption des Lichtes bei seinem Durchgange durch den Raum,[1]) und bemühte sich, dieser berühmten Hypothese eine Bestimmtheit und Sicherheit zu verleihen, die weit über die Absichten ihrer ersten Verteidiger, Chéseaux und Olbers, hinausging. Aber willkürliche Annahmen beeinträchtigten die Bündigkeit seiner Schlüsse sowohl in diesem wie in einigen andern Punkten.[2])

In seinem Spezialfache als Himmelserforscher von umfassendster Art hatte Sir William Herschel bloss einen legitimen Nachfolger, und dieser Nachfolger war sein Sohn. John Frederick William Herschel war geboren am 17. März 1792 zu Slough, promovierte mit der höchsten Auszeichnung 1813 am St. John's College zu Cambridge und widmete sich dem Rechtsstudium in der Absicht, Advokat zu werden. Aber auf diese Weise konnte er die durch ein Jugendbündnis mit Peacock und Babbage übernommene Verpflichtung, »sein Bestes zu thun, um die Welt weiser zu hinterlassen, als er sie gefunden,« nicht in befriedigender Weise erfüllen. Die Bekanntschaft mit Dr. Wollaston entschied seinen wissenschaftlichen Beruf. Bereits im Jahre 1816 finden wir ihn mit der Untersuchung einiger von seinem Vater entdeckten Doppelsterne beschäftigt, und im Jahre 1820 vollendete er den 18-zölligen Spiegel, welcher das Hauptinstrument für seine Forschungen werden sollte. Bald darauf nahm er im Verein mit Herrn (später Sir James) South eine Reihe von Beobachtungen vor, deren Folge die Einreichung einer Abhandlung an die Königliche Gesellschaft war,[3]) die mikrometrische Messungen von 380 Binarsternen enthielt. Durch diese wurden des älteren Herschel's Vermutungen von Umlaufsbewegungen derselben in vielen Fällen auffallend bestätigt. Z. B. hatte ein Stern in der nördlichen Krone (η Coronae) seit seiner ersten Entdeckung mehr als einen vollen Umlauf beendet; ein anderer, τ im Schlangenträger, war scheinbar einfach geworden, während die Bewegung eines dritten, ξ im grossen Bären, der eine offenbar excentrische Bahn besass, so schnell war, dass man sie von Monat zu Monat verfolgen und messen konnte.

Es wurde von Anfang an zuversichtlich geglaubt, dass die Kraft, welche die Doppelsterne in krummlinigen Bahnen erhält,

---

[1]) *Études etc.*, p. 86. — [2]) Siehe Encke's Kritik in den *Astr. Nachr.*, No. 622. — [3]) *Phil. Trans.*, vol. CXIV, part III, 1824.

identisch sei mit derjenigen, durch welche die Umläufe der Planeten regiert werden. Aber diese Identität wurde erst sicher festgestellt, als Savary in Paris 1827[1]) zeigte, dass die Bewegungen des oben genannten Doppelsterns im grossen Bären mit aller erreichbaren Genauigkeit auf Grund einer Rechnung nach den Prinzipien der Gravitationstheorie durch eine Ellipse mit einer Umlaufszeit von $58\frac{1}{4}$ Jahren dargestellt werden können. Encke zu Berlin folgte mit einer noch eleganteren Methode und Sir John Herschel, der die Nutzlosigkeit analytischer Finessen, bei denen die Daten notwendiger Weise so unvollkommen waren, erkannte, beschrieb im Jahre 1831 ein graphisches Verfahren, durch welches »die Hilfe des Auges und der Hand zum Leiter des Urteils in einem Falle gemacht wurde, in welchem nur das Urteil und nicht die Rechnung von einigem Nutzen sein konnte.«[2]) Der Gegenstand ist seitdem mit Sorgfalt und nicht ohne Erfolg behandelt worden, doch kann man von unsrer Kenntnis der Sternenbahnen bis jetzt kaum sagen, dass sie bereits aus dem Versuchsstadium herausgetreten sei.

Im Jahre 1825 unternahm Herschel eine allgemeine Durchmusterung des nördlichen Himmels, die hauptsächlich die Bestätigung der Entdeckungen seines Vaters bezüglich der Nebel zum Zweck hatte, und führte dieselbe während der folgenden acht Jahre mit grossem Fleisse aus. Das Ergebnis war ein Katalog von 2306 Nebeln und Sternhaufen, von denen 525 zum ersten Male beobachtet worden waren, und von 3347 Doppelsternen, die beinahe zufällig entdeckt wurden.[3]) »Mächtig angeregt,« wie er selbst erzählt, »durch das besondere Interesse des Gegenstandes und die wunderbare Natur der von selbst sich darbietenden Objekte,« beschloss er die Vervollständigung der Durchmusterung auf der südlichen Halbkugel zu versuchen. In dieser edlen Absicht schiffte er seine Familie und seine Instrumente an Bord des Mount Stewart Elphinstone ein und landete nach einer glücklichen Reise am 16. Januar 1834 in Kapstadt. Nachdem er sich zum Schauplatz seiner Beobachtungen einen Landflecken am Fusse des Tafelberges ausersehen, begann er seinen regulären »Streifzug« durch den Himmel am 5. März. Die Stätte, da sein grosser Reflektor stand, ist jetzt durch einen Obelisk bezeichnet, und der Name Feldhausen ist berühmt geworden in der

---

[1]) *Conn. d. Temps,* 1830. — [2]) *R. A. S. Mem.,* vol. V, 1833, p. 178. — [3]) *Phil. Trans.,* vol. CXXIII und *Results of Astr. Obs. etc.,* Introd.

Geschichte der Wissenschaft; denn von Herschel's vierjähriger Thätigkeit daselbst kann mit Recht behauptet werden, dass sie der Anfang unsrer Kenntnis des südlichen Himmels gewesen sei.

Die vollständigen Resultate von Herschel's Reise nach dem Kap wurden erst 1847 veröffentlicht, wo sie in einem prachtvoll ausgestatteten Bande[1]) auf Kosten des Herzogs von Northumberland herausgegeben wurden. Sie bilden eine Fortsetzung der Arbeiten seines Vaters, wie sie die Untersuchungen eines Mannes selten durch die eines andern erfahren haben. Was der ältere Beobachter für den nördlichen Himmel leistete, leistete der jüngere für den südlichen und zwar im allgemeinen mit übereinstimmenden Resultaten. Indem er die väterliche Methode des »Sternaichens« wieder aufnahm, zeigte er durch eine Durchforschung von 2299 Feldern, dass die Milchstrasse als ein vollständiger Ring von kleinen Sternen das Sonnensystem umschliesst, jedoch nicht vollkommen symmetrisch, da es scheint, als ob die Sonne etwas oberhalb ihrer mittleren Ebene und überdies denjenigen Teilen etwas näher liege, die auf der südlichen Halbkugel sichtbar sind und die demgemäss einen glänzenderen Schein entfalten und einen komplizierteren Bau darbieten als die nördlichen Zweige. Die in ihrer Art einzige kosmische Zusammenhäufung, die unter dem Namen der Magellan'schen Wolken bekannt ist, war jetzt zum erstenmale einer eingehenden, obwohl eingestandenermassen unvollständigen Untersuchung unterworfen worden, da der beinahe unbegreifliche Reichtum und die Mannigfaltigkeit ihres Inhalts derart ist, dass ein ganzes Lebensalter ihrem Studium mit grossem Nutzen gewidmet werden könnte. In der grösseren Wolke zählte Herschel innerhalb eines Gebietes von zweiundvierzig Quadratgraden 278 verschiedene Nebel und Sternhaufen, ausserdem fünfzig oder sechzig weiter abseits liegende Haufen und eine grosse Zahl von Sternen untermischt mit diffusem Nebel — im ganzen 919 katalogisierte Objekte, und in der kleineren Wolke 244. Doch war dies nur der am meisten in die Augen fallende Teil von dem, was sein zwanzigfüssiger Reflektor enthüllte. Eine derartige ausserordentliche Koncentration so verschiedener Körper leitete ihn zu dem unumgänglichen Schlusse, dass »die Wolken als Systeme eigener Art zu betrachten seien, die auf unserer Halbkugel

---

[1]) *Results of Astronomical Observations made during the years* 1834—38 *at the Cape of Good Hope.*

kein Analogon haben.«[1]) Er bemerkte auch die Leere des umgebenden Raumes, besonders bei der kleineren Wolke, nach seinen Worten: »eine Wüste, die von allen Seiten eine blühende Oase umschliesst,« als ob die kosmische Materie in der Nachbarschaft zusammengefegt und in diesen mächtigen Gruppen aufgeschüttet wäre.[2])

Von den südlichen Doppelsternen entdeckte er 2102 und gab sorgfältige Messungen derselben, ausserdem beschrieb er 1708 Nebel, von denen wenigstens 300 neu waren. Die Liste war durch eine Anzahl Zeichnungen illustriert, von denen einige ausserordentlich schön und kunstvoll sind.

Sir John Herschel's Ansichten über die Natur der Nebel wurden beträchtlich modifiziert, als es Lord Rosse mit seinen grossen Reflektoren gelang, eine Menge dieser Objekte in Sterne aufzulösen. Sein früherer etwas skeptischer Glaube an die Existenz von phosphoreszierender Materie, die »über unermessliche Regionen des Raumes nach Art einer Wolke oder dichten Nebels ausgestreut ist,«[3]) wurde zu der Überzeugung, dass kein stichhaltiger Unterschied zwischen dem schwächsten Tüpfel kosmischen Dunstes, das eben noch in einem mächtigen Teleskope erkannt würde, und dem glänzendsten und deutlichsten Sternhaufen festgestellt werden könne. Er liess indessen eine ungeheure Abstufung in der möglichen Verschiedenheit hinsichtlich des Umfanges und der Art der Anhäufung der stellaren Bestandteile der verschiedenen Nebel zu. Einige könnten als Nebel erscheinen wegen des nahen Beieinanderstehens ihrer Teile, einige wegen der Kleinheit derselben. Andere, nahm er an, könnten gebildet sein aus »von einander getrennten leuchtenden Körpern, die in einem nichtleuchtenden Medium schweben,«[4]) wogegen die ringförmige Art wahrscheinlich aus »hohlen Schalen von Sternen« bestände.[5]) Dass ein physischer und nicht bloss ein optischer Zusammenhang besteht zwischen Nebeln und den gleichsam zu einer Stickerei gruppierten kleinen Sternen, mit denen jene in vielen Beispielen verschwenderisch geschmückt sind, war für ihn evident, wie es für alle der Fall sein muss, die so genau und so deutlich sehen wie er. Seine Beschreibung von Nr. 2093 seines nördlichen Kataloges als eines »Nebelnetzes, das dem Zuge eines ähnlichen Netzes von Sternen folgt,«[6]) würde allein genügen, um die Vorstellung von einer bloss zufälligen An-

---

[1]) *Results etc.*, p. 147. — [2]) Siehe Proctor's *Universe of Stars*, p. 92. — [3]) *A Treatise of Astronomy* 1833, p. 406. — [4]) *Results of Astr. Obs. etc.*, p. 139. — [5]) *Ibid.*, pp. 24, 142. — [6]) *Phil. Trans.*, vol. CXXIII, p. 503.

häufung zurückzuweisen; und viele andere Beispiele von gleicher Wichtigkeit könnten noch angeführt werden. Das merkwürdig häufige Vorkommen von einem oder mehreren kleinen Sternen in unmittelbarer Nähe von »planetarischen Nebeln« leitete ihn zu dem Schlusse, dass ein abhängiges Verhältnis zwischen ihnen bestehe, und er versprach, dass er seine gespannteste Aufmerksamkeit richten werde auf die Beweise für kreisförmige Bewegungen nicht nur bei diesen vermeintlichen Sternsatelliten, sondern auch bei den zahlreichen »Doppelnebeln, in denen,« wie er darlegte, »alle die Mannigfaltigkeiten der Doppelsterne in Bezug auf Entfernung, Position und relative Helligkeit ihr Seitenstück finden.« Er untersuchte ferner den Gegenstand der Nebelverteilung nach der einfachen und erfolgreichen Methode der graphischen Zeichnung oder des »Kartenentwurfs,« und es gelang ihm zu zeigen, dass während am südlichen Himmel eine viel grössere Gleichförmigkeit in der Ausstreuung herrscht, wie an dem nördlichen, doch eine Verdichtung in der Gegend der Fische und des Cetus wahrnehmbar ist, die ungefähr der Nebelregion in der Jungfrau durch ihre Nähe (innerhalb 20^0 oder 30^0) bei dem entgegengesetzten Pole der Milchstrasse entspricht. Er schloss hieraus, »dass das Nebelsystem verschieden ist von dem der Sterne, obwohl es das letztere mit einschliesst und vielleicht mit ihm bis zu einem gewissen Grade vermischt ist.«[1])

Gegen Ende seines Aufenthalts zu Feldhausen hatte Herschel das Glück, Augenzeuge zu sein von einer jener eigenartigen Veränderungen im Anblick des Firmaments, welche gelegentlich die Aufmerksamkeit auch des Laien wachrufen und das grösste Staunen des philosophischen Beobachters erregen. Scheinbar umhüllt von dem Nebel in der Argo ist ein grosser Stern namens η Argus. Als Halley 1677 St. Helena besuchte, erschien er von der vierten Grösse, während ihn Lacaille um die Mitte des folgenden Jahrhunderts und andere nach ihm zur zweiten Klasse rechneten. Im Jahre 1827 bemerkte der Reisende Burchell, der sich damals zu St. Paul in der Nähe von Rio de Janeiro aufhielt, dass er unvermuteter Weise die erste Grösse angenommen hatte — ein Umstand, der um so überraschender für ihn war, als er ihn häufig während seines Aufenthalts in Afrika in den Jahren 1811 bis 1815

---

[1]) *Results of Astr. Obs. etc.*, p. 136.

nur von der vierten Grösse wahrgenommen hatte. Diese Beobachtung wurde indessen erst später allgemein bekannt. Herschel registrierte den Stern nach seiner Ankunft in Feldhausen als einen glänzenden Stern zweiter Klasse und bekam erst eine Ahnung von seinem ungewöhnlichen Charakter am 16. Dezember 1837, als er ihn plötzlich mit beinahe dreifachem Lichte strahlen sah. Er überstrahlte damals weit den Rigel im Orion und am darauffolgenden 2. Januar erreichte er sehr nahe den Stern α im Centauren. Von diesem Tage an ging er wieder zurück; ein zweites und sogar noch glänzenderes Maximum trat aber im April 1843 ein, als ihn Maclear, der damals Direktor der Sternwarte am Kap war, mit einem Glanze leuchten sah, der dem des Sirius nahe kam. Das Zu- und Abnehmen seines Lichtes wurde durch ein eigentümliches »Zittern« in der Helligkeit markiert, eine Erscheinung, die einer theoretischen Erklärung ausserordentliche Schwierigkeiten entgegensetzt. Im Jahre 1863 war er zur fünften Grösse herabgesunken und 1869 kaum noch mit blossem Auge sichtbar; seitdem hat ihn eine langsame und etwas schwankende Abnahme seines Lichtes bis nahe zur elften Grösse herabsinken lassen. Es ist einiger Grund für die Annahme vorhanden, dass seine Variationen einen Cyklus von etwa siebzig Jahren[1]) durchlaufen, der jedoch wahrscheinlich durch das Hinzutreten von mehr als einer sekundären Periode gestört wird. Aber der Umfang und Charakter seiner Veränderungen lässt ihn als eine Art von Mittelglied zwischen den regelmässig periodischen und den sogenannten »temporären« Sternen erscheinen.

Unter den zahlreichen Gegenständen, die Herschel's Aufmerksamkeit während seines Aufenthalts am Kap fesselten, befand sich auch der der relativen Leuchtkraft der Sterne. Nachdem er ein »Astrometer« erfunden hatte, in welchem ein »künstlicher Stern,« der durch totale Reflektion des Mondlichts an der Grundfläche eines Prismas gebildet wurde, als Norm für die Vergleichung diente, war er imstande, den Glanz der natürlichen Sterne nach den Entfernungen zu schätzen, in denen in jedem einzelnen Falle das künstliche Objekt und der betreffende Stern gleich hell zu sein schienen. Er stellte auf diese Weise eine Tabelle von 191 der hauptsächlichsten Sterne[2]) sowohl auf der nördlichen wie auf der südlichen Halbkugel auf, indem er die numerischen Werte ihrer scheinbaren Hellig-

---

[1]) Loomis, *Month. Not.*, vol. XXIX, p. 298. — [2]) *Outlines of Astr.*, App. I.

keit mit Bezug auf diejenige des Sternes α im Centauren, den er als Masseinheit genommen hatte, bestimmte. Da er ferner fand, dass das Licht des Vollmondes dasjenige seines Normalsternes 27408-mal an Stärke übertraf, und Dr. Wollaston gezeigt hatte, dass das Licht des Vollmondes zu dem der Sonne sich verhält wie 1 : 801072[1]) (Zöllner fand dieses Verhältnis gleich 1 : 618000), so wurde es möglich, das Licht der Sterne mit dem der Sonne zu vergleichen. Hieraus ergab sich für die wenigen Sterne, deren Entfernungen festgestellt waren, eine Kenntnis ihrer wirklichen Leuchtkraft. So fand er z. B., dass der Stern α im Centauren viermal, Wega nahezu vierzigmal so viel Licht aussandte wie die Sonne, während Arcturus (wenn die gemessene Parallaxe desselben von 0.13″ zuverlässig ist) den Glanz von vollen 200 solchen Lichtmengen verbreitet.

Herschel kehrte im Anfange des Jahres 1838 nach England zurück und brachte einen solchen Reichtum von Beobachtungen und Entdeckungen mit, wie er vorher vielleicht niemals in so kurzer Zeit gesammelt worden war. Verdiente Ehren erwarteten ihn. Er wurde bei Gelegenheit der Krönung der Königin zum Baron ernannt (die Ritterwürde hatte er 1831 erhalten); Universitäten und gelehrte Gesellschaften überschütteten ihn, mit einander wetteifernd, mit Auszeichnungen, und der Erfolg eines Unternehmens, bei welchem wissenschaftlicher Eifer und abenteuerliche Romantik zu einem reizvollen Bilde sich vereinigten, wurde mit Recht als ein Gegenstand nationalen Stolzes betrachtet. Seine Laufbahn als beobachtender Astronom war nunmehr in Wirklichkeit abgeschlossen; seine Musse widmete er der Sammlung und Ordnung der überreichen Trophäen von seines Vaters und seiner eigenen Thätigkeit. Der resultierende grosse Katalog von 5079 Nebeln (allen damals sicher bekannten), den er in den *Philosophical Transactions* für 1864 veröffentlichte, ist die Hauptquelle für die Belehrung über diesen Gegenstand und wird sie wahrscheinlich noch lange bleiben.[2]) Leider blieb er nicht so lange mehr am Leben, um das zweite grosse Werk über die Doppelsterne, für welches er einen reichen Schatz von Material[3]) gesammelt hatte, zu vollenden. Er starb

[1]) *Phil. Trans.*, vol. CXIX, p. 27. — [2]) Dr. Dreyer teilte der kgl. irischen Akademie im Jahre 1877 (*Trans.*, vol. XXVI, p. 381) eine Ergänzung des Werkes mit, durch welche die Zahl der katalogisierten Nebel auf 6251 gebracht wurde, und eine zweite Ergänzung wird gegenwärtig von ihm vorbereitet. — [3]) Eine Liste von 10320 zusammengesetzten Sternen, nach Rek-

zu Collingwood in Kent am 11. Mai 1871 im achtzigsten Jahre seines Lebens und ward begraben in der Westminsterabtei, dicht neben dem Grabe von Sir Isaac Newton.

Die Betrachtung über die Beobachtungen Sir John Herschel's am Kap der guten Hoffnung bringt uns an den Schluss der Periode, mit welcher wir uns eben beschäftigt haben. Diese Beobachtungen wurden, wie bereits erwähnt, drei Jahre vor der Mitte unsres Jahrhunderts bekannt gemacht und spiegeln genau den Stand der Wissenschaft der Sterne um diesen Zeitpunkt herum wieder. Blicken wir zurück auf die fünfzig verflossenen Jahre, so übersehen wir sogleich, eine wie grosse Strecke in diesem Zeitraum zurückgelegt worden war. Nicht allein war die Bekanntschaft mit den einzelnen Gliedern des Kosmos bedeutend erweitert worden, auch eine erfolgreiche Erforschung ihrer gegenseitigen Beziehungen, der Gesetze, welche ihre Bewegungen leiten, ihrer Entfernungen von der Erde, ihrer Massen und ihrer eigenen Leuchtkraft hatte begonnen. Hatte begonnen! denn nur in verschwindend wenigen Fällen war man zu einem der Wahrheit auch nur nahe kommenden Resultate gelangt. Trotzdem liegt der gesamte Fortschritt der Zukunft in diesem Anfange; er war die Wurzel, aus der sich der Baum exakter Kenntnis entwickelte. Das Prinzip des Messens war an die Stelle des blossen Dafürhaltens getreten; es war eine Basis geschaffen worden, weit und stark genug, dass sich auf ihr die Rechnung bis zum Sternenhimmel emporwagen konnte, und Verfeinerungen waren eingeführt worden, ergiebig in dem, was sie bereits geleistet, ergiebiger noch in dem, was sie versprachen. So wurde mehr die Art als der Umfang der gesammelten Kenntnisse bedeutungsvoll für die Folgezeit; mehr die angewandten Methoden als die wirklich sicher festgestellten Resultate gaben der ersten Hälfte des neunzehnten Jahrhunderts eine epochemachende Wichtigkeit in der Geschichte unsrer Kenntnis von den Sternen.

---

tascensionen geordnet, war von ihm zusammengestellt und in dem 40. Bande der *Mem. R. A. S.* veröffentlicht worden; aber die zur Aufstellung eines Kataloges derselben erforderlichen Angaben waren nicht vorhanden. Siehe Main's und Pritchard's Vorrede zu dem Obigen und Dunkin's *Obituary Notices*, p. 73.

Drittes Kapitel.

Fortschritte unsrer Kenntnisse von der Sonne.

Die Entdeckung von Sonnenflecken durch Fabricius und Galilei im Jahre 1610 bahnte zuerst einen Weg zur Erforschung der Konstitution der Sonne; doch dauerte es lange, ehe dieser Weg in systematischer oder nutzbringender Weise betreten wurde. Die scheinbare Unregelmässigkeit des Phänomens schreckte ununterbrochene Aufmerksamkeit ab; gelegentliche Beobachtungen wurden zur Grundlage willkürlicher Vermutungen gemacht, und eine richtige Erkenntnis wurde wenig oder gar nicht gefördert. Im Jahre 1620 argumentierte Jean Tarde, Stiftsherr von Sarlat, dass, da die Sonne »das Auge der Welt sei« und das Auge der Welt nicht an einer Entzündung leiden könne, die fraglichen Erscheinungen nicht von eigentlichen Flecken oder Tüpfeln auf der glänzenden Sonnenscheibe, sondern nur von einer Anzahl quer an ihr vorüberziehender kleiner Sterne herrühren könnten! Diese neue Gruppe von Himmelskörpern wurde von ihm mit dem Namen der »Bourbonischen Sterne« belegt und 1633 von dem Pater Malapertius, einem belgischen Jesuiten,[1]) unter der Bezeichnung der »Östreichischen Sterne« für das Haus Habsburg in Anspruch genommen. Eine ähnliche Ansicht wurde im Gegensatz zu Galilei vorübergehend von dem berühmten Pater Scheiner von Ingolstadt und später von William Gascoigne, dem Erfinder des Mikrometers, geltend gemacht; doch hielten alle, welche fähig waren, über solche Dinge überhaupt nur nachzudenken (und deren gab es nur sehr wenige), entweder an der Wolken- oder an der Schlackentheorie der Sonnenflecke fest. Die erstere wurde von Galilei, die andere von Simon Marius, dem »Astronomen und Arzte« der beiden Brüder Johann Georg und Christian,

---

[1]) *Kosmos*, Bd. 3, S. 409; Lalande, *Bibliographie Astronomique*, pp. 179, 202.

Markgrafen von Brandenburg, verfochten. Die letztere Meinung erhielt eine weitere bemerkenswerte Förderung durch die Thatsache, dass im Jahre 1618, welches durch das Erscheinen dreier glänzenden Kometen merkwürdig war, die Sonne sich fast frei von Flecken zeigte; hieraus schloss man, dass die noch glimmenden aschigen Rückstände von dem grossen Sonnenbrande, welche uns gewöhnlich als dunkle Flecken an ihrer Oberfläche erscheinen, gelegentlich in der Form von Kometen in die Höhe geschleudert würden, wodurch die Sonne, gleich einer geputzten Wachskerze, mit erneutem Glanze leuchte.[1])

Im nächsten Jahrhundert folgerte Derham aus seinen während der Jahre 1703—11 angestellten Beobachtungen, »dass die Flecken auf der Sonne durch die Eruption irgend eines neuen Vulkans auf derselben entständen, welcher anfangs durch das Auswerfen einer ungeheuren Menge von Rauch und anderer dunkler Massen die Flecken hervorbringe, dass aber, sobald die russige Masse zerstoben und sich verteilt habe und der Vulkan zuletzt mehr und mehr Feuer ausspeie, die Flecken vergingen und zu Umbren und schliesslich zu Fackeln würden.«[2])

Die von Lalande[3]) vertretene Ansicht, dass die Flecken bergige Erhebungen seien, die von einer gelegentlichen Ebbe eines Lichtozeans aufgedeckt würden, die umgebenden Penumbren aber Untiefen oder Sandbänke darstellten, hatte noch weniger Empfehlenswertes an sich als Derham's vulkanische Theorie. Doch gaben sie beide Zeugnis von dem wachsenden Bestreben, die Erscheinungen auf der Sonne nach irdischen Analogien zu erklären.

164 Jahre lang, nachdem Galilei zuerst sein Fernrohr nach der untergehenden Sonne gerichtet hatte, hatte man nahezu Nichts

---

[1]) R. Wolf, *Die Sonne und ihre Flecken*, S. 9. Marius selbst indessen scheint mit Aristoteles die Kometen für Erzeugnisse irdischer Ausdünstung gehalten zu haben. Siehe seinen seltsamen kleinen Traktat: *Astronomische und Astrologische Beschreibung des Kometen*, Nürnberg 1619. — [2]) *Phil. Trans.*, vol. XXVII, p. 274. Umbrae (jetzt penumbrae genannt) sind Räume von Halbschatten, welche gewöhnlich die Sonnenflecken umgeben. Fackeln (von Scheiner so genannt) sind helle Streifen oder Stellen, die eng mit den Flecken zusammenhängen. — [3]) *Mém. Ac. Sc.* 1776 (publ. 1779), p. 507. Das Verdienst jedoch (wenn es ein solches ist), die Hypothese, auf welche im Texte angespielt wird, zuerst vorgebracht zu haben (um 1671), gebührt D. Cassini. Siehe Delambre, *Hist. de l'Astr. Moderne*, t. II, p. 694 und *Kosmos*, Bd. 3, S. 410.

über die Beschaffenheit derselben hinzugelernt; und die unmittelbar festgestellten Thatsachen von ihrer Rotation um eine Achse, die nahezu senkrecht steht zur Ebene der Ekliptik, in einer Periode von fünfundzwanzig bis sechsundzwanzig Tagen, sowie von einer wirklichen Beschränkung der Sonnenflecken auf eine sogenannte »königliche« einige dreissig Grad nördlich und südlich vom Äquator der Sonne sich erstreckende Zone, waren von fünf Generationen von Astronomen sowohl hinsichtlich ihrer Präcisierung wie ihrer Erklärung nur wenig gefördert worden.

Im November 1769 fesselte aber ein Flecken von ausserordentlicher Ausdehnung die Aufmerksamkeit Alexander Wilson's, Professor's der Astronomie an der Universität zu Glasgow. Er beobachtete ihn Tag für Tag und mit gutem Erfolge. Während die Sonnenkugel sich langsam herumdrehte und dabei den Flecken nach ihrem westlichen Rande mit sich zog, war er erstaunt über die allmähliche Verkürzung und das schliessliche Verschwinden der Penumbra an der nach dem Centrum der Scheibe zu gelegenen Seite; und als am 6. Dezember derselbe Fleck am östlichen Rande wieder zum Vorschein kam, nahm er, wie er schon vorher vermutet hatte, wahr, dass die Schattenzone nunmehr auf der entgegengesetzten Seite fehlte und ihre vollständige ursprüngliche Grösse wieder annahm, sobald sie zu einer centralen Lage zurückgekehrt war. Ähnliche perspektivische Wirkungen waren an zahlreichen andern nachher von ihm untersuchten Flecken wahrnehmbar, und so war er im Jahre 1774[1]) imstande, durch streng geometrische Schlüsse den Beweis zu führen, dass derartige Erscheinungen thatsächlich hervorgebracht würden durch weite Löcher in der Substanz der Sonne. Es war freilich nicht das erste Mal, dass eine derartige Ansicht ausgesprochen wurde. Pater Scheiner's spätere Beobachtungen liessen sie deutlich voraussehen.[2]) Eine Vermutung derselben Art hatte am Anfang des achtzehnten Jahrhunderts Leonhard Rost aus Nürnberg ausgesprochen;[3]) sowohl Lahire 1703 als J. Cassini 1719 hatten gesehen, dass die Flecken wirkliche Einbuchtungen am Sonnenrande bildeten; während Pastor Schülen in Essingen im Jahre 1770 durch ein sorgfältiges Studium von Erscheinungen, die den von Wilson bemerkten ähnlich waren, zu derselben Überzeugung hin-

---

[1]) *Phil. Trans.*, vol. LXIV, pp. 7—11. — [2]) *Rosa Ursina*, lib. IV, p. 507. — [3]) R. Wolf, *Die Sonne und ihre Flecken*, S. 12.

sichtlich der von ihm entdeckten Thatsache gelangte.[1]) Trotzdem wirkte Wilson's Beweis ebenso durch überraschende Neuheit wie durch die Macht der Überzeugung.

Die allgemeine Theorie, mit welcher er ihn begleitete, ruhte auf einem ganz anderen Grunde. Sie war ohne Hehl nur ein Versuch und wurde dargelegt in der bescheidenen Form einer Frage. »Sollte man sich nicht denken dürfen,« fragte er, »dass der grosse und wunderbare Körper der Sonne aus zwei Arten von Materie besteht, die sehr verschieden in ihren Eigenschaften sind? dass der bei weitem grösste Teil fest und dunkel ist, und dass diese ungeheure dunkle Kugel umschlossen wird von einer dünnen Hülle von jener leuchtenden Substanz, von der die Sonne anscheinend ihre gesamte lebenspendende Wärme und Energie hernimmt?«[2]) Er legt weiter dar, dass die Löcher oder Flecken entstanden sein könnten »durch die Wirkung einer gewissen Art elastischen Dampfes, welcher innerhalb der dunklen Kugel erzeugt wird,« und dass die leuchtende Materie, die in gewissem Grade flüssig und der Schwere unterworfen ist, niederzusinken und den Kern zu bedecken strebt. Aus diesen Andeutungen, verbunden mit seinen eigenen sorgfältigen Beobachtungen und scharfsinnigen Schlussfolgerungen, bildete Herschel eine Theorie der Sonnenkonstitution, welche ihre Geltung behielt, bis die Physik der Sonne durch das Spektroskop eine vollständige Umwandlung erfuhr.

Eine kalte, dunkle, feste Kugel, ihre Oberfläche durch Berge und Thäler abwechslungsreich gestaltet, bekleidet mit üppigem Pflanzenwuchs und »reich mit Einwohnern besetzt,« durch einen himmlischen Wolkenbaldachin geschützt vor dem unerträglichen Glanze der oberen leuchtenden Region, in welcher die blendenden Strahlen einer einige tausend Meilen tiefen Sonnenaureole die Unmengen von Licht und Wärme entwickeln, welche unsre Welt beleben — das war die Centralleuchte, welche Herschel mit gewohnter Phantasie sich bildete und mit gewohnter Beredsamkeit beschrieb.

»Diese Art, die Sonne und ihre Atmosphäre zu betrachten,« sagt er,[3]) »beseitigt die grosse Unähnlichkeit, die wir bisher zwischen ihren Verhältnissen und denjenigen der übrigen grossen

---

[1]) Schellen, *Die Spektralanalyse,* Bd. 2, S. 56 (3. Aufl.). — [2]) *Phil. Trans.,* vol. LXIV, p. 20. — [3]) *Ibid.,* LXXXV, 1795, p. 63.

Körper des Sonnensystems zu finden gewohnt waren. In diesem Lichte besehen, scheint die Sonne nichts anderes zu sein als ein ausgezeichneter, grosser und leuchtender Planet, offenbar der erste oder, im strengen Sinne des Wortes genommen, der einzige Hauptplanet unseres Systems; alle andern sind ihm untergeordnet. Ihre Ähnlichkeit mit den andern Kugeln des Sonnensystems in Bezug auf ihre Festigkeit, ihre Atmosphäre und ihre verschiedengestaltete Oberfläche, die Rotation um ihre Achse, der Niedersturz von Himmelskörpern führen uns zu der Vermutung, dass sie gleich den übrigen Planeten sehr wahrscheinlich ebenfalls von Wesen bewohnt ist, deren Organe den besonderen Umständen dieser ungeheuren Kugel angepasst sind.«

Wir lächeln über Folgerungen, die unsere gegenwärtige Kenntnis als überspannt und unmöglich verdammt; aber solche beiläufigen Ausschweifungen der Phantasie thun dem hohen Werte der Herschel'schen Beiträge zur Sonnenkunde durchaus keinen Abbruch. Der wolkenartige Charakter, welchen er der strahlenden Hülle der Sonne (von Schröter zuerst »Photosphäre« genannt) zuschrieb, ist von allen neueren Untersuchungen aufrecht erhalten worden; er bemerkte ihr scheckiges und runzliges Aussehen, das, wie er sich ausdrückte, der rauhen Schale einer Orange glich; er zeigte, dass die »Fackeln« Erhebungen oder Anhäufungen der gestörten photosphärischen Materie seien, und sprach den Gedanken aus, dass Flecken durch ein Übermass der gewöhnlichen Lichtausstrahlung entstehen könnten. Ein gewisses feuriges (empyreal) Gas würde, wie er glaubte (genau so wie Wilson), in dem Körper der Sonne erzeugt und bewirkte, indem es allenthalben wegen seiner Leichtigkeit in die Höhe stiege, in geringen Mengen kleine Öffnungen oder »Poren,«[1]) die reichlich auf der Sonnenscheibe als dunkle Punkte sichtbar seien. Wenn aber einmal eine ungewöhnliche Menge gebildet würde, so »würde sie,« behauptete er, »die planetarischen[2]) Wolkenregionen durchbrechen und auf diese Weise grosse Öffnungen hervorbringen; indem sie sich dann über denselben ausbreitete, würde sie grosse Untiefen (Penumbren) entstehen lassen, und, indem sie sich mit den andern darüber befindlichen Gasen allmählich mischte, würde sie zur Vermehrung der-

---

[1]) *Phil. Trans.*, vol. XCI, 1801, p. 303. — [2]) Die von ihm angenommene dunkle oder schützende Hülle nannte er »planetarisch« wegen ihrer Analogie mit irdischen Wolken.

selben beitragen und auf diese Weise denselben in der Unterhaltung der allgemeinen Lichterscheinungen behilflich sein.«[1])

Zu dieser teilweisen Antizipation der modernen Ansicht, dass die Sonnenstrahlen durch gewisse Kreisprozesse innerhalb der Sonnenmasse unterhalten werden, gelangte Herschel durch ein lange fortgesetztes Studium der fraglichen Erscheinungen. Zu einem Versuche, die darin enthaltene neue und wichtige Idee zu erklären, war aber damals noch nicht die richtige Zeit. Obwohl aber viele der scharfsichtigeren Vermutungen des Herschel'schen Genius von seinen Zeitgenossen unbeachtet blieben, so ging doch gerade das Hauptergebnis seiner Untersuchungen über die Sonne nicht unbemerkt vorüber. Es bestand dasselbe in nichts geringerem als in der definitiven Einführung der paradoxen Vorstellung in die Astronomie, dass der Centralherd nebst dem Centralfeuer unseres Systems eine kalte, dunkle, irdische Masse, gehüllt in einen Mantel unschädlicher Strahlen — gewissermassen eine Erde innen, eine Sonne aussen — sei.

Wir wollen einen Augenblick verweilen, um den Wert dieser bemerkenswerten Neuerung zu betrachten! Sie war gewiss nicht ein Schritt vorwärts in der Richtung nach der Wahrheit. Im Gegenteil, die unreifen Vorstellungen eines Anaxagoras und Xenon kamen unsrer jetzigen Kenntnis von der Sonne näher, als der komplizierte Bau, den das Wohlwollen der Astronomen des achtzehnten Jahrhunderts als glückseligen Aufenthaltsort für eine edlere Art von Wesen, als unsere eigene ist, ersonnen hatte. Und doch bildete sie unzweifelhaft einen sehr wichtigen Fortschritt der Wissenschaft. Sie war der erste ernstliche Versuch, die Sonnenerscheinungen in den Rahmen eines vernunftgemässen Systemes zu bringen, die beglaubigten Thatsachen zu einem festen Ganzen zusammenzustellen, kurz eine Sonnenmaschine zu konstruieren, die in gewisser Weise arbeiten sollte. Freilich waren die Materialien dazu nicht geeignet und der Entwurf fehlerhaft. Die schliessliche Konstruktion hat sich nicht stark genug erwiesen, um der Abnutzung durch Zeit und Entdeckung zu widerstehen, vielmehr mussten ihre einzelnen Teile auseinandergenommen und nach einem ganz verschiedenen Plane wieder zusammengefügt werden. Trotzdem aber war die Arbeit nicht vergeblich gewesen. Keiner von Bacon's Aphorismen zeigt eine klarere Einsicht in die Beziehungen zwischen

[1]) *Phil. Trans.*, vol. XCI, p. 305.

dem menschlichen Geiste und der äusseren Welt als der, welcher sagt, dass »die Wahrheit leichter aus Irrtum als aus Verwirrung herauszufinden sei.«[1]) Eine bestimmte Theorie (auch wenn sie falsch ist) giebt dem Denken einen festen Anhaltspunkt, sie lässt sich prüfen an den Thatsachen, regt an, dieselben zu vermehren, und bietet ein Hilfsmittel zu ihrer Vergleichung; sie giebt zugleich einen Rahmen für ihre Anordnung und einen Behälter zu ihrer Aufbewahrung ab, bis dieselben allzu gewichtig und zahlreich werden, um sich länger in willkürliche Schranken einschliessen zu lassen, und das Gefäss zersprengen, welches für ihre Aufbewahrung verfertigt war.

Einem solchen Zwecke diente auch Herschel's Theorie der Sonne; sie half die Vorstellungen über den Gegenstand klären. Die trübe Empfindung, im Dunkeln und in Unwissenheit herumzutappen, wurde verscheucht durch den hellen Schein einer plausiblen Theorie. Der Glaube an Erkenntnis ist ein starker Antrieb ihres Wachstums. Wenige Menschen kümmern sich um die Erforschung dessen, was sie nicht notwendig zu wissen brauchen; aber einmal auf den Weg zur Erkenntnis (sei es wahrer oder nur vermeintlicher) gelangt, sind sie begierig ihn zu verfolgen. Durch die weitere Verbreitung einer Zutrauen erweckenden und festen Ansicht über die Beschaffenheit der Sonne wurde somit die Forschung ermutigt, weil ihr Hoffnungen erweckt worden waren, und Beobachtern wurde der Weg gewiesen, auf dem sie unbeschränkt vorwärts kommen konnten, während vorher der Weg durch ein undurchdringliches Dickicht abgesperrt zu sein schien.

Wir haben die »terrestrische« Theorie der Sonnennatur eine Neuerung genannt, und so kann sie, sofern nur ihre allgemeine Annahme in Betracht gezogen wird, mit Recht genannt werden. Aber wie alle erfolgreichen Neuerungen war sie schon lange vorbereitet. Ausserordentlich merkwürdig ist es zu sehen, dass Herschel in der Verfechtung derselben einen Vorgänger hatte, der niemals durch ein Fernrohr sah (auch in der That die Möglichkeit eines solchen Instrumentes nicht ahnte), der nichts von Sonnenflecken wusste, noch (irrtümlicher Behauptungen des Gegenteils ungeachtet) in den Banden des geocentrischen Systems lag und die Natur von dem hochmütigen Standpunkte einer idealistischen Philosophie aus betrachtete. Es

---

[1]) *Novum Organum*, lib. II, aph. 20.

war der gelehrte und aufgeklärte Kardinal Nikolaus Cusanus, eines Fischers Sohn von den Ufern der Mosel, dessen ausgezeichnete Laufbahn in kirchlicher und litterarischer Beziehung sich über einen beträchtlichen Teil des fünfzehnten Jahrhunderts erstreckte (1401 bis 1464). In seinem hervorragenden Werke *„De docta ignorantia,“* einem der beachtenswertesten litterarischen Denkmäler aus der ersten Renaissance, kommt die folgende Stelle vor: »Einem Beobachter auf der Oberfläche der Sonne würde der Glanz, der uns bescheint, nicht sichtbar sein, da sie gewissermassen eine Erde zu ihrer Kernmasse, darum herum eine Hülle von Licht und Wärme und zwischen beiden eine Atmosphäre von Wasser und Wolken und durchsichtiger Luft enthält.« Die Sonne nach Herschel'scher Phantasie hätte kaum deutlicher porträtiert werden können; einige weitere Worte indessen verraten den Ursprung der Vorstellung des Kardinals. »Die Erde,« sagt er, »würde gleichfalls aussehen wie ein leuchtender Stern, wenn man sie von der Aussenseite des feurigen Elementes aus betrachtete.« Dieser Gedanke war in der That nur eine Ausdehnung der alten Doktrin der Elemente auf die Sonne, aber eine Ausdehnung, die bemerkenswert ist für die damalige Zeit als Vorbote für das durch spätere Entdeckungen so mächtig entwickelte Bestreben, die Himmelskörper dem Vorbilde unseres unbedeutenden Planeten anzupassen und die Bruderhand auszustrecken von unserm System und unserm Geschlecht bis zu den entferntesten Grenzen der sichtbaren und erdichteten Welt.

In späterer Zeit finden wir in einem Briefe Flamsteed's an Newton vom 7. März 1681 die Meinung ausgesprochen, »dass die Substanz der Sonne irdische Materie sei, ihr Licht aber das flüssige Mittel, welches sie umschliesst.«[1]) Bode gelangte 1776 unabhängig von andern zu dem Schlusse, dass »die Sonne weder feurig noch glühend sei, sondern wesentlich ein dunkler planetarischer Körper, der gleich unsrer Erde aus Land und Wasser bestehe, durch Berge und Thäler abwechslungsreich gestaltet und in eine dampfige Atmosphäre eingehüllt sei;«[2]) und die Gelehrten klatschten im allgemeinen Beifall und gaben sich damit zufrieden. Die Ansicht war indessen 1787 noch so wenig ins Volk gedrungen, dass das Festhalten an ihr bei Dr. Elliot als Beweis seines Wahnsinns angesehen wurde,

---

[1]) Brewster's *Life of Newton,* vol. II, p. 103. — [2]) *Beschäftigungen der Berl. Ges. Naturforschender Freunde,* Bd. II, S. 233.

als er eines mörderischen Angriffs auf Miss Boydell angeklagt war. Sein Freund Dr. Simmons brachte zu seiner Verteidigung vor, dass er im vergangenen Januar einen Brief von ihm erhalten habe, der Zeugnis von einem gestörten Geiste gebe und worin er behaupte, »dass die Sonne nicht ein feuriger Körper sei, wie man bisher angenommen habe, sondern dass ihr Licht von einer dichten, sie rings umgebenden Aureole ausgehe, welche den Bewohnern der Oberfläche unten reichliches Licht spenden und doch in einer solchen Entfernung über ihr sich befinden könne, dass es ihnen nicht lästig werde. Kein Einwurf, sagte er, werde dagegen erhoben, dass die grosse Weltleuchte bewohnt sei; Pflanzenwuchs könne es dort oben eben so gut geben wie bei uns, auch Wasser und trockenes Land, Hügel und Thäler, Regen und schönes Wetter könnten dort mit einander abwechseln; und da immerwährendes Licht und somit auch stets dieselbe Jahreszeit herrsche, so könne man leicht begreifen, dass es sich dort von der ganzen Welt bei weitem am glücklichsten wohnen müsse!« Der Staatsanwalt warf jedoch, wie erzählt wird, ein, dass, wenn überspannte Hypothesen als Beweis für Verrücktheit zugelassen werden dürften, auch einige andere Forscher in demselben Falle sich befinden würden, und wünschte, Dr. Simmons möchte dem Gerichtshofe erzählen, was er von den Theorien eines Burnet und Buffon dächte.[1])

Acht Jahre später erhielt diese nämliche »überspannte Hypothese,« durch die mächtige Empfehlung Sir William Herschel's unterstützt, Einlass in die ehrwürdigen Hallen der Wissenschaft, um dort nahezu sieben Jahrzehnte hindurch ungestört sich niederzulassen. Freilich gab es einzelne Gegner, aber ihre Einwände machten wenig Eindruck auf die allgemeine Meinung. Gröbere Stösse waren erforderlich, eine Hypothese zu erschüttern, die dem menschlichen Erfindungsgeiste schmeichelte durch Vollständigkeit, durch plausibles Detail der Beobachtungen, die zu ihren Gunsten zu sprechen schienen, und durch Befriedigung des natürlichen Vergnügens, welches die Entdeckung von Ähnlichkeiten an fast gänzlich verschiedenen Dingen hervorruft.

Zu den Resultaten der mannigfaltigen Arbeiten Sir John Herschel's am Kap der guten Hoffnung gehörte auch eine sorgfältige Untersuchung der Sonnenflecke, die gegen das Ende des Jahres 1836

---

[1]) *Gentleman's Magazine,* 1787, vol. II, p. 636.

und am Anfange des Jahres 1837 besonders deutlich sichtbar waren. Sie waren bemerkenswert, erzählt er uns, sowohl wegen ihrer Formen und ihrer Anordnung, als wegen ihrer Anzahl und Ausdehnung; eine Gruppe, die am 29. März des letzteren Jahres gemessen wurde, bedeckte (ohne die entfernter liegenden Ausläufer) die ungeheure Fläche von fünf Quadratminuten oder von mehr als 175 Millionen Quadratmeilen.[1]) Wir haben indessen gegenwärtig nicht sowohl diese Beobachtungen an sich zu betrachten, als vielmehr die Kette von theoretischen Andeutungen, durch welche sie mit einander verbunden waren. Die Verteilung der Flecke über zwei Zonen parallel zum Äquator wiese, so folgerte er, deutlich auf ihren innigen Zusammenhang mit der Rotation der Sonne hin und liesse sie als eine Folge von flüssigen Strömungen erscheinen analog denen, welche die irdischen Passat- und Antipassatwinde verursachen.

»Bei dieser Ansicht über den Gegenstand,« sagt er,[2]) »könnte man die Flecken mit solchen Gegenden auf der Erdoberfläche vergleichen, in welchen für den Augenblick Orkane und Wirbelstürme vorherrschen. Die obere Schicht wird plötzlich nach unten getrieben, verdrängt durch ihren Anprall die beiden Schichten von leuchtender Materie daselbst, und zwar die obere in grösserer Ausdehnung als die untere, und legt auf diese Weise die dunkle Oberfläche der Sonne unten ganz oder teilweise bloss. Solche Prozesse können aber nicht vor sich gehen, ohne von Wirbelbewegungen begleitet zu werden. Diese werden, sich selbst überlassen, allmählich schwächer werden und zerstreuen sich, wobei die Eigentümlichkeit stattfindet, dass ihre unteren Teile sowohl wegen des grösseren Widerstandes unten als wegen der Entfernung von dem in einer höheren Region liegenden Angriffspunkte schneller zur Ruhe kommen als die oberen, so dass ihre Mittelpunkte sich nach oben zu ziehen scheinen (wie man dies bei unsern Wasserhosen sehen kann, die nichts als kleine Wirbelstürme sind). Dies stimmt nun vollkommen überein mit dem, was bei dem Verschwinden der Sonnenflecke beobachtet wird. Dieselben scheinen sich auszufüllen durch das Zusammenstürzen der Seitenwände, so dass sich die Penumbra über dem Flecken zusammenschliesst und später als dieser verschwindet.«

Wenn indessen einer fragen sollte, ob man eine Ursache angeben könne, durch welche eine Verschiedenheit in der Sonnen-

---

[1]) *Results of Astr. Obs. etc.*, p. 432. — [2]) *Ibid.*, p. 434.

temperatur ähnlich derjenigen, welche die Strömungen in der irdischen Atmosphäre veranlasst, hervorgebracht werde, so müssen wir erwidern, dass wir eine solche Ursache nicht kennen. Denn Sir John Herschel's Hypothese über eine vermehrte Retention der Wärme am Sonnenäquator, welche durch die leicht sphäroidische oder bauchige Form ihrer äusseren atmosphärischen Hülle veranlasst werde, giebt sicherlich keine genügende Aufklärung über derartige kreisförmige Bewegungen, wie er sie annahm. Dessenungeachtet ist die Ansicht, dass die Rotation der Sonne in sehr enger Beziehung stehe zu der Bildung der Flecken, so offenbar korrekt, dass wir uns nur wundern können, weshalb man nicht schon früher darauf gekommen ist, während wir uns auch heute noch ausser stande sehen zu erklären, von welcher Beschaffenheit dieser Zusammenhang ist.

Die blosse Erforschung der Sonnenoberfläche ist indessen nicht das einzige Hilfsmittel der Sonnenbeobachtung. Wir haben einen Satelliten, und dieser Satellit wirkt von Zeit zu Zeit sehr glücklich wie ein Schirm, der einen Teil oder auch die Gesamtheit derjenigen blendenden Strahlen abhält, durch welche sich der Hauptstern unsres Systems vor allzu neugierigen Blicken schützt. Die Erkenntnis der Wichtigkeit der Finsternisse für das Studium der Sonnenumgebung ist von verhältnismässig neuem Datum. Viel von dem, was wir über letztere wissen, ist gewissermassen durch unter dem Schutze des Mondes ausgeführte Überfälle erhascht worden. In früheren Zeiten war der einzige astronomische Nutzen solcher Ereignisse die Berichtigung der überkommenen Theorien der Sonnen- und Mondbewegungen. Die genaue Zeit ihres Eintreffens war die Hauptthatsache, welche notiert werden musste, und die begleitenden Erscheinungen erhielten höchstens zufällige Beachtung. Heutzutage ist ihre Bedeutung als einer geometrischen Probe für die Genauigkeit der Tabellen ganz und gar vor dem Interesse in den Hintergrund getreten, welches sich an sie als günstige Gelegenheiten für physikalische Beobachtungen heftet. Diese Veränderung datiert in ausgesprochener Form von der grossen Finsternis im Jahre 1842 her. Obwohl eine notwendige Folge der allgemeinen Richtung, welche der wissenschaftliche Fortschritt genommen, bleibt sie doch in besonderer Art verknüpft mit dem Namen von Francis Baily.

Der »Philosoph von Newbury« war von Profession ein Londoner Wechselmakler und zwar ein sehr erfolgreicher. Dessenungeachtet waren seine wissenschaftlichen Verdienste zahlreich und wertvoll, obwohl nicht von jener glänzenden Art, welche die Aufmerksamkeit des Volkes erregen. Geboren zu Newbury in Berkshire am 28. April 1774 und im Alter von vierzehn Jahren in einem Geschäft der City untergebracht, erhielt er durch die Bekanntschaft mit Dr. Priestley eine Liebe zur Wissenschaft, die ihn niemals mehr verliess. Es war nicht jene Leidenschaft, wie sie emporlodert im Kopfe eines geborenen Entdeckers, sondern eine gemässigte Neigung, die mit den Schranken einer aktiven kaufmännischen Thätigkeit sich vertrug. Nachdem er ein oder zwei Jahre in den damaligen Wildnissen Nordamerikas gereist, wandte er sich im Jahre 1799 wieder der Wechselbörse zu und erwarb während einer vierundzwanzigjährigen fleissigen geschäftlichen Thätigkeit durch Lauterkeit seines Charakters und Geschicklichkeit ein hohes Ansehen, dem ein beträchtliches Vermögen zur Seite stand. Mittlerweile war die Astronomische Gesellschaft (zum Teil durch seine Mitwirkung) gegründet worden; er hatte drei Jahre als ihr Sekretär gewirkt und fühlte sich nunmehr berufen, sich ausschliesslich einem Gegenstande zu widmen, mit dem sich seine Mussestunden schon seit langem beschäftigt hatten. Er zog sich demgemäss 1825 vom Geschäft zurück, kaufte ein Haus in Tavistock Place und errichtete daselbst ein kleines Observatorium. Er war jedoch vorzugsweise mehr ein Rechner als ein Beobachter. Mit besonderem Eifer studierte er, was Sir John Herschel die »Archäologie der praktischen Astronomie« nannte. Er gab neu heraus die Sternkataloge von Ptolemaeus, Ulugh Beigh, Tycho Brahe, Hevelius, Halley, Flamsteed, Lacaille und Mayer, berechnete die Finsternis des Thales und die Finsternis des Agathocles und verteidigte das Andenken des ersten Direktors der Greenwicher Sternwarte. Er war aber nicht minder thätig in der Abhilfe vorliegender Bedürfnisse wie in der Revision früherer Leistungen. Der Gegenstand der Reduktion von Beobachtungen, der sich damals, wie wir schon oben bemerkt haben,[1]) in einem beklagenswert verworrenen Zustande befand, erregte seine ernsteste Aufmerksamkeit, und er war nahe auf der Bessel'schen Fährte, als er mit der zu Königsberg erfundenen Vereinfachungsmethode bekannt wurde. War man ihm auch in der Erfindung zuvorgekommen, so konnte er doch noch für die Verbreitung dieser wertvollen Verbesserungen von hervorragendem

---

[1]) Siehe oben S. 41.

Nutzen sein, und indem er sie über eine lange Reihe von Sternen in dem (1827 veröffentlichten) Kataloge der Astronomischen Gesellschaft ausdehnte, »setzte er (nach Herschel's Worten) die astronomische Welt in den Besitz einer Macht, von der man ohne Übertreibung sagen kann, dass sie das Aussehen der siderischen Astronomie geändert habe.«[1])

Sein Ansehen wurde noch erhöht durch seine mit bedeutend verbesserten Apparaten durchgeführte Erneuerung der Methode, deren sich zuerst in den Jahren 1797—98 Henry Cavendish zur Bestimmung der Dichtigkeit der Erde bedient hatte. Aus einer Reihe von nicht weniger als 2153 sehr feinen und schwierigen Versuchen, die er zur Tavistock Place während der Jahre 1838—42 ausführte, schloss er, dass unser Planet 5.66-mal so viel wiege als eine gleich grosse Kugel von Wasser, und dieses (nur wenig verbesserte) Resultat ist stets als ein der Wahrheit sehr nahe kommendes betrachtet worden.

Das Angeführte bildet aber nur ein Bruchstück von der wahrhaft überraschenden Menge von Arbeiten, die Baily im Laufe eines mannigfach beschäftigten Lebens geleistet hat. Eine seltene Vereinigung von Eigenschaften befähigte ihn dazu. Anhaltende Gesundheit, ungestörter Gleichmut, methodische Gewohnheiten, die Kraft eines zielbewussten und sicheren Denkens vereinigten sich, um aus ihm einen geistigen Arbeiter von der zuverlässigsten, wenn auch vielleicht nicht gerade höchsten Art zu machen. Er war beinahe bis zu seinem Ende im Harnisch. Das Elend erzwungenen Müssigganges oder zusehends abnehmender Kräfte sollte er kaum kennen lernen. Im Jahre 1842 vollendete er die im Auftrage der Britischen Assoziation unternommene mühevolle Reduktion von Lalande's grossem Kataloge und war noch mit der Revision der Druckbogen beschäftigt, als ihn eine ernstliche Krankheit befiel, die seine letzte sein sollte, wie sie wahrscheinlich auch seine erste war. Doch erholte er sich wieder so weit, dass er bei der Oxforder Commemoration vom 2. Juli 1844 zugegen sein konnte, bei welcher ihm der ehrenvolle Grad eines Doctor of Common Law zugleich mit Airy und Struve zu Teil wurde. Nach dieser Anstrengung ging es schnell mit ihm bergab, und am 30. des folgenden Augusts starb er in einem Alter von siebzig Jahren, betrauert und geachtet von allen, die ihn kannten.

---

[1]) *Memoir of Francis Baily, Mem. R. A. S.,* vol. XV, p. 324.

Wir müssen nunmehr einen Blick auf seinen Anteil an der Förderung der Sonnenuntersuchung werfen. Sonnenfinsternisse, sowohl alte wie neue, waren seine Spezialität und besonders glücklich war er über die, die er selbst beobachten konnte. Derartige Erscheinungen sind von dreierlei Art — partiell, ringförmig und total. Bei einer partiellen Finsternis geht der Mond nicht direkt zwischen uns und der Sonne hindurch, sondern schleicht sich gewissermassen ein wenig an einer Seite vorbei und entzieht so nur einen Teil ihrer Oberfläche unserm Blicke. Eine ringförmige Finsternis andrerseits findet statt, wenn der Mond zwar in centraler Lage zwischen Sonne und Erde sich befindet, aber von der Erde etwas weiter entfernt ist als der Punkt, in welchem der Mond scheinbar ebenso gross sein würde als die Sonne. Es bleibt daher von der Sonne ein leuchtender Ring oder Reifen übrig, auch wenn die Verfinsterung auf ihrer Höhe ist. Bei einer totalen Finsternis dagegen verschwindet die Sonne vollständig hinter dem dunklen Körper des Mondes. Der Unterschied zwischen den beiden letzteren Arten beruht auf der Thatsache, dass die scheinbaren Durchmesser der Sonne und des Mondes so nahe gleich sind, dass vermöge der kleinen periodischen Veränderungen in ihren respektiven Entfernungen von der Erde bald der eine bald der andere als der grössere erscheint.

Am 15. Mai 1836 war nun in den nördlichen Teilen von Grossbritannien eine ringförmige Sonnenfinsternis sichtbar, welche Baily zu Inch Bonney in der Nähe von Jedburgh beobachtete. Hier sah er das Phänomen, welches wegen der Berühmtheit, die es durch seine lebhafte Schilderung erlangte, den Namen »Baily's Perlen« erhalten hat.

»Als die beiden Spitzen der Sonne,« schreibt er, »ungefähr 40^0 von einander abstanden, bildete sich plötzlich eine Reihe leuchtender Punkte, einer Schnur glänzender Perlen vergleichbar, von verschiedenem Umfang und verschiedenem Abstand von einander, rund um jenen Teil des Mondumfanges, welcher im Begriff stand einzutreten, oder der als eben in die Sonnenscheibe eingetreten betrachtet werden konnte. Ihre Bildung ging in der That so schnell vor sich, dass es aussah, als ob die Erscheinung durch das Entzünden nebeneinanderliegender Schiesspulverhäufchen hervorgebracht würde . . . . Bei dem weiteren Vorrücken des Mondes dehnten sich schliesslich die dazwischenliegenden dunklen Räume (welche anfänglich das Aussehen von Mondbergen in haut-relief hatten und stets mit dem Sonnenrande im Zusammenhang blieben) in lange, schwarze, dicke, parallele, die Ränder von Sonne und Mond verbindende Linien aus, als sie alle auf einmal plötzlich wieder verschwanden und den Umfang der Sonne und des Mondes in diesen Punkten ebenso wie in den übrigen vergleichsweise eben und kreisförmig liessen, während der Mond auf der Fläche der Sonne merklich fortrückte.«

Diese seltsamen Erscheinungen waren keine absolute Neuigkeit; 1791 hatte Weber und 1820 v. Zach diese »Perlen« gesehen, und van Swinden hatte die »Streifen« oder »Fäden« beschrieben. Diese letzten waren überdies (wie Baily deutlich bemerkte) vollständig analog dem »schwarzen Bande,« welches bei den Venusdurchgängen in den Jahren 1764 und 1769 so störend wirkte und das sich zum Bedauern und zum Unglück, wenn auch nicht mehr zur Überraschung der Beobachter bei dem von 1874 wiederholte. Die Erscheinung ist hauptsächlich eine Wirkung der sogenannten Irradiation, durch welche ein heller Gegenstand auf einen dunklen überzugreifen scheint; aber unter guten atmosphärischen Verhältnissen und bei guten Instrumenten wird sie unmerklich. Die »Perlen« müssen allerdings stets zum Vorschein kommen, sobald der projizierte Mondrand mit Bergen besetzt ist; bei der Beobachtung von Baily aber waren sie vergrössert und verzerrt durch ein irradiatives Zusammenkleben des Sonnen- und Mondrandes.

Das unmittelbare Resultat hiervon war jedoch, dass die Aufmerksamkeit auf die Sonnenfinsternisse in ihrem physischen Anblick gerichtet wurde. Niemals zuvor war ein Ereignis dieser Art so begierig erwartet und so sorgsam vorbereitet worden wie die am 8. Juli 1842 in Mittel- und Südeuropa sichtbare totale Sonnenfinsternis. Astronomen eilten von allen Ländern nach den begünstigten Gegenden. Der Chefastronom von Greenwich (Airy) begab sich nach Turin, Baily nach Pavia; Otto Struve legte seine Arbeit inmitten der Sterne zu Pulkowa beiseite und wandte sich südwärts bis nach Lipeszk; Schumacher reiste von Altona nach Wien, Arago von Paris nach Perpignan. Und ihre Mühe sollte nicht unbelohnt bleiben. Auch die sanguinischsten Erwartungen wurden übertroffen durch die Wunder, die man zu sehen bekam.

Baily (dessen Darstellung wir wiederum folgen) hatte sein Dollond'sches achromatisches Fernrohr ($3\frac{1}{2}$ Fuss Brennweite) in einem oberen Raume des Universitätsgebäudes zu Pavia aufgestellt und war eben eifrig beschäftigt, eine teilweise Wiederholung der eigentümlichen von ihm im Jahre 1836 gesehenen Erscheinungen zu beobachten, als er »von einem furchtbaren Ausbruch des Beifalls auf den Strassen unten betäubt und in demselben Augenblicke durch den Anblick eines der brillantesten und glänzendsten Phänomene, die man sich denken kann, gewissermassen elektrisiert wurde. Denn in diesem Augenblicke wurde der dunkle Körper des Mondes plötzlich umgeben von einem Kranze oder einer Art von strahlender Glorie, an Gestalt und relativer Grösse derjenigen ähnlich, mit welcher Maler die Häupter von Heiligen umgeben und die nach französischem Ausdrucke als Aureole bezeichnet wird. Pavia enthält viele tausend Einwohner, von denen der grösste Teil in dieser frühen Stunde durch Strassen und Plätze wandelte oder aus den Fenstern lugte, um Augenzeuge zu sein von dieser seit langem das Tagesgespräch bildenden Erscheinung; und als die totale Verfinsterung eintrat, was augenblicklich geschah, ging von jeglichem Beobachter ein Jubelschrei aus, der die Luft ertönen machte und für einen Moment meine Aufmerksamkeit abzog von dem Gegenstande, mit dem ich unmittelbar beschäftigt war. Ich hatte zwar die Erscheinung eines leuchtenden Kreises um den Mond während der Zeit der totalen Verfinsterung vorausgesehen, aber ich hatte nach allen Beschreibungen früherer Finsternisse, die ich gelesen, nicht erwartet, dass ich Augenzeuge sein würde einer so prächtigen Vorstellung wie die, welche stattfand .... Die Breite der Korona, gemessen vom Umfange des Mondes, schien mir nahe gleich der Hälfte des Monddurchmessers zu sein. Sie hatte das Aussehen brillanter Strahlen. Das Licht war sehr dicht (ja ich kann sagen vollkommen dicht) unmittelbar am Rande des Mondes, wurde allmählich und gleichförmig dünner, je mehr seine Entfernung von diesem zunahm, und nahm die Form geradlinig divergierender Strahlen an, die am Ende mehr geteilt und von ungleicher Länge waren, so dass ich in keinem Teile der Korona die regelmässige und bestimmte Figur eines Ringes an ihrem äusseren Rande entdecken konnte. Sie schien mir die Sonne zu ihrem Mittelpunkt zu haben, doch vermochte ich nicht irgend welche genaue Messung zur Bestimmung dieses Punktes vorzunehmen. Ihre Farbe war vollständig weiss, nicht perlenfarbig, noch gelb, noch roth, und die Strahlen hatten einen lebhaften und flackernden Schein, etwa gleich dem, welchen Gasbeleuchtung an einer ähnlich gestalteten Figur aller Vermutung nach annehmen würde .... Glänzend und staunenerregend, wie dieses merkwürdige Phänomen in Wirklichkeit war, und obwohl es nicht verfehlen konnte, die Bewunderung und den Beifall eines jeglichen Zuschauers hervorzurufen, muss ich doch gestehen, dass es zugleich in seiner eigenartigen und wundervollen Erscheinung etwas gab, was mich erschreckte; und ich kann mir leicht denken, dass unzivilisierte Völker gelegentlich in Aufruhr und Schrecken bei einem solchen Gegenstande versetzt worden sein können, besonders zu Zeiten, als die wahre Ursache des Ereignisses noch nicht richtig erkannt war und die Erscheinung selbst vollständig unerwartet kam.

Der bemerkenswerteste Umstand bei diesem Phänomene aber war die Erscheinung von drei grossen Protuberanzen, die scheinbar vom Umfang des Mondes ausgingen, aber offenbar einen Teil der Korona bildeten. Sie hatten das Ansehen von Bergen von ungeheurer Höhe; ihre Farbe war rot mit einem Anstrich von lila oder purpur; vielleicht würde sie die Farbe der Pfirsichblüte am besten darzustellen vermögen. Sie glichen etwas den schneeigen Gipfeln der Alpenberge, wenn sie von der auf- oder untergehenden Sonne gefärbt werden. Sie glichen den Bergen in den Alpen noch in einer andern Beziehung, insofern nämlich, als ihr Licht vollkommen ruhig war und nicht jene flackernde oder funkelnde Bewegung hatte, wie sie an andern Teilen der Korona sichtbar war. Alle drei Hervorragungen waren von der nämlichen rosigzarten Farbe und sehr verschieden von dem brillanten, lebhaft weissen Lichte, welches die Korona bildete, aber sie unterschieden sich von einander durch ihre Grösse . . . . Diese drei Protuberanzen waren insgesamt sichtbar bis zum letzten Augenblicke der totalen Verfinsterung; wenigstens verlor ich sie niemals aus dem Gesicht, wenn ich nach jener Richtung hinblickte; als aber der erste Lichtstrahl von der Sonne wieder zu uns drang, verschwanden sie zugleich mit der Korona ganz und gar und das Tageslicht war augenblicklich wieder hergestellt.«[1])

Trotz des ungünstigen Wetters wurden die »roten Flammen« zu la Superga mit nur wenig geringerer Deutlichkeit und mit nicht geringerem Erstaunen wahrgenommen, denn zu Pavia, und sogar von Airy mit blossem Auge gesehen. »Ihre Form (schrieb er) war nahezu die von Sägezähnen in einer Lage, wie sie sich für eine Kreissäge eignet, die sich in derselben Richtung wie die Zeiger

[1]) *Mem. R. A. S.*, vol. XV, pp. 4—6.

einer Uhr herumdreht; ... ihre Farbe war vollständig blassrot und ihr Glanz grösser als der irgend eines andern Teiles des Ringes.«[1])

Die Höhe dieser ausserordentlichen Objekte wurde von Arago auf zwei Bogenminuten geschätzt, was bei der Entfernung der Sonne einer wirklichen Erhebung von nahezu 12000 Meilen entspricht. Bei sorgfältiger Beobachtung wurde wahrgenommen, dass das Rosenrot ihres Lichtes durch Violet hindurch abnahm bis zu Weiss, sobald das Tageslicht zurückkehrte, während der nämliche Prozess in umgekehrter Ordnung ihr erstes Erscheinen begleitet hatte. Ihre Formen zeigten indessen innerhalb einer etwa drei Minuten dauernden Sichtbarkeit keine Veränderung, obwohl sie von (scheinbar) so unstetem Charakter waren, dass sie Arago den Eindruck »von überhängenden Bergen machten, die jeden Augenblick zusammenzustürzen drohten.«[2])

Die Korona bot sowohl hinsichtlich ihrer Gestalt als ihrer Ausdehnung an den verschiedenen Stationen ein sehr verschiedenes Ansehen. Dies rührte ohne Zweifel von der Verschiedenheit der atmosphärischen Verhältnisse her. In la Superga z. B. schienen alle Einzelheiten der Struktur durch die trübe Luft verwischt zu sein, so dass nur ein verhältnismässig schwacher Lichtring um den Mond herum gesehen wurde. Anderswo war eine glänzende Strahlenbildung sichtbar, die sich an vier entgegengesetzten Punkten zu vier weiten leuchtenden Ausläufern, Federbüschen oder Reiherfedern[3]) vergleichbar, ausbreitete. Arago zu Perpignan bemerkte beträchtliche Unregelmässigkeiten in den divergierenden Strahlen, einige erschienen gekrümmt und gewunden, einige wenige lagen quer zu den andern in einer Richtung, die beinahe tangential zum Rande des Mondes war, so dass die allgemeine Wirkung beschrieben wurde als die eines »in Unordnung geratenen Garnknäuels.«[4]) Zu Lipeszk, wo die Sonne viel höher über dem Horizonte stand als in Italien und Frankreich, zeigte sich die Korona mit überraschendem Glanze. Ihre scheinbare Ausdehnung wurde von Struve auf nicht weniger als fünfundzwanzig Minuten (mehr wie sechsmal so gross wie nach Airy's Schätzung) geschätzt, während die grossen Federn ihre Strahlen bis zu drei oder vier Grad vom dunklen Mondrande aus gerechnet aussandten. So blendend war das Licht, dass viele wohlinstruierte Personen die Totalität der Finsternis leugneten. Auch war der Irrtum nicht ohne

---

[1]) *Mem. R. A. S.*, vol. XV, p. 16. — [2]) *Annuaire*, 1846, p. 409. — [3]) *Ibid.*, p. 317. — [4]) *Ibid.*, p. 322.

Beispiel, obwohl die Erscheinungen bei einer totalen und bei einer ringförmigen Finsternis in Wirklichkeit vollständig von einander verschieden sind. In dem letzteren Falle wird der übrigbleibende Ring des Sonnenlichtes so sehr durch Irradiation verbreitert, dass der dazwischen liegende dunkle Mondkörper verhältnismässig unbedeutend oder sogar unsichtbar wird. Maclaurin erzählt uns,[1]) dass bei einer derartigen Finsternis, die er 1737 zu Edinburg beobachtete, »durchaus nicht kurzsichtige Herren sich unfähig erklärten, den Mond auf der Sonnenscheibe ohne Hilfe eines berussten Glases zu erkennen;« und Baily (der jedoch kurzsichtig war) konnte 1836 keine Spur von »der purpursamtnen Scheibe,« die sich, wie das Fernrohr zeigte, auf der Sonnenfläche projizierte, mit blossem Auge unterscheiden.[2]) Überdies wird die Abnahme des Lichts von ihm geschildert als »wenig grösser wie diejenige, welche durch das plötzliche Vorüberziehen einer Wolke vor der Sonne hervorgebracht werden könnte;« die Vögel fuhren fort zu singen und »insbesondere krähte ein Hahn mit der ganzen Kraft seiner Stimme, während der Ring sich bildete.«

Ganz verschieden hiervon waren die Wirkungen der Finsternis von 1842, in Bezug auf welche Arago einige interessante Einzelheiten gesammelt hat.[3]) Lasttiere, erzählt er uns, hielten in ihrer Arbeit inne und konnten durch kein Züchtigungsmittel zum Weitergehen bewogen werden, bis die Sonne sich wieder zeigte; Vögel und Tiere liessen ihr Futter im Stich; Hänflinge fand man tot in ihren Käfigen, sogar die Ameisen stellten ihre Arbeit ein. Postpferde andrerseits schienen für die Erscheinung ebenso unempfindlich zu sein wie Lokomotiven. Die Winde und einige andere Pflanzen schlossen ihre Blüten, während die der Mimose offen blieben. Das wenige Licht, welches übrig blieb, war von schwarzblauer Farbe. Ein Beobachter schilderte die allgemeine Färbung der der Weinhefe ähnlich, während die Angesichter der Menschen eine bleiche olivenartige oder grünliche Farbe zeigten. Wir können daher überzeugt sein, dass keine der merkwürdigen Verfinsterungen, von denen uns die Geschichte erzählt, von Finsternissen der ringförmigen Art herrührte.

Das Vorhandensein einer Korona ist keine moderne Entdeckung. In der That ist sie eine allzu auffällige Erscheinung, als dass sie

---

[1]) *Phil. Trans.*, vol. XL, p. 192. — [2]) *Mem. R. A. S.*, vol. X, p. 17. — [3]) *Ann. du Bureau des Long.* 1846, p. 309.

auch nur dem am wenigsten aufmerksamen oder dem mindestgeübten Beobachter einer totalen Finsternis entgehen könnte. Trotzdem sind weitläufigere Hinweise darauf in früheren Zeiten selten. Die Anspielungen sowohl bei Plutarch[1]) als bei Philostratus in seinem »*Leben des Apollonius von Tyana*«[2]) lassen sich nicht verkennen, da der letztere eine »Krone« oder einen Kranz ähnlich dem Regenbogen beschreibt, der die Sonne während einer Finsternis umschloss und verdunkelte. Der erste, der die Erscheinung wissenschaftlich betrachtete, war Kepler. Er zeigte aus den damaligen Stellungen der Sonne und des Mondes in ihren Bahnen, dass eine von Clavius im Jahre 1567 zu Rom beobachtete Finsternis nicht ringförmig[3]) gewesen sein könne, wofür man sie wegen der blendenden Strahlen der Korona, die während der Verfinsterung sichtbar war, gehalten habe. Obwohl er selbst niemals Augenzeuge einer totalen Sonnenfinsternis gewesen war, sammelte und verglich er sorgfältig die Bemerkungen derer, die glücklicher waren, und folgerte, dass der bei solchen Gelegenheiten gesehene Ring von »flammenähnlichem Glanze« durch die Reflektion der Sonnenstrahlen an einer in der Nähe entweder der Sonne oder des Mondes befindlichen verdichteten Materie hervorgebracht werde.[4]) Er selbst gab bei dieser Alternative der Sonne den Vorzug, erklärte jedoch mit einem jener merkwürdigen halbprophetischen Geistesblitze, die seinem Genius eigentümlich waren, »dass diese Erklärung als fertig zum Gebrauch bei Seite gelegt, aber nicht zu unmittelbarer Anwendung gebracht werden sollte.«[5]) So buchstäblich wurde sein Rat befolgt, dass die Theorie, die wir jetzt als die richtige (um dreist zu sprechen) kennen, erst nach 236 Jahren beinahe vollständiger Zurückgezogenheit aus der Schatzkammer vorausgesehener Wahrheiten wieder hervorgeholt wurde und auch dann noch schüchtern und zögernd.

Die erste Finsternis, deren begleitende Erscheinungen mit leidlicher Genauigkeit beobachtet wurden, war die, welche am 12. Mai 1706 für den Süden von Frankreich total war. Cassini sprach damals die Ansicht aus, dass die »Krone bleichen Lichtes,« die um die Mondscheibe zu sehen wäre, durch die Beleuchtung vermittelst des Zodiakallichtes hervorgebracht werde;[6]) doch schenkte man ihr

[1]) *Op. Mor. et Phil.*, vol. IX, p. 682, *ed. Lipsiae* 1778. — [2]) Buch VIII, Kap. XXIII. Beide Hinweise sind entnommen R. Grant. *Astr. Nachr.* No. 1838. — [3]) *Astronomiae Pars Optica*, *Op. omnia*, t. II, p. 317. — [4]) *De Stella Nova*, Op. t. II, pp. 696—697. — [5]) *Astr. Pars Opt.*, p. 320. — [6]) *Mém.*

nicht diejenige Beachtung, welche sie als ein Schritt in der rechten Richtung unzweifelhaft verdient hätte. Neun Jahre später treffen wir auf Halley's Bemerkungen über ein ähnliches Ereignis, das erste, welches seit dem 20. März 1140 in London eingetreten war. Am 22. April (alten Stils) des Jahres 1715, morgens 9 Uhr, erzählt er uns, war »die Verfinsterung etwa zehn Finger breit,[1]) als das Aussehen und die Farbe des Himmels sich zu ändern begannen, von vollkommen heiterem Azurblau zu einer mehr schwarzblauen Farbe, die mit einem Schein von Purpur vermischt war . . . Wenige Sekunden, bevor die Sonne ganz verhüllt war, zeigte sich rund um den Mond ein leuchtender Ring, etwa einen Finger oder vielleicht den zehnten Teil des Monddurchmessers breit. Er war von einer blassen Weisse oder besser von Perlenfarbe, wie mir schien, ein wenig gefärbt mit den Farben des Regenbogens und koncentrisch mit dem Monde, weshalb ich ihn für die Atmosphäre des Mondes hielt. Aber die grosse Höhe desselben, welche die der Atmosphäre unsrer Erde weit übertraf, und die von jemand gemachte Beobachtung, dass die Breite des Ringes auf der Westseite des Mondes gegen Ende der Verfinsterung hin zunehme, sowie die entgegenstehende Meinung dessen, dessen Urteil ich stets achten werde,« (wahrscheinlich ist Newton gemeint), »machen mich weniger zuversichtlich, zumal bei einem Gegenstande, dem ich, wie ich gestehe, nicht alle erforderliche Aufmerksamkeit widmete.« Am Schlusse wagt er es nicht zu entscheiden, ob die »erleuchtete Atmosphäre,« welcher die Erscheinung »in allen Beziehungen ähnlich ist, zur Sonne oder zum Monde gehört.«[2])

Ein französischer Akademiker, der damals zufällig in London war, war mit seiner Meinung weniger zurückhaltend. Der Ritter von Louville erklärte mit Nachdruck, dass die Korona der Mondatmosphäre ihre Entstehung verdanke,[3]) und seine Autorität verschaffte dieser Theorie grosses Gewicht. Sie kam indessen sehr in Misskredit durch eine von Maraldi im Jahre 1724 gemachte Beobachtung, wonach der leuchtende Ring, anstatt mit dem Monde mitzuwandern, von diesem durchwandert wurde.[4]) Dies war in Wirklichkeit entscheidend, obwohl, wie gewöhnlich, diese Thatsache

de l'Ac. des Sciences, 1715, p. 119. — [1]) Eines Fingers Breite = $1/_{12}$ des Sonnendurchmessers. — [2]) *Phil. Trans.*, vol. XXIX, pp. 247—249. — [3]) *Mém. de l'Ac. des Sciences*, 1715; *Histoire*, p. 49; *Mémoires*, pp. 93—98. — [4]) *Ibid.* 1724, p. 178.

erst geglaubt wurde, nachdem sie schon lange bewiesen war. Überdies wurde der Vorteil, der aus diesem neuen Zeugnis erwuchs, von einem Unberufenen eingeheimst. Im Jahre 1715 stellten Delisle und Lahire eine neue Erklärung auf,[1]) die von damals als vollkommen überzeugend angesehenen Versuchen unterstützt wurde. Die Aureole um die verfinsterte Sonne, führten sie aus, ist einfach ein Resultat der Diffraktion oder scheinbaren Beugung derjenigen Sonnenstrahlen, welche die Mondkugel streifen, eine Wirkung von ähnlicher Art, wie die farbigen Fransen der Schatten. Und diese Ansicht behielt unter den Gelehrten die Oberhand, bis (oder sogar nachdem) Brewster mit deutlicher und einfacher Bestimmtheit nachgewiesen hatte, dass eine solche Wirkung bei unserer Entfernung von dem Monde absolut nicht würde wahrgenommen werden können.[2]) Don José Joachim de Ferrer, welcher am 16. Juni 1806 eine totale Sonnenfinsternis zu Kinderhook im Staate New York beobachtete, scheint keine Ahnung davon gehabt zu haben, dass eine solche feine optische Erklärung des Phänomens in der gelehrten Welt herumlief. Nur zwei einander ausschliessende Erklärungen stellten sich seinem Verstande als möglich vor. Der glänzende Ring um den Mond musste herrühren von der Beleuchtung entweder einer Mond- oder einer Sonnenatmosphäre. War das erstere der Fall, so musste diese Atmosphäre nach seiner Rechnung eine fünfzigmal grössere Höhe haben als die Lufthülle der Erde. »Eine solche Atmosphäre«, schloss er richtig, »kann nicht zum Monde, sondern muss ohne Zweifel zur Sonne gehören.«[3]) Er war indessen der einzige, der hierüber in Zweifel war.

Die Wichtigkeit des Problems wurde den Astronomen erst klar durch die Finsternis des Jahres 1842. Die brillante und komplicierte Erscheinung, welche bei dieser Gelegenheit die Aufmerksamkeit so vieler Beobachter auf sich lenkte, beanspruchte und erhielt nicht mehr die gelegentliche ihr bisher gewidmete Beachtung, sondern das ernsthafteste Studium derer, denen der Fortschritt der Wissenschaft am Herzen lag. Trotzdem geschah es nur nach und nach und durch einen Prozess von »Ausscheidungen« (um einen Baconschen Ausdruck zu gebrauchen), dass die Korona an ihren richtigen Platz als ein Anhängsel der Sonne gesetzt wurde. Da jede andere vorgebrachte

---

[1]) *Mém. de l'Ac. des Sciences,* 1715, pp. 161, 166—169. — [2]) *Ed. Ency.* art. *Astronomy,* p. 635. — [3]) *Trans. Am. Phil. Soc.,* vol. VI, p. 274.

Erklärung sich als unzulässig erwies und bei Seite geschoben werden musste, so blieb nur die blosse Erscheinung der Thatsache übrig, die lange und beharrlich missdeutet wurde, obwohl ihre Erklärung hinreichend offenbar war. Erst im Jahre 1869 war ein absolut entscheidender Beweis über den Gegenstand vorhanden, wie wir weiter unten sehen werden.

Sir John Herschel erzählt in einem Briefe an seine ehrwürdige Tante, dass, als am Morgen des 8. Juli 1842 die brillanten roten Flammen hinter dem dunklen Monde plötzlich sichtbar wurden, die Bevölkerung von Mailand mit der üblichen Inkonsequenz der Menge den Jubelruf ausgestossen hätte: »Es leben die Astronomen!«[1]) In Wirklichkeit war niemand weniger auf ihr Erscheinen vorbereitet als die Klasse derer, denen der dem prächtigen Schauspiel gebührende Beifallssturm gewidmet wurde. Und in gewissem Grade durch ihre eigene Schuld; denn manche teilweisen Andeutungen und einige bestimmte Angaben früherer Beobachter hatten unbemerkt darauf hingewiesen, dass man eine derartige Erscheinung bei Gelegenheit einer Sonnenfinsternis erwarten könnte.

Was wir jetzt die »Chromosphäre« nennen, ist eine Hülle von glühenden Gasen, hauptsächlich von Wasserstoff, durch welche die Sonne vollständig umschlossen wird, und von welcher die »Protuberanzen« sei es gewaltsame, sei es irgend wie anders hervorgebrachte Ausflüsse sind. Nun sind fortgesetzt Anzeichen von dem Vorhandensein dieses Feuermeeres während der Finsternisse im achtzehnten und neunzehnten Jahrhundert entdeckt worden. Kapitän Stannyan, der in einem Briefe an Flamsteed ein von ihm zu Bern am 1. Mai (a. St.) 1706 beobachtetes Ereignis dieser Art beschreibt, sagt, dass »dem Austreten der Sonne aus der Verfinsterung ein blutroter Lichtstreifen auf ihrem linken Rande vorausging.«[2]) Eine genau ähnliche Erscheinung wurde sowohl von Halley als von De Louville im Jahre 1715 wahrgenommen; während ringförmiger Finsternisse durch Lord Aberdour im Jahre 1737[3]) und durch Short im Jahre 1748,[4]) wobei jedoch die Farbe des roten Randes durch das übriggebliebene Sonnenlicht in »braun« oder »dunkelrot« verwandelt war; und dem Charakter nach identische Beobachtungen wurden gemacht 1820 zu

[1]) *Memoir of Caroline Herschel*, p. 327. — [2]) *Phil. Trans.*, vol. XXV, p. 2240. — [3]) *Ibid.*, vol. XL, p. 182. — [4]) *Ibid.*, vol. XLV, p. 586.

Amsterdam,[1]) 1836 zu Edinburg (durch Henderson) und 1838 zu New York.[2])

»Flammen« oder, wenn sie mehr in die Augen fallen, »Protuberanzen« treten weniger häufig auf als die glühende Schicht, aus der sie entspringen. Zuerst beschrieben wurden sie von einem schwedischen Professor namens Vassenius, der am 2. Mai (a. St.) 1733 zu Gotenburg eine totale Sonnenfinsternis beobachtete.[3]) Seine Bestürzung und seine Bewunderung waren gleich stark, als er dicht am Aussenrande der Mondscheibe und wie es schien, in der Atmosphäre der Korona schwebend, drei oder vier rote Flecken oder Wolken wahrnahm, von denen eine so gross war, dass sie mit blossem Auge gesehen werden konnte. Hinsichtlich ihrer Natur sprach er nicht einmal eine Vermutung aus, abgesehen davon, dass er sie stillschweigend mit dem Monde in Zusammenhang brachte, und in dieser Lage scheinen sie geblieben zu sein, so lange man sich überhaupt dieser Beobachtung erinnerte. Sie wurde im Jahre 1778 von einem spanischen Admiral wiederholt, es gelang ihm aber ebensowenig, eine allgemeinere Aufmerksamkeit auf die Erscheinung hinzulenken. Don Antonio Ulloa befand sich an Bord seines Schiffes »Spanien«, das auf der Überfahrt von den Azoren nach Kap St. Vincent begriffen war, als am 24. Juni jenes Jahres eine totale Sonnenfinsternis eintrat, von der er eine wertvolle Beschreibung hinterlassen hat. Seine Bemerkungen über die Korona sind von grossem Interesse; was uns aber gegenwärtig anzieht, ist die Erscheinung »eines roten, leuchtenden Punktes in der Nähe des Mondrandes,« der allmählich an Umfang zunahm, je mehr sich der Mond von ihm entfernte, und der etwa eine und eine viertel Minute sichtbar blieb.[4]) Er war überzeugt, dass er zur Sonne gehörte, wegen seiner feurigen Farbe und seiner zunehmenden Grösse, und nahm an, dass er entstände durch irgend einen Riss oder eine Unebenheit im Mondrande, durch welche das Sonnenlicht hindurchdrang.

---

[1]) *Mem. R. A. S.*, vol. I, pp. 145, 148. — [2]) *American Journal of Science*, vol. XLII, p. 396. — [3]) *Phil. Trans.*, vol. XXXVIII, p. 134. Pater Secchi hat indessen die Erscheinung der Protuberanzen schon im Jahre 1239 n. Chr. mit leidlicher Bestimmtheit erwähnt gefunden. In einer Beschreibung einer totalen Finsternis jener Zeit wird hinzugefügt: »Et quoddam foramen erat ignitum in circulo solis ex parte inferiori« (Muratori, *Rev. It. Scriptores*, t. XIV, col. 1097). Der »circulus solis« bezeichnet sonach die Korona. — [4]) *Phil. Trans.*, vol. LXIX, p. 114.

Wir könnten noch auf minder genaue Anspielungen, sowohl frühere wie spätere, die sich leicht auf ähnliche Gegenstände beziehen lassen (z. B. die von Ferrer gesehenen »schlanken Rauchsäulen«[1]) näher eingehen; aber der bereits geführte Beweis genügt um zu zeigen, dass die im Jahre 1842 mit so grossem Entzücken gesehenen Protuberanzen keineswegs ohne Vorgänger, ja nicht einmal eine ungewöhnliche Erscheinung waren.

Die Entscheidung der Frage, was ihre Natur ist, ist indessen wichtiger als die, ob sie bereits früher beobachtet wurden. Sie waren allgemein, und nicht ganz unrichtig, als Sonnenwolken bezeichnet worden. Arago glaubte, dass sie mit reflektiertem Lichte leuchten[2]), während sie der Abbé Peytal mit Recht als selbstleuchtend betrachtete. In einem Schreiben aus Montpellier vom 16. Juli 1842 erklärte er, dass wir uns nunmehr von der Existenz einer dritten oder äusseren, aus einer glühenden Substanz von heller rosiger Farbe bestehenden Sonnenhülle überzeugt hätten, die Berge von ungeheurer Erhebung, in ihrem Charakter den an unserm Horizonte angehäuften Wolken nicht unähnlich, bildete.[3]) Diese erste bekannte Beschreibung eines sehr wichtigen Gebildes unserer Sonne gründete sich wahrscheinlich auf eine von Bérard zu Toulon während der damaligen Finsternis gemachte Beobachtung »eines sehr feinen roten, unregelmässig ausgezackten oder gewissermassen hier und dort eingerissenen Bandes«[4]), welches einen grossen Bogen des Mondumfanges umgab. Man kann indessen nicht behaupten, dass sie bis zum 28. Juli 1851 bestimmt anerkannt worden wäre. An diesem Tage fand eine totale Sonnenfinsternis statt, die mit beträchtlichem Erfolge in verschiedenen Teilen Schwedens und Norwegens von einer Anzahl englischer Astronomen beobachtet wurde. Hind sah am Südrande des Mondes »eine lange Reihe rosenfarbiger Flammen«[5]), die von Dawes beschrieben wurde »als ein niedriger Zug von roten Protuberanzen, der in seinen Umrissen den Spitzen einer sehr unregelmässigen Hügelreihe glich.«[6]) Airy nannte den ihm sichtbaren Teil dieser »zackigen Linie von Hervorragungen« die Sierra und war erstaunt über ihr brillantes Licht und »nahezu scharlachrote« Farbe.[7]) Aus diesen Angaben folgerten (unter andern) Grant, Swan und Littrow, dass ihr wahrer Charakter der einer

---

[1]) *Trans. Am. Phil. Soc.*, vol. VI, 1809, p. 267. — [2]) *Annuaire* 1846, p. 460. — [3]) *Ibid.*, p. 439, note. — [4]) *Ibid.*, p. 416. — [5]) *Mem. R. A. S.*, vol. XXI, p. 82. — [6]) *Ibid.*, p. 90. — [7]) *Ibid.*, pp. 7—8.

zusammenhängenden Sonnenhülle sei, und Pater Secchi nahm dies nach der grossen Finsternis von 1860 formell als bewiesen an.[1])

Verschiedene Protuberanzen von merkwürdiger Form, besonders eine, die verschieden mit einem türkischen Pallasch, einer Sichel oder einem Bumerang verglichen wurde, wurden im Jahre 1851 gesehen. Im Zusammenhang mit ihnen nahm man zwei hoch bedeutsame Umstände wahr, nämlich erstens, dass ihre Lagen nahezu mit denen von vorher beobachteten Sonnenflecken zusammenfielen,[2]) und zweitens, dass »der Mond über sie wegging, indem er sie hinter sich zurückliess und bei seinem weiteren Vorrücken nach und nach neue Teile von ihnen aufdeckte.«[3]) Diese letztere Thatsache (die nicht bezweifelt werden konnte, da sie einzeln von mindestens vier ausgezeichneten Astronomen bemerkt worden war) betrachteten mit Recht Airy und andere als einen absolut sicheren Beweis dafür, dass diese eigenartigen Objekte ihren Ursprung in der Sonne haben. Trotzdem finden sich noch immer welche, die daran zweifeln. Faye von der französischen Akademie ist geneigt, ihre Entstehung auf dem Monde zu suchen.[4]) Professor von Feilitsch zu Greifswald veröffentlichte im Jahre 1852 ein Buch zu dem ausgesprochenen Zwecke, alle die glänzenden Phänomene, welche die Sonnenfinsternisse begleiten — die Korona, die Protuberanzen und die »Sierra« —, als bloss optische Erscheinungen zu erweisen.[5]) Glücklicherweise jedoch sollten bald die unwiderlegbaren Argumente der photographischen Kammer gegen solche hartnäckige Ungläubigkeit ins Feld geführt werden.

Man kann somit behaupten, dass die eigentliche Entdeckung der Nebengebilde der Sonne, der Korona sowohl wie der Chromosphäre, im Jahre 1842 begonnen und im Jahre 1851 vervollständigt worden sei. Die im Umlauf befindliche Herschel'sche Theorie der Sonnenkonstitution blieb indessen zur Zeit noch unberührt. Der Schwierigkeiten wurden freilich um sie herum immer mehr; man hielt aber vielleicht ihre Diskussion noch für verfrüht, und überdies konnte man sie ohne Widerspruch vermehren, bis sie sich durch neue Zeugnisse zu einer unerwarteten und überwältigenden Übermacht verstärkt hatten.

---

[1]) *Le Soleil,* t. I, p. 386. — [2]) Durch Williams und Stanistreet, *Mem. R. A. S.,* vol. XXI, pp. 54, 56. Santini hatte 1842 zu Padua eine ähnliche Bemerkung gemacht. Grant, *Hist. Astr.,* p. 401. — [3]) Lassel, *Month. Not.,* vol. XII, p. 53. — [4]) *Comptes Rendus,* t. XXXIV, p. 155. — [5]) *Optische Untersuchungen,* und *Zeitschrift für populäre Mitteilungen,* Bd. I, 1860, S. 201.

Viertes Kapitel.

Planetarische Entdeckungen.

Im Verlaufe seiner ersten Versuche, ein Gesetz für die Entfernungen der Planeten zu finden, nahm Kepler probeweise an, dass sich ein wegen seiner Kleinheit unsichtbarer Planet in der weiten Region des (scheinbar) öden Raumes zwischen Mars und Jupiter um die Sonne bewege.[1]) Die unverhältnismässige Grösse desselben Zwischenraumes wurde von Kant erklärt als herrührend von den übermässigen Ansprüchen, die der Umfang des Jupiter gemacht hatte. Die Zone, in welcher ein jeder Planet sich bewegte, war nach dem Königsberger Philosophen als der nunmehr leere Speicher zu betrachten, aus dem sie die Materialien zu ihrem Bau hergeholt hatten. Es musste daher eine bestimmte Beziehung zwischen den Massen der Planeten und ihren Zwischenräumen bestehen.[2]) Lambert andrerseits meinte scherzhaft, dass der Körper oder die Körper (denn es ist beachtenswert, dass er von ihnen in der Mehrheit spricht), welche einstmals diese ungeheure Kluft im Sonnensystem überbrückten, in uralten Zeiten von einem grossen Kometen weggefegt und gezwungen worden sein könnten, seine Irrfahrten durch den Raum mitzumachen.[3])

Diese Spekulationen waren schon lange dazu destiniert, eine bestimmtere Gestalt anzunehmen. Johann Daniel Titius, Professor zu Wittenberg (woselbst er 1796 starb), machte im Jahre 1772 in einer Anmerkung zu einer Übersetzung von Bonnet's *Contemplation de la Nature*[4]) auf die Existenz einer bemerkenswerten Symmetrie in der Anordnung der das Sonnensystem bildenden Körper aufmerksam. Er zeigte, dass die Entfernungen der sechs bekannten Planeten

---

[1]) *Op.*, t. I, p. 107. Er nahm noch, aber bloss versuchsweise, einen andern ähnlichen Körper zwischen Merkur und Venus an. — [2]) *Allgemeine Naturgeschichte* (Ausg. v. 1798), pp. 118—119. — [3]) *Kosmologische Briefe* No. 1 (erwähnt bei v. Zach, *Monatl. Korrespondenz*, Bd. III, S. 592). — [4]) Zweite Aufl., S. 7. Siehe Bode, *Von dem neuen Hauptplaneten*, S. 43, Anmerk.

von der Sonne mit grosser Annäherung dargestellt werden könnten durch eine Reihe von Zahlen, die in regelmässiger Progression zunehmen.[1]) Nur eine auffallende Unterbrechung war vorhanden. Das Glied der Reihe, welches auf das der Bahn des Mars entsprechende Glied folgte, hatte keinen Repräsentanten am Himmel. Die ordentliche Reihenfolge war daher in bemerkenswerter Weise unterbrochen. Der Raum, innerhalb dessen sich ein Planet — in Erfüllung des Gesetzes — hätte bewegen sollen, war herrenlos. Johann Eilhard Bode, der damals gerade seine lange Laufbahn als Leiter aller astronomischen Unternehmungen zu Berlin begann, merkte sogleich die Unregelmässigkeit und füllte den leeren Zwischenraum durch einen hypothetischen Planeten aus. Die Entdeckung des Uranus in einer Entfernung, die sich in beinahe vollkommener Übereinstimmung mit dem Titiusschen Gesetze befand, gab einer anscheinend nur auf gut Glück gemachten Voraussage eine gewisse Bedeutung, und v. Zach unterzog sich wirklich 1785 der Mühe, für diesen nie gesehenen Körper »analogische« Elemente,[2]) wie er sie nannte, zu berechnen. Die Suche nach ihm, die, wie man einräumen wird, kaum weniger chimärisch war als die der Alchemisten nach dem Stein der Weisen, behielt er fünfzehn Jahre lang beständig im Gesicht, und es gelang ihm schliesslich am 21. September 1800 im Verein mit fünf andern in Lilienthal versammelten deutschen Astronomen eine Macht, die er scherzend Himmelspolizei nannte, zu dem ausdrücklichen Zwecke zu organisieren, den Flüchtling der Sonne zu verfolgen und einzufangen. Der Tierkreis wurde demgemäss zum Zwecke der Durchforschung in vierundzwanzig Zonen geteilt; ihre Verteilung an die einzelnen Beobachter war zum Teil erfolgt, und die Vereinigung war rasch ans Werk gegangen, als Nachrichten einliefen, dass der vermisste Planet gefunden worden sei, zwar nicht durch eine systematische Suche, sondern durch die fleissigen obwohl anderswohin gerichteten Arbeiten eines fernen Himmelsbeobachters.

Giuseppe Piazzi war geboren am 16. Juli 1746 zu Ponte in der Valtelline. Er studierte an verschiedenen Orten und Zeiten unter Tiraboschi, Beccaria, Jacquier und Le Sueur, und nach-

---

[1]) Die Zahlen erhält man, wenn man 4 zu jeder der Zahlen 0, 3, 6, 12, 24, 48, . . . (die Reihe ist insofern unregelmässig, als das erste Glied $1\frac{1}{2}$ statt 0 sein müsste) addiert. Die Formel ist eine rein empirische und ist überdies vollständig unrichtig hinsichtlich der Entfernung des Neptun. — [2]) *Monatl. Korresp.*, Bd. III, p. 596.

dem er in den Theatinermönchsorden im Alter von achtzehn Jahren eingetreten, gab er Unterricht in der Philosophie, Naturwissenschaften und Religion in verschiedenen italienischen Städten und in Malta bis zum Jahre 1780, wo ihm der Lehrstuhl für Mathematik an der Universität Palermo angeboten und von ihm angenommen wurde. Fürst Caramanico, damals Vizekönig von Sizilien, hatte wissenschaftliche Neigungen und wurde leicht gewonnen für das Projekt der Errichtung eines Observatoriums, für welches durch Einräumung eines der Türme des vizeköniglichen Palastes eine bequeme Grundlage geschaffen wurde. Dieser architektonisch mit dem übrigen nicht übereinstimmende Anbau eines alten sarazenischen Gebäudes — einst der Wohnsitz der kelbitischen und ziritischen Emire — wurde im Februar 1791 vollendet. Piazzi hatte sich unterdessen nahezu drei Jahre dem fleissigen Studium seines neuen Berufes hingegeben und eine praktische Kenntnis von Lalande's Methoden an der Militärschule und derjenigen Maskelyne's an der königlichen Sternwarte erworben; er kehrte 1789 nach Palermo zurück und brachte in dem grossen fünffüssigen Kreise, zu dessen Konstruktion er Ramsden vermocht hatte, das vollkommenste Messinstrument mit, das bis dahin von einem Astronomen angewendet worden war.

Er hatte etwa neun Jahre an seinem Sternkataloge gearbeitet und war noch in vollkommener Unkenntnis darüber, dass die Lilienthaler Vereinigung von astronomischen Detektivs einen Platz für ihn offen gehalten hatte, als er am ersten Abend des neunzehnten Jahrhunderts, am 1. Januar 1801, die Lage eines Sternes achter Grösse im Sternbilde des Stiers bestimmte, auf welches ein Irrtum Wollaston's seine besondere Aufmerksamkeit gerichtet hatte. Indem er seiner Gewohnheit gemäss die nämliche Reihe von fünfzig Sternen in vier aufeinanderfolgenden Nächten beobachtete, schien es ihm am 2. Januar, dass der eine von den betreffenden Sternen seine Stellung etwas nach Westen zu verändert habe; am 3. überzeugte er sich von neuem von dieser Thatsache und glaubte, dass er auf eine neue Art von Kometen ohne Schweif gestossen sei. Der wandernde Körper (welches immer auch seine Natur sein mochte) wurde am 13. Januar rückläufig [1]) und wurde sorgfältig von Piazzi beobachtet bis zum 11. Februar, wo eine gefährliche Krankheit seine

---

[1]) Solche Umkehrungen der Richtung in den scheinbaren Bewegungen der Planeten sind eine Folge des Umlaufs der Erde in ihrer Bahn.

Beobachtungen unterbrach. Er hatte indessen nicht versäumt, von seiner Entdeckung Kenntnis zu geben, aber die Verkehrsverbindungen waren in jenen unruhigen Zeiten in so schlechtem Zustande, dass sein Brief an Oriani vom 23. Januar erst am 5. April nach Mailand gelangte, während ein einen Tag später an Bode gerichtetes Schreiben am 20. März Berlin erreichte. Die Verzögerung liess gerade der Veröffentlichung einer »Dissertation« eines jungen Philosophen in Jena namens Hegel Zeit, in welcher mit schlagenden Gründen der Vernunft nachgewiesen wurde, dass die Anzahl der Planeten die Zahl sieben nicht überschreiten könne, und die Thorheit gewisser Anbeter der Induktion klargelegt wurde, welche einen neuen Himmelskörper suchten, bloss um eine Lücke in einer Zahlenreihe auszufüllen.[1])

Unbeschämt durch die Geringschätzung des Philosophen, hatte Bode kaum Piazzi's Brief gelesen, als er schloss, dass es sich genau um den in Frage stehenden Körper handelte. Die Neuigkeit verbreitete sich schnell und erregte grosses Aufsehen, das nur von der Befürchtung begleitet war, es möchte dieser letzte Spross der Sonnenfamilie bloss gefunden worden sein, um ihn wieder zu verlieren. Denn zu jener Zeit war Piazzi's beweglicher Stern der Sonne allzunahe, als dass er hätte noch länger sichtbar sein können, und um ihn nach seiner Konjunktion wieder zu entdecken, war eine einigermassen genaue Kenntnis seiner Bahn unerlässlich. Eine Planetenbahn war aber vorher noch niemals aus so kargen Angaben, wie sie Piazzi's Beobachtungen darboten,[2]) berechnet worden; es waren daher auch die Versuche, das Problem anzugreifen, die von fast jedem namhaften Astronomen Deutschlands gemacht wurden, offenbar mangelhaft; sie gaben nicht einmal die Stellungen richtig an, an denen der Körper wirklich gesehen worden war, und dienten um so mehr nur dazu, hinsichtlich der Orte, an denen derselbe vom September 1801 wieder sichtbar geworden sein sollte, irre zu führen. In dieser äussersten Not trat der berühmte Mathematiker Gauss als Retter auf. Er stand damals in seinem fünfundzwanzigsten Jahre und erwarb sein Brot durch Unterricht in Braunschweig, mit vielen Möglichkeiten vor sich, aber ohne bestimmte Stellung. Man kann behaupten, dass die Nachricht aus Palermo ihn aus einem Mathematiker

---

[1]) *Dissertatio Philosophica de Orbitis Planetarum,* 1801. Siehe Wolf, *Gesch. d. Astr.,* S. 685. — [2]) Die am Uranus als einem vermeintlichen Fixsterne gemachten Beobachtungen reichten bis 1690 zurück.

in einen Astronomen verwandelt habe. Er war bereits im Besitze einer neuen und allgemeineren Methode zur Berechnung elliptischer Bahnen, und die Methode der »kleinsten Quadrate,« die er ersonnen, aber noch nicht veröffentlicht hatte, setzte ihn in den Stand, aus einer gegebenen Reihe von Beobachtungen das wahrscheinlichste Resultat abzuleiten. Ausgerüstet mit diesen neuen Kräften, setzte er sich an die Arbeit, und die im November erfolgende Mitteilung seiner Elemente und der Ephemeride für das verlorene Objekt belebten von neuem die schwindenden Hoffnungen der kleinen Gesellschaft eifriger Sucher. Ihre Geduld sollte indessen noch einige Zeit auf die Probe gestellt werden. Wolken, Nebel und Schneegestöber schienen sich verbunden zu haben, um den Rückzug des Flüchtlings zu decken; aber in der letzten Nacht des Jahres klärte sich der Himmel unerwartet auf, indem das Wetter in eine strenge Kälte umschlug, und es wurde im nordwestlichen Teile der Jungfrau nahe an der für den sich entfernenden Planeten von Gauss angegebenen Stelle von v. Zach[1]) in Gotha und am folgenden Abend — dem Jahrestage der ursprünglichen Entdeckung — von Olbers in Bremen ein fremder Stern wahrgenommen. Dieser zuerst bekannte von der zahlreichen und wahrscheinlich sogar unzählbar grossen Familie der kleinen Planeten erhielt auf Piazzi's Wunsch den Namen Ceres (die Schutzgöttin von Sicilien).

Die Auffindung des zweiten folgte als unmittelbare Konsequenz der Entdeckung des ersten. Olbers war mit den Positionen der kleinen Sterne längs der Bahn des lange vermissten Körpers so vertraut geworden, dass ihm am 28. März 1802 die Gegenwart eines Eindringlings nahe an dem Flecke, wo er neulich Ceres entdeckt hatte, sofort auffiel. Er hielt den Ankömmling zuerst für einen veränderlichen, gewöhnlich unsichtbaren Stern, der sich damals gerade im Maximum seiner Helligkeit befände; doch hatte er sich innerhalb zweier Stunden überzeugt, dass es kein Fixstern, sondern ein sich schnell bewegendes Objekt sei. Die Hilfe von Gauss wurde nochmals angerufen, und seine prompten Rechnungen zeigten, dass diese neue himmlische Bekanntschaft (von Olbers mit dem Namen Pallas belegt) sich in nahezu derselben mittleren Entfernung wie die

[1]) Er hatte ihn bereits am 7. Dezember flüchtig gesehen, doch konnte er seine Vermutung des schlechten Wetters wegen nicht bestätigen. *Monatl. Corr.*, Bd. V, S. 171.

Ceres um die Sonne bewegte und ohne Frage von genau ähnlichem Charakter war.

Das Resultat war ausserordentlich verwirrend. Die Symmetrie und Einfachheit des Planetensystems schien in verhängnisvoller Weise gefährdet durch die Zulassung vieler Planeten an einer Stelle, wo nach den altbewährten Regeln nur Raum für einen gefunden werden konnte. Eine kühne Hypothese über Olbers' Entdeckung brachte einen Ausweg aus der schwierigen Lage. Er nahm an, dass sowohl Ceres wie Pallas Bruchstücke eines ursprünglichen jenseits des Mars sich bewegenden Planeten seien, der in entlegener Vergangenheit entweder durch die Wirkung innerer Kräfte oder durch den Einfluss eines Kometen in Stücke zersprengt wurde, und sagte voraus, dass noch viel mehr solche Bruchstücke in der nämlichen Gegend gefunden werden würden. Er gab überdies an, dass alle diese zahlreichen Bahnen, so verschieden sie auch in anderen Hinsichten sein möchten, doch eine gemeinschaftliche Schnittlinie[1]) haben müssten, und dass demzufolge die sich in ihnen bewegenden Körper bei jedem Umlauf durch zwei entgegengesetzte Punkte des Himmels gingen, von denen der eine im Walfische, der andere im Sternbilde der Jungfrau, woselbst Pallas bereits gefunden worden sei und Ceres wieder bemerkt wurde, gelegen sei. Der Hinweis darauf, dass neue Entdeckungen in diesen besonderen Gegenden erwartet werden dürften, wurde in ausgezeichneter Weise durch die Entdeckung der beiden jetzt bezüglich als Juno und Vesta bekannten Körper bestätigt. Der erste wurde nahe an der vorausbezeichneten Stelle im Sternbilde des Cetus von Harding, Schröter's Assistenten in Lilienthal, am 2. September 1804, der zweite nach dreijähriger beharrlicher Durchforschung am 29. März 1807 von Olbers selbst in der Jungfrau gefunden.

Die Theorie eines zersprengten Planeten schien nunmehr alles zu ihren Gunsten zu haben. Sie erforderte, dass die mittleren oder durchschnittlichen Entfernungen der neu entdeckten Körper nahezu dieselben waren, während eine grosse Verschiedenheit in den Ge-

---

[1]) Planetarische Bruchstücke, die in irgend einer Richtung und mit irgend welcher Geschwindigkeit, die kleiner ist als die, welche sie für immer dem Einfluss der Sonne entziehen würde, fortgeschleudert werden, würden immer noch elliptische Bahnen um die Sonne beschreiben, deren Ebenen durch den Schauplatz der Explosion hindurchgehen und daher eine gemeinsame Schnittlinie besitzen.

stalten und Lagen ihrer Bahnen zulässig war, vorausgesetzt immer, dass sie gemeinschaftliche Schnittpunkte behielten. Diese Bedingungen waren mit überraschender Annäherung an die Genauigkeit erfüllt. Drei von den vier »Asteroiden« (eine von Sir William Herschel eingeführte Bezeichnung)[1]) stimmten mit sehr grosser Annäherung mit dem Bode'schen Gesetz der Entfernungen überein; sie gingen bei ihren Umläufen um die Sonne nahezu durch dieselben Punkte der Sternbilder des Cetus und der Jungfrau, während sich die Excentricitäten und Neigungen ihrer Bahnen weit von dem planetarischen Typus entfernen — z. B. bildet die Ebene der Bahn der Pallas mit der Ekliptik nahezu einen Winkel von 35°. Die Kleinheit dieser Körper schien ebenfalls die Meinung über ihren fragmentarischen Charakter zu bestärken. Herschel schätzte den Durchmesser der Ceres auf 35 (engl. 162), den der Pallas auf 32 (engl. 147) Meilen.[2]) Juno ist kleiner als jeder dieser beiden, und auch Vesta, welche alle kleineren Planeten an Umfang übertrifft und unter günstigen Umständen mit blossem Auge gesehen werden kann, hat einen Durchmesser, der wahrscheinlich kleiner ist als 76 (engl. 350) Meilen. Eine an einigen der Asteroiden wahrgenommene Verschiedenheit der Helligkeit, die man etwas gewagt als Folgen der bei kosmischen »Scherben« zu erwartenden Unregelmässigkeiten der Gestalt erklärte, wurde als ferneres bekräftigendes Zeugnis hinzugefügt.[3]) Der überzeugende Punkt der Theorie lag indessen nicht in dem, was sie erklärte, sondern in dem, was sie vorhergesagt hatte. Sie war zweimal durch die wirkliche Erforschung des Himmels bestätigt worden und hatte in der Auffindung der Vesta das erste bekannte Beispiel einer vorher überlegten Entdeckung eines Himmelskörpers gegeben.

Die Ansicht empfahl sich nicht nur selbst dem leichtgläubigen Verständnis des Ungelehrten, sie empfing auch die Sanktion der höchsten wissenschaftlichen Autorität. Der grosse Lagrange drückte ihr sein analytisches »imprimatur« auf, indem er zeigte, dass die explosiven Kräfte, welche erforderlich waren, um die vorausgesetzte Katastrophe herbeizuführen, sehr wohl innerhalb der Grenzen der Möglichkeit lägen — da eine Geschwindigkeit noch nicht zwanzigmal so gross als die einer die Geschützmündung verlassenden Kanonen-

[1]) *Phil. Trans.*, vol. XCII, part II, p. 228. — [2]) *Ibid.*, p. 218. In einem Briefe an v. Zach vom 24. Juni 1802 spricht er von Pallas als »beinahe unglaublich klein« und giebt ihr siebzig englische Meilen im Durchmesser. *Monatl. Corresp.*, Bd. VI, S. 89—90. — [3]) *Ibid.*, S. 88.

kugel nach seiner Rechnung ausgereicht hätte, um die asteroidischen Bruchstücke in ihre bezüglichen Bahnen zu schleudern. In der That war er geneigt, der Hypothese von einer gewaltsamen Zersprengung eine allgemeinere Anwendung zu geben, als ihr Urheber es gethan, und schlug zur Ergänzung derselben und zur Erklärung der excentrischen Bahnen der Kometen die Nebeltheorie von Laplace vor, da man dadurch, wie er behauptete, »eine vollständige Ansicht über den Ursprung des Planetensystems erhielte, die mit der Natur und den mechanischen Gesetzen in grösserer Übereinstimmung wäre als irgend eine bisher vorgeschlagene.«[1])

Trotzdem hat die Olbers'sche Hypothese nicht Stich gehalten. Es schien, als ob alle für ihre Aufrechterhaltung sprechenden Beweise auf einmal und von selbst hervorgebracht worden wären, während die ihr ungünstigen Aussagen nur langsam und gleichsam durch Kreuz- und Querfragen herausgelockt wurden. Eine ausgedehntere Bekanntschaft mit der Gruppe von Körpern, deren Besonderheiten zu erklären sie aufgestellt worden war, hat dieselben in vollem Widerspruche mit jeder derartigen Erklärung gezeigt. Bezeichnende und auffallende Übereinstimmungen mit der ersten Ansicht wurden durch entgegengesetzte Beispiele niedergedrückt, und ein übereilter allgemeiner Schluss ist schliesslich durch ein nicht ungewöhnliches Verhängnis unter der Wucht der angehäuften Thatsachen zusammengestürzt. Überdies würden, wie von Professor Newkomb[2]) bemerkt worden ist, gegenseitige Störungen schnell alle Spuren eines gemeinschaftlichen gewaltsamen Ursprungs verwischt haben, und, um in ihren Wirkungen noch wahrnehmbar zu sein, müsste die Katastrophe erst in verhältnismässig neuer Zeit eingetreten sein.

Eine neue Generation von Astronomen war erstanden, bevor die kleine Familie der kleineren Planeten irgend einen Zuwachs erhielt. Piazzi starb 1826, Harding 1834, Olbers 1840; alle diejenigen, welche die ersten Entdeckungen vorbereitet oder an ihnen teilgenommen hatten, gingen dahin, ohne die Wiederaufnahme derselben zu erleben. Im Jahre 1830 nahm sich aber ein gewisser Hencke, Expostmeister in der preussischen Stadt Driesen, vor, nach neuen Planeten auszulugen, und nach fünfzehn langen Jahren sah er seine Geduld belohnt. Der von ihm am 8. Dezember 1845 gefundene

---

[1]) *Conn. d. Temps.* für 1814, p. 218. — [2]) *Popular Astronomy,* p. 327.

Planet erhielt den Namen Asträa, und sein weiter fortgesetztes Suchen hatte am 1. Juli 1847 die Entdeckung der Hebe zum Resultat. Wenige Wochen später, am 13. August, stiess Hind nach vielmonatlicher Durchforschung von Bishop's Sternwarte in Regent's Park aus auf Iris und am 18. Oktober auf Flora.[1]) Der nächste in der Liste war Metis, gefunden von Graham am 25. April 1848 zu Markree in Irland.[2]) Am Schlusse des Zeitraumes, auf welchen gegenwärtig unsere Aufmerksamkeit beschränkt ist, war die Zahl dieser kleinen der Astronomie bekannten Körper dreizehn; aber seitdem ist der Gang der Entdeckung ein noch schnellerer und ununterbrochenerer gewesen.

Sowohl an und für sich als in ihren Folgen ist die Entdeckung der kleinen Planeten von der höchsten Wichtigkeit für die Wissenschaft gewesen. Die überlieferten Vorstellungen über die Konstitution des Sonnensystems wurden erweitert durch die Zulassung einer neuen Klasse von Körpern, die zwar im scharfen Gegensatz standen zu der von Alters her feststehenden Ordnung der Planeten, aber doch denselben genau koordiniert waren. Der Überfluss von Hilfsquellen, der in den organischen Reichen der Natur so deutlich sichtbar ist, herrschte nicht minder deutlich in den Himmelsräumen; und man erlangte einen schwachen vorläufigen Begriff von der unendlichen Mannigfaltigkeit von Relationen, denen die scheinbare Einfachheit des majestätischen Systems, zu welchem unsre Welt gehört, unterworfen ist. Die theoretische sowohl wie die praktische Astronomie zogen Nutzen aus der Zulassung dieser scheinbar unbedeutenden Fremdlinge zu den Rechten als Bürger des Sonnensystems. Die Störung ihrer Bewegungen durch ihren riesenmässigen Nachbar verschaffte eine genauere Kenntnis der Masse des Jupiter, die Laplace etwa $\frac{1}{50}$ zu klein angenommen hatte; der unregelmässige Charakter ihrer Bahnen lieferte den Geometern äusserst anregende Probleme aus der Theorie der Störungen, während die Anforderungen der ersten Entdeckung die *Theoria motus* hervorgerufen und Gauss für die rechnende Astronomie gewonnen hatten. Überdies regte die sichere Aussicht auf weitere Entdeckungen mächtig zur Erforschung des Himmels an; die Beobachtungen wurden zahlreicher und eifriger im Hinblick auf die Belohnungen, die ihnen versprochen wurden;

---

[1]) *Month. Not.*, vol. VII, p. 299; vol. VIII, p. 1. — [2]) *Ibid.*, vol. VIII, p. 146.

Sternkarten wurden sorgfältig konstruiert, und der Sternenmenge längs des grossen Tierkreisringes wandte sich ein erneutes Interesse zu, seit man glauben konnte, dass ihr kleinstes sichtbares Glied vielleicht ein planetarisches Bruchstück unter dem majestätischen Gewande einer fernen Sonne sein könne. Harding's *Himmelsatlas,* der zu dem besonderen Zwecke entworfen war, die Aufsuchung von Asteroiden zu erleichtern, war der erste systematische Versuch, dem Auge den teleskopischen Anblick des Himmels vorzuführen. Er war gerade mit der Herstellung desselben beschäftigt, als es ihm gelang, Juno bei ihrem Durchgange durch den Walfisch im Jahre 1804 zu entdecken. Nachdem er nach Göttingen übergesiedelt war, vollendete er im Jahre 1822 das mühevolle Unternehmen, das er fast zwanzig Jahre früher so glücklich angefangen hatte. Noch wichtiger waren die grossen Sternkarten der Berliner Akademie, die auf Bessel's Anraten zu dem nämlichen Zwecke, Wandelsterne von den Fixsternen unterscheiden zu können, in Angriff genommen und unter Encke's Aufsicht während der Jahre 1830—59 vollendet wurden. Sie haben in der Geschichte der Entdeckung der Planeten, und nicht allein der kleineren Planeten, eine beachtenswerte Rolle gespielt.

Wir haben nunmehr ein Ereignis zu berichten, das einzig dasteht in der Geschichte der Wissenschaften. Die **Entdeckung des Neptun** ist charakterisiert worden als das Ergebnis einer »Bewegung des Zeitalters,«[1]) und mit gewissem Recht. Sie war notwendig geworden für die Integrität der Planetentheorie. Ehe sie geschehen, musste das Gespenst einer unerklärten Unregelmässigkeit in den ordentlichen Bewegungen des Sonnensystems immer wieder das Gehirn der Astronomen zerquälen. Überdies war sie vorbereitet durch viele, als möglich hingestellt durch nicht wenige, und wirklich ausgeführt, und zwar gleichzeitig, unabhängig von einander und vollständig, durch zwei Forscher.

Die Lage des Planeten Uranus war als die eines Fixsternes in der Zeit vom Jahre 1690 bis zu seiner endgültigen Entdeckung durch Herschel nicht weniger als zwanzigmal aufgezeichnet worden. Aber diese ersten Beobachtungen, weit entfernt die Berechnung seiner Bahn, wie erwartet werden durfte, zu erleichtern, erwiesen sich als eine Quelle arger Verwirrungen. Auch dem

[1]) Airy, *Mem. R. A. S.*, vol. XVI, p. 386.

äussersten Scharfsinn der Geometer gelang es nicht, dieselben in befriedigender Weise mit den späteren Stellungen des Uranus in Übereinstimmung zu bringen, und es wurde evident, dass entweder jene Beobachtungen überaus fehlerhaft seien, oder dass der Körper nicht mehr in seiner alten Bahn dahinwanderte. Das Einfachste war, sie alle zusammen zu verwerfen, und das hatte Alexis Bouvard, der unermüdliche Gehilfe Laplace's bei dessen Rechnungen, in seinen neuen 1821 veröffentlichten Tafeln gethan. Aber die Verwirrung war man auf diese Weise nicht losgeworden. Nach wenigen Jahren zeigten sich neue Unregelmässigkeiten und nahmen fortgesetzt bis zu vollständiger Unerträglichkeit zu. Als Illustration der Vollkommenheit, zu welcher die Astronomie gebracht worden war, mag hierbei bemerkt werden, dass Abweichungen, welche als die wahre Grundlage ihrer Theorien bedrohend angesehen wurden, doch niemals so weit gingen, dass sie mit unbewaffnetem Auge hätten wahrgenommen werden können. Mit andern Worten: Wenn der theoretische und der wirkliche Uranus am Himmel neben einander gestellt worden wären, so würden sie auch dem schärfsten Auge nur als ein einziger Körper erschienen sein.[1])

Die Vorstellung, dass diese rätselhaften Störungen von der Anziehung eines unbekannten äusseren Körpers herrührten, war eine ziemlich naheliegende, und wir finden sie demgemäss an vielen verschiedenen Stellen angedeutet. Bouvard selbst war vielleicht der erste, der sie hatte. Er behielt die Möglichkeit beständig im Gesicht und übertrug der Sorge seines Neffen die Untersuchung ihrer Wirklichkeit, da er selbst seine Zeit zu Ende gehen fühlte; aber ehe sie noch irgend einen Schritt vorwärts gekommen war, hatte er bereits »aufgehört zu athmen und zu rechnen« (7. Juni 1843). Der Pfarrer T. J. Hussey hatte im Jahre 1834 wirklich die Absicht, einen angenäherten Ort für den störenden Körper zu bestimmen, doch erwiesen sich seine Kräfte als nicht ausreichend für das Unternehmen; und Bessel hatte sich 1840 bereits seine Pläne für einen regelrechten Angriff auf die vom Uranus dargebotenen Schwierigkeiten

---

[1]) Siehe Newcomb's *Pop. Astr.*, p. 359. Der Fehler bei Uranus betrug 2' im Jahre 1844. Aber selbst der Schneider von Breslau, dessen ausserordentliche Sehkraft Humboldt (*Kosmos*, Bd. III, S. 112) erwähnt, konnte nur Jupiters ersten Trabanten bei seiner grössten Elongation, 2' 15″, sehen. Er hätte indessen möglicherweise zwei Objekte von gleichem Glanze in einem kleineren Zwischenraum unterscheiden können.

zurechtgelegt, als eine verhängnisvolle Krankheit seine Hoffnungen, einen glücklichen Ausgang dieses Angriffes entweder selbst herbeizuführen oder auch nur zu erleben, vereitelte.

Das Problem war in Wirklichkeit so gut wie noch nicht in Angriff genommen, als ein Nichtgraduierter am St. John's College zu Cambridge im Jahre 1841 den Entschluss fasste, sich mit ihm zu beschäftigen. Das beabsichtigte Unternehmen war ein mühevolles. Es waren noch keine Versuche vorausgegangen, die zur Richtschnur hätten genommen werden können. Analytische Hindernisse standen in so abschreckender Menge entgegen, dass sie selbst einem Mathematiker wie Airy unüberwindlich schienen. Kaum hatte indessen John Couch Adams im Januar 1843 mit höchster Auszeichnung promoviert, als er entschlossen ans Werk ging, und im Oktober 1845 war er imstande, dem Kgl. Astronomen numerische Werte der Elemente und der Masse des unbekannten Planeten zugleich mit der Angabe seines wirklichen Ortes am Himmel mitzuteilen.

Sir George Biddel Airy hatte im Jahre 1835 seine lange und energische Administration der Greenwicher Sternwarte begonnen und war bereits im Besitze von Daten, die für die wichtige im Gange befindliche Untersuchung von wesentlicher Bedeutung waren. Auf sein Anraten und unter seiner Oberleitung war im Jahre 1833 die Reduktion aller planetarischen Beobachtungen, die vom Jahre 1750 an zu Greenwich gemacht worden waren, unternommen worden. Die im Jahre 1846 herausgegebenen Resultate bildeten einen permanenten und umfassenden Vorrat von Material für die Verbesserung der Planetentheorie. In der Zwischenzeit aber wurden Forscher, einheimische sowohl wie auswärtige, bereitwilligst versorgt mit den »Örtern und Fehlern,« welche die eigentliche Grundlage für künftige Verbesserungen bildeten, indem sie eine klare Darlegung der Abweichungen zwischen Beobachtung und Rechnung — zwischen dem, was war, und dem, was erwartet wurde — gaben.

Adams hatte keinen Grund, sich über Unzuvorkommenheit von amtlicher Seite zu beklagen. Seine Arbeiten wurden unterstüzt und ermutigt, aber man glaubte nicht recht an sie. »Ich habe stets,« schrieb Sir George Airy, »die Richtigkeit eines entlegenen mathematischen Resultats mehr für einen Gegenstand moralischer als mathematischer Evidenz gehalten.« Dasjenige aber, welches gegen-

---

[1]) *Mem. R. A. S.,* vol. XVI, p. 399.

wärtig vor ihm lag, schien schon wegen seiner Neuheit einen Verdacht von Unwahrscheinlichkeit auf sich zu laden. Kein Problem der planetarischen Störungstheorie war früher jemals gewissermassen von einem Rekruten angegriffen worden. Und die Schwierigkeit, die Störungen, die von einem gegebenen Planeten hervorgebracht werden, zu bestimmen, ist klein im Vergleich zu der, einen Planeten aus den von ihm herrührenden Störungen aufzufinden. Laplace hätte vor ihr den Mut sinken lassen. Und doch hatte man sie jetzt in Angriff genommen, als ob es sich um eine Anfangsaufgabe in der Dynamik des Himmels gehandelt hätte. Überdies versäumte es Adams in unverantwortlicher Weise (bis es zu spät war), eine Frage zu beantworten, die von Sir George Airy als eine Art von experimentum crucis hinsichtlich der Richtigkeit der neuen Theorie betrachtet wurde. Auch unternahm er selbst keine Schritte, um eine Publizität zu erhalten, die er besorgter war sich zu verdienen, als sich zu sichern. Die Untersuchung blieb infolge dessen in Finsternis begraben. Es ist nunmehr bekannt, dass, wenn im Herbste 1845 nach dem entlegenen Körper, dessen Existenz in so wunderbarer Weise vorhergesagt worden war, gesucht worden wäre, derselbe noch nicht drei und einen halben Monddurchmesser ($1^0\ 49'$) weit von dem Orte entfernt, den Adams angegeben hatte, gefunden worden sein würde.

Indessen betrat damals gerade ein Mitbewerber, der ebenso kühn, aber glücklicher war — audax fortuna adjutus, wie Gauss von ihm sagte —, das Feld. Urbain Jean Joseph Leverrier, der Sohn eines niedrigen Regierungsbeamten in der Normandie, war geboren zu Saint-Lô am 11. März 1811. Er studierte mit glänzendem Erfolge an der polytechnischen Schule, nahm 1837 an derselben die Stelle eines Lehrers für Astronomie an und koncentrierte sogleich in richtiger Erkenntnis der Umstände alle seine bedeutenden aber noch unentwickelten Fähigkeiten auf die abschreckenden Probleme der Mechanik des Himmels. Er verlor keine Zeit, um der mathematischen Welt zu zeigen, dass das Geschlecht der Riesen noch nicht ausgestorben war. Zwei Abhandlungen über die Stabilität des Sonnensystems, die der Akademie der Wissenschaften am 16. September und 14. Oktober 1839 eingereicht wurden, liessen ihn als den würdigen Nachfolger von Lagrange und Laplace erscheinen und ermutigten zu Hoffnungen, die in reichem Masse erfüllt werden sollten. Seine Aufmerksamkeit wurde im Jahre 1845 von Arago auf die Schwierigkeiten, welche der Uranus bot, hingelenkt, und fröhlich legte er gewisse schwierige Untersuchungen über Kometen, mit denen er sich gerade beschäftigte, bei Seite, um mit dankenswerter Bereitwilligkeit der Aufforderung des astronomischen Oberhauptes Frankreichs nachzukommen. In seiner ersten Abhandlung über den Gegenstand (der Akademie vorgelegt am 10. November 1845) bewies er, dass alle bekannten Störungsursachen nicht ausreichten, um die Sonderbarkeiten des Uranus zu erklären; in einer zweiten (1. Juni 1846) bewies er, dass nur ein äusserer zu einer bestimmten Zeit eine bestimmte Lage im Tierkreise einnehmender Körper die beobachteten Wirkungen hervorbringen könne; in einer dritten (31. August 1846) gab er die Bahn des störenden Körpers und kündigte an, dass er als ein Gegenstand mit einer merklichen Scheibe und ungefähr so hell, wie ein Stern von der achten Grösse, sichtbar sein werde.

Die Frage näherte sich nun sichtlich einem Abschlusse. Am 10. September erklärte Sir John Herschel vor der britischen Gesellschaft hinsichtlich des hypothetischen neuen Planeten: »Wir sehen ihn, wie Columbus Amerika von der Küste von Spanien aus sah. Seine Bewegungen haben wir durchzittern gefühlt durch alle unsere analytischen Untersuchungen mit einer Gewissheit, die kaum geringer ist als diejenige eines Augenbeweises.« Noch nicht vierzehn Tage später, am 23. September, erhielt Professor Galle an der Berliner Sternwarte einen Brief von Leverrier, der seine Hilfe in dem teleskopischen Teile der analytisch bereits abgeschlossenen Untersuchung in Anspruch nahm. Er richtete noch in derselben Nacht seinen Refractor nach dem Himmel und nahm in einer Entfernung von noch nicht einem Grade von der angegebenen Stelle ein Objekt mit einer messbaren nahezu drei Sekunden im Durchmesser haltenden Scheibe wahr. Sein Fehlen in Bremiker's eben vollendeter Karte jener Himmelsgegend zeigte, dass es kein Fixstern war, und seine Bewegung in der vorausgesagten Richtung bestätigte unverzüglich die feste Überzeugung von seiner planetarischen Natur.[1])

In dieser merkwürdigen Weise wurde die Existenz des entlegenen als »Neptun« bekannten Mitgliedes unsres Sonnensystems festgestellt. Aber die Entdeckung, welche den doppelten Charakter

---

[1]) Hinsichtlich der Ansprüche d'Arrest's an der Entdeckung siehe *Copernicus*, vol. II, pp. 63, 96.

der Untersuchung, welche zu ihr führte, getreulich wiederspiegelte, war bereits in Cambridge gemacht worden, ehe sie von Berlin aus angekündigt wurde. Sir George Airy's Ungläubigkeit verschwand angesichts der auffallenden Übereinstimmung der Lage, welche Leverrier dem unbekannten Planeten im Juni angewiesen hatte, und derjenigen, die von Adams im vorhergehenden Oktober angegeben worden war; und am 9. Juli schrieb er an Professor Challis, dem Direktor der Cambridger Sternwarte, indem er eine Durchsuchung mit dem grossen Northumberland-Äquatorial anempfahl. Wäre eine gute Sternkarte zur Hand gewesen, so würde das Verfahren einfach gewesen sein; aber von Bremicker's »Hora XXI« war noch keine Nachricht bis nach England gelangt, und eine andere hinreichend umfassende, die für diese in Ermangelung solcher Hilfe voraussichtlich sehr weitläufige und mühevolle Untersuchung vorteilhaft gewesen wäre, war nicht vorhanden. Wie der Erfolg bewies, wäre die Untersuchung weder weitläufig noch mühevoll gewesen. »Nach vier Tagen der Beobachtung,« schrieb Professor Challis am 12. Oktober 1846 an Sir George Airy, »würde ich den Planeten gefunden haben, wenn ich nur die Beobachtungen geprüft oder in eine Karte eingetragen hätte.«[1]) Wäre dies geschehen, so würde die Ehre der ersten, theoretischen sowohl wie optischen, Entdeckung der Universität Cambridge zugefallen sein. Aber Professor Challis hatte noch anderen astronomischen Pflichten zu genügen, und überdies war sein Glaube an die Genauigkeit der ihm gelieferten Angaben nach seinem eigenen Geständnis ein sehr schwacher. Aus beiden Gründen legte er die Diskussion und Vergleichung der ihm des Nachts von seinem Teleskope gelieferten Angaben für eine spätere weitere Verfolgung zurück, und war auf diese Weise schuldig daran, dass dies wichtige Resultat, welches sein Fleiss gesichert hatte, das aber wegen seines Aufschubes von andern vorweggenommen wurde, gewissermassen in seinen Beobachtungen verborgen liegen blieb.[2])

Trotzdem darf nicht vergessen werden, dass der Berliner Astronom zwei Umstände zu seinen Gunsten hatte, ohne welche er seinen

---

[1]) *Mem. R. A. S.*, vol. XVI, p. 412. — [2]) Er hatte die Plätze von 3150 Sternen (von denen drei verschiedene Stellungen des Planeten waren) aufgezeichnet und war dabei, sie in eine Karte einzutragen, als am 1. Oktober Nachrichten von der Entdeckung aus Berlin anlangten. Prof. Challis' *Bericht*, erwähnt in seinem Nachrufe, *Month. Not.*, Feb. 1883, p. 170.

schnellen Erfolg kaum hätte erringen können. Der erste war der Besitz einer guten Sternkarte; der zweite war die klare und vertrauenerweckende Beschaffenheit der Leverrier'schen Instruktionen. »Sehen Sie dort nach, wo ich Ihnen berichte,« schien er gebieterisch zu sagen, »und Sie werden ein Objekt sehen, wie ich es beschreibe.«[1]) Und in der That, nicht nur Galle am 23. September, sondern auch Challis am 29. stiess, unmittelbar nachdem er die klare und eindringliche Abhandlung des französischen Geometers gelesen hatte, unter den den Tierkreis erfüllenden leuchtenden Punkten auf eine kleine planetarische Scheibe, welche sich nachher gerade als der Körper auswies, den er bereits zwei Monate hindurch gesucht hatte.

Persönliche Fragen verschwinden jedoch bei der Grösse des Erfolges, auf den sie sich beziehen. Durch ihn wurde der letzte schwache Zweifel an der allgemeinen Gültigkeit des Newton'schen Gesetzes beseitigt. Versteckte analytische Methoden erhielten eine glänzende, auch dem Verständnis des gemeinen Mannes begreifliche Bestätigung und tauchten aus der beschaulichen Einsamkeit des Studierzimmers hervor, um eine Stunde lärmenden Triumphes zu geniessen. Für immer dem blossen Auge unsichtbar, zirkulierte, wie gezeigt worden war, eine Schwesterkugel unserer Erde in fortwährender eisiger Verbannung in einer Entfernung, die dreissigmal so gross war als die der Erde von der Sonne, um die letztere. Ja, es war die Möglichkeit eröffnet, dass die Grenzen unsres Sonnensystems dadurch noch nicht erreicht sein dürften, sondern dass noch tiefere Klüfte im Raume gehorsame, obwohl wenig begünstigte Mitglieder des Sonnensystems beherbergten, die von zukünftigen Astronomen aus den sympathischen Bewegungen des Neptun ebenso zu entdecken sein würden, wie Neptun selbst aus den geschwätzigen Abweichungen des Uranus erkannt worden war.

Es ist seltsam zu finden, dass man nach den Früchten der mühevollen Untersuchungen von Adams und Leverrier bereits ein ganzes halbes Jahrhundert vorher, ehe sie noch zur Ernte reif waren, gelegentlich gehascht hatte. Am 8. und darauf am 10. Mai 1795 notierte Lalande die Lage des Neptun als die eines Fixsterns; da er aber bemerkte, dass die beiden Beobachtungen nicht mit einander übereinstimmten, unterdrückte er die erste als irrtümlich und

[1]) Siehe Airy in *Mem. R. A. S.*, vol. XVI, p. 411.

verfolgte die Untersuchung nicht weiter.[1]) Eine Unsterblichkeit, die er der letzte gewesen wäre zu verachten, lag in der Wagschale; seine Nachlässigkeit aber gab den Ausschlag, und die Entdeckung wurde aufgeschoben, um von später Kommenden mit grösserer Mühe gewonnen zu werden.

Boode's Gesetz leistete gute Dienste bei der Aufsuchung eines transuranischen Planeten, indem es die Grundlage abgab für eine wahrscheinliche Annahme hinsichtlich seiner Entfernung. Es verschaffte einen Ausgangspunkt für eine Annäherung; doch fand sich bald, dass es beträchtlich fehlerhaft war. Schon Uranus ist etwa 8 Millionen Meilen der Sonne näher, als es nach der Progression der Fall sein sollte; und Neptun's ungeheure Entfernung von ungefähr 600 Millionen Meilen müsste um nicht weniger als 180 Millionen Meilen zunehmen und seine Periode sich von 165 bis auf 225 Jahre verlängern, um mit dem merkwürdigen und unerklärten Gesetze in Übereinstimmung zu kommen, welches planetarische Entdeckungen abwechselnd bestätigten und umstiessen.

Siebzehn Tage nach seiner Entdeckung durch das Berliner achromatische Fernrohr fand man, dass Neptun von einem Satelliten begleitet wurde. Diese Entdeckung war die erste bemerkenswerte Leistung des berühmten zweifüssigen Reflektors,[2]) welchen Lassell an seinem vorbedeutungsvoll Starfield genannten Wohnsitze in der Nähe von Liverpool errichtet hatte. William Lassell war ein Brauer von Profession, aber ein Astronom aus Neigung. Geboren zu Bolton in Lancashire am 18. Juni 1799, beschloss er ein Leben voll von hervorragendem Nutzen für die Wissenschaft am 5. Oktober 1880 und umspannte so mit seinen wohlangewendeten Jahren beinahe die gesamte wichtige Periode, die wir uns vorgenommen haben zu durchwandern. Im Alter von einundzwanzig Jahren unternahm er es Teleskope zu konstruieren, da er nicht die Mittel dazu hatte, solche zu kaufen, und naturgemäss wandte sich seine Aufmerksamkeit den Reflektoren zu, da diese durch die verhältnismässige Einfachheit ihrer Struktur die Bemühungen des Dilettanten begünstigten. Sein angeborener Scharfsinn war bemerkenswert und wurde noch entwickelt durch die Anforderungen, die seine

---

[1]) Ledger, *The Sun, its Planets and their Satellites*, p. 414. — [2]) Neulich von den Fräuleins Lassell der Greenwicher Sternwarte zum Geschenk gemacht.

aufeinanderfolgenden Unternehmungen an ihn stellten. Der gleichmässige Erfolg derselben ermutigte ihn, seine Ziele weiter zu stecken, und im Jahre 1844 besuchte er Birr Castle zu dem Zwecke, die Maschine, welche man zum Polieren des Riesenspiegels von Parsonstown gebraucht hatte, in Augenschein zu nehmen. Bei der Konstruktion seines neuen Instrumentes verliess er indessen schliesslich das dort erhaltene Modell und führte es ganz nach seiner eigenen Methode aus, wobei er von der ausserordentlichen mechanischen Geschicklichkeit von James Nasmyth unterstüzt wurde. Das Ergebnis war ein ausgezeichnetes Newton'sches Spiegelteleskop mit einer Öffnung von zwei und einer Brennweite von zwanzig Fuss, dem man durch eine neue sinnreiche Einrichtung auch die äquatoriale Aufstellung geben konnte, welche man früher nur für Refraktoren als vorteilhaft betrachtet hatte.

Dieses schöne Instrument gestattete am 10. Oktober 1846 seinem Erbauer eine flüchtige Ansicht eines Begleiters des Neptun; doch befand sich damals der Planet in seiner Sonnennähe, und erst im folgenden Juli konnte die Entdeckung bestätigt werden, was vollständig zuerst von Lassell selbst und etwas später durch Otto Struve und Bond zu Cambridge in den Vereinigten Staaten geschah. Wenn man beachtet, dass dieses entfernte Objekt durch reflektiertes Sonnenlicht leuchtet, welches durch die Entfernung auf den 900. Teil der Intensität, mit welcher es unsern Mond erleuchtet, reduziert wird, so ist die Thatsache seiner Sichtbarkeit auch bei den vollkommensten Teleskopen höchst überraschend. Sie kann in der That nur erklärt werden, wenn man ihm Dimensionen giebt, die für einen Körper zweiter Ordnung sehr beträchtlich sind. Mit den Monden des Uranus hat er die Besonderheit der rückläufigen Bewegung gemeinsam, d. h., seine Umlaufsbewegungen, die dem grossen Strome der Bewegung in unserm Sonnensystem entgegenlaufen, sind von Ost nach West gerichtet und gehen in einer Ebene vor sich, die unter einem Winkel von 35^0 gegen die der Ekliptik geneigt ist. Ihre Geschwindigkeit dient dazu, die Masse der Kugel, um die sie ausgeführt werden, zu messen. Denn während unser Mond siebenundzwanzig Tage und nahezu acht Stunden zu seinem Umlauf um die Erde braucht, wandert der Satellit des Neptun, dessen Entfernung von letzterem nicht erheblich geringer ist, in fünf Tagen und einundzwanzig Stunden um seinen Hauptplaneten herum, woraus (einer sehr einfachen Rechnung zufolge) hervorgeht, dass die auf ihn einwirkende Kraft siebzehnmal grösser ist als die Anziehung des Mondes durch die Erde. Verbindet man dieses Resultat mit demjenigen, welches die Messungen der kleinen teleskopischen Scheibe dieses entferntesten bekannten Planeten ergeben, so findet man, dass, während Neptun an Masse die Erde siebzehnmal übertrifft, sein Volumen vierundachtzigmal so gross ist als das der Erde; d. h. er besteht aus verhältnismässig sehr leichtem Material oder wahrscheinlicher aus Material, das durch innere, noch nicht durch Ausstrahlung in den Raum verlorene Wärme bis zu einem fünfmal grösseren Volumen ausgedehnt ist, als es bei der Dichtigkeit unserer Erdkugel einnehmen würde. Jedenfalls ist die Thatsache ganz sicher festgestellt, dass die mittlere Dichtigkeit des Neptun wenig von der des Wassers verschieden ist.

Wir müssen nun von diesem spät erkannten Mitgliede unseres Sonnensystems uns zurückwenden und dem immer noch ergiebigen Entdeckungsfelde, welches einer der fünf von Alters her bekannten Planeten darbietet, eine kurze Aufmerksamkeit schenken. Die Familie des Saturn ist, unähnlich derjenigen seines glänzenden Nachbarn, erst nach und nach den Astronomen bekannt geworden. Titan, dem Abstande nach der sechste Mond des Saturn, übernahm die Führung, da er am 25. März 1655 von Huygens entdeckt wurde; Cassini wurde zwischen 1671 und 1684 mit vier weiteren bekannt, während Mimas und Enceladus, die beiden innersten im Jahre 1789 von Herschel abgefasst wurden, als sie längs des Randes des fast verschwindenden Ringes ihren leuchten Weg einherwandelten. In den Entfernungen dieser sieben umlaufenden Körper von ihrem Hauptplaneten herrschte eine analoge Progression wie die von Titius für die Abstände der Planeten entdeckte, aber mit einer augenscheinlichen Unterbrechung ähnlich derjenigen, welche zuerst die Suche nach neuen Mitgliedern des Sonnensystems veranlasst hatte. Zwischen Titan und Japetus, dem sechsten und siebenten nach aussen zu gerechnet, befand sich offenbar noch Raum für einen andern Satelliten. Er wurde, auf beiden Seiten des Altantischen Meeres zu gleicher Zeit, am 19. September des Jahres 1848 entdeckt. W. C. Bond, der sich des ausgezeichneten fünfzehnzölligen Refraktors des Harvarder Observatoriums bediente, bemerkte am 16. September einen kleinen Stern, der in der Ebene der Saturnsringe lag. Dasselbe Objekt wurde von Lassell am 18. wahrgenommen. Am folgenden Abend sahen beide Beobachter, dass der fragliche Lichtpunkt, anstatt hinter dem Planeten zurückzubleiben, sich mit diesem zugleich fortbewegte, und schlossen hieraus auf seinen wirklichen Charakter.[1]) Hyperion, der Entfernung nach der siebente und der Zeit seiner Entdeckung nach der achte der Begleiter des Saturn, ist von so unscheinbarem Umfange im Vergleich zu einigen seiner Mondgenossen (Titan ist nur wenig kleiner als der Planet Mars), dass Sir John Herschel[2]) auf die Idee kam, dass er vielleicht nur einer von vielen sehr nahe bei einander sich um den Saturn bewegenden Körpern, also gewissermassen ein asteroidischer Satellit sein möchte; doch hat sich diese Vermutung bis jetzt nicht bestätigt.

Diese gleichzeitige zweifache Entdeckung des Saturnstrabanten erhielt zwei Jahre später ein merkwürdiges Seitenstück. Galileï's Erstaunen, als ihm sein »optisches Glas« die dreifache Form des Saturn — des planeta tergeminus — enthüllte, hatte sich, gleich dem homerischen Gelächter der Götter, als »unauslöschlich« erwiesen. Es muss in jedem wieder aufleben, der zum ersten Male die einzigartige Anordnung der besonderen uns als das System des Saturn bekannten Welt betrachtet. Die Auflösung der sogenannten ansae oder »Henkel« in einen umschliessenden Ring durch Huygens im Jahre 1655, die Entdeckung der Teilung dieses Ringes in zwei koncentrische Kreise durch Cassini im Jahre 1675, die nahe Übereinstimmung der theoretisch von Laplace und optisch von Herschel ausgeführten Bestimmung ihrer Rotationsperiode[3]) bildeten nebst einigen geringfügigeren Beobachtungen das Ganze der bis zur Mitte des gegenwärtigen Jahrhunderts erlangten Kenntnis über den Gegenstand dieser merkwürdigen Bildung. Der erste Platz bei der sogleich zu berichtenden Entdeckung gebührt einem amerikanischen Astronomen.

William Cranch Bond, geboren im Jahre 1789 zu Falmouth (jetzt Portland) im Staate Maine, war ein Uhrmacher, den die Sonnenfinsternis von 1806 zum Studium der Wunder des Himmels hinübergezogen hatte. Als im Jahre 1815 die Errichtung einer Sternwarte in Verbindung mit dem Harvarder College zu Cambridge zum ersten Male in Frage kam, unternahm er eine Reise nach England zu dem Zwecke, das Wirken ähnlicher Institute daselbst zu studieren, und errichtete bei seiner Rückkehr eine Privatsternwarte zu Dorchester, an der er viele Jahre hindurch fleissig arbeitete. Mittlerweile rückte

---

[1]) Grant, *Hist. of Astr.*, p. 271. — [2]) *Month. Not.*, vol. IX, p. 91. — [3]) Die berechnete Umlaufszeit war 10 h, 33 m, 36 s; die beobachtete 10 h, 32 m, 15 s.

die Zeit näher, da das lange hintenangesetzte Ziel der bedeutendsten Männer am Harvard College wieder aufgenommen wurde, und nach der Vollendung des neuen Etablissements im Jahre 1844 wurde Bond, der seit einiger Zeit mit dem College in offizielle Verbindung getreten war und an demselben seine wissenschaftlichen Arbeiten ausgeführt hatte, der Posten als Direktor desselben angeboten und von demselben angenommen. Im Jahre 1847 in den Besitz eines der feinsten Instrumente der Welt gelangt — einem Meisterstück von Merz und Mahler — eröffnete er die nunmehr lange Liste von ausgezeichneten transatlantischen Beobachtern. Wie der ältere Struve hinterliess auch er einen Erben seines Amtes und seiner Bedeutung; unglücklicher Weise aber starb George Bond schon 1865 in dem frühen Alter von neununddreissig Jahren, nachdem er seinen Vater ungefähr sechs Jahre überlebt hatte.

Am Abend des 15. November 1850 entdeckte William Bond — merkwürdig genug, da die Luft so neblig war, dass nur die glänzendsten Sterne mit blossem Auge wahrgenommen werden konnten — einen dritten dunklen Ring, der sich etwa in der Mitte zwischen dem inneren helleren Ringe und der Saturnskugel ausbreitete. Vierzehn Tage später, jedoch bevor die Entdeckung in England angekündigt worden war, wurde dieselbe Erscheinung von W. R. Dawes mit dem verhältnismässig kleinen Refraktor seiner Sternwarte zu Wateringbury gesehen und am 3. Dezember von Lassell (der sich damals bei ihm zum Besuch befand) als »etwas einem Kreppschleier ähnliches beschrieben, das einen Teil des Himmels innerhalb des inneren Ringes bedeckte.«[1]) Am nächsten Morgen kam die *Times*, welche den Bericht von Bond's Entdeckung enthielt, nach Wateringbury. Der überraschendste Umstand bei der Sache war, dass der neue Anhang so lange unerkannt geblieben war. Sobald die Ringe zu ihrer vollständigen Ausdehnung anwuchsen, wurde er durch sehr schwache optische Hilfe sichtbar, und trotzdem war es einigen von den genauesten Beobachtern, welche je gelebt hatten, mit Instrumenten von grosser Kraft, früher nicht gelungen, sein Vorhandensein zu entdecken. Es wurde jedoch bald bekannt, dass Galle in Berlin[2]) am 10. Juni 1838 eine schleierähnliche Erweiterung des leuchtenden Ringes inmitten des dunklen ihn vom Planeten trennenden Raumes wahrgenommen hatte; doch war die Beobachtung,

[1]) *Month. Not.*, vol. XI, p. 21. — [2]) *Astr. Nachr.*, No. 756 (2. Mai 1851).

obwohl sie damals der Berliner Akademie der Wissenschaften mitgeteilt worden war, unbekannt geblieben. Es fanden sich ferner Spuren von dem dunklen Ringe in einer Zeichnung, die Campani 1664[1]) gemacht hatte, und Picard (15. Juni 1673),[2]) Hadley (anfangs 1720)[3]) und Herschel[4]) hatten sämtlich unzweifelhaft denselben unter dem Anblick eines dunklen Riegels oder Gürtels, der quer über die Saturnsscheibe ging, wahrgenommen. Der Ring war also nicht erst neueren Ursprungs; doch schien Grund vorhanden zu glauben, dass er jüngst beträchtlich an Helligkeit gewonnen hatte. Die vollständige Bedeutung dieser bemerkenswerten Thatsache zu erklären, war späteren Untersuchungen vorbehalten.

Was wir in gewissem Sinne als letztes Resultat der Art von Entdeckungen, mit denen sich damals verschiedene Beobachter zu beschäftigen schienen, bezeichnen können, besteht darin, dass unsrer Kenntnis von dem System des Uranus eine genügende Grundlage gegeben wurde. Sir William Herschel, dessen Forschungen in so vielen verschiedenen Teilen der astronomischen Untersuchung den Ausgangspunkt für künftiges Wissen bildeten, entdeckte am 11. Januar 1787[5]) zwei, seitdem Oberon und Titania genannte, Monde des Uranus und stellte den seltsamen Umstand fest, dass ihre Bewegung in einer Ebene vor sich gehe, die beinahe senkrecht zur Ekliptik ist, und in einer Richtung, die derjenigen aller früher bekannten Bürger des Sonnenreiches (die Kometen ausgenommen) entgegengesetzt ist. Er glaubte auch, gelegentlich vier weitere Monde gesehen zu haben, doch gelang es ihm nicht, sich von ihrer wirklichen Existenz zu überzeugen. Auch die beiden ersten konnten bis 1828 von andern nicht gesehen werden, bis sie wieder sein Sohn mit einem zwanzigfüssigen Reflektor, ähnlich dem, mit welchem sie zuerst entdeckt worden waren, beobachtete. Von da ab wurden sie im Gesicht behalten, aber ihre vier fraglichen Genossen blieben trotz einiger falschen Gerüchte über ihre Entdeckung in der zweifelhaften Lage, in welcher sie Herschel gelassen hatte. Endlich erspähte am 24. Oktober 1851[6]) Lassell nach einigen Jahren fruchtloser Forschungen den »Ariel« und »Umbriel,« zwei Begleiter des Uranus, die sich innerhalb Oberon und Titania befinden und ungefähr die halbe

---

[1]) Secchi, *Month. Not.*, vol. XIII, p. 248. — [2]) Hind, *Ibid.*, vol. XV, p. 32. — [3]) Lynn, *Observatory*, Oct. 1, 1883. Hadley, *Phil. Trans.*, vol. XXXII, p. 385. — [4]) Proctor, *Saturn and its System*, p. 64. — [5]) *Phil. Trans.*, vol. LXXVII, p. 125. — [6]) *Month. Not.*, vol. XI, p. 248.

Helligkeit derselben haben, so dass ihre Entdeckung auch heute noch zu den sichersten Proben der Kraft und Vollkommenheit der Instrumente gerechnet wird. Aller Wahrscheinlichkeit nach wurden sie damals zum ersten Male gesehen. Denn obwohl Professor Holden,[1]) Direktor der Lick'schen Sternwarte zu San Francisco, sie mit zweien des Herschel'schen zweifelhaften Quartetts zu identifizieren versucht hatte, so scheint doch Lassell's[2]) Einwurf, dass der Glanz des Planeten in Herschel's grossen Spiegeln die Wahrnehmung zweier so kleinen und seiner Scheibe so nahe stehenden Objekte beinahe unmöglich gemacht haben musste, für das Gegenteil ziemlich entscheidend zu sein. Uranus wird somit — so weit unsere gegenwärtige Kenntnis reicht — von vier Monden und von nicht mehr begleitet. Zu den wichtigsten unter den »negativen Resultaten,«[3]) die sich aus den von Lassell während der Jahre 1852—53 und 1861—65 zu Malta angestellten Beobachtungen ergaben, gehörte es, dass der überzeugende Beweis erbracht wurde, dass ohne eine grosse Verstärkung der optischen Kraft weitere Satelliten von Neptun oder Uranus nicht wahrgenommen werden können, und dass somit die vier trügerischen Herschel'schen Monde — trotzdem sie in astronomischen Lehrbüchern lange ihren Platz unbestritten behalten haben — in das Reich der Mythe verwiesen werden müssen.

---

[1]) *Month. Not.*, vol. XXXV, pp. 16—22. — [2]) *Ibid.*, p. 26. — [3]) *Ibid.*, vol. XLI, p. 190.

Fünftes Kapitel.

Kometen.

Newton zeigte, dass die als »Kometen« oder Haarsterne bekannten Körper dem Gravitationsgesetz gehorchen; doch war es durchaus nicht gewiss, dass das von ihm im Jahre 1680 beobachtete Individuum der Art ein beständiges Glied des Sonnensystems bildete. In der That war die Schnelligkeit, mit welcher dasselbe um die Sonne herumeilte, vollkommen ausreichend, um es für immer in die Tiefen des Raumes zu entfernen, dort zu wandern als Himmelsbote von Stern zu Stern. Bei einem andern Kometen jedoch, welcher zwei Jahre später erschien, lag die Sache anders. Edmund Halley, welcher später Flamsteed's Nachfolger als Direktor der Greenwicher Sternwarte wurde, berechnete seine Bahn nach dem Newton'schen Gesetze und fand, dass sie eine Umlaufszeit von etwa sechsundsiebzig Jahren ergab. Er sprach demzufolge sich dahin aus, dass der Komet wahrscheinlich identisch sei mit dem von Peter Apian im Jahre 1531 und von Kepler im Jahre 1607 beobachteten, und sagte seine Wiederkehr für 1758—59 voraus. Die Vorhersagung war eine von den Prüfungsfragen, die der Natur von der Wissenschaft gestellt wurden, und von deren Beantwortung sowohl die Weiterentwickelung unserer Kenntnis wie die Überzeugung von ihrer Richtigkeit abhängt. In dem gegenwärtigen Falle kann man behaupten, dass die beigebrachte Antwort den Grund für diesen Teil der Astronomie gelegt habe. Halley's Komet erschien pünktlich wieder am Weihnachtstage des Jahres 1758 und ging am folgenden 12. März durch sein Perihel. Er bewies dadurch ohne Widerrede, dass wenigstens einige von diesen umherirrenden Körpern in unserm Systeme heimisch sind und, wenn nicht mit seinen überlieferten Gebräuchen, doch jedenfalls mit seinen fundamentalen Gesetzen genau übereinstimmen. Kurz, von ihren Bewegungen war durch das unwiderlegbarste aller Argumente — durch das bestätigter Berechnung — nachgewiesen, dass sie berechenbar seien, und ihre Untersuchung war zu einem rechtmässigen Abschnitte der astronomischen Wissenschaft geworden.

Dieser bemerkenswerte Fortschritt war das Hauptergebnis, welches auf dem nunmehr zu betrachtenden Felde der Untersuchung während des achtzehnten Jahrhunderts erhalten wurde. Bevor dieses aber schloss, hatte die Pflege jenes Feldes eine mächtige Anregung durch die Erfindung einer verbesserten Methode erhalten. Der Name Olbers ist unsern Lesern bereits in Verbindung mit asteroidischen Entdeckungen in hervorragender Weise vor Augen geführt worden; doch waren diese nur zufällige Exkursionen von dem Wege der Kometenuntersuchungen, den er sein ganzes Leben hindurch verfolgte. Eine frühe Vorliebe für die Sterne wurde nach dieser besonderen Richtung hin geleitet durch eine glückliche Eingebung des Geistes. Als er eines Nachts im Jahre 1779 am Krankenbette eines befreundeten Studenten der Medizin zu Göttingen wachte, fiel ihm eine wichtige Vereinfachung in der Art, die Bahnen der Kometen zu berechnen, ein. Obwohl erst im Jahre 1797 veröffentlicht, wurde die Olbers'sche Methode von da an allgemein angewendet und als die leichteste und zweckmässigste in Fällen betrachtet, bei denen keine absolute Strenge erforderlich ist. Durch ihre Einführung wurde nicht nur manche Stunde mühsamer und undankbarer Arbeit erspart, sondern auch die Zahl der Mitarbeiter wurde grösser und in der Verfolgung von Arbeiten, die mehr nützlich als anziehend waren, ermutigt.

Die Laufbahn von Heinrich Olbers giebt ein glänzendes Beispiel von dem, was ein Liebhaber der Astronomie leisten kann. Er hat sich zu keiner Zeit regulär mit der Astronomie beschäftigt, ist niemals im Besitze eines Passage- oder anderen fest aufgestellten Instrumentes gewesen, und überdies waren die besten Jahre seines Lebens durch die fleissige Ausübung eines mühevollen Berufes in Anspruch genommen. Im Jahre 1781 liess er sich in seiner Geburtsstadt Bremen (er war geboren 1758 zu Arbergen, einem benachbarten Dorfe, in welchem sein Vater Pastor war) als Arzt nieder und setzte seine aktive Praxis vierzig Jahre hindurch fort. Er konnte daher nur die Stunden, die er sich vermöge seiner starken Konstitution am Schlafe abzusparen vermochte, für seine geistige Erholung verwenden. Doch war seine Erholungszeit, wie

v. Zach bemerkte,[1]) nicht weniger reich an nützlichen Resultaten, als die angestrengteste Thätigkeit anderer Menschen. Der obere Teil seines Hauses in der Sandgasse wurde ausgestattet mit Instrumenten und Gerätschaften, soweit es der beschränkte Raum gestattete, und dort entdeckte, berechnete oder beobachtete er länger als ein halbes Jahrhundert lang Nacht für Nacht die kometarischen Besucher des nördlichen Himmels. Fast ebenso wirkungsvoll für die Förderung des Interesses an der Wissenschaft wie seine wertvollen Arbeiten war der Einfluss seiner genialen Persönlichkeit. Er erweckte Vertrauen durch seine rasche und zartfühlende Hingebung, er erwarb sich Zuneigung durch seine wohlwollende Uneigennützigkeit, er regte das Denken an und erweckte Eifer durch die Ratschläge eines lebhaften und erfinderischen Geistes, der von der wärmsten Begeisterung für die Fortschritte der Wissenschaft beseelt war. Beinahe jeder Astronom Deutschlands erfreute sich der Gunst des (oft recht lebhaften) Briefwechsels mit ihm, und seine Mitteilungen an die wissenschaftlichen Zeitschriften jener Zeit waren zahlreich und staunenswert. Die bewegende Kraft seines Geistes wurde auf diese Weise weit gefühlt und war beständig in Thätigkeit, und sie hörte nicht ganz auf sich zu äussern, als schon das vorgerückte Alter und zunehmende Schwäche ihn für aktive Beschäftigung unfähig machten. Sie war in der That lebendig bis zum letzten Tage seines langen Lebens von einundachtzig Jahren, und sein Tod, der am 2. März 1840 eintrat, liess einen Platz leer, den eine seltene Vereinigung von sittlichen und geistigen Eigenschaften zu einem einzigen in seiner Art gemacht hatten.

Unter den jüngeren Leuten, die durch den Verkehr mit ihm angezogen und angespornt wurden, befand sich Johann Franz Encke. Aber während Olbers ein Mathematiker wurde, weil er Astronom war, wurde Encke ein Astronom, weil er Mathematiker war. Ein geborner Geometer, ging er natürlich nach Göttingen und nahm an dem Unterrichte von Gauss Teil. Geometer sind jedoch Menschen; und die patriotische Begeisterung, welche nach der Schlacht bei Leipzig Deutschland durchwehte, steckte auch Gauss' vielversprechenden Schüler an. Er trat in die hanseatische Legion ein und marschierte und focht, bis der Unterdrücker seines Landes auf St. Helena in sicheren Gewahrsam gebracht war. Im

---

[1]) *Allgemeine geographische Ephemeriden,* Bd. IV, S. 287.

Laufe des Feldzuges traf er mit Lindenau, dem streitbaren Direktor der Sternwarte zu Seeberg, zusammen und wurde auf dessen Einfluss als sein Assistent angestellt und schliesslich im Jahre 1822 sein Nachfolger. Von hier aus wurde er 1825 nach Berlin berufen, wo er den von Humboldt so thätig geförderten Bau der neuen Sternwarte beaufsichtigte und an der Spitze derselben bis etwa achtzehn Monate vor seinem im August 1865 erfolgten Tode verblieb.

Am 26. November 1818 entdeckte Pons zu Marseille einen Kometen, dessen unscheinbares Ansehen nicht darauf hindeutete, dass er eines der interessantesten Objekte unsres Systems werden würde. Encke nahm sogleich die Berechnung seiner Elemente in die Hand und brachte das unerwartete Resultat heraus, dass er sich innerhalb $3\frac{1}{4}$ Jahren[1]) um die Sonne herumbewege. Er entdeckte ferner seine Identität mit Kometen, die 1786 von Méchain, 1795 von Caroline Herschel, 1805 von Pons, Huth und Bouvard gesehen worden waren, und bestimmte nach sechswöchentlicher mühevoller Untersuchung der Störungen, welche derselbe während des ganzen Zeitraumes seit seinem ersten sicher festgestellten Erscheinen von den Planeten erfahren hatte, den 24. Mai 1822 als das Datum seiner Rückkehr zur Sonnennähe. Da er bei dieser Gelegenheit wegen seiner Stellung zur Erde auf der nördlichen Halbkugel nicht sichtbar war, so wurde geschwind Sir Thomas Brisbane's Sternwarte zu Paramatta mit dem Materiale versehen, welches zu seiner Wiederentdeckung führen sollte, und diese wurde von Dunlop ganz nahe an der durch Encke's Ephemeride angegebenen Stelle wirklich ausgeführt.

Die Wichtigkeit dieses Ereignisses wird man besser beurteilen können, wenn man sich erinnert, dass es erst das zweite Beispiel der erkannten Wiederkehr eines Kometen war (das erste war, wie bereits erwähnt, dreiundsechzig Jahre vorher der Halley'sche Komet), und dass es ferner die Existenz einer neuen Art von Himmelskörpern bewies, die etwas oberflächlich als »Kometen mit kurzer Umlaufszeit« unterschieden werden. Diese Körper (von denen ein Dutzend, so viel wir wissen, innerhalb der Bahn des Saturn zirkulieren) sind bemerkenswert, insofern sie in ihren Bewegungen gewisse Ähnlichkeiten mit Planeten zeigen, die bei den

---

[1]) *Astr. Jahrbuch,* 1823, S. 217. Die Periode dieses Körpers (1208 Tage) ist erheblich kürzer als die jedes andern bekannten Kometen.

weiterschweifenden Gliedern ihrer Art nicht insgesamt bemerkbar sind. Sie laufen ohne Ausnahme in derselben Richtung wie die Planeten um die Sonne, nämlich von West nach Ost; sie zeigen ein ausdrückliches Bestreben, dem Zuge des Tierkreises, welcher die Exkursionen der Planeten nach Norden und Süden begrenzt, sich anzupassen; und ihre Bahnen um die Sonne sind, obwohl weit excentrischer als die nahezu kreisförmigen Bahnen der Planeten, doch in weit geringerem Masse so, als die ausserordentlich langen Ellipsen, in denen Kometen, die gewissermassen mit den Gebräuchen unsres Sonnensystems nicht so vertraut sind, ihre Umläufe vollenden.

Kein grosser Komet ist von der »planetarischen« Art. Die letzteren sind in der That nur ausnahmsweise dem blossen Auge sichtbar; sie entfalten nur ausserordentlich schwache schweifbildende Kräfte und geben nur schwache Zeichen von centraler Verdichtung. Wie dünne Schleier kosmischer Wolken ziehen sie am Gesichtsfeld des Fernrohrs vorbei, ohne auch nur den kleinsten Stern merklich zu verdunkeln. Kurz, ihre Erscheinung deutet darauf hin, — und einige bemerkenswerte Thatsachen in ihrer Geschichte werden dies, wie wir gegenwärtig zeigen werden, bestätigen — dass sie bereits abgenutzte und zur Auflösung neigende Körper sind. Wenn gefragt wird, ob ein Zusammenhang zwischen der Kürze der Umlaufszeit, durch welche sie wesentlich charakterisiert werden, und dem Masse ihrer Abnutzung nachgewiesen werden könne, so sind wir nicht um eine Antwort verlegen. Kepler's Bemerkung,[1]) dass die Kometen sich durch ihre eigenen Ausströmungen aufzehren, hat unzweifelhaft ein gewisses Mass von Wahrheit für sich. Die zur Bildung des Schweifes verwandte Masse muss zu bei weitem grössten Teile für immer für die centrale Masse, von welcher sie ausgeht, verloren sein. Zwar ist sie von unbeschreiblich dünner Beschaffenheit, aber unersetzter Verlust, wenn auch noch so gering an Betrag, kann auf die Dauer nicht ungestraft bleiben. Die Anregung zu einer derartigen Selbstberaubung geht von der Sonne aus; diese schreitet demgemäss um so schneller vorwärts, je öfter der Körper zur Sonne zurückkehrt. Von den Kometen mit kurzer Umlaufszeit darf man daher mit Recht erwarten, dass sie sich schnell selbst aufzehren.

---

[1]) »Sicut bombyces filo fundendo, sic cometas cauda exspiranda consumi et denique mori.« — *De Cometis*, Op. t. VII, p. 110.

Sie sind überdies Körper, die vielen Zufälligkeiten und Schicksalen unterworfen sind. Ihre Aphelien — oder die von der Sonne am weitesten entfernten Punkte — sind sämtlich so nahe an den Bahnen entweder des Jupiter oder des Saturn gelegen, dass diese Riesenplaneten als sekundäre Lenker ihrer Geschicke auf sie zu wirken vermögen. Durch deren Einfluss sind sie aller Wahrscheinlichkeit nach ursprünglich in ihren jetzigen Bahnen festgehalten worden, und durch deren Einfluss, wenn er sich in entgegengesetztem Sinne äussert, können sie in gewissen Fällen schliesslich wieder aus denselben herausgeworfen werden. Ein merkwürdiges Beispiel von einer solchen launenhaften Behandlung von Seiten des Jupiter giebt der Komet von 1770, von welchem Lexell in St. Petersburg fand, dass er seinen Umlauf um die Sonne in $5\frac{1}{2}$ Jahren vollende, der aber weder jemals vorher noch jemals nachher wieder gesehen worden ist. Die Erklärung für diese Unregelmässigkeit, wie sie von Lexell angedeutet und durch die analytischen Untersuchungen sowohl von Laplace als von Leverrier vollständig bestätigt wurde, war die, dass eine sehr nahe Annäherung an den Jupiter im Jahre 1767 den Charakter seiner Bahn völlig verändert und ihn in den Kreis irdischer Beobachtung gebracht hatte, dass dagegen im Jahre 1779, nachdem er nur zweimal seine neue Bahn durchlaufen hatte (bei seiner zweiten Wiederkehr lagen die Verhältnisse so, dass er von der Erde aus nicht sichtbar war), eine erneute Begegnung ihn in eine ganz verschiedene Bahn gelenkt hatte.[1])

Man wird leicht begreifen, dass so mannigfaltige Bahnen sich äusserst instruktiv erweisen, und dass die Astronomen nicht die letzten waren, das von ihnen zu erlernen, was sie lehrten. Encke's Komet vor allem hat als Wegweiser für viele seltsame

---

[1]) Leverrier zeigte (*Comptes Rendus*, t. XXV, 1847, p. 564), dass das Problem der von Lexell's Kometen erlittenen Störungen ein weit weniger bestimmtes war, als es nach der *Mécanique Céleste* hätte scheinen müssen. Es ist möglich, dass dieser Körper 1779 endgültig aus unserm Systeme ausgestossen ist; es ist ebenfalls möglich (wie Laplace folgerte), dass er zu weit entfernt von der Sonne seine Bahn durchläuft, so dass er unserm Auge nicht erreichbar ist; aber es ist viel wahrscheinlicher, dass seine Bahn noch eine erkennbare Ähnlichkeit hat mit der ihm durch den Einfluss des Jupiter im Jahre 1767 für den Augenblick angewiesenen, in welchem Falle Leverrier's Rechnungen die Kennzeichen für seine eventuelle Wiederauffindung angeben.

Belehrung gedient, und man darf hoffen, dass seine Funktion in dieser Beziehung durchaus noch nicht zu Ende ist. Die grosse Ausdehnung des von seiner excentrischen Bahn durchzogenen Teils des Sonnensystems macht ihn in besonderem Grade zur Bestimmung der Massen der Planeten geeignet. Im Perihel dringt diese Bahn ein in die Bahn des Merkur; im Aphel geht sie beträchtlich über die weiteste Exkursion der Pallas hinaus. Die Nähe des Kometen an dem erstgenannten Planeten im August 1835 bot die erste passende Gelegenheit, letzteren Körper in die astronomische Wagschale zu legen. Sein Gewicht oder seine Masse war im voraus angenommen, aber nicht sicher festgestellt worden, und die verhältnismässig geringe Abweichung von dem regelmässigen Laufe, welche der Komet durch seine Anziehungskraft erfuhr, zeigte, dass die Masse fast zweimal zu gross angenommen worden war.[1]) Jene fundamentale Angabe der planetarischen Astronomie — die Masse des Jupiter — wurde in ähnlicher Weise korrigiert, und es war beruhigend zu finden, dass die Korrektion sich in genügender Übereinstimmung mit derjenigen befand, welche sich aus der Beobachtung der Bewegungen der Asteroiden ergeben hatte.

Die Thatsache, dass Kometen bei ihrer Annäherung an die Sonne sich zusammenziehen, war von Hevelius bemerkt worden; Pingré gab sie mit zögernder Bestürzung zu;[2]) das Beispiel von Encke's Komet machte sie augenfällig und unbestreitbar. Am 28. Oktober 1828 wurde der Durchmesser der nebligen diesen Körper bildenden Materie auf 67 600 Meilen geschätzt. Er befand sich damals in einer ungefähr anderthalbmal so grossen Entfernung von der Sonne wie die Erde zur Zeit der Tag- und Nachtgleichen. Am 24. Dezember, wo seine Entfernung sich um nahezu zwei Drittel verringert hatte, fand man seinen Durchmesser nur etwa 3000 Meilen gross,[3]) d. h. er war während dieser zwei Monate seiner Annäherung auf etwa

---

[1]) Beträchtliche Unsicherheit herrscht jedoch noch über diesen Punkt. Die inverse Beziehung, die nach der Annahme von Lagrange zwischen der Entfernung von der Sonne und der Dichtigkeit besteht, ergab die Masse des Merkur gleich $\frac{1}{2025810}$ der Sonnenmasse (Laplace, *Exposition du Système du Monde,* t. II, p. 50, éd. 1824). v. Asten leitete aus den Bewegungen des Encke'schen Kometen in den Jahren 1818—48 einen Wert von $\frac{1}{7636440}$ der Sonnenmasse her, während Backlund aus der grossen Annäherung desselben Körpers an den Planeten im August 1878 den Wert $\frac{1}{2668700}$ ableitet. *Bull. Astr.*, t. III, p. 473. — [2]) Arago, *Annuaire* 1832, p. 218. — [3]) Hind, *The Comets,* p. 20.

$\frac{1}{11000}$ seines ursprünglichen Volumens zusammengeschrumpft! Und doch hatte er noch siebzehn Tagereisen zu machen, ehe er sein Perihel erreichte. Der nämliche seltsame Umstand trat bei seiner Wiederkehr im Jahre 1838 noch markanter in die Erscheinung. Sein Volumen, oder der von ihm wirklich eingenommene Raum reduzierte sich bei seiner Annäherung an den Centralkörper unseres Systems (soweit man wenigstens aus optischen Beweisen schliessen konnte) in dem ungeheuren Verhältnis von 800 000 zu 1. Eine entsprechende Ausdehnung begleitete in jedem Falle seinen Rückzug aus der Beobachtungssphäre. Ähnliche Volumenänderungen sind, obwohl selten in derselben erstaunlichen Ausdehnung, an andern Kometen wahrgenommen worden. Sie bleiben bisher noch unerklärt; doch kann man kaum daran zweifeln, dass sie denselben energischen inneren Kräften, die sich bei so vielen glänzenden und überraschenden Erscheinungen der Kometen offenbaren, ihren Ursprung verdanken.

Noch eine andere Frage von besonderem Interesse wurde durch Encke's scharfsinnige Untersuchungen der Bewegungen und Störungen des ersten bekannten »Kometen mit kurzer Umlaufszeit« aufgeworfen. Er fand aus den ersteren, dass seine Umläufe noch einem gewissen von der Schwerkraft verschiedenen Einflusse unterliegen. Mochte man auch den Anziehungen, welche die verschiedenen Planeten bald hinten bald vorn auf ihn ausübten, alle möglichen Zugeständnisse machen, es war doch noch ein Überschuss von Beschleunigung vorhanden, der unerklärt blieb. Jede Rückkehr zur Sonnennähe trat zwei und eine halbe Stunde früher ein, als es nach den angenommenen Theorien hätte sein müssen. Hier blieb eine Erscheinung übrig, die für die Enthüllung neuer Wahrheiten sehr viel versprach. Encke (in Übereinstimmung mit der Ansicht von Olbers) erklärte sie als herrührend von der Existenz einer gewissen feinen Materie im Raume von der Art, wie sie nach einer lange vorher ausgesprochenen Vermutung Euler's[1]) dermaleinst die schliessliche Zerstörung des schönen Systems der planetarischen Schöpfung herbeiführen sollte. Die scheinbare Anomalie, eine beschleunigende Wirkung durch eine verzögernde Ursache zu erklären, verschwindet, wenn man beachtet, dass jedes Hindernis in der Bewegung der um einen Anziehungsmittelpunkt kreisenden Körper sie näher an denselben heranführt und daher ihre Umlaufszeit verkürzt und ihre Cirkulation

---

[1]) *Phil. Trans.*, vol. XLVI, p. 204.

beschleunigt. Wenn der Raum mit einem widerstehenden Medium angefüllt wäre, das auch nur im allergeringsten Grade den schnellen Lauf der Planeten zu hemmen vermöchte, so würden ihre Bahnen notwendigerweise nicht Ellipsen, sondern sehr dicht gewundene elliptische Spiralen sein, längs deren sie langsam, aber unvermeidlich in den feurigen Schooss der Sonne hinabsteigen würden. Der Umstand, dass ein solches Bestreben in ihren Umläufen absolut nicht wahrgenommen werden kann, lässt die Frage auf sich beruhen; denn es könnte wohl sein, dass eine Wirkung, die hinsichtlich der festen Körper unsres Systems erst nach Verlauf unzählig vieler Jahrhunderte wahrzunehmen wäre, in den Bewegungen von Körpern mit kleiner Masse und grossem Volumen wie den Kometen sich offenbaren könnte; gerade wie eine Feder oder ein Gazeschleier durch den Widerstand der Luft sogleich von seiner Bewegung ablässt, während eine Kanonenkugel ihre Bahn durch die Luft mit verhältnismässig geringem Verlust an Geschwindigkeit durchfliegt.

Man wird daher einsehen, dass Folgerungen von der allerwichtigsten Art von der rechtzeitigen Wiederkehr der Kometen abhängen; denn es würden absolut alle in gewissem Grade dieselbe Art von Hemmung erleiden wie der Encke'sche Komet, wenn die Ursache dieser Hemmung die vermutete ist. Mehr als ein halbes Jahrhundert ist jedoch verflossen, bevor man die leiseste Spur ähnlicher Symptome an irgend einem von seines Gleichen entdecken konnte. Endlich im Jahre 1880 kündigte der nunmehr verstorbene Professor Oppolzer an,[1]) dass ein Komet, der zuerst 1819 von Pons gesehen, dann 1858 von Winnecke wieder entdeckt wurde und eine Umlaufszeit von 2052 Tagen (5.6 Jahren) besitzt, bei jedem Umlaufe genau in der von Encke's Theorie geforderten Weise beschleunigt würde. Es wurde damit allgemein zugegeben, dass die Annahme eines »widerstehenden Mittels« gerechtfertigt wäre. Doch haben Backlund's letzte Untersuchungen[2]) über die Bewegungen des Encke'schen Kometen (eine Fortsetzung derjenigen v. Asten's, die durch dessen frühzeitigen Tod abgeschnitten wurden) einen überraschenden Umstand zu Tage gefördert. Sie bestätigen Encke's Resultate für die Periode, auf welche sie sich erstrecken, ergeben aber ferner, dass die Beschleunigung sich im Jahre 1868 um bei-

---

[1]) *Astr. Nachr.*, No. 2314. — [2]) *Mém. de St. Pétersbourg*, t. XXXII, N. 3, 1884. *Astr. Nachr.*, N. 2727.

nahe die Hälfte plötzlich verringert habe. Die Richtigkeit und die Fortdauer dieser Veränderung ist durch Beobachtungen bei der letzten Rückkehr des Kometen im März 1885 vollständig bewiesen worden.

Hierdurch scheint eine gewisse physische Änderung innerhalb des verzögerten Körpers angedeutet zu werden; doch wird eine solche Annahme durch den wirklichen Augenschein nicht unterstüzt. In seinem Aussehen ist der Komet nicht weniger zart und diffus wie im Jahre 1795 oder 1848. Die Untersuchung der Bahn des Winnecke'schen Kometen erweckt daher ein erhöhtes Interesse, und man darf hoffen, dass die Beobachtungen von 1886 (wenn er wirklich wiedererscheint) das Geheimnis der gehemmten Bewegung der Kometen zu lüften helfen werden.

Der Charakter des vermeintlichen Widerstandes in dem zwischen den Planeten befindlichen Raume ist, wie bemerkt werden mag, öfters missverstanden worden. Was sich Encke darunter dachte, war nicht ein gleichmässig durch das sichtbare Universum sich verbreitendes Medium wie der ätherische Träger der Schwingungen des Lichtes, sondern ein dünnes Fluidum, das an Dichtigkeit nach der Sonne hin schnell zunahm.[1]) Dieses kann nicht eine Sonnenatmosphäre sein, da es, wie Laplace gezeigt hat,[2]) mathematisch sicher ist, dass eine an der Rotation der Sonne um ihre Achse teilnehmende Umhüllung sich nicht weiter von ihrer Oberfläche aus erstrecken kann als bis zu neun Zehnteln des mittleren Abstandes des Merkur. In eine derartige Umhüllung kann Encke's Komet niemals eintreten. Es giebt ausserdem noch strenge physikalische Beweise dafür, dass die wirkliche Tiefe der Sonnenatmosphäre nur einen sehr geringen Teil der theoretisch ihr zugeschriebenen möglichen Tiefe beträgt. Dass jedoch Materie, die ihrer Natur nach nicht atmosphärisch ist — d. h. die weder einen Körper mit der Sonne bildet, noch ganz und gar luftförmig ist — in ihrer Nachbarschaft existiert, lässt sich vernünftigerweise nicht bezweifeln. Diese grosse linsenförmige Masse des Zodiakallichtes, welches zuweilen weit über die Erdbahn hinausreicht, kann als eine Ausdehnung der Korona betrachtet werden, und sie ändert sich vielleicht analog der Korona in ihrer Konstitution, wie sie sich sicher in Form und Helligkeit verändert. Es ist schwer zu glauben, dass ihre Beschaffenheit ganz und gar ohne Ein-

---

[1]) *Month. Not.*, vol. XIX, p. 72. — [2]) *Mécanique Céleste*, t. II, p. 197.

fluss auf die dampfförmigen Körper sein sollte, die sie durchdringen, sobald sie sich der Sonne nähern.

Die Geschichte des nächsten bekannten »planetarischen« Kometen bietet noch grösseres Interesse dar als die des ersten. Er wurde entdeckt von einem österreichischen Offizier namens Wilhelm von Biela zu Josephstadt in Böhmen am 27. Februar 1826 und zehn Tage später von dem französischen Astronomen Gambart zu Marseille. Beide Beobachter berechneten seine Bahn, zeigten deren grosse Ähnlichkeit mit derjenigen, welche der im Jahre 1772 und 1805 sichtbare Komet gewandert war, und brachten sie als frühere Erscheinungen des eben entdeckten Körpers in Zusammenhang mit einander, indem sie für seine Umläufe eine Dauer von sechs bis sieben Jahren festsetzten. Die beiden kurzen Briefe, in denen diese auffallend ähnlichen Schlüsse mitgeteilt wurden, wurden Seite neben Seite in derselben Nummer der *„Astronomischen Nachrichten"* (No. 94) abgedruckt; doch wurde Biela's Priorität in der Entdeckung des Kometen mit Recht dadurch anerkannt, dass man ihm seinen Namen beilegte.

Das fragliche Objekt war zu keiner Zeit (nach seinem Erscheinen im Jahre 1805) dem blossen Auge sichtbar. Sein Aussehen in Sir John Herschel's grossem Reflektor am 23. September 1832 wurde von ihm als das eines »deutlich sichtbaren Nebels« von etwa $2\frac{1}{2}$ bis 3 Minuten im Durchmesser beschrieben. Keine Spur von einem Schweife liess sich unterscheiden. Während er mit der Beobachtung desselben beschäftigt war, ging der Komet direkt an einem kleinen Haufen unbedeutender Sterne (16. oder 17. Grösse) vorüber, »und als er vor dem Sternhaufen sich befand,« erzählt er uns,[1]) »bot er die Erscheinung eines auflösbaren und zum Teil schon in Sterne aufgelösten Nebels dar, indem die Sterne des Haufens durch den Kometen hindurch sichtbar waren.« Und doch betrug die Tiefe der Masse des Kometen, durch welche die Strahlen derartiger schwacher Sterne ungetrübt hindurchgingen, in der Nähe des Mittelpunktes desselben nicht weniger als 10000 Meilen.

Es ist merkwürdig zu finden, dass dieser anscheinend harmlose und, wie wir wohl hinzufügen dürfen, abgenutzte Körper unserm erleuchteten Jahrhundert den ersten (und nicht den letzten) von einem Kometen verursachten »Schrecken« einjagte. Von seiner Bahn in ihrem niedersteigenden Knoten kann man behaupten, dass sie

---

[1]) *Month. Not.*, vol. II, p. 117.

die Erdbahn geschnitten habe; von da ab ging der Durchgang, je nachdem sich die Bahn unter dem störenden Einflusse zusammengezogen oder erweitert hatte, entweder innerhalb oder ausserhalb der Erdbahn vor sich. Nun zeigten gewisse Rechnungen, die Olbers im Jahre 1828[1]) veröffentlicht hatte, dass am 29. Oktober 1832 ein beträchtlicher Teil seiner Nebelhülle gerade die Stelle überstreichen würde, den einen Monat später unser Planet einnehmen sollte. Es war nichts weiter nötig, um die Phantasie des Volkes in Wallung zu bringen. Die Astronomen mussten nach allem von einem erregten Publikum für unfehlbar gehalten werden. Man wusste aus Erfahrung, dass ihre Rechnungen, die doch eine oberflächliche Durchsicht als fehlerhaft nachgewiesen haben würde, nur zu deutlich die Gefahr zeigten, aber keine Garantie der Sicherheit vor einer Kollision mit allen den schrecklichen Folgen boten, die Laplace mit stoischer Ruhe aufgezählt hatte. Der panische Schrecken legte sich erst, als Arago in aller Form bewies, dass die Erde und der Komet sich absolut einander nicht weiter nähern könnten als bis auf höchstens zehn Millionen Meilen.[2])

Die Wiederkehr desselben Körpers im Jahre 1845—46 war durch einen ausserordentlichen Umstand merkwürdig. Als er am 28. November zum ersten Mal bemerkt wurde, zeigte er sein gewöhnliches Aussehen eines schwachen runden Fleckens kosmischen Nebels; am 19. Dezember aber nahm Hind wahr, dass er sich etwas zur Form einer Birne verzerrt hatte, und zehn Tage später hatte er sich in zwei verschiedene Objekte geteilt. Diese eigentümliche Verdoppelung wurde zuerst am 29. Dezember[3]) zu New Haven in Amerika von Herrick und Bradley wahrgenommen und sodann von Lieutenant Maury zu Washington am 13. Januar 1846. Der erste britische Beobachter des Phänomens (das auch an demselben Abend von Wichmann zu Königsberg bemerkt wurde) war Professor Challis. »Ich sehe zwei Kometen!« rief er aus, als er sein Auge in der Nacht des 15. Januar dem grossen Äquatorial

---

[1]) *Astr. Nachr.*, No. 128. — [2]) *Annuaire* 1832, p. 186. — [3]) *Am. Journ. of Science*, vol. I (2. series), p. 293. Prof. Hubbard's Rechnungen deuteten die Wahrscheinlichkeit an, dass die definitive Trennung der beiden Kerne schon am 30. September 1844 eingetreten war. *Astronomical Journal* (Gould's), vol. IV, p. 5. Siehe auch über diesen Kometen W. T. Lynn, *Intellectual Observer*, vol. XI, p. 208; E. Ledger, *Observatory*, August 1883, p. 244 und H. A. Newton, *Am. Journ. of Science*, vol. XXXI, p. 81, Februar 1886.

der Cambridger Sternwarte näherte; aber misstrauisch über das, was seine Sinne ihm erzählten, nahm er zur Berichtigung ihrer unwahrscheinlichen Aussage sein Urteil wieder zurück und glaubte, dass eines dieser zweifelhaften Objekte ein Nebelstern sei.[1]) Am 23. indessen wurden wiederum beide von ihm als von unverkennbar kometarischer Form wahrgenommen und bis weit in den März hinein (Otto Struve erhaschte noch einen Abschiedsblick der beiden am 16. April)[2]) von den Astronomen an allen Orten der nördlichen Halbkugel fortgesetzt mit gleicher Neugier und gleichem Erstaunen beobachtet. Was Ephorus im Jahre 373 vor Christi Geburt ausgesprochen und wodurch er sich den Tadel des Seneca zugezogen hatte, was Kepler 1618 vermutete und weswegen er sich von Pingré ausschelten lassen musste, das hatte sich wirklich unter den aufmerksamen Augen der Wissenschaft in der Mitte des neunzehnten Jahrhunderts zugetragen!

In einer Entfernung von einander, die ungefähr zwei Drittel derjenigen des Mondes von der Erde beträgt, bewegten sich inzwischen die schwachen Kometen ruhig nebeneinander her, wenigstens soweit ihr Lauf durch den Himmel in Betracht kommt. Ihre ausserordentliche Leichtigkeit oder der kleine Betrag der in jedem enthaltenen Materie konnte keine bezeichnendere Illustration erhalten als durch die Thatsache, dass ihre Umläufe um die Sonne unabhängig von einander ausgeführt wurden, d. h. sie wanderten neben einander her, ohne irgend eine bemerkbare gegenseitige Störung auf einander auszuüben, und zeigten damit deutlich, dass in einer Entfernung von nur 34 100 Meilen ihre anziehende Kraft völlig unwirksam war. An Spuren von innerer Erschütterung fehlte es indessen nicht. Jedes Bruchstück sandte einen kurzen Schweif in einer zur Verbindungslinie ihrer Mittelpunkte senkrechten Richtung aus, und jedes bildete einen hellen Kern, obwohl der ursprüngliche Komet keine von diesen Spuren kometarischen Lebens gezeigt hatte. Ausserdem beobachtete man, dass zwischen diesen kleinen Objekten ein eigentümlicher Austausch der Helligkeit stattfand, indem abwechselnd der eine den andern überstrahlte, während ein Lichtbogen, der anscheinend von dem helleren ausging, bisweilen den zwischenliegenden Raum überbrückte. Offenbar war hier das Band der Schwere, die wegen der Geringfügigkeit der Materie wirkungslos war, durch eine

---

1) *Month. Not.*, vol. VII, p. 73. — 2) *Bulletin Ac. Imp. de St. Pétersbourg*, t. VI, col. 77. Die letzte Beobachtung des Mutterkerns war die von Argelander zu Bonn am 27. April.

gewisse andere Form gegenseitiger Einwirkung ersetzt, über deren Natur bis jetzt nur Vermutungen aufgestellt werden können.

Im August 1852 kehrte der zwiefache Komet wieder in die Nähe der Sonne zurück aber unter Verhältnissen, die für die Beobachtung nicht sehr vorteilhaft waren. In der That wurde der Begleiter erst am 16. September von Pater Secchi zu Rom entdeckt, und es wurde bemerkt, dass seine Entfernung von dem ursprünglichen Körper auf 271 000 Meilen angewachsen, also etwa achtmal so gross geworden war wie der mittlere Zwischenraum bei seinem vorigen Erscheinen. Beide verschwanden bald darauf und sind seitdem niemals wieder gesehen worden, ungeachtet der scharfen Aufmerksamkeit, die man Objekten von so ausnehmendem Interesse zu widmen pflegt, und trotz der genauen Kenntnis ihrer durch Santini's Untersuchungen vervollständigten Bahnen. Wir können kaum zweifeln, dass das Verhängnis sie ereilt hat, welches Newton als das Ende der Existenz eines jeden Kometen hinstellt: Diffundi tandem et spargi per coelos universos (Sie verbreiten und zerstreuen sich endlich über den gesamten Himmelsraum).[1]

Ein teleskopischer Komet mit einer Umlaufszeit von $7\frac{1}{2}$ Jahren, der am 22. November 1843 von Faye auf der Pariser Sternwarte entdeckt wurde, bildete den Gegenstand einer ausdauernden und tiefen Untersuchung von Seiten Leverrier's, die dazu bestimmt war, die vermutete Identität desselben mit Lexell's verlorenem Kometen zu beweisen. Das Resultat war entscheidend gegen die Annahme von Valz, da man fand, dass die Abweichungen zwischen den Bahnen der beiden Körper, so lange man die Geschichte der Fremdlinge ins letzte Jahrhundert hinein zurückverfolgen konnte, zugenommen anstatt abgenommen hatten.[2]) Faye's Komet verfolgt von allen ähnlichen bekannten Objekten die am meisten kreisförmige Bahn; auch bei seiner grössten Annäherung an die Sonne bleibt er weiter von ihr entfernt als Mars in seiner grössten Entfernung von derselben, und durch die bewunderungswürdigen Untersuchungen von Professor Axel Möller,[3]) dem Direktor der schwedischen Sternwarte zu Lund, ist bewiesen worden, dass er keine Spur einer Wirkung eines widerstehenden Mittels zeigt.

---

[1]) D'Arrest, *Astr. Nachr.*, No. 1624. — [2]) *Comptes Rendus*, t. XXV, p. 570. — [3]) *Month. Not.*, vol. XII, p. 248.

Zwischen dem »Gestirn,« welches der Geburt Napoleon's vorstand, und dem Kometen zur Zeit der Weinlese des Jahres 1811 ist kein grosser Komet erschienen. Der letztere wurde zuerst entdeckt von Flaugergues zu Viviers am 26. März 1811; Wisniewski in Neu-Tscherkask im südlichen Russland sah ihn zuletzt am 17. August 1812. Während die Erde sich einmal in ihrer Bahn herumbewegte, verschwand er zweimal in den Sonnenstrahlen und erschien nach der Konjunktion zweimal wieder bei dieser beispiellos langen Periode der Sichtbarkeit von 510 Tagen. Diese verhältnismässige Dauerhaftigkeit (soweit wenigstens die Bewohner Europas in Betracht kommen) rührte von der in der Nähe seines Perihels erlangten hohen nördlichen Breite sowie von einer gewissen Langsamkeit seiner Bewegung längs einer Bahn her, die überall ausserhalb derjenigen der Erde sich befand. Der prächtige leuchtende Schweif dieses Körpers bedeckte am 15. Oktober, dem Tage seiner grössten Annäherung an die Erde, einen Bogen am Himmel von $23\frac{1}{2}$ Grad Länge, was einer wirklichen Ausdehnung von 22 Millionen Meilen entspricht. Seine Form wurde von William Herschel als die »eines umgestürzten hohlen Kegels« beschrieben, und seine Farbe war gelblich und kontrastierte somit lebhaft mit der bläulichgrünen Färbung des Kopfes, um den er wie ein durchsichtiger Schleier gewunden war. Die planetenartige Scheibe des Kopfes, die 27 500 Meilen im Durchmesser hatte, schien aus stark verdichteter nebeliger Materie zu bestehen; doch befand sich innerhalb desselben in etwas excentrischer Lage ein sternähnlicher Kern von rötlicher Färbung, den Herschel als fest annahm und für den er mit gewohnter Sorgfalt einen Durchmesser von 93 Meilen feststellte. Aus dem vollständigen Fehlen von Phasen sowohl wie aus der Lebhaftigkeit seines Glanzes konnte man zuverlässig schliessen, dass sein Licht kein erborgtes, sondern eigenes war.[1])

Diese merkwürdige Erscheinung bildete den Gegenstand einer Abhandlung von Olbers,[2]) in welcher er auffallende, aber stets wohlbegründete Vermutungen aussprach, die man zu damaliger Zeit nicht weiter zu verfolgen vermochte. Erst kürzlich hat die »elektrische Theorie,« als deren Begründer Olbers von Zöllner[3]) be-

---

1) *Phil. Trans.*, vol. CII, pp. 118—124. — 2) *Über den Schweif des grossen Kometen von* 1811, *Monatl. Corr.*, Bd. XXV, S. 3—22. Wiederabgedruckt bei Zöllner, *Über die Natur der Kometen*, S. 3—15. — 3) *Natur der Kometen*, S. 148.

trachtet wurde, eine bestimmte und greifbare Form angenommen, die an dem Prüfsteine der Thatsachen erprobt werden kann, sobald die Erkenntnis tiefer eindringt in die fundamentalen Geheimnisse des physischen Universums.

Die parabolische Form der glänzenden Hülle, welche durch einen dunklen Zwischenraum von dem Kopfe des grossen Kometen von 1811 getrennt war und gewissermassen die Wurzel seines Schweifes bildete, schien dem Bremer Astronomen das Vorhandensein einer doppelten Repulsion zu verraten; die ausgestossenen Dämpfe sammelten sich da, wo die beiden Kräfte, welche von der Sonne und dem Kometen ausgeübt wurden, sich das Gleichgewicht hielten, an und wurden dann zurückgeschleudert in einen gewaltigen Schweif. Er unterschied demgemäss drei Arten von diesen Körpern: Zuerst Kometen, welche keine Materie entwickeln, die der Repulsion der Sonne unterliegt. Diese haben keine Schweife und sind wahrscheinlich blosse Nebelmassen ohne festen Kern. Zweitens Kometen, welche allein durch die Repulsion der Sonne beeinflusst werden und infolgedessen keine nach der Sonne gerichtete Ausströmungen zeigen. Ein glänzender Komet dieser Art war im Jahre 1807 sichtbar.[1]) Drittens Kometen wie der von 1811, welche beide Arten von Einwirkungen zeigen. Diese sind ausgezeichnet durch einen dunklen Hof, der den Kopf umgiebt und denselben von der leuchtenden Hülle scheidet, sowie durch eine dunkle Achse des Schweifes, die durch die hohle kegelförmige Struktur des Schweifes hervorgebracht wird.

Auch die scharfsinnige Ansicht, welche in neuerer Zeit Bredichin zu Moskau über den Zusammenhang zwischen der Form dieser Anhängsel und der Art der sie bildenden Materie geäussert hat, war schon früher von Olbers sehr klar angedeutet worden. Der Betrag der Krümmung des Schweifes, erklärte er, hängt in jedem Falle ab von dem Verhältnis, in welchem die Geschwindigkeit der aufsteigenden Teilchen zu derjenigen des Kometen in seiner Bahn steht; je schneller dieselben fortgeschleudert werden, um so gestreckter ist der resultierende Schweif. Die Geschwindigkeit der aufsteigenden Teilchen ändert sich aber mit der Kraft ihrer Repulsion durch die Sonne und diese wieder, wie man annehmen kann,

[1]) Der Gegenstand einer klassischen, 1810 veröffentlichten Abhandlung Bessel's.

mit Art der sie bildenden Materie. Daher werden mehrfache Schweife entwickelt, wenn derselbe Komet, sobald er sich dem Perihel nähert, wesentlich verschiedene Substanzen ausstösst. Der lange, gerade Schweif z. B., welcher von dem Kometen von 1807 ausging, war ohne Zweifel von Teilchen gebildet, die einer viel kräftigeren Repulsion durch die Sonne unterlagen als die, welche den kürzeren Schweif, eine von ihm nahezu in derselben Richtung ausgehende gekrümmte Ausströmung, bildeten. Bei dem Kometen von 1811 berechnete er, dass die von dem Kopfe ausgestossenen Teilchen das äusserste Ende des Schweifes in elf Minuten erreichten und durch diese ungeheure Geschwindigkeit der Bewegung (der Fortpflanzungsgeschwindigkeit des Lichtes vergleichbar) die Wirkung einer Kraft andeuteten, die bedeutend stärker war als die entgegengesetzt wirkende Schwerkraft. Die nicht ungewöhnlichen Erscheinungen mehrfacher Umhüllungen aber erklärte er als Folgen der verschiedenen Repulsion, welche der Kern selbst auf die verschiedenen Arten der von ihm entwickelten Materie ausübte.

Die Bewegungen und Störungen des Kometen von 1811 wurden von Argelander nicht weniger gründlich untersucht, als seine physische Konstitution von Olbers. Die Bahn, die er für ihn berechnete, war von so bedeutenden Dimensionen, dass nicht weniger als 3065 Jahre zur Vollendung eines einzigen Umlaufs erforderlich waren, und der Körper, der sie beschrieb, sich bei jedem Umlauf vierzehnmal so weit von der Sonne entfernte, als der Abstand des Neptun von der Sonne beträgt. Als er zum letztenmal vorher in unsere Nähe kam, hätte daher Achilles seinen imposanten Schweif bewundern können, als er, den Verlust des Patroklus beweinend, alle Nächte am Strande lag, und bei seiner Wiederkehr wird er vielleicht über den Trümmern von Staaten und Kulturen leuchten, die noch tief im Schosse der Zukunft begraben liegen.

Am 26. Juni 1819 wurde die Erde, während der Kopf eines Kometen vor der Sonne vorbeiging, (höchstwahrscheinlich) von dem Schweife desselben eingehüllt. Von diesem merkwürdigen zwiefachen Ereignisse wurde aber nicht eher etwas bekannt, als bis sich mehr als einen Monat später die Thatsache dieser Begebenheit aus den Rechnungen von Olbers ergab.[1]) Auch der Komet selbst wurde nicht vor den ersten Tagen des Juli sichtbar. Nach Publikation

---

[1]) *Astr. Jahrbuch* (Bode's), 1823, p. 134.

dieser Resultate veröffentlichten indessen verschiedene Beobachter Berichte über eigentümliche Flecken, die sie in der Sonne wahrgenommen hatten, und die Originalzeichnung eines derselben wurde von Pastorff zu Buchholtz aufbewahrt. Diese unzweifelhaft authentische Zeichnung[1]) stellt ein rundes, nebelartiges Objekt von durchaus kometarischem Aussehen mit einem hellen Fleck in der Mitte dar, das nicht im geringsten einem gewöhnlichen Sonnenflecke ähnlich sieht. Trotzdem hat Hind[2]) gezeigt, dass seine Stellung zur Sonne unvereinbar ist mit derjenigen, welche der Komet wirklich eingenommen haben musste, und Ranyard's Auffindung einer ähnlichen kleineren Zeichnung desselben Autors, welche das Datum des 26. Mai 1828[3]) trägt, beseitigt ganz und gar die Möglichkeit eines Zusammenhanges mit jenem Körper. In der That machen neuere Erfahrungen die Möglichkeit einer solchen Beobachtung höchst zweifelhaft.

Der Wiederkehr des Halley'schen Kometen im Jahre 1835 wurde als günstiger Gelegenheit zur Bestätigung der Richtigkeit der im Umlauf befindlichen Theorien über die Natur der Kometen entgegengesehen, und diese Erwartung wurde nicht ganz durch dieselbe getäuscht. Schon im Jahre 1817 hatte die Turiner Akademie der Wissenschaften die Bewegungen und Störungen desselben seit 1759 zum Gegenstande der Bewerbung um einen Preis gemacht, den der Baron Damoiseau erhalten hatte. Pontécoulant wurde im Jahre 1829 eine ähnliche Auszeichnung von der Pariser Akademie zuerkannt; während Rosenberger's Rechnungen von der Kgl. Astronomischen Gesellschaft mit der goldenen Medaille belohnt wurden.[4]) Das Ergebnis widerlegte vollständig die Hypothese (die die Unveränderlichkeit der Umlaufszeit der Planeten erklären sollte) eines sich mit den Planeten bewegenden und daher ihrer Bewegung keinen Widerstand entgegensetzenden Wirbels verdünnter Materie. Denn da Halley's Komet sich in entgegengesetzter Richtung um die Sonne herumbewegt — mit anderen Worten, da er eine rückläufige Bewegung hat —, so würde offenbar, wenn er gezwungen wäre, gegen einen Ätherstrom anzukämpfen, seine Tangentialgeschwindigkeit, vermöge welcher er in seiner ihm eigenen Entfernung von der Sonne verharrt, rasch abnehmen, und er würde sich daher allmählich aber sichtlich der

---

[1]) Reproduciert in Webb's *Celestial Objects*, 4. ed. — [2]) *Month. Not.*, vol. XXXVI, p. 309. — [3]) *Celestial Objects*, p. 40, Anmerk. — [4]) Siehe Airy's Bericht, *Mem. R. A. S.*, vol. X, p. 376.

Sonne nähern und schliesslich in sie hineinstürzen. Indessen ist eine solche Wirkung bei diesem Beispiel nicht wahrgenommen worden.

Am 6. August 1835 wurde zu Rom ein nahezu kreisförmiges, nebeliges Objekt nicht weit von dem vorher bestimmten Platze des Kometen wahrgenommen. Jedoch fing er erst um die Mitte des September an einen Schweif zu zeigen, der am 15. Oktober eine Länge von etwa 24 Graden (am 19. dehnte sich derselbe zu Madras bis auf volle 30^0 aus)[1]) erreicht hatte, während der Kopf sich dem blossen Auge als ein rötlicher Stern von eher grösserer Helligkeit als Aldebaran oder Antares zeigte.[2]) Gewisse seltsame Erscheinungen begleiteten den Prozess seiner Schweifbildung. Ein Ausfluss von leuchtender Materie, der an Gestalt einem teilweise geöffneten Fächer glich, ging von dem Kerne gegen die Sonne hin aus und wurde, gleichwie eine vor einem in höheren Regionen wehenden Winde hertreibende Rauchsäule, in einem bestimmten Punkte lebhaft rückwärts in einen langen Schweif ausgedehnt. Die Erscheinung des Kometen zu jener Zeit wurde von Bessel, der ihn mit gespannter Aufmerksamkeit beobachtete, mit einer platzenden Rackete verglichen.[3]) Er machte die eigentümliche Beobachtung, dass dieser Lichtfächer, welcher die Ergänzungsquelle für den Schweif zu sein schien, gleich einem Pendel senkrecht zu einer die Sonne und den Kern verbindenden Linie hin und her oscillierte in einer Periode von $4\frac{3}{5}$ Tagen, und konnte sich der Folgerung[4]) nicht entziehen, dass eine Repulsivkraft, die etwa zweimal so stark war als die anziehende Kraft der Schwere, an der Erzeugung dieser merkwürdigen Wirkungen beteiligt war. Auch zögerte er nicht auf die Analogie der magnetischen Polarität zurückzugehen und mit noch mehr Nachdruck als Olbers zu erklären, »dass die Emission des Schweifes ein rein elektrisches Phänomen sei.«[5])

Die Verwandlungen, welche dieser Körper erfuhr, waren fast so wunderbar und vollständig, wie die der Räuber in Dante's »Hölle«. Als er zuerst gesehen wurde, gewährte er den Anblick eines Nebels; später nahm er das unterscheidende Aussehen eines Kometen an; demnächst erschien er wie ein Stern; schliesslich er-

---

[1]) Hind, *The Comets*, p. 47. — [2]) Arago, *Annuaire*, 1836, p. 228. — [3]) *Astr. Nachrichten*, No. 300. — [4]) Es verdient bemerkt zu werden, dass Robert Hooke einen sehr ähnlichen Schluss aus seinen Beobachtungen der Kometen von 1680 und 1682 gezogen hatte. *Month. Not.*, vol. XIV, pp. 77 bis 83. — [5]) *Briefwechsel zwischen Olbers und Bessel*, Bd. II, S. 390.

weiterte er sich zuerst in sphärischer, dann in paraboloidischer Form bis zum 5. Mai 1836, wo er verschwand, gleich als ob er sich wegen übermässiger Vergeudung seines Lichtes in den umliegenden Raum aufgelöst hätte. Ein sehr ungewöhnlicher Umstand in seiner Entwickelung war der, dass er (wie es schien) jede Spur eines Schweifes verlor, bevor er noch am 16. November in seine Sonnennähe gelangt war, und erst mehr als zwei Monate später fing er wieder an, seine verlängerte Form anzunehmen. Am 23. Januar bemerkte ihn Boguslawski als einen Stern sechster Grösse ohne eine messbare Scheibe.[1]) Nur zwei Nächte später fand Maclear, Direktor der Sternwarte am Kap der guten Hoffnung, dass sein Kopf einen Durchmesser von 131 Sekunden hatte.[2]) Und so rasch ging die Vergrösserung seines Umfanges vor sich, dass Sir John Herschel, der damals zu Feldhausen beobachtete, glaubte, dass das eigentliche Volumen dieses eigenartigen Objektes sich in der folgenden Woche vierzigmal vergrössert habe. »Ich kann kaum zweifeln,« bemerkte er, »dass der Komet bei seiner Sonnennähe durch die Hitze verdunstet und in durchsichtigen Dampf aufgelöst wurde und dass er nunmehr wieder sich schnell verdichtet und um den Kern herum niederschlägt.«[3]) Eine plausible aber heutzutage nicht mehr zulässige Erklärung dieser noch unerklärten Erscheinung.

Mit Hilfe eines von ihm selbst ersonnenen Instrumentes zur Prüfung der Beschaffenheit des Lichtes erhielt Arago einen entscheidenden Beweis dafür, dass wenigstens ein Teil des von Halley's Kometen ausgehenden Lichtes durch Reflektion von der Sonne herstammte.[4]) Andeutungen ähnlicher Art hatte der Komet veranlasst,[5]) welcher plötzlich am 3. Juli 1819 am nordwestlichen Horizonte von Paris erschien, nachdem er, wie bereits erwähnt, unsere irdische Wohnstätte in seine dünnen Anhänge eingehüllt hatte. Doch hatte damals das »Polariskop« noch nicht die Vollkommenheit erreicht, die ihm später gegeben wurde, und sein Zeugnis war demgemäss weniger beweiskräftig als im Jahre 1835. Derartige Experimente indessen sind in Wirklichkeit mehr interessant und scharfsinnig als lehrreich, da sowohl weissglühende wie dunkle Körper die Fähigkeit besitzen, auf sie fallendes Licht zurückzuwerfen, und demzufolge aus

---

[1]) Herschel, *Results of Astr. Obs.*, p. 405. — [2]) *Mem. R. A. S.*, vol. X, p. 92. — [3]) *Results of Astr. Obs.*, p. 401. — [4]) *Annuaire*, 1836, p. 233. — [5]) *Cosmos*, vol. I, p. 90, Anmerk. (Otté's Übers.).

der Nähe der Sonne teils direktes teils reflektiertes Licht, von dem ein gewisser Teil die als Polarisation bekannte Eigentümlichkeit besitzen wird, bis zu uns fortpflanzen werden.

Die glänzendsten Kometen des Jahrhunderts wurden plötzlich an Glanz erreicht, wenn nicht übertroffen, von dem ausserordentlichen Objekt, welches am 28. Februar 1843 neben der Sonne aufflammte. Es wurde gleichzeitig wahrgenommen in Mexiko und den Vereinigten Staaten, in Südeuropa und auf dem Meere am Kap der guten Hoffnung, wo die Passagiere am Bord des Owen Glendower entzückt wurden durch den Anblick eines »kurzen dolchartigen Objektes,« welches genau der Sonne nach dem westlichen Horizonte hin folgte.[1]) Amici zu Florenz fand, dass sein Abstand von dem Centrum der Sonne um Mittag nur $1^0\ 23'$ betrug, und Beobachter zu Parma vermochten, wenn sie vor dem direkten Lichte der Mittagssonne geschützt waren, den Schweif bis auf eine Länge von vier oder fünf Graden zu verfolgen. Zu seiner völligen Ausdehnung begann sich dieses wunderbare Anhängsel wenige Tage später zu entwickeln. Am 3. März mass es 25^0, und am 11. beobachtete Clerihew zu Kalkutta einen zweiten Lichtstrom, der nahezu zweimal so lang war wie der erste, mit diesem einen Winkel von 18^0 bildete und in einem einzigen Tage sich entwickelt haben sollte. Diese ungeheure Schnelligkeit des Emporschleuderns »giebt,« wie Sir John Herschel bemerkt, »eine erstaunliche Idee von der Intensität der wirkenden Kräfte.« »Hätten wir es hier,« fährt er fort, »mit Materie, wie wir sie uns zu denken pflegen d. h. mit solcher, welcher Trägheit innewohnt, zu thun, so müsste sie offenbar unter der Einwirkung von Kräften stehen, die unvergleichlich stärker als die Schwerkraft und von ganz verschiedener Natur sind.«[2])

Am 17. März schien ein silberfarbener Streifen, einige 40^0 lang und an seinem Ende leicht gekrümmt, in jener Gegend heller als die von der untergehenden Sonne beleuchteten Wolken. Von der Möglichkeit einer solchen Erscheinung hatte man vorher keine Ahnung gehabt und auch die Astronomen wurden überrascht — da telegraphische Berichte über's Meer noch nicht möglich waren. Die Natur des Phänomens wurde freilich bald erkannt, aber das Wunder desselben verminderte sich nicht durch das Studium der begleitenden Umstände. Niemals vorher, so lange die Astronomie sich dessen erinnerte, war unser System von einem Körper durchwandert worden,

---

1) Herschel, *Outlines*, p. 399 (9. ed.). — 2) *Ibid.*, p. 398.

der eine so abenteuerliche Laufbahn verfolgte. Die grösste Analogie bot noch der grosse (Newton'sche) Komet von 1680, welcher in einer Entfernung von nur 31000 Meilen hinter der Sonne vorüberstürzte, aber auch dieser für kosmische Verhältnisse kaum wahrnehmbare Abstand wurde im eben betrachteten Falle auf beinahe die Hälfte reduciert. Der Mittelpunkt des Kometen von 1843 näherte sich dem furchtbaren Feuerherde bis auf 17000 Meilen und liess zwischen den Oberflächen der beiden in so gefährliche Nachbarschaft gebrachten Körper einen Zwischenraum von nicht mehr als 7000 Meilen. Nur durch die ausserordentliche Schnelligkeit seiner Flucht konnte der Wanderer seinem Untergange entrinnen. Er durchmass in seiner Sonnennähe mehr als 79 Meilen in der Sekunde und würde, wenn er diese Geschwindigkeit beibehalten hätte, innerhalb von zwei Stunden rund um die Sonne herumgekommen sein, und in nur 11 Minuten mehr, als diese kurze Periode beträgt, beschrieb er wirklich die Hälfte der Krümmung seiner Bahn — einen Bogen von 180^0 —, während er zur Durchwanderung der übrigbleibenden Hälfte ohne Zweifel viele Hunderte von Jahren gebrauchen wird.

Das Verhalten dieses Kometen kann als ein experimentum crucis hinsichtlich der Beschaffenheit der Schweife betrachtet werden. Denn offenbar hätte kein fester Anhang, der viele Millionen Meilen lang war, gleich einem geschwungenen Säbel in 131 Minuten von einer Seite der Sonne nach der andern herumgedreht werden können. Kometarische Schweife sind daher, wie Olbers sie richtig erklärt hatte, Ausströmungen, aber keine Anhängsel — unbegreiflich schnelle Ausflüsse von höchst verdünnter Materie, die zum grössten Teil, wenn nicht insgesamt, fortwährend von dem Kerne abgesondert wird.

Der Schweif des Kometen von 1843 erreichte um die Zeit, da er bei uns sichtbar wurde, die ungeheure Länge von $43\frac{1}{3}$ Millionen Meilen.[1]) Er war sehr schmal und begrenzt von nahezu parallelen und fast geraden Linien, gleich einer — um einen aristotelischen Vergleich zu entlehnen — durch die Sternbilder sich hinziehenden Landstrasse, und nach dem 3. März zeigte er keine Spur von Hohlheit, da seine Achse in der That eher heller war als seine Ränder. Deutlich wahrnehmbar war an ihm jenes eigentümliche nordlichtartige

---

[1]) Boguslawski berechnete, dass er sich am 21. März auf 126 Millionen Meilen erstreckte. *Report Brit. Ass.*, 1845, p. 89.

Flackern, welches nach der Beschreibung Cardan's den »Locken« von Karls V. Kometen das Aussehen »einer vom Winde hin- und herbewegten Kerze« gab und das, wie man nicht selten beobachtet hatte, anderen ähnlichen Objekten charakteristisch war. Eine zuerst von Olbers angestellte Betrachtung zeigt, dass dasselbe durch unsere eigene Atmosphäre hervorgerufen wird. Denn in anbetracht der grossen Verschiedenheit der Abstände des Anfanges und Endes solcher ungeheuren Ausströmungen von der Erde wird das von ihren verschiedenen Teilen ausgehende Licht in beträchtlich verschiedenen Zeitintervallen bis zu unsern Augen fortgepflanzt. Infolgedessen würde eine solche Lichtundulation, auch wenn sie von einem Ende des Schweifes zum andern augenblicklich fortgepflanzt würde, uns doch mehrere Minuten zu dauern scheinen. Das in Rede stehende Flackern aber geht so schnell vorüber, wie eine Sternschnuppe. Es muss daher einen irdischen Ursprung haben.

Die Dauer des Umlaufs des Körpers, welcher am 27. Februar 1843 nachmittags 9 Uhr 47 Minuten sein Perihel erreichte, wird von verschiedenen Rechnern sehr verschieden angegeben. Professor Hubbard zu Washington fand, dass er zur Vollendung seines Umlaufs 533 Jahre brauche; Laugier und Mauvais zu Paris hielten 35 Jahre für richtig;[1]) Clausen sah seiner Rückkehr nach Verlauf von sechs bis sieben Jahren entgegen. Alle diese Schätzungen waren freilich natürlicherweise unsicher, da die beobachteten Daten kein sicheres Mittel zur Bestimmung des Wertes dieses Elementes ergaben; doch scheint es unzweifelhaft zu sein, dass sie sich natürlicher einer nach Jahrhunderten zählenden als einer nach Jahrzehnten rechnenden Periode anschliessen. Auch konnte eine frühere Erscheinung nicht in befriedigender Weise festgestellt werden, obwohl die Ähnlichkeit der Bahn, welche der brillante als der »Dorn« Cassini's bekannte Komet des Jahres 1668 verfolgte, eine Identificierung nicht unmöglich machte. Es würde dies auf eine Umlaufszeit von 175 Jahren hinweisen, und es ist wohl etwas voreilig angenommen worden, dass einige der früheren Besucher des Himmels auf diese Weise als Wiederkehr des nämlichen Körpers betrachtet werden könnten.

Es könnte nun gefragt werden, welches die Folgerungen hinsichtlich der Natur der Kometen waren, die die Astronomen aus der ansehnlichen Menge neuer während der ersten Hälfte dieses Jahr-

---

[1]) *Comptes Rendus*, t. XVI, p. 919.

hunderts gesammelter Erfahrung zogen. Die erste und sicherste ist die, dass die sie bildende Materie in einem Zustande ausserordentlicher Dünnheit ist. Zahlreiche und glaubwürdige Beobachtungen zeigten, dass die schwächsten Lichtstrahlen einige hunderttausend Meilen ihrer Substanz, auch da, wo sie augenscheinlich am dichtesten war, zu durchdringen vermochten, ohne auch nur merklich geschwächt zu werden. Ja, es wurden Beispiele beigebracht, wo die Sterne bei diesem Prozess an Helligkeit gewonnen haben sollten![1]) Am 24. Juni 1825 sah Olbers,[2]) dass der damals sichtbare Komet fast ganz und gar durch den centralen Durchgang eines Sterns, der zu klein war, um mit blossem Auge wahrgenommen zu werden, ausgelöscht wurde, während das eigene Licht des Sternes gänzlich ungeändert blieb. Eine ähnliche Wirkung wurde am 1. Dezember 1811 bemerkt, als der grosse Komet dieses Jahres sich dem Atair, dem glänzenden Sterne im Adler, so sehr näherte, dass der Stern in den Kern des Kometen sich zu verwandeln schien.[3]) Sogar der Glanz des Mittelpunktes des Halley'schen Kometen von 1835 vermochte nicht den Durchgang der Lichtstrahlen der Sterne zu verhindern. Struve[4]) beobachtete zu Dorpat am 17. September eine beinahe centrale Bedeckung; Glaisher[5]) acht Tage später zu Cambridge eine durchaus ebensolche (so weit er es feststellen konnte). In keinem Falle fand irgend eine wahrnehmbare Verminderung des Sternenlichtes statt. Ferner sah am 11. Oktober 1847 Dawes,[6]) ein ausnehmend scharfer Beobachter, ganz deutlich einen Stern zehnter Grösse gerade durch den Mittelpunkt eines Kometen hindurch, der am Ersten jenes Monats von Maria Mitchell zu Nantucket entdeckt worden war.

Andrerseits fehlte es nicht an Beispielen für die Schwächung des Sternenlichtes bei ähnlichen Verhältnissen, doch war dieselbe wahrscheinlich im allgemeinen nicht grösser als die, die durch die Beleuchtung des Hintergrundes mit diffusem, nebligem Lichte hervorgerufen werden würde.[7]) In einem einzigen Beispiele jedoch, am

---

[1]) Piazzi bemerkte eine beträchtliche Zunahme der Helligkeit an einem sehr schwachen Stern zwölfter Grösse, der durch einen Kometen hindurchschien. Mädler, *Reden und Abhandlungen,* p. 248, Anm. — [2]) *Astr. Jahrbuch,* 1828, S. 151. — [3]) Mädler, *Gesch. d. Himmelskunde,* Bd. II, S. 412. — [4]) *Recueil de l'Ac. Imp. de St. Pétersbourg,* 1835, p. 143. — [5]) Guillemin's *World of Comets,* Übers. v. J. Glaisher, p. 294, Anm. — [6]) *Month. Not.,* vol. VIII, p. 9. — [7]) Eine wirkliche, obwohl nur teilweise Hemmung des Lichtes

28. November 1828, wird behauptet, dass ein Stern wirklich hinter einem Kometen verschwunden sei.[1]) Der Beobachter dieser einzigen Erscheinung war Wartmann zu Genf; aber sein Instrument war so mangelhaft, dass man an der Richtigkeit jener Erscheinung starken Zweifel hegen darf, zumal wenn man beachtet, dass der verfinsternde Körper der Encke'sche Komet war, den besser ausgerüstete Astronomen bei verschiedenen Gelegenheiten als vollkommen durchsichtig gefunden haben.

Aus dem Misslingen des Versuchs, irgend welche Wirkungen der Brechung des Lichtes der von Kometen bedeckten Sterne zu entdecken, wurde (obwohl, wie wir jetzt wissen, irrtümlich) gefolgert, dass ihre Komposition mehr die von Staub als die von Dunst sei, dass sie nicht aus irgend einer zusammenhängenden Substanz, sondern aus diskreten festen Teilchen, die sehr fein geteilt und weit umhergestreut sind, bestehen. In Übereinstimmung mit dieser Ansicht befand sich die bekannte Geringfügigkeit ihrer Massen. Laplace hatte gezeigt, dass, wenn der Betrag der Lexell's Kometen bildenden Materie auch nur $\frac{1}{5000}$ der in unserer Erdkugel enthaltenen gewesen wäre, die Wirkung ihrer Attraktion bei Gelegenheit ihrer Annäherung an die Erde bis auf 312000 Meilen am 1. Juli 1770 in der Verlängerung des Jahres zum Ausdruck gekommen wäre. Und dass auf jeden Fall einige Kometen Massen besitzen, die unmessbar unterhalb dieses grössten Wertes liegen, war klar bewiesen durch den ungestörten parallelen Gang der beiden Bruchstücke des Biela'schen Kometen von 1846.

Die bedeutendste Entdeckung in diesem Zweige innerhalb der gegenwärtig von uns in Betracht gezogenen Periode bilden die Kometen mit »kurzer Umlaufszeit,« von denen im Jahre 1850 vier bekannt waren.[2]) Durch den Charakter ihrer Bewegungen dienen sie als Bindeglied zwischen den Welten der Planeten und Kometen,

---

scheint durch Herschel's Beobachtungen über den Kometen von 1807 angezeigt zu werden. Sterne, die am 18. Oktober durch den Schweif hindurch gesehen wurden, verloren viel von ihrem Glanze. Einer in der Nähe des Kopfes war dem Blicke nur schwach sichtbar. *Phil. Trans.*, vol. XCVII, p. 153. — [1]) Arago, *Annuaire*, 1832, p. 205. — [2]) Nämlich Encke's, Biela's, Faye's und Brorsen's Komet. Ein Komet mit einer mutmasslichen Umlaufszeit von 5½ Jahren, der von De Vico zu Rom am 22. August 1844 entdeckt wurde, hat keine zuverlässig festgestellte Rückkehr zum Perihel ausgeführt, wofern nicht die vermeintliche Identität desselben mit Finlay's Komet vom Jahre 1886 der Wirklichkeit entspricht.

und durch die Beschaffenheit ihrer Konstruktion scheinen sie eine Stufe in dem kometarischen Verfalle zu bezeichnen. Denn dass Kometen eher vergängliche Anhäufungen als andauernde Erzeugnisse kosmischer Werkstatt sind, scheint sowohl durch die Teilung und das Verschwinden eines von ihnen als auch durch die bei vielen wahrgenommenen eigentümlichen und schnellen Veränderungen im Aussehen und durch die bei fast allen sichtbare (scheinbar) unwiderrufliche Diffusion ihrer Substanz bewiesen zu werden. In Übereinstimmung mit den Vorstellungen, die vor vierzig Jahren über sie herrschten, könnten sie als Körper betrachtet werden, die von Hause aus keinen Zusammenhang mit dem Sonnensystem haben, aber bei seinem Fortschreiten durch den Raum demselben begegnet und bis zu einer gewissen Ausdehnung demselben einverleibt worden sind, die ihre Sichtbarkeit zum grossen Teil, wenn nicht insgesamt, dem von der Sonne reflektierten Lichte und ihre eigentümlichen und auffälligen Formen der Wirkung repulsiver von ihnen ausgehender Kräfte verdanken und für ihren schwindenden Glanz durch allmähliche Zerstörung und schliessliche Zerstreuung und Auslöschung büssen müssen.

Sechstes Kapitel.

Fortschritte in den Instrumenten.

Man kann unmöglich dem Laufe astronomischer Entdeckungen mit geistigem Interesse folgen, ohne über die Hilfsmittel, durch welche solche überraschenden Resultate festgestellt worden sind, einige Neugier zu empfinden. In der That giebt die blosse Bekanntschaft mit dem, was vollbracht worden ist, ohne die entsprechende Kenntnis davon, wie es vollbracht wurde, mehr Stoff für nutzloses Erstaunen als für segensreiches und fruchtbringendes Denken. Ideen breiten sich schneller aus auf dem festen Boden praktischer Wirklichkeit und gelangen oft zu wahrer Erhabenheit, wenn sie alles nichtige Blendwerk bei Seite lassen. Der Fortschritt ist nicht so sehr das Ergebnis plötzlicher Geistesblitze als vielmehr anhaltender, beharrlicher und oft alltäglicher Bemühungen, und die eigentliche Aufgabe der Geschichte einer Wissenschaft liegt in der Aufdeckung des engen Zusammenhanges zwischen den glänzendsten Fortschritten der Erkenntnis und der redlichen Erfüllung seines Tagewerkes von Seiten jedes einzelnen Denkers und Arbeiters.

Es würde leicht sein, mit dem eingehenden Berichte der langen Reihe von optischen und mechanischen Verbesserungen, durch welche die Beobachtung des Himmels zu ihrem jetzigen Grade von Vollkommenheit gebracht worden ist, einen ganzen Band zu füllen; wir müssen uns jedoch mit einer summarischen Skizzierung der hauptsächlichsten derselben begnügen. Die erste Stelle in unserer Betrachtung nimmt natürlich das Fernrohr in Anspruch.

Von diesem wunderbaren Instrumente giebt es, woran wir unsere Leser wohl kaum zu erinnern brauchen, zwei verschiedene Arten — bei der einen wird das Licht durch Refraktion in einen Brennpunkt gesammelt, bei der andern wird derselbe Zweck durch Reflektion erreicht. Das entstehende Bild wird in jedem Falle durch eine vergrössernde Linse oder ein System von solchen, dem sogenannten Okular, gesehen. Erst etwa ein Jahrhundert, nachdem sich die von Spiegelmachern Middelburg's (1608) ersonnenen oder zufällig entdeckten »optischen Gläser« über Europa verbreitet hatten, kam das Spiegelteleskop, selbst in England, seiner Geburtsstätte, in allgemeinen Gebrauch. Das Prinzip desselben (welches genügend bekannt ist) war indessen schon 1639 [1]) von Mersenne angegeben worden; James Gregory beschrieb im Jahre 1663 [2]) eingehend ein Verfahren, wie man dieses Prinzip in eine praktische Form bringen könne, und Newton, der sich einer eigenen Konstruktionsmethode bediente, brachte wirklich im Jahre 1668 einen winzigen Spiegel von einem Zoll Durchmesser zustande, durch welchen die scheinbare Entfernung von Gegenständen neununddreissigmal verringert wurde. Trotzdem behaupteten die übermässig langen Refraktoren ohne Rohr, die von Huygens eingeführt worden waren, ihr Ansehen, bis Hadley im Jahre 1723 [3]) der Königlichen Gesellschaft einen Reflektor von zweiundsechzig Zoll Brennweite vorlegte, welcher einem 123 Fuss langen Fernrohr der andern Art an Leistungsfähigkeit gleichkam und somit demselben an Handlichkeit bei weitem übertraf.

Das Konkavspiegel-System gewann nun eine entschiedene Überlegenheit und wurde während der Jahre 1732—68 durch James Short zu Edinburg zu beispielloser Vollkommenheit gebracht. Seine Fähigkeiten wurden indessen erst durch William Herschel vollständig entwickelt. Die Energie und Erfindungskraft dieses ausserordentlichen Mannes waren in allem, womit er sich beschäftigte, epochemachend. Sein brennender Wunsch, die staunenerregende Ordnung der Welten, die seine Spiegel ihm enthüllten, zu bestimmen und zu messen, liess ihn fortwährend darauf bedacht sein, durch Vergrösserung der lichtsammelnden Fläche der Spiegel ihre »raumdurchdringende Kraft« zu vermehren. Diese stehen, wie er zuerst auseinandersetzte,[4]) in einem konstanten Verhältnis zu einander. Denn ein Fernrohr, dessen lineare Öffnung zweimal so gross ist als die eines andern, wird viermal so viel Licht sammeln und wird demnach ein viermal so schwaches Objekt, als es mit dem ersten gesehen werden könnte, oder was auf dasselbe hinauskommt, ein ebenso helles Objekt in doppelter Entfernung erkennen lassen. Mit andern Worten, es wird die doppelte raumdurchdringende Kraft des

---

[1]) Grant, *Hist. Astr.*, p. 527. — [2]) *Optica Promota*, p. 93. — [3]) *Phil. Trans.*, vol. XXXII, p. 383. — [4]) *Ibid.*, vol. XC, p. 65.

kleineren Instrumentes besitzen. Herschel's grosse Spiegel — die ersten Beispiele der Riesenteleskope der neueren Zeit — waren damals Hauptwerkzeuge für die Ausdehnung der Grenzen der sichtbaren Welt, und aus der Erhabenheit dieses Endzwecks ging hervor die lebhafte Begeisterung, welche seine Bemühungen gelingen liess.

Es erscheint wahrscheinlich, dass das von ihm 1755 konstruierte siebenfüssige Teleskop — in einer Zeit wenig länger als ein Jahr, nachdem er seine Experimente im Formen und Schleifen von Metall begonnen hatte — bereits alle von früheren Optikern konstruierten an Wirkungsfähigkeit übertraf und sowohl seine Geschicklichkeit wie seinen Ehrgeiz rasch entwickelte. Seine Bemühungen erreichten, nachdem bereits Spiegel von zehn, zwanzig und dreissig Fuss Brennweite nach und nach aus seinen Händen hervorgegangen waren, in dem riesenhaften vierzigfüssigen Teleskope, welches am 28. August 1789 vollendet wurde, ihren Höhepunkt. Es war der erste Reflektor, bei welchem nur ein einziger Spiegel angewendet worden war. In der Gregory'schen Form werden die im Brennpunkte gesammelten Strahlen durch eine zweite Reflektion von einem kleinen konkaven[1]) Spiegel zurückgeworfen durch eine in dem grösseren Spiegel befindliche Öffnung, hinter welcher das Okular befestigt ist. Das zu untersuchende Objekt wird auf diese Weise in seiner natürlichen Richtung gesehen. Das Newton'sche Teleskop dagegen zeigt den Gegenstand in einer Gesichtslinie, die mit der wahren einen rechten Winkel bildet, indem das durch den Spiegel gesammelte Licht durch Einschiebung eines kleinen ebenen Spiegels, welcher mit der Achse des Instrumentes einen Winkel von 45° bildet, nach der Seite des Cylinders abgelenkt wird. Nach diesen beiden Systemen arbeitete Herschel bis 1787, wo er, nachdem er sich von der hohen Bedeutung des Lichtsparens (das durch den zweiten Spiegel notwendig gehindert wurde) überzeugt hatte, den kleinen Spiegel bei seinem damals gerade im Bau befindlichen vierzigfüssigen Reflektor bei Seite liess und dasselbe dadurch in einen Reflektor mit »Vorderansicht« verwandelte. Dies wurde — nach dem 1732 von Lemaire vorgeschlagenen Plane — durch eine leichte Neigung des Spiegels

[1]) Cassegrain, ein Franzose, ersetzte 1672 den konkaven zweiten Spiegel durch einen konvexen, Dadurch konnte das Rohr bis auf die Hälfte der Brennweite des betreffenden Spiegels verkürzt werden. Der grosse Melbourner Reflektor (vier Fuss Öffnung, von Grubb) ist nach diesem Plane gebaut.

erreicht, so dass man das von ihm herrührende Bild mit einem am oberen Rande des Rohres befestigten Okular sehen konnte. Der Beobachter stand somit mit dem Rücken nach dem Gegenstande, den er untersuchen wollte, hingewendet.

Die Vorteile der vermehrten Helligkeit, welche durch diese Abänderung hervorgebracht wurde, wurden in auffallender Weise durch die am 28. August und 17. September 1789 erfolgte Entdeckung der beiden dem Ringe am nächsten stehenden Satelliten des Saturn illustriert. Dessenungeachtet kann man nicht behaupten, dass das Riesenteleskop von Slough die sanguinischen Erwartungen seines Erbauers erfüllt habe. Gelegenheiten, bei denen es mit Nutzen hätte angewendet werden können, fanden sich nur äusserst selten. Es wurde durch jeden Temperaturwechsel schädlich beeinflusst. Das grosse Gewicht (25 Centner) seines vier Fuss im Durchmesser haltenden Spiegels setzte ihn ganz besonders der Verzerrung aus. Bei aller nur erdenklichen Vorsicht konnte der feine Glanz seiner Oberfläche nicht länger als zwei Jahre[1]) erhalten werden, wo dann der schwierige Prozess des nochmaligen Polierens hätte vorgenommen werden müssen. Es wurde daher nach 1811 niemals mehr gebraucht und wurde, nachdem es von der Feuchtigkeit blind geworden, mehr und mehr zu einer wissenschaftlichen Reliquie.

Die von Herschel angewendeten ausserordentlich starken Vergrösserungen bildeten in der optischen Astronomie eine nicht weniger auffällige Neuheit als der riesenhafte Umfang seiner Spiegel. Sie sind vorher niemals erreicht, seitdem niemals überschritten worden, und sie scheinen, wenigstens für unsere Breiten, die äusserste Grenze praktischer Anwendbarkeit zu bezeichnen. Der Versuch, in dieser Weise die Wirksamkeit des Teleskops zu vergrössern, wird bald gehemmt durch atmosphärische Schwierigkeiten, ohne von anderen zu reden. Genau in demselben Verhältnis, in welchem ein Gegenstand vergrössert wird, wird auch die Störung des Mittels, durch welche es gesehen wird, vergrössert. Auch in den klarsten und ruhigsten Nächten ist die Luft niemals auch nur für einen Augenblick wirklich still. Die durch sie hindurchgehenden Lichtstrahlen werden fortwährend gebrochen durch die kleinen von einer Veränderung der Temperatur und des Druckes und den hierdurch erzeugten Luftströmungen herrührenden Schwankungen des Brechungsvermögens.

---

[1]) *Phil. Trans.*, vol. CIV, p. 275, Anm.

Mit einem solchen Zittern und Flimmern des Lichtes haben die Astronomen stets mehr oder weniger zu rechnen; ihr Nichtvorhandensein hängt einfach davon ab, in welchem Grade sie auftreten; werden sie hinreichend vergrössert, so können sie jederzeit die Beobachtung unmöglich machen.

Daher müssen solche 3000-, 4000-, 5000-, ja 6652-maligen Vergrösserungen, welche Herschel hin und wieder in seinen grossen Teleskopen anwandte, ausser in den seltensten Fällen der Beobachtung eher hinderlich als dienlich sein. Sie wurden jedoch von ihm nur zu besonderen Zwecken und mit der klarsten Erkenntnis ihrer Vorteile und Nachteile angewandt. Offenbar werden vollkommen verschiedene Zwecke durch Vergrösserung der Öffnung eines Teleskops und durch Vergrösserung der Kraft desselben erreicht. In dem einen Falle wird eine grössere Menge Licht aufgefangen und koncentriert, in dem andern Falle wird derselbe Betrag auf ein weiteres Feld verteilt. Demgemäss ist jede Vergrösserung des scheinbaren Umfanges mit einer Verminderung der Helligkeit verbunden. Deshalb werden solche schwachen Objekte wie Nebel vorteilhafter mit mässigen auf Instrumente von grosser Lichtkapacität angewendeten Vergrösserungen beobachtet, da bei starker Vergrösserung die Einzelheiten ihrer Struktur verschwinden. Bei Sterngruppen ist das Umgekehrte der Fall. Die Sterne können nicht vergrössert werden und zwar einfach aus dem Grunde, weil sie zu weit entfernt sind, als dass sie irgend welche wahrnehmbare Dimensionen haben könnten; dagegen kann der Raum zwischen ihnen grösser werden. Es geschah daher zum Zwecke der Trennung sehr nahe bei einander stehender Doppelsterne, dass Herschel die vergrössernde Kraft seiner Instrumente in so unerhörtem Grade vermehrte; und dieser Verbesserung verdankte er die zufällige Entdeckung des Uranus am 13. März 1781.[2]) Denn als er ein Objekt, dass schon bei 227-facher Vergrösserung einen verdächtigen Anblick darbot, mit stark vergrössernden Linsen untersuchte, konnte er sogleich erklären, dass seine Scheibe wirklich und nicht bloss »scheinbar« war, und es so von dem Haufen von Sternen, unter denen es sich bewegte, untrüglich unterscheiden.

---

[1]) *Phil. Trans.*, vol. XC, p. 70. Auf das vierzigfüssige Teleskop scheinen aber nur sehr mässige Vergrösserungen angewendet worden zu sein, woraus Dr. Robinson auf die Unzulänglichkeit seiner definierenden Kraft schloss. *Proc. Roy. Irish Ac.*, vol. II, p. 11. — [2]) *Phil. Trans.*, vol. LXXI, p. 492.

Während das Reflektionsteleskop die Welt durch seine schnelle Entwickelung unter den Händen Herschel's in Erstaunen setzte, rückte sein bescheidener Nebenbuhler langsam zu der Stellung vor, die die Zukunft für ihn vorbehalten hatte. Das grosse Hindernis, welches der Verbesserung der Refraktoren so lange im Wege stand, war der als »chromatische Aberration« bekannte Übelstand. Diese Aberration verdankt derselben Ursache ihre Entstehung wie der Regenbogen und das Spektrum — nämlich der Trennung oder »Dispersion« der verschiedenfarbigen Strahlen eines Bündels weissen Lichtes bei dem Durchgange desselben durch ein brechendes Mittel. Bei einer gewöhnlichen Linse giebt es keinen gemeinschaftlichen Koncentrationspunkt; jede Farbe hat ihren eigenen gesonderten Brennpunkt; und das resultierende Bild, welches durch die Übereinanderlagerung so vieler Bilder, als es Farben im Spektrum giebt, gebildet wird, wird unbestimmt begrenzt von einem farbigen Rande, der die Genauigkeit der Beobachtung ausserordentlich beeinträchtigt.

Die extravagant langen Fernrohre des siebzehnten Jahrhunderts sollten diesen Übelstand (sowie auch eine andere in der sphärischen Form der Linsen liegende Quelle undeutlichen Sehens) vermeiden; doch wurde kein Versuch gemacht ihm wirklich abzuhelfen, bis es einem Edelmann aus Essex im Jahre 1733 gelang, Linsen aus Flint- und Crownglas so mit einander zu verbinden, dass die Brechung ohne Farbenzerstreuung erfolgte.[1]) Chester More Hall war indessen ebenso gleichgültig gegen den Ruhm wie gegen den Vorteil und bemühte sich nicht, seine Erfindung zu veröffentlichen. Die faktische Entdeckung des achromatischen Fernrohrs wurde demgemäss John Dollond vorbehalten, der seine Methode, zu gleicher Zeit die chromatische und sphärische Aberration zu beseitigen, der Königlichen Gesellschaft im Jahre 1758 vorlegte. Man kann behaupten, dass dadurch erst die neuere Astronomie ermöglicht worden ist. Refraktoren haben sich stets für die gewöhnlichen Arbeiten von Sternwarten als besser geeignet erwiesen wie Reflektoren. Sie sind sozusagen von einer kräftigeren und schöpferischeren Natur. Sie leiden weniger unter dem Wechsel der Temperatur und des Klima.

---

[1]) Es ist bemerkenswert, dass schon im Jahre 1695 die Möglichkeit einer achromatischen Verbindung von David Gregory aus dem Bau des menschlichen Auges gefolgert worden war. Siehe seine *Catoptricae et Dioptricae Sphericae Elementa,* p. 98.

Sie behalten ihre Leistungsfähigkeit bei weniger Vorsicht und bei stärkeren Anforderungen. Vor allen Dingen lassen sie sich bequemer mechanisch regieren und dienen mit weit grösserer Leichtigkeit den Zwecken exakter Messung.

Eine praktische Schwierigkeit hemmte jedoch die Verwirklichung der glänzenden Aussichten, welche Dollond's Erfindung eröffnete. Es erwies sich als unmöglich, Flintglas von solcher Beschaffenheit, wie es für den optischen Gebrauch erforderlich war, d. h. von vollkommen homogener Natur, herzustellen, ausser in Bruchstücken von unbedeutendem Umfange. Scheiben von mehr als zwei oder drei Zoll im Durchmesser waren ausserordentlich selten, und die drückende Steuerabgabe, welche die finanzielle Unklugheit der Regierung auf den Artikel gelegt hatte, beschränkte nicht nur seine Produktion, sondern hemmte auch dadurch, dass die Versuche für die Wiederholung zu kostspielig wurden, die Verbesserung desselben.

Bis zu jener Zeit hatte Grossbritannien in dem instrumentalen Teile der Astronomie auswärtige Bewerber weit hinter sich gelassen. Die Quadranten und Kreise von Bird, Cary und Ramsden wurden ausserhalb nicht erreicht. Das reflektierende Teleskop hatte seinen Ursprung und erlangte seine Reife auf britischem Boden. Das Refraktionsfernrohr wurde von den ihm anhaftenden Fehlern durch britischen Scharfsinn geheilt. Aber mit dem Beginn des neunzehnten Jahrhunderts wurde auf das beinahe undurchbrochene Monopol von Geschicklichkeit und Erfindung, welches den Engländern zu errichten gelungen war, ein erfolgreicher Angriff gemacht, und britische Arbeiter mussten sich begnügen, ihre Überlegenheit mit einer wenigstens teil- und zeitweisen untergeordneten Stellung zu vertauschen.

Etwa um die Zeit, da Herschel seinen ersten Spiegel zu polieren begann, fing auch Pierre Louis Guinand, ein schweizer Handwerker, der in der Nähe von Chaux-de-Fonds im Kanton Neufchatel lebte, Spiegel für seinen eigenen Gebrauch zu schleifen an und wurde dadurch auf die rohe Konstruktion von Teleskopen geführt, die er sich dadurch herstellte, dass er Linsen in einem Rohre aus Pappe befestigte. Der Anblick eines englischen achromatischen Fernrohrs aber stachelte ihn zu höherem Ehrgeiz auf, und er ergriff die erste Gelegenheit, sich einiges Flintglas aus England (damals der einzigen Bezugsquelle) zu verschaffen, in der Absicht ein Instrument nachzuahmen, dessen völlige Fähigkeiten zu entwickeln er das bescheidene Werkzeug sein sollte. Da sich das englische Glas von geringer Qualität erwies, hielt er es, obwohl ohne Unterstützung und unerfahren in der Kunst, wie er war, doch für möglich, es selbst besser machen zu können, und brachte sieben Jahre (1784—90) in fruchtlosen nach diesem Ziele gerichteten Versuchen hin. Misslingen stachelte ihn nur mehr an, dieselben in grösserem Massstabe zu wiederholen. Er kaufte einiges Land in der Nähe von Les Brenets, errichtete darauf einen Schmelzofen, der zwei Centner Glas zu schmelzen vermochte, schränkte sich und seine Familie auf die unentbehrlichsten Lebensbedürfnisse ein und wandte seinen Verdienst (er verfertigte zu jener Zeit Glocken für Repetieruhren) ungeschmälert auf seine Schmelztiegel an.[1]) Seine unerschütterliche Überzeugung errang den Sieg. Im Jahre 1799 reiste er nach Paris und zeigte dort Lalande einige Scheiben fehlerfreien Krystalls von vier bis sechs Zoll Durchmesser. Lalande riet ihm an, sein Geheimnis für sich zu behalten, doch fühlte er sich im Jahre 1805 bewogen, seinen Wohnort nach München zu verlegen, wo er der Lehrer des unsterblichen Fraunhofer wurde. Seine Rückkehr nach Les Brenets im Jahre 1814 wurde bezeichnet durch die Entdeckung eines geistreichen Verfahrens, dadurch, dass er das Erzeugnis jeder Schmelzung zerbrach und wieder zusammenfügte, rissige Teile des Glases zu beseitigen, und schliesslich gelangte er zur Herstellung vollkommener Scheiben bis zu 18 Zoll im Durchmesser. Ein Objektivglas, für welches er das Material an Cauchoix geliefert hatte, verschaffte ihm im Jahre 1823 eine königliche Einladung, sich in Paris niederzulassen; doch war er nicht mehr imstande, seinen Wohnort zu wechseln, sondern starb auf dem Schauplatz seines Wirkens am folgenden 13. Februar.

Diese selbe Linse (12 Zoll Durchmesser) wurde später von Sir James South angekauft, und die erste mit ihr am 13. Februar 1830 angestellte Beobachtung enthüllte Sir John Herschel den sechsten kleinen Stern in dem centralen als das »Trapez« bekannten Haufen des Orionnebels.[2]) Durch South dem Trinity College zu Dublin vermacht, wurde sie an der Dunsinker Sternwarte von Brünnow und Ball bei ihren Untersuchungen über die Sternparallaxen angewendet. Ein noch grösseres aus Guinand'schem Glase hergestelltes Objektiv (von nahe 14 Zoll Durchmesser) wurde durch Edward Cooper von

---

[1]) Wolf, *Biographien*, Bd. II, S. 301. — [2]) *Month. Not.*, vol. I, p. 153, Note.

Markree Castle in Irland um die nämliche Zeit in Paris aufgestellt. Die Eigentümlichkeit der zu Les Brenets entdeckten Methode lag in der Art des Verfahrens, nicht in der Beschaffenheit der Zuthaten; das Geheimnis, heisst dies, war nicht chemischer, sondern mechanischer Natur.[1]) Es wurde durch Henry Guinand (einem Sohne des Erfinders) Bontemps, einem der Direktoren der Glaswerke zu Choisy-le-Roi mitgeteilt und von diesem den Herren Chance zu Birmingham übermittelt, mit denen er sich associierte, als ihn die revolutionären Unruhen von 1848 zwangen, sein Vaterland zu verlassen. Die berühmten amerikanischen Optiker Alvan Clark & Söhne haben von der Birminghamer Firma die Materialien für einige ihrer feinsten Teleskope, besonders für das 19-zöllige Chicagoer und das 26-zöllige Washingtoner Äquatorial, entnommen.

Unterdessen waren zwei hervorragende Liebhaber im Begriff, den Reflektionsteleskopen ihren Anspruch auf den Ehrenplatz im Gebiete astronomischer Entdeckung von neuem zu sichern. Über Lassell's Spiegel haben wir bereits einiges erwähnt.[2]) Sie bestanden aus einer Legierung von Kupfer und Zinn nebst einem geringen Zusatz von Arsenik (nach dem Vorgange Newton's)[3]) und waren bemerkenswert wegen der Vollkommenheit ihrer Form und der Politur ihrer Oberfläche.

Die Hilfsmittel des Newton'schen Systems wurden noch vollständiger — man kann fast sagen bis zum äussersten — entwickelt durch das Unternehmen eines irischen Edelmannes. William Parsons, als Lord Oxmantown bekannt bis 1841, wo er nach dem Tode seines Vaters den Titel eines Grafen von Rosse erbte, war geboren zu York am 17. Juni 1800. Seine öffentlichen Pflichten nahmen schon ihren Anfang, bevor noch seine Erziehung vollendet war. Er wurde ins Parlament gewählt als Mitglied für King's County, während er noch Nichtgraduierter in Oxford war, und vertrat denselben Bezirk noch dreizehn Jahre lang (1821—34). Von 1845 bis zu seinem Tode, welcher am 31. Oktober 1867 zu Birr Castle, Parsonstown, erfolgte, sass er, schweigsam aber fleissig, im Hause der Lords als irischer repräsentierender Pair, hatte den nicht mühelosen Posten eines Präsidenten der Königlichen Gesellschaft von 1849—54 inne, leitete die Versammlung der Britischen Gesellschaft

---

[1]) Henrivaux, *Encyclopédie Chimique,* t. V, fasc. 5, p. 363. — [2]) Siehe oben S. 109. — [3]) *Phil. Trans.,* vol. VII, p. 4007.

zu Cork im Jahre 1843 und wurde 1862 zum Vizekanzler der Dubliner Universität gewählt. Zu diesen ausgedehnten Anforderungen an seine Zeit und sein Denken kamen noch die aus seiner zuweilen recht verantwortlichen Stellung als Lehnsherr einer zahlreichen Pächterschar sich ergebenden, die angenehmeren Ansprüche an eine unbeschränkte Gastfreundschaft nicht zu erwähnen. Und ohne seine öffentlichen und privaten Verpflichtungen zu vernachlässigen, fand dieses Muster eines Edelmannes dennoch Musse, der Wissenschaft so hervorragende Dienste zu leisten, dass sein Name auf einen dauernden Platz in ihren Annalen Anspruch hat.

Er hegte frühzeitig die Absicht, in der Entwickelung der Fähigkeiten des Teleskops zur Grenze des Erreichbaren zu gelangen, und die Eigenschaften seines Geistes vereinigten sich mit seinen Vermögensverhältnissen, diese Absicht zu einer ausführbaren zu machen. Von den Refraktoren konnte augenscheinlich kein solch bedeutender und schneller Fortschritt erwartet werden. Die englische Glasmanufaktur lag noch sehr im Argen. Noch im Jahre 1839 berichtete Simms (der Nachfolger des ausgezeichneten Instrumentenbauers Edward Troughton) von einem Probestück Krystall, welches kaum $7\frac{1}{2}$ Zoll im Durchmesser hatte und nur über sechs Zoll vollkommen war, dass es einzig dastände in der Geschichte der englischen Glasbereitung.[1]) Und doch hatte zu jener Zeit schon die fünfzehnzöllige Pulkowaer achromatische Linse die Werkstatt von Fraunhofer's Nachfolgern zu München verlassen. Erst im Jahre 1845, als die Abgabe, welche so lange ihre Bemühungen vereitelt hatte, aufgehoben worden war, vermochten die optischen Künstler jener Inseln mit ihren Nebenbuhlern auf dem Festlande gleichen Schritt zu halten. Im Falle der Reflektoren jedoch schien es kein unübersteigliches Hindernis für eine fast unbegrenzte Vermehrung der lichtsammelnden Kraft zu geben, und hierauf koncentrierte somit Lord Oxmantown nach einigen fruchtlosen Versuchen mit flüssigen Linsen seine ganze Kraft.

Er musste sich vollständig auf seine eigene Erfindungsgabe verlassen und sich erst eine eigene Erfahrung sammeln. James Short hatte das Problem, metallischen Flächen eine vollkommen parabolische Form (die einzige, bei welcher parallel einfallende Strahlen in einen genauen Brennpunkt gesammelt werden) zu geben, gelöst;

---

[1]) J. Herschel, *The Telescope*, p. 39.

doch war er so eifersüchtig auf sein Geheimnis, dass er alle seine Werkzeuge vor seinem Tode verbrennen liess;[1]) auch wusste man nichts von dem Verfahren, durch welches Herschel seine erstaunlichen Resultate erhalten hatte. Überdies hatte Lord Oxmantown keine geübten Arbeiter zu seiner Unterstützung. Seine Werkzeuge, lebende wie tote, musste er sich selbst schaffen. Bauern, vom Pfluge geholt, wurden von ihm zu tüchtigen Mechanikern und Maschinenbauern herangebildet. Die genauen und komplicierten Maschinen, wie sie bei Operationen von so ausserordentlicher, durch sein Unternehmen erforderter Feinheit notwendig waren, die Dampfmaschine, welche sie in Bewegung setzen sollte, zuweilen sogar die Schmelztiegel, in welchen seine Spiegel gegossen wurden, gingen aus seinen eigenen Werkstätten hervor.[2])

Im Jahre 1827 wurden Versuche über die Zusammensetzung von Spiegelmetall angestellt und die erste stets durch Dampfkraft betriebene Poliermaschine erfunden. Doch zwölf schwere Jahre des Kampfes mit den sich entgegenstellenden Schwierigkeiten vergingen, ehe sich ein Erfolg zu zeigen begann. Ein Material, das schwieriger zu behandeln wäre, als eine Legierung von vier Teilen Kupfer und einem Teile Zinn,[3]) kann man sich kaum denken. Es ist härter wie Stahl und doch spröde wie Glas, indem es bei der geringsten Unachtsamkeit in der Berührung oder Behandlung[4]) in Stücke zerbricht; und die Genauigkeit der Form zu schildern, welche zur Sicherung guter Definition erforderlich ist, übersteigt beinahe das Vermögen unsres Sprachschatzes. Die Grössen, um die es sich handelt, sind so gering, dass sie sich nicht nur nicht mit den Augen wahrnehmen lassen, sondern überhaupt jeglicher Vorstellung spotten. Sir John Herschel erzählt uns, dass »die Gesamtdicke, welche vom Rande eines sphärischen Spiegels von 48 Zoll im Durchmesser und 40 Fuss Brennweite abgerieben werden muss, um ihn in einen parabolischen zu verwandeln, nur $\frac{1}{21333}$ eines Zolles beträgt;«[5]) und doch hängt von dieser kleinen Differenz in der Form die Deutlichkeit des Bildes und, als Folge hiervon, die ganze Leistungsfähigkeit des Instrumentes ab. »Fast unendlich gross« muss

---

1) *Month. Not.*, vol. XXIX, p. 125. — 2) *Ibid.*, p. 129. — 3) Ein kleiner Überschuss von Kupfer macht das Metall leichter zu handhaben, aber mehr der Trübung ausgesetzt. Robinson, *Proc. Roy. Irish Ac.*, vol. II, p. 4. — 4) *Brit. Ass.*, 1843. Dr. Robinson's letzter Beitrag. *Athenäum*, 23. September, p. 866. — 5) *The Telescope*, p. 82.

(nach den Worten des verstorbenen Dr. Robinson) die Genauigkeit des Verfahrens sein, welches ein so feines Resultat zustande zu bringen vermag.

Endlich gelang es im Jahre 1840 zwei Spiegel, von denen jeder drei Fuss im Durchmesser hatte, in solcher Vollkommenheit herzustellen, dass sie zu einem noch kühneren Versuche ermutigten. Die mannigfachen Prozesse, welche zur Sicherung des Erfolges nötig waren, waren nunmehr sicher erkannt und kontrollierbar; man brauchte sie nur in grösserem Massstabe zu wiederholen. Demzufolge wurde am 13. April 1842 ein Riesenspiegel von sechs Fuss Durchmesser und vierundfunfzig Fuss Brennweite gegossen; in zwei Monaten war er so weit, dass man ihm durch Abreibung mit Schmirgel und Wasser die richtige Form geben und ihn fein polieren konnte, und im Monat Februar des Jahres 1845 war der »Leviathan von Parsonstown« für die Durchforschung des Himmels fertig.

Die zweckmässige Montierung dieser ungeheuren Maschine war eine Aufgabe, die kaum weniger schwierig war, als ihr Bau. Die Aufrechterhaltung der Form des Spiegels erfordert ebenso peinliche Sorgfalt wie die Herstellung derselben. In der That besteht eins der stärksten Hindernisse, welche sich der Vergrösserung des Umfanges solcher reflektierenden Flächen entgegenstellen, darin, dass sie einer Verbiegung unter ihrem eigenen Gewichte zu leicht ausgesetzt sind. Das Gewicht des grossen Rosse'schen Spiegels beträgt nicht weniger als 4000 Kilogramm. Und obwohl mehr als dreizehn Centimeter dick und aus einem Material bestehend, welches nur um einen Grad weniger hart ist als Schmiedeeisen, bringt doch der kräftige Druck einer Manneshand auf seine Rückseite eine Biegung hervor, die hinreichend ist, um das Bild eines von ihm reflektierten Sternes merklich zu verzerren.[1]) Daher wurde die Zartheit seiner Form in gleicher Weise gefährdet durch das Gewicht seiner eigenen Schwere, wie durch die geringste Unregelmässigkeit in der Art und Weise, wie dieses Gewicht getragen wurde. Das Problem, eine vollkommen gleichförmige Unterstützung in allen möglichen Lagen zu erzielen, wurde dadurch gelöst, dass man den Spiegel auf siebenundzwanzig Platten von Gusseisen, die mit Filz bedeckt und der Form der Felder, die sie tragen sollten, sorgfältig angepasst waren,

---

[1]) Lord Rosse, *Phil. Trans.*, vol. CXL, p. 302.

ruhen liess; und diese Platten selbst wurden wieder getragen von einem komplicierten System von Triangeln und Hebeln, die mit grossem Scharfsinn derart angebracht waren, dass sie das Gewicht vollkommen gleichförmig verteilten.[1])

Ein Rohr, welches, aufgerichtet, einem der alten runden Türme Irlands glich,[2]) diente dem grossen Spiegel zur Behausung. Es war hergestellt aus Tannenstäben, die mit eisernen Ringen verbunden waren, und hatte eine Länge von $17\frac{2}{3}$ Metern (einschliesslich des Spiegelbehälters) bei einem Durchmesser von über 2 Metern. Ein mittelgrosser Mann kann (wie dies Dean Peacock einmal that) mit aufgespanntem Regenschirm durch dasselbe hindurchgehen. Zwei Pfeiler von festem Mauerwerk, etwa funfzig Fuss hoch, siebzig Fuss lang und dreiundzwanzig Fuss von einander entfernt, flankieren die gewaltige Maschine zu beiden Seiten. Ihr unteres Ende ruht auf einem gusseisernen Universalgelenk; oben hängt sie in Ketten und auch bei sehr heftigem Winde blieb sie vollkommen unerschüttert. Das Gewicht des Ganzen, obwohl fünfzehn Tonnen betragend, war doch so geschickt equilibriert, dass das Rohr mit Leichtigkeit von zwei an einer Winde arbeitenden Männern aufgerichtet oder gesenkt werden konnte. Seine horizontale Bewegung war durch die zum Tragen desselben errichteten hohen Mauern auf etwa zehn Grad zu beiden Seiten des Meridians beschränkt; in vertikaler Richtung aber bewegte es sich nahe vom Horizonte aus durch das Zenith bis zum Pol. Seine Konstruktion war die des Newton'schen Teleskops, indem der Beobachter an der Seite des Rohres in der Nähe seines oberen Endes hineinsah, welches er vermittelst einer Reihe von Gallerien und beweglicher Treppen in jeder Stellung zu erreichen vermochte. Es ist auch, obwohl selten, ohne einen zweiten Spiegel wie ein Herschel'scher Reflektor benutzt worden.

Der Glanz der himmlischen Objekte, wenn sie mit diesem gewaltigen »Lichtsammler« betrachtet werden, übertrifft alle Erwartung. »Nie in meinem Leben,« ruft Sir James South aus, »sah ich so herrliche Sternengemälde!«[3]) Die Scheibe des Jupiter brachte eine Wirkung hervor, derjenigen vergleichbar, welche die Einführung einer Blendlaterne in das Teleskop hervorrufen würde,[4]) und gewisse

---

[1]) Diese Methode ist im Prinzip dieselbe wie die, welche Grubb 1834 auf einen 15-zölligen Spiegel für die Sternwarte zu Armagh anwandte. *Phil. Trans.*, vol. CLIX, p. 145. — [2]) Robinson, *Proc. Roy. Irish Ac.*, vol. III, p. 120. — [3]) *Astr. Nachr.*, No. 536. — [4]) Airy, *Month. Not.*, vol. IX, p. 120.

Sternhaufen boten eine Erscheinung dar (wir citieren wieder Sir James South) »wie man sie vorher niemals gesehen hatte und die hinsichtlich ihrer Pracht aller Beschreibung spottet.« Am auffallendsten aber zeigte sich die Überlegenheit des neuen Instruments bei der Untersuchung der Nebel. Eine grosse Zahl dieser wolkigen Objekte, die in Sterne aufzulösen auch den stärksten Vergrösserungen der Herschel'schen Spiegel nicht gelungen war, erlagen sofort dem Parsonstowner Reflektor, während viele andere durch Enthüllung früher nicht gesehener Einzelheiten ihrer Struktur sich unter gänzlich veränderten Formen zeigten.

Ein äusserst merkwürdiges Ergebnis der Lichtverstärkung war die Beseitigung des Unterschiedes der beiden Klassen von »ringförmigen« und »planetarischen« Nebeln. Bis zu jener Zeit waren den Astronomen nur vier ringförmige Systeme, zwei auf der nördlichen und zwei auf der südlichen Halbkugel, bekannt; ihre Zahl wurde jetzt vergrössert durch fünf von der planetarischen Art, deren Scheiben sich in der Mitte durchbrochen zeigten, während die scharfe Randbegrenzung, die in schwächeren Instrumenten sichtbar war, durch unebene Ränder oder faserige Fransen ersetzt wurde.

Noch auffälliger war die Entdeckung einer gänzlich neuen und höchst merkwürdigen Art von Nebeln. Dieselben wurden »spiralförmig« genannt wegen der mehr oder weniger regelmässigen Windungen, ähnlich dem Gewinde einer Muschel, in welche die sie bildende Materie verteilt zu sein schien. Das erste und am meisten in die Augen fallende Beispiel dieser Klasse wurde im April 1845 aufgefunden; es liegt in den Jagdhunden nahe am Schwanz des grossen Bären und gewährte in Sir J. Herschel's Instrumenten den Anblick eines gespaltenen Ringes, welcher einen hellen Kern umschloss und daher nach seiner Meinung eine vollständige Analogie mit dem System der Milchstrasse darbot. Im Rosse'schen Spiegel erschien er wie ein ungeheurer Lichtstrudel — ein wunderbares Zeugnis für das Vorhandensein kosmischer Thätigkeiten im grössten Massstabe, die trotzdem von Gesetzen reguliert werden, hinsichtlich deren Natur wir noch tief in Unkenntnis stecken. Professor Stephen Alexander zu New Jersey schloss jedoch aus einer Untersuchung (die sich notwendigerweise auf höchst unsichere Daten stützt) über die mechanischen Verhältnisse dieser ausserordentlichen Anhäufungen, dass »wir in ihnen die zum Teil zerstreuten Bruchstücke ungeheurer Massen sehen, die ehedem im Zustande dynamischen Gleichgewichts rotierten.« Er wies ferner darauf hin, dass »die Trennung dieser Bruchstücke noch im Fortschreiten begriffen sein könne,«[1]) und verfolgte ihren Ursprung rückwärts bis zu dem Auseinanderbersten eines »ursprünglichen Sphäroids« von unbegreiflich weiten Dimensionen infolge seiner eigenen stetig beschleunigten Rotation. Dies ist auch wahrscheinlich, fügte er hinzu (indem die gekrümmte Form gewisser Ausläufer der Milchstrasse von einem spiralförmigen Baue Zeugnis giebt), die Geschichte unseres eigenen Sternhaufens; die ihn bildenden Sterne rücken, wenn sie nicht mehr in einem empfindlich justierten Systeme, wie das der Sonne und der Planeten, zusammengehalten werden, durch eine Periode scheinbarer Verwirrung nach einem bestimmten Ziele höherer Ordnung und vollkommeneren und harmonischeren Zusammenhanges fort.[2])

Die Klasse der spiralförmigen Nebel enthielt im Jahre 1850 vierzehn Mitglieder, abgesehen von einigen, bei denen die charakteristische Anordnung eine nur teilweise oder zweifelhafte zu sein schien.[3]) Ein Bestreben der äusseren Sterne anderer Haufen, sich in gekrümmten Zweigen (wie in unserer Milchstrasse) zu vereinigen, wurde ebenfalls wahrgenommen, und von der Existenz unvermuteter Analogien gab die bedeutsame Verbindung der gewundenen Form eines spiralförmigen Nebels und der Durchbohrung, welche für einen ringförmigen Nebel charakteristisch ist, in dem wie eine Eule aussehenden Nebel (einem grossen planetarischen Nebel im grossen Bären)[4]) Zeugnis.

Noch einmal wurde durch die Leistungen des Parsonstowner Reflektors die Annahme eines leuchtenden Fluidums, welches weite Gebiete des Raumes erfüllen sollte, in (wie sich seitdem herausgestellt hat) unverdienten Misskredit gebracht. Obwohl Lord Rosse selbst den Schluss verwarf, dass, weil manche Nebel aufgelöst worden wären, alle auflösbar sein müssten, liessen sich doch nur sehr wenige seine wahrhaft wissenschaftliche Vorsicht zum Muster dienen, und die Ergebnisse von Bond's Untersuchungen[5]) mit dem Refraktor des Harvarder Kollege ermunterten und bestärkten den Lauf der

---

[1]) *Astronomical Journal* (Gould's), vol. II, p. 97. — [2]) *Ibid.*, p. 160. — [3]) Lord Rosse, *Phil. Trans.*, vol. CXL, p. 505. — [4]) No. 2343 von Herschel's (1864er) Katalog. Vor 1850 war in jeder der beiden grösseren Öffnungen, von denen er durchbrochen ist, ein Stern sichtbar; seitdem nur in einer. Webb, *Celestial Objects* (4. ed.), p. 409. — [5]) *Mem. Am. Ac.*, vol. III, p. 87 und *Astr. Nachr.*, No. 611.

herrschenden Meinung. Heutzutage ist es sicher, dass die zu beiden Seiten des Atlantischen Ozeans gelieferten Beweise für die stellare Zusammensetzung einiger in die Augen fallenden Objekte dieser Klasse (besonders des Orion- und »Dumb-bell«-Nebels) trügerisch waren; aber nur das Spektroskop war imstande, sie kategorisch zurückzuweisen. Inzwischen schien die Überzeugung, die in letzter Zeit auch die vorherrschende geworden war, wohlbegründet zu sein, dass nämlich Nebel ohne Ausnahme wahre »Inselwelten« oder Vereinigungen entfernter Sonnen sind.

Lord Rosse's Teleskop besitzt eine nominelle Vergrösserung von 6000 — d. h. es zeigt den Mond, als ob er mit dem blossen Auge in einer Entfernung von $8\frac{2}{3}$ Meilen gesehen würde. Dieser scheinbare Vorteil aber wird aufgehoben sowohl durch die Schwächung des verwendbaren Lichtes infolge ausserordentlich starker Diffusion wie durch die Unruhe des wogenden Luftmeeres, durch welches die Beobachtung notwendigerweise gemacht werden muss. Professor Newcomb zweifelt in der That, dass mit irgend einem Teleskop unser Satellit jemals mit mehr Nutzen wird beobachtet werden können, als es innerhalb einer Entfernung von etwa 110 Meilen mit dem blossen Auge geschehen könnte.[1])

Die von den französischen Optikern befolgte Regel, nach welcher man die die Öffnung eines Instrumentes angebende Millimeteranzahl verdoppeln muss, um die höchste darauf mit Nutzen anwendbare Vergrösserung zu finden, würde für den Leviathan von Birr Castle eine 3600-fache Vergrösserung im Maximum ergeben; aber in einem Klima wie dem Irlands werden die Gelegenheiten selten sein, bei denen auch nur diese Grenze erreicht werden kann. In der That zeigt die bei seinem Gebrauch erlangte Erfahrung deutlich, dass mehr atmosphärische als mechanische Schwierigkeiten einer noch weiteren Vergrösserung der teleskopischen Kraft im Wege stehen. Von dem Bau jenes Instrumentes kann daher behauptet werden, dass er die äusserste Grenze der Bemühungen in einer Richtung und den Anfang ihrer Umkehr nach einer andern bezeichne. Es wurde von da an mehr und mehr offenbar, dass die Bedingungen, unter denen eine Beobachtung angestellt würde, verbessert werden müssten, bevor ihr selbst irgend eine erhöhte Leistungsfähigkeit gegeben werden könnte. Man hatte die Wirkung eines unsicheren Klimas, welche

---

[1]) *Pop. Astr.*, p. 145.

in der Zunichtemachung optischer Verbesserungen sich äussert, völlig erkannt, und die Aufmerksamkeit der Astronomen begann sich den Vorteilen zuzuwenden, welche ein ruhigerer und durchsichtigerer Himmel bot.

Für die praktischen Bedürfnisse der Astronomie ist sogar die Art der Montierung des Teleskops wichtiger als seine optischen Eigenschaften. Es ist weit wahrscheinlicher, dass man mit einem unvollkommenen, aber geschickt montierten Instrument etwas Gutes leistet, als mit dem bewundernswertesten Kunstwerk des Optikers, dessen mechanische Zuthaten schlecht angeordnet oder unzweckmässig sind. Auf diese Weise wird der Astronom schliesslich vom Mechaniker abhängig; und so ausgezeichnet sind die Bedürfnisse des ersteren befriedigt worden, dass die Geschichte der scharfsinnigen Erfindungen, durch welche Entdeckungen vorbereitet wurden, ein (hier nur flüchtig berührtes) Thema abgeben würde, welches nicht viel weniger umfangreich und lehrreich wie die Geschichte dieser Entdeckungen selbst sein würde.

Das Teleskop wird hauptsächlich auf zwei verschiedene Arten angewendet, welchen alle andern als untergeordnet betrachtet werden können.[1]) Entweder kann es unveränderlich nach Süden gerichtet werden, ohne eine andere Bewegung als die in der Ebene des Meridians zuzulassen, so dass die Himmelskörper im Augenblick ihres Durchgangs durch diese Ebene beobachtet werden; oder es kann so eingerichtet sein, dass es der täglichen Umdrehung des Himmels folgt und daher den betrachteten Gegenstand beständig im Gesicht behält, anstatt bloss den Augenblick zu notieren, in welchem er durch das Gesichtsfeld des Fernrohrs eilt. Der erste Plan ist der des »Passageinstruments,« der zweite der des »Äquatorials.« Beide wurden durch ein merkwürdiges Zusammentreffen um 1690[2]) von Olaus Römer, dem be-

---

[1]) Diese Behauptung muss im allgemeinsten Sinne genommen werden. Ergänzende Beobachtungen von grossem Werte werden jetzt zu Greenwich mit dem Höhen- und Azimut-Instrument, welches auch Piazzi zur Bestimmung der Örter seiner Sterne diente, angestellt; während zu Pulkowa ein »vorzügliches Vertikalinstrument« im Gebrauch ist. — [2]) Nach R. Wolf (*Gesch. d. Astr.*, S. 587) schon 1620. Pater Scheiner machte den Versuch, ein Fernrohr mit einer nach dem Pol gerichteten Achse zu verbinden, während Chinesische »Äquatorialringe,« aus dem dreizehnten Jahrhundert stammend, noch in Peking vorhanden sind. J. L. E. Dreyer, *Copernicus*, vol. I, p. 134.

rühmten dänischen Astronomen, welcher zuerst die Geschwindigkeit des Lichtes mass, eingeführt.

Der Gebrauch dieser beiden ist ein durchaus verschiedener. Mit dem Passageinstrument wird vornehmlich die eigentlich fundamentale Aufgabe der Astronomie — die Bestimmung der Bewegungen der Himmelskörper — erfüllt, während die Untersuchung ihrer Natur und Eigentümlichkeiten am besten mit dem Äquatorial geführt wird. Das eine ist das Instrument der mathematischen, das andere das der beschreibenden Astronomie. Das eine liefert die Materialien, durch welche Theorien aufgestellt, und die Proben, vermittelst deren sie verbessert werden; das andere verzeichnet neue Thatsachen, nimmt Notiz von neuen Erscheinungen, durchforscht die Tiefen und guckt in jeden Winkel des Himmels.

Die grosse Verbesserung, welche darin besteht, dass man einem äquatorial aufgestellten Fernrohr eine automatische Bewegung durch Verbindung desselben mit einem Uhrwerk giebt, wurde im Jahre 1674 von Robert Hooke vorgeschlagen. Bradley beobachtete 1721 wirklich Mars mit einem Fernrohr, »welches durch eine Maschine so bewegt wurde, dass es mit den Sternen gleichen Schritt hielt;«[1]) und v. Zach erzählt,[2]) dass er einst mit einem »Heliostat« von Ramsden'scher Konstruktion dem Sirius zwölf Stunden lang gefolgt sei. Doch waren diese Versuche im achtzehnten Jahrhundert von keinem praktischen Erfolge. Die Bewegung durch ein Uhrwerk war in Wirklichkeit eine vollständige Neuheit, als sie von Fraunhofer im Jahre 1824 beim Dorpater Refraktor angewendet wurde. Indem man einfach einer unveränderlich nach dem Himmelspole gerichteten Achse eine gleichmässige Rotation mit einer Periode von vierundzwanzig Stunden giebt, wird ein mit ihr verbundenes und nach irgend einem Punkte gerichtetes Fernrohr am Himmel einen mit dem Äquator parallelen Kreis beschreiben und daher notwendig der Bewegung eines jeden Sternes, nach welchem es eingestellt werden kann, folgen. Es ist daher ein Teil von Fraunhofer's vielfachen Verdiensten, den Beobachtern diesen unschätzbaren Vorteil verschafft zu haben.

Sir John Herschel war der Ansicht, dass Lassell's Anwendung der äquatorialen Aufstellung auf ein neunzölliges Newton'sches Teleskop im Jahre 1840 eine Epoche in der Geschichte »jenes spezifisch bri-

---

[1]) *Miscellaneous Works*, p. 350. — [2]) *Astron. Jahrbuch* 1799 (veröff. 1796), S. 115.

tischen Instrumentes, des reflektierenden Teleskops,« bildete.[1]) Nahe ein Jahrhundert früher[2]) hatte freilich Short eines seiner Gregory'schen Teleskope mit einem komplicierten System von Kreisen in der Weise ausgerüstet, dass man es durch Bewegung eines Handgriffes dem Umlauf des Himmels folgen lassen konnte; doch fand die Anordnung keine allgemeine Anwendung und verdiente sie auch nicht. Lassell's Plan war ein durchaus verschiedener; er wandte die zum wahren Äquator senkrechten Achsen an, und sein Erfolg beseitigte zum grossen Teil den Vorwurf der Unzweckmässigkeit im Gebrauch, der bis dahin gegen die Reflektoren in unwiderlegbarer Weise erhoben wurde. Auch der grösste derselben kann heute äquatorial aufgestellt werden; ja auch das Rosse'sche Teleskop ist innerhalb seiner beschränkten Grenzen seit einigen Jahren mit einem Uhrwerk versehen worden, welches eine Bewegung längs eines Parallelkreises gestattet.

Die Kunst, Kreisbogen genau in die kleinen gleichen Teile zu teilen, welche als Einheiten für die astronomische Messung dienen, blieb während des ganzen achtzehnten Jahrhunderts fast ausschliesslich in englischen Händen. Zu einem hohen Grade von Vollkommenheit wurde sie durch Graham, Bird und Ramsden gebracht, die indessen alle dem althergebrachten Mauerquadranten und Zenithsektor vor dem ganzen Kreise, dessen Vorteile in der Anwendung schon Römer bemerkt hatte, den Vorzug gaben. Der fünffüssige Vertikalkreis, zu dessen Herstellung Ramsden im Jahre 1789 nur mit gewissen Schwierigkeiten von Piazzi bewogen werden konnte, war das erste geteilte Instrument, welches nach dem Stile verfertigt war, den man den modernen nennen kann. Es war zur Ablesung der Teile mit Vergrösserungsgläsern versehen (eine der nicht beachteten Verbesserungen Römer's) und auf einen kleineren horizontalen Kreis gesetzt und bildete so eine Vereinigung eines Höhen- nnd Azimut-Kreises (ebenfalls eine Erfindung Römer's), durch welche sowohl die Erhebung eines Himmelskörpers über den Horizont wie seine Lage bezüglich einer festen Linie im Horizonte bestimmt werden konnte. Im nämlichen Jahre erfand Borda den »Repetitionskreis« (dessen Prinzip 1756 von Tobias Mayer angedeutet worden war),[3]) eine Vorrichtung, um so weit als möglich Fehler in der Teilung zu

---

[1]) *Month. Not.*, vol. XLI, p. 189. — [2]) *Phil. Trans.*, vol. XLVI, p. 242. — [3]) Grant, *Hist. of Astr.*, p. 487.

beseitigen, indem man eine Beobachtung mit verschiedenen Teilen des Kreises wiederholte. Es war dies vielleicht die früheste systematische Bemühung, die Unvollkommenheiten von Instrumenten durch ihre verschiedenartige Anwendung zu verbessern.

Die Anfertigung astronomischer Kreise wurde zu einem sehr hohen Grade von Vorzüglichkeit im Anfange des gegenwärtigen Jahrhunderts durch Reichenbach in München und (nach 1818) durch Repsold in Hamburg gebracht. Bessel behauptet,[1]) dass die »Ablesung« an einem von dem letzten Künstler hergestellten Instrumente bis auf etwa $\frac{1}{80}$ der Breite eines menschlichen Haares genau war. Unterdessen ging der traditionelle gute Ruf der englischen Schule durchaus nicht verloren, und Sir George Airy trug kein Bedenken, seine Meinung dahin auszusprechen, dass die neue von Troughton im Jahre 1809[2]) veröffentlichte Methode der Einteilung von Kreisen »die grösste Verbesserung gewesen sei, die jemals in der Kunst des Instrumentenbaues gemacht wurde.«[3]) Aber ein sichererer Weg zu Verbesserungen, als der der blossen mechanischen Genauigkeit, wurde von Bessel angegeben. Von seiner Einführung einer regulären Theorie der Fehler der Instrumente kann man beinahe behaupten, dass sie eine neue Kunst der Beobachtung geschaffen habe. Jedes Instrument, erklärte er in denkwürdigen Worten,[4]) muss zweimal gemacht werden — einmal von dem Künstler und dann von dem Beobachter. Wissen ist Macht. Mängel, welche festgestellt sind und in Rechnung gezogen werden können, sind so gut wie nicht vorhanden. So wurde die unleugbare Wahrheit, dass das beste Instrument in den Händen eines unachtsamen und ungeschickten Beobachters wertlos ist, ergänzt durch die umgekehrte Maxime, dass fehlerhafte Werkzeuge bei geschicktem Gebrauch zu wertvollen Resultaten führen können. Die Königsberger Beobachtungen, von denen der erste Teil 1815 veröffentlicht wurde, gaben das Beispiel für die reguläre »Reduktion« der Fehler der Instrumente. Seitdem ist es ein elementarer Teil der Pflichten eines Astronomen, die besondere Beschaffenheit eines jeden der ihm zu Gebote stehenden mechanischen Hilfsmittel zu studieren, damit seine unvermeidlichen, aber nunmehr festgestellten Abweichungen von idealer Genauigkeit berücksichtigt werden können bei den zahlreichen Korrektionen, durch welche die reine Essenz der

---

[1]) *Pop. Vorl.*, S. 546. — [2]) *Phil. Trans.*, vol. XCIX, p. 105. — [3]) *Report Brit. Ass.* 1832, p. 132. — [4]) *Pop. Vorl.*, S. 432.

(wenn auch nur angenäherten) Wahrheit aus den rohen Sinneseindrücken gewonnen wird.

Doch ist dies nicht genug; denn die zufälligen Umstände, welche jede Beobachtung begleiten, müssen mit nicht geringerer Sorgfalt in Rechnung gezogen werden, als die eigentümlichen oder konstitutionellen Besonderheiten des Instruments, mit welchem sie angestellt wurde. Es giebt kein »ein für allemal« in der Astronomie. Die Wachsamkeit darf nimmer ruhen; die Geduld darf niemals müde werden. Veränderliche sowohl wie konstante Fehlerquellen müssen ängstlich erwogen werden; eine unendlich kleine Ungenauigkeit muss gegen eine andere abgewogen werden; alle die Kräfte und Wechsel der Natur — Reif, Tau, Wind, der Wechsel der Wärme, die störenden Wirkungen der Schwerkraft, das Zittern der Luft, die Erschütterungen der Erde, das Gewicht und die Lebenswärme des eigenen Körpers des Beobachters, ja die Geschwindigkeit, mit welcher sein Gehirn seine Eindrücke aufnimmt und fortpflanzt, müssen in seinen Rechnungen sämtlich berücksichtigt und aus seinen Resultaten herausgebracht werden.

Im Jahre 1823 lenkte Bessel die Aufmerksamkeit auf die Abweichungen in den Zeiten, welche verschiedene Astronomen für Durchgänge durch den Meridian angegeben hatten.[1]) Die Grössen, um welche es sich handelte, waren durchaus nicht unbedeutend. Er selbst war beinahe eine Sekunde allen seinen Zeitgenossen voraus, und Argelander blieb hinter ihm gerade $1\frac{1}{4}$ Sekunde zurück. Es fand sich in der That, dass jedes Individuum eine gewisse bestimmte Perceptionsgeschwindigkeit besitzt, welche unter dem Namen der »persönlichen Gleichung« gegenwärtig ein so wichtiges Element bei der Verbesserung von Beobachtungen bildet, dass in Greenwich ein spezielles Instrument zur genauen Bestimmung ihres Betrages in jedem besonderen Falle in wirklichem Gebrauche ist.

Dies sind die Verfeinerungen, von denen die neuere Astronomie in ihren Fortschritten abhängt. Es ist eine Wissenschaft, bei welcher es auf eines Haares Breite und Bruchteile einer Sekunde ankommt. Sie besteht nur durch den starken Zwang ängstlicher Genauigkeit und unermüdlicher Sorgfalt. Was nur immer für Geheimnisse das Weltall für den Menschen noch auf Lager hat, sie werden nur unter diesen Bedingungen enthüllt werden. Dieselben sind, wie anerkannt

---

[1]) C. T. Anger, *Grundzüge der neueren astronomischen Beobachtungskunst*, S. 3.

werden muss, schwierig zu erfüllen. Sie erheischen einen unaufhörlichen Kampf gegen die Schwachheiten seiner Natur und die Wandelbarkeiten seiner Lage. Aber das Ziel ist nicht unwert der geforderten Opfer. Ein Lichtstrahl mehr, geworfen auf die Wunder der Schöpfung — ein einziger noch so geringfügiger Angriff auf die Burgen der Unwissenheit, ist Belohnung genug für lebenslängliche Mühe. Oder vielmehr die Arbeit ist ihr eigener Lohn, wenn sie in dem erhabenen, allein geziemenden Geiste betrieben wird. Denn sie führt durch die Abgründe des Raumes und die unermesslichen Tiefen der Zeit gerade zu der Schwelle jener Unendlichkeit und Ewigkeit, deren Erschliessung einem zukünftigen Leben vorbehalten ist.

II. Abschnitt.

Neuere Fortschritte der Astronomie.

Erstes Kapitel.

Begründung der astronomischen Physik.

Im Jahre 1826 erhielt Heinrich Schwabe in Dessau, der sich mit der Hoffnung trug, sich bald von der ihm durch Erbschaft zugefallenen Last einer Apotheke[1]) losmachen zu können, ein kleines Teleskop aus München und begann damit die Sonne zu beobachten. Diese Wahl eines Objekts für seine Untersuchungen war ihm von seinem Freunde Harding zu Göttingen empfohlen worden. Sie war eine ganz besonders glückliche. Die an der Oberfläche der Sonne sichtbaren Veränderungen wurden damals allgemein als nicht minder launenhaft betrachtet, wie die Veränderungen an dem Himmel unserer gemässigten Gegenden. Infolgedessen war das Zählen und Registrieren von Sonnenflecken für einen Astronomen kaum eine einladendere Beschäftigung wie das Zählen und Registrieren der Wolken im Sommer. Cassini, Keill, Lemonnier, Lalande erklärten übereinstimmend, dass keine Spur von Regelmässigkeit in ihrem Erscheinen oder Verschwinden entdeckt werden könnte.[2]) Delambre betrachtete sie als »mehr merkwürdig wie wirklich nützlich.«[3]) Auch Herschel, der sie doch gründlich studiert hatte und von der Wichtigkeit derselben als Anzeichen einer Thätigkeit in der Sonne innerlich überzeugt war, sah keinen Grund zu der Annahme, dass das mehr oder minder zahlreiche Auftreten derselben einer geregelten Abwechslung unterliege. Nur ein einziger

---

[1]) Wolf, *Gesch. der Astr.*, S. 655. — [2]) Manuel Johnson, *Mem. R. A. Soc.*, vol. XXVI, p. 197. — [3]) *Astronomie Théorique et Pratique*, t. III, p. 20.

Mann im achtzehnten Jahrhundert, Christian Horrebow zu Kopenhagen, vermutete ihren periodischen Charakter und sah die Zeit voraus, wo die Wirkungen der Veränderungen in der Sonne auf die um sie kreisenden Körper mit Erfolg untersucht werden könnten; aber diese prophetische Äusserung hatte mehr den Charakter eines Selbstgespräches wie einer öffentlichen Mitteilung und blieb in einem unbekannten Journal verborgen bis 1859, wo sie bei einer allgemeinen Durchwühlung von Archiven zu Tage gefördert wurde.[1])

In der That war Schwabe weit davon entfernt, die Entdeckung, welche auf sein Konto fiel, vorauszuahnen. Er verglich sein Glück mit demjenigen Saul's, welcher seines Vaters Esel suchte und ein Königreich fand.[2]) Denn die Hoffnung, welche ihm seinen ersten Entschluss eingegeben hatte, ging nach einer ganz anderen Richtung. Er lauerte beharrlich auf einen möglicherweise sich innerhalb der Bahn des Merkur bewegenden Planeten, welcher, wie er glaubte, früher oder später sein Dasein durch seinen Vorübergang vor der Sonnenscheibe verraten musste. Er ergriff indessen die wirksamsten Massregeln, um das sicher festzustellen, was nur immer das Wissen vermehren konnte. Während dreiundvierzig Jahren verfehlte sein »unverwüstliches Fernrohr«[3]) nie, ihm täglich Bericht darüber zu erstatten, wie viele und ob überhaupt irgend welche Flecken auf der Sonnenscheibe sichtbar waren, und die dadurch erlangte Belehrung wurde Tag für Tag nach einem einfachen und unveränderten Systeme aufgezeichnet. Im Jahre 1843 kündigte er zuerst eine wahrscheinliche zehnjährige Periode an,[4]) doch fand dies keine allgemeine Beachtung, obwohl Julius Schmidt zu Bonn (später Direktor der Athener Sternwarte) und Gautier zu Genf über seine Zahlen erstaunt waren und Littrow selbst im Jahre 1836[5]) auf die Wahrscheinlichkeit einer gewissen Art regelmässiger Wiederkehr hingewiesen hatte. Schwabe arbeitete jedoch weiter und sammelte jedes Jahr neue Beweise für ein Gesetz, wie das von ihm angedeutete; und als Humboldt im Jahre 1851 im dritten Bande seines »*Kosmos*«[6]) eine Tafel von statistischen Notizen über Sonnenflecken, die er von

[1]) Wolf, *Gesch. d. Astr.*, S. 654. — [2]) *Month. Not.*, vol. XVII, p. 241. — [3]) *Mem. R. A. Soc.*, vol. XXVI, p. 200. — [4]) *Astr. Nachr.*, No. 495. — [5]) Gehler's *Physikalisches Wörterbuch*, Art: *Sonnenflecken*, S. 851. — [6]) Zweite Abtheil., S. 401.

1826 an gesammelt hatte, veröffentlichte, fühlte man mit plötzlicher Überraschung die Stärke seiner Sache; der wirkliche Thatbestand und die Wichtigkeit seiner Entdeckung wurde gleichzeitig von allen Seiten anerkannt, und der beharrliche Dessauer Hofrat war auf einmal berühmt unter den Astronomen. Sein Verdienst — das von der Astronomischen Gesellschaft 1857 durch Verleihung der goldenen Medaille anerkannt wurde — bestand in der Wahl eines eigentümlichen und angemessenen Wirkungskreises und in dem bewunderungswerten Festhalten des Zieles, dessentwegen er ihn verfolgte. Seine Hilfsmittel und Fähigkeiten waren die eines gewöhnlichen Liebhabers; er zeichnete sich nur durch das (leider seltene) Talent aus, beides auf das Vorteilhafteste verwerten zu können. Er starb, wo er geboren war und gelebt hatte, am 11. April 1875 in dem hohen Alter von sechsundachtzig Jahren.

Mittlerweile war eine Untersuchung von völlig verschiedenem Charakter und ausgeführt mit völlig verschiedenen Hilfsmitteln zu einem ganz ähnlichen Schlusse gekommen. Zwei Jahre, nachdem Schwabe seine einsamen Beobachtungen begonnen hatte, gab Humboldt auf dem wissenschaftlichen Kongresse zu Berlin im Jahre 1828 die erste Anregung zu einer grossen internationalen Bewegung zu dem Zwecke, das komplicierte Problem des Erdmagnetismus gleichzeitig an verschiedenen Stellen der Erdkugel in Angriff zu nehmen. Durch den Scharfsinn und die Energie von Gauss wurde Göttingen der Mittelpunkt dieser Bewegung. Von hier gingen neue Apparate und ein neues System für ihre Anwendung aus; hier wurde im Jahre 1833 das erste reguläre magnetische Observatorium errichtet und die Göttinger mittlere Zeit zur allgemeinen Norm für magnetische Beobachtungen genommen. Der Brief Humboldt's an den Herzog von Sussex, den Präsidenten der Königlichen Gesellschaft, im April 1836 lud auch England zur Mitwirkung ein. Ein Netz von magnetischen Stationen wurde über alle britischen Besitzungen von Kanada bis Van Diemen's Land ausgebreitet; Massregeln wurden verabredet mit ausländischen Autoritäten, und eine Expedition wurde unter dem geschickten Kommando des Kapitän (späteren Sir James) Clark Ross zu dem speziellen Zwecke ausgerüstet, aus der öden Nähe des Südpols Auskunft über diesen Gegenstand zu erlangen. Im Jahre 1841 war die kunstvolle Organisation, welche durch die uneigennützigen Bemühungen wissenschaftlicher »Agitatoren« geschaffen war, vollendet; die »Magnetometer« von Gauss vollzogen ihre Schwingungen unter den Augen aufmerksamer Beobachter in fünf Erdteilen und die Aufzeichnung gleichzeitiger Resultate nahm ihren Anfang.

Zehn Jahre später, im September 1851, nahm Dr. John Lamont, der schottische Direktor der Münchener Sternwarte, bei einer Durchsicht der von 1835 bis 1850 zu Göttingen und München gemachten magnetischen Beobachtungen mit einiger Überraschung wahr, dass sie unverkennbare Anzeichen einer Periode gaben, die er auf $10\frac{1}{3}$ Jahre schätzte.[1]) Die Art, wie sich diese Periodicität äusserte, erfordert ein Wort der Erklärung. Die in Rede stehenden Beobachtungen bezogen sich auf die sogenannte »Deklination« der Magnetnadel, d. h. auf die Stellung, welche sie in Bezug auf die Punkte des Kompasses einnimmt, wenn sie sich frei in einer horizontalen Ebene bewegt. Nun ist diese Stellung, wie Graham 1722 entdeckte, kleinen täglichen Schwankungen unterworfen, die ihr Maximum nach Osten um 8 Uhr vormittags und ihr Maximum nach Westen kurz vor 2 Uhr nachmittags erreichen. Mit andern Worten, die Richtung der Magnetnadel nähert sich (in unsern Gegenden und zu jetziger Zeit) dem wahren Norden am meisten etwa vier Stunden vor Mittag und entfernt sich am weitesten von demselben zwischen ein und zwei Uhr nachmittags. Von dem Grade dieser täglichen Veränderung fand eben Lamont, dass er sich in je $10\frac{1}{3}$ Jahren einmal vergrösserte und verminderte.

Im folgenden Winter übernahm Sir Edward Sabine, der von den Folgerungen Lamont's noch nichts wusste, die Untersuchung einer gänzlich verschiedenen Reihe von Beobachtungen. Das in seinen Händen befindliche Material war in den Jahren 1843 bis 1848 in den britischen Kolonialstationen Toronto und Hobarton gesammelt worden und bezog sich nicht auf die regelmässigen täglichen Schwingungen der Magnetnadel, sondern auf diejenigen krampfhaften Zuckungen, deren Gesetze zu erforschen das ursprüngliche Ziel der weiten, von Humboldt und Gauss begründeten Organisation war. Und doch war das Resultat praktisch dasselbe. Man bemerkte, dass die magnetischen (von Humboldt »Stürme« genannten) Störungen in etwa 10 Jahren einmal ein Maximum der Heftigkeit und Häufigkeit erreichten. Sabine erkannte zuerst das Zusammenfallen dieses unvorhergesehenen

---

[1]) *Annalen der Physik* (Poggendorff's), Bd. LXXXIV, S. 580.

Resultats mit Schwabe's Periode der Sonnenflecken. Er zeigte, dass, so weit die Beobachtungen reichten, die beiden Cyklen von Veränderungen vollständig sowohl in ihrer Dauer wie in ihrer Phase mit einander übereinstimmten, indem Maximum dem Maximum und Minimum dem Minimum entsprach. Was die Natur des Zusammenhanges sein konnte, welcher so unähnliche Wirkungen, wie die Falten im Lichtgewande der Sonne und die Hin- und Herbewegungen der Magnetnadel, durch ein gemeinsames Gesetz verband, war und bleibt noch ausserhalb des Bereiches einer wohlbegründeten Hypothese; aber die Thatsache war von Anfang an unleugbar.

Die Abhandlung, welche diese merkwürdige Entdeckung enthielt, wurde der Königlichen Gesellschaft am 18. März 1852 eingereicht und am 6. Mai gelesen.[1]) Am folgenden 31. Juli kündigte Rudolf Wolf zu Bern[2]) und am 18. August Alfred Gautier zu Sion,[3]) und zwar jeder für sich und unabhängig von dem andern, vollkommen ähnliche Schlüsse an. Dieser dreifache Erfolg ist vielleicht das auffallendste Beispiel für die nützliche Anwendung der Bacon'schen Methode des Zusammenarbeitens an einer Entdeckung, nach welcher »Einzelheiten« von einer Reihe von Forschern — den »Depredatoren« und »Inokulatoren« von Salomon's Hause vergleichbar — angehäuft, Schlüsse aber aus denselben von einer andern und höheren Klasse — den »Interpreten der Natur« — gezogen werden. Und doch war gerade hier das Zusammentreffen von zwei verschiedenen Wegen der Untersuchung ein völlig zufälliges, und eine geschickte Kombination verdankte den glänzendsten Teil ihres Erfolges der ungesuchten Güte dessen, was wir Glück nennen.

Die Richtigkeit der auf diese Weise entdeckten Übereinstimmung wurde durch fernere Untersuchungen vollkommen bestätigt. Eine sorgfältige Prüfung der zerstreuten Berichte über Beobachtungen von Sonnenflecken von der Zeit Galilei's und Scheiner's an brachte Wolf[4]) in den Besitz von Material, durch welches er Schwabe's nur roh auf zehn Jahre angegebene Periode berichtigen und eine Periode von etwas mehr als elf (11 . 11) Jahren feststellen konnte; und er zeigte weiter, dass diese noch besser mit der Ebbe und Flut der

---

[1]) *Phil. Trans.*, vol. CXLII, p. 103. — [2]) *Mitteilungen der Naturforschenden Gesellschaft*, 1852, S. 183. — [3]) *Archives des Sciences*, t. XXI, p. 194. — [4]) *Neue Untersuchungen, Mitteil. d. Naturf. Ges.*, 1852, S. 249.

magnetischen Variationen übereinstimme als Lamont's $10\frac{1}{3}$.-jähriger Cyklus. Ferner wurde zum erstenmale die Analogie zwischen der »Helligkeitskurve« oder der zickzackigen Linie, welche auf dem Papier die sich ändernde Intensität des Lichtes gewisser Sterne darstellt, und der ähnlichen Zeichnung für die Häufigkeit der Sonnenflecken dargelegt, wobei der Aufstieg vom Minimum zum Maximum in beiden Fällen gewöhnlich etwas steiler ist, als der Abstieg vom Maximum zum Minimum, während ein weiterer Vergleichungspunkt durch die Unregelmässigkeiten in der Höhe der verschiedenen Maxima geliefert wurde. Mit anderen Worten, es nimmt sowohl die Anzahl der Flecken auf der Sonne wie die Helligkeit der veränderlichen Sterne in der Regel schneller zu als sie abnehmen; doch zeigt der Betrag dieser Zunahme in keinem Falle irgend welche Annäherung an Gleichförmigkeit.

Die Bemühung, die Sonnenflecken mit dem Wetter in Zusammenhang zu bringen, auf die gerade durch die Natur der Erscheinung hingewiesen wurde, war weniger erfolgreich. Ein erster und zwar sehr bemerkenswerter Versuch dieser Art wurde im ersten Jahre unseres Jahrhunderts von Sir William Herschel gemacht. Meteorologische Statistiken existierten damals nicht, abgesehen von einigen kargen und gelegentlichen Notizen; aber der Preis des Kornes war von Jahr zu Jahr verzeichnet worden, und diesen nahm er als Kriterium, obwohl er die Unzulänglichkeit desselben völlig erkannte. Nicht viel besser war er daran mit dem Material für die Kenntnis der Verhältnisse der Sonne. So wenig er aber auch erhalten konnte, es diente, wie er glaubte, zur Bestätigung seiner Vermutung, dass eine reichliche Ausstrahlung von Licht und Wärme eine häufigere Bildung von »Öffnungen« in jener blendenden Substanz, aus welcher wir jene unentbehrliche Ware beziehen, begleitet.[1]) Kurz er folgerte aus seinen Untersuchungen gerade soviel, wie er daraus folgern zu können erwartet hatte, nämlich, dass der Preis des Weizens hoch war, wenn die Sonne eine reine Oberfläche zeigte, und dass Lebensmittel und Sonnenflecken zu gleicher Zeit in reichlichem Masse vorhanden waren.[2])

Dieser plausible Schluss wurde jedoch durch eine genauere Ver-

---

[1]) *Phil. Trans.,* vol. XCI, p. 316. — [2]) Ein Zeugnis für eine elfjährige Schwankung im Preise des Futterkorns in Indien hat jüngst Frederick Chambers in der *Nature,* vol. XXXIV, p. 100 beigebracht.

gleichung der Thatsachen kaum bestätigt. Schwabe gelang es nicht, in seinen meteorologischen Aufzeichnungen irgend einen Widerschein der Sonnenfleckenperiode zu entdecken. Gautier[1]) kam zu einem vorläufigen Schlusse, der das — wenn auch nicht gerade strikte — Gegenteil des Herschel'schen war. Wolf leitete im Jahre 1852 aus einer Untersuchung der Vogel'schen Sammlung von Züricher Chroniken (1000—1800 n. Chr.) einen Beweis her, der (nach seiner Meinung) zeigte, dass Jahre des Minimums gewöhnlich feucht und stürmisch, Jahre des Maximums dagegen trocken und heiter sind;[2]) doch überzeugte ihn eine spätere, im Jahre 1859 vorgenommene Untersuchung des Gegenstandes, dass zwischen den beiden Arten von Wirkungen keine Beziehung irgend welcher Art nachweisbar ist.[3]) Bei der eigentümlichen Erscheinung unsrer Atmosphäre, die als Nordlicht (passender Polarlicht) bekannt ist, lag der Fall anders. Hier brachten die Züricher Chroniken Wolf auf den richtigen Weg, indem sie ihn dazu führten, derartige Lichterscheinungen mit einem gestörten Zustand der Sonne in Verbindung zu bringen; seitdem hat die spätere eingehende Beobachtung gezeigt, dass die die Häufigkeit der Nordlichter darstellende Kurve den zackigen Linien, welche dem Auge die Schwankungen der Thätigkeit der Sonne und des Magnetismus versinnbildlichen sollen, mit solcher Treue folgt, dass kein vernünftiger Zweifel mehr übrigbleibt, dass alle drei unter dem Einfluss einer gemeinschaftlichen Ursache stehen. Schon 1716[4]) hatte Halley vermutet, dass die Nordlichter von magnetischen »Ausflüssen« herrührten, doch war damals kein Zeugnis für diesen Gegenstand weiter vorhanden, bis Hiorter im Jahre 1741 zu Upsala ihren auf die Magnetnadel wirkenden Einfluss beobachtete. Dass diese Wirkung keine zufällige war, wurde im Übermasse klar aus Arago's Untersuchungen im Jahre 1819 und den folgenden Jahren. Man wusste nunmehr, dass beide beherrscht wurden von derselben geheimnisvollen Kraft kosmischer Störungen.

Die Sonne ist nicht der einzige der Himmelskörper, durch

---

[1]) *Bibl. Un. de Genève,* t. LI, p. 336. — [2]) *Neue Untersuchungen,* S. 269 — [3]) *Die Sonne und ihre Flecken,* S. 30. Arago versuchte zuerst die Frage durch eine lange Jahre fortgesetzte, parallel neben einander herlaufende Registrierung der Sonnenflecken und des Wetters zu entscheiden; doch waren die Daten über die Beschaffenheit der Sonne, welche an der Pariser Sternwarte von 1822 bis 1830 gesammelt worden waren, nicht genau genug, um irgend welche Schlüsse darauf zu gründen. — [4]) *Phil. Trans.,* vol. XXIX, p. 421.

welchen der Magnetismus der Erde beeinflusst wird. Beweise für eine ähnliche Art der Einwirkung des Mondes legte Kreil im Jahre 1841 der Böhmischen Gesellschaft der Wissenschaften vor, und Sabine bestätigte dieselben vollständig, wenn auch mit kleineren Verbesserungen, durch ausgedehntere Untersuchungen. Es ist auf diese Weise festgestellt worden, dass jeder Mondtag oder der Zwischenraum von vierundzwanzig Stunden und etwa vierundfünfzig Minuten zwischen zwei aufeinanderfolgenden Durchgängen unseres Satelliten durch den Meridian ausgezeichnet ist durch eine wahrnehmbare, obwohl sehr kleine doppelte Oscillation der Magnetnadel — nämlich durch ein zweimaliges Hin- und Hergehen von Ost nach West resp. von West nach Ost.[1]) Überdies erstreckt sich der Einfluss des Mondes gerade so wie der der Sonne (wie in jedem Falle durch Sabine's Untersuchung der Beobachtungen zu Hobarton und Toronto bewiesen wurde) auf alle drei »magnetischen Elemente,« indem er nicht nur die Stellung der horizontalen oder Deklinations-Nadel, sondern auch die Inklination und die Intensität afficiert. Es dürfte nicht ungerechtfertigt sein, wenn man einen gewissen Teil derselben subtilen Kraft den Planeten und sogar den Sternen zuschreibt, obwohl die Wirkungen derselben durch ihre Entfernung unmerklich gemacht werden.

Wir müssen nunmehr von der Entdeckung einer ganz neuen Methode der Untersuchung und deren Anwendung auf die Himmelskörper reden. Die **Spektralanalyse** kann kurz beschrieben werden als ein Verfahren, die verschiedenen Gattungen von Materie durch die Art des von einer jeden ausgehenden Lichtes zu unterscheiden. Diese Definition erklärt sogleich, aus welchem Grunde sich jene Untersuchungsmethode, abweichend von jedem andern System chemischer Analyse, für die Astronomie so vorteilhaft erwiesen hat. Das Licht kennt, so weit nur seine Qualität in Betracht kommt, keine Entfernung. Durch eine Reise von den entferntesten Grenzen des sichtbaren Universums her wird an ihm (soweit wir bis jetzt wissen) keine wesentliche Veränderung hervorgebracht, so dass also, vorausgesetzt nur, dass seine Quantität für diesen Zweck ausreichend bleibt, seine Eigentümlichkeiten in gleicher Güte studiert werden können, mag die Quelle seiner Schwingungen nur einen Fuss oder hundert Billionen Meilen weit entfernt

[1]) *Phil. Trans.*, vol. CXLIII, p. 558 und vol. CXLVI, p. 505.

sein. Nun beruht der augenscheinlichste Unterschied zwischen einer Art von Licht und einer andern in der Farbe. Aber von diesem Unterschiede nimmt das Auge in ästhetischem, nicht in wissenschaftlichem Sinne Kenntnis. Es erfreut sich an den tausenderlei Farben der Natur, doch kann es dieselben weder analysieren noch erklären. Hierin kommt ihm das brechende Prisma oder die als »Spektroskop« bekannte Vereinigung von Prismen zu Hilfe, indem es das Auge zugleich messen und wahrnehmen lehrt. Es liefert mit einem Worte eine genaue Farbenskala. Die verschiedenen Strahlen, welche, wenn sie in wirrem Durcheinander zugleich in das Auge eintreten, einen zusammengesetzten, aus ununterscheidbaren Elementen gebildeten Eindruck hervorrufen, werden durch den blossen Durchgang durch ein dreikantiges Stück Glas von einander geschieden und in regelmässiger Aufeinanderfolge nebeneinander gereiht, so dass man mit einem Blicke anzugeben vermag, welche Arten von Licht da sind, welche nicht da sind. Wenn wir daher nur die Gewissheit hätten, dass die verschiedenen chemischen Substanzen, nachdem sie durch Hitze zum Glühen gebracht sind, charakteristische Strahlen aussenden — d. h. Strahlen, welche im Spektrum einen für sie und nur für sie reservierten Platz einnehmen —, so würden wir sogleich im Besitze eines Verfahrens sein, um derartige Substanzen mit der grössten Leichtigkeit und Sicherheit identificieren zu können. Diese Gewissheit, welche die feste Grundlage der Spektralanalyse bildet, ist aber nur langsam und nicht ohne Schwierigkeit erhalten worden.

Der erste, welcher das Prisma bei der Untersuchung von verschiedenen Flammen (denn nur in dampfförmigem Zustande sendet die Materie ein eigenartiges Licht aus) verwendete, war ein junger Schotte, namens Thomas Melvill, welcher 1753 im Alter von siebenundzwanzig Jahren starb. Er untersuchte das Spektrum von brennendem Spiritus, in welchen er der Reihe nach Salmiak, Pottasche, Alaun, Salpeter und Seesalz einführte, und beobachtete unter fast allen Umständen das eigentümliche Vorherrschen einer besonderen Schattierung gelben Lichtes, das in Bezug auf den Grad der Brechbarkeit[1]) vollkommen bestimmt war — mit andern Worten, welches eine vollkommen bestimmte Lage im Spektrum einnahm. Seine Versuche wurden wiederholt von Morgan,[2]) Wollaston und

---

[1]) *Observations on Light and Colours*, p. 35. — [2]) *Phil. Trans.*, vol. LXXV, p. 190.

— mit weit überlegener Genauigkeit und Sorgfalt — von Fraunhofer.[1]) Der grosse Münchener Optiker, dessen Arbeit durchaus Originalarbeit war, entdeckte von neuem Melvill's tiefgelben Streifen und mass seine Lage in der Farbenskala. Er ist seitdem als die »Natriumlinie« bekannt geworden und hat in der Geschichte der Spektralanalyse eine sehr wichtige Rolle gespielt. Trotzdem hat ihre Allgegenwart und ihre hervorstechende Sichtbarkeit lange Zeit den Fortschritt gehemmt. Sie wurde hervorgebracht durch das Verbrennen einer überraschend grossen Mannigfaltigkeit von Substanzen — Schwefel, Alkohol, Elfenbein, Holz, Papier, und ihre beständige Sichtbarkeit deutete eher auf das Vorsichgehen eines gewissen allgemeinen Naturprozesses hin als auf das Vorhandensein einer besonderen Art von Materie. Wenn aber die Spektralanalyse überhaupt als Wissenschaft bestehen sollte, so konnte dies nur der Fall sein, wenn man Gewissheit darüber erlangte, dass mit jeder besonderen Qualität des Lichtes eine einzige besondere Substanz unveränderlich verbunden ist.

Auf diese Weise verwirrt gemacht, zögerte Fox Talbot[2]) 1826 dieses Fundamentalprinzip auszusprechen. Er war geneigt zu glauben, dass das Vorhandensein jeder einzelnen Linie im Spektrum untrüglich die Verflüchtigung irgend eines Körpers in der untersuchten Flamme anzeigte, als dessen Kennzeichen oder unterscheidendes Symbol jene Linie betrachtet werden könnte; aber das beständige Vorherrschen des gelben Streifens machte ihn stutzig. Er erschien in der That unfehlbar überall, wo Natrium vorhanden war; aber er erschien auch da, wo man vernünftigerweise schliessen zu müssen glaubte, dass Natrium nicht vorhanden war. Erst dreissig Jahre später stellte es William Swan,[3]) indem er auf die ausserordentliche Feinheit der Prüfung durch das Spektrum und die ausnehmend weite Verbreitung des Natriums hinwies, als wahrscheinlich (aber auch damals noch nur als wahrscheinlich) hin, dass die fragliche gelbe Linie wirklich unveränderlich von jener Substanz herrühre. Gewöhnliches Salz (Chlornatrium) ist in der That der verbreitetste der festen Körper. Es schwebt in der Luft, es schwimmt im Wasser, jedes Staubkörnchen enthält ein Teilchen davon, und abso-

---

[1]) *Denkschriften der Münchener Ak. d. W.*, 1814—15, Bd. V, S. 197. — [2]) *Edinburgh Journal of Science*, vol. V, p. 77. Siehe auch *Phil. Mag.*, Febr. 1834, vol. IV, p. 112. — [3]) *Edinb. Phil. Trans.*, vol. XXI, p. 411.

lute Ausschliessung desselben streift an Unmöglichkeit. Und überdies ist das Licht, welches es beim Verbrennen giebt, so intensiv und koncentriert, dass, wenn ein einziges Korn in 180 Millionen Teile geteilt wird und nur eines von diesen unbegreiflich kleinen Partikelchen in einer Lichtquelle vorhanden ist, das Spektroskop unverkennbar die charakteristische Linie desselben zeigen wird.

Unter den Pionieren der Erkenntnis nach dieser Richtung hin befanden sich Sir John Herschel[1]) — der sich indessen diesem Gegenstande aus optischem, nicht aus chemischem Interesse zuwandte —, W. A. Miller[2]) und Wheatstone. Der letzte besonders that einen beachtenswerten Schritt vorwärts, als er im Laufe seiner Untersuchungen über die »prismatische Zerlegung« des elektrischen Lichtes zu dem bedeutsamen Schlusse gelangte, dass die in seinem Spektrum sichtbaren Streifen für jede Art des als »Elektroden« verwendeten Metalls verschieden seien.[3]) So wurden Anzeichen von einem umfassenderen Prinzipe in verschiedenen Gegenden gefunden, aber eine positive Gewissheit über jeden einzelnen Punkt wurde erst erhalten, als im Jahre 1859 Gustav Kirchhoff, Professor der Physik an der Universität zu Heidelberg, und sein Amtsgenosse, der hervorragende Chemiker Robert Bunsen, die Sache in die Hand nahmen. Durch sie wurde die allgemeine Frage hinsichtlich des notwendigen und unveränderlichen Zusammenhanges gewisser Linien in dem Spektrum mit gewissen Arten von Materie zuerst entschlossen in Angriff genommen und zuerst definitiv beantwortet. Die Antwort fiel in bejahendem Sinne aus — denn sonst hätte keine Wissenschaft der Spektralanalyse entstehen können — als das Resultat von Experimenten, die zahlreicher, bindender und präciser waren, als die, die vorher unternommen worden waren.[4]) Und die Gewissheit ihres Resultats wurde noch sicherer gemacht durch die Entdeckung zweier neuen Metalle — nur allein vermöge der Eigentümlichkeiten ihres Lichtes —, welche wegen der blauen und roten Streifen, durch welche sie sich bezüglich unterschieden,

---

[1]) *On the Absorption of Light by Coloured Media, Edinb. Phil. Trans.*, vol. IX, p. 445 (1823). — [2]) *Phil. Mag.*, vol. XXVII (Ser. III), p. 81. — [3]) *Report Brit. Ass.*, 1835, p. 11 (pt. II). Elektroden sind die Endpunkte, zwischen denen der elektrische Funke überspringt; da er bei dem Durchgange durch dieselben einige Teilchen ihrer Substanz verflüchtigt und glühend macht, erscheinen im Spektrum die charakteristischen Linien ihres Lichtes. — [4]) *Phil. Mag.*, vol. XX, p. 93.

»Caesium« und »Rubidium«[1]) genannt wurden. Beide wurden unmittelbar darauf in kleinen Mengen durch Verdampfung der Dürckheimer Mineralwasser wirklich erhalten.

Wir können nunmehr das Band angeben, welches dieses wichtige Resultat mit der Astronomie verknüpft. Im Jahre 1802 fiel es William Hyde Wollaston ein, das runde Loch, welches Newton und seine Nachfolger als Durchlass für das mit dem Prisma zu untersuchende Licht benutzt hatten, durch einen länglichen Spalt von $\frac{1}{20}$ Zoll Breite zu ersetzen. Er bemerkte hierauf, dass das so gebildete Lichtspektrum, welches durch die Beseitigung teilweise über einander gelagerter Bilder gewissermassen gereinigt war, von sieben dunklen Linien durchzogen wurde. Er betrachtete dieselben als die natürlichen Grenzen der verschiedenen Farben[2]) und, befriedigt durch diese Quasi-Erklärung, liess er den Gegenstand ruhen. Er wurde unabhängig hiervon nach zwölf Jahren wieder aufgenommen durch einen Mann von höherem Geiste. Im Verlaufe seiner Versuche über das Licht, welche die Vervollkommnung seiner achromatischen Linsen zum Ziele hatten, machte Fraunhofer mit Hilfe eines Spaltes und eines Fernrohrs die überraschende Entdeckung, dass das Sonnenspektrum nicht von sieben, sondern von Tausenden quer über dasselbe weggehender dunkler Streifen durchzogen wird.[3]) Von diesen zählte er etwa 600 und zeichnete mit Sorgfalt 324 auf, indem er einige der am meisten in die Augen fallenden (wenn der Ausdruck gestattet ist) als Markpfähle einsetzte, ihre Entfernung von einander mit dem Theodoliten mass und ihnen die Buchstaben des Alphabets, durch welche sie noch allgemein bekannt sind, beisetzte. Doch blieb er hierbei nicht stehen. Die nämliche Untersuchungsmethode, angewendet auf die übrigen Himmelskörper, zeigte, dass das zarte Licht des Mondes und der Planeten in genau dieselben Strahlen zerfiel wie das Sonnenlicht, während sie bei den Sternen die Unterschiede im Abbilde enthüllte, welche stets die Vorboten einer Erweiterung der Erkenntnis sind. Die Spektren vom Sirius und Kastor waren nicht wie das der Sonne von feinen Linien quer durchzogen, sondern von drei breiten dunklen Streifen, von denen zwei im Blau und einer im Grün sich befanden, unterbrochen.[4]) Das Licht des

---

[1]) *Annalen der Physik,* Bd. CXIII, S. 357. — [2]) *Phil. Trans.,* vol. XCII, p. 378. — [3]) *Denkschriften,* Bd. V, S. 202. — [4]) *Ibid.,* S. 220. *Edinb. Jour. of Science,* vol. VIII, p. 9.

Pollux andrerseits erschien genau ähnlich dem Sonnenlicht, nur geschwächt durch die Entfernung oder Reflektion, und das von Capella, Beteigeuze und Procyon schien einige Eigentümlichkeiten mit dem der Sonne gemein zu haben. Eine Linie des Sonnenspektrums insbesondere, welche in seiner Zeichnung mit dem Buchstaben D bezeichnet war, erwies sich allen vier letzterwähnten Sternen gemeinschaftlich; und es war bemerkenswert, dass sie ihrer Lage nach genau mit jenem hervorstechenden gelben Streifen (der, wie bereits bemerkt, später mit dem Lichte glühenden Natriums identificiert wurde) zusammenfiel, der, wie er schon gefunden hatte, die meisten Verbrennungsprozesse begleitete. Überdies wurde sowohl die dunkle D-Linie des Sonnenspektrums, wie die helle D-Linie irdischer Substanzen durch die feinen Münchener Apparate als doppelt nachgewiesen.

In diesem auffälligen Sichentsprechen, welches von Fraunhofer im Jahre 1805 entdeckt wurde, war der ganze Kern der Sonnenchemie enthalten; aber seine wahre Bedeutung wurde erst viel später klar. Fraunhofer war von Beruf kein Physiker, sondern ein praktischer Optiker. Die Zeit drängte; er konnte und wollte nicht von seinem vorgezeichneten Pfade abweichen; alles, was er thun konnte, war, den Weg zu Entdeckungen zu zeigen und andere zu ermuntern, ihn zu verfolgen.[1])

Anfangs geschah dies nur zum Teil und ohne dass entscheidende Beweise beigebracht wurden. Die »fixen Linien« (wie sie genannt wurden) des Sonnenspektrums wurden ein ständiges Problem, welches der Lösung näher zu bringen unmöglich schien. An reichlichen Vermutungen über ihren Ursprung fehlte es indessen nicht. Eine Erklärung, welche von Zantedeschi[2]) und andern angegeben und mit einigen Bedenken von Sir David Brewster und Dr. J. H. Gladstone[3]) begünstigt wurde, war die, dass sie durch »Interferenz« entständen — d. h. durch eine Zerstörung der Bewegung, welche in unsern Augen die Lichtempfindung hervorbringt, infolge der Übereinanderlagerung zweier Lichtwellen in der Art, dass die Erhebungen der einen die Vertiefungen der andern genau ausgleichen. Diese Wirkung wurde, wie man annahm, durch Unvollkommenheiten in den angewendeten optischen Apparaten hervorgebracht.

---

[1]) *Denkschriften*, Bd. V, S. 222. — [2]) *Arch. des Sciences*, 1849, p. 43. — [3]) *Phil. Trans.*, vol. CL, p. 159, Note.

Eine plausiblere Ansicht war die, dass die fehlenden Strahlen des Sonnenlichtes durch die Atmosphäre der Erde absorbiert würden. Bei einigen von ihnen ist dies in der That der Fall. Brewster fand im Jahre 1832, dass gewisse dunkle Linien, welche, wenn die Sonne hoch am Himmel stand, unsichtbar waren, immer deutlicher sichtbar wurden, je mehr sie sich dem Horizonte näherte.[1]) Es sind dies die wohlbekannten »atmosphärischen Linien;« aber die ungeheure Mehrheit ihrer Genossen im Spektrum blieb vollständig unberührt durch die Dicke der Luftschicht, welche von dem sie enthaltenden Sonnenlichte durchlaufen wurde. Sie müssen also offenbar von einer andern Ursache herrühren.

Es blieb daher nur die richtige Erklärung — nämlich eine Absorption in der Sonnenatmosphäre — übrig, und auch diese wurde eingehend erörtert. Aber eine bemerkenswerte, von Professor Forbes zu Edinburg[2]) bei Gelegenheit der ringförmigen Sonnenfinsternis am 15. Mai 1836 gemachte Beobachtung schien sie in Misskredit bringen zu wollen. Wenn die fraglichen dunklen Linien wirklich durch eine Verschluckung gewisser Strahlen infolge der Wirkung einer die Sonne umgebenden dampfförmigen Hülle hervorgerufen wurden, so mussten dieselben, wie es schien, am schärfsten bei dem Lichte sein, welches von den Rändern der Sonne ausging, da dieses, indem es jene Hülle schräg durchschnitt, durch eine viel grössere Tiefe derselben hindurchging. Der Lichtring aber, welcher von dem dazwischentretenden Monde nicht bedeckt wurde und daher ganz und gar von dem Rande der Sonnenscheibe herrührte, zeigte nach Forbes' Untersuchung genau dasselbe Lichtspektrum, wie das, welches von ihren mittleren Teilen ausging. Dieser Umstand trug dazu bei, die Forscher, die schon hinreichend verwirrt waren, noch ratloser zu machen. Es blieb immer noch eine Anomalie, für welche keine völlig befriedigende Erklärung gegeben werden konnte.

Ein überzeugender Beweis für die wahre Natur der Linien im Sonnenspektrum wurde endlich im Herbste 1859 in Heidelberg bei-

---

[1]) *Edinb. Phil. Trans.*, vol. XII, p. 528. — [2]) *Phil. Trans.*, vol. CXXVI, p. 453. »Ich glaube,« sagt er, »dass dieses Resultat in entscheidender Weise darlegt, dass die Sonnenatmosphäre nichts zu thun hat mit der Erzeugung dieser eigentümlichen Erscheinung« (p. 455). Und Brewster's wohlbegründete Meinung, dass sie sehr viel damit zu thun habe, wurde dadurch thatsächlich zurückgedrängt.

gebracht. Kirchhoff's entscheidender Versuch in dieser Sache war ein sehr einfacher. Er liess hellen Sonnenschein auf einen mit Natriumdämpfen erfüllten Raum fallen und nahm mit Erstaunen wahr, dass die dunkle Fraunhofer'sche Linie D, anstatt durch die einen hellen Streifen von derselben Brechbarkeit gebende Flamme vernichtet zu werden, durch Übereinanderlagerung dunkler und breiter wurde. Er stellte denselben Versuch nochmals an, indem er den Sonnenschein durch das Licht einer Drummond'schen Lampe ersetzte, und erhielt ein ähnliches Resultat. Eine dunkle Furche, die in jeder Hinsicht der Linie D des Sonnenspektrums entsprach, unterbrach augenblicklich den sonst ununterbrochenen Glanz seines Spektrums. Der Folgerung, dass die so künstlich hervorgerufene Wirkung in der Natur auf die nämliche Weise hervorgebracht würde und dass Natrium einen Bestandteil der glühenden Sonnenatmosphäre bildete,[1]) konnte man nicht widerstehen. Dieser ersten Entdeckung folgte rasch die Identificierung zahlreicher heller Linien in dem Spektrum anderer metallischer Körper mit andern bisher rätselhaften Fraunhofer'schen Linien. Kirchhoff kam so zu dem Schlusse, dass (neben Natrium) Eisen, Magnesium, Kalcium und Chrom sicher Bestandteile der Sonne sind, und dass Kupfer, Zink, Barium und Nickel, ebenfalls, aber in geringeren Mengen, vorhanden sind.[2]) Bezüglich des Kobalts war er im Zweifel, doch ist das Vorkommen desselben in der Sonne seitdem sicher beglaubigt worden.

Diese denkwürdigen Resultate gründeten sich auf ein allgemeines Prinzip, welches zuerst von Kirchhoff in einer Mitteilung an die Berliner Akademie am 15. Dezember 1859 ausgesprochen und später vollständiger von ihm entwickelt wurde.[3]) Es kann folgendermassen dargestellt werden: Substanzen jeglicher Art sind undurchdringlich gerade für diejenigen Strahlen, welche sie selbst **bei derselben Temperatur** ausstrahlen, d. h. sie absorbieren diejenigen Arten von Licht oder Wärme, die

[1]) *Monatsberichte der Berl. Ak.*, 1859, S. 664. — [2]) *Abhandl. der Berl. Ak.*, 1861, S. 80, 81. — [3]) *Ibid.*, 1861, S. 77. *Annalen der Physik*, Bd. CXIX, S. 275. Ein ähnlicher Schluss, zu dem Balfour Stewart im Jahre 1858 (*Edinb. Phil. Trans.*, vol. XXII, p. 13) bezüglich der Wärmestrahlen gekommen war, wurde von ihm 1860, ohne dass er vorher von den Kirchhoff'schen Arbeiten Kenntnis hatte, auf das Licht ausgedehnt (*Phil. Mag.*, vol. XX, p. 534); doch entbehrten seine Versuche der Genauigkeit, mit welcher die zu Heidelberg ausgeführt worden waren.

sie ihrem Zustande nach gerade selbst auszustrahlen vermögen. Es folgt aber nicht, dass Körper in ihrem natürlichen Wärmezustande die Strahlen absorbieren, welche sie, wenn hinreichend erwärmt, aussenden würden. So ist z. B. Wasserstoffgas bei gewöhnlicher Temperatur beinahe vollkommen durchsichtig; wird dasselbe aber, etwa durch einen hindurchgehenden elektrischen Funkenstrom, bis zum Glühpunkte gebracht, so zeigt es nicht nur in seinem eigenen Spektrum das Licht von vier verschiedenen Farben, sondern ist auch imstande, eben dieses zu absorbieren.

Dieses Prinzip ist die Grundlage für die Chemie der Sonne. Es giebt den Schlüssel ab für die Hieroglyphenschrift der Fraunhofer'schen Linien. Dieselben Schriftzeichen, welche in den Spektren irdischer Stoffe mit heller Tinte geschrieben sind, sind in dem Spektrum der durch die entsprechenden Gase hindurchgehenden Sonnenstrahlen mit dunkler Tinte geschrieben; doch ist ihr Sinn derselbe geblieben. Es muss jedoch daran erinnert werden, dass sie nur relativ dunkel sind. Die Substanzen, welche diese besonderen Farben in der Nähe der Sonne absorbieren, glühen zu gleicher Zeit mit ebensolcher Lebhaftigkeit wie jene. Man beseitige den blendenden Sonnenhintergrund, durch dessen Kontrast sie wie dunkel erscheinen, und sie werden gesehen werden, und sind unter gewissen Umständen wirklich gesehen worden, in dem ganzen ihnen ursprünglich eigenen Glanze. Weil die Atmosphäre der Sonne kälter ist als die Kugel, welche von ihr umhüllt wird, geschieht es, dass die verschiedenen diese Atmosphäre bildenden Arten von Dämpfen mehr nehmen als sie geben, mehr Licht absorbieren, als sie auszustrahlen vermögen; würden sie zu der nämlichen Temperatur wie die Sonne selbst gebracht, so würde ihr Emissions- und Absorptionsvermögen genau gleich sein, und die Tausende von dunklen Linien im Sonnenspektrum würden sogleich verschwinden.

Die Begründung der Wissenschaft der Spektralanalyse irdischer Stoffe rührte, wie wir gesehen haben, in gleichem Masse von Kirchhoff und von Bunsen her; ihre Anwendung auf die Himmelskörper aber verdanken wir Kirchhoff allein. Er erreichte dieses von vielen andern Denkern und Beobachtern mehr oder minder sehnsüchtig erstrebte Ziel durch die Verbindung zweier verschiedener, wenn auch eng mit einander verbundener Untersuchungsreihen — des Studiums der verschiedenen Arten von Licht, welches von verschiedenen Körpern ausgestrahlt wurde, und des Studiums der verschiedenen Arten von Licht, welches von ihnen absorbiert wurde. Dieser letztere Weg scheint zuerst von Dr. Thomas Young im Jahre 1803 [1]) betreten worden zu sein; er wurde weiter verfolgt von dem jüngeren Herschel,[2]) von William Allen Miller, Brewster und Gladstone. Brewster machte in der That im Jahre 1833 [3]) den förmlichen Versuch, ein Verfahren zu begründen, welches man eine auf Absorption beruhende Umkehrung der prismatischen Analyse nennen könnte, und seine Bemühungen wurden gerade ein Vierteljahrhundert später von Gladstone[4]) wiederholt. Doch erhielt man keinen allgemeinen Gesichtspunkt und, wie man hinzufügen kann, ein solcher war auf diesem Wege auch nicht erreichbar.

Kirchhoff's Zeichnung des Sonnenspektrums, welche mit einer ausgezeichneten Genauigkeit hergestellt und in drei Farbenschattierungen gedruckt worden war, um die verschiedene Dunkelheit der Linien zur Anschauung zu bringen, wurde veröffentlicht in den Abhandlungen der Berliner Akademie für 1861 und 1862.[5]) Darstellungen der hauptsächlichen Linien, die zu den verschiedenen elementaren Körpern gehörten, bildeten gewissermassen eine Reihe von Randbemerkungen zu der grossen Karte des Sonnenspektrums, die auch den unerfahrensten Neuling in der neuen Wissenschaft befähigten, mit einem Blick ihren Sinn zu enträtseln. Wo die dunklen Sonnen- und hellen metallischen Streifen der Lage nach übereinstimmten, konnte man mit Sicherheit schliessen, dass das Metall, von welchem sie herrührten, ein Bestandteil der Sonne war; und ein solches Zusammenfallen war sehr häufig. Beim Eisen allein kamen nicht weniger als sechzig im halben Felde des Spektrums vor, und traten so auf wahrhaft überwältigende Weise gegen einen bloss zufälligen Zusammenhang auf.[6]) Die Vorbereitung für diese sorgfältige Zeichnung erwies sich für das Auge so schädlich, dass Kirchhoff durch seine mangelhaft werdende Sehkraft gezwungen wurde, die letzte Hälfte seiner Arbeit seinem Schüler Hofmann anzuvertrauen. Die vollständige Karte mass nahezu acht Fuss in der Länge.

---

[1]) *Miscellaneous Works,* vol. I, p. 189. — [2]) *Edinb. Phil. Trans.*, vol. IX, p. 458. — [3]) *Ibid.*, vol. XII, p. 519. — [4]) *Quart. Journ. Chem. Soc.*, vol. X, p. 79. — [5]) Ein Facsimile war Sir H. Roscoe's Übersetzung (London 1862—63) von Kirchhoff's »*Untersuchungen über das Sonnenspektrum*« beigegeben. — [6]) Die beiderseitigen Chancen verhielten sich nach Kirchhoff's Schätzung wie eine Trillion zu Eins. *Abhandl. d. Berl. Akad.,* 1861, S. 79.

Die Schlüsse, zu welchen Kirchhoff gekommen war, waren kaum bekannt geworden, als sie auch schon, fast ohne dass sich eine abweichende Meinung gegen sie erhob, ihren Platz unter den ausgemachten wissenschaftlichen Wahrheiten einnahmen. Das wichtige Resultat, dass die dunklen Linien im Spektrum der Sonne ein Zeugnis über ihre chemische Zusammensetzung ablegten, welches nicht weniger bindend war, als irgend eine der im Laboratorium gebräuchlichen Proben, fesselte in gleicher Weise die Einbildungskraft des gemeinen Mannes, wie es rechtsverbindlich war für das Urteil des Gelehrten; und, wie jeder wirkliche Fortschritt in der Erkenntnis der Natur, regte es weit mehr die Wissbegier an, als es sie befriedigte. Nun ist aber der Bericht darüber, warum Entdeckungen misslungen waren, oft genau ebenso lehrreich, wie die Darlegung, auf welche Weise sie gemacht wurden; es wird daher der Mühe wert sein, einige Worte den Vorstellungen und Versuchen zu widmen, durch welche im gegenwärtigen Falle der wirkliche Erfolg herbeigeführt wurde.

Dreimal war er nahe daran, vorweggenommen zu werden. Der sich unter Kirchhoff's Händen als entscheidend erweisende Versuch, Sonnenlicht durch glühende Dämpfe hindurchgehen zu lassen und die übereinandergelagerten Spektren zu untersuchen, wurde von Professor W. A. Miller vom King's College im Jahre 1845 angestellt.[1]) Ja noch mehr, er wurde angestellt im ausdrücklichen Hinblick auf die schon damals (wie bemerkt worden) erörterte Frage der möglichen Erzeugung der Fraunhofer'schen Linien durch Absorption in einer Sonnenatmosphäre. Doch führte derselbe zu keinem Resultat.

In der Absicht, das behauptete Zusammenfallen der D-Linie des Sonnenspektrums mit dem hellen gelben Streifen im Spektrum des elektrischen Bogens (welcher in Wirklichkeit von dem nicht vermuteten Vorhandensein von Natrium herrührt) zu prüfen, liess ferner Léon Foucault zu Paris im Jahre 1849 einen Strahl des Sonnenscheins auf den elektrischen Bogen fallen und beobachtete sein Spektrum. Er war überrascht zu sehen, dass die D-Linie noch intensiver dunkel gemacht wurde durch die Vereinigung der beiden Lichtwirkungen. Um sich von dieser Thatsache noch mehr zu ver-

[1]) *Phil. Mag.*, vol. XXVII (3. Series), p. 90. — [2]) *L'Institut*, Febr. 7, 1849, p. 45. *Phil. Mag.*, vol. XIX (4. Series), p. 193.

gewissern, ersetzte er den Sonnenstrahl durch ein reflektiertes Bild einer der weissglühenden Kohlenspitzen und fand dasselbe Resultat. Es fehlte der nämliche Strahl. Es hätte bloss noch eines weiteren Schrittes bedurft, um dieses Resultat zu verallgemeinern und dadurch eine Naturwahrheit von der höchsten Wichtigkeit zu entdecken; aber dieser Schritt wurde nicht gethan. Foucault, der doch sonst streng und durchdringend war, gab sich mit der Erkenntnis zufrieden, dass der Volta'sche Lichtbogen die Fähigkeit besass, die von ihm ausgestrahlte Lichtart zu absorbieren; er fragte nach nichts weiterem und brachte demgemäss auch keine weitere Aufklärung über die Sache.

Die durch dieses bemerkenswerte Experiment angedeutete Wahrheit wurde jedoch von einem hervorragenden Manne erraten. Professor Stokes zu Cambridge sprach, kurz nachdem jener Versuch gemacht worden war, gegen Sir William Thomson seine Überzeugung dahin aus, dass eine absorbierende Natriumatmosphäre die Sonne umgebe. Und das Gewicht seiner Argumente, welche sich auf das absolute Zusammenfallen der D-Linie im Sonnenspektrum mit dem gelben Streifen im Spektrum glühenden Natriumdampfes (welches damals von neuem durch W. H. Miller bestätigt worden war) und zugleich auf die durch Foucault festgestellte »Umkehrung« dieses Streifens gründeten, machte auf seinen Zuhörer einen so mächtigen Eindruck, dass er regelmässig in seinen öffentlichen Vorlesungen über Naturphilosophie zu Glasgow, fünf oder sechs Jahre vor Kirchhoff's Entdeckung, nicht nur die Thatsache des Vorhandenseins von Natrium in der Umgebung der Sonne, sondern auch das Prinzip, die Chemie der Sonne und der Sterne vermittelst der Spektren von Flammen zu studieren, mit Nachdruck hervorhob.[1]) Und doch scheint es keinem dieser beiden ausgezeichneten Professoren — die in der erfolgreichen Erforschung neuer Wahrheiten zu den ersten ihrer Zeit gehören — in den Sinn gekommen zu sein, eine scharfsinnige Vermutung, in welcher die Möglichkeit einer wissenschaftlichen Umwälzung enthalten war, praktisch zu prüfen. Der Gerechtigkeit wegen muss hinzugefügt werden, dass Kirchhoff, als er seine Untersuchung begann, weder von dem Foucault'schen Versuche noch von der Stokes'schen Vermutung etwas wusste.

Andrerseits sind die Ansprüche, welche rücksichtlich der Priori-

---

[1]) *Ann. des Phys.*, vol. CXVIII, p. 110.

tät der Entdeckung für C. J. Ångström geltend gemacht wurden, wohl etwas übertrieben gewesen. Seine »optischen Untersuchungen« erschienen zu Upsala im Jahre 1853 und in englischer Übersetzung zwei Jahre später.[1]) Unzweifelhaft waren sie voll von Anregungen, doch bildeten sie keine Epoche in der Entdeckung. Die alten Unklarheiten blieben sowohl nach wie vor ihrer Veröffentlichung bestehen. Ångström gebührt zwar das grosse Verdienst, das Euler'sche Prinzip von der Äquivalenz der Emission und Absorption wieder in Erinnerung gebracht zu haben; aber er brachte es in seiner ursprünglichen rohen Form und ohne den geeigneten Vorbehalt, welcher ihm allein als Wegweiser zu neuen Wahrheiten hätte Wert verleihen können, wiederum ans Tageslicht. Nach seiner Behauptung absorbiert ein Körper nicht nur alle die Lichtschwingungen, welche er unter irgend welchen Umständen auszusenden vermag, sondern auch die, welche mit ihnen durch einfache harmonische Beziehungen verbunden sind. Dieser Satz ist viel zu weitgehend. Um ihn wahr oder anwendbar zu machen, musste er auf den vorsichtigen Ausspruch eingeschränkt werden, welchen Kirchhoff ihm gab. Die Ausstrahlung entspricht der Absorption in strenger und notwendiger Weise nur dann, wenn die Temperatur dieselbe ist. In der That schwankte Ångström, obwohl er überzeugt war, dass ihre Erklärung auch die der hellen Linien im Spektrum des elektrischen Bogens umfasste, noch im Jahre 1853 zwischen Absorption und Interferenz als der Ursache der Fraunhofer'schen dunklen Linien. Sehr wichtig aber war sein Beweis der zusammengesetzten Beschaffenheit des Spektrums des elektrischen Funkens, von welchem er zeigte, dass es durch Übereinanderlagerung des Spektrums der metallischen Elektroden und des Spektrums des Gases oder der Gase, durch welche die Entladung hindurchging, gebildet werde.

Es dürfte zweckmässig sein — da ohne eine klare Vorstellung von dem Gegenstande kein eigentliches Verständnis der neueren astronomischen Fortschritte möglich ist, — einen flüchtigen Blick auf die elementaren Prinzipien der Spektralanalyse zu werfen. Vielen unsrer Leser sind dieselben ohne Zweifel bereits bekannt; doch ist es besser, durch Wiederholung trivial zu erscheinen, als aus Mangel an Aufklärung unverständlich zu bleiben.

---

[1]) *Phil. Mag.*, vol. IX (4. Series), p. 327.

Das Spektrum eines Körpers ist also einfach das von ihm ausgehende Licht, welches durch Brechung[1]) zu einem prachtvollen farbigen Bande, das mit Bräunlichrot anfängt und durch Karmoisinrot, Orange, Gelb, Grün, Himmelblau bis zum dunklen Violett geht, ausgebreitet wird. Der Grund dieser Ausbreitung oder »Dispersion« liegt darin, dass die verschiedenen Farben verschiedene Wellenlängen haben und daher bei ihrem Durchgange durch das dichtere Medium des Prismas eine verschieden grosse Verzögerung erleiden. Die kürzesten und schnellsten Schwingungen (welche die Farbenempfindung des »Violett« hervorbringen) entfernen sich am weitesten von ihrem ursprünglichen Wege — erleiden mit andern Worten die weiteste «Ablenkung;« die längsten und langsamsten (die roten) weichen von ihm viel weniger ab. Auf diese Weise wird das Bündel der Strahlen, welche sonst vereinigt einen Fleck weissen Lichtes geben würden, durch die Divergenz ihrer Wege nach der Brechung durch ein Prisma zerlegt, so dass es ein farbiges Band bildet. Dieses sichtbare Spektrum setzt sich zu beiden Seiten unsichtbar durch eine lange Reihe von Schwingungen hin fort, die entweder zu schnell oder zu langsam sind, um von dem Auge als Licht wahrgenommen zu werden, obwohl sie durch ihre chemischen und erwärmenden Wirkungen erkennbar sind.

Nun geben alle weissglühenden festen oder flüssigen Substanzen und auch Gase, wenn sie unter grossem Drucke zum Glühen gebracht werden, ein sogenanntes „**kontinuierliches** Spektrum,« d. h. das von ihnen ausgehende Licht besitzt jede erdenkliche Farbe. Ist es durch das Prisma zerlegt, so gehen seine Farben unmerklich in einander über, ohne durch dunkle Zwischenräume unterbrochen zu werden. Kurz, es fehlen keine Farben. Durch Erwärmung leuchtend gemachte Gase oder Dämpfe aber senden Strahlen von nur wenigen — zuweilen nur von einer — Farben aus, die demnach ein unterbrochenes, gewöhnlich als ein **Linien-** oder Streifen-Spektrum bezeichnetes Spektrum bilden. Und da diese Strahlen vollkommen bestimmt und charakteristisch sind — indem sie für keine zwei Substanzen dieselben sind —, so kann man leicht ermessen, welcher

[1]) Spektren können durch Beugung (Diffraktion) oder Brechung (Refraktion) hervorgebracht werden; doch betrachten wir hier nur den Gegenstand in seiner einfachsten Gestalt.

Art die Materie ist, welche sie hervorbringt. Wir können annehmen, dass die unbegreiflich kleinen Partikelchen, welche durch ihr rasches Zittern den Äther zur Hervorbringung von Licht veranlassen, ihren eigentümlichen Schwingungston nur dann von sich zu geben vermögen, wenn sie wie in gasförmigem Zustande getrennt von einander schwingen können; wenn sie aber zu einer dichten Masse zusammengedrängt sind, werden die hellen Klänge ihrer besonderen Noten gewissermassen zu einem allgemeinen molekularen Geräusche vermischt. Daher vermag die Analyse durch das Prisma einzelne Arten von Materie nur dann zu identificieren, wenn sie sich in der Form glühender Dämpfe zeigen.

Ein Spektrum heisst **„umgekehrt,“** wenn die vorher hell auf einem dunklen Hintergrunde gesehenen Linien dunkel auf einem hellen Hintergrunde erscheinen. In dieser Form ist es für die chemische Zusammensetzung ebenso charakteristisch, wie das **„direkte“** Spektrum, indem es durch Absorption entsteht, wie das letztere durch Emission. Und Absorption und Emission entsprechen sich nach dem Kirchhoff'schen Gesetze genau. Die Analogie des Schalles macht dies leicht verständlich. Denn gerade so wie eine Stimmgabel durch Schallwellen von der ihr selbst entsprechenden Höhe zum Mittönen gebracht wird, aber für die jeder andern unempfindlich bleibt, so nehmen diejenigen Teilchen der Materie, die, durch Erhitzung in Schwingungen versetzt, ihrer Natur nach eine bestimmte Anzahl von Malen in einer Sekunde hin- und herschwingen und dadurch Licht von einer besonderen Farbenschattierung hervorbringen, gerade diese selben Schwingungen und nur diese an, wenn sie von ihnen durchdrungen werden — oder mit andern Worten, sie sind undurchsichtig für diese und durchsichtig für alle andern.

Es muss ferner erklärt werden, dass die Form der hellen oder dunklen Räume im Spektrum durchaus nichts zu thun hat mit der Natur der Erscheinungen. Die »Linien« und »Bänder«, von denen so häufig gesprochen wird, erscheinen als solche aus keinem andern Grunde, als weil das sie bildende Licht durch eine schmale geradlinige Öffnung eintritt. Man ersetze diese Öffnung durch eine mondsichelartige oder wellenförmige Kurve und die »Linien« werden sogleich mondsichelartig oder wellenförmig gekrümmt erscheinen.

Fassen wir das bisher Auseinandergesetzte in einen Satz zusammen, so finden wir, dass die Analysis der Himmelskörper mit

Hilfe des Prismas sich auf drei Arten von Thatsachen gründet: Erstens auf den unverkennbaren Charakter des Lichtes, welches von jeder verschiedenen Art glühenden Dampfes ausgesandt wird; zweitens auf die Identität des von einer jeden absorbierten Lichtes mit dem von ihr ausgestrahlten; drittens auf die Übereinstimmung, welche zwischen den im Sonnenspektrum fehlenden Strahlen und den von verschiedenen irdischen Stoffen absorbierten Strahlen beobachtet wurde. Auf diese Weise war ein Reich der Erkenntnis erschlossen worden, welches Morinus[1]) im siebzehnten und nicht minder nachdrücklich Auguste Comte[2]) im neunzehnten Jahrhundert als dem menschlichen Geiste auf ewig verschlossen hingestellt hatten; und die Chemie der Sonne und der Sterne nahm ihren Platz ein unter den ersten der experimentellen Wissenschaften.

Die unmittelbare Vermehrung des Wissens war nicht das Hauptresultat von Kirchhoff's Arbeiten; wichtiger noch war der Umschwung in den Zielen und Methoden der Astronomie, zu welchem im Jahre 1852 durch die Entdeckung einer gemeinschaftlichen Periode der Sonnenflecken und des Erdmagnetismus der Grund gelegt worden war und der erweitert und beschleunigt wurde durch die Entdeckung der Spektralanalyse. Die Natur dieses Umschwunges wird kurz und bündig angedeutet durch die Überschrift des gegenwärtigen Kapitels. Wir möchten nunmehr unsere Leser bitten, sich etwas deutlich vergegenwärtigen zu wollen, welche Folgen die »Begründung der astronomischen Physik« haben musste.

Etwa zweihundertundachtzig Jahre früher schon hatte Kepler eine Vorahnung von dem, was er eine »physikalische Astronomie« nannte — einer Wissenschaft, die von den wirkenden Ursachen der planetarischen Bewegung handelte und den »Schlüssel führte zu dem Herzen der Astronomie.«[3]) Wovon Kepler träumte und wonach er strebte, wurde von Newton verwirklicht. Er zeigte, dass die schönen und symmetrischen Bewegungen im Sonnensystem regiert würden von einer gleichmässig wirkenden Ursache und dass diese Ursache keine andere wäre als die uns allen bekannte Kraft der Schwere, welche allen unsern irdischen Umgebungen Stabilität verleiht. Die Welt unter unsern Füssen war so zum ersten Male in physischen Zusammenhang gebracht mit den den Raum erfüllenden Welten,

---

[1]) *Astrologia Gallica* (1661), p. 189. — [2]) *Pos. Phil.*, vol. I, pp. 114—115 (Martineau's Übers.). — [3]) *Proëm. Astronomiae Pars Optica* (1604), Op. t. II.

und es war bewiesen worden, dass zwischen der gewöhnlich sogenannten »korruptiblen« (wandelbaren) Materie unsrer Erde und der »inkorruptiblen« (unwandelbaren) Materie des Himmels eine sehr nahe Verwandtschaft bestehe.

Dieser Prozess der Unificierung des Kosmos — dieses Abwägen der himmlischen Welt nach der irdischen — machte erst weitere Fortschritte, als aus einer ungeheuren und verworrenen Masse von Beobachtungen die unerwartete Thatsache sich ergab, dass der Magnetismus der Erde subtilen Einwirkungen unterworfen ist, die sicher von einigen und voraussichtlich (wenn ihr Betrag hinreichend wäre, um wahrgenommen zu werden) von der Gesamtheit der Himmelskörper ausgehen. Es wurde dadurch der Schluss mindestens plausibel gemacht, dass eine Kraft, nicht weniger allgemein als die Schwerkraft selbst, mit deren Wirkungsart wir aber bis jetzt noch unbekannt sind, das Universum durchdringt und gewissermassen ein unsichtbares Band der Sympathie zwischen seinen Teilen bildet. Nun stehen für die Untersuchung dieses Einflusses zwei Wege offen. Sie kann geführt werden entweder durch Beobachtung der Körper, von denen er ausgeht, oder durch Beobachtung der Wirkungen, welche er hervorbringt — d. h. entweder durch den Astronomen oder durch den Physiker oder besser noch durch beide zugleich. Ihre Errungenschaften sind für beide Teile von Nutzen, und keiner kann als unabhängig von dem andern betrachtet werden. Jeder wichtige Zuwachs der Erkenntnis der Sonne z. B. wird, wie man erwarten darf, einen Wiederschein werfen auf den noch dunklen Gegenstand des Erdmagnetismus, während wiederum Entdeckungen im Gebiete des Magnetismus oder seines alter ego, der Elektricität, auf die Untersuchung der Sonne grossen Einfluss haben müssen.

Die Begründung der neuen Methode der Spektralanalyse machte diese Verbindung der Wissenschaft des Himmels und der Erde noch weit fester. In der That gehen sie so unmerklich in einander über, dass es nicht leichter ist, ihre respektiven Grenzen anzugeben, als eine deutliche Scheidelinie zwischen dem Tier- und Pflanzenreiche zu ziehen. Und doch sah bis zur Mitte des gegenwärtigen Jahrhunderts die Astronomie, während sie ihre enge Verbindung mit der Mathematik beibehielt, gleichgültig herab auf die übrigen Wissenschaften; sie war zufrieden mit dem Besitz des Teleskops und des Kalküls. Nunmehr wird das Material für ihre Folgerungen durch den Chemiker, den Elektriker, den Erforscher der verborgensten

Geheimnisse des Lichts und der molekularen Konstitution der Materie herbeigeschafft. Sie muss Rücksicht nehmen auf das, was der Geologe, der Meteorologe, ja sogar der Biologe zu sagen hat; sie darf keiner neuen Wahrheit der Physik ihre Ohren verschliessen. Ihre hochmütig isolierte Stellung ist einer gewissen Geselligkeit und gegenseitiger Unterstützung gewichen. Der Astronom ist im höchsten Sinne des Wortes ein Physiker geworden, während der Physiker etwas von einem Astronomen sein muss.

Dies also ist es, was man sich unter der »Begründung der astronomischen oder kosmischen Physik« zu denken hat. Sie bedeutet die Begründung einer Wissenschaft der Natur, deren Wahrheiten nicht bloss durch Analogie erraten, sondern durch Beobachtung bewiesen sind und die gelten, wohin nur immer das Licht durchdringen kann und wo die Herrschaft der Schwerkraft anerkannt wird — eine Wissenschaft, durch welche die Natur der Sterne auf der Erde studiert und die Natur der Erde besser erkannt werden kann durch das Studium der Sterne — mit einem Worte, eine Wissenschaft, die einzig und universal ist oder zu sein strebt, wie die Natur selbst — das sichtbare Bild der unsichtbaren höchsten Einheit — einzig und universal ist.

Man sagt nicht zu viel, wenn man behauptet, dass die Wissenschaft von neuem geboren worden sei. Die Astronomie, die Bessel in so hervorragender Weise gefördert hatte — die Astronomie, die Comte an die Spitze des Reiches der physikalischen Wissenschaften gestellt hatte — war die Wissenschaft von den Bewegungen der Himmelskörper. Und es gab Leute, welche sie als eine Wissenschaft zu betrachten anfingen, die gleich von ihrer Vollkommenheit an aufgehört hatte zu interessieren, deren Erzählungen über Entdeckungen zu Ende waren, und deren weiterer Fortschritt in den minutiösen technischen Verbesserungen, nicht in neuen und auffallenden Enthüllungen lag. Aber die Wissenschaft von der Natur der Himmelskörper ist erst im Anfange ihrer Laufbahn. Es haften ihr noch in reichlichem Masse Verwegenheit, Widersprüche, Unvollkommenheit, Zufälligkeiten der Jugend an. Sie verspricht alles; sie hat bereits viel geleistet und wird ohne Zweifel noch viel mehr leisten. Die ihr zur Verfügung stehenden Mittel sind ungeheuer und werden täglich grösser. Was bis heute von ihr sicher festgestellt ist, wird nunmehr unsere Aufgabe sein aus der Menge der noch zweifelhaften Resultate herauszulesen und in gehöriger Ordnung unsern Lesern vorzuführen.

Zweites Kapitel.

Beobachtungen und Theorien über die Sonne.

Der Eifer, mit welchem das Studium der Sonne während des letzten Vierteljahrhunderts betrieben wurde, hat bereits die Vernachlässigung der beiden vorhergehenden wieder gut gemacht. Seit der Veröffentlichung von Schwabe's Entdeckung im Jahre 1851 hatte sich die Zahl der Beobachter vervielfältigt, waren neue Thatsachen in rascher Folge angehäuft worden und die frühere verhältnismässige Stille des Nachdenkens über das erhabene Thema der Konstitution der Sonne war einer verwirrenden Mannigfaltigkeit von Spekulationen, Vermutungen und mehr oder weniger gerechtfertigten Schlüssen gewichen. Es ist erfreulich zu finden, dass dieser neue Antrieb von den Gelehrten aller Länder lebhaft empfunden und eifrig weiter gegeben wurde.

William Rutter Dawes, einer der vielen Geistlichen, die sich in der Astronomie hervorgethan haben, beobachtete im Jahre 1852 mit Hilfe eines Sonnenokulars von eigener Erfindung einige merkwürdige Einzelheiten über die Struktur der Flecken.[1]) Die Umbra — die zuvor für den dunkelsten Teil des Fleckens gehalten worden war — schien von einem bunten, nebelartigen Lichte übergossen zu sein, welches mit dem streifigen Aussehen der Penumbra in lebhaftem Kontraste stand, während eine »schwarze Öffnung« dem Auge gestattete, durch diese »wolkige Schicht« hindurch einen Blick zu werfen in weitere unergründliche Tiefen. Das so aufgedeckte Loch — augenscheinlich der wahre Kern — fand sich nicht nur bei allen grösseren, sondern auch bei vielen kleinen Flecken.

Ferner nahm er auch die Wirbelbewegungen einiger von diesen Objekten wahr. Die bemerkenswerte Form eines Fleckens, welcher zu Wateringbury in Kent am 17. Januar 1852 aufgezeichnet worden

---

[1]) *Mem. R. A. S.,* vol. XXI, p. 157.

war, setzte ihn in den Stand, eine rotatorische Bewegung des ganzen Fleckens um den schwarzen Kern mit einer Geschwindigkeit von 100 Graden in sechs Tagen zu entdecken und zu messen. »Es schien,« sagt er, »als ob eine ungeheure in die Höhe treibende Kraft von der Art eines Wirbelwindes, indem sie durch die Wolkenschicht und die beiden höheren leuchtenden Schichten hindurchbrach, dem Ganzen eine Bewegung gegeben hätte, die ihrer eigenen ähnlich war.«[1]) Eine Erklärung, die sich, wie man leicht sieht, auf die damals noch herrschende Herschel'sche Theorie gründete.

Ein Beispiel derselben Art wurde von dem nunmehr verstorbenen W. R. Birt[2]) im Jahre 1860 beobachtet, und heutzutage bilden Wirbelbewegungen einen anerkannten Zug im Wesen der Sonnenflecken. Sie sind indessen, wie Pater Secchi[3]) aus seiner langen Erfahrung schloss, bloss temporär und zufällig. Kaum drei Prozent aller sichtbaren Sonnenflecken bieten die spiralförmige Struktur dar, welche sich stets ergeben müsste, wenn ein Kampf entgegengesetzter oder die Reibung ungleicher Strömungen wesentlich und nicht bloss zufällig bei ihrer Entstehung mitwirkte. Eine Wirbelerscheinung begleitet nicht selten ihre Bildung und kann in Perioden des Wiederaufbrechens oder der Auflösung sich von neuem wiederholen; aber sie tritt nicht nur bloss teilweise, sondern auch nicht immer auf, indem sie bald nur eine Seite eines Fleckens berührt, bald in ihrer Bewegung nach der einen Richtung hin schwächer wird, um sie nach kurzer Pause nach der entgegengesetzten wieder aufzunehmen. Andauernde und gleichmässige Bewegungen, wie sie die Analogie mit den irdischen Stürmen durchaus erfordern würde, sind nicht zu finden. Man kann daher behaupten, dass die »Wirbelsturmtheorie« der Sonnenflecken, welche Herschel 1847[4]) aufgestellt und Faye 1872 von einem verschiedenen Gesichtspunkte aus nachdrücklichst verteidigt hatte, vollständig zusammengebrochen ist.

Der Lauf der Flecken über die Sonnenoberfläche wurde zuerst systematisch untersucht von Carrington. Bevor wir berichten, was er gethan hat, ist es aber der Mühe wert, einen Moment bei der Betrachtung dessen, was er war, zu verweilen. Es wird uns dies nicht lange in Anspruch nehmen. Richard Christopher Car-

---

[1]) *Mem. R. A. S.*, vol. XXI, p. 160. — [2]) *Month. Not.*, vol. XXI, p. 144. — [3]) *Le Soleil*, t. I, pp. 87—90 (2. éd. 1875). — [4]) Siehe oben S. 76.

rington war ein Astronom aus Selbstbestimmung und hatte den Willen, den Mut und Trieb zu gedankenvoller Arbeit in sich.

Geboren zu Chelsea im Mai 1826, trat er in das Trinity College zu Cambridge ein im Jahre 1844. Er sollte Geistlicher werden, doch zogen ihn Professor Challis' Vorlesungen zur Astronomie hinüber, und er beschloss, nachdem er promoviert hatte, sich mit aller möglichen Sorgfalt auf die Befolgung seines neuen Berufes vorzubereiten. Sein Vater, der ein vielbeschäftigter Brauer zu Brentford war, hatte nichts dagegen; reiche Mittel standen ihm zur Verfügung; trotzdem zog er es vor, eine Lehrzeit von drei Jahren als Beobachter an der Universität Durham durchzumachen, als ob es sein einziges Ziel gewesen wäre, sich sein Brot zu erwerben. Er gab den Posten erst auf, als er fand, dass der Spielraum für seine Thätigkeit zu beschränkt war, um ihm noch Aussichten auf ein weiteres Vorwärtskommen zu bieten.

Er erbaute sich nunmehr aus seinen eigenen Mitteln ein Observatorium zu Redhill in Surrey zu dem Zwecke, Bessel's und Argelander's Vermessung des nördlichen Himmels dadurch zu vervollständigen, dass er die von jenen nicht berücksichtigten Cirkumpolarsterne hinzufügte. Dieses Vorhaben, welches er zwischen 1854 und 1857 glücklich ausführte, wurde, bevor er es noch begonnen hatte, vorläufig von einem andern grösseren zurückgedrängt. Im Jahre 1852, als noch die Redhiller Sternwarte im Bau begriffen war, war die Entdeckung des Zusammenfallens der Periode der Sonnenflecken und derjenigen des Erdmagnetismus bekannt gemacht worden. Carrington interessierte sich sehr dafür und widmete seine unfreiwillige Musse der Untersuchung der in Schrift und Bild überlieferten Aufzeichnungen früherer Sonnenbeobachtungen. Erstaunt über deren fragmentarischen und sich widersprechenden Charakter, beschloss er, »die nächste elfjährige Periode mit fleissiger und methodischer Untersuchung zu verfolgen.«[1]) Wie er richtig berechnete, sollte das Feld beinahe ihm allein überlassen bleiben; denn aus mancherlei Gründen können öffentliche Observatorien nur allmählich sich mit neuen Gegenständen befassen, und Liebhaber, die sie zu ihrem Studium hätten wählen können und die Mittel hatten, mit Erfolg sie zu betreiben, waren damals noch seltener als sie heute sind.

---

[1]) *Observations at Redhill* (1863), Einleitung.

Die Ausführung dieses mühevollen Unternehmens wurde am 9. November 1853 in Angriff genommen. Es sollte nur eine Nebenbeschäftigung sein — »ein zweiter Gegenstand,« dem die Tagesarbeit gewidmet werden konnte, während die Nachtstunden dem Katalogisieren derjenigen Sterne, denen »die Seebäder verschlossen waren,« reserviert blieben. Ihre Resultate jedoch erwiesen sich von dem höchsten Interesse, obwohl die Wechselfälle des Lebens die Vollendung der ursprünglichen Absicht in ihrer vollen Ausdehnung verhinderten. Durch den Tod des älteren Carrington im Jahre 1858 ging die Last der Brauerei auf seinen Sohn über und nahm schliesslich seine Arbeitskraft so in Anspruch, dass er es für ratsam hielt, die Beobachtungen der Sonne am 24. März 1861 zu einem vorzeitigen Abschlusse zu bringen.

Man kann sagen, dass sein wissenschaftliches Leben mit ihnen zugleich abgeschlossen habe. Vier Jahre später von einer schlimmen und in ihren Folgen hartnäckigen Krankheit befallen, verkaufte er das Geschäft zu Brentford und zog sich nach Churt in der Nähe von Farnham in Surrey zurück. Dort in einem abgeschiedenen Flecken erbaute er auf der Spitze eines alleinstehenden kegelförmigen unter dem Namen »Teufelssprung« bekannten Hügels ein zweites Observatorium und stellte ein Instrument auf, das er jedoch nicht mehr mit seiner ehemaligen Thatkraft zu benutzen vermochte, und dort starb er am 27. November 1875 an einer Gehirnblutung, bevor er noch sein fünfzigstes Lebensjahr vollendet hatte.[1])

Seine Beobachtungen der Sonnenflecken trugen einen geometrischen Charakter; sie betrafen die Lagen und Bewegungen derselben, liessen aber ihre physikalischen Besonderheiten ausser Acht. In der That war die Vorsicht, mit welcher er seine Aufgabe auf das beschränkte, was seine Kräfte wirklich zu leisten vermochten, eine von Carrington's wertvollsten Eigenschaften. Ebenso war die Methode seiner Beobachtungen mit demselben praktischen Scharfsinn ausgewählt wie das Objekt derselben. Schon im Jahre 1847 hatte Sir John Herschel die tägliche Selbstaufzeichnung der Sonnenflecken[2]) empfohlen und 1854 mit unmittelbarerer Aussicht auf Erfolg seinen Rat dringender wiederholt.[3]) Doch befand sich damals noch die Kunst des Photographierens des Himmels im

---

[1]) *Month. Not.*, vol. XXXVI, p. 142. — [2]) *Cape Observations*, p. 435, note. — [3]) *Month. Not.*, vol. X, p. 158.

blossen Versuchsstadium, und Carrington beschloss weislich, keine Zeit mit zweifelhaften Experimenten zu vergeuden, sondern die Mittel der Aufzeichnung und Messung, die ihm wirklich zu Gebote standen, anzuwenden. Dieselben waren sehr einfach und doch sehr wirksam. Zu dem »Helioskop,« welches zwei und ein viertel Jahrhunderte früher Pater Scheiner benutzt hatte, war 'eine Art von Mikrometer hinzugefügt worden. Das Bild der Sonne wurde auf einen Schirm geworfen mittelst eines fest angefügten Fernrohrs, in dessen Brennpunkt zwei gekreuzte mit dem Meridian einen Winkel von 45^0 bildende Fäden befestigt waren. Es wurden dann die sechs Momente, in welchen die Ränder der Scheibe bei ihrem Hinwegziehen über den Schirm und der Kern des zu bestimmenden Fleckens mit jenen Fäden zusammenfielen, sorgfältig notiert.[1]) Eine kurze Rechnung ergab darauf die genaue Lage des Fleckens in bezug auf den Mittelpunkt der Sonne.

Aus einer Reihe von 5290 auf diese Weise angestellten Beobachtungen in Verbindung mit einer grossen Anzahl genauer Zeichnungen, leitete Carrington sehr wichtige Schlüsse über jeden der drei Punkte ab, die zu erforschen er sich vorgenommen hatte. Diese waren: Das Gesetz der Umdrehung der Sonne, das Vorhandensein und die Richtung gesetzmässiger Strömungen und die Verteilung der Flecken über die Oberfläche der Sonne.

Man hatte früh in den Bestimmungen der Umdrehung der Sonne durch verschiedene Beobachter bedeutende Abweichungen wahrgenommen. Galilei schätzte so ganz obenhin die Periode auf »etwa einen Mondmonat;«[2]) Scheiner auf siebenundzwanzig Tage.[3]) Cassini nahm sie 1678 zu 25.58, Delambre 1775 zu nicht mehr als fünfundzwanzig Tagen an. Auch spätere Untersuchungen brachten diese Abweichungen in keine erträglicheren Grenzen. Laugier's im Jahre 1841 erhaltene Resultat von 25.34 Tagen erfreute sich des höchsten Kredits und doch wich es nach einer Richtung von dem Böhm'schen (1852), welches 25.52 Tage, und in der andern Richtung von dem Kysaeus'schen (1846), welches 25.09 Tage ergab,

---

[1]) *Observations at Redhill,* p. 8. — [2]) *Op.,* t. III, p. 402. — [3]) *Rosa Ursina,* lib. IV, p. 601. Sowohl Galilei wie Scheiner sprechen von einer scheinbaren oder »synodischen« Periode, welche etwa $1^1/_3$ Tag länger ist als die wahre oder »siderische.« Der Unterschied wird hervorgerufen durch die Bewegung der Erde in ihrer Bahn in derselben Richtung wie die Umdrehung der Sonne um ihre Achse.

weit ab. Nun war aber die Ursache dieser Verschiedenheiten in Wirklichkeit von Anfang an offenbar, obwohl sie lange Zeit sonderbarerweise übersehen worden war. Pater Scheiner erklärte im Jahre 1630, dass verschiedene Flecken verschiedene Perioden ergaben, und fügte die bedeutsame Bemerkung hinzu, dass diejenigen, welche weiter vom Sonnenäquator entfernt wären, sich langsamer herumbewegen als die ihm näher befindlichen.[1]) Aber diese Andeutung wurde nicht beachtet. Denn während der folgenden zwei Jahrhunderte gingen die Vorstellungen über den Gegenstand entweder zurück oder sie blieben auf demselben Flecke stehen. Doch erkannte Schröter[2]) das, was die »Eigenbewegung« der Flecken genannt wurde, wieder, während sie Laugier,[3]) der es aufgab, irgend ein übereinstimmendes Resultat bezüglich der Umdrehung der Sonne, ausser indem man das Mittel nimmt zwischen einer Anzahl von nichtübereinstimmenden, zu erhalten, durchaus nicht entdecken konnte. Schliesslich setzte im Jahre 1855 eine wertvolle Reihe von Beobachtungen, die in den Jahren 1845—46 zu Capo di Monte bei Neapel angestellt worden waren, C. H. F. Peters[4]) (jetzt am Hamilton'schen College zu Clinton im Staate New York) in den Stand, die Unsicherheit von Bestimmungen, welche sich auf die Annahme der Festigkeit bei Objekten, die sowohl dem Betrage wie der Richtung nach unsicheren Bewegungen deutlich unterworfen waren, gründeten, in das klarste Licht zu setzen.

Dies war die Lage der Dinge, als Carrington sein Unternehmen begann. Alles war in Verwirrung; höchstens konnte man behaupten, dass die Verwirrung deutlich anerkannt und auf ihre wahre Quelle zurückgeführt worden war. Was Carrington entdeckte, bestand in folgendem: Die Sonne, oder wenigstens die äussere uns sichtbare Schale derselben hat nicht eine einzige Periode der Umdrehung, sondern rotiert, indem sie die Flecken mit sich führt, mit einer Geschwindigkeit, die beständig zunimmt von den Polen zum Äquator. Mit andern Worten, die Zeit der Umdrehung um die Axe ist am kürzesten am Äquator und nimmt mit wachsender Breite an Länge zu. Carrington erfand eine mathematische Formel, durch welche die Geschwindigkeit oder

---

[1]) *Rosa Ursina*, lib. III, p. 260. — [2]) Faye, *Comptes Rendus*, t. LX, p. 818. — [3]) *Comptes Rendus*, t. XII, p. 648. — [4]) *Proc. Am. Ass. Adv. of Science*, 1855, p. 85.

das »Gesetz« dieser Zunahme passend ausgedrückt wurde; doch war sie nur rein empirisch. Es war eine bündige Darstellung, aber sie gab keinen Anhalt für eine physikalische Erklärung; sie fasste die Thatsachen zusammen, aber erklärte sie nicht. Eine angenommene »mittlere Periode« der Sonnenrotation von 25.38 Tagen (sehr nahe fünfundzwanzig Tage und neun Stunden) entsprach in Wirklichkeit nur zwei Parallelkreisen (14^0 nördlicher und südlicher Breite), während die Periode am Äquator etwas weniger als fünfundzwanzig Tage betrug und die in 50^0 Breite auf siebenundzwanzig und einen halben Tag anstieg.[1]) Diese seltsamen Resultate gaben den Vorstellungen über die Physik der Sonne eine völlig neue Richtung.

Die andern beiden »Elemente« der Rotation der Sonne wurden ebenfalls von Carrington mit bisher unerreichter Genauigkeit festgestellt. Er bestimmte die Neigung ihrer Achse gegen die Ekliptik zu 82^0 45′, die Länge des aufsteigenden Knotens zu 73^0 40′ (beides für die Epoche 1850). Diese Angaben, welche seitdem kaum verbessert worden sind, genügen zur Bestimmung der Lage des Sonnenäquators im Raume. Der Nordpol desselben ist nach einem Stern in den Windungen des Drachens, in der Mitte zwischen Wega und dem Polarstern, gerichtet; die Ebene des Äquators schneidet die der Erdbahn in einer solchen Weise, dass sich unser Planet etwa am 3. Juni und 5. Dezember in derselben Ebene befindet, so dass dann alle auf der Sonnenscheibe sichtbaren Flecken dieselbe in scheinbar geraden Linien durchziehen. Zu andern Zeiten erscheinen die Bahnen derselben gekrümmt, und zwar abwärts (für einen Beobachter auf der nördlichen Halbkugel) zwischen Juni und Dezember, aufwärts zwischen Dezember und Juni.

Eine besondere Eigentümlichkeit in der Verteilung der Sonnenflecken ergab sich aus Carrington's Untersuchungen zur Zeit des Minimums von 1856. Wie wir gesehen haben, werden von ihnen zwei breite Streifen der Sonnenoberfläche, deren Grenzen auf 6^0 und 35^0 nördlicher wie südlicher Breite angenommen werden können, besonders häufig durchzogen. Einzelne äquatoriale Flecken sind nicht ungewöhnlich, aber näher an den Polen wie 35^0 bilden sie eine seltene Ausnahme. Carrington beobachtete — als ein aussergewöhnliches Beispiel — im Juli 1858 einen in 44^0 südlicher Breite, und Peters verfolgte im Juni 1846 einen Flecken mehrere Tage lang

[1]) *Observations at Redhill*, p. 221.

in 50° 24′ nördlicher Breite. Aber hierüber hinaus ist ein eigentlicher Flecken niemals wahrgenommen worden; denn von Lahire's Beobachtung eines solchen unter 70° Breite glaubt man heute, dass für denselben dieser Platz auf der Sonnenscheibe irrtümlich angegeben worden sei, und die »verschleierten Flecken,« welche nach der Beschreibung Trouvelot's im Jahre 1875 [1]) innerhalb einer Entfernung von zehn Grad von dem Pole vorkommen sollen, können nur höchstens als aus derselben Art unerklärlicher Verwirrung entstanden betrachtet werden.

Die Neuheit der Carrington'schen Beobachtungen bestand aber in der Entdeckung gewisser Änderungen in der Verteilung, die gleichzeitig mit dem Fortschreiten der elfjährigen Periode eintreten. Sobald das Minimum sich nähert, ziehen sich die Fleckenzonen nach dem Äquator hin zusammen und verschwinden dort schliesslich ganz; darauf erscheinen, gleichsam durch einen frischen Impuls, plötzlich wieder Flecken in höheren Breiten und breiten sich mit dem Fortschreiten der neuen Thätigkeitsphase nach unten hin aus. Kaum war diese Bemerkung veröffentlicht worden, [2]) als Wolf [3]) eine Bestätigung ihrer Richtigkeit im allgemeinen in Böhm's während der Jahre 1833—36 angestellten Beobachtungen fand; und ein vollkommen analoges Verhalten wurde sowohl von Spörer wie von Secchi zur Zeit des Minimums von 1867 wahrgenommen. Die folgende Periode gab entsprechende Anzeichen; und es kann nunmehr als begründet angenommen werden, dass die Fleckenzonen sich mit dem Fortschreiten eines jeden Cyklus gegen den Äquator hin zusammenziehen, indem ihre Thätigkeit in der Regel in einer mittleren Breite von 16° ihren Höhepunkt erreicht und erlischt, wenn die Breite auf 6° reduciert ist. Bevor dies jedoch eintritt, wird eine völlig neue Störung etwa 35° nördlich und südlich vom Äquator aufgetreten sein und dieselbe Bahn wie ihre Vorgängerin zu durchlaufen begonnen haben. Jede Reihe von Sonnenflecken wird daher bis zu einer gewissen Ausdehnung von der folgenden überdeckt, so dass, während das durchschnittliche Intervall von einem Maximum bis zum nächsten elf Jahre beträgt, die Periode jeder besonderen Erregungswelle zwölf oder vierzehn

---

[1]) *Am. Jour. of Science*, vol. XI, p. 169. — [2]) *Month. Not.*, vol. XIX, p. 1. — [3]) *Vierteljahrsschrift der Naturforsch. Gesellschaft* (Zürich), 1859, S. 252.

Jahre dauert.[1]) Ein merkwürdiges Zeugnis für den verzögerten Charakter des letzten Maximums war zu finden in der ungewöhnlich niedrigen Breite der Fleckenzonen bei seinem Eintreffen. Während die Bewegung derselben nach innen, so lange die Krisis noch nicht eingetreten war, regelmässig von statten ging, wurden ihre Endsymptome sowohl dem Orte wie der Zeit nach dadurch verschoben.

Gustav Spörer, geboren zu Berlin im Jahre 1822, begann 1860 die Sonnenflecken in der Absicht zu beobachten, das Gesetz der Sonnenrotation zu bestimmen. Seine Hilfsmittel waren anfangs sehr beschränkt, aber sein Fleiss und sein Erfolg erregten Aufmerksamkeit, und so wurde die kleine Sonnenwarte, die er zu Anklam in Pommern errichtet hatte, von Seiten der Regierung ausgestattet. Ohne Kenntnis von Carrington's Entdeckung (die erst im Januar 1859 bekannt gemacht worden war), erreichte und veröffentlichte er im Juni 1861[2]) ein analoges Ergebnis hinsichtlich der grösseren äquatorialen Geschwindigkeit der Rotation der Sonne um ihre Achse. Seine Sonnenfleckenbeobachtungen wurden bis zum Ende des Jahres 1873 zu Anklam fortgesetzt und seitdem am »astrophysikalischen« Observatorium zu Potsdam weiter verfolgt.

Es war nunmehr augenscheinlich die Zeit für eine fundamentale Revision der laufenden Vorstellungen über die Natur der Sonne gekommen. Herschel's Theorie einer kalten, dunklen, bewohnbaren Kugel, welche von einer leuchtenden und erwärmenden Hülle umgeben und gegen die Strahlen derselben durch eine andere Hülle geschützt wurde, war durch die ersten Sätze der Spektralanalyse zertrümmert worden. Spuren derselben können auch noch einige Jahre nach 1859[3]) gefunden werden, doch sind sie offenbar nur Überbleibsel einer früheren Reihe von Vorstellungen, die einer schnellen Vernichtung anheimfallen müssen. Es bedarf nur einer ganz kurzen Überlegung, was die Entdeckung des Ursprunges der Fraunhofer'schen Linien bedeutete, um die Unvereinbarkeit der neuen Thatsachen mit den alten Begriffen zu erkennen. Das Ergebnis jener Entdeckung war, dass nicht allein in der Nähe der Sonne der

---

[1]) Lockyer, *Chemistry of the Sun*, p. 430. — [2]) *Astr. Nachr.*, No. 1315. — [3]) Noch im Jahre 1866 wurde zu ihrer Unterstützung von M. F. Coyteux eine umfangreiche Abhandlung unter dem Titel *Qu'est ce que le Soleil? Peut-il être habité?*, welche diese Frage in bejahendem Sinne beantwortete, geschrieben.

Wärme starken Widerstand leistende Körper in Form glühender Dämpfe vorhanden waren, sondern auch dass diese glühenden Dämpfe die verhältnismässig kalte Hülle einer noch heisseren inneren Masse bildeten. Kirchhoff gab daher in seiner grossen Abhandlung »*Über das Sonnenspektrum*,« welche am 11. Juli 1861 in der Berliner Akademie der Wissenschaften gelesen wurde, eine Darlegung der Ansichten über den Gegenstand, zu welchen er durch seine denkwürdigen Untersuchungen gekommen war. Dieselben können kurz folgendermassen zusammengefasst werden.

Da der Sonnenkörper ein kontinuierliches Spektrum giebt, so muss er entweder fest oder flüssig sein,[1]) während die Unterbrechungen in seinem Lichte zeigen, dass er von einer aus metallischen Dämpfen zusammengesetzten Atmosphäre, die etwas kälter als er selbst ist, umgeben wird. Flecken sind einfach von lokalen Temperaturerniedrigungen herrührende Wolken, die in keiner andern Hinsicht als in der Art der sie bildenden Materie von irdischen Wolken verschieden sind. Diese Sonnenwolken entstehen in den Zonen, in denen sich die von den Polen und vom Äquator herkommenden Strömungen in der Sonnenatmosphäre begegnen.

Diese Erklärung war allen den Einwürfen ausgesetzt, welche gegen die »Bergtheorie« einerseits und die »Passatwindtheorie« andrerseits erhoben worden waren. Von ihrem Urheber abgesehen, wurde sie vielleicht von keinem wissenschaftlich hervorragenden Manne ausser von Spörer mit Ausdauer unterstützt, und dessen Verteidigung derselben trug mehr dazu bei, die Anerkennung seiner eigenen Verdienste zu verzögern, als ihre allgemeine Annahme zu fördern.

Faye, Mitglied der Pariser Akademie der Wissenschaften, war der erste, welcher eine zusammenhängende, die gesamte neuere Entdeckung berücksichtigende Theorie der Konstitution der Sonne gab. Die fundamentalen, nunmehr gäng und gäben Vorstellungen über den Gegenstand zeigten sich hier zum ersten Male im Zusammenhange. Freilich blieb noch vieles abzuändern und zu verbessern; doch kam schliesslich ein Übergang von der alten zu der neuen Ordnung der Begriffe zu stande. Das Wesen des so bewirkten Wechsels der Meinungen kann in einem einzigen Satze angegeben werden.

---

[1]) Die späteren Untersuchungen von Plücker, Frankland, Wüllner und andern haben gezeigt, dass stark komprimierte Gase ein durchaus ununterbrochenes Spektrum geben.

Die Sonne wurde hinfort nicht als ein blosser erhitzter Körper oder — noch mehr von der Wahrheit entfernt — als ein rings von einer feurigen Hülle umgebener kalter Körper, sondern als eine ungeheure wärmeausstrahlende Maschine betrachtet. Die Analogie mit irdischen Verhältnissen wurde ausser in dem der Temperatur noch in einem Punkte verlassen. Der Kreislauf in der Sonne erstreckte sich nicht wie bei der Erde auf die Verteilung der von ausserhalb empfangenen Wärme, sondern auf die Übertragung der im Innern befindlichen Wärme auf die Oberfläche. Polar- und Äquatorial-Ströme, welche eine bloss die Oberfläche betreffende Temperaturausgleichung herbeizuführen suchen, wurden ersetzt durch vertikale Ströme, welche nach und nach Teile der intensiv erhitzten inneren Masse in die Höhe bringen, damit dieselben ihren Teil beitragen können zu der Ausstrahlung in den Raum, welche als die eigentliche Funktion einer Sonne bezeichnet werden kann.

Faye's Ansichten, welche der Akademie der Wissenschaften am 16. Januar 1865[1]) mitgeteilt wurden, waren zugestandenermassen auf die von Carrington entdeckte anomale Art der Sonnenrotation gegründet. Dieselbe kann entweder als eine von den Polen nach dem Äquator hin zunehmende Beschleunigung oder als eine von dem Äquator nach den Polen hin zunehmende Verzögerung betrachtet werden, je nach der Umdrehungsgeschwindigkeit, die wir für den unsichtbaren Kern annehmen wollen. Faye zog es vor, sie als eine Verzögerung zu betrachten, welche hervorgebracht wurde durch aufsteigende immer mehr zurückbleibende Ströme, je weiter die Sphäre wurde, in welcher die sie bildende Materie sich fortzubewegen gezwungen war. Er nahm ferner an, dass die Tiefe, aus welcher diese vertikalen Ströme aufsteigen, und somit der Betrag der durch ihr Aufsteigen zur Oberfläche bewirkten Verzögerung, wegen der beträchtlichen Abplattung der sphäroidischen Oberfläche, von welcher sie ausgingen, nach und nach grösser wurde, je näher sie den Polen kamen;[2]) indessen wurde gezeigt, dass die Annahme eines solchen Ausweges zu unzulässigen Konsequenzen führt.

Die ausserordentliche innere Beweglichkeit, die sich in Carrington's und Spörer's Beobachtungen verriet, leitete zu dem Schlusse, dass die die Sonne bildende Materie zum grössten Teil oder ganz und gar gasförmig sei. Dieser war bereits ein Jahr früher von Pater

---

1) *Comptes Rendus,* t. LX, pp. 89, 138. — 2) *Ibid.*, p. 595.

Secchi[1]) und im April 1864 von Sir John Herschel[2]) angedeutet worden; doch erlangte er erst durch Faye's ausführlichere Darlegung allgemeinere Anerkennung. Eine physische Grundlage für diese Ansicht hatten Cagniard de la Tour's Versuche im Jahre 1822[3]) geschaffen, indem sie bewiesen, dass bei grosser Wärme und starkem Drucke der dampfförmige Zustand mit einer sehr beträchtlichen Dichte verträglich ist. Ihre Stellung wurde noch fester, als Andrews 1869[4]) zeigte, dass oberhalb einer festen für verschiedene Körper verschiedenen Temperaturgrenze ein eigentliches Flüssigwerden unmöglich ist, wenn auch der Druck so furchtbar ist, dass das Gas in denselben Raum eingezwängt ist, welchen die Flüssigkeit einnehmen würde. Die Meinung, dass die Masse der Sonne gasförmig ist, wurde nunmehr ganz allgemein angenommen, wenn auch zugestanden wurde, dass ihr gasförmiger Zustand derart ist, dass sie mehr die Konsistenz von Honig oder Pech als diejenige der uns bekannten luftartigen Flüssigkeiten darbietet.

Noch in einem andern wichtigen Punkte wurde der spätere Gang der Wissenschaft durch Faye's Folgerungen im Jahre 1865 mächtig beeinflusst. Arago hatte etwas voreilig aus Experimenten mit dem Polariskop die ganz und gar gasförmige Natur der sichtbaren Sonnenscheibe gefolgert. Kirchhoff dagegen glaubte (irrtümlich, wie wir jetzt wissen), dass das prächtige von ihr herrührende kontinuierliche Spektrum ein Beweis dafür sei, dass sie ein weissglühender, fester oder flüssiger Körper ist. Herschel und Secchi[5]) gaben eine wolkenähnliche Beschaffenheit als diejenige an, welche am besten mit der gesamten Erscheinung übereinstimmte. Die von Faye eingeführte Neuheit bestand darin, dass er die Photosphäre nicht mehr »als eine bestimmte Oberfläche im mathematischen Sinne, sondern als eine Grenze betrachtete, bis zu welcher aufsteigende Ströme die physikalischen oder chemischen Phänomene der Weissgluthitze in der allgemeinen flüssigen Masse zeigen.«[6]) Emporschiessende Ströme vermischter Dämpfe von Stoffen mit grosser Affinität — etwa von Kalcium oder Natrium und Sauerstoff — erreichen schliesslich eine Gegend, die kalt genug ist, um ihre Verbindung zu gestatten; ein feiner Staub fester oder flüssiger zusammengesetzter Teilchen

---

[1]) *Bull. Meteor. dell Osservatorio dell Coll. Rom.*, Jan. 1, 1864, p. 4. — [2]) *Quart. Journ. of Science*, vol. I, p. 222. — [3]) *Ann. de Chim. et de Phys.*, t. XXII, p. 127. — [4]) *Phil. Trans.*, vol. CLIX, p. 575. — [5]) *Les Mondes*, Déc. 22, 1864, p. 707. — [6]) *Comptes Rendus*, t. LX, p. 147.

(von Kalk oder Soda z. B.) sammelt sich dort zu den photosphärischen Wolken und wird, wenn er infolge seiner eigenen Schwere in Strömen glühenden Regens herabfällt, durch die gewaltige Hitze unten wieder aufgelöst und durch aufsteigende und sich verbindende Ströme von ähnlicher Beschaffenheit ersetzt.

Dieser erste Versuch, die Rolle, welche chemische Verwandtschaften in der kosmischen Physik spielen, zu bestimmen, war dadurch bemerkenswert, dass er den heutzutage geläufigen Begriff der Dissociation in die Theorie der Sonne einführte. Allerdings ist es ziemlich sicher, dass derartige Verbindungen, wie die von Faye betrachteten, bis zur Höhe der Photosphäre nicht eintreten, da die Temperatur daselbst enorm viel höher sein muss als die, welche erforderlich ist, um die Zersetzung aller metallischen Erden und Oxyde zu bewirken; indessen treten höchst wahrscheinlich molekulare Veränderungen gewisser Art, die vielleicht zum Teil durch elektrische Verhältnisse, zum Teil durch die Wirkungen der Ausstrahlung in den Raum bedingt sind, an ihre Stelle. Die Vermutung (welche dem Anschein nach ursprünglich von Faye selbst herrührt), dass die photosphärischen Wolken aus Teilchen irgend eines Mitgliedes der Kohlenstofftriade[1]) beständen, die sich von dem aufsteigenden Dampfe desselben gerade da niederschlügen, wo die Temperatur durch Ausdehnung und Ausstrahlung bis zum Siedepunkte jener Substanz erniedrigt ist, wurde von Ångström[2]) unterstützt und ist neuerdings von Professor Hastings in Baltimore[3]) verteidigt worden. Doch befindet sich die Frage auch heute immer noch in dem Stadium einer interessanten und zulässigen Spekulation.

In Faye's Theorie wurden Sonnenflecken als einfache Brüche in den photosphärischen Wolken betrachtet, welche da entstehen, wo die aufsteigenden Ströme stark genug waren, sie auseinanderzureissen. Hieraus ergab sich, dass sie Gegenden erhöhter Hitze waren — Gegenden in der That, in denen die Temperatur zu hoch war, um das Eintreten der Niederschläge zu gestatten, denen die Photosphäre ihre Entstehung verdankt. Ihre dunklere Färbung wurde einem Mangel an Emissionsvermögen zugeschrieben. Hier wurde aber von den Professoren Balfour Stewart und Kirchhoff der unwiderlegbare Einwand erhoben, dass, weil Emissions- und Absorp-

---

[1]) Kohlenstoff, Silicium und Bor. — [2]) *Recherches sur le Spectre Solaire,* p. 38. — [3]) *Am. Journ. of Science,* 1881, vol. XXI, p. 41.

tionsvermögen einander streng entsprechen, der vermeintliche Mangel an Ausstrahlung durch eine grössere Durchsichtigkeit genau ausgeglichen werden würde. Das Licht von der jenseitigen Photosphäre würde dann, indem es durch den ganzen Körper der Sonne hindurchleuchte, die Öffnung in der diesseitigen Photosphäre für das Auge vollständig ausfüllen, und es würde überhaupt kein Flecken sichtbar werden. Ausserdem wissen wir jetzt, dass Gase, welche unter einem Drucke, der weit geringer ist als der, welcher auch nur bis zu einer geringen Entfernung unterhalb der Sonnenoberfläche vorhanden sein muss, entzündet sind, ein ebenso prachtvolles und ununterbrochenes Spektrum geben wie das, welches von festen Körpern ausgeht.

Wenn aber auch alle möglichen Einschränkungen gemacht werden, finden wir doch, dass verschiedene Ideen von bleibendem Werte in dieser zusammenfassenden Darlegung der Konstitution der Sonne enthalten waren. Die hauptsächlichsten von ihnen waren erstens, dass die Sonne ein im grossen und ganzen gasförmiger Körper ist; zweitens, dass ihre Wärmevorräte an der Oberfläche mit Hilfe von vertikalen Zufuhrströmen — d. h. durch den wirklichen Transport intensiv heisser Materie nach oben und verhältnismässig kalter Materie nach unten — nutzbar gemacht werden; drittens, dass die Photosphäre eine Fläche der Verdichtung ist, welche die Grenze, die diesem Kreisprozess durch die Kälte des Raumes gesetzt ist, bildet, und dass eine ähnliche Bildung in einem gewissen Stadium die Abkühlung eines jeden kosmischen Körpers begleiten muss.

Die Ehre, die ersten Resultate von wirklichem Werte in der **Photographie des Himmels** erhalten zu haben, gebührt Warren de la Rue. Was vorher gethan worden war, war interessant durch das, was es versprach, aber in bezug auf eigentliche Leistungen konnte es keine grossen Ansprüche erheben. Einige »bahnbrechende Versuche« wurden von Dr. J. W. Draper in New York im Jahre 1840 gemacht und hatten die Erzeugung einiger »Mondbilder« von einem Zoll Durchmesser zum Resultat;[1]) aber weder er selbst noch andere wurden dadurch besonders ermutigt. Doch erhielt Bond zu Cambridge in den Vereinigten Staaten im Jahre 1850 mit dem Harvarder fünfzehnzölligen Refraktor dasjenige

---

[1]) H. Draper, *Quart. Journ. of Sc.*, vol. I, p. 381; ferner *Phil. Mag.*, vol. XVII, 1840, p. 222

Daguerreotyp des Mondes, welches als der eigentliche Anfang einer Photographie von ausserhalb der Erde befindlichen Gegenständen betrachtet werden kann. Es war in London auf der grossen Ausstellung von 1851 zu sehen und bestimmte die Richtung von De la Rue's Bemühungen. Indessen zeigte es kaum mehr als die Möglichkeit einer solchen Kunst.

Warren de la Rue war im Jahre 1815 zu Guernsey geboren, wurde in der École Sainte-Barbe zu Paris erzogen und erwarb in England als Papierfabrikant ein grosses Vermögen. Die materiellen Hilfsmittel für seine wissenschaftliche Laufbahn waren somit reichlich und frühzeitig vorhanden. Gegen das Ende des Jahres 1853 machte er einige gelungene photographische Aufnahmen des Mondes. Sie waren bemerkenswert als die ersten Beispiele der Anwendung des 1851 von Archer erfundenen Collodiumverfahrens auf die astronomische Photographie und zugleich von dem Gebrauche der Reflektoren zu diesem Zwecke (De la Rue's Reflektor war ein von ihm selbst konstruierter von dreizehn Zoll Öffnung). Jedoch machte sich der Mangel an einem geeigneten Triebapparat sehr empfindlich fühlbar; denn die Schwierigkeit, das Instrument mit der Hand so zu bewegen, dass es genau der scheinbaren Bewegung des Mondes folgte, war so gross, dass sie eine Unterbrechung der Versuche bis zum Jahre 1857, wo dem Mangel abgeholfen wurde, veranlasste. De la Rue's neue Sternwarte, welche er sich in diesem Jahre zu Cranford, dritthalb Meilen westlich von Hyde Park, erbaut hatte, war ausdrücklich der Photographie des Himmels gewidmet; hier benutzte er sofort die stereoskopische Methode zur Erlangung von Reliefs der Himmelskörper und wandte seine besondere Aufmerksamkeit dem delikaten Geschäfte der photographischen Abbildung der Sonne zu.

Ein Daguerreotyp der Sonne[1]) war am 2. April 1845 auf Arago's Anraten von Foucault und Fizeau zu Paris aufgenommen worden. Doch scheint der Versuch, obwohl er durchaus nicht misslungen war, zu jener Zeit nicht wiederholt worden zu sein. Die grosse Schwierigkeit desselben bestand in der ungeheuren Leuchtkraft des darzustellenden Objekts, welche eine unbegreiflich kurze Expositionsdauer unerlässlich machte, wenn man nicht vollständig »verbrannte« Platten haben wollte. Im Jahre 1857 wurde De la Rue von der Königlichen Gesellschaft mit der Konstruktion eines speziell für diesen

---

[1]) Reproduciert in Arago's *Populärer Astronomie,* Bd. I, Tafel XII.

Zweck eingerichteten Instrumentes für die Sternwarte zu Kew beauftragt. Der resultierende »Photoheliograph« kann beschrieben werden als ein kleines Fernrohr (von $3\frac{1}{2}$ Zoll Öffnung und 50 Zoll Brennweite) mit einem Plattenhalter am Okularende, welcher vorn einen Schieber mit einem schmalen Spalt trägt, dessen schnelle Bewegung durch das Gesichtsfeld ein wirklich nur einen Augenblick dauerndes Ausgesetztsein der empfindlichen Platte sicherte. Mit seiner Hilfe wurden die ersten Sonnen-Lichtbilder von wirklichem Werte aufgenommen, und die autographische Aufzeichnung des Zustandes der Sonne nahm zu Kew ihren Anfang und wurde daselbst vierzehn Jahre lang, von 1858—72, fortgesetzt. Heutzutage wird die Sonne in jeder Gegend der Erdkugel, von der Mauritiusinsel bis nach Massachusetts, photographiert, und es giebt in der That nur wenige Tage, an denen sich die Sonne ihrer Abbildung durch die photographische Kammer zu entziehen vermag. Wenn man die indischen Bilder mit den Greenwicher zusammennimmt, so erhält man im Jahre 1883 im ganzen 340, im Jahre 1885 ebenso 360 Tage, an denen der Zustand der Sonnenoberfläche in dieser Weise aufgezeichnet wurde.

Die Ergebnisse, zu denen man in Kew mit Hilfe der Photographie gekommen war, wurden der Königlichen Gesellschaft in einer Reihe von Abhandlungen, die von De la Rue, Balfour Stewart und Benjamin Loewy im Jahre 1865 und den folgenden Jahren gemeinschaftlich zusammengestellt worden waren, mitgeteilt. Sie übten einen wesentlichen Einfluss auf den Fortschritt der Spekulation über den von ihnen behandelten Gegenstand.

Vermöge ihrer Rotation bietet die Sonne selbst bequeme Gelegenheit zur Anwendung des Stereoskops. Zwei Bilder, die in einem Zwischenraum von sechsundzwanzig Minuten aufgenommen werden, weisen gerade eine solche Verschiedenheit auf, als nötig ist, um durch ihre Vereinigung das betrachtete Objekt am wirkungsvollsten in seiner Körperlichkeit zu zeigen.[1]) De la Rue erhielt auf diese Weise im Jahre 1861 eine stereoskopische Ansicht eines Sonnenfleckens und der ihn umgebenden Fackeln, welche die verschiedenen Teile in ihren wahren gegenseitigen Beziehungen darstellte. »Ich habe,« schrieb er,[2]) »auf diesem Wege festgestellt, dass die Fackeln die höchsten Teile der Sonnenphotosphäre einnehmen, während die Flecken wie Löcher in den Penumbren aus-

---

[1]) *Report Brit. Ass.*, 1859, p. 148. — [2]) *Phil. Trans.*, vol. CLII, p. 407.

sehen, die niedriger wie die sie umgebenden Regionen zu sein scheinen; in einem Falle entdeckte ich, dass Teile der Fackeln über einen Flecken hinüberragten und zwar anscheinend bis zu beträchtlicher Höhe über ihm.« Hierdurch erhielt Wilson's Folgerung, dass Flecken Vertiefungen seien, nach Verlauf von beinahe einem Jahrhundert eine Bestätigung von der einfachsten, direktesten und überzeugendsten Art. Eine sorgfältige Vergleichung mit Wilson's eigenen geometrischen Zeichnungen ergab Resultate, die fast ebenso entscheidend waren. Von 694 beobachteten Flecken zeigten 78 Prozent bei ihrem Vorüberziehen vor der Sonnenscheibe die erwarteten perspektivischen Wirkungen,[1]) und das Fehlen derselben bei den übrigen 22 Prozent konnte leicht durch innere Erregungen, durch welche Unregelmässigkeiten der Struktur hervorgebracht wurden, erklärt werden. Die absolute Tiefe der Fleckenhöhlungen — wenigstens ihrer schrägen Seiten — wurde von Pater Secchi durch Messung der »Tiefenparallaxe,«[2]) d. h. der scheinbaren, die Rotation der Sonne begleitenden, von der Einsenkung unter die Sonnenoberfläche herrührenden Verschiebungen, bestimmt. Er fand, dass sie in jedem Falle unter 870 Meilen und im Durchschnitt nicht mehr als 286 Meilen beträgt, was nach irdischem Massstabe einer Einsenkung der Erdrinde von wenig über $\frac{1}{4}$ Meile entspricht. Es kann indessen Tiefen geben — und wahrscheinlich giebt es solche —, die noch unter diese Tiefe hinabreichen, von denen aber das Auge nicht einmal indirekte Kenntnis nehmen kann, so dass es vorschnell sein würde zu behaupten, dass Flecken eine bloss an der Oberfläche haftende Erscheinung seien.

Die Ansicht der Kewer Beobachter hinsichtlich der Natur solcher Störungen wurde von einem andern merkwürdigen Ergebnis der »statistischen Untersuchungsmethode« stark beeinflusst. Sie fanden, dass von 1137 Beispielen von Flecken, welche von Fackeln begleitet waren, 584 diese Fackeln hauptsächlich oder ganz und gar auf der linken Seite hatten, 508 eine nahezu gleichmässige Verteilung zeigten und nur bei 45 die Fackelbildungen hauptsächlich auf der rechten Seite auftraten.[3]) Nun geht die Rotation der Sonne, von uns aus gesehen, von links nach rechts vor sich, so dass also

---

[1]) *Researches in Solar Physics*, part I, p. 20. — [2]) Sowohl die Benennung wie die Methode wurde von Faye angegeben, der die durchschnittliche Tiefe der Lichtscheide der Flecken auf 470 Meilen schätzte. *Comptes Rendus*, t. LXI, p. 1082; t. XCVI, p. 356. — [3]) *Proc. Roy. Soc.*, vol. XIV, p. 39.

die Fackeln das Bestreben zeigten zurückzubleiben. Dieser Umstand wurde leicht durch die Annahme erklärt, dass die sie bildende Materie aus einer beträchtlichen Tiefe emporgeschleudert worden wäre, so dass sie mit der einem kleineren Kreise zugehörigen geringeren absoluten Rotationsgeschwindigkeit die Oberfläche erreichte und demnach hinter die durch ihre Absonderung gebildeten Einsenkungen oder »Flecken« fiel.

Faye's Vorstellungen standen in zwei fundamentalen Punkten mit der Ansicht der Kewer Forscher im Widerspruch. Er hielt die Flecken für Gegenden, an welchen Dämpfe in die Höhe geschleudert wurden und in denen eine erhöhte Temperatur herrschte; sie glaubten, dass ihre dunkle Färbung von dem Niedersinken verhältnismässig kalter Dämpfe herrühre. Auf welcher Seite liegt die Wahrheit?

Während seiner Beobachtungen zu Ville-Urbanne am 6. März 1865 sah Chacornac Ströme von photosphärischer Masse, die sich sichtlich in den durch einen grossen Flecken gebildeten Abgrund hineinstürzten und kleine in der Nähe befindliche Flecken mit sich rissen.[1]) Ähnliche Beispiele wurden wiederholt von Pater Secchi wahrgenommen, welcher das Vorhandensein einer Art von Aufsaugung bei Flecken als vollkommen ausser Frage stehend betrachtete.[2]) Das Bestreben in der Nachbarschaft eines Fleckens, ihm eine andere Gestalt zu geben, ist nach dem Mittelpunkte desselben hin und nicht von diesem weg nach aussen gerichtet, und diese Thatsache allein scheint die Annahme eines centralen Ausbruches zu widerlegen.

Noch ein neues Zeugnis gegen dieselbe fand sich jetzt. Die **Anwendung des Spektroskops** auf die **direkte** Erforschung der Sonnenoberfläche datiert vom 4. März 1866, wo Norman Lockyer seine Untersuchungen über die Ursache der dunklen Färbung von Flecken begann.[3]) Sie wurden durch den einfachen Kunstgriff ermöglicht, dass er auf den Spalt des Spektroskops ein Bild der Sonne fallen liess, von welchem jeder Teil einer speziellen Untersuchung unterzogen werden konnte, anstatt Strahlen von jedem Teile der Sonnenoberfläche ohne Unterschied zuzulassen (wie man dies bis dahin gethan hatte). Die Antwort auf die Frage war rasch und nicht misszuverstehen und wandte sich in diesem Falle wiederum

---

[1]) Lockyer, *Contributions to Solar Physics*, p. 70. — [2]) *Le Soleil*, p. 87. — [3]) *Proc. Roy. Soc.*, vol. XV, p. 256.

gegen die Ansicht des französischen Gelehrten. Die in Rede stehenden Dunkelheiten wurden nicht durch einen Mangel an Emissionsvermögen, sondern durch eine grössere absorbierende Thätigkeit hervorgebracht. Der Hintergrund verschiedenfarbigen Lichtes blieb ungeändert, nur wurde ein grösserer Teil desselben durch die Dazwischenlagerung einer dichten Masse relativ kalter Dämpfe zurückgehalten.

Das Spektrum eines Sonnenfleckens wird mit einigen kleineren Abweichungen von derselben Reihe zahlreicher dunkler Linien durchzogen wie die, welche in dem gewöhnlichen Sonnenspektrum sichtbar ist. Wir müssen daher schliessen, dass die nämlichen Dämpfe (allgemein zu reden), welche über die reine Sonnenoberfläche ausgebreitet sind, auch in der dunklen Höhlung angehäuft sind, während die mit einer derartigen Anhäufung verbundene Zusammendrückung sich durch das Dickerwerden gewisser Absorptionslinien verrät. Aber es besteht auch eine allgemeine Lichtschwächung, die sich beinahe stetig von einem Ende des Fleckenspektrums bis zum andern erstreckt. Diese erklärt sich nach Professor Hastings' geistreicher Spekulation durch eine Ablagerung von Russ oder etwas ähnlichem — mit andern Worten, durch das Vorhandensein kalter dunkler Teilchen von Kohlenstoff oder Silicium in Form eines feinen, sich langsam setzenden Staubes.[1])

Eine Untersuchung, welche Professor Young zu Princeton in New Jersey während der letzten Hälfte des Jahres 1883 anstellte, verbreitete über die Sache ein neues Licht. Durch Anwendung eines Spektroskops von ausnehmend hoher zerstreuender Kraft gelang es ihm in beträchtlicher Ausdehnung, die vermeintliche stetige Lichtschwächung von Fleckenspektren in ein zahlloses Heer von feinen dunklen, sehr nahe bei einander stehenden Linien »aufzulösen.«[2]) Die Substanzen, welche diese Verdunkelung oder Absorption hervorbringen, sind daher in einem gasförmigen Zustande, und die »Russ«-Theorie bricht in sich zusammen.

Hinsichtlich der Bewegungen der verdichteten, die Flecken bildenden Dämpfe vermag das Spektroskop ebenfalls Aufschluss zu geben. Das Prinzip der Methode, nach welcher dies geschieht, wird weiter unten auseinandergesetzt werden. Hier genüge es zu sagen, dass der Weg, welchen die, helle oder dunkle Linien erzeugende,

---

[1]) *Am. Journ. of Sc.*, vol. XXI, p. 42. — [2]) *Phil. Mag.*, vol. XVI, p. 460.

gasförmige Masse bei einigermassen beträchtlicher Geschwindigkeit in der Richtung nach dem Auge hin oder von ihm weg zurücklegt, durch die Verschiebung, welche jene Linien aus ihrer vorher bekannten normalen Lage erfahren, gemessen werden kann. Auf diese Weise sind in oder über den Flecken Bewegungen von ungeheurer Geschwindigkeit, bis zu 70 (engl. 320) Meilen in der Sekunde, entdeckt worden.[1]) Durch das bisher erhaltene Resultat haben jedoch die Ansichten, dass entweder Ausbrüche oder Niederstürze einen wesentlichen Teil der regulären inneren Verfassung von Flecken bilden, keine Bestätigung erfahren.

Eine neue Theorie der Sonnenflecken, welche von Faye im Jahre 1872 aufgestellt wurde und noch von ihm verteidigt wird, ist plausibel genug, um eine kurze Erwähnung zu verdienen. Er war der erste gewesen, welcher darlegte, dass die Beobachtungen von Carrington und Spörer durchaus der Annahme widersprächen, dass es irgend ein unsern Passatwinden ähnliches Phänomen auf der Sonne gäbe. Sie zeigten allerdings, dass über die Parallelkreise von 20^0 hinaus die Flecken ein allgemeines Streben hätten, langsam nach den Polen hin fortzurücken, während sie innerhalb jener Zone sich dem Äquator zu nähern geneigt seien; aber ihre »eigenen Bewegungen« liessen nichts von gleichförmig in der Breite fliessenden Strömungen erkennen. Der systematische Trieb der Photosphäre sei genau ein Trieb in der Länge, ihre Richtung überall parallel zum Äquator. Wäre diese Thatsache einmal klar erkannt, so fiele die Hypothese von »Wirbelstürmen auf der Sonne« sogleich zusammen. Dagegen sah Faye eine andere Quelle wirbelnder Bewegung in den ungleichen Rotationsgeschwindigkeiten benachbarter Teile der Photosphäre. Die »Poren,« mit welchen die ganze Oberfläche der Sonne bedeckt ist, betrachtete er als die kleineren aus diesen Ungleichmässigkeiten herrührenden Strudel, die Flecken aber als solche Strudel, die sich zu grossen Mahlströmen entwickelt hätten. Man brauche nur einen Stock in einen Strom hineinzustossen, um die bezeichnete Art von Wirkung hervorzubringen. Und es sei blosser Zufall, dass die Unterschiede in der Rotationsgeschwindigkeit ein Maximum gerade in denjenigen Breiten zu erreichen streben, wo Flecken am häufigsten sind und am meisten in die Augen fallen.

Hiergegen giebt es aber zwei verhängnisvolle Einwürfe. Der

---

[1]) Young, *The Sun*, p. 99.

eine (bereits erwähnte) ist das gänzliche Fehlen der regelmässigen kreisenden Bewegung — in einer dem Gange der Uhrzeiger entgegengesetzten Richtung nördlich vom Sonnenäquator und in umgekehrtem Sinne südlich von demselben —, welche sich bei jedem Zuge eines Sonnenfleckens zeigen müsste, wenn die angegebene Ursache in erster Linie bei seiner Entstehung mitwirkte und nicht bloss (was möglicherweise der Fall sein könnte) eine sekundär bestimmende wäre. Der zweite von Professor Young[1]) vorgebrachte Einwurf ist, dass die Ursache und die Wirkung nicht zusammenpassen. Die Bewegungsdifferenz oder der relative Trieb, der der Annahme nach solche ungeheure Störungen veranlassen soll, beträgt für zwei Teile der Photosphäre, welche etwa 27 (engl. 123) Meilen von einander entfernt sind, allerhöchstens ungefähr fünf Ellen in der Minute. Die Reibung benachbarter Stücke muss daher durchaus unbedeutend sein.

Eine durch Beobachtung besser gerechtfertigte Ansicht wurde in und nach dem Jahre 1872 von Pater Secchi geltend gemacht und in verbesserter Form durch Professor Young in seinem ausgezeichneten kleinen Buche »*The Sun*,« welches im Jahre 1882 erschien, dargestellt. Flecken werden augenscheinlich begleitet von gewaltiger Eruption, welche die Fackeln und Hervorragungen, die gewöhnlich ihre Ränder umgeben, hervorbringt. Es wird demgemäss behauptet, dass auf die Entziehung der Materie von unten, die durch das Emporschleudern einer Hervorragung verursacht wird, eine Senkung der Oberfläche folgen muss, in welche die teilweise abgekühlten ausgeworfenen Dämpfe hineinstürzen und sich ablagern und dadurch gerade die Art von Dunkelheit durch vermehrte Absorption, von der das Spektroskop uns Kunde giebt, erzeugen. Um die Ränder der Höhlung herum wird der Aufbruch der photosphärischen Rinde gewisse schwächere Stellen bilden, welche weitere Eruptionen begünstigen, die ihrerseits wieder die Höhlung vertiefen und erweitern. Die Erscheinung wird daher sich selbst dauernd zu erhalten streben, bis schliesslich das Gleichgewicht durch innere Prozesse wieder hergestellt ist. Ein Sonnenflecken könnte also beschrieben werden als ein umgekehrter irdischer Vulkan, bei welchem die Ausbrüche der glühenden Masse an den Rändern anstatt in dem Mittelpunkte des

---

[1]) *The Sun*, p. 174. Über Faye's Entgegnung auf den Einwurf siehe *Comptes Rendus*, t. XCV, p. 1310.

Kraters stattfinden, während die abgekühlten Massen sich im Mittelpunkte anstatt an den Rändern ansammeln.

Es besteht hierbei aber eine Schwierigkeit. Auf der Erde hält die feste Rinde den sich unten bildenden Dampf mit Gewalt zurück, bis seine Spannung stark genug für eine Explosion geworden ist. Auf der Sonne aber kennen wir keine solche zurückhaltende Kraft. Allerdings hat Zöllner seine Theorie der Sonnenkonstitution dem speziellen Zwecke, eine solche Kraft zu schaffen, angepasst, aber nur mit sehr teilweisem Erfolge, da fast jede neue beglaubigte Thatsache seinen Annahmen widerspricht. Die vulkanische Thätigkeit ist eine wesentlich krampfartige. Sie setzt einen immerwährenden nur durch zeitweilige Ausbrüche unterbrochenen Zwang voraus, der unerklärlich ist bei einer gasförmigen Kugel, für welche wir die Sonne halten.

Noch ein anderer Einwurf gegen die »vulkanische Theorie« liegt in der Reihenfolge, in welcher nach ihr die Erscheinung vor sich geht. Wenn sie richtig wäre, könnte kein Flecken ohne vorhergehende Eruption möglich erscheinen; indessen ist es streng bewiesen, dass ein Flecken den Anfang der sichtbaren Störung bildet. Die Fackeln folgen unter allen Umständen erst auf die Öffnung eines Risses in der Photosphäre.

Diese Reihenfolge bildet einen wesentlichen Teil von Lockyer's Theorie der Sonnenflecken, welche er am 6. Mai 1886[1]) der Königlichen Gesellschaft vorlegte und einige Monate später in seinem Werke *„The Chemistry of the Sun"* weiter entwickelte. Man muss zugestehen, dass eine Anzahl bisher unerklärter Thatsachen in dieser neuen Theorie in bemerkenswerter Weise in gegenseitige Beziehung gesetzt ist. In ihr werden Flecken erklärt als Folgen eines ungeheuren Systems von Kreisprozessen in der Sonnenatmosphäre, welche mit den Ab- und Zuflüssen am Pole, wie sie während einiger totalen Finsternisse beobachtet wurden, beginnen und mit dem Niedersinken ungeheurer Massen verdichteter Materie aus grossen Höhen auf die Photosphäre endigen. Aus diesen Niederfällen gehen in erster Linie Flecken hervor; in zweiter Linie infolge der entsprechenden Emporschleuderungen, bei welchen chemische und mechanische Kräfte zusammenwirken, die sie umgebenden flammigen Hervorragungen. Die Beschränkung der Flecken auf mittlere Breiten wird folgendermassen erklärt: Über dem Äquator ist die Fallhöhe so gross, dass die Kon-

---

[1]) *Proc. Roy. Soc.*, vol. XL, p. 347.

densationsprodukte verflüchtigt werden, bevor sie die Photosphäre erreichen. In der Nähe der Pole hingegen haben die abgekühlten Substanzen eine zu geringe Höhe erreicht, um die erforderliche Geschwindigkeit zu erlangen. Daher kann ihr sanfterer Fall keine auffallendere Erscheinung hervorbringen als Poren und »wie mit einem Schleier bedeckte Flecken.« Es ist insbesondere bemerkenswert, dass diese grössere Höhe des Herabfallens bei geringerer Breite vielleicht die beste bisher vorgebrachte Erklärung von Carrington's Gesetz der Sonnenrotation giebt. Denn je näher ein auf solche Weise entstandener Flecken dem Äquator liegt, um so schneller muss er sich bewegen, weil die ihn bildende Masse aus einer grösseren Höhe herabgefallen ist und daher die einem weiteren Kreise entsprechende grössere Geschwindigkeit besitzt. Ferner sollen nach dieser Hypothese lokale Änderungen der Temperatur und Ausdehnung, welche durch die gewaltigen Störungen, denen die Sonnenatmosphäre unterworfen ist, in ihr ganz unvermeidlich entstehen, sowohl die periodischen Schwankungen in der Fleckenhäufigkeit als auch die beobachteten Oscillationen der Fleckenzonen hervorrufen. So erklärt sie, einfacher und natürlicher als es je geschehen ist, die Eigentümlichkeiten der Fleckenverteilung sowohl der Zeit wie dem Raume nach. Trotzdem ist der Beweis dafür, dass ein Kreisprozess von der Art, wie ihn die Theorie erfordert, thatsächlich in der Sonnenatmosphäre wirksam sei, nicht mit derjenigen Deutlichkeit, die man wünschen könnte, erbracht worden.

Wir müssen nunmehr von einem eigentümlichen Umstande berichten. Am 1. September 1859 erstaunte Carrington, während er mit seiner täglichen Arbeit der Messung der Lagen von Sonnenflecken beschäftigt war, über das plötzliche Auftreten zweier Flecken von besonders intensivem Licht innerhalb des Gebietes der grössten sichtbaren Fleckengruppe. Sein erster Gedanke war, dass ein Strahl ungemilderten Sonnenscheins den Schirm, welcher dazu diente, die Helligkeit des Bildes abzuschwächen, durchdrungen habe; nachdem er sich aber völlig von dem Gegenteil überzeugt hatte, eilte er, noch einen Zeugen einer unverkennbar merkwürdigen Erscheinung herbeizurufen. Bei seiner Rückkehr fand er leider, dass der starke Lichtausbruch bereits im Abnehmen begriffen sei, und bald darauf verschwand die letzte Spur davon. Seine vollständige Dauer betrug nur fünf Minuten, von 11.18 bis 11.23 vormittags nach Greenwicher Zeit, und während dieser fünf Minuten hatte er einen Raum zurückgelegt, der auf 7600 (engl. 35 000) Meilen geschätzt wurde. In den Einzelheiten der Fleckengruppe, in welcher diese vorübergehende Aufflammung stattfand, wurde keine Veränderung wahrgenommen; man musste demzufolge schliessen, dass sie in beträchtlicher Höhe über derselben stattfand.[1])

Carrington's Erzählung fand eine genaue Bestätigung durch eine zu Highgate gemachte Beobachtung. R. Hodgson beschrieb die von ihm gesehene Erscheinung »als die eines sehr glänzenden Sternes mit einem Licht, welches viel heller war als die Sonnenfläche, das ungeschützte Auge stark blendete und die oberen Ränder der angrenzenden Flecken und Streifen in einer Weise beleuchtete, die an Wirkung der Umsäumung der Wolken bei Sonnenuntergang nicht unähnlich war.«[2])

Dieses einzigartige Phänomen schien gleichsam speziell dazu bestimmt zu sein, den Schluss zu bekräftigen, dass zwischen der Erde und der Sonne ein sympathisches Verhältnis bestehe. Vom 28. August bis zum 4. September 1859 ging ein magnetischer Sturm von unvergleichlicher Stärke, Ausdehnung und Dauer über die ganze Erde fort. Der telegraphische Verkehr war überall unterbrochen — abgesehen allerdings davon, dass man in einigen Fällen die Leitungen ohne Batterien, bloss vermöge der Wirkung der Erdströme allein, zu benutzen vermochte;[3]) Funken gingen von den Drähten aus, prächtige Polarlichter schmückten den Himmel auf beiden Hemisphären und sogar innerhalb der Tropengegenden mit festlichem Karmoisin; die Magnetnadel verlor jede Spur von Stetigkeit in ihren Bewegungen und flog hin und her, als wenn sie von einer unerklärlichen Panik ergriffen wäre. Die Zeit des Zusammenfallens beider Ereignisse stimmte aber noch genauer überein. Gerade in dem Augenblicke[4]) des von Carrington und Hodgson bezeugten Ausbruches in der Sonne verzeichnete der photographische Apparat zu Kew eine auffällige Störung aller drei magnetischen Elemente, und kurz nach der darauffolgenden Mitternacht erreichte die elektrische Erregung ihren Höhepunkt, indem sie die Erde mit feinen Vibrationen durchzitterte und die Atmosphäre von Pol zu Pol mit dem schimmernden

---

[1]) *Month. Not.*, vol. XX, p. 13. — [2]) *Ibid.*, p. 15. — [3]) *Am. Journ.*, vol. XXIX (2. series), pp. 94—95. — [4]) Die magnetische Störung fand statt um 11.15 vormittags, drei Minuten, bevor das Aufflackern in der Sonne die Aufmerksamkeit Carrington's und Hodgson's erregt hatte.

Glanze beleuchtete, der vielleicht dunkel an die Zeiten erinnerte, wo unser alter Planet selbst noch wie ein Stern leuchtete.

Hier war also wenigstens die Sonne bei der Hervorbringung irdischer Erregungen — nach Professor Balfour Stewart's Ausdruck — »auf frischer That ertappt«[1]) worden. Auch hat es seitdem nicht an Beispielen für einen unzweifelhaften Zusammenhang zwischen dem Aufbrechen einzelner Flecken und magnetischen Störungen — im Jahre 1882 wurden vier solche aufgezeichnet — gefehlt, wenn auch die eigentümlichen Erscheinungen vom Abend des 1. September 1859 sich nicht wiederholt haben. Ein Versuch, sie zu erklären, wurde von Professor Piazzi Smyth[2]) gemacht, welcher annahm, dass die bei dieser Gelegenheit gesehenen flüchtigen Lichtobjekte nichts anderes waren, als ein Paar ungewöhnlich grosser, durch den Widerstand in der Sonnenatmosphäre glühend gewordener Meteore. Dass aber diese Vermutung nicht zutreffend ist, bedarf kaum einer Erklärung. Die plötzliche Lichtentwickelung war sicher kein nebensächliches Ereignis, sondern bezeichnete den Gipfelpunkt irgend einer bereits seit einigen Tagen im Gange befindlichen systematischen Erregung. Wenn wir uns auf der Erde nach einer Analogie für sie umsehen sollten, so würden wir sie eher in jenem Nordlicht-Streifen finden, welcher am 17. November 1882 während einer lebhaften Erscheinung von Polarlichtern über den Himmel wegging, und, was man allen Grund hat zu glauben, an dem elektrischen Ursprung und Charakter derselben Anteil hatte.[3])

Inzwischen hatte Rudolf Wolf, welcher die Direktion der Züricher Sternwarte übernommen hatte, in seinem Eifer für die Ermittelung der Sonnenfleckenperiode nicht nachgelassen. Eine mühsame Revision des ganzen Gegenstandes mit Hilfe neuen Materials führte ihn 1859[4]) zu dem Schlusse, dass, während die mittlere Periode sich nur wenig von derjenigen unterschied, zu welcher er 1852 gelangt war, nämlich von 11.11 Jahren, sehr beträchtliche Schwankungen nach beiden Seiten dieses Mittels eher die Regel als die Ausnahme bildeten. In der That muss man den Ausdruck »Sonnenfleckenperiode« in dem Sinne verstehen, dass er nur sehr

---

[1]) *Phil. Trans.*, vol. CLI, p. 428. — [2]) *Month. Not.*, vol. XX, p. 88. — [3]) Siehe J. Rand Capron, *Phil. Mag.*, vol. XV, p. 318. — [4]) *Mittheilungen über die Sonnenflecken*, No. IX. *Vierteljahrsschrift der Naturforschenden Gesellschaft in Zürich*, Jahrgang 4.

lose der grossen Thatsache, zu deren Bezeichnung er dienen soll, sich anpasst, so lose, dass der Zwischenraum zwischen zwei Maximis bis auf sechzehn und ein halbes Jahr steigen oder auf sieben und ein halbes Jahr sinken kann.[1]) Im Jahre 1861[2]) zeigte Wolf — und seine Bemerkung wurde durch die Beobachtungen zu Kew völlig bestätigt —, dass die kürzesten Perioden die stärksten Krisen mit sich brachten und umgekehrt, als ob für jede Störungswelle ein genau gleicher Betrag von Energie verwendbar wäre, der sich verschwenderisch und schnell oder langsam und sparsam verteilen, aber in keinem Falle überschritten werden könnte. Gleichzeitig wurde der weitere Schluss auf eine Wiederkehr der Erregungen in der Sonne innerhalb eines Cyklus von fünfundfünfzig und einem halben Jahre ausgesprochen, und Hermann Fritz zeigte bald darauf, dass die Nordlichter einer identischen doppelten Periodicität[3]) unterworfen sind. Der nämliche Forscher hat neuerdings sowohl für die Nordlichter wie für die Sonnenflecken eine »säkulare Periode« von 222 Jahren[4]) entdeckt, und die Beobachtungen zu Kew wiesen für die letztere auf Schwankungen hin, die innerhalb sechsundzwanzig und vierundzwanzig Tagen ausgeführt wurden.[5]) Je genauer indessen die Sonnenfleckenschwankungen betrachtet werden, um so verwickelter zeigen sie sich. Maxima einer Ordnung lagern sich über Maxima einer andern Ordnung oder neutralisieren sie zum Teil; erzeugende Ursachen werden verhüllt von abändernden Ursachen; die grösseren Wogen der Erregung sind ausgezackt durch kleinere Wellen und diese wiederum mit feinen Kräuselungen besetzt, während das Ganze steigt und fällt mit dem Schwall der grossen säkularen Woge, die wegen ihrer weiten Ausdehnung in ihrem Fortschreiten kaum wahrnehmbar ist.

Die Idee, dass die Bildung von Sonnenflecken in gewisser Weise von der Stellung der Planeten abhängt, wurde 1612 von Galilei[6]) ausgesprochen. Dieselbe ist von einer ganzen Reihe neuerer Sonnen-

---

[1]) *Mitth.*, No. LII, p. 58 (1881). — [2]) *Ibid.*, No. XII, p. 192. Joseph Baxendell zu Manchester gelangt unabhängig hiervon zu einem ähnlichen Ergebnis. Siehe *Month. Not.*, vol. XXI, p. 141. — [3]) Wolf, *Mitth.*, No. XV, p. 107 etc. Olmstedt, der Nachfolger Hansteen's, hatte bereits 1856 eine Nordlichtperiode von fünfundsechzig Jahren festzustellen gesucht. *Smithsonian Contributions*, vol. VIII, p. 37. — [4]) Hahn, *Über die Beziehungen der Sonnenfleckenperiode zu meteorologischen Erscheinungen*, S. 99 (1877). — [5]) *Report Brit. Ass.*, 1881, p. 518; 1883, p. 418. — [6]) *Opere*, t. III, p. 412.

physiker auf das fleissigste geprüft worden. Wolf fand sich 1859 [1]) zu dem Glauben berechtigt, dass die Kurve der elfjährigen Periode durch die Einwirkung des Jupiter bestimmt, durch die des Saturn modifiziert und durch die von der Erde und der Venus ausgehenden Einflüsse mannigfaltiger gestaltet werde. Das Bestreben derselben, sich mit der Umlaufsperiode des Jupiter um die Sonne in möglichste Übereinstimmung zu setzen, weist zwar unwiderstehlich auf einen Kausalzusammenhang hin; doch scheint es nicht, als ob die geschickteste »Anpassung« der Zahlen eine fundamentale Übereinstimmung zu stande bringen könnte. Carrington legte 1863 dar, dass, während in acht aufeinanderfolgenden Perioden von 1770 an die Durchgänge des Jupiter durch das Aphelium und die Sonnenfleckenmaxima sehr nahe zusammenfielen, die Beziehung in den beiden diesem Datum vorhergehenden Perioden genau umgekehrt war; [2]) und das letzte Ergebnis von Wolf besteht darin, dass man eine Entstehung von Sonnenflecken durch den Jupiter aufgeben müsse. [3]) Trotzdem wird dieselbe noch aufrecht erhalten von Duponchel [4]) zu Paris, der die Abweichungen durch die Störungen von Seiten der grossen weiter entfernten Planeten zu erklären sucht; und es verdient bemerkt zu werden, dass seine Vorhersagung einer abnormen Verzögerung des letzten Maximums infolge gewisser Eigentümlichkeiten in den Stellungen des Uranus und Neptun in der Zeit, wo es hätte eintreten sollen, zum Teil durch den Erfolg bestätigt wurde. Da das vorhergehende Maximum im Juni 1870 eingetreten war, so hätte die nächste Phase der Erregung, wenn alles pünktlich abgegangen wäre, ihren Gipfelpunkt im August 1881 erreichen müssen, während, nach einer misslungenen Anstrengung im April 1882, der schliessliche Ausbruch sich bis zum November 1883 verzögerte. Der Zwischenraum betrug daher 13.3 anstatt 11.1 Jahre; und es ist bemerkenswert, dass der Aufschub hauptsächlich die südliche Halbkugel betraf. Abwechslungen in der Thätigkeit auf den beiden Sonnenhälften sind in der That eine markante Erscheinung des jüngsten Maximums gewesen. Dieselben waren nach Faye's Ansicht [5]) auch der Grund seines unentscheidenden Charakters, weil scharfe und kräftige Krisen durch das gleichzeitige Vorrücken der Erregung nördlich und südlich vom

---

[1]) *Mitth.*, No. VIII und XVIII. — [2]) *Observations at Redhill*, p. 248. — [3]) *Comptes Rendus*, t. XCV, p. 1249. — [4]) *Ibid.*, t. XCIII, p. 827; t. XCVI, p. 1418. — [5]) *Ibid.*, t. C., p. 593.

Sonnenäquator entstehen. Die Kurve der magnetischen Störung folgte, wie man hinzufügen kann, mit der gewohnten Treue den letzten anomalen Schwankungen der Kurve der Sonnenflecken.

Dass Ausbrüche der Sonnenthätigkeit durch Einflüsse, welche von der Stellung der Planeten abhängen, modifiziert werden, ist durch die Beobachtungen zu Kew ziemlich sicher festgestellt worden. Dieses nicht weniger bedeutsame wie überraschende Resultat wurde von Professor Balfour Stewart der Königlichen Gesellschaft zu Edinburg am 18. April 1864 mitgeteilt.[1]) Die Untersuchungsmethode, durch welche er dazu gelangte (und die, wie man erzählt, von Galilei[2]) privatim empfohlen worden war), bestand darin, dass er das »Verhalten« eines jeden Fleckens bei seinem Fortrücken über die Sonnenscheibe studierte. Er fand, dass dasselbe in den nämlichen Epochen fast immer denselben Charakter zeigte. Wenn ein Riss in der Photosphäre sich beim Heranrücken an den mittleren Meridian der Sonne erweiterte, thaten es die auf ihn folgenden ziemlich sicher ebenfalls; wenn einer sich zusammenzog, folgten ihm die hinter ihm kommenden hierin nach. Überdies nahm er wahr, dass die kontrollierende Kraft sich mit einer Geschwindigkeit vorwärts bewegte, die grösser war als die des Umlaufs der Erde in ihrer Bahn und etwa der Geschwindigkeit der Venus in ihrer Bahn gleichkam. Diese Kraft war von solcher Art, dass sie die Ausbrüche auf der dem Planeten zugewandten Seite der Sonne milderte, und die auf der entgegengesetzten Halbkugel verstärkte.[3]) Die Wirkung des Jupiter sowohl wie des Merkur ist, wie es scheint, der Art nach dieselbe, aber dem Grade nach geringer. Diejenige der Erde ist schwieriger zu bestimmen, doch kann kaum daran gezweifelt werden, dass sie in ähnlicher Weise sich äussert. Es ist sogar versucht worden, den Prozess umzukehren und eine Periode eines unbekannten Planeten mit Hilfe der Beobachtung von Sonnenflecken aufzufinden. Professor Balfour Stewart hat gezeigt, dass Unregelmässigkeiten in ihrer Entwickelung existieren, welche für sich dem Umlauf eines solchen Körpers um die Sonne in vierundzwanzig Tagen und seinen »synodischen Perioden« oder aufeinanderfolgenden Konjunktionen

---

[1]) *Edinb. Phil. Trans.*, vol. XXIII, p. 499. — [2]) *Researches in Solar Physics*, ser. II, p. 46 (privatim gedruckt). Pastor Selwin ist für diese Behauptung, für welche er keine Quelle angiebt, verantwortlich. — [3]) *Proc. Roy. Soc.*, vol. XIV, p. 59; XX, p. 210.

mit Jupiter, Venus und Merkur entsprechen würden.[1]) Doch harrt diese Voraussage noch ihrer Erfüllung.

Die soviel diskutierte Frage über den Einfluss der Sonnenflecken auf die Witterung lässt bis jetzt noch keine befriedigende Antwort zu. Die Thatsachen der Meteorologie sind zu verwickelt, um eine leichte oder sichere Klassifikation zu gestatten. Wirkungen, die von der einen Ursache abhängig zu sein scheinen, rühren in Wirklichkeit von einer andern her. Die Bedeutung beobachteter Einzelheiten kann je nach den Umständen umgekehrt werden, und doch können wir nur durch Sammlung und Vergleichung von Einzelheiten ein allgemeines Gesetz zu erlangen hoffen. Es giebt indessen Beweise genug, welche die Meinung — deren Gründe hauptsächlich den Arbeiten Meldrum's auf der Mauritiusinsel entnommen wurden — unterstützen, dass reichlicherer Regenfall und stärkere atmosphärische Erregung die Sonnenfleckenmaxima begleiten, während Herschel's Vermutung von einer reichlicheren Ausstrahlung von Licht und Wärme in den nämlichen Epochen durch direkte Beobachtungen nur wenig Unterstützung erhalten hat.

Die Untersuchung dessen, was wir die Textur der Sonnenoberfläche nennen können, gewann ein neues Interesse durch eine merkwürdige Mitteilung von James Nasmyth im Jahre 1862.[2]) Er hatte (wie er glaubte) die Entdeckung gemacht, dass die ganze leuchtende Schicht der Sonne aus einer Menge länglicher, auf dunklem Hintergrunde leuchtender Objekte bestehe, die das Aussehen von Weidenblättern von grossem Umfange hatten, einander nach allen möglichen Richtungen durchkreuzten und unaufhörliche relative Bewegungen besassen. Ein heftiger Streit erhob sich hiergegen. In England und anderwärts wurden die mächtigsten Teleskope zu einer Durchmusterung angewandt, die mit verschiedenen Schwierigkeiten verbunden war. Die Resultate waren im grossen und ganzen derart, dass sie die Genauigkeit der durch den Hammerfielder Reflektor gebrachten Enthüllungen hinfällig machten. Dawes erklärte mit ganz besonderem Nachdruck, dass Nasmyth's »Weidenblätter« nichts anderes waren als die »Knötchen« Sir William Herschel's, die unter einem irreführenden gleichförmigen Aussehen sich zeigten; und es bleibt wenig Zweifel, dass er Recht hatte. Es wird jedoch zugestanden, dass etwas derartiges in den Penumbren und »Brücken«

---

[1]) *Report Brit. Ass.*, 1881, p. 518. — [2]) *Ibid.* (1862), p. 16 (pt. II).

von Sonnenflecken zu sehen ist, die ein Aussehen zeigen, welches Dawes selbst im Jahre 1852 mit dem eines Stücks von einem gewöhnlichen Strohdache, dessen Ränder nicht verputzt sind, verglich.[1])

Der Ausdruck »körnig« (granulated), den Dawes 1864[2]) anwandte, beschreibt am besten den scheckigen Anblick der Sonnenscheibe, wie er sich in den neueren Teleskopen und photographischen Kammern zeigt. Die Körner oder besser die »Flöckchen,« mit denen die Sonnenscheibe dicht bestreut ist, sind von Langley unter besonders günstigen Verhältnissen in »Körnchen« von nicht über 22 (engl. 100) Meilen Durchmesser aufgelöst worden, und von diesen verhältnismässig kleinen Elementen, die insgesamt etwa ein Fünftel der sichtbaren Photosphäre bilden,[3]) kommen nach seiner Schätzung etwa drei Viertel des gesamten Lichtes der Sonne her.[4]) Janssen versteigt sich sogar zu der Behauptung, dass, wenn die ganze Oberfläche so hell wäre, wie ihre hellsten Teile, ihre Lichtausstrahlung zehn- bis zwanzigmal grösser sein würde als sie gegenwärtig ist.[5])

Die schnellen Veränderungen in den Formen dieser Sonnenwolkenspitzen sind schön zu sehen in den wundervollen Photogrammen, die von Janssen in Meudon bei einer Expositionszeit von nur $\frac{1}{100000}$ einer Sekunde aufgenommen wurden! Mit ihrer Hilfe ist auch die als réseau photosphérique bekannte Erscheinung sichtbar gemacht worden.[6]) Dieselbe besteht in der Zerstreuung leicht vergänglicher gleichsam verwischt aussehender Flecken über die ganze Oberfläche, welche zweifellos von Erregungen in der zwischen uns und der Photosphäre befindlichen Sonnenatmosphäre herrühren. Die nämliche Ursache kann vielleicht die flüchtigen Verdunkelungen erklären, welche Pater Perry von Stonyhurst in der Königlichen Astronomischen Gesellschaft am 9. Mai 1884 schilderte.[7])

Man nimmt jetzt allgemein an, dass die »Körner« oder helleren Teile der Photosphäre die oberen Spitzen aufsteigender und sich verdichtender Ströme darstellen, während die dunkleren Zwischenräume (Herschel's »Poren«) die Stellen der absteigenden kälteren

---

1) *Mem. R. A. Soc.*, vol. XXI, p. 161. — 2) *Month. Not.*, vol. XXIV, p. 162. — 3) *Am. Journ. of Sc.*, vol. VII, 1874, p. 92. — 4) Young, *The Sun*, p. 103. — 5) *Anniv. Bur. Long.*, 1879, p. 679. — 6) *Ibid.*, 1878, p. 689. — 7) *Observatory*, vol. VII, p. 154. Pater Perry suchte die von ihm entdeckten Objekte mit Trouvelot's »verschleierten Flecken« zu identificieren; Ranyard deutete auf die wahrscheinlichere Analogie mit dem »réseau photosphérique« hin.

Ströme bezeichnen. In den Penumbren von Flecken werden die aus dem furchtbaren Glutofen der Sonne unten emporgeschleuderten Feuerströme durch die gewaltige Gegenströmung zur Seite gebogen, so dass sie ihre vertikale Bewegung mit einer fast horizontalen vertauschen, und werden daher gewissermassen von dem Auge in die Flanke genommen, anstatt dass sie, von vorn gesehen, warzenförmig erscheinen. Dies giebt eine annehmbare Erklärung des rinnenartigen Baues der Penumbren, welcher die Vergleichung mit einem groben Strohdache anregte. Nehmen wir diese Theorie als in der Hauptsache richtig an, so sehen wir, dass gerade derselbe Kreisprozess, welcher bei einer krampfartigen Thätigkeit Flecken entstehen lässt, in seinem regelmässigen Verlaufe das eigentümliche »marmorierte« Aussehen hervorbringt, in bezug auf dessen Aufzeichnung wir nicht mehr auf die flüchtigen und täuschenden Eindrücke der menschlichen Netzhaut angewiesen sind. Und genau dieser Kreisprozess ist es, welcher unserer grossen Zentralleuchte ihr Fortbestehen als eine Sonne oder als ein erwärmender und lichtspendender Körper sichert.

Drittes Kapitel.

Neuere Sonnenfinsternisse.

Durch Beobachtungen, welche bei einer Reihe von fünf bemerkenswerten, innerhalb einer Periode von elf Jahren eingetretenen Finsternissen angestellt wurden, ist die Kenntnis von den Umgebungen der Sonne beinahe bis zu ihrem gegenwärtigen Zustande entwickelt worden. Jedes von diesen Ereignissen brachte eine neue Enthüllung von bestimmtem und unverkennbarem Charakter. Wir wollen nunmehr auf diese methodische Aufeinanderfolge von Entdeckungen einen kurzen Blick werfen.

Die Photographie wurde in systematischer Weise zuerst auf die Lösung der Probleme, welche die Sonnenfinsternis vom 18. Juli 1860 darbot, angewendet. Freilich ist ein sehr achtbares Daguerreotyp, welches von Busch zu Königsberg während der Finsternis von 1851 aufgenommen wurde, immer noch wertvoll als eine Aufzeichnung der Korona in jenem Jahre, und später wurden, besonders von Professor Bartlett zu West Point im Jahre 1854,[1] einige Versuche mit der Photographie der Sonne bei partiellen Finsternissen gemacht; doch wurde der wirkliche praktische Grund erst im Jahre 1860 gelegt.

In diesem Jahre ging der Streifen der Totalität quer über Spanien hinweg, und demgemäss brachte Warren de la Rue seinen Photoheliographen und Pater Secchi seinen sechszölligen Cauchoix'schen Refraktor dorthin. Die damals hauptsächlich zu untersuchende Frage war die nach der Natur der roten Protuberanzen. Obwohl, wie bereits erwähnt, die im Jahre 1851 gesammelten Beweise ziemliche Gewissheit über den Zusammenhang derselben mit der Sonne ergaben, so hatte es doch nicht an Einwürfen dagegen gefehlt, und da die Partei der Ungläubigen von einer so bedeutenden Autorität wie Faye unterstützt wurde, so konnte man sie un-

---

[1]) *Astr. Jour.*, vol. IV, p. 33.

möglich mit Nichtachtung behandeln. Zwei Hauptproben waren statthaft. Wenn gezeigt werden konnte, dass die phantastischen Gebilde, welche über dem Rande des dunklen Mondes schwebten, von zwei verschiedenen Stationen aus gesehen, den nämlichen Anblick darboten, so musste diese Thatsache allein die Theorie einer optischen Täuschung oder »Luftspiegelung« hinfällig machen; andrerseits musste die Gewissheit, dass sie durch den vorwärts rückenden Mond auf der einen Seite allmählich bedeckt und auf der andern mehr und mehr aufgedeckt wurden, sie einer Abhängigkeit von unserm Monde entbinden und als Anhängsel der Sonne hinstellen.

Nun war die Photographie ganz besonders geeignet, diese beiden Proben zu erbringen. Aber es entstand die Schwierigkeit, dass hinsichtlich der chemischen Fähigkeiten des rosigen Protuberanzenlichtes nichts bekannt war, während doch alles von einer richtigen Beurteilung derselben abhing. Es musste gewissermassen ein Schuss im Dunklen abgefeuert werden. Höchst überraschend und des lebhaftesten Glückwunsches wert war es, dass dieser Schuss in beiden Fällen gelang.

Warren de la Rue hatte seine Station zu Rivabellosa, im Thale des oberen Ebro; Pater Secchi richtete sein Instrument zu Desierto de las Palmas, etwa 55 Meilen südöstlich davon, von wo aus man das mittelländische Meer überblicken konnte, auf. Von der total verfinsterten Sonne mit ihrem wunderbaren Flammenkranze machte jeder Beobachter verschiedene vollkommen gelungene Aufnahmen, welche bei der Vergleichung auch in den geringfügigsten Einzelheiten übereinstimmend gefunden wurden. Dies brachte sofort die fundamentale Frage hinsichtlich der substantiellen Wirklichkeit dieser Objekte zur Ruhe, während ihr Charakter als Teile der Sonne durch das Vorüberziehen des Mondes vor ihnen, das durch die in verschiedenen Stadien der Finsternis aufgenommenen Bilder unbestreitbar bestätigt wurde, bewiesen war. Dass Formen, welche allen Gesetzen des Gleichgewichts Hohn zu sprechen schienen, doch nicht ein blosses Nichts waren, ging aus der Identität derselben nach einem Zwischenraum von sieben Minuten hervor, welchen der Sonnenschatten gebrauchte, um von einer Station nach der andern überzugehen, und die ausnehmende Energie ihrer »aktinischen« Strahlen wurde bewiesen durch die Verzeichnung einiger im Teleskop nicht sichtbaren Protuberanzen auf den empfindlichen Platten. Überdies bestätigte die photographische Abbildung in strenger Weise den Schluss — der vorher von Grant und andern gezogen und nunmehr von Secchi mit völliger Überzeugung wiederholt worden war —, dass eine ununterbrochene Schicht von Protuberanzenmaterie die Sonne von allen Seiten umgiebt und ein Reservoir bildet, aus welchem riesenhafte Auswürfe hervorgehen, und in welchem sie sich wieder ansammeln.

So waren die Erstlingsfrüchte einer genauen Kenntnis hinsichtlich der Umgebungen der Sonne geerntet, und der Wert der kurzen Augenblicke einer Verfinsterung dadurch unermesslich vergrössert worden, dass die flüchtigen Gesichtseindrücke durch die treuen und dauernden Abbildungen der photographischen Kammer ihre Ergänzung gefunden hatten.

Im Jahre 1868 nahm die Geschichte der Spektroskopie der Finsternisse ihren eigentlichen Anfang, wie die der Photographie der Finsternisse im Jahre 1860, d. h. die betreffenden Methoden gaben damals zuerst bestimmte Resultate. Am 18. August 1868 wurden die Indische und Malajische Halbinsel von einem Mondschatten durchzogen, der eine totale Verfinsterung der Sonne während fünf Minuten und achtunddreissig Sekunden hervorbrachte. Zwei englische und zwei französische Expeditionen wurden nach jenen fernen Gegenden, welche durch ein für den Fortschritt der Erkenntnis so vielversprechendes Ereignis begünstigt wurden, hauptsächlich zu dem Zwecke ausgesandt, den Urteilsspruch des Prismas über die Zusammensetzung der Protuberanzen zu vernehmen. Und sie wurden nicht vergebens ausgesandt. Zu Jamkandi in den westlichen Ghauts, woselbst Lieutenant (jetzt Oberst) Herschel postiert war, drohte unaufhörliches schlechtes Wetter seine ungestümen Erwartungen zu Schanden zu machen; aber während des Ablaufs der kritischen fünf und einer halben Minuten brachen sich die Wolken, und es ragte ein »langer, fingerähnlicher Vorsprung« über den Rand der dunklen Mondscheibe hervor. In einem andern Augenblicke wurde das Spektroskop dorthin gerichtet; drei helle Linien — rot, orange und blau — blitzten plötzlich auf und das Problem war gelöst.[1]) Das Problem war gelöst in jenem allgemeinen Sinne, dass die Zusammensetzung der höchst unglücklich »Protuberanzen« oder »Prominenzen« genannten Objekte aus glühenden Dämpfen nicht mehr zweifelhaft war, wenn

[1]) *Proc. Roy. Soc.*, vol. XVII, p. 116.

auch noch eine weitere Untersuchung hinsichtlich der Bestimmung der besonderen Arten, zu denen diese Dämpfe gehörten, erforderlich war.

Ähnliche aber vollständigere Beobachtungen wurden bei geringeren atmosphärischen Hindernissen von Tennant und Janssen zu Guntoor, von Pogson zu Masulipatam und von Rayet zu Wha-Tonne an der Küste der malajischen Halbinsel gemacht. Der letztere Beobachter zählte nicht weniger als neun helle Linien.[1]) Unter ihnen konnte man ohne Schwierigkeit die charakteristische Linie des Wasserstoffs erkennen, und es wurde allgemein, obwohl übereilt, angenommen, dass der orangenfarbene Strahl auf die Lichtausstrahlungen des Natriums passte. Doch boten sich noch bessere Gelegenheiten zur Beobachtung.

Die Finsternis von 1868 ist besonders deshalb bemerkenswert, weil sie die Astronomen auch ohne Finsternisse arbeiten lehrte, so weit wenigstens ein spezieller Zweig der Erforschung der Sonne in Betracht kommt. Begeistert durch die Schönheit und die Pracht der ihm durch sein Spektroskop enthüllten verschiedenartig gefärbten Protuberanzenlinien, rief Janssen zu seiner Umgebung aus: »Ich werde diese Linien, auch wenn keine Finsternis stattfindet, wiedersehen.« Am folgenden Morgen ging er an die Ausführung des Planes, der in seinem Kopfe entstand, während die Erscheinung, die ihn eingegeben hatte, noch vor seinen Augen war. Er beruht auf einem leicht verständlichen Prinzip.

Der Schimmer unserer eigenen Atmosphäre allein entzieht die Anhänge der Sonne dem alltäglichen Anblick. Einem Beobachter auf einem Planeten ohne Atmosphäre würde sich die mittlere Sonnenscheibe von ihrem ganzen prächtigen Gefolge der karmoisinroten Protuberanzen, der silberfarbenen Korona und dem weithin sich ausbreitenden Zodiakallichte, welches sich auf dem sternenbestreuten Hintergrunde eines absolut unerleuchteten Himmels abhebt, begleitet zeigen. Nun bietet aber das Spektroskop das Mittel, den atmosphärischen Glanz dadurch beliebig abzuschwächen, dass man einen konstanten Betrag desselben über ein beliebig erweitertes Feld zerstreut. Aber einfarbiges oder »hellliniges« Licht kann seiner Natur nach nicht in dieser Weise zerstreut werden. Es kann natürlich durch Brechung in jedem gewünschten Grade abgelenkt werden, aber es

[1]) *Comptes Rendus,* t. LXVII, p. 757.

bleibt stets gleichmässig koncentriert, nach welcher Richtung es auch gelenkt werde. Wenn es daher mit kontinuierlichem Lichte vermischt ist — wie in dem Falle der Protuberanzen, welche durch unsere Atmosphäre hindurchscheinen —, wird es aus jeder Vergrösserung der zerstreuenden Kraft des Spektroskops, mit welchem die heterogene Strahlenmenge untersucht wird, eine verhältnismässige Verstärkung erfahren. Wendet man aber Prismen genug an, so werden schliesslich die unverminderten Strahlen von beständiger Farbe aus dem stetig schwächer werdenden regenbogenfarbenen Bande, durch welches sie anfangs thatsächlich verschleiert waren, heraustreten.

Diese Erkenntnis kam Janssen plötzlich, während die Finsternis ihren Fortgang nahm; und er verwirklichte sie um zehn Uhr vormittags am 19. August des Jahres 1868 — dem Datum des Beginns der spektroskopischen Untersuchung am Rande der unverfinsterten Sonne. Während dieses ganzen Tages und an vielen folgenden genoss er, wie er sagte, den Vorteil einer verlängerten Finsternis. Das starke Interesse, mit welchem er die Gegend überwachte, die sich plötzlich seiner Untersuchung erschlossen hatte, wurde erhöht durch den Anblick schneller und gewaltiger Veränderungen. Am 18. August während der Finsternis hatte er eine ungeheure spiralförmige Struktur von mindestens 19300 (engl. 89000) Meilen Höhe wahrgenommen, die sich mit überraschender Pracht über dem Rande des zwischen Erde und Sonne stehenden Mondes erhob. Sie wurde, wie Major Tennant aus ihrem Aussehen in seinen Photogrammen schloss, durch das Zusammentreffen zweier aufsteigenden Flammenströme gebildet und als das »grosse Horn« bezeichnet. Am nächsten Tage lag sie in Trümmern; kaum eine Spur war noch dort, wo sie gewesen war, zu sehen.[1]) Das Spektroskop lieferte Janssen ausserdem die genaueste Bestätigung dessen, was ihm bereits das Teleskop und die photographische Kammer hinsichtlich der zusammenhängenden Natur der scharlachroten »Sierren,« die sich am Fusse der Protuberanzen befanden, berichtet hatten. Überall am Sonnenrande erschienen dieselben hellen Linien.

Erst am 19. September hielt es Janssen für zweckmässig, Nachrichten von seiner Entdeckung nach Europa zu senden. Er hatte sichs nicht träumen lassen, dass man ihm zuvorgekommen

---

[1]) *Comptes Rendus*, t. LXVII, p. 839.

war; aber er war auch nicht neidisch darüber, dass die Wissenschaft auf Kosten seines eigenen ungeschmälerten Ruhmes einen Fortschritt gemacht hatte. Wenige Minuten, bevor seine Sendung dem Sekretär der Pariser Akademie der Wissenschaften eingehändigt worden war, hatte man eine in ihrem Inhalt ähnliche Mitteilung von Norman Lockyer erhalten. Wir brauchen hier nicht die engherzige und interesselose Frage nach der Priorität zu diskutieren; jedem der beiden Bewerber gebührt das volle Verdienst für seine Erfindung, und es ist ihnen auch zu Teil geworden. Mit bemerkenswerter und vertrauensvoller Vorhersicht bestellte Lockyer im Jahre 1866, bevor noch irgend etwas über die Beschaffenheit der »roten Flammen« bekannt war, ein stark zerstreuendes Spektroskop zu dem ausdrücklichen Zwecke, auch ohne dass eine Finsternis stattfände, das helllinige Spektrum, welches dieselben voraussichtlich ergeben würden, zu beobachten. Verschiedene Verzögerungen indessen kamen dazwischen und erst am 16. Oktober 1868 gelangte das Instrument in seine Hände. Am 20. sah er die hellen Linien, deren Vorhandensein und (näherungsweise) Lage inzwischen bekannt geworden waren. Doch ist gar kein Zweifel, dass dieselben auch ohne jene vorherige Kenntnis gefunden worden wären, und dass die Finsternis vom 18. August eine bereits gesicherte Entdeckung nur beschleunigte.

Mittlerweile hatte Dr. Huggins zwei und ein halbes Jahr lang in seiner Sternwarte zu Tulse Hill nach demselben Ziele gestrebt. Das Prinzip der spektroskopischen Sichtbarkeit von Protuberanzenlinien am Rande einer unverfinsterten Sonne war von ihm im Februar 1868[1]) vollständig klar dargelegt worden, und er ersann verschiedene Apparate, um sie wirklich zu Gesicht zu bringen; aber erst, als er wusste, wohin er seinen Blick zu richten habe, gelang es ihm, sie zu sehen.

Die Astronomen, die auf diese Weise nach erlangter Möglichkeit, die Protuberanzen jederzeit zu sehen, von der Notwendigkeit befreit waren, sie während der Finsternisse zu beobachten, vermochten nun ihre ganze Aufmerksamkeit auf die Korona zu koncentrieren. Das erste, was zu thun war, war die Feststellung des Charakters ihres Spektrums. Dies wurde 1868 nur als ein schwaches kontinuierliches gesehen; denn Rayet, welcher ihre charakteristische helle Linie weit über den Spitzen der Flammen wahrgenommen zu

---

[1]) *Month. Not.*, vol. XXVIII, p. 88.

haben scheint, schrieb dieselbe trotzdem diesen letzteren Objekten zu. Andrerseits stellte Lieutenant Campbell bei der nämlichen Gelegenheit fest, dass das Licht der Korona in Ebenen, die durch den Mittelpunkt der Sonne gehen,[1]) polarisiert werde, und bewies damit, dass jenes Licht entweder ganz oder zum Teil reflektierter Sonnenschein war. Hiergegen wurde eingewendet, dass, wenn das Licht reflektierter Sonnenschein wäre, wenigstens die hauptsächlichsten dunklen Fraunhofer'schen Linien in ihm sichtbar sein würden, wie es in den Mondstrahlen, dem Lichte des gewöhnlichen Himmels und jedem andern von der Sonne herrührenden Lichte der Fall ist. Der Einwand war wohlbegründet, aber er wurde zu vorzeitig geltend gemacht, wie wir sehen werden.

Am 7. August 1869 ging ein Strich einer totalen Finsternis quer durch das Festland von Nordamerika, trat in die Behringsstrasse ein und endigte an der Küste von Nordkarolina. Er war besetzt mit Beobachtern; doch wurde am erfolgreichsten in Jowa gearbeitet. Zu Des Moines erhielt Professor Harkness von der Seewarte zu Washington ein »absolut kontinuierliches Spektrum« der Korona, welches etwas weniger hell war als das des Vollmondes, aber von einer einzigen grünen Linie durchzogen wurde.[2]) Dieselbe grüne Linie wurde zu Burlington gesehen und ihre Lage von Professor Young vom Dartmouther College gemessen.[3]) Er fand, dass sie mit einer dunklen Eisenlinie im Sonnenspektrum, welche in Kirchhoff's Zeichnung die Zahl 1474 trägt, zusammenfiel. Dies war überraschend, da es beim ersten Anblick zu dem Schlusse zu reizen schien, dass die Korona wirklich aus Eisendampf bestände,[4]) der so dünn war, dass er nur eine Linie von sekundärer Bedeutung unter den vielen Hunderten der zu ihm gehörigen ergab. Im Jahre 1876 aber vermochte Young mit Anwendung einer bedeutend grösseren Dispersion die Fraunhofer'sche Linie »1474« in ein Paar aufzulösen, von dem die eine zum Eisen, die andere (von grösserer Brechbarkeit) zu dem Gase der Korona gehörte.[5]) Diese Substanz, von welcher der irdischen Chemie nichts bekannt ist, leuchtet bis mindestens 100000 Meilen oberhalb

---

[1]) *Proc. Roy. Soc.*, vol. XVII, p. 123. — [2]) *Washington Observations*, 1867, App. II. Harkness's *Report*, p. 60. — [3]) *Am. Journ.*, vol. XLVIII (2. Series), p. 377. — [4]) Dieser Ansicht stimmten weder Young noch Lockyer jemals bei. — [5]) *Am. Journ.*, vol. XI (3. Series), p. 429.

der Sonnenoberfläche und muss beträchtlich leichter sein sogar als Wasserstoffgas.

Noch eine andere Trophäe trug amerikanische Geschicklichkeit[1]) achtzehn Monate nach der ihr zu verdankenden Bestimmung des speziellen Spektrums der Korona davon. Die Finsternis des 22. Dezember 1870 zog, obwohl sie nur zwei Minuten und zehn Sekunden dauerte, Beobachter sowohl aus der neuen, wie aus der alten Welt nach den Gestaden des Mittelmeeres. Janssen reiste von dem belagerten Paris in einem Ballon ab und nahm die wesentlichen Teile eines Reflektors mit sich, der eigens zu dem Zwecke konstruiert war, Licht über die Beschaffenheit der Korona zu verbreiten. Aber er kam nur nach Oran, um zu sehen, dass er hinter einem Wolkenschleier eingeschlossen war, der undurchdringlicher war, wie die preussischen Linien. Überall war der Himmel mehr oder weniger bedeckt. Lockyer's Reise von England nach Sicilien und sein Schiffbruch auf der »Psyche« wurde belohnt mit einem Blick auf die Sonnenaureole von ein und einer halben Sekunde Dauer! Drei Stationen in verschiedenen Höhen des Ätna sahen absolut nichts. Dessenungeachtet erhielt man den Elementen zum Trotz wichtige Aufschlüsse.

Das hervorragende Ereignis war Young's Entdeckung der »umkehrenden Schicht.« Je mehr sich die noch übrige Sonnensichel vor dem heranrückenden Monde verschmälerte, »nahmen die dunklen Linien des Spektrums — so erzählt er uns — und das Spektrum selbst allmählich ab, bis auf einmal, ebenso plötzlich, wie eine platzende Rackete ihre Sterne hinausschleudert, das ganze Gesichtsfeld erfüllt wurde mit hellen Linien, die zu zahlreich waren, als dass man sie hätte zählen können. Die Erscheinung war so plötzlich, so unerwartet und so wunderbar schön, dass sie zu einem unwillkürlichen Ausruf des Staunens nötigte.«[2]) Ihre Dauer betrug etwa zwei Sekunden und der hervorgebrachte Eindruck war der einer vollständigen Umkehrung des Fraunhofer'schen Spektrums d. h. der Ersetzung jeder dunklen Linie durch eine helle.

Nun war etwas derartiges theoretisch notwendig zur Erklärung der dunklen Strahlen im Sonnenlichte, welche uns schon so viel ge-

---

[1]) Bei einer solchen Beobachtung hängt alles von der angemessenen Handhabung des Spaltes des Spektroskops ab. — [2]) *Mem. R. A. Soc.*, vol. XLI, p. 435.

lehrt haben und uns noch viel mehr lehren werden, so dass die Erscheinung, wenn sie auch durch ihren flüchtigen Glanz überraschte, nicht eigentlich »unerwartet« genannt werden konnte. Überdies war eine vorhergehende Andeutung derselben in dem Verschwinden jener Linien von Pater Secchi 1868[1]) wirklich beschrieben und auch von Young beobachtet worden, als der Mond die Sonne im August 1869 bedeckte. Aber da der Spalt seines Spektroskops normal stand zum Sonnenrande, so gaben die hellen Linien einen zu feinen Blitz, als dass ihn das Auge hätte wahrnehmen können. Im Jahre 1870 war die Lage des Spaltes tangential — sie lief an der seichten Schicht glühender Dämpfe entlang, anstatt sie quer zu durchschneiden: und daher sein Erfolg.

Die nämliche Beobachtung wurde zu Xerez de la Frontera von Pye, einem Teilnehmer der Young'schen Expedition, gemacht, und seitdem ist sie, obwohl sie sehr delikater Natur ist, häufig wiederholt worden. Die ganze Fraunhofer'sche Reihe erschien hell (andere Beispiele nicht zu erwähnen) Maclear, Herschel und Fyers im Jahre 1871 beim Anfang oder Ende der totalen Verfinsterung, Pogson während einer (vielleicht irrtümlich geschätzten) Periode von fünf bis sieben Minuten bei Beendigung einer ringförmigen Finsternis am 6. Juni 1872, Stone zu Klipfontein am 16. April 1874, wo er das »Feld voll von hellen Linien sah.«[2]) Aber zwischen dem Bilde, welches einen »wahren Regen von glänzenden Linien,«[3]) der drei Sekunden lang nach dem Verschwinden der Sonne am 17. Mai 1882 in Trépied's Spektroskop herabfiel, darstellte, und dem bekannten dunkellinigen Sonnenspektrum wurden gewisse Unterschiede wahrgenommen, welche zeigten, dass ihr Verhältnis zu einander nicht einfach dasjenige eines positiven zu einem negativen Eindruck war.

Eine »umkehrende Schicht« oder eine Schicht vermischter Dämpfe, welche glühten, aber mit einer niedrigeren Temperatur wie die eigentliche Sonnenoberfläche, war ein wesentlicher Teil von Kirchhoff's Theorie der Entstehung der Fraunhofer'schen Linien. In derselben wurde angenommen, dass die fehlenden Strahlen absorbiert würden, und es wurde ferner angenommen, dass die fehlenden Strahlen hell erscheinen würden, wenn sie von dem überwäl-

---

[1]) *Comptes Rendus,* t. LXVII, p. 1019. — [2]) *Mem. R. A. Soc.,* vol. XLI, p. 43. — [3]) *Comptes Rendus,* t. XCIV, p. 1640.

tigenden Glanze ihres Hintergrundes isoliert werden könnten. Diese Isolierung wird bewirkt durch Sonnenfinsternisse mit dem Resultat — welches eine schöne Bestätigung der Theorie ist —, dass das Fraunhofer'sche Spektrum umgekehrt oder das Helle mit dem Dunklen vertauscht wird. Aber es besteht eine Schwierigkeit. Wenn die Absorption wirklich in dieser Weise örtlich begrenzt ist, so müsste sie in der Nähe der Ränder der Sonnenscheibe bedeutend stärker erscheinen. Dies ist indessen nicht der Fall. Kirchhoff begegnete dem Einwurf, indem er der umkehrenden Schicht eine grosse Tiefe gab, wodurch die Längenunterschiede der Wege, welche die vom Rande der Sonne und ihrem Mittelpunkte ausgehenden Strahlen durch diese Schicht hindurch zurücklegten, verhältnismässig unbedeutend wurden. Mit andern Worten, er nahm an, dass der hauptsächlichste Teil des im Spektrum fehlenden Lichtes in der Region der Korona zurückgehalten wurde.

Faye andrerseits schaffte die umkehrende Schicht ganz und gar ab (einen augenscheinlichen Beweis ihrer Existenz gab es damals noch nicht); oder besser, er nahm sie unter der sichtbaren Höhe der Photosphäre an und liess die notwendige Absorption in den Zwischenräumen der photosphärischen Wolken durch die Dämpfe, in denen sie schwimmen und aus denen sie sich verdichten, entstehen. Es war jedoch sogleich zu sehen, dass die so erzeugten Linien hell, nicht dunkel sein würden, da die helleren Massen durch ihr grösseres Ausstrahlungsvermögen unter die Temperatur des umgebenden Mittels abgekühlt werden würden. In weniger augenscheinlicher Nichtübereinstimmung mit Thatsachen war eine Erklärung, welche 1881 Professor Hastings in Baltimore gab.[1]) Young's Schicht mit ihrer geschätzten Dicke von 130 (engl. 600) Meilen stellte nach seiner Ansicht nur den oberen Rand eines »umkehrenden Ozeans« dar, in welchem die »Körnchen« der Photosphäre in verschiedenen Tiefen schwimmen. Der notwendige Temperaturunterschied wird abgeleitet aus der Abkühlung der sich niederschlagenden Dämpfe, welche die ausstrahlenden Teilchen benetzen und sie gewisser charakteristischer Strahlen berauben. Gewisse Beobachtungen aber, welche Lockyer während der totalen Finsternis von 1882 und Turner von der Greenwicher Sternwarte während der Finsternis von 1886 anstellten, verbreiten ein neues Licht über die Sache. Sie

---

[1]) *Am. Journ. of Sc.*, vol. XXI, p. 33.

scheinen zu beweisen, dass das kurze prismatische Schauspiel, welches am Anfang oder Ende der Totalität gesehen wird, nur ein Teil eines mannigfaltigen und umfassenden Phänomens ist. Durch sorgfältige Beobachtung fand man, dass sich vor Eintritt desselben (bei der vorrückenden Phase) zuerst kurze lebhafte Linien nahe am Rande, welche den höchsten bekannten Temperaturen entsprechen, sodann lange feine Linien, welche auf Absorption hoch oben in den Regionen der Korona hinweisen, bemerkbar machen. Gerade solche Wirkungen sind von Lockyer vorhergesagt worden [1]) und werden notwendig von seiner Theorie verlangt, nach welcher das Fraunhofer'sche Spektrum hervorgebracht wird durch die vereinigte und verschiedenartige Absorption aller aufeinanderfolgenden Schichten der Sonnenatmosphäre, von denen jede eine niedrigere Temperatur und eine höhere molekulare Zusammensetzung hat, wie die unter ihr befindlichen. Ein genaues Entsprechen zwischen den hellen Strahlen der sogenannten »umkehrenden Schicht« und den dunklen Sonnenstrahlen kann daher nicht erwartet werden und würde in der That einige Verlegenheit bereiten. Aus diesem Grunde ist Trépied's Entdeckung von Abweichungen besonders wertvoll, und wir dürfen hoffen, dass eine Momentaufnahme des vollständigen »regenbogenfarbigen Blitzes,« welcher den Eintritt der Totalität begleitet, in kurzem der Theorie dieses Gegenstandes eine festere Stütze bieten wird, als es bis jetzt möglich ist.

Die letzte der fünf Finsternisse, die wir zu einer besonderen Betrachtung zusammengestellt haben, war am 12. Dezember 1871 im südlichen Indien und in Australien sichtbar. Einige prachtvolle photographische Aufnahmen wurden von den englischen Beobachtern an der Küste von Malabar gemacht, welche zum ersten Male die merkwürdig verzweigte Form der Korona zeigten; aber das hervorstechendste Resultat war Janssen's Entdeckung einiger der Fraunhofer'schen Linien, die lange vergebens in dem kontinuierlichen Spektrum der Korona gesucht worden waren. Die hauptsächlichste unter ihnen war die D-Linie des Natriums, die, wie man behaupten kann, ursprünglich den Weg zur Chemie der Sonne gewiesen hat. Dafür, dass das Polariskop die Wahrheit gesprochen, als es behauptete, dass ein grosser Teil der Strahlen der Korona reflektiertes Sonnenlicht sei, konnte kein entscheidenderer Beweis

[1]) *Chemistry of the Sun*, p. 359.

erbracht werden als dieser schwache Wiederhall der besonderen Noten des Fraunhofer'schen Spektrums. Doch ist das Licht der Korona (besonders zu gewissen Zeiten) mit soviel eigenleuchtenden Strahlen durchsetzt, dass die charakteristischen Kennzeichen des Sonnenlichts beinahe verwischt werden. Dass es Janssen gelang sie wahrzunehmen, rührt zum Teil von der ausserordentlichen Reinheit der Luft in Sholoor in den Neilgherries, wo er stationiert war, zum Teil von dem Gebrauche eines Instrumentes her, welches durch seine weite Öffnung und kurze Brennweite ein Bild von der äusserst möglichen Helligkeit zu geben vermochte.

Seine Beobachtungen bewiesen ferner unbedingt das Vorhandensein von Wasserstoff weit ausserhalb der Gegend der Protuberanzen und zeigten, dass er ein wesentlicher Bestandteil der Korona ist. Diese wichtige Thatsache wurde gleichzeitig bestätigt durch Lockyer zu Baikul und durch Respighi zu Poodacottah, von denen jeder für sich die Probe mit einem zu diesem Zwecke ersonnenen »spaltlosen Spektroskop« machte. Dieses besteht einfach aus einem an der Aussenseite des Objektivs eines Teleskops oder der Linse einer photographischen Kammer aufgestellten Prisma, wodurch das Licht, welches die verfinsterte Sonne umgiebt in ebenso viele verschiedenfarbige Ringe zerlegt wird, als es verschiedene Arten von Licht enthält. Diese farbigen Ringe wurden von Respighi durch ein Teleskop betrachtet und von Lockyer photographiert, und es ergab sich dasselbe Resultat, nämlich dass Wasserstoff gleichmässig von der Sonnenoberfläche bis zu einer Höhe von vollen 43 400 (engl. 200 000) Meilen aufsteigt. Noch eine andere bemerkenswerte Beobachtung, welche von Herschel und Tennant zu Dodabetta gemacht wurde, zeigte, dass die grüne Linie »1474« gerade so hell in einer »Spalte« wie in der angrenzenden Wimpel war. Der sichtbare Bau der Korona war somit unabhängig von der Verteilung der sie bildenden Gase.

Mittelst der fünf grossen Finsternisse während der Jahre 1860—71 war demnach festgestellt worden: erstens, dass die Protuberanzen und mindestens der untere Teil der Korona wirkliche Anhängsel der Sonne sind; zweitens, dass die Protuberanzen aus Wasserstoff und anderen Gasen in glühendem Zustande bestehen und sich als unregelmässige Vorsprünge aus einer kontinuierlichen Hülle derselben Stoffe und von mehreren tausend Meilen Dicke erheben; drittens, dass die Korona eine zusammengesetztere

Konstitution zeigt, indem sie zum Teil aus glühenden Dämpfen, zum Teil aus einer Masse besteht, die Sonnenlicht zu reflektieren vermag. Wir können nun zur Betrachtung der Ergebnisse der späteren Sonnenfinsternisse übergehen. Durch dieselben sind einige sehr merkwürdige Fragen aufgeworfen und der Lösung näher gebracht worden. In der That regt nicht nur jede sorgfältig beobachtete totale Sonnenfinsternis die Neugier an, sondern sie befriedigt sie auch zum Teil, lässt jedoch immer noch einigen Zweifel zurück, der mit fortschreitender Zeit und Untersuchung beständig beseitigt, aber auch beständig durch neuen wieder ersetzt wird. Es kann nicht geleugnet werden, dass die Korona ein höchst merkwürdiges Phänomen ist, und dass sie nicht weniger merkwürdig wird, je mehr wir von ihr wissen. Sie zeigte ein vollständig neues und überraschendes Aussehen bei Gelegenheit der Finsternis, welche am 29. Juli 1878 in den westlichen Staaten von Nordamerika stattfand. Die Beobachtungsverhältnisse waren besonders günstig. Das Wetter war prachtvoll; über den Rocky Mountains war der Himmel von solcher Reinheit, dass er die Entdeckung der Jupitertrabanten in verschiedenen aufeinanderfolgenden Nächten mit blossem Auge gestattete. Die Gelegenheit, die Erkenntnis zu fördern, wurde aufs beste wahrgenommen. Nahe an hundert Astronomen (unter ihnen verschiedene Engländer) hatten zwölf verschiedene Posten inne und bereiteten sich zu einem kräftigen Angriff vor.

Die Frage, ob die Korona an den allgemeinen Zuständen der Sonne Anteil nimmt, ob sie, sei es in der Form oder im Glanze, sich ändert mit dem Fortschreiten der Sonnenfleckenperiode, hatte sich schon öfters aufgedrängt und war eine ganz natürliche. Ein günstigerer Augenblick, diese Frage zu beantworten, konnte kaum gewählt werden als der, in welchem die Finsternis eintrat. Die Störungen in der Sonne hatten gerade damals ihren niedrigsten Stand. Die Entwickelung von Flecken für den Monat Juli 1878 war in Wolf's System der »relativen Anzahlen« durch den Bruch 0.1 dargestellt gegenüber der Zahl 135.4 für den Dezember 1870, einer Epoche der grössten Thätigkeit. Die »Chromosphäre«[1]) war

---

[1]) Die rosige Hülle der Protuberanzenmaterie war so 1868 (*Phil. Trans.*, vol. CLIX, p. 430) von Lockyer genannt worden; und diese Benennung hat sich trotz ihrer Verleugnung der griechischen Grammatik erhalten und ist die herrschende geworden.

zum grössten Teil seicht und ruhig; ihre Tiefe über den Fleckenzonen war von etwa 1300 auf 430 Meilen gesunken; die Protuberanzen waren gering an Zahl und schwach. Offenbar musste, falls ein einem Minimum von Sonnenflecken entsprechender Typus der Korona existierte, derselbe jetzt oder niemals gesehen werden. Er wurde gesehen; während er aber in manchen Hinsichten mit der Erwartung übereinstimmte, machte er sie in anderen vollständig zu schanden.

Die Korona von 1878 war, wie allgemein zugegeben wurde, im Vergleich zu denen von 1869, 1870 und 1871 auf ihre Hauptumrisse eingeschränkt und in ihrem Glanze sehr geschwächt. Lockyer behauptete, dass sie zehnmal schwächer war als im Jahre 1871; Professor Harkness schätzte ihr Licht auf weniger als ein Siebentel desjenigen, welches von der vom Nebel bedeckten Aureole des Jahres 1870[1]) ausging. In der Form zudem war sie merklich verschieden. Zur Zeit, wo die Flecken zahlreich sind, erscheint die Korona am vollständigsten über den Fleckenzonen entwickelt und bietet so unsern Augen einen fast quadratischen Kontur dar. Die vier grossen leuchtenden Flächen, welche die Ecken des Quadrates bilden, bestehen aus Strahlen, die sich von beiden Seiten zu »synklinischen« oder ohrenförmigen Gruppen zusammenneigen, von denen jede mit dem Blatte einer Blume verglichen werden kann. Im Jahre 1871 erschien Janssen der verfinsternde Mond wie das dunkle Innere einer riesigen Georgine, die selbst in hellen Farben an den Himmel gemalt war, und die Ähnlichkeit mit der Verzierung einer von Sir George Airy im Jahre 1851 benutzten Windrosenkarte giebt eine deutliche Vorstellung von der dekorativen Wirkung der gehörnten strahligen Art der Aureole, die, wie es scheint, stets dann sich zeigt, wenn die Thätigkeit der Sonne ziemlich stark ist. In seinem prachtvollen Werke über Sonnenfinsternisse[2]) wies zuerst Ranyard die Eigentümlichkeit der synklinischen Strukturen durch eine Nebeneinanderstellung von Zeichnungen als eine allgemeinere nach; aber die Symmetrie ihrer Anordnung, wenn sie auch häufig überraschend ist, kann doch durch sekundäre Bildungen beeinträchtigt werden. Nichts von alledem war im Jahre 1878 sichtbar. Anstatt dessen sah man als Grund der Korona einen Ring von perlenfarbigem Lichte, der

---

[1]) *Bull. Phil. Soc. Washington*, vol. III, p. 118. — [2]) *Mem. R. A. Soc.*, vol. XLI, 1879.

dem Auge wie Nebel erschien, aber im Teleskop und in den photographischen Abbildungen eine faserige Textur zeigte, als ob er aus Bündeln feiner Haare verfertigt wäre. Nördlich und südlich ging von jedem der beiden Sonnenpole mit deutlicher Regelmässigkeit eine Reihe von kurzen, lebhaften, einer elektrischen Entladung ähnlichen Flammenbüscheln aus. Sie waren nicht gegen den Mittelpunkt der Sonne, sondern gegen die beiden Endpunkte ihrer Achse gerichtet, so dass die entfernteren Strahlen auf beiden Seiten beinahe tangential zur Oberfläche ausgingen. Man kann sich nicht erwehren, dieses ungewöhnliche Schauspiel polarer Thätigkeit[1]) mit der grossen relativen Tiefe der Chromosphäre in jenen Gegenden, die vor der Finsternis von Trouvelot bemerkt worden war,[2]) in Zusammenhang zu bringen.

Aber das hauptsächlichste und wahrhaft überraschende Charakteristikum des Phänomens bildeten die beiden grossen schwachleuchtenden Lichtflügel, die sich zu beiden Seiten der Sonne in der Richtung der Ekliptik ausbreiteten. Sie entgingen nur sehr wenigen sorgfältigen Beobachtern, aber die ihnen zugeschriebene Ausdehnung war verschieden, je nach der Geschicklichkeit im Beobachten und den Umständen, unter denen sie gesehen wurden. Bei weitem die auffallendsten Beobachtungen wurden durch Newcomb zu Separation (Wyoming), durch Cleveland Abbe von einer Plattform des Pike's Peak und durch Langley von seinem Gipfel in einer Höhe von 4300 Metern über dem Meere angestellt. Niemals vorher war eine Sonnenfinsternis auch nur annähernd in solcher Höhe und unter einem so durchsichtigen Himmel beobachtet worden. Ein Beweis für die grosse Schwächung durch die Atmosphäre ergab sich daraus, dass die Korona noch mehr als vier Minuten, nachdem die Totalität vorüber war, wahrgenommen wurde. Während der 165 Sekunden ihrer Dauer blieben die merkwürdigen »Wimpel,« von denen oben die Rede war, fortgesetzt sichtbar und erhoben sich rechts und links von der Sonne bis zu einer Entfernung von mindestens $2\frac{1}{6}$ (engl. 10)

---

[1]) Professor W. A. Norton beobachtete **1869** eine ähnliche Erscheinung, die von einigen Spuren äquatorialer Ausstrahlung begleitet war. Es ist dies um so bemerkenswerter, als **1869** ein Jahr zahlreicher Sonnenflecken war. Sein Zeugnis, das zwar nicht weiter unterstützt wurde und der Theorie der verschiedenen Typen entgegensteht, sollte nicht unbeachtet gelassen werden. Siehe *Am. Journ. of Science*, vol. I (3. ser.), p. 1. — [2]) *Wash. Obs.*, 1876, App. III, p. 80.

Millionen Meilen! Ein Zweig hatte eine scheinbare Ausdehnung von vollen zwölf Monddurchmessern, ohne dass man hätte bestimmt angeben können, wo er endigte; und es lag kein Grund vor anzunehmen, dass die andern weniger ausgedehnt seien. Die Achse des längsten Strahles fiel genau, soweit man dies beurteilen konnte, mit der Ekliptik[1]) zusammen. Young und Abbe sahen nur blasse Querstreifen.

Die Ähnlichkeit mit dem Zodiakallicht war überraschend, und eine Gemeinsamkeit des Ursprungs dieses rätselhaften Gliedes unseres Systems und der Korona wurde unwiderstehlich angedeutet. Wir können uns zwar vorstellen, dass, unter solchen ausnahmsweise günstigen atmosphärischen Verhältnissen, deren sich Professor Langley auf dem Pike's Peak zu erfreuen hatte, die »Wurzeln« des Zodiakallichtes in der Nähe der Sonne gerade eine solche Erscheinung darbieten, wie er beobachtete; aber wir können uns keinen Grund denken, warum ihre Sichtbarkeit von einem niedrigen Stande der Sonnenthätigkeit abhängen sollte. Trotzdem scheint dies mit den Wimpeln der Fall zu sein, die im Jahre 1878 die Astronomen in Erstaunen setzten. Denn im August 1867, wo ähnliche äquatoriale Ausströmungen verbunden mit ähnlichen Symptomen polarer Erregung von Grosch[2]) an der Sternwarte zu Santiago beschrieben und abgebildet wurden, waren die Sonnenflecken in einem Minimum, während die Korona von 1715, welche nach einer Zeichnung von Roger Cotes[3]) von demselben Typus gewesen zu sein scheint, drei Jahre vor dem folgenden Maximum zu sehen war. Die verfinsterte Sonne war nach seiner Beobachtung zu Cambridge am 2. Mai 1715 von einem Lichtringe, der etwa $\frac{1}{6}$ der Breite des Monddurchmessers hatte, umgeben; auf diesen lagerten sich leuchtende Kreuze aus langen hellen Zweigen, die sehr nahe in der Ebene der Ekliptik lagen, und kürzeren polaren Armen, die so schwach waren, dass sie nur dann und wann sichtbar wurden. Die Ähnlichkeit zwischen seiner Schilderung und Cleveland Abbe's Abbildung der Korona von 1878 ist ausserordentlich auffällig. Es muss jedoch beachtet werden, dass einige grössere Flecken auf der Sonnenscheibe zur Zeit der Cotes'schen Finsternis sichtbar waren, und dass das vorhergehende Minimum

---

1) *Wash. Obs.*, 1876, App. III, p. 209. — 2) *Astr. Nachr.*, No. 1737. — 3) *Correspondence with Newton*, pp. 181—184; Ranyard, *Mem. R. A. S.*, vol. XLI, p. 501.

(nach Wolf) im Jahre 1712 eintrat. Daher ist das Zusammenfallen der Epochen nicht vollkommen. Sollte aber die Korona von 1878 sich im Jahre 1889 wieder zeigen, so würde der angenommene Zusammenhang fest begründet sein.

Professor Cleveland Abbe war völlig überzeugt, dass die langen von ihm auf dem Pike's Peak sorgfältig beobachteten Strahlen nichts anderes waren als Schwärme von Meteoriten, die sich im Perihelion befanden; und es ist vollkommen gewiss, dass die Nachbarschaft der Sonne mit solchen Körpern erfüllt sein muss. Es liegt aber kein Grund zu der Annahme vor, dass sie in der Ekliptik häufiger vorkommen als in jeder andern der unzählig vielen durch den Mittelpunkt der Sonne gehenden Ebenen. Im Gegenteil, alles was wir wissen, lässt uns glauben, dass Meteoriten, gerade so wie ihre kometarischen Genossen, der Strassenordnung, an welche die Planeten gebunden sind, nicht gehorchen, sondern ohne Unterschied in jeder Richtung und in Bahnen, die unter jedem Winkel gegen die Fundamentalebene unseres Systems geneigt sind, sich bewegen. Überdies sprechen der eigentümliche Bau am Grunde der Wimpel, der sich in den photographischen Abbildungen zeigt, die gekrümmten Strahlen, die sich zu Bogen, gotischen Fenstern ähnlich, verbinden, das sichtliche Streben in die Höhe zu schiessen, die fasrige Textur unverkennbar für die Wirkung von Kräften, die von der Sonne ausgehen, nicht von ausserhalb befindlicher Materie, welche um die Sonne kreist.

Man kann ferner fragen, welche mögliche Beziehung zwischen der Zodiakalebene und der inneren Thätigkeit der Sonne bestehen könne? Denn es ist eine bemerkenswerte Thatsache, dass die Lage der Wimpel nahezu mit jener Ebene und nicht mit der Ebene des Sonnenäquators übereinstimmt. Wir kennen keine solche Beziehung, aber es mag bemerkt werden, dass man bei Sonnenfinsternissen öfters die Beobachtung gemacht hat, dass die Symmetrieachse der Korona um einen merklichen Winkel gegen die Rotationsachse der Sonne geneigt ist, und dass der entsprechende »magnetische Äquator« in durchaus begreiflicher Weise der Schauplatz von Ausströmungen sein könnte, die durch eine gewisse Art elektrischer Repulsion veranlasst werden.

Der sicherste, wenn auch nicht auffälligste Beweis einer mit der Sonne im Zusammenhang stehenden Veränderung in der Korona wird durch die Analyse ihres Lichtes geliefert. Im Jahre 1878 fand man, dass die hellen Linien, die in dem Spektrum der Korona von 1870 und 1871 so deutlich sichtbar waren, so sehr geschwächt waren, dass man sie kaum noch wahrnehmen konnte. Verschiedenen geschickten Beobachtern gelang es überhaupt nicht, sie zu sehen; doch glückte es Young und Eastman sowohl die Wasserstofflinie wie die grüne Linie »1474« rund um die Sonne bis zu einer Höhe, die auf 74 000 (engl. 340 000) Meilen geschätzt wurde, zu verfolgen. Die sie aussendenden Substanzen waren daher vorhanden, wenn auch in einem niedrigeren Glühzustande. Das kontinuierliche Spektrum war verhältnismässig lebhaft; ein schwacher Wiederschein der Fraunhofer'schen Linien war in ihm wahrzunehmen, und Polarisation war unzweifelhaft vorhanden und nahm nach dem Rande hin zu, während sie 1870 in einer beträchtlichen Entfernung davon einen grössten Wert erreichte. Versuche mit Edison's Tasimeter zeigten, dass die Korona eine beträchtliche Menge Wärme ausstrahlte.

Die nächste vielversprechende Finsternis trat am 17. Mai 1882 ein. Die Zusammenkunft der Astronomen, wie sie bei solchen Gelegenheiten üblich geworden war, fand diesmal zu Sohag in Oberegypten statt. Selten haben sich vierundsiebzig Sekunden so gut verinteressiert. Jedem Beobachter war eine besondere Aufgabe zuerteilt, und die Vorteile einer strikten Arbeitsteilung waren sichtbar in der Mannigfaltigkeit und dem Betrage der gewonnenen Belehrung.

Das Jahr 1882 zeigte zahlreiche Sonnenflecken. Am Vorabend der Finsternis wurden dreiunddreissig besondere Flecken gezählt. Wenn irgend etwas Wahres an der Theorie war, welche die Formen der Korona mit den Schwankungen in der Sonnenthätigkeit in Verbindung setzte, so konnte man voraussetzen, dass die weiten Ausläufer in der Ekliptik und die polaren »Büschel« von 1878 ersetzt sein würden durch die sternenähnliche Struktur von 1871. Diese Erwartung wurde buchstäblich erfüllt. Zodiakale Wimpel wurden nicht gesehen. Dass es absolut nicht gelang sie wahrzunehmen, trotzdem man bei einem Himmel von durchsichtigster Klarheit ausdrücklich nach ihnen suchte, rechtfertigt die emphatische Behauptung, dass sie nicht vorhanden waren. Anstatt dessen trat der Typus der Korona, welcher elf Jahre früher in Indien beobachtet worden war, mit seinen leuchtenden Reiherfedern, seiner komplicierten Textur und seinem glänzenden dekorativen Effekte wieder hervor.

Ein übereinstimmendes Zeugnis lieferte das Spektroskop. Das reflektierte, von der Korona herkommende Licht war schwächer als im Jahre 1878, während die ursprünglichen Lichtstrahlen verhältnismässig intensiver waren. Einige neue helle Linien wurden entdeckt. Tacchini bestimmte vier am roten Ende des Spektrums; Thollon nahm einige im violetten Ende wahr, und Dr. Schuster mass und photographierte ungefähr dreissig.[1]) Die autographisch verzeichneten Fraunhofer'schen Linien in dem kontinuierlichen Spektrum waren nicht minder zahlreich. Es war dies der erste gelungene Versuch, das Spektrum der Korona mit Hilfe eines gewöhnlichen Spalt-Spektroskops zu photographieren. Das spaltlose Spektroskop oder »die prismatische Kammer« wurde indessen, obwohl seine Ausweise notwendig von weit oberflächlicherem Charakter sind, auch ferner mit Vorteil angewendet. Die Thatsache, dass das violette Licht, welches in den beiden dem Kalcium zugehörigen Linien H und K koncentriert ist, in den chromosphärischen Gegenden besonders kräftig ist, wurde in überraschender Weise von ihm entdeckt, sowie auch, dass die die Linie »1474« ausstrahlende Substanz (welche man passend Coronium nennen könnte) insbesondere, wenn nicht ausschliesslich, zur Korona als sie von den Protuberanzen unterscheidendes Merkmal gehört. Lockyer beobachtete, dass der kontinuierliche Teil des Spektrums der Korona in seltsamer Weise gerippt und geriefelt war; und in dem Spektrum einer Protuberanz wurden neunundzwanzig Linien photographiert, unter denen sich die ultraviolette Reihe des Wasserstoffs befand, die bei den Strahlen weisser Sterne von Dr. Huggins entdeckt worden war.[2])

Dr. Schuster's photographische Abbildungen der Korona selbst waren die umfassendsten wie die am meisten ins einzelne gehenden, welche bisher je aufgenommen worden waren. Eine Spalte prägte sich auf den Platten bis zu einer Entfernung von nahezu anderthalb Durchmessern vom Rande ab, und die Durchsichtigkeit der Wimpel ging daraus hervor, dass durch sie hindurch auch die feinen jenseits derselben liegenden Verzierungen abgebildet wurden. Dazu kam die eigenartige und malerische Gestalt eines hellen Kometen, der sich selbst in der ganzen Anmut seiner durch die feine Krümmung seines Schweifes sich verratenden schnellen Bewegung abgebildet hatte, während er aus dem möglicherweise nur einmaligen Besuche unserer Sonne forteilte und nur für einen Moment durch die Entziehung des Glan-

---

[1]) *Proc. Roy. Soc.*, vol. XXXV, p. 154. — [2]) Abney, *Phil. Trans.*, vol. CLXXV, p. 267.

zes, von welchem er vorher und jetzt wiederum rasch verhüllt wurde, sichtbar geworden war.

Aus einem sorgfältigen Studium dieser wertvollen Abbildungen schöpfte Dr. Huggins die Idee eines möglichen Verfahrens, die Korona auch bei vollem Sonnenscheine zu photographieren.[1]) Wie bereits bemerkt, ist ihre gewöhnliche Unsichtbarkeit eine Folge des Glanzes oder des reflektierten Lichtes, welches durch unsere Atmosphäre ausgestreut ist. Durch Untersuchung von Schuster's Negativen fand aber Dr. Huggins, dass ein grosser Teil des Lichtes in dem Spektrum der Korona (sowohl in dem kontinuierlichen wie in dem unterbrochenen) in der violetten Gegend zwischen den Fraunhofer'schen Linien G und H gesammelt wird. Hieraus schöpfte er die Hoffnung, dass, wenn alle andern Strahlen ausgeschlossen würden, jener Teil sich stark genug erweisen würde, um den hinderlichen Glanz zu überwinden und auf gut präparierten Platten infolge lokaler Überlegenheit in der beleuchtenden Kraft die Formen des Anhängsels, von welchem er ausgesandt wird, einzuprägen.

Gegen Ende Mai 1882 begann er seine Versuche und am 28. September erhielt er ein schwaches Zeichen des Erfolges. Die Ausschliessung aller andern Arten von Licht mit Ausnahme desjenigen, mit welchem er zu operieren gedachte, wurde anfangs bewerkstelligt durch Zwischenschiebung von Schirmen aus purpurnem Glase oder andern ähnlich absorbierenden Medien; später jedoch wurde sein Zweck einfacher und wirksamer erreicht durch Anwendung von Silberchlorid als sein empfindliches Material, da diese Substanz chemisch indifferent ist gegen alle andern ausser gerade gegen diejenigen Strahlen, in denen die Korona im Vorteil ist.[2]) Die Reinheit der auf seinen Platten zurückgelassenen Eindrücke wurde nachdrücklichst bezeugt. »Nicht nur der allgemeine Anblick,« erklärte Kapitän Abney,[3]) »ist derselbe, sondern auch die Einzelheiten, z. B. die Risse und Fahnen, haben dieselbe Lage und Form.« Es fand

---

[1]) *Proc. Roy. Soc.*, vol. XXXIV, p. 409. Versuche zu demselben Zwecke wurden von Dr. O. Lohse zu Potsdam in den Jahren 1878—80 angestellt, nicht ohne einige schwache Hoffnung auf schliesslichen Erfolg. *Astr. Nachr.*, No. 2486. — [2]) Die Empfindlichkeit des Chlorsilbers erstreckt sich von h bis H, d. h. über die obere oder die grössere Brechbarkeit besitzende Hälfte des Raumes, in welchem der Hauptteil des Lichtes der Korona koncentriert ist. — [3]) *Proc. Roy. Soc.*, vol. XXXIV, p. 414.

sich überdies, dass die Korona, welche während der totalen Finsternis vom 6. Mai 1883 photographiert worden war, ihrer Gestalt nach unmittelbar zwischen den Koronen lag, die Dr. Huggins vor und nach diesem Ereignisse photographiert hatte; jedes Bild nahm seinen eigenen Platz ein in einer Reihe fortschreitender Veränderungen, die an und für sich hoch interessant sind und den Wert der zu ihrer Abbildung angewandten Methode in volles Licht setzen.[1]) Die Versuche über den Gegenstand wurden aber in eigentümlicher Weise unterbrochen. Der vulkanische Ausbruch in der Sundastrasse im August 1883 brachte den Astronomen eine ganz besonders unangenehme Vermehrung ihrer Schwierigkeiten. Das prachtvolle Glühen des Himmels vor und nach dem Sonnenuntergange, welches von den auf das Licht ausgeübten diffraktiven Wirkungen der Dämpfe und des feinen Staubes, der in grossen Massen in die Luft flog und sich schnell rund um die Erde ausbreitete, herrührte, deutete auf atmosphärische Verhältnisse hin, die für die feinen Untersuchungen in der Nachbarschaft der Sonne ganz besonders nachteilig waren. Die zarten Formen der Korona, die voller Hoffnung auf Dr. Huggins' Platten verfolgt worden waren, zeigten sich demgemäss nicht mehr, und wesentlich bessere Resultate wurden auch von C. Ray Woods in der reineren Luft des Riffel- oder des Kaps der guten Hoffnung innerhalb der drei folgenden Jahre nicht erhalten. Ja es wurden Zweifel ausgesprochen gegen die Echtheit dessen, was anfangs erreicht worden zu sein schien, und der Sonnenfinsternis vom 29. August 1886 sah man als einer günstigen Gelegenheit entgegen, dieselben in dem einen oder andern Sinne zu lösen. Denn offenbar muss in einer treuen photographischen Abbildung der Korona, die während partieller Finsternisse ausgeführt ist, der von der Sonne entfernte Rand des Mondes das schwache jenseits befindliche Licht zurückhalten, während trügerische Erscheinungen, welche von dem Schimmer in der Luft herrühren, keine Notiz von dem Monde nehmen würden aus dem einfachen Grunde, weil sie vorn vor ihm ihren Ursprung haben. Keine Spur der Mondscheibe war aber auf irgend einer der Platten sichtbar, die am 29. August zu Granada dem Lichte der Korona ausgesetzt wurden; und die Spuren, die sich von der Struktur derselben zeigten, deuteten fast eher auf den Mond als ausserhalb desselben hin, und stempelten sich daher selbst sogleich

---

[1]) *Report Brit. Ass.*, 1883, p. 351.

als unecht. Es ist daher durchaus sicher, dass die Platten durch das Licht der Korona nicht merklich afficiert worden waren.

Dies war sehr entmutigend, aber, wenn alle Umstände in Betracht gezogen werden, kaum überraschend. Die ausnahmsweise Dunkelheit des Himmels während der Totalität zeigte, dass die Korona bei jener Gelegenheit nur einen schwachen eigenen Glanz besass; sie schien überdies durch eine mit Feuchtigkeit überladene Luft hindurch; zur Zeit, wo die Beobachtungen gemacht wurden, stand die Sonne weniger als 19 Grad über dem Horizonte, so dass ein grosser Teil der stark brechbaren auf Silberchlorid wirkenden Strahlen durch atmosphärische Absorption zurückgehalten worden sein musste; schliesslich hatten sich die Eruptionsprodukte des Krakatao noch lange nicht vollständig gesetzt. Dass der gesuchte Effekt möglich ist, wird bewiesen durch das deutliche Hervortreten des auf die Korona projicierten Mondes in Liais' photographischen Abbildungen der partiell verfinsterten Sonne im Jahre 1858.[1]) Und natürlicherweise waren dessen Platten nicht speziell dazu präpariert, winzig kleine Lichteffekte aufzunehmen.

Trotzdem sind für den wirklichen Erfolg von Dr. Huggins' Methode unzweifelhaft so günstige Bedingungen erforderlich, wie sie selten gegeben sind. Bei unseren klimatischen Verhältnissen und der Höhe über dem Meere wird man kaum von ihr Resultate von wesentlichem Werte erhoffen können. Jeder Meter höher hinauf nach der Leere des Raumes spricht jedoch zu ihren Gunsten, und die Photographie der Korona kann vielleicht in einer nicht zu fernen Zukunft einen Platz unter den besonderen Zweigen der Forschung finden, die auf Gebirgssternwarten gepflegt werden.

Die glücklichen Resultate der Beobachtungen zu Sohag erregten den Wunsch, sie bei der ersten günstigen Gelegenheit zu wiederholen. Diese bot sich ein Jahr später am 6. Mai 1883, jedoch nicht ohne die Schwierigkeiten, welche den Verhältnissen unsrer Erde anhaften. Die in Aussicht stehende Finsternis hatte eine seltene Länge, da die totale Verfinsterung nicht weniger als fünf Minuten und dreiundzwanzig Sekunden dauerte, aber ihr Weg ging fast ausschliesslich »über Wasser.« Sie berührte Land nur in den Aus-

---

[1]) *Comptes Rendus,* t. XLVII, p. 789. Über Beispiele derselben Erscheinung siehe Trouvelot, *Observatory,* vol. IX, p. 395 und G. Dollond's Beobachtung vom 29. Nov. 1826, *Month. Not.,* vol. I, p. 26.

läufern der Gruppe der Marquesasinseln im südlichen stillen Ozean und als der einzige passende feste Stützpunkt für Beobachter bot sich ein Korallenriff, die Karolineninsel genannt, dar, die, anderthalb Meilen lang und eine Drittelmeile breit, vor 1874 noch unbekannt und nur ihrer Guanolager wegen besucht worden war. Selten ist ein auffallenderer Beweis von der Lebhaftigkeit der menschlichen Neugier über die Beschaffenheit der Welten ausserhalb unserer eigenen gegeben worden als durch das Zusammenkommen einer Gruppe ausgezeichneter Männer von den Hauptmittelpunkten der Civilisation auf einem unfruchtbaren Riffe, das allein in einem weiten stürmischen Ozean lag und in manchen Fällen 2400 Meilen und mehr von der gewöhnlichen Stätte ihres Wirkens entfernt war. Und alle diese Opfer — die Kosten und Mühen der Vorbereitung, der Transport und die Wiederherstellung feiner Instrumente, die Erfindung neuer und empfindlicherer Hilfsmittel für die Beobachtung — wurden gebracht in der ungewissen Hoffnung auf einen klaren Himmel während bestimmter fünf Minuten! Der Ausgang, obwohl glücklich, zeigte deutlich das Risiko des Unternehmens. Die Beobachtung der Finsternis wurde nur durch das zufällige Eintreten einer heiteren Zwischenpause zwischen zwei Stürmen ermöglicht.

Die amerikanische Expedition wurde geleitet von Professor Edward S. Holden, der sich anzuschliessen den beiden von der Königlichen Gesellschaft zu London ausgesandten Photographen, Lawrance und Woods, bereitwilligst gestattet wurde. Janssen war das Haupt der von der französischen Akademie ausgesandten Expedition; er wurde begleitet von Trouvelot aus Meudon, Palisa aus Wien und Tacchini aus Rom. Ein grosser Teil der Arbeit richtete sich auf die Feststellung oder Beseitigung früherer Resultate. Die eigenartigen Verhältnisse einer Finsternis begünstigen die Selbsttäuschung in hohem Grade. Eine einzige Beobachtung, die von einem einzigen Beobachter unter unbekannten Verhältnissen und in einem Augenblicke besonderer Erregung angestellt wurde, kann kaum als mehr denn als eine Anregung zu künftiger Untersuchung betrachtet werden. Doch kann die Ungläubigkeit auch zu weit getrieben werden. So fühlte sich z. B. Janssen durch das hartnäckige Fortbestehen thörichter Bedenken veranlasst, einige kostbare Minuten der Finsternis auf der Karolineninsel der Bestätigung einer Sache zu widmen, die nach seiner Überzeugung einer Bestätigung nicht bedurfte — nämlich der Thatsache, dass sich in dem Spektrum der Korona die

Fraunhofer'schen Linien reflektierten Lichtes vorfinden. Trouvelot und Palisa andrerseits stellten eine erschöpfende, aber fruchtlose Nachforschung nach dem vermeintlichen innerhalb der Merkursbahn sich bewegenden Planeten an, den Swift und Watson im Jahre 1878 gesehen haben wollten.

Doch fehlte es auch nicht an einer neuen Bereicherung des Wissens. Die Korona erwies sich als im Typus identisch mit der von 1882, in Übereinstimmung mit dem, was man zu einer Zeit verzögerter Thätigkeit in der Sonne erwartet hatte. Die charakteristischen Reiherfedern (von denen sich in Dixon's Abbildung fünf zeigen) besassen einen noch grösseren Glanz wie im vorigen Jahre, und von der chemischen Wirksamkeit des Lichts der Korona — welche erst damals mit einiger Genauigkeit gemessen wurde — fand man, dass sie die des Vollmondlichtes übertreffe. Janssen's photographische Abbildungen waren Dank der beträchtlichen (sechs- und achtzölligen) Öffnungen seiner Objektivgläser und der langen, durch die erhebliche Dauer der Totalität ermöglichten Exposition der Platten von ausgezeichneter Vollkommenheit; sie zeigten eine grössere Ausdehnung der Korona, als mit dem Fernrohr wahrgenommen werden konnte[1]) und liessen ihre Formen als absolut bestimmt und merkwürdig kompliciert erscheinen.

Die englischen Bilder, die mit Expositionen der Platten bis zu sechzig Sekunden aufgenommen wurden, waren ebenfalls von grossem Werte. Sie stellten Einzelheiten der Struktur vom Rande bis zu den Spitzen der Wimpel dar, die bestimmt und, wie es schien, auch wirklich da endigten, wo die Eindrücke auf den Platten aufhörten. Das Spektrum der Korona wurde ebenfalls erfolgreich photographiert mit einer Anzahl heller und dunkler Linien, und eine Spur von einigen der hervorstechenderen Strahlen der umkehrenden Schicht wurde vor und nach der Totalität aufgefangen. Die Anwendung der prismatischen Kammer wurde durch das anomale Fehlen der Protuberanzen vereitelt.

Eine hochbedeutsame Beobachtung wurde während dieser Finsternis von Professor Tacchini gemacht. Eine der Federn der Korona zeigte in seinem Spektroskop auf einem schwachen kontinuierlichen Hintergrunde zwei der hellen, aus dem Kohlenwasserstoffspektrum der Kometen[2]) her bekannten Streifen. Es erfordert

---

[1]) *Comptes Rendus,* t. XCVII, p. 592. — [2]) *Ibid.,* p. 594.

dies eine Bestätigung, welche die letzte Finsternis nicht zu bringen vermochte; trotzdem ist die Analogie, auf welche sie hinweist, eine recht verführerische. Die Ähnlichkeit der silberfarbenen Scheibe der Korona mit den Kometenschweifen hat bereits zu vielen fruchtlosen Spekulationen Anlass gegeben; und die Ausübung einer repulsiven Kraft seitens der Sonne auf ihre Umgebung, wie sie augenscheinlich bei Kometen wirksam ist, ist von einigen Erforschern der physischen Beschaffenheit der Sonne als absolut notwendig zur Erklärung der Geringfügigkeit des atmosphärischen Druckes an ihrer Oberfläche betrachtet worden. Das Vorhandensein von Kohlenstoff in der Atmosphäre der Sonne hatte Lockyer 1878 aus einer Vergleichung von Photogrammen des Sonnenspektrums und des Spektrums des elektrischen Bogens gefolgert;[1]) Dr. Schuster erhielt Andeutungen der nämlichen Art mit der prismatischen Kammer zu Sohag und Kapitän Abney findet die Streifen des Kohlenwasserstoffgases in dem unsichtbaren infraroten Teile des Fraunhofer'schen Spektrums.[2]) Doch ist der Gegenstand noch nicht aufgeklärt.

Eine andere Beobachtung, welche auf der Karolineninsel, obwohl wahrscheinlich infolge einer gewissen unaufgeklärten und täuschenden Ursache gemacht wurde, verdient eine kurze Erwähnung. Bei Anwendung eines scharfsinnig erdachten Apparates, um das Spektrum auf beiden Seiten der Sonne gleichzeitig beobachten zu können, sah Professor Hastings (wie er glaubte) bei dem allmählichen Vorrücken des Mondes in den bezüglichen Höhen über dem rechten und linken Rande der Sonne gewisse Veränderungen der Linie »1474« der Korona, aus denen folgen sollte, dass die längst verworfene Vorstellung trotz alledem richtig ist, und dass die Korona mit ihren Rissen und Wimpeln und »verworrenen Knäueln« von Strahlen eine trügerische Erscheinung ist, hervorgerufen durch die Beugung des Sonnenlichtes an dem Rande des Mondes.[3]) Aber obwohl der ganze Verlauf der neueren Forschung gegen eine solche Annahme spricht, wurde doch die Richtigkeit von Professor Hastings' Argumenten ihrer optischen Möglichkeit wegen zugegeben. In der That kann die Zerstreuung in der Atmosphäre unter günstigen Verhältnissen eine scheinbare Vergrösserung der Anhänge der Sonne veranlassen; aber doch stets nur bis zu einer sehr beschränkten Ausdehnung.

---

[1]) *Proc. Roy. Soc.*, vol. XXVII, p. 308. — [2]) *Report Brit. Ass.*, 1881, p. 524. — [3]) *Memoirs National Ac. of Sciences*, vol. II, p. 102.

Der Streit über die Rolle, welche unsre Luft bei der Hervorbringung des Strahlenkranzes um die verfinsterte Sonne spielt, ist schon alt. In seiner ursprünglichen Gestalt wurde er allerdings beendigt, als Professor Harkness im Jahre 1869[1]) erklärte, dass der Schatten des Mondes in gleicher Weise auf die Luft und auf die Erde fällt und dass, wenn die Sonne keine leuchtenden Anhänge hätte, ein kreisförmiger Raum von beinahe absoluter Finsternis den scheinbaren Ort der vom Monde überlagerten Sonne umgeben müsste. Proctor[2]) richtete mit gewohnter Geschicklichkeit die öffentliche Aufmerksamkeit auf diese mathematisch sichere Wahrheit (das gerade Gegenteil der volkstümlichen Vorstellung), und Sir John Herschel berechnete, dass der Durchmesser des auf diese Weise hervorgebrachten »negativen Hofes« im allgemeinen nicht weniger als 23^0 betragen würde.

Um dieselbe Zeit wurde jedoch ein bemerkenswerter Umstand hinsichtlich der Lage der Dinge in der Nachbarschaft der Sonne zu Tage gefördert. Am 11. Februar 1869 teilten Frankland und Lockyer der Königlichen Gesellschaft eine Reihe von Versuchen über die Spektra der Gase bei verschiedenen Wärme- und Dichtigkeits-Verhältnissen mit, durch welche sie zu dem Schlusse geführt wurden, dass die höheren Sonnenvorsprünge in einem ausserordentlich dünnen Medium sich befänden, und dass sogar am Fusse der Chromosphäre der Druck weit geringer wäre als an der Oberfläche der Erde.[3]) Dieser Schluss wurde durch die Untersuchungen von Wüllner vollständig bestätigt, und Janssen sprach die Meinung aus, dass die Gase der Chromosphäre fast bis zu dem von einer Luftpumpe zu erreichenden Grade verdünnt seien.[4]) Hieraus wurde der allgemeine und völlig gerechtfertigte Schluss gezogen, dass es ausserhalb und über der Chromosphäre keine solche ungeheure Atmosphäre geben könne, wie die Korona darzustellen scheine. Unter der Macht dieser Überzeugung trat die Diffusions-Theorie hauptsächlich unter Lockyer's Auspicien in das zweite Stadium ihres Daseins.

Die Echtheit der »inneren Korona« bis zu einer Höhe von 5 bis 6 Minuten vom Rande wurde zugegeben; jedoch wurde angenommen, dass durch die ziemlich starke Reflexion ihres Lichtes in unsrer Luft die bei weitem ausgedehntere »äussere Korona« optisch

---

[1]) *Wash. Obs.*, 1867, App. II, p. 64. — [2]) *The Sun*, p. 357. — [3]) *Proc. Roy. Soc.*, vol. XVII, p. 289. — [4]) *Comptes Rendus*, t. LXXIII, p. 434.

erzeugt würde, während die Unregelmässigkeiten des Mondrandes zur Erklärung der Streifen und Risse, welche in ihre Struktur eine Abwechselung brachten, zu Hilfe gerufen wurden. Diese Ansicht erhielt einige Unterstützung durch die von Maclear während der Finsternis von 1870 gemachte Beobachtung von hellen Linien »an allen Orten« — sogar im Mittelpunkte der Mondscheibe. Hier fand in der That unzweifelhaft atmosphärische Diffusion statt; aber hierin lag auch ein sicheres Kennzeichen für die Ausdehnung ihres Auftretens. Licht streut sich gleichmässig nach allen Richtungen hin aus, so dass es, wenn die Oberfläche des Mondes zur Zeit einer Finsternis (wie es gewöhnlich der Fall ist) in dem Spektroskop einen leeren Raum zeigt, vollständig gewiss ist, dass die Korona in nicht bemerkenswerter Weise durch atmosphärische Ursachen vergrössert wird. Ein mit feinen Cyrruswolken überzogener Himmel und eine mit Wasserdämpfen gesättigte Luft erklären hinreichend den abnormen Betrag der Zerstreuung im Jahre 1870.

Doch wurde gerade im Jahre 1870 ein positiver Beweis für die substantielle Wirklichkeit der strahligen äusseren Korona durch das Auftreten identischer dunkler Risse auf den von Willard in Spanien und von Brothers in Sizilien ausgesetzten Platten erhalten. Der wahre Sachverhalt ist, dass sie, anstatt durch trübe Luft stärker entwickelt zu werden, gerade durch dieselbe abgeschwächt wird. Je reiner der Himmel ist, um so ausgedehnter, glänzender und in den Einzelheiten ihres Baues entwickelter erscheint die Korona. Als Beispiel hierzu führe ich General Myer's Beschreibung der Sonnenfinsternis von 1869 an, die er von der Spitze des White Top Mountain in Virginien in einer Höhe von etwa 1700 Metern über dem Meere und einer ausgezeichnet klaren Atmosphäre beobachtete.

»Dem unbewaffneten Auge,« schrieb er,[1]) »bot die Finsternis während der totalen Verfinsterung einen über alle Beschreibung prächtigen Anblick dar. Im Mittelpunkte stand die volle und intensiv schwarze Scheibe des Mondes, umgeben von einem zarten hellen Lichtkranze, durch welchen, gleichsam von dem Umfange des Mondes aus, gerade, dichte, silberfarbige Strahlen, die verschieden und von einander getrennt zu sein schienen, bis zu Höhen von zwei oder drei Sonnendurchmessern hindurchschossen, während das ganze Schau-

---

[1]) *Wash. Obs.*, 1867, App. II, p. 195.

spiel sich wie auf einem Hintergrunde von diffusem rosenfarbigem Lichte abspielte.«

An demselben Tage vermochte Newcomb zu Des Moines der etwas nebeligen Luft wegen keine langen Strahlen wahrzunehmen, und der viereckige Umriss der Korona reichte in seinen entferntesten Punkten nur bis zu einer dem Halbmesser des Mondes gleichen Entfernung vom Rande. Die offenbare Thatsache, dass unsere Atmosphäre eher wie ein Schleier, welcher die Lichtausstrahlung der Korona hindert, als wie ein Medium, durch welches sie hervorgebracht wird, wirkt, ergiebt sich aus den Berichten über unzählige andere Beobachtungen.

Während der Finsternis vom 9. September 1885 wurden keine Beobachtungen von Wichtigkeit gemacht. Der Weg der totalen Verfinsterung berührte das Land nur an der Küste von Neu-Seeland und die äusserste Grenze der verwertbaren Zeit waren zwei Minuten. Daher behielten lokale Beobachter die Erscheinung für sich allein; auch wurden sie in ihren Bemühungen, den bestmöglichen Vorteil daraus zu ziehen, vom Wetter nicht sonderlich begünstigt. Eine auffällige Erscheinung wurde jedoch wahrgenommen. Es wurden zwei »weisse« Protuberanzen von ungewöhnlichem Glanze gesehen, die wie ein Paar elektrischer Lampen, welche an je einem Ende eines Sonnendurchmessers gerade über den Örtern zweier grossen Sonnenflecken hingen, leuchteten.[1]) Dieses gleichzeitige Auftreten diametral entgegengesetzter Störungen kommt zu häufig vor, als dass es zufällig sein könnte. Trouvelot beobachtete zu Meudon am 26. Juni 1885 in einer solchen Lage zwei in Thätigkeit befindliche und sodann verschwindende Protuberanzen, deren jede sich zu der ungeheuren Höhe von 65000 Meilen erhob, und am 16. August eine kaum weniger bemerkenswerte, der auf der entgegengesetzten Seite eine Fleckengruppe entsprach.[2]) Sie stieg, gleichsam sich von einer Rolle abwickelnd, über 54000 Meilen in die Höhe; zwei Minuten später starb das Licht derselben ab; es war vollständig erloschen.

Die Finsternis vom 29. August 1886 war total für die tropischen Gegenden des atlantischen Ozeans während vier Minuten; es wurde daher eine englische Expedition unter der Leitung Lockyer's nach Granada in Westindien abgeordnet zu dem Zwecke, die von

---

[1]) Stokes, *Anniversary Address, Nature,* vol. XXXV, p. 114. — [2]) *Comptes Rendus,* t. CI, p. 50.

ihr gebotene günstige Gelegenheit zu verwerten. Doch war damals gerade die Regenzeit auf ihrer Höhe; Wolken und Winde waren an der Tagesordnung, und das kunstvoll aufgestellte Programm der Beobachtung konnte nur teilweise ausgeführt werden. Trotzdem wurde ein gutes Stück Arbeit, und nicht das unbedeutendste, verrichtet. Eine Anzahl von Photogrammen wurde aufgenommen, deren genauer Wert heute noch nicht gewürdigt werden kann; und Beobachtungen von grosser theoretischer Wichtigkeit wurden gemacht, welche (wie bereits erwähnt) die Erklärung der flüchtigen, den Anfang und das Ende der Totalität markierenden Erscheinung heller Linien erweitern sollten. Professor Tacchini, den man eingeladen hatte, an der Expedition teilzunehmen, stellte überdies einige bedeutsame Thatsachen hinsichtlich der Protuberanzen fest. Aus einer Vergleichung ihrer Formen und Umrisse während und nach der Finsternis ging hervor, dass nur die glühenden gasigen Kerne jener Objekte durch das Spektroskop unter gewöhnlichen Verhältnissen gesehen werden; ihre oberen Teile, welche ein schwaches kontinuierliches Spektrum geben und aus vermutlich kälteren Stoffen bestehen, bleiben verborgen, ausser wenn der gewöhnlich sie bedeckende Schleier zerstreuten Lichtes durch eine Finsternis weggezogen wird. Daher haben alle einigermassen hohen Protuberanzen silberfarbene Spitzen; doch scheinen nicht alle das »rote flammige Herz« zu besitzen, durch welches sie allein für die Beobachtung bei Tageslicht wahrnehmbar werden können. Einige erwiesen sich wegen ihres durchgängigen silberfarbenen Aussehens als für gewöhnlich unsichtbar — gewissermassen als »verdeckte Geister,« die nur im Dunklen sich zeigen. Proben dieser Art wurden von Tacchini sowohl im Jahre 1883 wie 1886 wahrgenommen, und man dachte sich, dass sie Verdichtungen und Niederstürze in sich schliessen, die, wie man annahm aber bisher noch nicht beobachtet hatte, im Werden begriffen waren.

Die auf der Karolineninsel bemerkte Sternform der Korona war auch noch in den Jahren 1885 und 1886 vorhanden. Von äquatorialen Wimpeln war nichts zu sehen, obwohl man zu Granada sorgfältige Vorbereitungen getroffen hatte, um sie sich nicht entgehen zu lassen. Es ist jetzt ziemlich gewiss, dass sie zu einem besonderen Typus der Korona gehören und mit diesem verschwinden.

Fassen wir nun das zusammen, was wir durch fünfundvierzig Minuten umfassende Beobachtung in ebenso vielen Jahren über die Korona gelernt haben, so können wir zunächst behaupten, dass sie keine Atmosphäre der Sonne ist. Sie drückt nicht auf die Sonnenoberfläche und nimmt nicht Teil an ihrer Rotation, wie unsere Luft einen Druck auf die Erde ausübt und an ihrer Rotation sich beteiligt; und dies geschieht aus dem einfachen Grunde, weil es keine sichtbare Zunahme des Druckes nach unten (welche das Spektroskop unfehlbar bemerkbar machen würde) in ihren gasigen Bestandteilen giebt, wogegen unter dem alleinigen Einflusse der attraktiven Kraft der Sonne ihre Dichtigkeit bei dem Absteigen bloss um einen Bruchteil ihrer wirklichen Tiefe viele Millionen mal vergrössert werden müsste.[1])

Die Korona wird in eigentlichem Sinne als ein Anhang der Sonne betrachtet und kann mutmasslich bestimmt werden als ein Stoff, der unter der Einwirkung elektrischer Repulsion in der einen Richtung und der Schwerkraft in der andern beständig von unserem grossen Lichtkörper ausströmt und wieder zu ihm zurückströmt.[2]) Ihre Konstitution ist von zusammengesetztem Charakter. Sie besteht zum Teil aus selbstleuchtenden Gasen, besonders aus Wasserstoffgas, und der unbekannten die grüne Linie »1474« gebenden Substanz, zum Teil aus weissglühenden festen oder flüssigen Teilchen, die mit kontinuierlichem, sowohl reflektiertem wie eigenem, Lichte leuchten. Sehr wahrscheinlich wird sie beeinflusst durch die periodisch wiederkehrende Ebbe und Flut der Sonnenthätigkeit; die von den in ihr enthaltenen Gasen ausgesandten Strahlen werden schwächer, das kontinuierliche Spektrum dagegen heller zu Zeiten eines Minimums der Sonnenflecken wie durch ein Sinken der Temperatur, welches einerseits eine Verminderung der Leuchtkraft der glühenden in der Nähe der Sonne vorhandenen Stoffe und andrerseits eine Verdichtung vorher unsichtbarer Dämpfe zu festen Partikeln von gewissem Reflexionsvermögen hervorbringt. Die Substanzen der Korona müssen von unbegreiflicher Zartheit sein, da Kometen durch sie, ohne eine merkliche Verzögerung zu erfahren, hindurchgehen. Nicht einmal die Crookes'schen Vacua vermögen eine Vorstellung von der Verdünnung, auf welche diese Thatsache schliessen lässt, zu geben. Und doch können die beobachteten Lichteffekte in Wirklichkeit kein

---

[1]) Siehe Huggins, *Proc. Roy. Soc.*, vol. XXXIX, p. 108 und Young, *North American Review*, Feb. 1885, p. 179. — [2]) Professor W. A. Norton vom Yale College scheint der erste wirkliche Verfechter der Expulsionstheorie der Sonnenumgebungen gewesen zu sein, in der zweiten (1845) und den späteren Ausgaben seines *Treatise on Astronomy*.

gegen sie sprechendes Zeugnis ablegen. Ein einzelnes Molekül in jedem Kubikzoll Raum könnte nach Professor Young's Meinung dieselben hervorbringen, während in dem nämlichen Volumen gewöhnlicher Luft in der Höhe des Meeres die Zahl der Moleküle (nach Johnston Stoney) 20 000 Trillionen beträgt!

Die wichtigste Lehre aber, die wir aus den Finsternissen entnommen haben, ist die, dass man sich von ihnen unabhängig machen kann. Einige Früchte hiervon in dem täglichen Studium der Protuberanzen werden wir in dem nächsten Kapitel sammeln; während die Möglichkeit, durch Dr. Huggins' photographische Methode etwas Analoges hinsichtlich der Korona zu erreichen, der Untersuchung dieses noch dunklen Phänomens eine hoffnungsreiche Zukunft eröffnet.

Viertes Kapitel.

Spektroskopie der Sonne.

Der neue von Janssen und Lockyer gebahnte Weg wurde sogleich mit Begier weiter verfolgt. Überall in Europa und Nordamerika widmeten sich Beobachter dem täglichen Studium der Chromosphäre und der Protuberanzen. Die hervorragendsten unter ihnen waren Lockyer in England, Zöllner in Leipzig, Spörer in Anklam, Young zu Hannover in New Hampshire, Secchi und Respighi in Rom. Es gab noch viele andere, aber die Namen der genannten Männer leuchten von Anfang an hervor.

Der erste Punkt, welcher aufgeklärt werden musste, war die Frage nach der chemischen Zusammensetzung. In Musse vorgenommene Messungen bestätigten das Vorkommen von Wasserstoff in ungeheuren Mengen über der Sonnenoberfläche; sie zeigten aber auch, dass Natrium nichts mit dem orange-gelben Streifen, der in der Hast der Finsternis demselben zugeschrieben worden war, zu thun hatte. Wegen ihrer Nachbarschaft zu den beiden D-Linien (sie besitzt eine etwas grössere Brechbarkeit als diese) wurde jedoch die Protuberanzenlinie mit D_3 bezeichnet, und die sie aussendende unbekannte Substanz wurde von Frankland »Helium« genannt. Young ist geneigt, zwei andere schwache, aber beständig im Spektrum der Chromosphäre auftretende Linien mit ihr in Verbindung zu bringen;[1]) und Liveing und Dewar legten 1879[2]) dar, dass die Wellenlängen von allen dreien mit derjenigen des Strahles »1474« der Korona durch numerische Verhältnisse zusammenhängen, die in Wirklichkeit dieselben sind wie die, denen die Vibrationen des Wasserstoffgases folgen und nach denen sich ferner gewisse Linien des Lithiums und Magnesiums richten. Dieser noch dunkle,

---

[1]) *Phil. Mag.*, vol. XLII, 1871, p. 380. — [2]) *Proc. Roy. Soc.*, vol. XXVIII, p. 475.

aber interessante, Gegenstand verdient noch weitere Untersuchung. Hinzugefügt mag werden, dass Lockyer sowohl die Linie D_3 wie die Linie »1474« einer Modifikation des Wasserstoffgases zuschreibt; das wirkliche Verhalten dürfte jedoch wohl eher ein dem des letzteren analoges, als ein mit ihm identisches sein.

Wasserstoff und Helium bilden die hauptsächlichsten und unveränderlichen Substanzen der Sierra der Sonne und ihrer Berge; aber eine Anzahl metallischer Elemente bewirken, dass sie unter dem Einflusse von Störungen in den unteren Schichten nur stossweise auftreten. Im September 1871 stellte Young[1]) am Dartmouther College ein Verzeichnis von 103 Linien auf, welche auf das Emporschleudern von Eisen, Titan, Kalcium, Magnesium und vielen andern Stoffen in die Chromosphäre hinwiesen. Während zweimonatlicher Beobachtung in der reinen Luft des Mount Sherman (2542 Meter hoch) im Sommer 1872 stiegen diese vielsagenden Linien auf 273, und diese Zahl würde, wie er glaubt, durch beständige Beobachtung noch verdoppelt werden können. In der That haben Young sowohl wie Lockyer mehr denn einmal das ganze Feld des Spektroskops mit hellen Linien momentan überschwemmt gesehen, als ob »die umkehrende Schicht,« die am Anfang und am Ende von Finsternissen zu sehen war, plötzlich aufwärts in die Chromosphäre gedrückt worden wäre und sich gleich darauf wieder hätte niedersenken dürfen. Es würde hieraus hervorgehen, dass die beiden eine zusammenhängende Region bilden, deren niedrigere Teile gewöhnlich von den schwersten Dämpfen eingenommen werden, deren regelmässige Anordnung aber beständig durch gewaltsame eruptive Störungen umgestürzt wird.

Das Studium der Formen der Protuberanzen begann praktisch mit der Beobachtung einer derselben durch Dr. Huggins am 13. Februar 1869 unter Anwendung eines »offenen Spaltes.«[2]) Anfangs hatte man es nur für möglich gehalten, sie in einzelnen Abschnitten zu untersuchen — d. h. indem man nur schmale Streifen oder »Linien« ihrer verschiedenen Lichtarten zuliess, während die eigentliche Form der jene Linien aussendenden Objekte durch sehr unvollkommene Kunstgriffe erhalten wurde, indem man z. B. dem Spalt des Spektroskops eine schwingende Bewegung gab, die schnell genug war, dass das Auge den Eindruck des einen Teiles bewahren

---

[1]) *Phil. Mag.*, vol. XLII, p. 377. — [2]) *Proc. Roy. Soc.*, vol. XVII, p. 302.

konnte, während nach und nach andere sich ihm vorstellten. Es war ein ungeheurer Fortschritt, als man fand, dass ihre Strahlen kräftig genug waren, eine solche Verdünnung durch gewöhnliches Licht zu ertragen, als das Öffnen der Klappe des Spektroskops bis zu einer solchen Weite mit sich brachte, dass man die baumartigen oder hörnergleichen oder flammenähnlichen Körper, welche sich über den Rand der Sonne erhoben, in ihrer ganzen Ausdehnung darstellen konnte. Von jeder Protuberanz entstehen in dem Spektroskop drei Bilder — ein karmoisinrotes, ein grünes und ein tiefblaues. Das karmoisinrote (welches aus der C-Linie des Wasserstoffs besteht) ist jedoch das intensivste und wird gewöhnlich zu Zwecken der Beobachtung und Illustration gebraucht.

Friedrich Zöllner kam Huggins in der Beschreibung der Methode des offenen Spaltes um einige Tage zuvor, doch war er etwas säumiger in ihrer Anwendung. Seine erste Beobachtung einer Protuberanz, die in dem Spalte des Spektroskops wirklich ganz abgebildet und nicht bloss in Teile zerlegt worden war, machte er am 1. Juli 1869. Kurz nachher wurde diese Methode von der Gesamtheit der Forscher mit Erfolg angewendet.

Man bemerkte bald einen qualitativen Unterschied, welcher diese Objekte in zwei deutlich von einander verschiedene Klassen trennte. Sein natürlicher und augenscheinlicher Charakter zeigte sich darin, dass er verschiedenen Beobachtern unabhängig von einander aufgefallen war. Die Unterscheidung der »Wolkenprotuberanzen« von den »Flammenprotuberanzen« wurde ausgesprochen von Lockyer am 27. April, von Zöllner am 2. Juni und von Respighi am 4. Dezember 1870.

Die erstere Art ist ruhig und verhältnismässig beständig, da sie mitunter mehrere Tage ohne auffallende Veränderung andauern. Sie zeigen dasselbe Schauspiel wie die irdischen Wolken, indem sie bald aussehen wie flockige Federwölkchen, die von der roten Glut der untergehenden Sonne übergossen sind, bald wie ungeheure Massen von Haufenwolken, die schwer über dem Horizonte hängen. Diese Sonnenwolken haben indessen die Eigentümlichkeit, dass sie »Stiele« besitzen. Gewöhnlich kann man sehen, dass schlanke Säulen die Oberfläche der Chromosphäre mit den ausserhalb liegenden Teilen verbinden. Hieraus entsteht die phantastische Ähnlichkeit mit der

---

[1] *Astr. Nachr.*, No. 1769.

Szenerie eines Waldes, welcher gebildet wird durch die langen Reihen feuriger Stämme und feurigen Laubwerks, das zuweilen den Sonnenrand zu verzieren scheint. Aber während diese Bildung auf eine wirkliche Emporschleuderung glühender Masse hinweist, erheischen gewisse Thatsachen eine verschiedene Erklärung. Sowohl Secchi wie Young haben bemerkt, dass sich Protuberanzen in einer gewissen Entfernung und durchaus getrennt von der Chromosphäre bilden, gerade so wie sich Wolken an einem klaren Himmel bilden, nur das hier Verdichtung durch Entzündung ersetzt ist. Darauf bildeten sich bandartige Anhänge unten nach der Chromosphäre hin, und schliesslich nahm die Bildung das gewöhnliche Aussehen einer »gestielten Protuberanz« an. Noch merkwürdiger war eine Beobachtung, die Trouvelot auf der Sternwarte des Harvarder College am 26. Juni 1874[1]) machte. Eine riesenhafte kommaähnliche Protuberanz von fast 18 000 (engl. 82 000) Meilen Höhe erlosch vor seinen Augen so plötzlich wie ein Blitz. Derselbe Beobachter ist häufig Augenzeuge eines allmählichen Aufleuchtens oder allmählichen Erlöschens solcher Objekte gewesen, was auf Veränderungen in den thermischen oder elektrischen Zuständen der bereits in Ruhe befindlichen Materie hindeutete.

Die Chemie der »Wolkenprotuberanzen« ist sehr einfach. Wasserstoff und Helium sind ihre einzigen Bestandteile. Die »Flammenprotuberanzen« hingegen zeigen ausserdem die charakteristischen Strahlen einer Anzahl von Metallen, unter denen Eisen, Titan, Barium, Natrium und Magnesium deutlich erkennbar sind. Sie sind ausserordentlich glänzend, sind in ihren verschiedenen Formen von Wasserstrahlen, Nägeln, Fontänen und Springbrunnen scharf begrenzt; sie bilden sich schnell und lösen sich rasch wieder auf und erreichen nur selten die ungeheure Ausdehnung der ruhigeren Art. Sie haben einen eruptiven oder explosiven Ursprung und hängen eng zusammen mit Flecken; entweder ursächlich, indem die als »Flammen« ausgeworfenen Stoffe erkalten und sich niederschlagen als dunkle, eingedrückte Stellen von vermehrter Absorption,[2]) oder als Folge, als eine Reaktionswirkung des aus grossen Höhen erfolgenden Niedersturzes festgewordener Substanzen auf die Atmosphäre der Sonne.[3]) Die beiden Arten von Phäno-

---

[1]) *Am. Journ. of Sc.*, vol. XV, p. 85. — [2]) Secchi, *Le Soleil*, t. II, p. 294. — [3]) Lockyer, *Chemistry of the Sun*, p. 418.

menen stehen jedenfalls in einer sehr intimen Beziehung; sie befolgen dasselbe Gesetz der Periodicität und sind beschränkt auf die nämlichen Teile der Sonnenoberfläche, während man ruhende Protuberanzen bis zu den Polen und in der Nähe des Äquators finden kann.

Die allgemeine Verteilung der Protuberanzen beiderlei Art folgt weit mehr derjenigen der Fackeln wie der der Flecken. Aus Pater Secchi's und Professor Respighi's Beobachtungen in den Jahren 1869—71 erhielt man die erste klare Vorstellung über den Gegenstand, die dann durch die späteren Untersuchungen der Professoren Tacchini zu Rom und Riccò zu Palermo ergänzt und modificiert wurde. Die Resultate sind etwas kompliciert, können aber in der Hauptsache wie folgt dargestellt werden. Der Bezirk der grössten Protuberanzenhäufigkeit bedeckt und übertrifft noch um einige Grade den der grössten Fleckenhäufigkeit; d. h. er reicht bis etwa 40° nördlich und südlich vom Äquator.[1]) Es ist ein sichtliches Streben nach einem zweiten Paar von Maximis in grösserer Nähe zu den Polen vorhanden. An den Polen selbst, sowie am Äquator kommen sie am wenigsten häufig vor. Die Verteilung in der Zeit richtet sich nach der Fleckenperiode, aber das Maximum dauert länger bei Protuberanzen als bei Flecken.

Die Struktur der Chromosphäre wurde im Jahre 1869 und in den folgenden Jahren von Professor Respighi, dem Direktor der Sternwarte auf dem Kapitol, ferner von Spörer und von Bredichin an der Moskauer Sternwarte untersucht. Sie fanden, dass diese vermeintliche Hülle der Sonne von derselben eruptiven Natur ist wie die ungeheuren Vorsprünge derselben, und dass sie gebildet werde aus einem Haufen kleiner Flammen,[2]) die eng bei einander stehen wie Grashalme. »Es sieht so aus,« schreibt Professor Young,[3]) — »und wahrscheinlich entspricht dies einer Thatsache —, als ob unzählig viele Strahlen glühender Gase durch kleine Öffnungen und Poren über die ganze Oberfläche hin ausgeworfen würden und sie so mit Feuer überdeckte, welches züngelt und leckt gleich der Flamme bei einer Feuersbrunst.«

Die Spitzen dieser feurigen Zungen sind gewöhnlich geneigt, wie durch einen über sie hinstreichenden Wind, wenn die Sonnen-

---

[1]) *L'Astronomie,* t. III, p. 292 (Riccò). — [2]) Durchschnittlich 22 Meilen breit und 65 Meilen hoch. *Le Soleil,* t. II, p. 35. — [3]) *The Sun,* p. 180.

thätigkeit ihrem Höhepunkte nahe ist, dagegen aufgerichtet während des Zustandes der Ruhe. Spörer schloss im Jahre 1871 auf die Einwirkung permanenter Polarströme,[1]) aber Tacchini zeigte 1876, dass die Krümmungen, auf welche dieser Schluss sich gründet, aufhörten, sichtbar zu sein, sobald das Fleckenminimum heranrückt.[2])

Eine andere Besonderheit der Chromosphäre, welche die Verschiedenheit ihres Wesens von dem einer wirklichen Atmosphäre erkennen lässt,[3]) ist die Unregelmässigkeit ihrer Verteilung über die Sonnenoberfläche. Es giebt kein Anzeichen dafür, dass sie am Äquator einen Wulst besitzt, wie die Gesetze des Gleichgewichts einer rotierenden flüssigen Masse erfordern würden; aber es sind einige Anzeichen dafür vorhanden, dass die Schwankungen in ihrer Tiefe in Zusammenhang stehen mit den Phasen der Sonnenthätigkeit. Zu Zeiten des Minimums scheint sie sich an den Polen anzuhäufen und ihre Thätigkeit daselbst zu koncentrieren, während Maxima wahrscheinlich eine gleichmässigere allgemeine Verteilung mit lokalen Einsenkungen am Fusse grosser Protuberanzen und über Sonnenflecken hervorbringen.

Die Wirklichkeit des Auftretens gewaltsamer Störung, wie sie sich in der flammenähnlichen Art von Protuberanzen kundgiebt, kann in sehr bemerkenswerter Weise bewiesen werden. Christian Doppler,[4]) Professor der Mathematik zu Prag, sprach im Jahre 1842 den Satz aus, dass sich die Farbe eines leuchtenden Körpers, ebenso wie die Tonhöhe eines tönenden Körpers, mit der Annäherung oder Entfernung ändern muss. Der Grund ist folgender: Die Farbe sowohl wie die Tonhöhe sind physiologische Wirkungen, welche nicht von der absoluten Wellenlänge, sondern von der Anzahl der Wellen, welche in das Auge oder in das Ohr in einem gegebenen Zeitintervall eintreten, abhängen. Und diese Zahl muss, wie man leicht sieht, wachsen oder abnehmen, je nachdem sich die Licht- oder Ton-Quelle nähert oder entfernt. In dem einen Falle geht der schwingende Körper den von ihm ausgehenden Wellen nach und drängt sie zusammen, in dem andern entfernt er sich

---

[1]) *Astr. Nachr.*, No. 1854. — [2]) *Mem. degli Spettroscopisti Italiani*, t. V, p. 4. Bestätigt von Secchi, *Ibid.*, t. VI, p. 56. — [3]) Dass sie nicht atmosphärischer Natur sei, wurde zuerst dargelegt von Proctor, *Month. Not.*, vol. XXXI, p. 196. — [4]) *Abh. d. Kgl. Böhm. Ges. d. Wiss.*, Bd. II, 1841—42, p. 467.

von ihnen und zieht so den Raum, der von einer gleichen Anzahl bedeckt wird, in die Länge. Das Prinzip kann folgendermassen illustriert werden. Man nehme an, dass Schüsse in bestimmten Zeitabschnitten nach einer Scheibe abgefeuert würden. Rückt der Schütze vor, etwa zwanzig Schritt zwischen jeder Entladung seines Gewehrs, so werden offenbar die Schüsse schneller die Scheibe treffen, als wo er noch stillstand; zieht er sich dagegen um den nämlichen Betrag zurück, so werden sie in entsprechend längeren Zeiträumen aufschlagen. Das Resultat wird natürlich dasselbe sein, mag sich die Scheibe oder der Schütze bewegen.

So weit hatte Doppler vollkommen Recht. Was den Schall anbetrifft, so kann sich jeder selbst überzeugen, dass die von ihm vorausgesagte Wirkung in Wirklichkeit stattfindet, wenn er auf das abwechselnde Schriller- und Tiefer-Werden des Tones der Dampfpfeife, sobald ein Eilzug durch eine Station saust, achtet. Aber bei der Anwendung dieses Prinzips auf die Farben der Sterne befand er sich in einem grossen Irrtum; denn er liess die doppelte Reihe unsichtbarer Schwingungen (jenseits des violetten und diesseits des roten Lichtes) ausser Acht, welche an den Veränderungen der Brechbarkeit in den sichtbaren Strahlen teilnehmen und dieselben für das Auge genau kompensieren. Es giebt daher keine Möglichkeit, in der Farbe von Körpern, welche wie die Sonne und die Sterne mit kontinuierlichem Lichte leuchten, ein Kennzeichen ihrer Bewegung zu finden. Es ist eine geringe Veränderung des ganzen Spektrums vorhanden, indem sich die Brechbarkeit erhöht oder vermindert; gewisse unter normalen Verhältnissen sichtbare Strahlen werden dadurch bis zur Unsichtbarkeit erhoben oder, je nachdem, erniedrigt, und gewisse andere Strahlen am entgegengesetzten Ende machen den umgekehrten Prozess durch; aber das Gesamtresultat von Eindrücken auf der Netzhaut bleibt dasselbe.

Wir sind jedoch im Besitze der Hilfsmittel, um diese von unsern Sinnen nicht mehr wahrnehmbare Verschiebung der Lichtskala zu messen. Schon wieder kommen uns hierbei die wunderbaren Fraunhofer'schen Linien zu Hilfe. Sie wurden von den früheren Physikern »feste Linien« genannt; aber gerade weil sie nicht fest sind, werden sie uns bei dieser Gelegenheit nützlich. Sie nehmen Teil an der allgemeinen Veränderung des Spektrums und verraten diese zugleich durch ihre Anteilnahme. Diese Form des Doppler'schen Prinzips wurde im Jahre 1848 von Fizeau angegeben,[1]) und die ersten greifbaren Resultate in der Schätzung der Annäherung und Entfernung zwischen der Erde und den Sternen wurden am 23. April 1868 von Dr. Huggins der Königlichen Gesellschaft mitgeteilt. Achtzehn Monate später erfand Zöllner sein »Reversionsspektroskop,«[2]) um die messbaren Wirkungen der Verschiebung der Linien zu verdoppeln. Mit Hilfe dieses geistvoll erdachten Instruments und im Verfolg einer Andeutung seines Erfinders gelang es Professor H. C. Vogel zu Bothkamp am 9. Juni 1871[3]) von der Rotation der Sonne herrührende Wirkungen jener Art zu entdecken. Diese Anwendung bildet zugleich die Probe und den Triumph der Methode.

Der östliche Rand der Sonne bewegt sich beständig gegen uns mit einer äquatorialen Geschwindigkeit von etwa einer Viertelmeile (engl. $1\frac{1}{4}$ Ml.) in der Sekunde, während sich der westliche Rand um ebenso viel entfernt. Die Verschiebungen — gegen das Violett hin im Osten, gegen das Rot hin im Westen —, welche dieser Geschwindigkeit entsprechen, sind sehr gering, so gering, dass es kaum glaublich erscheint, dass sie der Wahrnehmung zugänglich gemacht worden sein könnten. Sie betragen nur den einhundertfunfzigsten Teil des Zwischenraums zwischen den beiden Bestandteilen der D-Linie des Natriums; und die D-Linie des Natriums kann selbst nur durch ein sehr mächtiges Spektroskop in ein Paar zerlegt werden. Trotzdem vermochte Professor Young[4]) im Jahre 1876 in durchaus befriedigender Weise zu zeigen, nicht nur dass die Sonnenlinien von ihren eigentlichen Plätzen so weit abgerückt werden, dass dadurch eine Rotationsgeschwindigkeit (etwa $\frac{1}{3}$ [engl. 1.42] Meile in der Sekunde), die nur wenig grösser als die aus Beobachtungen von Flecken abgeleitete ist, angedeutet wird, sondern auch, dass die irdischen Linien (diejenigen, welche durch Absorption in der Erdatmosphäre entstehen) nicht an der allgemeinen Verschiebung nach oben und unten teilnehmen. Kurz darauf fand Professor Langley, Direktor der Sternwarte zu Allegheny, der ein Instrument erfunden hatte, um Licht von verschiedenen Teilen der Sonnenscheibe mit grosser Genauigkeit vergleichen zu können, dass, während die

---

[1]) In einer Abhandlung, die vor der Pariser Société Philomatique am 23. Dezember 1848 gelesen und zuerst ausführlich in den *Ann. de Chim. et de Phys.*, t. XIX, p. 211 (1870) veröffentlicht wurde. — [2]) *Astr. Nachr.*, No. 1772. — [3]) *Ibid.*, No. 1864. — [4]) *Am. Journ. of Sc.*, vol. XII, p. 321.

dunklen Linien in zwei nebeneinander gelegten, von den Sonnenpolen herrührenden Spektren absolut kontinuierlich waren, das Instrument kaum um 90° gedreht war, so dass es das Licht von beiden Endpunkten des Äquators aus erhielt, als auch schon die nämlichen Linien wahrnehmbar »gekerbt« erschienen. Die tellurischen Linien blieben indessen unberührt, so dass sie durch den Prozess »wirklich als fest verzeichnet« wurden.[1]) Dieser schnellen und untrüglichen Methode der Unterscheidung bediente sich Cornu in vollkommener Musse bei seiner Untersuchung über atmosphärische Absorption in der Nähe von Loiret im August und September 1883.[2])

Ein schöner Versuch ähnlicher Art wurde von Thollon an Bischoffsheim's Sternwarte zu Nizza im Sommer des Jahres 1880[3]) ausgeführt. Er beschränkte seine Aufmerksamkeit auf eine einzige scharf hervortretende Gruppe von vier Linien im Orange, von denen das innere Paar von der Sonne (Eisen), das äussere von der Erde herrührte. Im Mittelpunkte der Sonne waren die sie trennenden Zwischenräume sichtlich gleich; wenn aber das Licht abwechselnd von dem rechten und linken Rande hergenommen wurde, konnte man eine relative Verschiebung der Sonnenstrahlen abwechselnd nach den festen tellurischen Streifen hin oder von ihnen weg deutlich sehen. Eine analoge Beobachtung wurde auf Lord Crawford's Sternwarte zu Dunecht am 14. Dezember 1883 gemacht, wo bemerkt wurde, dass eine starke Eisen-Linie im gelben Teil des Sonnenspektrums beständig doppelt an dem östlichen, aber einfach auf dem westlichen Rande der Sonne ist;[4]) und zwar bringen Verschiebungen nach entgegengesetzter Richtung diesen seltsamen Effekt der Entfernung von einer angrenzenden festen durch unsre eigene Atmosphäre erzeugten Linie oder der Annäherung an dieselbe hervor, je nachdem das Spektrum herrührt von dem vorrückenden oder dem sich entfernenden Rande der Sonnenscheibe. So präcise und autoritative Behauptungen einer Thatsache wollen den Beweis erbringen, dass Resultate dieser Art Vertrauen verdienen, und da sie in gewissen Fällen derart sind, dass sie stutzig machen könnten, so ist es wichtig, sich über ihre Grundlagen klar zu werden.

Lockyer[5]) bemerkte zuerst die Anwendbarkeit dieser subtilen

---

[1]) *Am. Journ. of Sc.*, vol. XIV, p. 140. — [2]) *Bull. Astronom.*, t. I, p. 77. — [3]) *Comptes Rendus*, t. XCI, p. 368. — [4]) *Month. Not.*, vol. XLIV, p. 170. — [5]) *Proc. Roy. Soc.*, vol. XVII, p. 415; XVIII, p. 120.

und überraschenden Entdeckung auf das Studium der Protuberanzen, deren diskontinuierliches Licht genau dieselben Hilfsmittel zur Entdeckung von Bewegungen ohne sichtbare Veränderung des Ortes an die Hand giebt wie die Absorptionslinien in einem kontinuierlichen Spektrum. In der That zwangen ihn seine Beobachtungen am Rande der Sonne beinahe dazu, zu einer Erklärung seine Zuflucht zu nehmen, die gerade, als das Bedürfnis nach ihr sich fühlbar machte, aufgestellt worden war. Er sah, wie helle Linien von ihren normalen Plätzen nicht nur um einen bloss wahrnehmbaren Betrag bei Seite geschoben, sondern gebogen, zerrissen, gebrochen wurden wie durch die Kraft einer furchtbaren Gewalt. Diese merkwürdigen Erscheinungen wurden sehr einfach erklärt als die Wirkungen von in Betrag und Richtung variierenden Bewegungen in den verschiedenen Teilen der ausgedehnten Massen glühender Dämpfe, die in ein einziges Gesichtsfeld fielen. Gewöhnlich zeigen sie den Charakter von Wirbelstürmen. Die entgegengesetzten Windungen derselben farbigen Streifen verraten die Heftigkeit der »einander begegnenden Windstösse,« die mit einer Geschwindigkeit von 26 (engl. 120) Meilen in der Sekunde daherstürmen, während ihre nicht gestörten Teile die Existenz eines »friedlichen Innern« inmitten dieses unbegreiflich heftigen Wirbelwindes beweisen. Geschwindigkeiten bis zu 54 (engl. 250) Meilen in der Sekunde oder 15000-mal so gross wie die eines Eilzuges bei seiner grössten Schnelligkeit wurden auf diese Weise von Young während seines Aufenthalts auf dem Mount Sherman am 3. August 1872 beobachtet.

Bewegungen, die in dieser Weise in der Nähe des Randes festgestellt werden können, sind natürlich horizontal gegen die Oberfläche der Sonne; die Analogien, welche sie darbieten, könnten demgemäss eher meteorologisch als vulkanisch genannt werden. Man kann aber ebenfalls nachweisen, dass vertikale Verschiebungen von nicht minder staunenerregendem Massstabe existieren. Beobachtungen der Spektren von central gelegenen Flecken (wo die Bewegungen in der Gesichtslinie vertikal sind) deuten darauf hin, dass fortwährend gewaltige Emporschleuderungen und Niederstürze von feurigen Gasen meistenteils in den Gebieten der Penumbren oder drüber hinaus vor sich gehen. Dieselben scheinen durch zufällige und unregelmässige Störungen veranlasst zu sein und besitzen keine der systematischen Eigenschaften, welche zur Aufklärung der Sonnenfleckentheorien erforderlich sein würden. In der That finden sie beinahe sicher in einer grossen Höhe über der wirklichen Öffnung in der Photosphäre statt.

Hinsichtlich der vertikalen Bewegungen über dem Rande haben wir dagegen direkte Beweise durch den Augenschein von einer wahrhaft überraschenden Art. Die ausgeworfene glühende Materie ist mit Hilfe des Spektroskops bei ihrem Durchgang beobachtet worden. Am 7. September 1871 mittags untersuchte Young eine ungeheure Wasserstoffwolke, die dem Anschein nach 21700 (engl. 100000) Meilen lang und 11700 (engl. 54000) Meilen hoch war. Sie schwebte ruhig über der Chromosphäre in einer Höhe von etwa 3250 (engl. 15000) Meilen und hing mit ihr durch drei oder vier aufrechte Säulen zusammen, die den nicht ungewöhnlichen Anblick darboten, welchen Lockyer mit dem eines Bananenhains verglich. Auf wenige Minuten um 12.30 Uhr abgerufen und um 12.55 wieder zurückgekehrt, fand der Beobachter

»dass in der Zwischenzeit das ganze Ding buchstäblich durch einen unerklärlichen Ausbruch von unten zu Fetzen auseinandergeblasen war. An der Stelle, wo die ruhende Wolke gewesen war, war die Luft, wenn ich mich dieses Ausdrucks bedienen darf, angefüllt mit herumfliegenden Trümmern — einer Menge einzelner, aufrechtstehender, spindelförmiger Fransen, jede 10″ bis 30″ lang und 2″ oder 3″ weit,[1]) die da, wo die Säulen vorher gestanden hatten, heller und enger bei einander waren und rasch in die Höhe stiegen. Sie erhoben sich mit einer auf 36 (engl. 166) Meilen in der Sekunde geschätzten Geschwindigkeit bis zur vollen Höhe von 43400 (engl. 200000) Meilen über der Sonnenoberfläche, nahmen darauf allmählich ab gleich einer sich auflösenden Wolke, und um 1.15 Uhr bezeichneten nur noch einige verschwommene Tüpfel nebst einigen helleren, bis herab in die Nähe der Photosphäre reichenden Wimpeln, die Stelle, wo sie gewesen waren.«[2])

Eine Wurfgeschwindigkeit von mindestens 110 (engl. 500) Meilen in der Sekunde ist nach Proctor's[3]) Rechnung notwendig, um dieses ausserordentliche Schauspiel zu erklären. Nach den Greenwicher Aufzeichnungen war dasselbe begleitet von einer magnetischen Störung, und an demselben Abend folgte ihm ein schönes Nordlicht nach.

---

[1]) In der Entfernung der Sonne beträgt eine Bogensekunde etwa 100 Meilen. — [2]) *Am. Journ. of Sc.*, vol. II, 1871, p. 468. — [3]) *Month. Not.*, vol. XXXII, p. 51.

Es war dies durchaus keine vereinzelte Erscheinung. Young sah sie in ihren Hauptzügen am 7. Oktober 1881 [1]) in einem noch bedeutenderen Massstabe wiederholt; denn die explodierte Protuberanz erreichte diesmal eine Höhe von 76000 (engl. 350000) Meilen — die grösste, von der bisher berichtet worden ist. Lockyer sah ferner eine Protuberanz von 8700 (engl. 40000) Meilen Höhe, die in zehn Minuten in Stücke zerplatzte, während Respighi Ausbrüche beobachtet hat, bei denen die anfänglichen Geschwindigkeiten von ihm auf 87 bis 110 (engl. 400 bis 500) Meilen in der Sekunde geschätzt wurden. Wenn wir bedenken, dass ein von der Sonnenoberfläche mit einer Geschwindigkeit von 82.4 Meilen in der Sekunde ausgehender Körper, wenn ihm kein Widerstand in den Weg träte, für immer der Herrschaft der Sonne entwischen würde, so haben wir offenbar in den enormen Eruptions- oder Repulsionskräften, welche sich in den eben beschriebenen Ausbrüchen kund thun, die Mittel, die weite Verbreitung der Materie in der Nähe der Sonne zu erklären. Und es ist nicht möglich, dieselbe ohne Annahme solcher zu erklären, wie es Cornu,[2]) Faye [3]) und andere zu thun versucht haben, indem sie statt des Emporschleuderns der Materie zunehmende Erleuchtung vermittelst elektrischer Entladungen oder gar vermittelst der blossen Wiedererhitzung der durch Expansion abgekühlten Gase [4]) setzten. Sämtliche Erscheinungen sprechen gegen solche Umgehungen der Schwierigkeit, welche durch Geschwindigkeiten hervorgerufen wird, die man als »fabelhaft« und »unwahrscheinlich« bezeichnet hat, die aber doch, wofür die stärksten Gründe sprechen, in Wirklichkeit existieren.

Am 12. Dezember 1878 setzte Lockyer vor der Königlichen Gesellschaft seine heutzutage berühmt gewordene Hypothese über die zusammengesetzte Beschaffenheit der »chemischen Elemente« in förmlicher Weise auseinander.[5]) Er war zu ihr auf verschiedenen, zu demselben Resultate führenden Wegen gelangt. In einem Briefe an Dumas vom 3. Dezember 1873 hatte er kurz die successiven Stadien der »himmlischen Dissociation« dargelegt, die nach seiner Vorstellung in der Sonne und den Sternen sich äusserte. Das Fehlen metalloi-

[1]) *Nature*, vol. XXIII, p. 281. — [2]) *Comptes Rendus*, t. LXXXVI, p. 532. — [3]) *Ibid.*, t. XCVI, p. 359. — [4]) Derartige Protuberanzen, die durch die Erhöhung der Glühhitze zu entstehen scheinen, sind von der ruhigen Art und zeigen keine irreführenden Anzeichen gewaltsamer Bewegung. — [5]) *Proc. Roy. Soc.*, vol. XXVIII, p. 157.

discher Absorption im Sonnenspektrum erklärte er durch die in dem gewaltigen Sonnenofen erfolgende Trennung solcher Stoffe, wie Sauerstoff, Stickstoff, Schwefel, Kohlenstoff u. s. w. in einfachere, unbekannte Spektren besitzende Bestandteile; während er von den Metallen damals noch annahm, dass sie als solche in der Sonne bestehen könnten. Drei Jahre später that er einen weiteren Schritt. Als Resultat einer vergleichenden Untersuchung des Fraunhofer'schen Spektrums von Kalcium mit dem durch den elektrischen Bogen erzeugten sprach er aus, dass die »molekulare Gruppierung« dieses Metalls, welches bei niedrigen Temperaturen ein Spektrum mit der Hauptlinie im Blau ergiebt, in der Sonne nahezu aufgelöst ist in eine andere oder in andere mit Linien im Violett.[1]) Der weitere Fortgang seiner Arbeit zeigte ihm diesen Unterschied zwischen dem Sonnenspektrum und dem Spektrum irdischer Stoffe nicht als eine Ausnahme, sondern als einen »wahrhaft typischen Fall.«[2])

Vier Jahre lang (1875—78 einschliesslich) war dieser unermüdliche Erforscher der Natur damit beschäftigt, einen Abschnitt des brechbareren Teils des Sonnenspektrums (Wellenlängen 3800—4000) nach einem solchen Grössenmasse aufzuzeichnen, dass, wenn dies bis zum Infrarot ausgeführt worden wäre, die Länge des Spektrums etwa »ein halber Feldweg« gewesen sein würde. Die damit verbundene mühevolle Untersuchung metallischer Spektren mittelst der Photographie führte ihn zur Entdeckung der von ihm sogenannten »basischen Linien.« Dies sind Linien, welche in den Spektren von zwei oder mehr Metallen vorkommen, nachdem alle möglichen »Unreinigkeiten« beseitigt sind, und von denen er annahm, dass sie das Vorhandensein eines gemeinschaftlichen Substrates von Materie in einem einfacheren Aggregatszustande, als in dem, welchen wir gewöhnlich kennen, bezeugten. Nun ist es eine eigentümliche Thatsache, dass diese »basischen Linien« genau diejenigen sind, welche sich mit einer Beharrlichkeit, die zu ihrer wirklichen Zahl in gar keinem Verhältnis steht, in dem Spektrum der Chromosphäre, wenn dieselbe durch

---

[1]) *Proc. Roy. Soc.*, vol. XXIV, p. 353. Das merkwürdige Linienpaar (H und K) im violetten Ende des Kalciumspektrums erfordert fortgesetzte Aufmerksamkeit. Vogel entdeckte 1879 eine Wasserstofflinie, die mit H zusammenfiel (*Monatsb. der Kgl. Preuss. Ak.*, Febr. 1879, S. 115). Young weist auf Grund ihres anomalen Verhaltens in den Protuberanzen sowohl H als K dieser Substanz zu (*Nature*, vol. XXIII, p. 281). — [2]) *Proc. Roy. Soc.*, vol. XXVIII, p. 444.

eruptive Einbrüche erregt ist, zeigen. Z. B. giebt sich das Vorhandensein von Eisen, anstatt durch das Aufblitzen einiger der starken charakteristischen Linien, welche bei Versuchen im Laboratorium im Spektrum zuerst erscheinen und zuletzt verschwinden, angedeutet zu werden, durch die Erhellung eines gewissen unscheinbaren Strahles kund, auf den überdies mit gleichem Rechte (etwa) Kalcium oder Titan Anspruch haben. Was war natürlicher als der Schluss, dass die ausgeworfene Substanz nicht wirklich Eisen überhaupt, sondern eine gewisse elementarere Form der Materie ist, welche in der Zusammensetzung des Eisens sowohl wie des Kalciums und Titans vorkommt, nachdem die Reduktion durch die unbegreifliche Hitze der unterhalb der Photosphäre befindlichen Gegenden zuwege gebracht worden ist?

Trotzdem ist die Grundlage der Thatsache, auf welche diese verführerische Ansicht gestützt worden war, nicht unerschütterlich. Zwischen den Spektrallinien verschiedener Substanzen giebt es wahrscheinlich keine absoluten Koincidenzen. »Basische« Linien werden in Wirklichkeit gebildet aus doppelten oder dreifachen Linien, die durch ungenügende Dispersion mit einander vermischt sind. Von Thalèn's ursprünglichem Verzeichnis von siebzig Linien, welche verschiedenen Spektren gemeinschaftlich sind,[1]) haben bisher nur sehr wenige Thollon's und Young's mächtigen Spektroskopen widerstanden; der Auflösungsprozess kann in der That als praktisch vollendet betrachtet werden. Daher erfordert der Schluss von der Gemeinsamkeit der Linien auf die Gemeinsamkeit von Substanzen eine Modifikation. Und doch verliert er nichts von seiner Bedeutung infolge des Umstandes, dass diese Linienpaare — diese Rendezvousplätze (wie man sie nennen könnte) für verschiedene Reihen von Schwingungen — speziell ausgewählt sind, um in den Störungen der Sonne eine Rolle zu spielen, — dass sie vorwiegend hell in Protuberanzen und dicker in Sonnenflecken sind.

Dieser letztere Punkt ist nachdrücklichst hervorgehoben worden durch Beobachtungen, welche unter Lockyer's Leitung seit November 1879 zu South Kensington ausgeführt wurden. Bis zum August 1885

[1]) Bei vielen von diesen sah Lockyer, welcher zuerst die Masse sichtete, dass sie herstammten von sehr geringen Beimischungen der verschiedenen betrachteten Metalle. Die Resultate seiner jüngsten Untersuchungen über »basische Linien« und Andeutungen zur Erklärung ihrer »Ränke« findet man in seiner *Chemistry of the Sun*, p. 368 u. ff.

wurden die Spektren von 700 Flecken nach einem festen Plane[1]) untersucht und die Resultate mit strenger Unparteilichkeit tabellarisch zusammengestellt. Es wird nicht zuviel behauptet, wenn man sagt, dass dadurch die Chemie der Sonnenflecken auf eine vollständig neue Grundlage gestellt worden ist. Das Prinzip der angewandten Methode ist folgendes:

Die ganze Reihe der Fraunhofer'schen Linien ist sichtbar, wenn das Licht eines Fleckens mit dem Spektroskop untersucht wird; aber verhältnismässig wenige sind etwas breiter. Nun bilden diese breiteren Linien (voraussichtlich) allein das eigentliche Fleckenspektrum; sie, und sie allein, berichten, was für Dämpfe in die ausserordentlich dunkle Tiefe des Kerns hinabgestossen werden, während die unveränderten Linien in gewohnter Weise aus den darüberliegenden Schichten der normalen Sonnenatmosphäre herrühren. Hier haben wir also das gewünschte Kriterium — das Hilfsmittel, um spektroskopisch und chemisch zwischen der Höhlung und den über ihr gelagerten absorbierenden Schichten zu entscheiden. Durch beharrliche Anwendung desselben sind gewisse bezeichnende Eigentümlichkeiten aufgedeckt worden — bedingt jedoch, wo negative Folgerungen in Frage kamen, durch die notwendigen Beschränkungen der Untersuchungsmethode. An positiven Resultaten von unzweifelhafter Art war inzwischen kein Mangel. Derartige Resultate sind das eigentümliche Hervortreten der »basischen« Linien in den Fleckenspektren, der ungewöhnliche Charakter zahlreicher anderer, besonders in Störungsepochen, vor allem die auffällige Individualität in dem Verhalten eines jeden dieser verdunkelten und verbreiterten Streifen.[2]) Jeder schien nach seinem eigenen Kopfe zu handeln; er benahm sich so, als ob er der einzige Repräsentant der ihn aussendenden Substanz wäre; sein Auftreten war nicht abhängig von dem irgend eines andern seiner irdischen Gefährten in demselben Spektrum.

Bei einigen Metallen, wie Kobalt, Chrom und Kalcium sind die verbreiterten Linien in den Flecken dieselben wie die hellen Linien in den emporsteigenden Flammen am Sonnenrande; bei ziemlich vielen andern sind sie in der Regel gänzlich verschieden, indem z. B. das Fleckenspektrum von Eisen nur eine entfernte Verwandtschaft mit seinem »Sturm«-Spektrum hat. Es ist ferner aus dem Charakter der verschieden afficierten Linien hinreichend klar, dass

---

[1]) *Chemistry of the Sun,* p. 312. — [2]) *Ibid.,* p. 314.

die Veränderung mit einem Temperaturunterschied zusammenhängt, und dass die Protuberanzen viel heisser als die Flecken sind. Hiernach stehen dem Chemiker der Sonne gewissermassen zwei wohlbestimmte Wärmemesser zur Verfügung, während ein dritter, geringer als jeder derselben und charakterisiert durch das gewöhnliche Fraunhofer'sche Spektrum, an der Oberfläche der Photosphäre sich befindet.

Bei weitem die seltsamste Thatsache aber, welche aus diesen Untersuchungen sich ergab, war die, dass das Vorrücken der Sonnenfleckenperiode von chemischen Änderungen begleitet war. Sobald das Maximum heranrückte, traten in den Fleckenspektren unbekannte Linien immer schneller und nachdrücklicher an die Stelle bekannter Linien.[1]) Es schien wirklich, als ob die Dämpfe, welche die charakteristischen Strahlen von Eisen, Titan, Nickel u. s. w. aussandten, aufgehört hätten als solche zu existieren, und ihr Raum von andern in irdischen Laboratorien durchaus unbekannten eingenommen worden wäre. Diese sind nach Lockyer's Ansicht einfach die feineren Bestandteile ihrer Vorgänger, indem durch die höhere, aus der vermehrten Sonnenthätigkeit sich ergebende Temperatur eine Dissociation stattgefunden hat. Und vor der Hand giebt es keine andere Erklärung der von ihm gesammelten auffälligen Thatsachen.

Der stärkste Punkt der »Dissociationstheorie« ist indessen noch zu erwähnen. Er besteht darin, dass man häufig Krümmungen oder örtliche Veränderungen, die von irgend einer Bewegung veranlasst werden, an einer einzigen zu einer besonderen Substanz gehörigen Linie wahrnimmt, während die andern Linien jener nämlichen Substanz keine Störung erleiden. Wie ist nun diese höchst eigentümliche Thatsache, aus welcher auf den ersten Blick zu folgen scheint, dass ein Körper in einem und demselben Augenblick in Ruhe und in Bewegung sein kann, zu erklären? Nach Lockyer's Hypothese wird sie leicht genug erklärt, wenn man annimmt, dass die auf solche Weise in ihrer Aussage abweichenden Strahlen nicht zu einer Art von Materie gehören, sondern zu verschiedenen, die bei gewöhnlichen Temperaturen in ihrer Vereinigung einen scheinbar »elementaren« Körper bilden. Von diesen verschiedenen Dämpfen kann natürlich einer oder mehrere sich rasch nach dem Beobachter hin- oder von ihm wegbewegen, während die andern noch immer an ihrer Stelle bleiben, und da die Gesichtslinie senkrecht

---

[1]) *Chemistry of the Sun*, p. 324.

zu der durchschnittlichen Protuberanzengegend am Sonnenrande eine Tiefe von etwa 65000 (engl. 300000) Meilen[1]) durchdringt, und da alle glühenden längs jener Linie einzeln vorkommenden Stoffe in eine einzige »flammige« oder »wolkige« Protuberanz projiciert werden, so wird es ersichtlich sein, dass es einen weiten Spielraum giebt für Verschiedenheiten im Verhalten.

Die andere Art aus der Verwirrung herauszukommen, besteht in der Annahme, dass der in Bewegung begriffene Dampf unter Bedingungen leuchtend wird, welche sein Spektrum auf wenige Streifen reduzieren, während die unveränderten Linien herrühren von einer gänzlich verschiedenen Menge der nämlichen Substanz, die mit ihren gewöhnlichen Strahlen leuchtet.[2]) Aber diese Bedingungen sind sicher nicht diejenigen, welche in den Wirbelstürmen der Sonne vorherrschen; und überdies weist die scheinbar launenhafte Auswahl der Linien, welche Ruhe oder Bewegung andeuten sollen, nicht auf eine Hypothese hin, aus welcher sich regelrechte und unabänderliche Folgerungen ziehen liessen. Wir können somit kaum dem Schlusse widerstehen, dass verschiedene Arten von Materie sich wirklich vor uns in der Sehlinie befinden und uns durch das widersprechende Zeugnis ihres vereinigten Lichtes in Verlegenheit bringen.

Lockyer's Ansicht hat das Argument der Stetigkeit für sich. Sie verlangt nur, dass wir glauben sollen, dass Prozesse, die, wie wir wissen, auf der Erde unter gewissen Bedingungen vor sich gehen, auf der Sonne weiter durchgeführt werden, woselbst die nämlichen Bedingungen aller Wahrscheinlichkeit nach vorhanden sind, aber in bedeutend höherem Grade. Wir finden, dass die sogenannten »zusammengesetzten« Körper bei bestimmten Wärmegraden, die wir zu erzeugen vermögen, zerfallen. Warum sollten wir zögern zuzugeben, dass dies bei Körpern, die wir »einfach« nennen, ebenfalls der Fall ist unter Wärmegraden, die hervorzubringen ausser unsrer Macht steht? Die Bezeichnung »Element« drückt einfach aus, dass wir

---

1) Thollon's Schätzung (*Comptes Rendus*, t. XCVII, p. 902) auf 300000 Kilometer scheint beträchtlich zu niedrig zu sein. Beschränkt man die »mittlere Protuberanzengegend« auf eine Hülle von 11750 (engl. 54000) Meilen Tiefe (2 Bogenminuten von der Erde aus gesehen), so wird die Gesichtslinie in mittlerer Höhe (5900 [engl. 27000] Meilen von der Sonnenoberfläche) durch (in runden Zahlen) 70000 (engl. 320000) Meilen jener Gegend hindurchgehen. — 2) Liveing and Dewar, *Phil. Mag.*, vol. XVI (5. ser.), p. 407.

unfähig sind, den Stoff durch irdische Hilfsmittel zu reduzieren. Dass in den Himmelslaboratorien die uns fehlenden Hilfsmittel und ihre Wirkungen vorhanden sind, würde ein Schluss sein, der an sich durchaus nichts Unglaubliches in sich schliesst.

Und doch stürzt er thatsächlich alles um, und seine Annahme wird den Neubau von mehr denn einem schwachen Gebäude wissenschaftlichen Denkens zur Folge haben. Trotzdem scheint derselbe unvermeidlich zu werden. Es giebt allerdings theoretische Einwürfe, welche, wenn auch wahrscheinlich nicht unüberwindlich, doch ohne Frage schwerwiegender Natur sind. Unsere siebzig chemischen »Elemente« z. B. sind durch das Gesetz der spezifischen Wärme von Grund aus von ihren bekannten Zusammensetzungen verschieden. Wir werden durch dasselbe freilich nicht gezwungen zu glauben, dass ihre Atome wirklich und absolut derartig beschaffen seien, d. h., dass sie das »irreducible Minimum« materieller Substanz enthalten, aber wir schliessen sicher daraus, dass sie nach einem andern Prinzip zusammengesetzt sind, wie die Salze und Säuren, die die Chemiker nach Belieben zusammensetzen und auflösen. Sodann ist die Vervielfältigung der Arten von Materie, mit welcher Lockyer's Resultate uns bedrohen, auf den ersten Blick beunruhigend. Diese Resultate können, so wird gesagt, schliesslich sogar zu einer Vereinfachung führen, aber die Aussicht erscheint fern. Für den Augenblick wird von ihnen behauptet, dass jedes irdische »Element« in der Sonne in mehrere zerfällt, und die Existenz auch nur eines einzigen gemeinschaftlichen Bestandteils ist ungewiss. Die Bestandteile des Eisens allein z. B. können nach Dutzenden gezählt werden. Und es giebt andere Metalle, wie z. B. das Cer, welche ein noch komplicierteres Spektrum zeigen und daher ohne Zweifel in noch zahlreichere Bestandteile zerfallen würden. Allerdings sagt Lockyer, dass die beobachteten Phänomene auf die successiven Verbindungen sehr weniger ursprünglicher Stoffe in mannigfachen Verhältnissen hinweisen;[1]) wenn aber die Ausstrahlung einer einzigen Lichtart bei erhöhten Temperaturen als das Kennzeichen eines wahrhaft elementaren Körpers zugelassen wird, so scheint das von einander unabhängige Verhalten einer beträchtlichen Anzahl von Linien in dem Spektrum eines jeden Metalls auszusagen, dass die das Metall bildenden Einheiten sehr zahlreich sind.

---

[1]) *Chemistry of the Sun*, p. 260.

Auf diese Weise wird an die Stelle jener fundamentalen Einheit der Materie, welche lange der Traum der Forscher gewesen ist, eine noch grössere Mannigfaltigkeit gesetzt. Und es ist ausserordentlich merkwürdig, dass Crookes, der nach einem ganz verschiedenen Plane arbeitete, zu analogen Konsequenzen gekommen ist. Wir wollen nur ein Beispiel anführen. Als die ausserordentlich feinen Methoden der Untersuchung und Prüfung vor Jahren bekannt wurden, fand er, dass das Metall Yttrium in fünf, wenn nicht in acht Bestandteile zerfiel.[1]) Augenscheinlich werden altgewohnte Vorstellungen verdammt, und wahrscheinlich tritt keine der früher herrschenden an ihre Stelle. Aber was auch immer daraus werden mag, es bleibt uns nur die Wahl, die Thatsachen anzuerkennen.

Es kann keinem Zweifel unterliegen, dass die Spektren von Körpern ein Kennzeichen für Veränderungen in ihrer molekularen Konstitution von jeglicher Art und jeglichem Grade bilden, von vollständigem Zerfallen des Moleküls in homogene oder heterogene Atome bis zu einer gewissen unaussprechlich kleinen und doch gesetzmässigen und harmonischen Wiederanordnung von Teilen in dem komplicierten kleinen System, dessen Bewegungen die Quelle des Lichtes sind. Lockyer's Hypothese regt daher Fragen an, die die Wissenschaft bisher nicht zu beantworten vermag. Sie stellt uns den Geheimnissen der schliesslichen Konstitution der Materie und deren Beziehungen zu dem schwingenden den Raum erfüllenden Medium gegenüber. Sie lässt unsere Unwissenheit über den Gegenstand zugleich krasser und bestimmter hervortreten. Trotzdem bildet dies (obwohl dies paradox erscheint) an und für sich einen Fortschritt. Nicht empfundene Unwissenheit dauert an. Unwissenheit, welche zur Selbsterkenntnis gekommen ist und sich dadurch unbehaglich fühlt, ist bereits auf dem Wege, sich in Wissen zu verwandeln.

Professor A. J. Ångström zu Upsala kann nach Kirchhoff gewissermassen als der zweite Erfinder der Sonnenspektroskopie gelten. Seine grosse Karte des »normalen« Sonnenspektrums[2]) wurde

---

[1]) *Nature*, Oct. 14, 1886. — [2]) Das normale Spektrum ist dasjenige, welches ausschliesslich von der Wellenlänge, der von der Natur hinsichtlich des Lichts gegebenen fundamentalen Konstanten, abhängt. Es wird erhalten durch die Interferenz der Strahlen, in der zuerst von Fraunhofer angewandten Weise, und giebt den einzigen unveränderlichen Massstab für die Messung ab. Im Refraktions-Spektrum (auf welches Kirchhoff's Karte

1868, zwei Jahre vor seinem Tode, veröffentlicht. Robert Thalèn war sein Gehilfe bei ihrer Ausführung, und die ungeheure Mühe, die sie kostete, wurde durch die ausgezeichnete und bleibende Brauchbarkeit derselben reichlich belohnt. Sie ist auch heute noch die allgemeine massgebende Quelle, auf welche bei allen spektroskopischen Untersuchungen innerhalb des Gebiets der sichtbaren Ausstrahlungen Bezug genommen wird.

Die Entdeckung, dass Wasserstoff in der Atmosphäre der Sonne vorhanden sei, wurde von Ångström im Jahre 1862 gemacht. Sein im selben Jahre veröffentlichtes Verzeichnis der Sonnenelemente,[1]) das Resultat einer Untersuchung, die von der Kirchhoff'schen verschieden, wenn auch nach demselben Prinzip ausgeführt war, enthielt die Substanz, die, wie wir jetzt wissen, die vorherrschende unter ihnen ist. Dr. Plücker in Bonn hatte 1859 die Fraunhofer'sche Linie F mit dem grünen Streifen des Wasserstoffs identificiert, aber keinen Schluss aus seiner Beobachtung gezogen. Die Übereinstimmung wurde von Ångström bestätigt; zwei weitere Koincidenzen wurden festgestellt, und im Jahre 1866 wurde eine vierte Wasserstofflinie im äussersten Violett (h genannt) in dem Sonnenspektrum entdeckt. Im Verein mit Thalèn fügte er zu den von Kirchhoff aufgezählten Bestandteilen der Sonne noch Mangan, Aluminium und Titan hinzu und steigerte die Anzahl der identischen Linien des Eisens im Sonnenspektrum und dem unter irdischen Bedingungen erhaltenen Spektrum auf nicht weniger als 460.[2])

Somit waren, als Lockyer diesen Zweig der Untersuchung im Jahre 1872 in Angriff nahm, vierzehn Substanzen als der Erde und der Sonne gemeinsam erkannt. Im Anfange des Jahres 1878 vermochte er, indem er sich bei der Vergleichung der Linien der Dauer-Probe anstatt der Intensitäts-Probe bediente (d. h. in dem er mehr ihre Widerstandsfähigkeit gegen eine hohe Steigerung der Temperatur, als ihre Helligkeit bei irgend einer Temperatur ins Auge fasste), das Verzeichnis auf vorläufig dreiunddreissig zu vermehren.[3]) Alle diese sind Metalle; denn man hat guten Grund zu glauben, dass Wasserstoff ein vereinzeltes Beispiel eines gewöhnlich gasförmigen Metalls darstellt, ebenso wie das Quecksilber ein Beispiel eines ge-

---

sich gründete) variieren die relativen Lagen der Linien mit dem Material des Prismas. — [1]) *Ann. d. Phys.*, Bd. CXVII, p. 296. — [2]) *Comptes Rendus*, t. LXIII, p. 647. — [3]) *Ibid.*, t. LXXXVI, p. 317.

wöhnlich flüssigen Metalls ist. Bis zum Jahre 1877 »glänzten die vierzehn Metalloide (nichtmetallischen Elemente) durch Abwesenheit.«

In diesem Jahr kündigte aber der nunmehr verstorbene Dr. Henry Draper in New-York eine Entdeckung von sehr weitreichender Bedeutung an. Als Ergebnis einer mehrere Jahre dauernden Untersuchung fand er, dass sich Sauerstoff in der Sonne kundthat und zwar nicht, wie die Metalle, durch Umkehrung seiner Spektrallinien, sondern durch direktes Auftreten derselben. Eine jede von achtzehn hellen Linien in seinem photographierten Spektrum wurde durch einen genau entsprechenden hellen Streifen in dem analysierten Lichte der Sonne dargestellt.[1]) Da die Wirklichkeit dieser Übereinstimmungen bezweifelt wurde, fing Dr. Draper das Werk von neuem an und legte am 13. Juni 1879[2]) der Königlichen Astronomischen Gesellschaft Photogramme vor, die in viermal grösserem Massstabe ausgeführt waren wie die ursprünglichen, und in denen das von der Sonne herrührende Seitenstück zu dem im Laboratorium erhaltenen Spektrum des Sauerstoffs nicht weniger deutlich war wie vorher. Ranyard bemerkte, dass durch diese vierfache Dispersion der überzeugende Wert der achtzehn beobachteten Koincidenzen $4^{18} = 68\,719$ Millionen mal (in runden Zahlen) gewachsen sei; aber die strenge numerische Wahrscheinlichkeitsprobe besitzt in diesem Falle nicht ihr volles überzeugendes Gewicht. Die Unterscheidung heller Linien auf einem nur etwas weniger hellen Hintergrunde muss offenbar stets ein Gegenstand grosser Delikatheit und gewisser Unsicherheit sein, besonders wenn die zu unterscheidenden Linien nicht scharfbegrenzt, sondern mehr oder weniger verwischt und verbreitert sind. Eine Untersuchung Christie's, welcher 1881 Sir George Airy's Nachfolger als Direktor der Greenwicher Sternwarte wurde, sprach nicht zu Gunsten der Echtheit der Übereinstimmungen in Dr. Draper's Photogrammen,[3]) und sie wurde von so bedeutenden Spektroskopisten wie Professor Vogel in Potsdam überhaupt nicht anerkannt. Trotzdem ist ein Zeugnis vorhanden, welches den Schluss (der auch durch das uns angeborene Bestreben, eine Analogie zu vervollständigen, empfohlen wird) zu rechtfertigen sucht, dass der bei weitem wichtigste Bestandteil an der Oberfläche der Erde auch auf der Sonne nicht fehlt.

---

[1]) *Am. Journ. of Sc.*, vol. XIV, p. 89; *Nature*, vol. XVI, p. 364. — [2]) *Month. Not.*, vol. XXXIX, p. 440. — [3]) *Ibid.*, vol. XXXVIII, p. 473.

Die Möglichkeit, dass sich helle, anstatt dunkle Linien zeigen, illustriert die endlose Mannigfaltigkeit in den Prozessen der Natur und weist deutlich auf die Gefahr negativer Schlüsse hin. Dass eine Substanz keinen von ihren besonderen Streifen in dem Spektrum der Sonne oder eines Sternes zeigt, rechtfertigt nicht einmal die Vermutung, dass sie daselbst nicht existiere. Denn sie kann sich unterhalb der Höhe, in welcher Absorption stattfindet, oder unter einem solchen Drucke befinden, dass Linien in dem kontinuierlichen Glanze verschwinden; sie kann von einer so hohen Temperatur sein, dass sie mehr Licht ausstrahlt als sie empfängt, und doch kann ihr Weissglühen durch die Absorption anderer Körper verdeckt werden; endlich kann sich bei ihr die Absorption und Emission gerade die Wage halten, so dass sich vollständige Neutralität in bezug auf das Spektrum ergiebt. Ein lehrreiches Beispiel giebt das Helium, das rätselhafte Element der Chromosphäre. Pater Secchi bemerkte 1868,[1]) dass es im Sonnenspektrum keine seinem Lichte entsprechende dunkle Linie gäbe, und die schwachen, seitdem entdeckten Spuren einer der D_3-Linie entsprechenden Absorption würden wahrscheinlich niemals beobachtet worden sein, wäre nicht die Existenz der sie erzeugenden Substanz anderweitig bekannt gewesen.

Man könnte leicht eine Erklärung dafür finden, dass der Sauerstoff der Sonne sein Vorhandensein in anomaler Weise kundgiebt. Die innere Organisation des Sauerstoffmoleküls ist eine sehr bildungsfähige. Sie wird leicht durch Wärme verändert, und diese Veränderungen spiegeln sich in den verschiedenen Arten der Lichtausstrahlung desselben wieder. Dr. Schuster zählte im Jahre 1879[2]) vier verschiedene Sauerstoffspektren auf, welche verschiedenen Temperaturzuständen oder Phasen elektrischer Erregung entsprachen, und ein fünftes wurde durch Egoroff's Entdeckung im Jahre 1883[3]) hinzugefügt, nämlich dass gewisse wohlbekannte Gruppen von dunklen Linien im roten Ende des Sonnenspektrums (Fraunhofer's A und B) herrühren von der Absorption durch den kälteren Sauerstoff unserer Luft.

Von diesen fünf verschiedenen Systemen von Lichtausstrahlung sollen nun drei — eins, wie eben bemerkt, infolge terrestrischer Einflüsse, die andern infolge der Wirkung der Sonne — in analysiertem

---

[1]) *Comptes Rendus*, t. LXVII, p. 1123. — [2]) *Phil. Trans.*, vol. CLXX, p. 46. — [3]) *Comptes Rendus*, t. XCVII, p. 555; t. CI, p. 1145.

Sonnenlichte dargestellt zu sein. Die glänzende Reihe der von Dr. Draper identificierten Linien ergiebt sich bei Anwendung der durch Elektricität von hoher Spannung entwickelten grössten Hitze. Die Frage, ob sie wirklich zuverlässige helle Linien sind oder nur trügerischer heller Hintergrund, harrt, wie wir gesehen haben, noch der Entscheidung; wenn aber glühender Sauerstoff sie hervorbringt, so muss derselbe sicher in der Sonne in einer geringen Höhe sich befinden, da seine Linien niemals in dem Spektrum der Chromosphäre sich zeigen, und wir können schliessen, dass er einen Teil der heissesten Schichten, von denen wir die Strahlen erhalten, bildet. Das nächste Spektrum — das »Spektrum der zusammengesetzten Linien« —, welches bei einem erheblich niedrigeren Stadium thermischer Erregung erzeugt wird, ist, wie Dr. Schuster mit »fast absoluter Gewissheit« fand, dunkel bei der Sonne.[1]) Und hier scheint sich ihm einige Aussicht zu eröffnen, auf ein bestimmtes Kennzeichen der Sonnentemperatur zu kommen. Denn offenbar tritt der Wärmegrad (welcher es auch sein möge), bei welchem Spektrum No. 1 sich in Spektrum No. 2 verwandelt, irgendwo zwischen der Schicht, die Draper's helle Linien giebt, und der Schicht, die Schuster's dunkle Linien giebt, ein. Dies führt uns zu dem Gegenstand des nächsten Kapitels.

[1]) *Nature,* vol. XVII, p. 148.

Fünftes Kapitel.

Die Temperatur der Sonne.

Newton war der erste, der es versuchte, die Wärmemenge, welche die Erde von der Sonne empfängt, zu messen. Seine Absicht bei der Anstellung des Versuchs war es, die Temperatur festzustellen, welcher der Komet von 1680 bei seinem Durchgange durch das Perihel widerstanden hatte. Er fand sie, indem er die beobachteten erwärmenden Wirkungen des direkten Sonnenscheines nach dem bekannten Gesetz des »umgekehrten Quadrats der Entfernungen« vervielfältigte, etwa gleich 2000-mal derjenigen von rotglühendem Eisen.[1])

Bestimmungen der erwärmenden Kraft der Sonne, die mit einiger wissenschaftlichen Genauigkeit ausgeführt wurden, datieren indessen erst aus dem Jahre 1837. Wenige Tage vor Beginn dieses Jahres fing Herschel am Kap der guten Hoffnung mit einem »Aktinometer« zu beobachten an und erhielt Resultate, die in durchaus befriedigender Übereinstimmung mit denjenigen sich befanden, die Pouillet aus Versuchen erhielt, welche er einige Monate später in Frankreich mit einem »Pyrheliometer«[2]) angestellt hatte. Pouillet fand, dass die vertikal auf jeden Quadratcentimeter der Erdoberfläche fallenden Strahlen der Sonne die Temperatur von 1.7633 Gramm Wasser um einen Grad Celsius in der Minute zu erhöhen vermögen (von der Absorption in der Atmosphäre abgesehen). Diese Zahl (1.7633) nannte er die »Sonnenkonstante,« und die gewählte Wärmeeinheit ist bekannt als die »Kalorie.« Hieraus wurde berechnet, dass der Gesamtbetrag der während eines Jahres von der Sonne erhaltenen Wärme ausreichen würde, um eine die ganze Erde bedeckende Eisschicht von 30.89 Meter Höhe zu schmelzen, während die ausgesandte Wärme an der Sonnenoberfläche eine Schicht von 11.80 Meter Dicke in jeder Minute schmelzen würde. Eine Reihe

---

[1]) *Principia*, p. 498 (1. ed.). — [2]) *Comptes Rendus*, t. VII, p. 24.

sorgfältiger Beobachtungen zeigte, dass beinahe die Hälfte der auf unsere Atmosphäre auffallenden Wärme bei ihrem Durchgange durch dieselbe absorbiert wird.

Herschel erhielt etwas grössere Zahlen, jedoch schrieb er der Absorption der Luft nur den dritten Teil zu. Indem er das Mittel nahm aus seinen eigenen Zahlen und denen Pouillet's, berechnete er, dass die gewöhnliche Ausgabe der Sonne an Wärme in der Minute imstande sein würde, einen Eiscylinder von 184 Fuss im Durchmesser, der von ihrer Oberfläche bis zu der des Sternes α im Centauren reichen würde, zu schmelzen oder, um dies noch anders auszudrücken, dass ein Eisbolzen von 9.82 (engl. 45.3) Meilen Durchmesser, welcher fortwährend mit der Geschwindigkeit des Lichtes in die Sonne hineingeschossen würde, bei seiner Auflösung kaum die Wärmevorräte verbrauchen würde, welche jetzt nach aussen in den Raum ausströmen.[1]) Es ist ziemlich gewiss, dass diese Schätzung um nahezu zwei Drittel vergrössert werden müsste, um sie mit der Wahrheit in Übereinstimmung zu bringen.

Auf den ersten Anblick würde nichts einfacher zu sein scheinen, als von einer Kenntnis der Sonnenstrahlung — einer genau messbaren Grösse — zu einer Kenntnis der Sonnentemperatur zu gelangen, indem diese definiert wird als die Temperatur, zu welcher eine dick mit Lampenruss überzogene Fläche (d. h. eine Fläche von dem als Norm geltenden Emissionsvermögen) gebracht werden müsste, um von der Entfernung der Sonne aus den wirklich von der Sonne empfangenen Wärmebetrag uns senden zu können. Sir John Herschel zeigte, dass die Wärmestrahlen an der Sonnenoberfläche 192 000-mal so dicht sein müssen als sie sind, wenn sie die Erde erreichen; aber es folgt daraus keineswegs, dass entweder die ausstrahlende Fläche oder ein Körper, welcher diese Wärmestrahlen absorbiert, 192 000-mal heisser sein müsste, als ein hier der vollen Wirkung der Sonne ausgesetzter Körper. Der Grund liegt darin, dass der Betrag der Emission — und folglich der Betrag der Absorption, welche beiden einander entsprechen — sehr viel schneller zunimmt als die Temperatur. Mit andern Worten, ein Körper strahlt Wärme aus oder kühlt sich ab in einem fortwährend beschleunigten Masse, wenn derselbe immer mehr und mehr über die Temperatur seiner Umgebung erhitzt wird.

---

[1]) *Results of Astr. Obs.*, p. 446.

Newton indessen hielt es für ausgemacht, dass die Wärmeausstrahlung und Temperatur gleichmässig zunehmen — so dass man nur die von einem entfernten Körper erhaltene Wärmemenge und den Abstand desselben zu bestimmen braucht, um zu wissen, wie heiss derselbe ist.[1]) Und dieses Prinzip, welches als das »Newton'sche Gesetz« der Abkühlung bekannt ist, hat noch eine beschränkte Anzahl von Anhängern. Seine Richtigkeit kam erst in Frage, als De la Roche 1812[2]) darlegte, dass es nur über einen niedrigen Temperaturbereich annähernd richtig sei; und fünf Jahre später fassten Dulong und Petit die Resultate ihrer Versuche in die allgemeine Regel zusammen, dass, während die Temperatur in arithmetischer Reihe wächst, die Ausstrahlung in geometrischer Reihe zunimmt.[3]) Unter Anwendung dieser Formel leitete Pouillet aus seinen Beobachtungen über die Sonnenwärme eine Sonnentemperatur her, die zwischen 1461° und 1761° C. gelegen war. Nun wird die höhere dieser beiden Grenzen — die ungefähr die Temperatur des schmelzenden Platins ist — unzweifelhaft in dem Brennpunkte gewisser Brenngläser überschritten, die von solcher Wirkungsfähigkeit konstruiert worden sind, dass sie auf in ihren Brennpunkt gestellte Objekte eine ebensolche Wirkung ausüben, als ob dieselben sich in einer Entfernung von 54200 Meilen von der Photosphäre befänden. In den so koncentrierten Strahlen werden Platin und Diamant schnell zu Dampf, ungeachtet des grossen Verlustes an Wärme durch Absorption zuerst bei dem Durchgange durch die Luft und sodann beim Durchgang durch die Linse. Pouillet's Maximum ist daher offenbar zu niedrig, da es die ungereimte Annahme in sich schliesst, dass eine strahlende Masse einen entfernten Körper mehr zu erwärmen vermag, als sie selbst warm ist.

Weniger nachweisbar, aber kaum weniger sicher irrte J. J. Waterston, welcher das Problem im Jahre 1860 in Angriff nahm, nach der entgegengesetzten Richtung. Indem er die von ihm in Indien und in Edinburg gesammelten Daten nach dem Newton'schen Prinzip verarbeitete, erlangte er für die »potentielle Temperatur« der Sonne 12880000° F.[4]) gleich 7156093° C. Der Ausdruck »poten-

---

[1]) »Est enim calor solis ut radiorum densitas, hoc est, reciproce ut quadratum distantiae locorum a sole.« *Principia*, p. 508 (3. ed. 1726). — [2]) *Journ. de Phys.*, t. LXXV, p. 215. — [3]) *Ann. de Chimie*, t. VII, 1817, p. 365. — [4]) *Phil. Mag.*, vol. XXIII (4. ser.), p. 505.

tielle Temperatur« (für welchen Violle im Jahre 1876 den Ausdruck »effektive Temperatur« einführte) sollte die Anhäufung der nicht unwahrscheinlich von einer Menge verschiedener einander verstärkender Sonnenschichten empfangenen Strahlen auf einer einzigen, der Einfachheit wegen angenommenen Oberfläche bezeichnen; dieselbe konnte daher (wie auseinandergesetzt wurde) erheblich höher sein als die wirkliche Temperatur irgend einer Schicht.

Pater Secchi wiederholte 1861 zu Rom Waterston's Versuche und bestätigte seine Schlüsse,[1]) während Soret's Beobachtungen auf dem Gipfel des Mont Blanc im Jahre 1867[2]) ihm das Material zu einer neuen und noch höheren Schätzung auf zehn Millionen Grade der hundertteiligen Skala lieferten.[3]) Aus ganz denselben Resultaten aber leitete Vicaire, indem er nur Dulong und Petit's Gesetz für das Newton'sche substituierte, im Jahre 1872 eine vorläufige Sonnentemperatur von 1398^0 ab.[4]) Diese liegt unterhalb derjenigen, bei welcher Eisen schmilzt, und wir wissen, dass Eisendämpfe hoch oben in der Sonnenatmosphäre existieren. Dieser Gegenstand wurde auf der andern Seite des Atlantischen Ozeans im Jahre 1871 von Ericsson in Untersuchung gezogen. Er versuchte es, das erschütterte Vertrauen zu Newton's Prinzip wiederherzustellen, und gelangte mit seiner Hilfe zu einer Temperatur von vier Millionen Grad F.[5]) In neuerer Zeit hat eine Rechnung, die er als »zu niedrig angesetzt« betrachtet, und die sich auf die Beobachtung der von seinem »Sonnenmotor« empfangenen Wärmemenge gründet, drei Millionen Grad ergeben. Dies müsste, wie er richtig glaubt, angenommen werden, wenn es ausgemacht wäre, dass die durch strahlende Wärme hervorgerufene Temperatur ihrer Dichtigkeit direkt oder ihrer Diffusion umgekehrt proportional ist.[6]) Könnte dieses festgestellt werden, so würde die Frage sehr vereinfacht sein; es ist jedoch kein grosser Zweifel darüber, dass der Fall bei weitem anders ist, wenn die Wärme intensiver wird.

Im Jahre 1876 wurde die Bestimmung der Temperatur der Sonne von der Pariser Akademie der Wissenschaften zum Gegen-

---

[1]) *Nuovo Cimento,* t. XVI, p. 294. — [2]) *Comptes Rendus,* t. LXV, p. 526. — [3]) Das direkte Resultat von $5^1/_3$ Millionen Graden wurde, um die Absorption in der eigenen Atmosphäre der Sonne in Rücksicht zu ziehen, verdoppelt. *Ibid.,* t. LXXIV, p. 26. — [4]) *Ibid.,* p. 31. — [5]) *Nature,* vols. IV, p. 204; V, p. 505. — [6]) *Ibid.,* vol. XXX, p. 467.

stand einer Preisaufgabe gemacht. Aber obwohl die Abhandlung von Jules Violle den Preis erhielt, wurde das Problem doch als noch nicht gelöst erklärt. Violle (der Dulong und Petit's Formel benutzte) gelangte zu einer »effektiven« Temperatur von 1500° C., nahm aber an, dass sie in Wirklichkeit 2500° C. erreichen könnte, wenn das Emissionsvermögen der photosphärischen Wolken (wie es wahrscheinlich schien) nur wenig von dem als Norm geltenden des Lampenrusses verschieden wäre.[1]) Da Versuche, die er im April und Mai 1881 anstellte, ein etwas höheres Resultat ergaben, so erhöhte er diese Zahl auf 3000° C.[2])

Schätzungen, die so ausserordentlich von einander abwichen, wie die von Waterston, Secchi und Ericsson auf der einen Seite und die von französischen Gelehrten auf der andern, dienten nur dazu zu zeigen, dass alle auf einem fehlerhaften Prinzip beruhten. Der nunmehr verstorbene Professor Rosetti[3]) an der Universität zu Padua erkannte daher schliesslich die Notwendigkeit, sich von so vollständig mit den Thatsachen im Widerspruch stehenden »Gesetzen« loszumachen. Die Temperatur der Flamme des Knallgases z. B. wurde von Bunsen auf 2800° C. festgesetzt — eine Schätzung, die sicher nicht weit von der Wahrheit entfernt ist. Wenn man aber die beiden auf die Sonne angewandten Messungsmethoden zur Bestimmung der Wärme eines festen in dieser Flamme glühend gemachten Körpers benutzt, so ergiebt sich diese Wärme nach Newton's Rechnungsweise zu 45 000° C., nach Dulong und Petit's zu 870° C.[4]) Beide Werte werden mit Recht verworfen, da der erste offenbar viel zu hoch, der zweite aber zu niedrig ist. Die von Rosetti dafür angenommene Formel erwies sich bis zu 2000° C. als vorteilhaft; da sie aber wie ihre Vorgänger nur ein rein empirisches Gesetz ist, welches durch kein Prinzip gewährleistet ist und auf das man sich daher ausserhalb des Kreises der Erfahrung nicht mehr verlassen darf, so kann es gleich ihnen bei noch höheren Temperaturen seine Gültigkeit verlieren. Alles, was sich sagen lässt, ist das, dass es die annehmbarsten Resultate giebt. Die Ausstrahlung, insoweit sie diesem neuen Gesetze gehorcht, nimmt zu wie das Quadrat der absoluten Temperatur — d. h. der Anzahl der Grade, von dem »absoluten Nullpunkt« — 273° C. an gezählt. Seine Anwen-

---

[1]) *Ann. de Chim.*, t. X (5. sér.), p. 361. — [2]) *Comptes Rendus*, t. XCVI, p. 254. — [3]) *Phil. Mag.*, vol. VIII, 1879, p. 324. — [4]) *Ibid.*, p. 325.

dung ergiebt für die ausstrahlende Oberfläche der Sonne eine effektive Temperatur von 20380° C. (einschliesslich eines Verlustes in der Sonnenatmosphäre, der auf die Hälfte angenommen ist); und indem er einen wahrscheinlichen Mangel an Emissionsvermögen (verglichen mit Lampenruss) einer wahrscheinlichen gegenseitigen Verstärkung der übereinander gelagerten Schichten gegenüberstellte, betrachtete Professor Rosetti die »effektive« Temperatur auch nahezu der »wirklichen« als gleich.

Noch ein anderes »Abkühlungsgesetz« wurde von Stefan in Wien im Jahre 1879 [1]) vorgeschlagen. Es besagt, dass das Ausstrahlungsvermögen wächst mit der vierten Potenz der absoluten Temperatur. Hiernach würde die Temperatur der Photosphäre der vierten Wurzel ihrer Wärmewirkungen in der Ferne proportional sein, und sie schien, nach Stefan's Rechnungen auf Grund von Violle's Messungen der Intensität der Ausstrahlung der Sonne, gerade 6000° C. zu betragen.

Eine neue Bahn der Untersuchung wurde 1870 durch Zöllner eröffnet. Anstatt die Sonnenstrahlen an der Hand zweifelhafter empirischer Formeln rückwärts zu verfolgen, untersuchte er ihre Intensität an ihrer Quelle. Er zeigte, [2]) dass, wenn die Protuberanzen als einfache Wirkungen des Entweichens gewaltig zusammengedrückter Gase betrachtet würden, es möglich wäre, aus den bekannten Gesetzen der mechanischen Wärmetheorie und der Konstitution der Gase Minimalwerte für die Temperaturen, welche im Entwickelungsgebiet derselben vorherrschen, abzuleiten. Dieselben ergaben 27700° C. für die Schichten, welche unmittelbar über der Photosphäre liegen, und 68400° C. für die unmittelbar unter ihr liegenden, wobei die ersteren als diejenige Gegend betrachtet werden, in welche hinein die Eruptionen stattfinden, während die letzteren diejenige Gegend bilden, aus welcher heraus die Eruptionen stattfinden. In diese Rechnung waren Protuberanzen von mehr als 9000 Meilen Höhe (1.5′) nicht mit eingeschlossen. Aber im Jahre 1884 bestimmte G. A. Hirn in Colmar, indem er die inzwischen beobachteten ungeheuren Wurfgeschwindigkeiten in Betracht zog, zwei Millionen Grad Celsius als die niedrigste innere Temperatur, durch welche sie erklärt werden könnten, obwohl er der Meinung war, dass die Verdichtungen, die der Annahme nach die photosphärischen Wolken erzeugten, mit einer

---

[1]) *Sitzungsber.*, Wien, Bd. LXXIX, 2, p. 391. — [2]) *Astr. Nachr.*, No. 1815—16.

höheren äusseren Temperatur als 50 000° bis 100 000° C. unverträglich wären.[1])

Diese Methode, auf die Sonne selbst zu gehen, um zu sehen, was dort vorgeht, und einen Einblick in ihre Verhältnisse zu gewinnen, hat sehr viel für sich; aber ihre vorteilhafte Anwendung setzt Kenntnisse voraus, die wir noch weit entfernt sind zu besitzen. Wir wissen z. B. gar nichts über die wirklichen Umstände, welche die Entstehung der Sonnenprotuberanzen begleiten. Die Annahme, dass sie nichts anderes als blosse Elastizitätserscheinungen seien, ist durchaus willkürlich. Spektroskopische Andeutungen hingegen geben die Hoffnung, dass sich schliesslich ein fester Vergleichungspunkt mit irdischen Wärmequellen werde finden lassen; aber ihre Erklärung ist noch höchst unsicher; und in der That kann die Darstellung transcendentaler Temperaturen in Graden unmöglicher Thermometer im günstigsten Falle nur ein eiteler Versuch sein, sich Vorstellungen über den Zustand von Dingen zu machen, die ganz und gar ausserhalb des Bereichs unserer Erfahrung liegen.

Ein greifbarerer und minder anfechtbarer Beweis für die Ausstrahlungskraft der Sonne, als jede blosse Schätzung der Temperatur ist, wurde durch gewisse Versuche erbracht, die Professor Langley 1878 anstellte.[2]) Mit Anwendung unfraglich richtiger Hilfsmittel fand er, dass die Sonnenscheibe 87-mal soviel Wärme und 5300-mal soviel Licht ausstrahlt als eine gleiche Metallfläche im Bessemerapparate, wenn die Luft zwanzig Minuten lang hindurchgeblasen worden war. Trotzdem war die Helligkeit des glühenden Stahls so blendend, dass geschmolzenes Eisen, welches in einem blendenden weissglühenden Strome in den Schmelzraum hineinfloss, »im Vergleich dazu tiefbraun erschien und einen Kontrast darbot, ähnlich dem von schwarzem Kaffee, der in eine weisse Tasse gegossen wird.« Seine Temperatur wurde (nicht völlig zuverlässig, wie Young ermittelt hat)[3]) auf 1800° bis 2000° C. geschätzt. Bei der Berechnung der relativen Intensitäten wurden wegen atmosphärischer Absorption des Sonnenlichtes, wegen der seinem Durchgange in der raucherfüllten Luft Pittsburgs dargebotenen besonderen Hindernisse und wegen der schiefen Richtung seines Auffallens keine Abzüge gemacht, so dass die Vergleichung sehr zu Gunsten des Metalls ausfallen musste.

---

[1]) *L'Astronomie*, t. III, p. 334. — [2]) *Journ. of Sc.*, vol. I (3. ser.), p. 653. — [3]) *The Sun*, p. 269.

Ein weiteres Element der Unsicherheit in der Schätzung der Intensität der Sonnenstrahlen ist noch zu erwähnen. Seit der Zeit, wo man anfing, die Sonnenscheibe mit dem Teleskop zu studieren, hatte man bemerkt, dass sie in der Nähe der Ränder weniger hell war. Lucas Valerius an der Lyncean Academy scheint diese Thatsache zuerst bemerkt zu haben, die, sonderbar genug, von Galilei in einem Briefe an Fürst Cesi vom 25. Januar 1613[1]) geleugnet wurde. Pater Scheiner jedoch gab sie vollständig zu und widmete einige Zeilen seines umfangreichen Buches dem Versuche, eine passende Erklärung dafür zu geben.[2]) Im Jahre 1729 bestimmte Bouguer mit grosser Sorgfalt den Betrag dieses Dunklerseins, und aus seinen Angaben folgerte Laplace, unter Anwendung eines jetzt als irrtümlich erkannten Ausstrahlungsgesetzes, dass die Sonne elf Zwölftel ihres Lichtes durch Absorption in ihrer eigenen Atmosphäre verliert.[3]) Die wirkliche Existenz dieser Atmosphäre, welche von den Schichten feuriger Dämpfe, welche die Fraunhofer'schen Linien erzeugen, vollständig verschieden ist, unterliegt keinem Zweifel, obwohl man über ihre Beschaffenheit nur Vermutungen hegen kann. Die verschiedenen Resultate ihrer Einwirkung auf Licht-, Wärme- und chemische Strahlen wurden sorgfältig untersucht von Pater Secchi, der im Jahre 1870[4]) zu dem Schlusse kam, dass die Gesamtabsorption $\frac{88}{100}$ sämtlicher Strahlen zusammengenommen ausmacht, und die wichtige Beobachtung hinzufügte, dass das Licht des Randes nicht mehr weiss, sondern rötlichbraun ist. Es fand daher eine verschiedenartige (selektive) Absorption statt, und diese konnte offenbar nur dann mit Vorteil studiert werden, wenn man die einzelnen Strahlen des Spektrums für sich betrachtete und ausfindig machte, wieviel ein jeder bei seiner Fortpflanzung eingebüsst hatte.

Dies wurde 1877 von H. C. Vogel ausgeführt.[5]) Mit Hilfe eines Polarisationsphotometers fand er, dass am Rande der Sonnenscheibe nur 13 % von den violetten Strahlen, 16 % von den blauen und grünen, 25 % von den gelben und 30 % von den roten durchgelassen werden. In der Mitte zwischen Centrum und Rand dringen 88.7 % des violetten und 96.7 % des roten Lichtes durch die absorbierende Hülle hindurch, und durch die Beseitigung dieser letzteren würde

---

[1]) *Op.*, t. VI, p. 198. — [2]) *Rosa Ursina*, lib. IV, p. 618. — [3]) *Méc. Cél.*, liv. X, p. 323. — [4]) *Le Soleil* (1. ed.), p. 136. — [5]) *Monatsber.*, Berlin, 1877, p. 104.

die Intensität des sichtbaren Spektrums der Sonne gerade dreimal so gross bei den am meisten brechbaren Strahlen und anderthalbmal so gross in den am wenigsten brechbaren Strahlen werden, wie sie jetzt ist. Der Kern eines kleinen Sonnenfleckens zeigte, wie festgestellt wurde, dieselbe Lichtintensität, wie ein Teil der fleckenlosen Oberfläche etwa zwei und eine halbe Minute vom Rande. Da diese Versuche während eines Fleckenminimums gemacht worden waren, zu welcher Zeit die Absorption, wie man annehmen darf, unterhalb ihres durchschnittlichen Wertes liegt, so riet Vogel ihre Wiederholung zu einer Zeit von grösserer Sonnenthätigkeit an.

Professor Langley verfolgte den Gegenstand noch weiter. Glaubwürdige Bestimmungen der »Energie« der einzelnen Strahlen des Spektrums wurden zum ersten Male durch seine Erfindung des »Bolometers« im Jahre 1880[1]) ermöglicht. Dieses ausgezeichnet empfindliche Instrument giebt die Mittel an die Hand, die Wärme, nicht direkt wie mit dem Thermometer, sondern in ihren Wirkungen auf die Leitung der Elektricität zu messen. Es stellt nach den Worten des Erfinders den Finger dar, der auf die Drosselklappe einer Dampfmaschine gelegt ist. Eine kleine Kraft wird die Lenkerin einer viel grösseren Kraft, und daher entsteht aus etwas nicht Wahrnehmbaren etwas deutlich Sichtbares. Durch Steigerung der Temperatur an einer Stelle eines unbeschreiblich dünnen, als Leitungsdraht in einem elektrischen Strome dienenden Platindrahtes wird der Strom der Elektricität an dieser Stelle unterbrochen, und das eingefügte Galvanometer zeigt eine Störung des elektrischen Stromes an. Auf diese Weise sind in weniger als zehn Sekunden Wärmemengen entdeckt worden, welche, wenn sie tausend Jahre hindurch fortgesetzt wirksam gewesen wären, noch nicht die Schmelzung eines Kilogrammes Eis vollendet haben würden.

Die in dem Diffraktionsspektrum enthaltene Wärme ist bei gleicher Dispersion kaum ein Zehntel von der im prismatischen Spektrum. Es war daher früher niemals möglich gewesen, sie im einzelnen — d. h. Strahl für Strahl — zu messen. Aber nur aus dem Diffraktions- oder Normal-Spektrum kann man eine richtige Vorstellung über die wirkliche Verteilung der Energie unter die verschiedenen, sichtbaren und unsichtbaren, Bestandteile eines Sonnenstrahles gewinnen. Die Wirkung des Durchgangs durch ein Prisma besteht

---

[1]) *Am. Journ. of Sc.*, vol. XXI, p. 187.

darin, dass die roten Strahlen weit mehr zusammengedrängt werden wie die blauen. Dieser prismatischen Verzerrung verdankte das Auftreten eines Pseudomaximums der Wärme im Infrarot seine Entstehung, welches verschwand, wenn man die natürliche Anordnung nach der Wellenlänge sich frei vollziehen liess. Professor Langley's Bolometer hat gezeigt, dass der heisseste Teil des normalen Spektrums in Wirklichkeit mit seinem hellsten Teile zusammenfällt, indem beide im Orange in der Nähe der D-Linie liegen.[1]) So verschwand denn auch das letzte Zeugnis zu Gunsten der dreifachen Einteilung der Sonnenstrahlen, und es wurde offenbar, dass die von ihnen hervorgerufenen verschiedenen Wirkungen — Wärme-, Licht- oder chemische Wirkungen — nicht von einer Verschiedenheit der Qualität in ihnen selbst, sondern von den verschiedenen Eigenschaften der Substanzen, auf welche sie einwirken, herrühren. Sie sind einfach Träger der Energie, die sich in kürzeren oder längeren Schwingungen äussert; das Resultat hängt in jedem besonderen Falle ab von der Fähigkeit der von ihnen angetroffenen materiellen Teilchen, diese kürzeren oder längeren Schwingungen anzunehmen und sie in ihrem eigenen Haushalt verschieden zu verwerten.

Eine lange Reihe von Versuchen wurde im Sommer 1881 zu Allegheny auf dem Gipfel des Mount Whitney in der Sierra Nevada zu Ende geführt. Hier in der Höhe von 4540 Metern, in der trokkensten und reinsten Luft vielleicht von der Welt, wurden die absorbierenden Einflüsse der Atmosphäre weniger merklich und somit die Angaben des Bolometers sicherer und schärfer. Eine ungeheure Ausdehnung erfuhr sofort die unsichtbare Gegend in dem Sonnenspektrum unterhalb des Rot. Kapitän Abney hatte chemische Wirkungen von Schwingungen, die zwölf Zehntausendstel eines Millimeters lang waren, erhalten. Dies waren die längsten, die, wie man aus theoretischen Gründen erkannt oder vielmehr angenommen hatte, existieren konnten. Professor Langley erhielt jetzt Wärmewirkungen von Strahlen von über zweimal so grosser Wellenlänge, indem sein feiner Platindraht bis auf etwa dreissig Zehntausendstel eines Millimeters herabging, woselbst die Sonnenwärme plötzlich abgeschnitten zu sein schien, wie durch einen dazwischengeschobenen absorbierenden Schirm. Die bekannte Ausdehnung des Sonnenspektrums wurde

[1]) In Bezug auf J. W. Draper's teilweise Vorwegnahme dieses Resultats siehe *Am. Journ. of Sc.*, vol. IV, 1872, p. 174.

auf diese Weise sogleich mehr als verdoppelt. Der sichtbare Teil desselben bedeckte etwa den Bereich einer Oktave; die bolometrischen Angaben umfassten drei bis vier. Die grosse Wichtigkeit der neu erforschten Gegend erhellt aus der Thatsache, dass drei Fünftel der ganzen Energie des Sonnenlichtes in dem Infrarot ihren Sitz haben, während kaum mehr als der hundertste Teil dieses Betrages in dem besser bekannten ultravioletten Raume sich findet.[1])

Die atmosphärische Absorption ist nie zuvor mit solcher Genauigkeit untersucht worden, als dies von Professor Langley auf dem Mount Whitney geschah. Unterstützt durch gleichzeitige Beobachtungen von Lone Pine am Fusse der Sierra aus, vermochte er die zu jedem Strahle vor seinem Eintreten in die gasige Umhüllung der Erde gehörige Intensität zu berechnen, oder mit andern Worten eine Kurve zu konstruieren, welche die Energie im Spektrum ausserhalb der Atmosphäre anzeigte. Das Resultat zeigte, dass das blaue Ende weit mehr Einbusse erlitt wie das rote, indem die Absorption sich umgekehrt wie die Wellenlänge änderte. Diese Eigenschaft, vorwiegend die schnelleren Schwingungen zu absorbieren, hat unsere Atmosphäre, wie Vogel und Langley[2]) überzeugend dargethan haben, mit der Sonnenatmosphäre gemein. Die Wirkung dieser doppelten Absorption ist die, als ob zwei Platten von rötlichem Glase zwischen uns und die Sonne gestellt wären. Würde diese Absorption beseitigt, so würde uns die Sonnenscheibe nicht nur drei- oder viermal heller, sondern auch in einer deutlich grünlichblauen Farbe, die nicht sehr von der Farbe der zweiten (F) Wasserstofflinie verschieden wäre, erscheinen.

Die Thatsache, dass die unverhüllte Sonne blau ist, hat einen wichtigen Bezug auf die Frage nach ihrer Temperatur; eine etwas zuverlässigere Antwort auf diese Frage zu geben, war das Endziel der beharrlichen Untersuchungen Professor Langley's; denn es ist wohl bekannt, dass, je heisser die Körper werden, die verhältnismässige Abbildung der brechbareren Strahlen in ihrem Spektrum um so grösser wird. Das niedrigste Stadium des Glühens ist das als Rotglühhitze bekannte; nimmt seine Intensität zu, so kommen die schnelleren Schwingungen hinzu, und ein optisches Äquivalent für die Empfindung tritt bei der Weissglühhitze zu Tage.

---

[1]) *Phil. Mag.*, vol. XIV, p. 179 (März 1883). — [2]) *Comptes Rendus*, t. XCII, p. 701. — [3]) *Nature*, vol. XXVI, p. 589.

Das Endstadium der Blauglühhitze ist, wie wir jetzt wissen, in der Photosphäre erreicht. Auf dieses starke ursprüngliche Vorwiegen von blauem Lichte allein muss man also seine Schätzung der Sonnenwärme gründen; und wirkliche Messungen zeigen die nämliche Tendenz nach oben. Bis in die allerneuste Zeit war Pouillet's Zahl von 1.7 Kalorien in der Minute und für den Quadratcentimeter der Erdoberfläche der angenommene Wert für die »Sonnenkonstante.« Allerdings hatte Forbes 1842[1]) aus Beobachtungen auf dem Faulhorn den Wert 2.85 gefunden; aber es gelang diesen Beobachtungen nicht das Vertrauen, welches sie verdienten, zu erringen. Pouillet's Resultat wurde erst definitiv beseitigt, als Violle aus aktinometrischen Messungen auf der Spitze und am Fusse des Mont Blanc im Jahre 1875 die Intensität der Sonnenstrahlung zu 2.54[2]) berechnete, und Crova zu Montpellier um dieselbe Zeit zeigte, dass sie über zwei Kalorien betrage.[3]) Langley ging noch höher hinauf. Als er die Resultate seiner Expedition nach dem Mount Whitney zusammenstellte, fand er, dass die atmosphärische Absorption gerade zweimal so stark wirkte, als man bisher angenommen hatte.[4]) In der That erreichen kaum sechzig Prozent derjenigen Sonnenstrahlen, welche senkrecht einen anscheinend durchsichtigen Himmel durchstrahlen, die Meereshöhe. Die übrigen werden zurückgeworfen, zerstreut oder verschluckt. Diese Entdeckung hatte eine weite Vermehrung des ursprünglichen, so unbarmherzig bei seiner Fortpflanzung abgeschnittenen Vorrates zur Folge, und die Sonnenkonstante stieg sogleich auf drei Kalorien — ihrem gegenwärtigen Normalwerte. Mit andern Worten bedeutet dies, dass die Sonnenwärme, welche die äussersten Spitzen unserer Atmosphäre erreicht, für jede Quadratelle der Erdoberfläche die Arbeit einer Maschine von einer Pferdekraft zu verrichten vermag. So streben neuere Untersuchungen über die wahrscheinliche Temperatur der Sonne, obwohl sie keine Übereinstimmung innerhalb irgend erträglicher Fehlergrenzen zeigen, mit wachsender Gewissheit dahin, die Reichhaltigkeit der in dem grossen Hauptreservoir unseres Systems enthaltenen Wärmevorräte mehr und mehr erkennen zu lassen.

---

[1]) *Phil. Trans.*, vol. CXXXII, p. 273. — [2]) *Ann. de Chim.*, t. X, p. 321. — [3]) *Ibid.*, t. XI, p. 505. — [4]) *Am. Journ. of Sc.*, vol. XXVIII, p. 163; *Observatory*, vol. VII, p. 309.

Sechstes Kapitel.

Die Entfernung der Sonne von der Erde.

Die Frage nach der Entfernung der Sonne von der Erde erhebt sich naturgemäss bei der Betrachtung ihrer Temperatur, da die Intensität der ausgesandten Strahlen im Vergleich zu der der empfangenen und gemessenen von ihr abhängt. Doch hat die Kenntnis dieser Entfernung einen Wert, der in gar keinem Zusammenhang steht mit der Physik der Sonne. Der Halbmesser der Erdbahn ist unser Normalmassstab für das Universum. Er ist das grosse Fundamentaldatum der Astronomie — die Raumeinheit, bei welcher jeder Irrtum in der Schätzung vervielfältigt und wiederholt wird in tausenderlei verschiedenen Weisen sowohl in den Systemen der Planeten, wie in denen der Gestirne. Deshalb ist ihre Bestimmung von Airy »das vornehmste Problem in der Astronomie« genannt worden. Es ist aber auch eins der schwierigsten. Die Grössen, um die es sich handelt, sind so klein, dass ihre sichere Auffindung alle Hilfsquellen der modernen Wissenschaft in Anspruch nimmt. Eine Ungenauigkeit in der Beobachtung, durch welche der Mond um einhundert Meilen uns näher gerückt oder weiter von uns entfernt würde, als er wirklich ist, würde eine Schätzung der Sonnenentfernung bis zum Betrage von sechzehn Millionen Meilen fehlerhaft machen![1]) Was notwendig ist, um die gewünschte genaue Kenntnis jener Entfernung zu erhalten, ist nichts weniger als dieses: einen Winkel zu messen, unter welchem etwa ein Markstück in einer Entfernung von 2000 Fuss vom Auge erscheint, und zwar innerhalb einer Fehlergrenze, die wenig mehr als ein Tausendstel seines Wertes beträgt.

Der so dargestellte Winkel ist die sogenannte »Horizontalparallaxe« der Sonne. Um diesen Betrag — die Breite eines Markstückes

[1]) Airy, *Month. Not.*, vol. XVII, p. 210.

bei 2000 Fuss Entfernung — ist sie für einen Beobachter auf der rotierenden Erde beim Auf- und Untergange von ihrem Mittagsorte am Himmel entfernt. Mit andern Worten, dies ist die scheinbare Grösse des Radius der Erde, von der Sonne aus gesehen. Wenn wir diese Grösse mit Sicherheit und Genauigkeit wüssten, würden wir auch — da die Dimensionen der Erde in der That sicher festgestellt sind — die Entfernung der Sonne mit Sicherheit und Genauigkeit kennen. Thatsächlich steht in theoretischen Werken über Astronomie häufig eine Grösse für die andere. Aber dieser Parallaxenwinkel oder die scheinbare Ortsveränderung kann nicht direkt gemessen werden — kann sogar mit den feinsten Instrumenten nicht wahrgenommen werden. Nicht wegen ihrer Kleinheit. Die parallaktische Veränderung des nächsten der Sterne, wie sie von entgegengesetzten Punkten der Erdbahn gesehen wird, ist vielmals kleiner. Vielmehr nehmen am Sonnenrande und nahe am Horizonte, wo sich die in Frage stehenden Gesichtswinkel zu ihrem vollen Betrage öffnen, die atmosphärischen Störungen überhand und lassen die weit geringeren Wirkungen der Parallaxe ganz und gar verschwinden.

Es bleiben daher nur indirekte Methoden übrig. Die Astronomen sind mit den Verhältnissen, in welchen die verschiedenen Bahnen der Planeten zu einander stehen, wohlbekannt. Nach dem dritten Kepler'schen Gesetze hängen sie so mit einander zusammen, dass man, wenn ihre Umlaufszeiten bekannt sind, nur den Abstand zwischen irgend zweien von ihnen zu finden braucht, um sogleich die Entfernungen angeben zu können, welche sie alle von einander und von der Sonne trennen. Der Entwurf ist gegeben; was wir entdecken müssen, ist der Massstab, nach welchem er gefertigt ist, so dass, wenn wir die Entfernung eines einzigen Planeten von der Erde genau bestimmen können, unser Problem gelöst ist.

Nun kommen einige von unsern Gefährten, die uns auf unsrer nie endenden Reise um die Sonne begleiten, zuweilen sehr gut in den Kreis der Trigonometrie des Himmels. Die Bahn des Mars liegt an einem Punkte nicht mehr als etwa $7\frac{3}{4}$ Millionen Meilen von der der Erde entfernt, und wenn die beiden Körper zufällig an oder in der Nähe der günstigen Stelle zugleich ankommen — eine Konjunktur, die alle fünfzehn Jahre wiederkehrt —, so ist die gewünschte günstige Gelegenheit geboten. Mars befindet sich alsdann »in Opposition« oder auf der entgegengesetzten Seite von der Sonne wie wir, und geht infolgedessen um Mitternacht durch den Meridian.[1]) Und aus einer Opposition des Mars, welche 1672 von Richer in Cayenne und zugleich von Cassini in Paris beobachtet wurde, wurde in der That die erste wissenschaftliche Schätzung der Entfernung der Sonne abgeleitet. Sie schien ungefähr gleich 19 (engl. 87) Millionen Meilen (Parallaxe 9.5″) zu sein, während Flamsteed aus seinen unabhängig von jenen angestellten Beobachtungen desselben Ereignisses $17\frac{3}{4}$ (engl. 81.7) Millionen Meilen (Parallaxe 10″) erhielt — ein Unterschied, der durchaus unbedeutend ist bei dem damaligen Zustande der Forschung. Picard's Resultat war aber gerade halb so gross wie Flamsteed's (Parallaxe 20″; Entfernung $8\frac{3}{4}$ (engl. 41) Millionen Meilen), und Lahire nahm an, dass wir vom Herzen unsrers Systems durch eine Entfernung von mindestens $29\frac{1}{2}$ (engl. 136) Millionen Meilen getrennt sein müssten.[2]) Es war also immer noch eine enorme Unsicherheit geblieben.

Venus andrerseits kommt der Erde am nächsten, wenn sie zwischen ihr und der Sonne hindurchgeht. In solchen Zeiten »unterer Konjunktion« ist sie jedoch immer noch etwa $5\frac{1}{2}$ (engl. 26) Millionen Meilen oder (in runden Zahlen) 109-mal so weit als der Mond von der Erde entfernt. Überdies ist sie so von den Sonnenstrahlen eingehüllt, dass nur dann, wenn ihr Weg quer über die Sonnenscheibe hinweggeht, die Möglichkeit einer Messung gegeben ist. Diese »teilweisen Verfinsterungen der Sonne durch die Venus« (wie Encke sie nannte) sind zu Paaren verbunden,[3]) deren einzelne Glieder um acht

---

[1]) Mars kommt einmal in etwa 780 Tagen in Opposition, aber mit Rücksicht auf die Excentricität beider Bahnen, variiert seine Entfernung von der Erde in diesen Epochen von $7^3/_4$ bis $13^1/_2$ Millionen Meilen. — [2]) J. D. Cassini, *Histoire abrégée de la Parallaxe du Soleil,* p. 122, 1772. — [3]) Der gegenwärtigen Periode paarweiser excentrischer Durchgänge wird im Laufe der Jahrhunderte eine Periode von einfachen, nahezu centralen Durchgängen folgen. Die Stellungen der Erde, der Venus und der Sonne in der Nähe der Schnittlinie beider Planetenbahnen, bei denen Durchgänge stattfinden, treten gegenwärtig ein die erste etwas vor, die zweite (acht Jahre weniger $2^1/_2$ Tage später) etwas hinter dem Knoten. Wenn aber die erste dieser beiden Zusammenkünfte sehr nahe dem Knoten stattfindet und daher einen nahezu centralen Durchgang giebt, fällt die zweite zu weit von ihm ab, und der Planet wird nicht auf die Sonne projiciert. Der Grund, dass sie an eine achtjährige Wiederkehr gebunden sind, ist der, dass acht Umläufe der Erde in nur sehr wenig längerer Zeit vollendet werden als dreizehn Umläufe der Venus.

Jahre von einander getrennt sind und in Zeitabschnitten von abwechselnd $105\frac{1}{2}$ und $121\frac{1}{2}$ Jahren sich wiederholen. Daher fand der erste berechnete Durchgang im Dezember 1631 und der mit ihm verbundene (von Horrocks beobachtete) in dem nämlichen Monat 1639 (neuen Stils) statt. Nach Verlauf von $121\frac{1}{2}$ Jahren traten im Juni von 1761 und 1769 wiederum Venusdurchgänge ein, und wiederum nach $105\frac{1}{2}$ Jahren die jüngst beobachteten vom 8. Dezember 1874 und 6. Dezember 1882. Während des ganzen zwanzigsten Jahrhunderts findet kein Venusdurchgang statt; aber die Astronomen des einundzwanzigsten werden nur vier Jahre auf den ersten eines im Juni stattfindenden Paares zu warten brauchen. Die Seltenheit dieser Ereignisse rührt von dem Umstande her, dass die Bahnen der Erde und der Venus nicht in derselben Ebene liegen. Wäre dies der Fall, so würde ein Durchgang jedesmal stattfinden, wenn unser Zwillingsplanet uns in seinem schnelleren Umlaufe überholt — d. h. im Durchschnitt alle 584 Tage. Wie die Dinge wirklich liegen, geht er ober- und unterhalb der Sonne vorüber, ausser wenn die beiden Körper sich gerade in unmittelbarer Nähe der Schnittlinie beider Bahnebenen befinden.

Eine solche Begebenheit wie ein Venusdurchgang scheint auf den ersten Anblick für die Lösung des Problems der Sonnenentfernung sehr viel zu versprechen. Denn nichts würde leichter erscheinen, als entweder die Dauer des Vorüberganges einer kleinen dunklen Scheibe vor einer grossen hellen Scheibe oder den Augenblick ihres Eintritts in dieselbe oder ihres Austritts aus derselben genau zu bestimmen. Und die Unterschiede in diesen Zeiten (die Dank der verhältnismässigen Nähe der Venus durchaus beträchtlich sind), wie sie von entfernten Gegenden der Erde beobachtet werden, können in räumliche Unterschiede, d. h. in scheinbare oder parallaktische Ortsveränderungen, verwandelt werden, aus denen dann die Entfernung der Venus und hieraus durch eine einfache Proportionsrechnung die Entfernung der Sonne sich ergiebt. Aber wieviel Schlingen und Fallgruben liegen hinter dem Worte »genau« versteckt! Es ist so leicht, es zu denken und auszusprechen, und doch so unendlich schwer, es zu verwirklichen. Die Astronomen des achtzehnten Jahrhunderts waren voll von Hoffnung und Eifer. Sie glaubten zuversichtlich durch die doppelte ihnen gebotene Gelegenheit zu einer Art permanenten Abschlusses der Statistik unseres Systems zu gelangen. Sie wurden bitter getäuscht. Die Unsicherheit in der Sonnendistanz, welche sie auf einige hunderttausend Meilen einschränken zu können glaubten, belief sich immer noch auf viele Millionen.

Im Jahre 1822 unternahm es jedoch Encke, damals Direktor der Sternwarte zu Seeberg bei Gotha, in dieses Chaos von nicht übereinstimmenden und verschieden erklärten Beobachtungen Ordnung zu bringen. Seine kombinierten Resultate für beide Durchgänge (1761 und 1769) wurden 1824 [1]) veröffentlicht und fanden allgemeine Annahme. Die Parallaxe der Sonne wurde durch sie auf 8.5776" festgestellt, die einer mittleren Entfernung [2]) von $20\frac{2}{3}$ Millionen Meilen entspricht. Die Beseitigung des Zweifels war aber bei weitem nicht so befriedigend, wie es den Anschein hatte. Die Beruhigung über diesen Punkt dauerte gerade dreissig Jahre. Sie wurde aber unterbrochen durch Hansen's Erklärung im Jahre 1854, [3]) dass die beobachteten Bewegungen des Mondes mit der Theorie nur unter der Bedingung in Übereinstimmung gebracht werden könnten, dass die Sonne uns beträchtlich näher wäre, als man bisher angenommen hätte.

Dr. Matthew Stewart, Professor der Mathematik an der Universität zu Edinburg, hatte im Jahre 1763 den vergeblichen Versuch gemacht, die Entfernung der Sonne aus ihrer störenden Wirkung auf unsern Satelliten zu bestimmen. [4]) Indessen fand Tobias Mayer zu Göttingen, dessen kurze Laufbahn so reich an Vorbedeutungen war, den richtigen Weg zu demselben Ziele, und Laplace gab im siebenten Buche seiner *Mécanique Céleste* [5]) eine aus der »parallaktischen Ungleichheit« des Mondes abgeleitete Sonnenparallaxe, die im Wesentlichen identisch war mit derjenigen, welche sich aus der späteren Encke'schen Diskussion der Venusdurchgänge im achtzehnten Jahrhundert ergab. So schienen zwei völlig unabhängige Methoden — die trigonometrische Methode, oder die Bestimmung durch Messung, und die Gravitationsmethode, oder die Bestimmung durch Störung — sich gegenseitig ihre Resultate zu bestätigen, bis

---

[1]) *Die Entfernung der Sonne:* Fortsetzung, p. 108. Encke verbesserte etwas sein Resultat von 1824 in den *Abh. d. Berl. Ak.*, 1835, p. 295. — [2]) Wegen der elliptischen Gestalt der Bahn ist die Erde der Sonne im Juni 675000 Meilen näher als im Dezember. Die zu bestimmende Grösse oder »mittlere Entfernung« ist diejenige, welche mitten zwischen diesen Grenzen liegt — ist mit andern Worten die halbe grosse Achse der Ellipse, in welcher sich die Erde bewegt. — [3]) *Month. Not.*, vol. XV, p. 9. — [4]) *The Distance of the Sun from the Earth determined by the Theory of Gravity*, Edinburgh, 1763. — [5]) *Oeuvres*, t. III, p. 326.

das neunzehnte Jahrhundert über seine Mittagslinie weit hinaus war. Es ist eigentümlich, dass sich so oft Irrtümer vereinigen, um die Überzeugung irre zu führen.

Hansen's Alarmnachricht vom Jahre 1854 wurde wiederholt im Jahre 1858[1]) durch Leverrier. Er fand, dass eine scheinbar monatliche Oscillation der Sonne, welche eine wirkliche monatliche Bewegung der Erde um ihren gemeinschaftlichen Schwerpunkt mit dem Monde wiederspiegelt, und welche ihrem Betrage nach allein von der Masse des Mondes und der Entfernung der Sonne abhängt, eine Verminderung des angenommenen Wertes dieser Entfernung um volle 870000 (engl. 4000000) Meilen erforderlich machte. Drei Jahre später legte er dar, dass gewisse überraschende Abweichungen zwischen den beobachteten und berechneten Örtern sowohl der Venus wie des Mars verschwinden würden, wenn man ein ähnliches Mass annehme.[2]) Ferner bot eine günstige Opposition des Mars im Jahre 1862 Gelegenheit zu neuen Beobachtungen, welche, von Stone und Winnecke besonders angestellt, mit allen neueren Untersuchungen darin übereinstimmten, dass sie die grosse Einheit auf etwas weniger als 20 (engl. 91) Millionen Meilen feststellten. In Newcomb's Händen ergaben sie etwas mehr als 20 (engl. $92\frac{1}{2}$) Millionen Meilen.[3]) Die sich mehrenden Zeugnisse für eine grössere Reduktion der Sonnendistanz wurden gerade damals durch ein Hilfsresultat von gänzlich verschiedener und unerwarteter Art verstärkt.

Die Entdeckung, dass Licht sich nicht augenblicklich von Punkt zu Punkt fortpflanzt, sondern eine kurze Zeit zu seiner Fortpflanzung gebraucht, war 1675 von Olaus Römer gemacht worden, indem er bemerkt hatte, dass die Verfinsterungen der Jupiterstrabanten stets um ein beträchtliches Zeitintervall später eintraten, wenn die Erde sich in dem ferner gelegenen Teile ihrer Bahn befand, als wenn sie dem Jupiter näher stand. Die Hälfte dieses Intervalls oder die Zeit, welche eine Lichtvibration zur Durcheilung des »mittleren Radius« der Erdbahn braucht, wird die »Lichtgleichung« genannt, und die Bestimmung ihres wahren Wertes hat die der modernen Astronomie eigene bis ins Kleinste gehende Sorgfalt

---

1) *Comptes Rendus,* t. XLVI, p. 882. Die von Leverrier aus der »parallaktischen Ungleichheit« der Erdbewegung abgeleitete Parallaxe 8.95″ wurde durch Stone zu 8.91″ verbessert. *Month. Not.*, vol. XXVIII, p. 25. — 2) *Month. Not.,* vol. XXXV, p. 156. — 3) *Wash. Obs.,* 1865, App. II, p. 28.

herausgefordert. Delambre erhielt 1792 für sie 493 Sekunden. Glasenapp, ein russischer Astronom, erhöhte im Jahre 1874 den Wert auf 501 Sekunden, der wegen der aufgewandten ausserordentlichen Sorgfalt kaum mehr als ein paar Sekunden (höchstens) irrtümlich sein kann; und auch diese übrigbleibende Unsicherheit wird, wie man hoffen darf, durch die zwölf Jahre lang fortgesetzte Reihe photometrischer Beobachtungen der Jupiterstrabanten, die im Juni 1878 an der Sternwarte des Harvarder College begonnen wurden, noch eingeschränkt werden. Wenn wir daher irgend ein unabhängiges Mittel hätten, um festzustellen, **wie schnell das Licht sich fortpflanzt,** so würden wir sogleich angeben können, **wie weit entfernt die Sonne ist.**

Es giebt noch einen andern Weg, auf welchem die Kenntnis der Geschwindigkeit des Lichts uns direkt zum Ziele führen würde. Bei sorgfältiger Beobachtung und Messung nimmt man wahr, dass die Himmelskörper von ihren wahren Plätzen in der Richtung der Bewegung der Erde um eine sehr kleine Grösse verschoben werden. Diese Wirkung (von der wir schon gesprochen haben) ist seit Bradley's Zeit als »Aberration« bekannt. Sie entsteht aus einer Zusammensetzung der beiden Bewegungen der Erde um die Sonne und der Lichtwellen durch den Äther. Wenn die Erde stillstände, oder wenn das Licht auf dem Wege von den Sternen keine Zeit brauchte, so würde eine solche Wirkung nicht existieren. Ihr Betrag wird durch das Verhältnis der Geschwindigkeiten, mit welcher die Erde und die Lichtstrahlen ihre bezüglichen Wege verfolgen, ausgedrückt. Dieses Verhältnis ist, roh dargestellt, 1 zu 10000. Wüssten wir daher wiederum die Geschwindigkeit der Fortpflanzung des Lichtes per Sekunde, so würden wir auch die Geschwindigkeit der Erdbewegung per Sekunde und folglich den Umfang ihrer Bahn und die Entfernung der Sonne kennen.

Anstatt aber die Entfernung der Sonne aus der Schnelligkeit des Lichtes abzuleiten, war man umgekehrt bis in die neueste Zeit nicht imstande, die Lichtgeschwindigkeit anders festzustellen, als mit Hilfe der unvollkommenen Kenntnis, die man von der Entfernung der Sonne besass. Die ersten erfolgreichen, irdischen Verhältnissen entnommenen Versuche über diesen Punkt datieren vom Jahre 1849, und es ist sicherlich kein kleiner Triumph des menschlichen Scharfsinns, dass man genau die Verzögerung hat angeben können, die ein Sonnenstrahl erfährt, wenn er von einem Spiegel nach einem andern hinüberblitzt. Fizeau war der Anführer auf dem Wege;[1]) ihm folgte einige Monate später Léon Foucault[2]) nach, der im Jahre 1862 Wheatstone's Methode der rotierenden Spiegel so vervollkommnet hatte, dass er mit Bestimmtheit auszusprechen vermochte, dass das Licht sich langsamer fortpflanzt, und dass infolge dessen die Sonne näher ist, als angenommen worden war.[3]) So kam ein dritter Weg besonderer Forschung mit den beiden andern an dem nämlichen Punkte zusammen.

Einer solchen Vereinigung von Beweisen konnte man nicht widerstehen, und auf der Jahresversammlung der Königlichen Astronomischen Gesellschaft im Februar 1864 nahm die Verbesserung der Sonnendistanz den ersten Platz in dem Jahresberichte ein. Damit jedoch nicht ein plötzlicher Sprung von fast einer Million Meilen näher nach dem Mittelpunkte unsres Systems hin das öffentliche Vertrauen auf astronomische Genauigkeit erschüttere, wurde erklärt, dass die diesem gewaltigen Sprunge entsprechende Veränderung der Sonnenparallaxe nicht mehr als die Breite eines menschlichen Haares in 40 Meter Entfernung vom Auge betrage.[4]) Seit 1866 wurde der verbesserte Wert von 8.90" in dem *Nautical Almanac* angenommen, während Newcomb's Resultat von 8.85" seit 1869 in der *Berliner Ephemeride* erschien. In die astronomische Litteratur wurde die Änderung zuerst von Sir Edmund Beckett in der ersten Auflage (1865) seiner *Astronomy without Mathematics* eingeführt.

Wenn noch irgend ein Zweifel an dem irreführenden Charakter von Encke's Deduktion, der man so lange blindlings vertraut hatte, geblieben war, so wurde er beseitigt, nachdem Powalky und Stone resp. in den Jahren 1864 und 1868 die Beobachtungen des Venusdurchgangs vom Jahre 1769 einer erneuten Erörterung unterzogen hatten. Unter Benutzung verbesserter Bestimmungen der Länge der verschiedenen Stationen und einer kritischen Sichtung bei Behandlung ihrer Materialien, die, obwohl unerlässlich, einer abfälligen Beurteilung nicht entging, erhielten sie Resultate, welche die nicht

---

[1]) *Comptes Rendus*, t. XXIX, p. 90. — [2]) *Ibid.*, t. XXX, p. 551. — [3]) *Ibid.*, t. LV, p. 501. Die vorher angenommene Geschwindigkeit war 308 Millionen Meter in der Sekunde; Foucault reducierte sie auf 298 Millionen. Verbunden mit Struve's »Aberrationskonstante« ergab dies 8.86" für die Sonnenparallaxe, welche genau übereinstimmt mit dem Resultate Cornu's, das er 1872 aus einer Wiederholung von Fizeau's Versuchen erhielt. *Comptes Rendus*, t. LXXVI, p. 338. — [4]) *Month. Not.*, vol. XXIV, p. 103.

länger zu leugnende Notwendigkeit bestätigten, dass die Sonnenparallaxe bedeutend vergrössert und die Sonnendistanz entsprechend verkleinert werden musste.

Diese Resultate wurden indessen immer noch als bloss vorläufige betrachtet. Ein Venusdurchgang rückte schnell heran, und seiner Entscheidung wurde als einem Gerichtshof letzter Instanz die schwebende Frage überwiesen. Freilich hatte sich ein Jahrhundert früher das Verdikt des nämlichen Gerichtshofs in der nämlichen Sache von so unbestimmtem Charakter erwiesen, dass es nur einen Ausgangspunkt für neue Streitigkeiten bildete; aber dieses Jahrhundert war nicht vergeblich dahingegangen, und man konnte zuversichtlich hoffen, dass Beobachtungsschwierigkeiten, die damals ebenso unerwartet wie unüberwindlich waren, vor der umfassenden Sorgfalt und Geschicklichkeit durch Erfahrung belehrter moderner Vorbereitung weichen würden.

Die Bedingungen des Durchgangs vom 8. Dezember 1874 waren 1857 [1]) von dem damaligen Königlichen Astronomen (Sir George Airy) untersucht worden und bildeten noch bis zum Tage des Eintretens in allen Ländern den Gegenstand lebhafter Diskussionen. Hierbei übernahm Proctor eine leitende Rolle, indem er staatliche Unterlassungen ergänzte und mit geometrischer Genauigkeit die Einzelheiten der Beziehungen zwischen den verschiedenen Teilen der Erde und dem Schattenkegel der Venus auseinandersetzte; und seinen eindringlichen Vorstellungen ist es zu danken, dass Vorkehrungen getroffen wurden für die Anwendung der unter Halley's Namen bekannten Methode,[2]) die man allzu voreilig als auf den ersten Durchgang jedes Paares unanwendbar bezeichnet hatte. Sie hängt ab von der je nach den verschiedenen Punkten der Oberfläche der Erde verschiedenen Zeitdauer, welche der Planet zum Vorbeigang vor der Sonnenscheibe gebraucht, und erfordert demgemäss, dass sowohl Eintritt wie Austritt an der nämlichen Station sichtbar seien. Da diese im Jahre 1874 um etwa drei und eine halbe Stunde von einander getrennt waren und ein viel längerer Zwischenraum möglich ist, so ist die Auswahl der Stationen für die erfolgreiche Anwendung der auf die Dauer des Durchganges sich gründenden Methode mit gewissen Schwierigkeiten verbunden.

---

[1]) *Month. Not.*, vol. XVII, p. 208. — [2]) Weil sie der von ihm in den *Phil. Trans.* für 1716 angegebenen sehr ähnlich war.

Die von Delisle 1760 beschriebene Methode andrerseits erfordert nur die Aufzeichnung des Augenblicks des Ein- oder Austretens (je nach Umständen) von entgegengesetzten Endpunkten des Erddurchmessers; die Abweichungen in der Zeit geben ein Mass für die scheinbare Ortsveränderung des Planeten und hieraus für seine wirkliche Bewegungsgeschwindigkeit in Meilen per Minute, woraus dann seine Entfernungen von der Erde und der Sonne unmittelbar einzeln abgeleitet werden können. Die dabei zu überwindende hauptsächliche Schwierigkeit ist die Notwendigkeit einer genauen Bestimmung der Längen der Beobachtungspunkte. Diese wurde aber ein Jahrhundert früher viel empfindlicher gefühlt, als es jetzt der Fall ist, und die vermehrte Leichtigkeit und Sicherheit moderner Bestimmungen hat der Delisle'schen Methode ein entschiedenes Übergewicht über ihre Rivalin verschafft.

Diese beiden überlieferten Methoden wurden im Jahre 1874 durch die photographische Kammer und das Heliometer ergänzt. Vor allem erwartete man viel von der Photographie. Mit ihrer Hilfe angestellte Beobachtungen hatten den Vorteil der Unparteilichkeit, der Vielfältigkeit und der Fortdauer für sich. Besonderheiten des Auges und der Beurteilungsfähigkeit wurden umgangen; der langsame Fortgang der Erscheinung erlaubte eine unbeschränkte Anzahl von Aufnahmen, zu denen nur Bruchteile einer Sekunde erforderlich waren, während die nachfolgende in Musse vorgenommene Vergleichung und Messung, wie man glaubte, kaum ermangeln konnte, aus der Menge angehäuften Materials die Wahrheit annähernd zu ergeben. Der Gebrauch des Heliometers (auf welches deutsche Beobachter grosse Hoffnung setzten) war insofern dem der photographischen Kammer ähnlich, als das Ziel, welches sie beide erreichen wollten, die Bestimmung der relativen Lagen der Mittelpunkte der Sonne und der Venus war, die in demselben absoluten Augenblicke von entgegengesetzten Seiten der Erdkugel beobachtet worden waren. Daher suchen die beiden älteren Methoden die genauen Zeiten des Zusammentreffens des Sonnen- und Planetenrandes festzustellen, während die beiden neueren Methoden die Messung der Lage des dunklen, auf dem leuchtenden Hintergrunde bereits vollkommen deutlich sich abhebenden Körpers zu besorgen haben. Die ersteren sind »Kontaktmethoden,« die letzteren »Projektionsmethoden.«

Jedes Land, welches sich den Ruhm wissenschaftlichen Eifers bewahren oder erwerben wollte, war bereit, an dem grossen kosmopolitischen Unternehmen der Beobachtung des Venusdurchgangs mitzuarbeiten. Frankreich und Deutschland sandten jedes sechs Expeditionen aus; sechsundzwanzig Stationen befanden sich in russischen, zwölf in englischen, acht in amerikanischen, drei in italienischen, eine (mit besonderer Sorgfalt ausgestattete) in holländischen Besitzungen. Insgesamt waren mit einem Aufwand von fast fünf Millionen Mark einige achtzig Beobachtungsposten vorgesehen; unter ihnen so ungastliche und fast unzugängliche Klippen des rauhen südlichen Ozeans wie die St. Paul's und Campbell Insel, die, von Stürmen gepeitscht, nur Seevögeln zur Herberge dienten, und woselbst die kühnen Anhänger der Wissenschaft in weiser Voraussicht einer langen Belagerung durch die Elemente mit Vorräten für viele Monate, ja für ein ganzes Jahr versehen waren. Sibirien und die Sandwichsinseln waren dicht besetzt mit Beobachtern; drei verschiedenen Nationalitäten angehörige Gesellschaften lagerten in dem Nebel der Kerguelen-Insel, die bezeichnend das »Land der Verzweiflung« genannt wird, in der sanguinischen, wenn auch nicht ganz vergeblichen Hoffnung, einen Blick von der Sonne im rechten Augenblicke zu erhaschen. Janssen entkam mit knapper Not auf seinem Wege nach Nagasaki in den chinesischen Meeren dem Untergange durch einen Typhon. Lord Lindsay (jetzt Graf von Crawford und Balcarres) stattete auf seine eigenen Kosten nach der Mauritiusinsel eine Expedition aus, die an sich ein Inbegriff moderner Hilfsmittel und modernen Scharfsinns war.

Mehrere Jahre hindurch bildeten die praktischen Methoden, welche zur Sicherung des Erfolges der bevorstehenden Unternehmung am besten geeignet waren, den Gegenstand einer »europäischen Debatte.« Staatliche Kommissionen wurden ernannt, um die eingehenden Aussagen entgegenzunehmen und zu prüfen, und Versuche wurden angestellt zu dem Zwecke, die wirklichen Umstände der Berührungen zu bestimmen, deren genaue Feststellung der einzig erprobte, wenn auch durchaus nicht zuverlässig sichere Weg zu dem in Aussicht genommenen Ziele bildete. In England, Amerika, Frankreich und Deutschland wurden kunstvolle Passageinstrumente aufgestellt, und die Teilnehmer der verschiedenen Expeditionen wurden sorgfältig geübt in der gleichmässigen Beurteilung der Phasen der Vereinigung und Trennung eines sich bewegenden dunklen kreisförmigen Körpers und einer hell erleuchteten Scheibe. Im letzten Jahrhundert hatte eine furchtbare und stark hervortretende Erscheinung alle Hoffnungen auf strenge Genauigkeit zu nichte gemacht. Es war dies eine ähnliche Wirkung wie »Baily's Perlen,« welche als der »schwarze Tropfen« oder »das schwarze Band« bekannt wurde. Man kann sie schildern, wenn man sagt, sie setze Adhäsion an die Stelle des Kontaktes, indem die Ränder der Sonne und des Planeten, anstatt mit der erwünschten scharfen Begrenzung aufeinander zu treffen und sich von einander zu trennen, zusammenkleben, als ob sie aus einer Art klebrigen Materials beständen, und ihren Zusammenhang mit Hilfe eines dunklen Bandes oder eines dunklen zwischen ihnen ausgespannten Fadens eine Zeitlang beibehalten. Einige Astronomen schreiben diese täuschende Erscheinung ganz und gar der Unvollkommenheit der Instrumente zu, andere einer atmosphärischen Erregung, noch andere dem als »Irradiation« bekannten optischen Übergreifen des Lichtes auf Dunkelheit. Wahrscheinlich tragen alle diese Ursachen in verschiedenem Masse zu ihrer Entstehung bei, und es ist sicher, dass man durch passende Vorkehrungen verbunden mit einiger Geschicklichkeit im Beobachten und einer leidlich ruhigen Luft in den meisten Fällen ihrem allzuauffälligen Hervortreten begegnen kann.

Die Organisation der britischen Kräfte spiegelte das grosse Vertrauen wieder, welches man in die Energie und die Geschicklichkeit des für das Ganze verantwortlichen Oberstlieutenants Tupman von der Königlichen Marineartillerie setzte. Keine irgendwie nützliche Massnahme wurde vernachlässigt. Jeder einzelne Beobachter war mit seiner »persönlichen Gleichung« ausgerüstet, seine Sinne waren einexerciert nach einer Art militärischer Disziplin, seine Fähigkeiten wurden, so weit als möglich, bei der Thätigkeit einer kosmopolitischen Beobachtungsmaschine ausgenutzt. Gleichförmigkeit in den Instrumenten und Gleichförmigkeit in den Methoden waren erreichbar und wurden erreicht; aber die Verschiedenheit im Urteil spottete leider allen auf ihre Ausrottung gerichteten Bemühungen.

Der ereignisreiche Tag war kaum vorüber, als Telegramme einzulaufen begannen, welche von einem ansehnlichen, wenn auch nicht unbeschränkten, Erfolge berichteten. Das Wetter war im allgemeinen günstig gewesen, alle die mannigfaltigen Vorrichtungen hatten (von einigen gelegentlichen Unfällen abgesehen) ihre Schuldigkeit gethan; die Berührungen waren mit Erfolg beobachtet, Photogramme in verschwenderischer Reichhaltigkeit aufgenommen, kurz es war ein Vorrat von Material aufgestapelt worden, für welches Jahre erforderlich waren, um die vollständigen Resultate daraus abzuleiten. Nach und nach aber wurde es bekannt, dass die Hoffnung auf einen definitiven Erfolg aufgegeben werden musste. Eine Übereinstimmung fand sich ebenso wenig wie früher. Das gefürchtete »schwarze Band« verursachte allerdings weniger Störung als man erwartet hatte, aber es kam noch eine andere Erscheinung hinzu, die die meisten Astronomen unvorbereitet traf. Dies war die von der Atmosphäre der Venus herrührende Beleuchtung. Allerdings war es den Astronomen nicht unbekannt, dass der Planet bei früherer Gelegenheit mit einem hellen Ringe umgeben gesehen worden war; aber mit der Möglichkeit, dass derselbe Beobachtungen durch die verzerrende Wirkung der Refraktion vereiteln könnte, hatte man kaum gerechnet. Und doch geschah dies in sehr hohem Grade. Die Schwierigkeit, den entscheidenden Augenblick des inneren Kontaktes zu bestimmen, war so gross, dass (nach Oberst Tupman's Worten) »Beobachter, die nebeneinander standen und mit gleichmässigen optischen Hilfsmitteln ausgestattet waren, nicht weniger als zwanzig bis dreissig Sekunden in der Angabe der Zeit bei Erscheinungen abwichen, die sie mit fast identischen Worten beschrieben hatten.«[1])

Solche Unsicherheiten in den Daten veranlassten eine entsprechende Verschiedenheit in den Resultaten. Aus den britischen Beobachtungen des Ein- und Austritts leitete Sir George Airy[2]) im Jahre 1877 eine Sonnenparallaxe von 8.76" (verbessert zu 8.754") her, welche eine mittlere Entfernung von 20 250 000 (engl. 93 375 000) Meilen ergiebt. Stone erhielt einen Wert von nahezu 20 (engl. 92) Millionen Meilen (Parallaxe 8.88") und war der Meinung, dass eine Parallaxe, die weniger als 8.84" und mehr als 8.93" betrüge, nach den vorliegenden Aufzeichnungen durchaus verworfen werden müsste.[3]) Trotzdem leitete Oberst Tupman aus eben diesen eine Parallaxe von 8.81"[4]) her, welche eine um 151 800 (engl. 700 000) Meilen grössere Entfernung als die von Stone erhaltene zur Folge hatte. Die französischen Kontaktbeobachtungen ergaben (nachdem die besten ausgewählt worden waren) eine Parallaxe von etwa 8.88"; französische Bestimmungen mit dem Mikrometer den augenscheinlich zu grossen Wert von 9.05".[5])

Die Photographie, so wie sie von den meisten europäischen Ge-

---

[1]) *Month. Not.*, vol. XXXVIII, p. 447. — [2]) *Ibid.*, p. 11. — [3]) *Ibid.*, p. 294. — [4]) *Ibid.*, p. 334. — [5]) *Comptes Rendus*, t. XCII, p. 812.

sellschaften gehandhabt wurde, schlug gänzlich fehl. Aus Versuchen, gerade die vielversprechendsten Bilder zu messen, ergaben sich ausserordentlich abweichende Werte der mikrometrischen Verschiebungen, die als Normalmassstäbe unseres Sonnensystems dienen sollten. »Sie könnten ebenso gut versuchen, das Zodiakallicht zu messen,« bemerkte man Sir George Airy gegenüber. Diejenigen Bilder, welche nach der amerikanischen (von Lord Lindsay adoptierten) Methode, d. h. mit Anwendung von Fernrohren von so grosser Brennweite, dass sie ohne weitere Vergrösserung ein Bild von dem erforderlichen Umfang ergaben, aufgenommen worden waren, ergaben beachtenswert bessere Resultate. Aus einer mühsamen Vergleichung derselben (die zum Teil aus Vladivostock, Nagasaki und Peking, zum Teil von der Kerguelen- und Chatam-Insel herrührten) leitete Professor D. P. Todd, Direktor der Sternwarte des Amherst College, eine Sonnendistanz von ungefähr 20 (engl. 92) Millionen Meilen ab (Parallaxe 8.883" + 0.034"),[1]) ein Wert, der nach Stone's Darlegung durch eine grosse Zahl von einander unabhängiger Zeugnisse begünstigt wurde.

Im grossen und ganzen kann man behaupten, dass die vereinigten Bemühungen im Jahre 1874 keine Zuverlässigkeit hinsichtlich der Schätzungen der grossen Raumeinheit ergeben haben. Wenige Monate vor dem Durchgange glaubte Proctor, dass die Unsicherheit 314 000 (engl. 1 448 000) Meilen betrage;[2]) fünf Jahre nach dem Durchgange schätzte sie Professor Harkness noch auf 341 780 (engl. 1 575 950) Meilen,[3]) und doch hatte man gehofft, sie bis auf 20 000 Meilen reduzieren zu können. Hinsichtlich des Zweckes, zu welchem er unternommen worden war, hatte der grosse Feldzug zu nichts geführt. Trotzdem liess sich keine Spur von Entmutigung erkennen. Es war eine Veränderung der Methode, aber kein Aufgeben des Zieles. Das Problem konnte, wie man gesehen hatte, nicht durch eine einzige heroische Anstrengung, sondern nur durch beharrliche Annäherung allmählicher Verbesserungen gelöst werden. Die Astronomen sahen sich daher nach neuen Hilfsmitteln oder Verfeinerungen der bereits bekannten um. Eine neue Phase der Übung fing an.

Am 5. September 1877 kam Mars in der Nähe des Punktes

---

[1]) *Observatory,* No. 51, p. 205. — [2]) *Transits of Venus,* p. 89 (1. ed.). — [3]) *Am. Journ. of Science,* vol. XX, p. 393.

seiner Bahn, welcher der Erdbahn am nächsten liegt, in Opposition, und Dr. Gill (jetzt Direktor der Sternwarte am Kap der guten Hoffnung) ergriff die günstige Gelegenheit, um nochmals seine Entscheidung in der streitigen Sache der Sonnendistanz anzurufen. Als Schauplatz seiner Arbeiten wählte er die Insel Ascension und als Richtschnur für dieselben eine Methode, die von Airy 1857[1]) empfohlen, aber niemals vorher wirklich erprobt worden war. Sie ist bekannt als die »Methode der täglichen Parallaxen.« Ihr Prinzip besteht darin, dass man an Stelle der gleichzeitigen Beobachtungen von entfernten Punkten aus aufeinanderfolgende am Morgen und Abend angestellte Beobachtungen an einem und demselben Punkte setzt, indem die Rotation der Erde die notwendige Verschiedenheit der Beobachtungsorte ergänzt. Ihr grosser Vorteil besteht in der Einheit der Ausführung. Ein einziger Verstand, der durch dasselbe Augenpaar hindurchsieht, ausgestattet mit den nämlichen optischen Werkzeugen, wird durchgängig angewendet, und die Irrtümer, die von einer Verbindung unter verschiedenen Verhältnissen gesammelter Daten untrennbar sind, werden vermieden. Es giebt viele Fälle, in denen ein Mensch die Arbeit von zweien besser zu verrichten vermag, als zwei Menschen die Arbeit eines einzigen verrichten können. Das Ergebnis von Dr. Gill's geschickten (mit Lord Lindsay's Heliometer ausgeführten) Bestimmungen war eine Sonnenparallaxe von 8.78", entsprechend einer Entfernung von 20 186 510 (engl. 93 080 000) Meilen.[2]) Die Verleihung der goldenen Medaille der Königlichen Astronomischen Gesellschaft bezeichnete den Wert dieses ausgezeichneten Verdienstes.

Es gab aber ausser Mars und Venus noch andere passende Gegenstände für diese Art von Untersuchungen. Professor Galle in Breslau wies 1872[3]) darauf hin, dass einige der kleineren Planeten den Astronomen die grosse uninteressante Arbeit, die auf die Ermittelung ihrer Bewegungen verwandt wurde, lohnen könnten, indem sie ihnen bei ihren Bemühungen um eine richtige Vermessung des Himmels Hilfe leisteten. Zehn oder zwölf kommen nahe genug und sind hell genug für diesen Zweck, und thatsächlich ist der Umstand, dass sie keine merkliche Grösse haben, eine ihrer Hauptempfehlungen, da ein Lichtpunkt eine genaue Messung weit bequemer

---

[1]) *Month. Not.*, vol. XVII, p. 219. — [2]) *Mem. Roy. Astr. Soc.*, vol. XLVI, p. 163. — [3]) *Astr. Nachr.*, No. 1897.

macht als eine Scheibe. Der erste Versuch der Anwendung dieser neuen Methode wurde bei der Opposition der Phocäa im Jahre 1872 gemacht, und aus Beobachtungen der Flora im folgenden Jahre an zwölf Sternwarten der nördlichen und südlichen Halbkugel leitete Galle eine Sonnenparallaxe von 8.87″[1]) ab. Auf der Mauritiusinsel wandten 1874 Lord Lindsay und Dr. Gill die Airy'sche Methode auf Juno an, die damals gerade in einer für diesen Zweck passenden Lage sich befand; und die fortgesetzte Nutzbarmachung ähnlicher Gelegenheiten bietet, nach der Ansicht des letzteren, das beste Mittel zur Verbesserung unserer Kenntnis der Sonnendistanz. Sie kehren häufig wieder und bedürfen keiner mühsamen Vorbereitung; ein einziger mit einem Heliometer ausgestatteter Astronom kann die ganze erforderliche Arbeit verrichten. Nach der Empfehlung des Dr. Gill wurde demgemäss im Jahre 1882 gehandelt, als günstige Oppositionen sowohl von Viktoria als von Sappho stattfanden, und es ist wahrscheinlich, dass jedes künftige Ereignis dieser Art als ein Schritt vorwärts nach der gewünschten Höhe der Genauigkeit benutzt werden wird.

Der zweite der beiden im neunzehnten Jahrhundert eintretenden Venusdurchgänge wurde daher mit einer weit geringeren Begeisterung erwartet. Russland verweigerte seine aktive Beteiligung an der Beobachtung desselben aus dem Grunde, weil Oppositionen der kleineren Planeten trigonometrisch vorteilhafter und finanziell weit weniger kostspielig wären. Seinem Beispiele folgte Australien, während die italienischen Astronomen ihren Wirkungskreis auf ihre eigene Halbinsel beschränkten. Trotzdem war man allgemein der Ansicht, dass ein Phänomen, welches die Welt nicht wieder sehen sollte, ehe sie vier Generationen älter war, um keinen Preis unbeachtet vorbeigehen durfte.

Daher trat im Jahre 1881 zu Paris eine internationale Konferenz zusammen in der Absicht, einen Operationsplan zu vereinbaren. Amerika jedoch, welches vorzog, unabhängig zu handeln, sandte keinen Vertreter; und die europäischen Misserfolge in der photographischen Aufnahme der Durchgangserscheinungen wurden dadurch zugegeben, dass man offiziell auf eine solche verzichtete. Man entschied sich dafür, mit Delisle's Methode noch einen Versuch zu machen, und suchte den Unsicherheiten, die ihre Anwendung be-

---

[1]) Hilfiker, *Berner Mitteilungen,* 1878, p. 109.

gleiten und erschweren, dadurch zu begegnen, dass man zur Sicherung der Übereinstimmung in der Schätzung der kritischen Momente des Ein- und Austritts sorgfältige Verhaltungs-Massregeln aufstellte.[1]) Aber thatsächlich sind (wie Puiseux gezeigt hat)[2]) Berührungen zwischen den Rändern der Sonne und des Planeten weit entfernt von jener geometrischen Einfachheit, die man ihnen lange zugeschrieben; vielmehr bestehen sie in Wirklichkeit aus einer langen Reihe mannigfaltiger und sich ändernder Phasen, die man weder vorauszusagen noch mit einigermassen strenger Genauigkeit festzustellen vermag. Sir Robert Ball verglich den Versuch, den genauen Augenblick ihres Zusammentreffens oder Auseinandergehens zu bestimmen, mit dem, an einer Uhr ohne Minutenzeiger die Zeit genau ablesen zu wollen; und dieser Vergleich ist noch, wie man zugeben muss, unzulänglich. Denn nicht allein ist die scheinbare Bewegung der Venus quer über die Sonnenscheibe ausserordentlich langsam, da sie nur den Überschuss ihrer wirklichen Bewegung über die der Erde darstellt, sondern drei verschiedene Atmosphären — die der Sonne, der Erde und der Venus — vereinigen sich, um ihre Umrisse zu verzerren und die geometrischen Beziehungen, die man mit einer genauen Zeitangabe in Verbindung bringen muss, zu maskieren.

Das Resultat brachte alles, was man erwarten konnte. Die Anordnungen waren ausgezeichnet und wurden nur in wenigen Fällen durch schlechtes Wetter gestört. Die englischen Gesellschaften, unter der erfahrenen Leitung von Stone, dem Astronomen von Radcliffe, waren (nicht aufs Geratewohl) über die ganze Erdkugel von Queensland bis Bermuda zerstreut und häuften einen weiten Vorrat geschickter Beobachtungen an; die Amerikaner sammelten eine ganze Bibliothek von Photogrammen an, unter ihnen eine schöne Reihe, die auf der neuen Lick'schen Sternwarte auf dem Mount Hamilton aufgenommen worden waren; die Deutschen und Belgier verliessen sich auf das Heliometer, die Franzosen benutzten die photographische Kammer in Verbindung mit der Kontaktmethode. Und doch kam man der Lösung des Problems nur wenig oder gar nicht näher. Der Spielraum des Zweifels an der Richtigkeit der Sonnendistanz blieb so weit wie vorher. Der Wert, den 1884[3]) Houzeau, ehedem Direktor der Sternwarte zu Brüssel, veröffentlichte, drängt mit Ge-

[1]) *Comptes Rendus*, t. XCIII, p. 569. — [2]) *Ibid.*, t. XCII, p. 481. — [3]) *Bull. de l'Ac.*, t. VI, p. 842.

walt zu diesem unerfreulichen Schlusse. Aus 606 Messungen der Venus auf der Sonnenscheibe, die mit einer neuen Art von Heliometer zu Santiago in Chili vorgenommen worden waren, leitete er eine Parallaxe von 8.907" und eine Entfernung von 19 893 000 (engl. 91 727 000) Meilen ab. Aber der »wahrscheinliche Fehler« dieser Bestimmung beträgt 0.084" auf beiden Seiten; d. h. sie ist einem »mehr oder weniger« von 195 200 (engl. 900 000) Meilen oder einer Gesamtunsicherheit von 390 400 Meilen unterworfen.

Der Stand und der Fortschritt der Kenntnis über diesen wichtigen Gegenstand wurde 1881 [1]) von Faye und Harkness übersichtlich dargestellt. Die bei dieser Untersuchung angewandten Methoden zerfallen (wie wir gesehen haben) in drei verschiedene Klassen — die trigonometrische Methode, die Gravitationsmethode und die »phototachometrische« Methode, welche letztere ungeschickte Benennung die Methode bezeichnen soll, bei welcher es auf die Geschwindigkeit des Lichtes ankommt. Jede hat ihre besonderen Schwierigkeiten und Fehlerquellen; jede hat auch wiederum ihre Vorteile. Das einzige ausgezeichnete und Vertrauen erweckende Resultat aus Vermessungen des Himmels wurde bisher geliefert aus Dr. Gill's Beobachtungen des Mars im Jahre 1877. Aber die Methode der Störungen des Mondes und der Planeten unterscheidet sich dadurch von allen andern, dass sie die Zeit auf ihrer Seite hat. Diese ist es, von der Leverrier mit Emphase erklärte, dass sie unumgänglich die Oberhand gewinnen müsse, weil ihre Genauigkeit stetig zunimmt.[2]) Die kaum wahrnehmbaren Fehler, welche ihrer Anwendung noch im Wege stehen, sind von solcher Art, dass sie von Jahr zu Jahr grösser werden; schliesslich werden sie also eine immer vollkommenere Verbesserung erfordern und werden sie erhalten müssen.

Gegenwärtig jedoch rechtfertigt die Methode der Geschwindigkeit des Lichts den Vorzug, den Faye ihr giebt. Durch eine schöne Reihe von Versuchen nach Foucault'schem Prinzip bestimmte A. A. Michelson von der Marine der Vereinigten Staaten im Jahre 1879 die Geschwindigkeit der Fortpflanzung des Lichtes auf 299 930 (später berichtigt auf 299 910) Kilometer in der Sekunde.[3]) Von dieser Bestimmung glaubte Professor Todd, dass sie viermal soviel Vertrauen verdiene als jede vorhergehende, und die Sonnenparallaxe

---

[1]) *Comptes Rendus,* t. XCII, p. 375; *Am. Journ. of Sc.,* vol. XXII, p. 375. — [2]) *Month. Not.,* vol. XXXV, p. 401. — [3]) *Am. Journ. of Sc.,* vol. XVIII, p. 393.

von 8.758", welche Professor Harkness aus ihrer Verbindung mit Glasenapp's »Lichtgleichung« ableitete, war von entsprechendem Gewicht. Aber alle früheren Bemühungen dieser Art wurden in den Schatten gestellt durch Professor Newcomb's mühevolle Arbeiten zu Washington in den Jahren 1880—82.[1]) Schon der Massstab, auf welchen sie sich bezogen, war an sich instruktiv. Foucault's ganzer Apparat im Jahre 1862 war in einen einzigen Raum eingeschlossen; Newcomb's rotierender und fester Spiegel, zwischen denen die Lichtstrahlen ihren abgemessenen Lauf vollenden mussten, waren an entgegengesetzten Ufern des Potomac in einer Entfernung von nahezu vier Kilometern von einander aufgestellt. Dieser Vorteil wurde durch Scharfsinn und Geschicklichkeit im Entwurf und in der Ausführung auf das Beste ausgenützt, und die abgeleitete Geschwindigkeit von 299 860 Kilometern = 40 410 Meilen in der Sekunde hatte einen geschätzten Fehler (30 Kilometer), der nur ein Zehntel von dem betrug, den Cornu für sein eigenes Resultat im Jahre 1874 angegeben hatte.

Nun traf es sich glücklich, dass dieser Zuwachs an Genauigkeit in der einen Richtung begleitet wurde von einem entsprechenden Fortschritt in einer andern. Magnus Nyrén in St. Petersburg veröffentlichte im Jahre 1882 eine mühsame Untersuchung über die kleinen jährlichen Verschiebungen der Sterne, welche von der allmählichen Fortpflanzung des Lichtes herrührten; sie ergab eine Vergrösserung der Struve'schen Aberrationskonstante von 20.445" auf 20.492". Und es kann keinen Zweifel geben, dass diese Änderung eine wirkliche Verbesserung ist. Der neue Wert in Verbindung mit Newcomb's Lichtgeschwindigkeit ergab wahrscheinlich die grösste Annäherung an die wahre Sonnendistanz, die je gemacht wurde, nämlich 20 148 562 (engl. 92 905 021) Meilen (Parallaxe = 8.794").

Wir haben also zwei vollkommen von einander unabhängige und unverkennbar glaubwürdige Bestimmungen dieses höchst wichtigen Datums mit einander zu vergleichen, und es ist beruhigend zu finden, dass sie sich gegenseitig bestätigen. Einzeln betrachtet beansprucht jede einen hohen Grad von Vertrauen; zusammen genommen, bringen sie nahezu Gewissheit, dass der Raum für einen Zweifel schliesslich in zufriedenstellendem Grade beschränkt worden ist. Zwischen der Länge des mittleren Radius der Erdbahn, wie sie von Dr. Gill aus

---

[1]) *Nature,* vol. XXXIV, p. 170.

der Opposition des Mars abgeleitet worden ist, und derjenigen, welche Professor Newcomb aus seinen Versuchen über die Geschwindigkeit des Lichts erhielt, besteht ein Unterschied von nicht mehr als 38 000 (engl. 175 000) Meilen. Die zwischenliegende runde Zahl von 20 160 000 (engl. 93 000 000) Meilen ist wahrscheinlich kaum mehr als höchstens 20 000 Meilen irrtümlich — ein Fehler, der völlig unbedeutend ist im Vergleich zu den ungeheuren Unsicherheiten wenige Jahre vorher.

Das Problem der Entfernung der Sonne ist daher vorläufig gelöst, und zwar ohne die Hilfe der weit überholten Venusdurchgänge. Eine neue Methode, von der man dreissig Jahre vorher noch keine Ahnung hatte, ist den Astronomen zu Hilfe gekommen, um sie aus ihrer Verlegenheit zu befreien, und das Licht hat ihnen seine Schwingen geliehen, um die weite zwischen ihnen und seiner Quelle gelegene Kluft zu überwinden. Trotzdem sind fernere Untersuchungen über den Gegenstand unerlässlich, und ohne Zweifel werden sie fleissig betrieben werden; aber wir können vertrauensvoll hoffen, dass sie nicht zu einem Umsturz dessen, was wir jetzt zu wissen scheinen, sondern zur grösseren Befestigung und Sicherstellung desselben führen werden.

Siebentes Kapitel.

Planeten und Satelliten.

Johann Hieronymus Schröter war der Herschel Deutschlands. Er besass allerdings nicht die glänzenderen Gaben seines Rivalen. Herschel's durchdringender Scharfsinn, umfassende Kenntnis und glänzende Erfindungsgabe gingen ihm ab. Trotzdem war er der Gründer der beschreibenden Astronomie in Deutschland, wie Herschel in England.

Geboren zu Erfurt im Jahre 1745, studierte er in Göttingen die Rechte und liess sich dort durch Kästner zu einer lebenslangen Liebe für unsere Wissenschaft begeistern. Doch gewann er aus der Rechtspflege die Mittel zum Lebensunterhalte und, was für ihn ebenso wertvoll war, die Mittel zur Beobachtung. Im Jahre 1778 hannoverscher Beamter geworden, liess er sich einige Jahre später zu Lilienthal in der Nähe von Bremen als Oberamtmann nieder. Hier erbaute er eine kleine Sternwarte, die 1785 mit einem siebenfüssigen Herschel'schen Reflektor ausgestattet wurde, damals einem der mächtigsten Instrumente, die ausserhalb Englands zu finden waren. Es wurde durch seine Bemühungen bald übertroffen durch die Erstlingsfrüchte einheimischer Industrie in diesem Zweige. Schrader in Kiel verlegte 1792 seine Werkstatt nach Lilienthal und konstruierte dort unter der Oberaufsicht und auf Kosten des astronomischen Oberamtmanns einen dreizehnfüssigen Reflektor, der nach Lalande's Erklärung das feinste damals existierende Teleskop war, und einen von siebenundzwanzig Fuss Brennweite, der aber wahrscheinlich hinsichtlich seiner wirklichen Leistungsfähigkeit hinter seinem Vorgänger ebenso weit zurückstand wie er ihn an Umfang übertraf.

So studierte Schröter mit Instrumenten von allmählich zunehmender Kraft vierunddreissig Jahre lang die Topographie des Mondes und der Planeten. Das Feld war damals beinahe unbetreten. Er hatte nur wenige und gelegentliche Vorgänger und hat seitdem in der dauernden und koncentrierten Beharrlichkeit seiner stündlichen Beobachtungen nicht seines Gleichen gehabt. Ihre gähnende Langeweile sowohl wie ihr begeisterndes Interesse spiegeln sich getreulich in seinen verschiedenen Abhandlungen wieder. Trotzdem kann man das eine um des anderen willen verzeihen, besonders wenn man bedenkt, dass er eine wesentlich neue Bahn und zwar eine der hauptsächlichsten Bahnen künftigen Fortschrittes eröffnete. Überdies ging sein unermüdlicher Eifer auf andere über; er gab ein Beispiel für die Beobachtung zu einer Zeit, wo kaum ein Beobachter in Deutschland existierte; und unter seinem Dache empfingen Harding und Bessel ihre Ausbildung als praktische Astronomen.

Doch sollte er auch schlimme Tage erleben. Im Anfang des Jahres 1813 besetzten die Franzosen unter Vandamme Bremen. In der Nacht vom 20. April wurde Lilienthal durch ihre ungezügelte Zerstörungswut durch Feuer verwüstet; die Amtslokalitäten wurden zerstört und mit ihnen der grösste Teil von Schröter's Habe einschliesslich des gesamten Schatzes seiner Bücher und Schriften. Aber es sollte noch Schlimmeres kommen. Wenige Tage später wurde seine Sternwarte, die dem Brande entgangen war, erbrochen, geplündert und zerstört. Sein Leben war mit ihr vernichtet. Er überlebte die Katastrophe um drei Jahre, ohne die Mittel, sie wieder gut zu machen, ohne die Kraft, sie zu vergessen; stufenweise verfiel er der Auflösung und starb am 29. August 1816. Er hat in der That alles geleistet, was er zu leisten fähig war; und wenn er auch kein Nummereinsmann war, ist er doch weit entfernt, Verachtung zu verdienen. Er legte den Grund zu dem vergleichenden Studium der Mondoberfläche, und die deskriptiven, von ihm mühsam gesammelten Thatsachen über die Planeten bildeten einen Vorrat von mehr oder weniger gründlicher Belehrung, der während des folgenden halben Jahrhunderts kaum vergrössert wurde. Allerdings lagerte ein gewisser Schatten des Zweifels über ihnen; aber die neuesten Beobachtungen haben das diskreditierte Ansehen des Lilienthaler Astronomen in verschiedenen Punkten wiederhergestellt. Wir können nun kurz den Gang seiner Studien überblicken und in seinem weiteren Fortschreiten verfolgen, indem wir die Planeten in der Reihenfolge ihrer Entfernungen von der Sonne betrachten.

Im April 1792 glaubte Schröter aus der allmählichen Abnahme des Lichtes an der teilweise beleuchteten Scheibe des **Merkur** schliessen zu dürfen, dass derselbe eine ziemlich dichte Atmosphäre besitzt.[1]) Während des Durchganges am 7. Mai 1799 wurde er ferner in Erstaunen gesetzt durch die Erscheinung eines Ringes von zartem Lichte, welcher den Planeten in einer scheinbaren Höhe von drei Sekunden oder etwa einem Viertel seines eigenen Durchmessers umgab.[2]) Obwohl ein »blosser Gedanke« in Textur, blieb er doch auch bei Vergrösserungen bis zu 288 sowohl in dem sieben- wie in dem dreizehnfüssigen Reflektor beharrlich sichtbar. Er hatte eine scharf hervortretende etwas graue Begrenzung und erinnerte ihn, obwohl unendlich viel schwächer, an die Penumbra eines Sonnenfleckens. Ein ähnliches Anhängsel, aber deutlicher hell, war von De Plantade zu Montpellier am 11. November 1736 und wiederum 1786 und 1789 von Prosperin und Flaugergues wahrgenommen worden. Bei seinem Durchgange vor der Sonne am 9. November 1802 erschien Merkur Ljunberg zu Kopenhagen umgeben mit einer dunklen Zone; dagegen sah Herschel an demselben Tage »seinen vorderen Rand die leuchtenden Sonnenwolken mit vollkommenster Schärfe schneiden.«[3]) Das Vorhandensein eines »Hofes« indessen, der einigen Beobachtern ein wenig dunkler, anderen ein wenig heller denn die Sonnenoberfläche erschien, war unverkennbar im Jahre 1832. Professor Moll zu Utrecht beschrieb ihn als »einen nebligen Ring von dunklerer Färbung, die sich dem Violett näherte.«[4]) Huggins und Stone zeigte er sich am 5. November 1868 hell und sehr deutlich. Ein Wechsel in der Farbe der benutzten Gläser oder der angewandten Vergrösserungen vermochte ihn nicht zu beseitigen, und er blieb während des ganzen Durchganges bestehen.[5]) Er wurde ebenfalls gut gesehen von Christie und Dunkin zu Greenwich am 6. Mai 1878[6]) und mit grosser Genauigkeit in den Einzelheiten von Trouvelot zu Cambridge in den Vereinigten Staaten.[7]) Andrerseits bemerkte Professor Holden zu Hastings am Hudson das vollständige Fehlen aller anomalen Erscheinungen.[8]) Während des Durchganges am 8. November 1881 wurden Beobachtungen von besonderem Interesse nicht gemacht. Dr. Little zu Shanghai nahm einen unveränderlichen »schwärzlichen Hof« wahr, von dem aber

---

[1]) *Neueste Beiträge zur Erweiterung der Sternkunde,* Bd. III, S. 14 (1800). — [2]) *Ibid.,* S. 24. — [3]) *Phil. Trans.,* vol. XCIII, p. 215. — [4]) *Mem. Roy. Astr. Soc.,* vol. VI, p. 116. — [5]) *Month. Not.,* vol. XXIX, pp. 11, 25. — [6]) *Ibid.,* vol. XXXVIII, p. 398. — [7]) *Am. Journ. of Sc.,* vol. XVI, p. 124. — [8]) *Wash. Obs.,* 1876, Pt. II, p. 34.

weder Ellery zu Melbourne noch Tebbutt zu Windsor in Neu-Süd-Wales irgend eine Spur sahen.[1]) Sie bemerkten jedoch einen gewissen weisslichen Fleck auf der Scheibe des Planeten, welcher seit 1697, wo er von Wurzelbauer zu Erfurt entdeckt worden war, stets eine der häufigsten begleitenden Erscheinungen des Merkurdurchgangs gewesen war. Er ist nicht immer central gelegen und wird zuweilen doppelt gesehen, so dass Powell's Erklärung durch Diffraktion offenbar ungenügend ist. Trotzdem kann es kaum einem Zweifel unterliegen, dass er ein optischer Effekt irgend welcher Art ist.

Hinsichtlich des »Hofes« ist die Entscheidung nicht so leicht. Dass Merkur eine stark brechende Atmosphäre besitzt, wird durch die Beobachtung von De Plantade im Jahre 1736[2]) und die noch bestimmtere Beobachtung von Simms im Jahre 1832[3]) bestätigt, wonach der bei Ein- oder Austritt ausserhalb der Sonne sich befindende Teil der Scheibe einen leuchtenden Rand zeigt. Die natürliche Ergänzung dieser Erscheinung würde ein dunkler Ring um den Planeten auf der Sonne — gerade so wie er von Moll und Little gesehen wurde — sein, der von der unvollkommenen Durchsichtigkeit der gasigen Umhüllung desselben herrührt. Aber der von andern verbürgte helle Ring ist nicht so leicht erklärbar. Airy hat gezeigt, dass er unmöglich durch Brechung veranlasst sein kann und demgemäss »durchaus als eine in der Eigenart des Sehnervs liegende Erscheinung«[4]) erklärt werden müsste. Dieser Folgerung können wir uns um so weniger entziehen, als wir finden, dass der wirklich keine Atmosphäre besitzende Mond einen ähnlichen Anhang zu zeigen vermag. Professor Stephen Alexander von der Landesvermessung der Vereinigten Staaten bemerkte während der Sonnenfinsternis vom 18. Juli 1860 mit zwei anderen Beobachtern, dass der vorrückende Mondrand mit einem hellen Bande[5]) verziert war; und photographische Effekte ähnlicher Art treten in den Aufnahmen von Venusdurchgängen und partiellen Sonnenfinsternissen auf.

Im Falle des Merkur ist vielleicht ein wirklicher Effekt mit einem bloss eingebildeten verbunden. Verschiedene Augen sind für Licht- und Schattenabstufungen sehr verschieden empfindlich. Absorption durch eine Merkursatmosphäre ist ohne Zweifel in gewissem

---

[1]) *Month. Not.*, vol. XLII, pp. 101—104. — [2]) *Mém. de l'Ac.*, 1736, p. 440. — [3]) *Month. Not.*, vol. II, p. 103. — [4]) *Ibid.*, vol. XXIV, p. 18. — [5]) *Ibid.*, vol. XXIII, p. 234 (Challis).

Grade vorhanden, und es ist möglich, dass der durch sie hervorgerufene schwachschattige Ring durch den Kontrast mit der tiefschwarzen Scheibe des Planeten einigen Beobachtern als hell erscheint. Die weitere Erforschung dieses seltsamen Gegenstandes muss bis zum nächsten Merkursdurchgang am 9. Mai 1891 verschoben werden.

Über die Konstitution dieses Planeten hat uns das Spektroskop wenig zu berichten. Sein Licht ist natürlich reflektiertes Sonnenlicht, und sein Spektrum ist somit ein schwaches Echo des Fraunhofer'schen Spektrums. Dr. H. C. Vogel, welcher es zuerst im April 1871 untersuchte, vermutete Spuren der Wirkung einer Atmosphäre wie der unsrigen,[1]) aber, wie es scheint, aus schwachen Gründen. Es ist indessen sicher sehr arm an blauen Strahlen. Bestimmtere Resultate wurden 1874[2]) von Zöllner aus photometrischen Beobachtungen der Merkursphasen erhalten. Ein ähnliches Studium des zu- und abnehmenden Mondes hatte ihn zu der merkwürdigen Entdeckung geführt, dass Lichtwechsel, die von der Phase abhängen, je nach der Natur der reflektierenden Oberfläche verschieden sind, indem sie auf einer glatten homogenen Kugel einem ganz andern Gesetze folgen, wie auf einer rauhen und bergigen. Nun zeigen die Phasen des Merkur — so weit dies aus nur zwei Reihen von Beobachtungen bestimmt werden konnte — die letztere Struktur. Genau analog denen des Mondes, scheinen sie auf eine analoge Bildung der Oberfläche hinzuweisen. Jedenfalls ist es sicher, dass das Reflektionsvermögen des Merkur nicht viel von dem als Norm geltenden des Mondes verschieden ist. Die Messungen von Zöllner und Winnecke[3]) kommen darin überein, dass sie ihm eine »Weisse« zuweisen, die durch den Bruch 0.126 (während die des Mondes = 0.119 ist) dargestellt wird, was bedeutet, dass er von dem Lichte, mit welchem er von der gewaltigen nahen Sonne überschüttet wird, beinahe 126 Tausendstel absorbiert. Das von ihnen gefolgerte Fehlen einer Atmosphäre ist freilich kaum vereinbar mit einigen der eben erwähnten Durchgangserscheinungen; aber Höhen und Tiefen scheinen in Menge zu existieren.

Am 26. März 1800 bemerkte Schröter, als er mit seinem dreizehnfüssigen Reflektor bei einem ausnehmend klaren Himmel beob-

---

[1]) *Untersuchungen über die Spektra der Planeten*, S. 9. — [2]) *Sirius*, vol. VII, p. 131. — [3]) *Astr. Nachr.*, No. 2245.

achtete, dass das südliche Horn der Merkurssichel völlig deutlich abgestumpft war.[1]) Ein Auffangen des Sonnenlichtes durch einen Merkursberg von nicht weniger als $2\frac{1}{2}$ Meilen Höhe erklärte die Wirkung zu seiner Zufriedenheit. Aus einer sorgfältigen Bestimmung der Zeit seiner Wiederkehr schloss er auf eine Rotation um eine Achse innerhalb einer Periode von 24 Stunden 4 Minuten. Dies war die erste derartige Bestimmung und war die Belohnung für eine zwanzigjährige ununterbrochene Wachsamkeit. Sie wurde bestätigt durch die Beobachtung der späteren Erscheinungen eines dunklen Streifens und Fleckens im Mai und Juni 1801.[2]) Diese betrachtete er indessen nicht als dauernde Merkzeichen auf dem Körper des Planeten, sondern als atmosphärische Bildungen, indem der Streifen (wie er glaubte) unter dem fluktuierenden Einfluss von Merkurswinden vorwärts getrieben wurde. Aus einer wiederholten Diskussion dieser etwas zweifelhaften Beobachtungen schloss Bessel, dass Merkur um eine 70^0 gegen die Ebene seiner Bahn geneigte Achse in 24 Stunden und 53 Sekunden rotiere. Es würde daher eine nahe Analogie zwischen dem Wechsel seiner Jahreszeiten und denjenigen auf der Erde stattfinden, wenn nicht seine Wirkungen (ausser innerhalb der Polarkreise) durch die grösseren Abwechselungen beinahe aufgehoben würden, die die beträchtliche Excentricität seiner Bahn hervorbringt, nach welcher seine Entfernung von der Sonne von $6\frac{1}{5}$ bis $9\frac{1}{3}$ Millionen Meilen variiert, und die von der Sonne empfangene Licht- und Wärmemenge vier- bis zehnmal so gross ist als die, welche unsren Planeten erreicht.

Die Abrundung am südlichen Horn, welche Schröter gesehen hatte, wurde mehr oder weniger zweifelhaft von Noble (1864), Burton und Franks (1877)[3]) wahrgenommen, aber von W. F. Denning zu Bristol am Morgen des 5. November 1882 deutlich gesehen.[4]) Er unterschied ebenfalls helle und dunkle Räume, deren Verschiebungen während vier Tagen auf eine Umdrehung in etwa fünfundzwanzig Stunden hinwiesen. Der allgemeine Anblick des Planeten erinnerte ihn an den des Mars,[5]) aber die Schwierigkeiten bei seiner Beobachtung werden dadurch enorm vergrössert, dass er beständig so nahe bei der Sonne steht.

---

[1]) *Neueste Beiträge*, Bd. III, S. 50. — [2]) *Astr. Jahrbuch*, 1804, pp. 97 bis 102. — [3]) Webb, *Celestial Objects*, p. 46 (4. ed.). — [4]) *L'Astronomie*, t. II, p. 141. — [5]) *Observatory*, No. 82, p. 40.

Die Theorie der Merkursbewegungen hat jederzeit viel Verlegenheiten bereitet. Zu Lalande's[1]) wie zu Mästlin's Zeiten schien der Planet zu keinem andern Zwecke da zu sein, als die Astronomen zu diskreditieren, und selbst der mächtigen Analysis Leverrier's gegenüber erwies er sich lange widerspenstig. Am 12. September 1859 vermochte dieser jedoch der Akademie der Wissenschaften[2]) die Bedingungen eines Kompromisses zwischen Beobachtung und Rechnung darzulegen. Sie involvierten die Aufnahme eines neuen Mitgliedes in das Sonnensystem. Die bisher unbekannte Existenz eines Körpers etwa von dem Umfange wie Merkur selbst, welcher sich in einer etwas weniger wie halb so grossen mittleren Entfernung von der Sonne (oder wenn weiter, dann von geringerer Masse und umgekehrt) herumbewegte, würde, so legte er dar, genau die erforderliche Wirkung hervorbringen, nämlich, dass sich das Perihel des ersteren Planeten alle Jahrhundert um 38 Sekunden mehr in seiner Lage ändert, als man sonst erklären konnte. Die Ebenen der beiden Bahnen jedoch dürften nicht sehr weit von einander verschieden sein, da andererseits eine Störung der Knoten, die man nicht wahrnehmen konnte, entstehen müsste. Er fügte noch hinzu, dass ein ähnlich gelegener Ring von Asteroiden ebenso gut diesem Zwecke entsprechen würde und vermutlich eher der Wahrnehmung entgangen sein könnte.

Dieser Erklärung folgte schnell eine scheinbare Bestätigung. Dr. Lescarbault, ein Arzt zu Orgères, der sich durch seine spärlichen Hilfsmittel nicht in seinen Hoffnungen auf eine Heldenthat abschrecken liess, hatte schon seit 1845, wo er Augenzeuge eines Merkurdurchgangs war, den Gedanken gehegt, dass man auf diese Weise einen unbekannten Planeten, wenn er sich auf dem Sonnenhintergrunde projicierte, entdecken könnte. Bis 1858 nicht imstande, fortwährend zu beobachten, sah er am 26. März 1859 das, was er erwartet hatte — einen kleinen vollkommen runden Gegenstand, der sich langsam über die Sonnenscheibe hinwegbewegte. Die vergebliche Hoffnung, die Erscheinung nochmals beobachten zu können, liess ihn schweigen, und erst am 22. Dezember, als ihn die Nachricht von Leverrier's Voraussagung erreicht hatte, teilte er ihm seine vermeintliche Entdeckung mit.[3]) Der Kaiserliche Astronom eilte darauf

---

[1]) *Hist. de l'Astr.*, p. 682. — [2]) *Comptes Rendus*, t. XLIX, p. 379. — [3]) *Ibid.*, t. L, p. 40.

sogleich nach Orgères und überzeugte sich durch persönliche Inaugenscheinnahme des benutzten einfachen Apparates, sowie durch eingehende Kreuz- und Querfragen und Erforschung der lokalen Verhältnisse von dem scharfsinnigen Charakter und der substantiellen Genauigkeit der berichteten Beobachtung. Er nannte den neuen Planeten »Vulkan« und berechnete seine Elemente, die eine Umlaufszeit von etwas weniger als zwanzig Tagen ergaben.[1]) Seitdem ist er aber nie wieder gesehen worden. Liais, Direktor der Küstenvermessung in Brasilien, glaubt sich sogar berechtigt zu behaupten, dass er überhaupt niemals gesehen worden ist. Als er zwölf Minuten nach dem vermeintlichen Eintritt, wie er zu Orgères aufgezeichnet worden war, die Sonne beobachtete, nahm er wahr, dass diese speziellen Gegenden ihrer Oberfläche »eine sehr gleichmässige Intensität« besassen.[2]) Doch gab er in der Folge wenigstens Lescarbault's guten Glauben zu, den er anfangs etwas vorschnell in Frage gestellt hatte. Der Planeten suchende Doktor war in Wahrheit nur eines unter vielen Opfern ähnlicher Selbsttäuschungen.

Das schwindende Interesse an dem Gegenstande wurde durch eine neue Bekanntmachung eines Durchganges belebt, der wie behauptet wurde, von Weber zu Peckeloh am 4. April 1876 gesehen worden war.[3]) Der Pseudo-Planet wurde indessen kurz darauf auf den Greenwicher Photogrammen entdeckt und war, wie sich herausstellte, von Ventosa zu Madrid in seinem wahren Charakter als ein Sonnenflecken ohne Penumbra gesehen worden; aber mittlerweile hatte Leverrier die Untersuchung eines Verzeichnisses von zwanzig ähnlichen Erscheinungen, das von Haase zusammengestellt und von Wolf im Jahre 1872[4]) veröffentlicht worden war, in Angriff genommen. Aus diesen wurden fünf ausgelesen, die sich höchstwahrscheinlich auf denselben Körper bezogen. Die Existenz eines solchen wurde nunmehr mit Zuversicht behauptet, und seine mehr oder weniger wahrscheinlichen Durchgänge wurden auf den 22. März 1877 und 15. Oktober 1882[5]) festgesetzt. Aber der allgemeinen Wachsamkeit ungeachtet, konnte zu keiner Zeit ein verdächtiges Individuum gesehen werden.

Die nächste Ankündigung der Entdeckung des »Vulkan« fand

---

[1]) *Comptes Rendus*, t. L, p. 46. — [2]) *Astron. Nachr.*, No. 1248 und 1281. — [3]) *Comptes Rendus*, t. LXXXIII, pp. 510, 561. — [4]) *Handbuch der Mathematik*, Bd. II, S. 327. — [5]) *Comptes Rendus*, t. LXXXIII, p. 721.

statt bei Gelegenheit der totalen Sonnenfinsternis vom 29. Juli 1878.[1]) Diesmal wurde behauptet, dass er in einiger Entfernung südwestlich von der verfinsterten Sonne als ein rötlicher Stern mit einer kleinen planetarischen Scheibe gesehen worden sei; und seine gleichzeitige Entdeckung durch zwei Beobachter — den jetzt verstorbenen Professor James C. Watson zu Rawlins im Territorium Wyoming, und Professor Lewis Swift zu Denver im Staate Colorado — wurde anfänglich gern zugegeben. Aber ihre einzelnen Beobachtungen konnten bei einer näheren Untersuchung absolut nicht in Übereinstimmung gebracht werden und bezogen sich, wenn sie überhaupt richtig waren, sicher auf zwei, wenn nicht auf vier verschiedene Objekte, da jeder Astronom schliesslich auf ein Planetenpaar Anspruch machte. Auch konnte keines von diesen vieren mit Lescarbault's und Leverrier's Vulkan identificiert werden, der sich, wenn er ein wirklicher um die Sonne laufender Körper war, damals (wie Oppolzer zeigte)[2]) auf der Ostseite der Sonne hätte befinden müssen. Die annehmbarste Erklärung dieses Rätsels scheint zu sein, dass Watson und Swift jeder nur die nämlichen zwei Sterne im Krebse sahen, und dass Hast und Aufregung das Übrige thaten.[3]) Trotzdem hielten sie hartnäckig fest an ihrer entgegengesetzten Überzeugung.[4])

Innermerkurische Planeten sind seitdem mit Fleiss gesucht worden, so oft die Gelegenheit einer totalen Sonnenfinsternis sich darbot, besonders während der langen Finsternis auf der Karolineninsel. Nicht nur »schweifte« Professor Holden in der Nachbarschaft der Sonne umher, sondern auch Palisa und Trouvelot kamen miteinander überein, das Untersuchungsfeld zu teilen und die planetarische Beute zu sichern, die nur immer in dem Bereich desselben zu finden wäre; und doch mit nur negativem Erfolge. Der Glaube an das Vorhandensein irgend eines erheblichen Körpers oder irgendwelcher Körper innerhalb der Bahn des Merkur ist demzufolge gegenwärtig sehr schwach. Und doch ist die Existenz der Anomalie in den Bewegungen des Merkur, wie sie von Leverrier angedeutet worden war, durch fernere Untersuchung nur noch mehr bestätigt worden.[5]) Ihre Aufklärung bildet eins der »schwebenden Probleme« der Astronomie.

---

[1]) *Nature*, vol. XVIII, pp. 461, 495, 539. — [2]) *Astr. Nachr.*, No. 2239. — [3]) *Ibid.*, No. 2253—2254 (C. H. F. Peters). — [4]) *Ibid.*, No. 2263 und 2277. Siehe auch Tisserand in *Ann. Bur. des Long.*, 1882, p. 729. — [5]) Siehe J. Bauschinger's Untersuchungen (1884), im Auszug mitgeteilt in *Bull.*

Aus der in den Jahren 1666—67 zu Bologna gemachten Beobachtung einiger sehr schwacher Flecken folgerte Dominicus Cassini eine Rotation oder Libration der **Venus** — er war sich in Bezug hierauf selbst nicht sicher — etwa innerhalb dreiundzwanzig Stunden.[1]) Bianchini vergrösserte im Jahre 1726 die Periode bis auf vierundzwanzig Tage und acht Stunden. Jedoch zeigte 1740 J. J. Cassini, dass die von beiden Beobachtern gesammelten Daten sich mit einer Umdrehungsdauer von dreiundzwanzig Stunden und zwanzig Minuten vertrügen.[2]) So blieb die Sache bis auf Schröter's Zeit. Nach neunjähriger vergeblicher Beobachtung bemerkte er schliesslich am 28. Februar 1788, dass die gewöhnlich gleichförmige Helligkeit der Scheibe des Planeten mit einem zarten Streifen durchzogen war, der periodisch in dieselbe Lage in etwa dreiundzwanzig Stunden achtundzwanzig Minuten wiederkehrte. Diese näherungsweise Schätzung wurde durch Benutzung eines bestimmteren Merkmals verbessert. Am 28. Dezember 1789 sah er das südliche Horn der Venussichel abgestumpft, während ein ausserhalb liegender heller Punkt die Dunkelheit jenseits desselben unterbrach. Genau dieselbe Erscheinung kehrte zwei Jahre später wieder und ergab für die Rotation des Planeten eine Periode von dreiundzwanzig Stunden und einundzwanzig Minuten.[3]) Hierzu fügte De Vico als Resultat von über 10000 Beobachtungen, die er mit dem Cauchoix'schen Refraktor des Collegio Romano in den Jahren 1839—41 angestellt hatte, nur noch zweiundzwanzig Sekunden hinzu. Die Rotationsachse war weit mehr gegen die Ebene ihrer Bahn geneigt wie die der Erde, indem der Äquator mit dieser einen Winkel von $53^0\ 11'\ 26''$ bildete. Wenn man der De Vico'schen Identificierung einzelner Merkmale, welche 113 Jahre früher von Bianchini beschrieben worden waren,[4]) Vertrauen schenkt, so können dieselben nicht den vergänglichen atmosphärischen Charakter, den ihnen Schröter zuschrieb, besitzen, sondern müssen inhärente Besonderheiten der Oberfläche sein. Doch ist dieser Punkt noch zweifelhaft.

Astr., t. I, p. 506 und *Astr. Nachr.*, No. 2594. Newcomb findet die anomale Bewegung des Perihels sogar noch grösser (43″ anstatt 38″), als Leverrier angegeben hat. *Month. Not.*, Feb. 1884, p. 187. — [1]) *Journ. des Sçavans*, Déc. 1667, p. 122. — [2]) *Élémens d'Astr.*, p. 525. — [3]) *Beobachtungen über die sehr beträchtlichen Gebirge und Rotation der Venus*, 1793, p. 45. Schröter's schliessliches Resultat im Jahre 1811 war 23 St. 21 M. 7.977 S. *Monatl. Corr.*, Bd. XXV, p. 367. — [4]) *Astr. Nachr.*, No. 404.

Dagegen scheint kein vernünftiger Zweifel darüber zu bestehen, dass diese Oberfläche mit zahlreichen Bergen besetzt ist. Francesco Fontana zu Neapel bemerkte 1643 Unregelmässigkeiten längs des inneren Randes der Sichel.[1]) Lahire meinte von ihnen, dass sie — wenn man den Unterschied in der Entfernung berücksichtigt — viel schärfer markiert wären als die auf dem Monde sichtbaren.[2]) Schröter's Behauptungen der nämlichen Thatsache, obwohl von Herschel mit ziemlich unnötiger Erregung bespöttelt,[3]) sind seitdem wiederholt bestätigt worden, unter andern durch Mädler, De Vico, Langdon, der im Jahre 1873 die gebrochene Linie der »Lichtgrenze« (der Grenze zwischen Licht und Dunkelheit) mit besonderer Deutlichkeit durch den wolkigen Schleier der Morgenröte hindurchsah,[4]) durch Denning[5]) am 30. März 1881 trotz früherer Behauptungen des Gegenteils und durch C. V. Zenger in Prag am 8. Januar 1883. Die grosse Gebirgsmasse, die, wie man annahm, die periodische Abstumpfung des südlichen Horns veranlasste, erhob sich nach einer unsicheren Schätzung des Lilienthaler Beobachters zu der ungeheuren Höhe von nahezu sechs Meilen oder gerade fünfmal so hoch, als die Höhe des Mount Everest beträgt! Trotzdem ist das Phänomen vorhanden, was man auch immer von seiner Erklärung denken mag. Überdies wurde der Lichtpunkt jenseits des Horns, den man sich als die sichtbare Spur eines einzeln stehenden Berges dachte, der sich hoch genug über den umgebenden Schatten erhob, um die ersten und letzten Strahlen der Sonne aufzufangen, sehr häufig von Baron von Ertborn im Jahre 1876[6]) deutlich wahrgenommen, während ein Gegenstand in der Nähe des nördlichen Horns der Sichel, welcher ganz und gar einem Ringgebirge des Mondes glich, sowohl von De Vico im Jahre 1841 als von Denning vierzig Jahre später beschrieben wurde.

Dass die Venus von einer Atmosphäre umgeben ist, ist beinahe ebenso sicher, wie bei der Erde. Ungeachtet einiger Lichterscheinungen während der Durchgänge von 1761 und 1769, welche durchaus von der Refraktion herrührten, ergriff Schröter im Jahre 1792 die Initiative, um über diesen Gegenstand zu einem bestimmten

---

[1]) *Novae Observationes*, p. 92. — [2]) *Mém. de l'Ac.*, 1700, p. 296. — [3]) *Phil. Trans.*, vol. LXXXIII, p. 201. — [4]) Webb, *Cel. Objects*, p. 58. — [5]) *Month. Not.*, vol. XLII, p. 111. — [6]) *Bulletin de l'Ac. de Bruxelles*, t. XLIII, p. 22.

Schlusse zu kommen.[1]) Er wurde gegründet erstens auf die rasche Abnahme der Helligkeit nach der Lichtgrenze zu, die man einer atmosphärischen Absorption zuschrieb, sodann auf die Ausdehnung der beiden Hörner der Sichel über den Halbkreis hinaus, schliesslich auf das Vorhandensein eines bläulichen Schimmers, welcher die ersten Stunden der Venusnächte mit einem als wirkliches Zwielicht betrachteten Lichte beleuchtete. Selbst Herschel gab zu, dass Sonnenlicht, durch den nämlichen Effekt, nach welchem die Himmelskörper sich für das Auge über dem Horizonte zeigen, während sie geometrisch noch unter demselben sich befinden, um den Rand der Venus herumgebogen zu werden schiene. Seitdem hat diese Thatsache reichliche Bestätigung erfahren. Während der Planet sich innerhalb 3° 26′ von seiner unteren Konjunktion befand, sah Mädler im Mai 1849 zu Dorpat, dass die Arme des abnehmenden Lichtes auf der Scheibe nicht weniger als 240° ihrer Ausdehnung umspannten;[2]) und im Dezember 1842 beobachtete Guthrie zu Bervie in Nordengland unter ähnlichen Verhältnissen, dass der ganze Umfang mit einem schwachen nebligen Lichte erleuchtet war.[3]) Hier durchdrangen offenbar die Sonnenstrahlen die Atmosphäre des Planeten von hinten, indem sie einen gekrümmten Weg wie durch eine Linse verfolgten. Dieselbe merkwürdige Erscheinung wurde in Zwischenräumen gesehen von Leeson Prince zu Uckfield im September 1863;[4]) aber mit befriedigenderer Deutlichkeit durch C. S. Lyman am Yale College[5]) vor und nach der Konjunktion vom 11. Dezember 1866 und nahezu fünf Stunden lang vor dem Durchgange von 1874, wo der gelbliche Ring gebrochenen Lichtes fast nur eine punktartige Unterbrechung zeigte, vermutlich infolge einer dazwischen getretenen Wolke. Diese Wirkungen können, wie Neison darlegte,[6]) nur durch die Annahme erklärt werden, dass die Atmosphäre der Venus an ihrer Oberfläche nahezu zweimal so dicht ist und ein nahezu doppelt so grosses Brechungsvermögen besitzt wie die der Erde.

Ähnliche Erscheinungen sind bei Venusdurchgängen deutlich sichtbar. Während aber der Hof des Merkur in charakteristischer

---

[1]) *Phil. Trans.*, vol. LXXXII, p. 309; *Aphroditographische Fragmente,* p. 85 (1796). — [2]) *Astr. Nachr.*, No. 679. — [3]) *Month. Not.*, vol. XIV, p. 169. — [4]) *Ibid.*, vol. XXIV, p. 25. — [5]) *Am. Jour. of Sc.*, vol. XLIII, p. 129 (2. ser.); vol. IX, p. 47 (3. ser.). — [6]) *Month. Not.*, vol. XXXVI, p. 347.

Weise auf der Sonne erscheint, zeigt sich der »Silberfaden« um den Rand der Venus gewöhnlich auf dem der Sonne abgewandten Teile. Es giebt jedoch Beispiele von jeder Art in beiden Fällen. Grant bemerkte, als er die Berichte über physische Erscheinungen, welche die Durchgänge von 1761 und 1769 begleiteten, sammelte, dass keine einzige Person beide Arten von Ring sah und behauptet daher eine Verschiedenheit in ihrer respektiven Entstehungsweise.[1]) Wahrscheinlich besteht eine solche Verschiedenheit in dem Sinne, dass der innere Teil des Ringes herrührt von Absorption, der äussere von Refraktion durch dieselbe planetarische Atmosphäre; doch ist die Behauptung, dass sie einzeln für sich sichtbar seien, durch neuere Erfahrung nicht bestätigt worden. Einige der australischen Beobachter während des Durchgangs von 1874 waren Augenzeuge des vollständigen Phänomens. J. Macdonnell zu Eden sah einen »schattigen nebligen Ring« die ganze Scheibe umgeben, als der Eintritt zu zwei Dritteln vollendet war; Tornaghi zu Goulburn nahm einen vollständigen und unverkennbaren Hof wahr, als der Austritt halb geschehen war.[2]) Ähnliche Beobachtungen wurden zu Sidney[3]) gemacht und wurden erneuert im Jahre 1882 von Lescarbault zu Orgères, Metzger in Java und durch Barnard an Vanderbilt's Universität.[4])

Spektroskopische Spuren von in der Atmosphäre der Venus vorhandenem Wasserdampfe wurden im Jahre 1874 und 1882 durch Tacchini und Riccò in Italien und durch Young in New Jersey erhalten.[5]) Janssen jedoch, der nach dem Durchgang von 1882 diesen Punkt speziell untersuchte, fand sie viel weniger sicher, als er nach seinen früheren Erfahrungen hätte erwarten dürfen,[6]) und Vogel konnte durch wiederholte Versuche in den Jahren 1871—73 nur ganz geringfügige Abweichungen von dem Vorbild des Sonnenspektrums entdecken. Allerdings schienen sich gewisse Wasserstoff-Linien und ebenso eine Gruppe (B), die, wie Egoroff seitdem gezeigt hat, durch die absorbierende Wirkung kalten Sauerstoffs hervorgebracht wird, zu verbreitern; aber dies geschah in so geringem Grade, dass man zu der Überzeugung kommen musste, das

---

[1]) *Hist. Phys. Astr.*, p. 431. — [2]) *Mem. Roy. Astr. Soc.*, vol. XLVII, pp. 77, 84. — [3]) *Astr. Reg.*, vol. XIII, p. 132. — [4]) *L'Astronomie*, t. II, p. 27; *Astr. Nachr.*, No. 2021; *Am. Journ. of Sc.*, vol. XXV, p. 430. — [5]) *Mem. Spettr. Ital.*, Dicembre 1882; *Am. Journ. of Sc.*, vol. XXV, p. 328. — [6]) *Comptes Rendus*, t. XCVI, p. 288.

Licht, welches wir von der Venus empfangen, werde von einer dicken Wolkenschicht reflektiert und habe daher nur den dünneren oberen Teil ihrer Atmosphäre durchdrungen.[1]) Dies würde auch die ausserordentliche Helligkeit des Planeten erklären. Am 26. und 27. September 1878 gab eine nahe Zusammenkunft beider James Nasmyth die seltene Gelegenheit, Venus und Merkur einige Stunden lang nebeneinander im Gesichtsfelde seines Reflektors beobachten zu können. Erschien ihm die erstere wie blankes Silber, so war der letztere so matt wie Blei oder Zink.[2]) Und doch ist das auf Merkur fallende Licht der Sonne dreiundeinhalb-mal so intensiv, als das die Venus erreichende Licht. Daher muss das Zurückstrahlungsvermögen der Venus ausnehmend stark sein. Und wir finden in Übereinstimmung hiermit aus einer Verbindung von Zöllner's und Pickering's Resultaten, dass ihre Weisse nur wenig geringer ist wie die von frisch gefallenem Schnee; mit andern Worten, sie giebt $72\frac{1}{2}$ Prozent von den sie treffenden Lichtstrahlen wieder zurück.

Diese Ansicht, dass wir nur den Wolkenbaldachin der Venus sehen, ist augenscheinlich unverträglich mit der angenommenen Beständigkeit ihrer Flecken oder mit der Vorstellung von Schatteneffekten auf einer bergigen Oberfläche. Sie wird jedoch mit einigem Vorbehalt geteilt von E. L. Trouvelot, der 1875 und in einigen folgenden Jahren zu Cambridge in den Vereinigten Staaten den Planeten einer sorgfältigen teleskopischen Untersuchung unterzog. Eine nicht am wenigsten auffallende Thatsache über diesen Schwesterplaneten ist die, dass die Achse, um welche er rotiert, an jedem Ende gewissermassen mit einer Kappe von gewisser leuchtender Substanz versehen ist. Diese Anhängsel an den Polen wurden 1813 von Gruithuisen entdeckt,[3]) welcher sie als polare Schneekappen ähnlich denen des Mars erklärte. Und noch ist es nicht völlig ausgemacht, dass er Unrecht hatte. Trouvelot nahm jedoch im Januar 1878 wahr (oder glaubte wahrzunehmen), dass der südliche Anhang aus einzeln stehenden, sich gegen den Himmel abhebenden Bergspitzen bestehe, und folgerte hieraus, dass beide hohe Gruppen von Bergen darstellen, welche die Dunstschicht, welche der Annahme nach den grösseren Teil der sichtbaren Scheibe bildet, durchdringen. Er legte ferner dar, dass der Ort des südlichen Fleckens als identisch

[1]) Vogel, *Unters. über die Spektra der Planeten*, S. 15. — [2]) *Nature*, vol. XIX, p. 23. — [3]) *Nova Acta Acad. Naturae Curiosorum*, Bd. X, p. 239.

mit dem einer Hervorragung über dem Rande betrachtet werden könnte, die von Bouquet de la Grye und Arago entdeckt worden war, als sie die zu Puebla und Port-au-Prince im Jahre 1882 [1]) während ihres Durchganges aufgenommenen Photogramme der Venus massen. Diese Hervorragung entsprach einer wirklichen Erhebung von etwa 14 Meilen. Doch rührte sie wahrscheinlicher her von »photographischer Irradiation« infolge eines lokalen Überschusses von Helligkeit, hervorgerufen — nach der Vermutung des französischen Forschers — durch Anhäufungen von Eis und Schnee oder durch fortwährende Bildung von weiten Wolkenmassen.

Dieselben Photogramme schienen zu zeigen, dass Venus in ihrer äusseren Gestalt sehr nahe unserer Erde gleicht, da die Höhe des durch die Rotation hervorgerufenen äquatorialen Wulstes auf $\frac{1}{303}$ des Radius geschätzt wurde.

Das »sekundäre« oder »aschfarbene« Licht der Venus wurde zuerst 1643 von Riccioli wahrgenommen; es wurde ferner gesehen von Derham um 1715, von Kirch 1721, von Schröter und Harding 1806; [2]) und die Wirklichkeit der Erscheinung ist seitdem durch zahlreiche und glaubwürdige Beobachtungen bestätigt worden. Es ist genau ähnlich dem des »alten Monds in den Armen des neuen« und Zenger, der es am 8. Januar 1883 [3]) mit ungewöhnlicher Deutlichkeit wahrnahm, schreibt es derselben Ursache zu, nämlich dem schwachen Schimmer des von der Nachtseite des Planeten reflektierten Erdlichtes. Wenn wir aber bedenken, dass das Licht »der Vollerde« auf der Venus in ihrer nächsten Entfernung nur wenig mehr als ein $\frac{1}{12000}$ seiner Intensität auf dem Monde besitzt, so sehen wir sogleich, dass die Erklärung unzulänglich ist. Auch kann Professor Safarik's [4]) Erklärung, nach welcher es durch Phosphorescenz der erwärmten und kreisenden Ozeane, mit denen Zöllner [5]) die Venuskugel hauptsächlich bedeckt glaubte, entstanden sein soll, nicht streng aufrecht erhalten werden. Vogel's Vermutung ist plausibler. Er und Lohse sahen vom 3. bis 11. November 1871 zu Bothkamp die dunkle Halbkugel zum Teil erleuchtet durch sekundäres Licht, welches sich 30° von der Beleuchtungsgrenze aus erstreckte, und glaubten, dass die

---

[1]) *Observatory,* vols. III, p. 416; VII, p. 239. — [2]) *Astr. Jahrbuch,* 1809, p. 164. — [3]) *Month. Not.,* vol. XLIII, p. 331. — [4]) *Report Brit. Ass.,* 1873, p. 407. Die Abhandlung enthält eine wertvolle Aufzeichnung der Beobachtungen des Phänomens. — [5]) *Photometrische Untersuchungen,* p. 301.

Wirkung durch eine sehr intensive Dämmerung hervorgebracht werden könnte.[1]) Eine atmosphärische Zerstreuung des Sonnenlichtes scheint in der That die beste Beantwortung des Rätsels zu sein. Sie lässt noch einige Schwierigkeiten übrig, doch sind dieselben wahrscheinlich nicht unüberwindlich.

Der **dritte Planet,** der uns auf unserer Reise von der Sonne fort begegnet, ist **die Wohnstätte des Menschen.** Er bietet demzufolge auch ganz andere Gelegenheiten für das Studium seiner physischen Verhältnisse, als die neckenden Blicke, welche ihn von den anderen Mitgliedern der Sonnenfamilie erreichen. Hinsichtlich der Erde ist daher auch eine so mannigfaltige und umfassende Menge von Wissen aufgehäuft worden, dass es eine Wissenschaft oder besser verschiedene Wissenschaften für sich bildet. Die Grundlage aller aber bilden astronomische Beziehungen, deren Erkenntnis und Erforschung eines der bedeutendsten geistigen Ergebnisse des gegenwärtigen Jahrhunderts bilden.

Es ist freilich nicht leicht, eine folgerichtige Grenzlinie zwischen den wissenschaftlichen Resultaten, die hier ihren eigentlichen Platz haben, und denen, die dem Historiker der Geologie zu überlassen sind, zu ziehen. Doch giebt es einige, deren kosmischer Zusammenhang ein so naher ist, dass man sie unmöglich übergehen kann. Unter diesen befindet sich die Feststellung der Festigkeit der Erdkugel. Auf den ersten Blick scheint es schwer begreiflich, was die scheinbaren Stellungen der Sterne mit unterirdischen Verhältnissen zu thun haben können, und doch schloss 1839 Hopkins allein aus Sternbestimmungen, dass die Erde mindestens bis zu einer Tiefe von 175 oder 220 Meilen fest ist.[2]) Sein Beweisgrund hierfür war, dass, wenn sie eine bloss mit Flüssigkeit gefüllte Schale wäre, Präcession und Nutation viel grösser sein müssten, als ihre Beobachtung ergiebt. Denn eine blosse Schale würde der Anziehung der Sonne und des Mondes in ihrer äquatorialen Zone folgen und die Flüssigkeit hinter sich lassen, und indem sie so um so viel leichter geworden ist, würde sie sich um so schneller bewegen. Allerdings giebt es gewichtige Gründe, welche bezweifeln lassen, ob diese Begründung den wirklichen Thatsachen des Falles entspricht;[3]) doch

---

[1]) *Beobachtungen zu Bothkamp*, Heft II, p. 126. — [2]) *Phil. Trans.*, 1839, 1841, 1842. — [3]) Delaunay warf ein (*Comptes Rendus*, t. LXVII, p. 65), dass die Kohäsion der Flüssigkeit (auf welche Hopkins keine Rücksicht

ist der Schluss, zu dem er gekommen ist, anderweitig bestätigt und verallgemeinert worden.

Anzeichen eines identischen Effektes haben sich aus einer andern Art äusserer Störung, welche unsere Erde mit denselben Wirkungen afficiert, ergeben: Sir William Thomson legte 1862 dar,[1]) dass sich Ebbe- und Flut-Einflüsse sowohl auf das Land wie auf das Wasser geltend machen, obwohl man nur das bewegliche Element ihnen Folge geben sieht. Trotzdem muss eine gewisse körperliche Verzerrung der Figur der Erde stattfinden, wenn man sie nicht von absoluter oder »unnatürlicher« Starrheit annehmen will, und der Betrag einer derartigen Verzerrung kann aus ihrer Wirkung auf die Erniedrigung der Gezeiten des Meeres unter ihren berechneten Wert bestimmt werden. Denn wenn die Erde der Kraft der Anziehung von Sonne und Mond vollkommen nachgeben könnte, so würden Gezeiten in dem gewöhnlichen Sinne nicht existieren. Kontinente und Ozeane würden anschwellen und sich wieder zusammenziehen. Nur dem Unterschiede in dem Verhalten der festen und flüssigen irdischen Bestandteile verdankt die Ebbe und Flut der Meere ihre Entstehung.

Sechs Jahre später wies der ausgezeichnete Glasgower Professor darauf hin, dass dieses Kriterium mit Hilfe einer fortgesetzten Reihe genauer Gezeitenbeobachtungen praktisch verwertet werden könnte zu einer Prüfung der inneren Verhältnisse unseres Planeten.[2]) Demgemäss führte G. H. Darwin im Jahre 1882, nachdem schliesslich ein über dreiunddreissig Jahre sich erstreckendes zweckmässiges Material verwendbar geworden war, die mühsame Arbeit einer Untersuchung desselben durch und kam zu dem allgemeinen Resultat, dass die »effektive Starrheit« der Erdmasse mindestens gleich der des Stahls sein müsse.[3])

In einer am 15. Dezember 1830[4]) vor der Geologischen Gesellschaft gelesenen Abhandlung sprach Sir John Herschel den

---

nimmt), wo es sich um so ausserordentlich langsame Bewegungen wie die der Erdachse handelt, beinahe sicher bewirken würde, dass sie sich wie ein fester Körper verhält. Sir William Thomson dagegen (*Report Brit. Ass.*, 1876, II, p. 1) hält Hopkins' Begründung mit Rücksicht auf die verhältnismässig schnellen halbjährlichen Nutationen der Sonne und der vierzehntägigen des Mondes für richtig. — [1]) *Phil. Trans.*, vol. CLIII, p. 573. — [2]) *Report Brit. Ass.*, 1868, p. 494. — [3]) *Ibid.*, 1882, p. 474. — [4]) *Trans. Geol. Soc.* vol. III (2. ser.), p. 293.

Gedanken aus, dass die überraschenden, durch die geologischen Berichte enthüllten Veränderungen des Klimas erklärt werden könnten durch gewisse langsame Schwankungen in der Excentricität der Erdbahn, welche durch die störende Wirkung der andern Planeten hervorgerufen würden. Kurz nachher gab er jedoch diese seine Meinung als unhaltbar wieder auf,[1]) und erst im Jahre 1864[2]) und in den folgenden Jahren wurde sie von James Croll von Neuem aufgenommen und zu einer wohlbegründeten, wenn nicht unanfechtbaren, gemacht. Innerhalb beschränkter Grenzen zieht sich (wie Lagrange und, sicherer und bestimmter, Leverrier bewiesen haben) die von unserem Planeten um die Sonne beschriebene Bahn im Laufe der Jahrhunderte abwechselnd zu einer mässigen Ellipse zusammen und erweitert sich wieder fast zu einem Kreise, während die grosse Achse und infolgedessen die mittlere Entfernung dieselbe bleibt. Gerade jetzt, wo die Excentricität sich einem kleinsten Werte nähert, ist die Sonne im Januar uns um etwa 650000 (engl. 3000000) Meilen näher als im Juli und circa 850000 Jahre früher war diese Differenz mehr als viermal so gross. Croll hat eine Menge Beweise[3]) zur Unterstützung der Ansicht zusammengetragen, dass in Zeiten beträchtlicher Excentricität die Halbkugel, deren in der Sonnenferne eintretender Winter sowohl intensiver wie länger war, ausgedehnte Eismassen haben musste, während die entgegengesetzte Halbkugel mit einem kurzen milden Winter und einem langen kühlen Sommer sich einer Annäherung an den ewigen Frühling erfreute. Diese Verhältnisse waren nach Verlauf von 10500 Jahren gerade umgekehrt, wegen der Veränderung des Perihels in Verbindung mit der Präcession der Tag- und Nachtgleichen; die erstarrte Halbkugel erblühte zu einem üppigen Garten, sobald ihre Jahreszeiten sich wandten und an den entgegengesetzten Seiten der Erdbahn eintraten, während die vorher mit Frühling gesegnete Halbkugel gleichzeitig in eisiger Kälte erstarrte. Auf diese Weise wurde eine plausible Erklärung für die anomalen Abwechslungen von eisigen und beinahe tropischen Epochen gegeben, die, wie durch unbestreitbare geologische Zeugnisse erwiesen ist, in vergangenen Zeiten in Gegenden, die jetzt gemässigte sind, einander folgten. Die jüngste Eiszeit wird von Croll etwa vor 200000 Jahren angenommen, wo

[1]) Siehe sein *Treatise on Astronomy*, p. 199 (1833). — [2]) *Phil. Mag.*, vol. XXVIII (4. ser.), p. 121. — [3]) *Climate and Time*, 1875; *Discussions on Climate and Cosmology*, 1885.

die Excentricität der Erdbahn 3.4-mal so gross war wie jetzt. Gegenwärtig wird eine schwache Darstellung eines solchen Zustandes der Dinge durch die südliche Halbkugel geliefert. Die eine Bedingung starker Eisbildung, welche in dem Zusammenfallen des Winters mit dem Maximum der Entfernung von der Sonne besteht, ist vorhanden, die andere — eine hohe Excentricität — ist nicht erfüllt. Und doch weiss man sehr wohl, dass der Bereich des eingefrorenen Gebietes, welches den südlichen Pol umgiebt, bei weitem ausgedehnter ist als die entsprechende Gegend im Norden.

Die Bestätigung dieser geistreichen Hypothese hängt von mannigfaltigen verwickelten meteorologischen Verhältnissen ab, von denen einige durch kompetente Autoritäten ganz anders erklärt worden sind.[1]) Sie hat jedoch ihre Stellung unter den besser gewährleisteten Spekulationen der Wissenschaft sicher behauptet. Die genaue Natur des Zusammenhanges zwischen geologischen und astronomischen Ereignissen, wie er durch dieselbe angedeutet wird, kann noch ein Gegenstand des Streites sein, aber es kann keinem Zweifel mehr unterliegen, dass eine solche Beziehung in irgend einer Form existiert. Die Feststellung derselben bezeichnet einen weiteren Schritt in jenem Verschmelzungsprozess zwischen himmlischen und irdischen Dingen, der, wie man behaupten kann, die grosse leitende Idee der astronomischen Geschichte während der letzten drei Jahrhunderte war.

Der erste Versuch einer experimentellen Schätzung der mittleren Dichtigkeit der Erde war Maskelyne's im Jahre 1774 gemachte Beobachtung der Ablenkung der Lotlinie durch die Anziehung des Schehallien. Der daraus gezogene Schluss, dass unsere Erdkugel $4\frac{1}{2}$-mal soviel wiegt als ein gleiches Volumen Wasser,[2]) war nicht sehr genau. Er wurde beträchtlich verbessert durch Cavendish, der 1798 die »Drehwage,« welche John Michell für den nämlichen Zweck konstruiert hatte, benutzte. Die daraus sich ergebende Schätzung von 5.48 wurde durch Francis Baily's mühevolle Wiederholung des Verfahrens in den Jahren 1838—42 auf 5.66 erhöht. Aus den letzten Versuchen über den Gegenstand — welche von Cornu und Baille in den Jahren 1872—73 angestellt wurden — ergab sich der etwas niedrigere Wert 5.56, und es zeigte sich ferner, dass die von Baily gesammelten Daten, wenn sie von einem

---

[1]) Siehe A. Woeikof, *Phil. Mag.*, vol. XXI, p. 223. — [2]) *Phil. Trans.*, vol. LXVIII, p. 783.

systematischen Fehler befreit wurden, ein in Wirklichkeit identisches Resultat gaben (5.55).[1] Newton's Vermutung über das mittlere Gewicht der Erde als fünf- bis sechsmal so gross wie das des Wassers war auf diese Weise merkwürdig bestätigt worden.

Arbeiten über die Bestimmung der Figur der Erde sind während des gegenwärtigen Jahrhunderts in unerhörtem Massstabe ausgeführt worden. Der russisch-skandinavische Gradbogen, dessen Messung unter der Leitung des älteren Struve 1855 vollendet wurde, erreichte von Hammerfest bis nach Ismail an der Donau eine Länge von $25^0\ 20'$. Nur wenig kleiner war der indische Bogen, der von Lambton in den ersten Jahren dieses Jahrhunderts begonnen, von Everest fortgesetzt und von Walker revidiert und weiter ausgedehnt worden war. Das allgemeine Ziel ist dabei, zu zeigen, dass die Abplattung der Erde an den Polen etwas grösser ist als angenommen worden war. Der bis zuletzt angenommene Bruch war $\frac{1}{300}$, d. h., die Dicke des hervorragenden äquatorialen Ringes wurde als $\frac{1}{300}$ vom Radius des Äquators angenommen. Sabine's Pendelversuch aber, der von Airy 1826 diskutiert wurde, ergab $\frac{1}{289}$,[2] und Gradmessungen ergeben mehr und mehr eine Übereinstimmung mit dieser Zahl. Eine neue Untersuchung führte den nunmehr verstorbenen J. B. Listing 1878[3]) zu den folgenden Dimensionen des Erdsphäroids: Radius des Äquators = 6 377 377 Meter, Radius nach dem Pole = 6 355 270 Meter, Abplattung = $\frac{1}{288.48}$. Der gegenwärtig angenommene Bruch ist $\frac{1}{292}$.

Es ist jedoch lange nicht gewiss, dass die Figur der Erde von genau geometrischer Regelmässigkeit ist. Ja es ist durchaus nicht klar, dass auch nur ihre Hauptumrisse am besten durch ein sogenanntes abgeplattetes »Rotationsellipsoid,« d. h. durch eine oben und unten abgeplattete aber überall symmetrische Kugel, dargestellt werden. Aus einer Durchsicht der geodetischen, sich über die ganze Erde erstreckenden Resultate schliesst Oberst Clarke, dass verschiedene Meridiane ein verschiedenes Krümmungsmass besitzen,[4]) so dass der Äquator, anstatt ein Kreis zu sein wie es ohne störende Ursachen bei einem rotierenden Körper der Fall sein müsste, bei dieser Ansicht selbst eine Ellipse sein und unser Planet richtig als »ein Ellipsoid mit drei ungleichen Achsen« beschrieben werden muss. Doch

---

1) *Comptes Rendus*, t. LXXVI, p. 954. — 2) *Phil. Trans.*, vol. CXVI, p. 548. — 3) *Astr. Nachr.*, No. 2228. — 4) *Phil. Mag.*, vol. VI (5. ser.), p. 92.

ist dieser Punkt noch nicht entschieden. Arbeiten, welche auf seine Entscheidung hinzielen, sind gegenwärtig sowohl in Europa wie in Indien im Gange.

Der Mond besitzt für uns ein besonderes Interesse. Er hat aller Wahrscheinlichkeit teilgenommen an der Erschaffung der Erde und giebt vielleicht ein Vorbild ab für ihren Verfall. Er ist gegenwärtig ihr Diener und Begleiter. Seine Existenz dient, so weit wir sehen können, zu keinem andern Zwecke, als die dunklen Erdennächte zu erleuchten und durch seine schnell wiederkehrenden und augenfälligen Veränderungen im Aussehen die lange Spanne der irdischen Zeit zu messen. Untersuchungen, angeregt durch die sichtbare Zugehörigkeit zu unserer Erde und unterstützt durch die verhältnismässig nahe Nachbarschaft mit derselben, haben eine wunderbar genaue Bekanntschaft mit den Gestaltungen auf der einzigen unserm Anblick offenen Hemisphäre des Mondes zur Folge gehabt.

Die Selenographie im neueren Sinne ist noch nicht hundert Jahre alt. Sie nahm ihren Anfang mit der Veröffentlichung von Schröter's *„Selenotopographischen Fragmenten“* im Jahre 1791.[1]) Allerdings war die Mondoberfläche schon früher fleissig studiert worden, besonders von Hevelius, Cassini und Tobias Mayer, aber der Gedanke einer Untersuchung der physischen Verhältnisse des Mondes und der Entdeckung von Spuren der Thätigkeit von Naturkräften daselbst vermittelst einer genauen topographischen Durchforschung erhielt erst in Lilienthal eine greifbare Gestalt. Schröter's Zeichnungen bildeten deshalb, so unvollkommen sie auch waren, den Ausgangspunkt für ein vergleichendes Studium der Bildungen auf der Oberfläche unseres Satelliten.

Das erste der merkwürdigen Objekte, welche er »Rillen« nannte, wurde von ihm im Jahre 1787 wahrgenommen. Vor 1801 hatte er deren elf gefunden; Lohrmann fügte weitere 75, Mädler ebenfalls 55 hinzu; Schmidt veröffentlichte 1866 einen Katalog von 425, von denen er 278 selbst entdeckt hatte,[2]) und brachte schliesslich deren Zahl bis auf nahezu 1000. Sie sind daher eine sehr beständige Bildung des Mondes, haben aber ganz und gar keine Analogie auf der Erde. Hinsichtlich ihrer Natur besteht kein Meinungsunterschied. Sie sind ganz augenscheinlich Spalten in einer felsigen Oberfläche,

---

[1]) Der zweite Band erschien zu Göttingen 1802. — [2]) *Über Rillen auf dem Monde,* S. 13.

100 bis 500 Ellen tief (die Einsenkung der grossen Rille in der Nähe des Aristarchus wurde von Schmidt auf 554 Ellen geschätzt), gewöhnlich etwa eine halbe Meile breit und in geradem, gekrümmtem oder verzweigtem Zuge bis zu dreiunddreissig Meilen lang. Hinsichtlich ihres Ursprungs ist die plausibelste Ansicht die, dass sie durch Abkühlung hervorgerufene Brüche sind; doch möchte sie Neison lieber als ausgetrocknete Wasserläufe betrachten.[1])

Am 24. Februar 1792 nahm Schröter eine Erscheinung wahr, die er für deutliche Spuren einer Dämmerung hielt, und beobachtete sie unausgesetzt während der folgenden neun Jahre.[2]) Sie wies, wie er glaubte, auf das Vorhandensein einer schwachen Atmosphäre hin (die eine Höhe von mehr als 2550 Meter erreichte), die etwa $\frac{1}{29}$-mal so dicht wie unsere eigene war. Dagegen glaubte Bessel, dass man nur dann eine Mondatmosphäre beibehalten könne, wenn man ihr jedes Brechungsvermögen abspreche, da die Schärfe und Plötzlichkeit von Sternbedeckungen eine gasige Umhüllung von grösserer Dichtigkeit (um eine äusserste Annahme zuzulassen) als $\frac{1}{500}$ derjenigen der irdischen Luft unmöglich erscheinen liessen.[3]) Newcomb setzte das Maximum auf $\frac{1}{400}$ fest. Sir John Herschel schloss, dass »am Mondrande eine Atmosphäre, welche den 1980sten Teil der Dichtigkeit der Erdatmosphäre besässe, nicht existiere.«[4])

Dieser Schluss wurde durch Dr. Huggins' spektroskopische Beobachtung des Verschwindens des kleinen Sterns ε in den Fischen hinter dem Mondrande am 4. Januar 1865 völlig bestätigt.[5]) Nicht die leiseste Spur von selektiver Absorption oder ungleicher Brechung war sichtbar. Das ganze Spektrum verschwand auf einmal, wie wenn ein Schirm plötzlich vor dasselbe gezogen worden wäre. Das Spektroskop hat immer gleichmässig dasselbe berichtet; denn Thollon's Beobachtung während der totalen Sonnenfinsternis zu Sohag, nach welcher sich gewisse dunkle Linien im Sonnenspektrum am Mondrande verbreiterten, ist jetzt als irrtümlich anerkannt. Analysiert man Mondlicht mit dem Prisma, so findet man, dass es reines reflektiertes Sonnenlicht ist, welches der Quantität nach wegen des geringen Zurückstrahlungsvermögens der Mondoberfläche bis auf etwa ein Sechstel der Intensität der auffallenden Strahlen vermindert, der Qualität nach aber völlig ungeändert ist.

---

[1]) *The Moon*, p. 73. — [2]) *Selenotopogr. Fragm.*, T. II, S. 399. — [3]) *Astr. Nachr.*, No. 263 (1834); *Pop. Vorl.*, S. 615—620 (1838). — [4]) *Outlines of Astr.*, par. 431. — [5]) *Month. Not.*, vol. XXV, p. 61.

Und doch ist wenig oder gar kein Zweifel mehr darüber, dass der Durchmesser des Mondes, wie er aus Verfinsterungen bestimmt ist, 4" kleiner ist, als er sich aus direkten Messungen ergiebt. Diese Thatsache, welche sich 1865[1]) aus Sir George Airy's Untersuchung einer umfassenden Reihe von zu Greenwich und Cambridge angestellten Beobachtungen ergab, würde sich in natürlicher Weise durch Refraktion in einer Mondatmosphäre erklären. Er zeigte jedoch, dass, auch wenn der gesamte Effekt auf diese Weise hervorgebracht würde (sicher hat auch die Irradiation daran Anteil), die daraus zu folgernde Atmosphäre 2000-mal dünner sein würde als unsre eigene Luft in Meereshöhe. Eine gasige Schicht von solcher ausserordentlichen Dünnheit würde kaum irgend eine spektroskopische Wirkung hervorbringen können. Es ist sicher (wie Neison gezeigt hat),[2]) dass eine Mondatmosphäre von sehr grosser Ausdehnung und nicht unerheblicher Masse wegen der geringen Kraft der Schwere auf dem Monde eine sehr kleine Dichtigkeit an der Oberfläche haben würde und daher sich der direkten Beobachtung zu entziehen vermöchte, während sie eine sehr wichtige Rolle im Haushalte unseres Satelliten spielen könnte. Ein erneuter Beweis von wirklichem Dämmerungsschimmer auf dem Monde ist ferner in jüngster Zeit von Paul und und Prosper Henry an der Pariser Sternwarte durch geschickte Anwendung eines mächtigen Teleskops geliefert worden.[3])

Der erste, der sich Schröter in seinem selenographischen Eifer zum Muster nahm, war Wilhelm Gotthelf Lohrmann, ein Feldmesser in Dresden, der im Jahre 1824 vier von fünfundzwanzig Blättern der ersten wissenschaftlich ausgeführten Mondkarte im Massstabe von $37\frac{1}{2}$ Zoll auf einen Monddurchmesser veröffentlichte. Indessen fingen drei Jahre später seine Augen zu leiden an und 1840 starb er mit Hinterlassung von Material, nach welchem das Werk von Dr. Julius Schmidt, dem ehemaligen Direktor der Sternwarte zu Athen, im Jahre 1878 vollendet und veröffentlicht wurde. In der Zwischenzeit war viel gethan worden. Beer und Mädler begannen zu Berlin im Jahre 1830 ihre grosse trigonometrische Vermessung der Mondoberfläche, die bis jetzt weder verbessert noch übertroffen worden ist. Eine Karte in vier Teilen, 1834—36, von nahezu demselben Massstabe wie die Lohrmann's, aber detaillierter und zuver-

[1]) *Month. Not.*, vol. XXV, p. 264. — [2]) *The Moon*, p. 25. — [3]) Webb, *Cel. Objekts*, p. 79.

lässiger, stellte die Ergebnisse zusammen. Ihr folgte im Jahre 1837 ein beschreibendes Werk unter dem stolzen Titel: *„Der Mond, oder allgemeine vergleichende Selenographie."* Diese Übersicht über das gesamte Wissen in diesem Zweige erweckte, obwohl sie in Wahrheit noch viele Fragen offen liess, den Anschein des Abgeschlossenseins, der von weiteren Untersuchungen zurückhielt.[1]) Sie trat den sanguinischen von Hevel, Schröter, Herschel und Gruithuisen aufrecht erhaltenen Ansichten hinsichtlich der Möglichkeit eines angenehmen Aufenthaltes auf dem Monde entgegen und verbannte die »Mondbewohner,« von deren Städten Schröter eine entdeckt zu haben glaubte und von deren festlichen Aufzügen Gruithuisen einst Zuschauer werden zu können gehofft hatte, in das schattige Land der Märchen. Alle Beispiele von Veränderungen in den Bildungen des Mondes wurden ferner als irrtümlich verworfen. Die in dem Werke enthaltene Nahrung war, kurz gesagt, eine trockene nüchterne Speise, die den Gaumen nicht reizte. »Der Zusatz einer Lüge,« bemerkt Bacon boshaft, »erhöht immer das Vergnügen.« Infolgedessen behielt Schmidt das Feld der Selenographie viele Jahre hindurch beinahe für sich allein.

Erneutes Interesse an dem Gegenstand wurde zu gleicher Zeit erregt und zur Schau getragen durch die Ernennung einer Kommission zur Erforschung der physischen Beschaffenheit der Mondoberfläche von Seiten der Britischen Gesellschaft im Jahre 1864. Die indirekten Früchte ihrer Arbeiten waren von grösserem Werte als die direkten. Eine englische selenographische Schule stieg zu grosser Bedeutung. Durch die Verbreitung von Werken, die sich durch Scharfsinn und Beobachtung auszeichneten, wurde der Gegenstand populär. Dem schön illustrierten Werke von Nasmyth und Carpenter (1874) folgte zwei Jahre später ein noch wichtigerer Beitrag zur Wissenschaft des Mondes. Neison's Buch war begleitet von einer Karte, die die Vermessung von Beer und Mädler zur Grundlage hatte, aber noch weitere 500 Lagenbestimmungen gab, abgesehen von der Darstellung mehrerer tausend neuer Gegenstände. Mit Schmidt's *„Karte der Gebirge des Mondes"* nahm Deutschland nochmals die Führung an sich. Dieses ausgezeichnete Werk — das Resultat von zweiunddreissigjähriger Arbeit — war aufgebaut auf dem von Lohrmann gelegten Grunde, umfasste aber auch die in

---

[1]) Neison, *The Moon,* p. 104.

mehr als 3000 Originalzeichnungen enthaltenen Einzelheiten. Nicht weniger als 32856 Krater sind in ihm dargestellt. Der Massstab ist fünfundsiebzig Zoll auf einen Durchmesser. Eine weitere Hilfe bei Untersuchungen über den Mond wurde zu derselben Zeit in England durch die Gründung der Selenographischen Gesellschaft auf Anregung des verstorbenen W. R. Birt geboten.

Die kräftigste Anregung zur Sorgfalt bei der Untersuchung der bergigen Bildungen unseres himmlischen Gefolgsmannes ist der Gedanke einer wahrscheinlichen oder wirklichen Veränderung in ihnen gewesen. Eine Veränderung erscheint dem forschenden Verstande des Menschen immer wie eine Bresche in den Verschanzungen um die Geheimnisse der Natur, durch welche er nach der Burg selbst vorzudringen hoffen kann. Was man wünscht, glaubt man gern, und daher haben Behauptungen und Gerüchte über Erschütterungen im Monde während der letzten hundert Jahre bald Glauben gefunden, bald sind sie nach näherer Untersuchung verworfen worden. Bei diesem Gegenstande ist eine Täuschung besonders leicht. Unsere Ansicht von der Mondoberfläche ist eine aus der Vogelperspektive. Ihre Bildung verrät sich selbst indirekt durch Unregelmässigkeiten in der Verteilung von Licht und Schatten. Die Formen ihrer Erhebungen und Senkungen können allein aus den Gestalten der schwarzen, ungemilderten Schatten, welche sie werfen, erschlossen werden. Aber diese Gestalten sind in einem Zustande beständigen und verwirrenden Hin- und Herschwankens, teils wegen Veränderungen in dem Beleuchtungswinkel, teils wegen Veränderungen in unserem Gesichtspunkt, die durch die sogenannte »Libration des Mondes« hervorgebracht werden.[1]) Das Resultat ist, dass keine einzige Beobachtung von demselben Beobachter genau wiederholt werden kann, da identische Bedingungen erst nach Verlauf einer grossen Anzahl von Jahren wiederkehren.

---

[1]) Eine gleichmässige Rotationsbewegung in Verbindung mit einer ungleichförmigen Bewegung in seiner Bahn, bewirkt ein leichtes Schwingen des Mondes bald nach Ost bald nach West, durch welches wir um die Ränder der abgekehrten Halbkugel herumzusehen vermögen. Es giebt ferner eine »parallaktische« Libration, welche von der Rotation der Erde abhängt; und eine Art von nickender Bewegung — die »Libration in der Breite« — wird hervorgebracht durch die Neigung der Mondachse gegen ihre Bahn und durch ihre Stellungsveränderungen mit Bezug auf den Erdäquator. Zusammen kommen uns etwa $^2/_{11}$ der unsichtbaren Seite zu Gesicht.

Ausserdem vermögen lokale Eigentümlichkeiten der Oberfläche überraschende Effekte hervorzubringen. Die Reflektion des Erdlichtes von gewissen hellen Bergspitzen, wenn es unter einem besonderen Winkel auffällt, täuschte Herschel, wenn auch nur für einen Augenblick, vollständig, so dass er glaubte, in den Jahren 1783 und 1787 vulkanische Ausbrüche auf der dunklen Seite des Mondes gesehen zu haben. Die fortdauernde Wiederkehr ähnlicher Erscheinungen unter Umständen, die weniger erklärlich waren, liessen in der That Webb zu der Ansicht hinneigen, dass Ausströmungen von ursprünglichem eigenen Lichte wirklich vorkommen.[1]) Indessen müssen zwingendere Beweise beigebracht werden, ehe eine an sich so unwahrscheinliche Thatsache als wahr hingenommen werden kann.

Aber seit der Veröffentlichung von Beer und Mädler's Werk bis zum Jahre 1866 war die angenommene Meinung die, dass kein wirkliches Zeichen von Thätigkeit bei unserm Satelliten jemals gesehen worden war oder vermutlich jemals zu sehen sein würde; dass seine Oberfläche ein stereotypes Ansehen zeige, dass sie eine feste und unabänderliche Schilderung der Vergangenheit sei. Eine grosse Sensation erregte daher Schmidt's Erklärung im Oktober 1866, dass der wohlbekannte Krater »Linné« verschwunden sei,[2]) vermutlich infolge eines feurigen Ergusses. Der Fall schien unbestreitbar und ist noch zweifelhaft, Lohrmann und Mädler hatten 1822—32 Linné als einen tiefen Krater erkannt, ein bis anderthalb Meilen im Durchmesser, der drittgrösste in der dunklen als »Mare serenitatis« bekannten Ebene; und Schmidt hatte ihn 1840—43 unter wirklich identischem Aussehen beobachtet und aufgezeichnet. Nun erschien er unter senkrechter Beleuchtung als ein weisslicher Fleck, in dessen Mittelpunkt, wenn die Strahlen schräg einzufallen begannen, eine Vertiefung wahrscheinlich weniger als eine halbe Meile breit zu sehen war. Der kraterartige Charakter dieser verhältnismässig kleinen Einsenkung wurde von Pater Secchi am 11. Februar 1867 entdeckt.

Dies war jedoch noch nicht Alles. Schröter's Beschreibung von Linné, wie er ihn am 5. November 1788 gesehen hatte, stimmt ganz genau mit neueren Beobachtungen überein,[3]) während aus seiner Auslassung in Russell's Globus und Karte des Mondes[4]) hervorgeht,

---

[1]) Webb, *Celest. Objekts*, p. 58 (4. ed). — [2]) *Astr. Nachr.*, No. 1631. — [3]) Respighi, *Les Mondes*, t. XIV, p. 294; Huggins, *Month. Not.*, vol. XXVII, p. 298. — [4]) Birt, *Ibid.*, p. 95.

dass er im Jahre 1797 unscheinbar war. Wir müssen daher eine der beiden Annahmen acceptieren: Entweder haben sich Lohrmann, Mädler und Schmidt in dem Umfang und der Bedeutung von Linné völlig geirrt, oder es ist eine wirkliche Veränderung in seiner äusseren Erscheinung während der ersten Hälfte dieses Jahrhunderts vor sich gegangen und ist seitdem wieder verschwunden, um vielleicht einmal wiederzukehren. Die letztere Annahme scheint die wahrscheinlichere zu sein, und ihre Wahrscheinlichkeit wird noch erhöht durch das Zeugnis einer wirklichen Verdunkelung oder Veränderung in der Farbe von andern Teilen der Mondoberfläche, besonders auf der Flur der grossen »Wallebene« namens »Plato.«[1])

Ein Beispiel von entgegengesetzter Art von Veränderung wurde von Dr. Hermann J. Klein zu Köln im März 1878[2]) beigebracht. Bei Linné war die Vernichtung eines alten Kraters angenommen worden; bei »Hyginus N.« wurde die Bildung eines neuen Kraters behauptet. Und doch kann in durchaus möglicher Weise die nämliche Ursache die in jedem Falle beobachteten Wirkungen hervorgebracht haben. Indessen ist es noch lange nicht sicher, dass irgend eine wirkliche Veränderung in der Nähe des Hyginus vor sich gegangen ist. Die Neuheit der Klein'schen Beobachtung am 19. Mai 1877 kann einfach in der Entdeckung einer bisher unbekannten Bildung bestanden haben. Die Gegend hat eine sehr komplicierte Formation und ist daher mehr wie gewöhnlich geeignet, bei schnellen und verwirrenden Schwankungen des Lichts und Schattens trügerische Veränderungen im Aussehen hervorzurufen.[3]) Überdies scheint es nach der aufmerksamen Untersuchung von Pratt und Capron sicher zu sein, dass »Hyginus N.« kein wirklicher Krater, sondern eine seichte, untertassenförmige Einsenkung ist, die schwer deutlich wahrzunehmen ist.[4]) Unter passender Beleuchtung indessen enthält sie einen weiten Schatten und ist durch diesen ausgezeichnet.[5])

Bei diesen beiden strittigen Beispielen von Veränderungen wurde die Photographie des Mondes zum Zeugen gerufen, aber, trotz der grossen Fortschritte, die die Kunst durch De la Rue in England,

---

[1]) *Report Brit. Ass.* 1872, p. 245. — [2]) *Astr. Reg.*, vol. XVI, p. 265; *Astr. Nachr.*, No. 2275. — [3]) Siehe Lord Lindsay und Dr. Copeland in *Month. Not.*, vol. XXXIX, p. 195. — [4]) *Observatory*, vols. II, p. 296; IV, p. 373. N. E. Green (*Astr. Reg.*, vol. XVII, p. 144) hält das Objekt für einen blossen »Farbenfleck,« der unter schief auffallendem Lichte dunkel erscheint. — [5]) Webb, *Cel. Obj.*, p. 101.

durch Dr. Henry Draper und vor allem durch Lewis M. Rutherfurd in Amerika gemacht hatte, ohne entscheidende Resultate. Man darf hoffen, dass autographische Aufzeichnungen künftig immer grössere Zuverlässigkeit in solchen Punkten gewinnen werden.

Melloni erhielt zuerst unbestreitbare wärmende Wirkungen vom Mondlicht. Seine Versuche wurden zu Neapel im Anfang des Jahres 1846[1]) angestellt und mit ähnlichem Erfolge vier Jahre später von Zantedeschi zu Venedig wiederholt. Eine rohe Messung der Intensität dieser Wirkungen erreichte Piazzi Smyth zu Guajara am Pik von Teneriffa im Jahre 1856. Es wurde gefunden, dass in einer Entfernung von fünfzehn Fuss vom Thermomultiplikator eine Price'sche Kerze gerade zweimal soviel Wärme ausstrahlt wie der Vollmond.[2]) Die bei weitem genaueste und umfassendste Reihe von Beobachtungen, welche bisher über den Gegenstand gemacht worden sind, waren die des jetzigen Grafen von Rosse in den Jahren 1869—72. Die Mondstrahlen entwickelten vom ersten bis zum letzten Viertel, wenn sie mit dem Parsonstowner dreifüssigen Spiegel gesammelt waren, eine merkliche mit der Phase zunehmende thermale Energie, die zum grossen Teile von der »dunklen Wärme« herrührte, welche sich von der schneller schwingenden Art dadurch unterscheidet, dass sie nicht imstande ist, eine Glasplatte zu durchdringen. Man nahm an, dass diese Energie eine wirkliche Erwärmung der Oberfläche während des langen Mondtages von 300 Stunden bis auf etwa 500° F.[3]) andeutete, dass also der Mond nicht minder als ein direkter Ausstrahler denn als Zurückstrahler der Wärme wirkt. Aber dieser Schluss wurde nur sehr unvollkommen unterstützt durch Dr. Boeddicker's Beobachtungen mit demselben Instrument und denselben Apparaten während der totalen Mondfinsternis vom 4. Oktober 1884.[4]) Es war dies die erste Gelegenheit, die Wärmephasen eines verfinsterten Mondes zu messen, und sie wurde benutzt mit dem bemerkenswerten Resultat, dass gezeigt wurde, dass die Wärme beinahe vollständig, wenn auch nicht völlig gleichzeitig mit dem Lichte verschwand. Ein bestätigendes Zeugnis für die ausserordentliche Schnelligkeit, mit welcher unser Satellit die bereits bis zu gewissem Grade in sich aufgenommene Wärme wieder

---

1) *Comptes Rendus*, t. XXII, p. 541. — 2) *Phil. Trans.*, vol. CXLVIII, p. 502. — 3) *Proc. Roy. Soc.*, vol. XVII, p. 443. — 4) *Trans. R. Dublin Soc.*, vol. III, p. 321.

von sich giebt, wurde durch Professor Langley's bolometrische Beobachtungen der partiellen Finsternis vom 23. September 1885[1]) zu Allegheny beigebracht. Jetzt ist es sicher, dass der Mond uns eine wahrnehmbare Quantität Wärme auf seine eigene Rechnung sendet, abgesehen von der einfachen Zurückwerfung der Sonnenstrahlen.

Im Februar 1885 gelang es Professor Langley nach vielen vergeblichen Versuchen, Messungen von »einem Wärmespektrum des Mondes« zu erhalten. Die unglaubliche Feinheit der Operation kann aus der Behauptung beurteilt werden, dass die Gesamtsumme der durch seine Steinsalzprismen zerstreuten thermalen Energie nicht ausreichte, um ein ihr völlig ausgesetztes Thermometer um ein Tausendstel eines Grades des hundertteiligen Thermometers steigen zu lassen. Es ging daraus aber die eigentümliche Thatsache hervor, dass dieses beinahe verschwindende Spektrum Strahlen von grösserer Wellenlänge enthält, als jedes direkt von der Sonne herkommende — dass es, kurz gesagt, aus zwei übereinandergelagerten Spektren besteht, von denen das eine von der Reflektion, das andere mit einem Maximum weit unten im Infrarot von der Strahlung herrührt.[2]) Die entsprechende Temperatur der Mondoberfläche ist nach Professor Langley etwa die des gefrierenden Wassers. Und doch deutet auch dieser mässige Grad von Wärme auf eine Art von atmosphärischer Umhüllung, da seine früheren Untersuchungen gezeigt haben, dass Quecksilber auch bei dem glühendsten Sonnenschein auf einem luftlosen Monde niemals flüssig werden könnte.[3]) In unmittelbarer Berührung mit der Kälte des Raumes, würde unser leuchtender Begleiter ein noch eisigerer Körper sein, als er wirklich zu sein scheint.

Obwohl jener fundamentale als »Mechanik des Himmels« bekannte Teil der Astronomie ausserhalb des Gesichtskreises dieses Werkes liegt, und wir somit die ungeheuren Arbeiten von Plana, Damoiseau, Hansen, Delaunay und Airy, die beobachteten und berechneten Bewegungen des Mondes in Übereinstimmung zu bringen, mit Stillschweigen übergehen müssen, giebt es doch eine kleine aber bedeutsame Ausnahme, welche von solcher Wichtigkeit für die Geschichte der Physik des Sonnensystems ist, dass wir sie kurz erwähnen müssen.

---

[1]) *Science,* vol. VII, p. 9. — [2]) *Nature,* vol. XXXIII, p. 211. — [3]) *Ibid.,* vol. XXVI, p. 316.

Halley entdeckte im Jahre 1693, als er die alten Berichte über Finsternisse durchforschte, dass der Mond sich zu seiner Zeit schneller bewege als 2000 Jahre früher — soviel schneller, dass er von dem Platze, welchen er sonst am Himmel würde eingenommen haben, etwa um die Länge seines doppelten Durchmessers vorgerückt war. Es war einer von Laplace's höchsten Triumphen, eine Erklärung dieser überraschenden Thatsache gefunden zu haben. Er zeigte im Jahre 1787, dass sie von einer sehr langsamen Veränderung der Ellipticität der Erdbahn herrührte, welche sie während des jetzigen Zeitalters mehr kreisförmig zu machen strebt. Die Anziehung der Sonne auf den Mond wird dadurch vermindert, die Gegenanziehung der Erde gewinnt die Oberhand, und unser Satellit, der uns jedes Jahr um etwas weniger wie einen Zoll näher rückt,[1]) beschleunigt in verhältnismässiger Weise seinen Schritt. Viele tausend Jahre später wird der Prozess umgekehrt sein; die Erdbahn wird sich an den Seiten zusammenziehen, die Mondbahn wird sich unter der zunehmenden Kraft der Sonnenanziehung erweitern und unser Himmelschronometer wird nachgehen anstatt vorgehen.

Was Laplace ausgeführt hat, ist alles vollständig richtig, aber es ist nicht genug. Adams, der eigentliche Entdecker des Neptun, fand 1853 mit Überraschung, dass die angenommene Erklärung der Sache »wesentlich unvollständig« war und, wenn die erforderliche Korrektion angebracht wurde, die beobachtete Beschleunigung nur zur Hälfte erklärte.[2]) Was war mit der übrigbleibenden Hälfte zu thun? Hier kam Delaunay, der ausgezeichnete französische Astronom und Mathematiker, welcher im Jahre 1872 durch den Umsturz des Bootes bei einer Vergnügungsfahrt zu Cherbourg elend ertrank, zu Hilfe.[3])

Es ist jedem, der den Gegenstand nur ein wenig aufmerksam betrachtet, unmittelbar klar, dass die Gezeiten in gewissem Grade nach Art einer Bremse auf die rotierende Erde einwirken. In andern Worten, sie müssen eine beinahe unendlich langsame Verlängerung des Tages hervorbringen. Denn die beiden Wassermassen, welche durch den Einfluss des Mondes auf dem diesseitigen und jenseitigen Teile unsrer Erdkugel aufgeschichtet werden, streben sich gewissermassen von der Verbindung mit dem Erdsphäroid loszureissen und

---

[1]) Airy, *Observatory*, vol. III, p. 420. — [2]) *Phil. Trans.*, vol. CXLIII, p. 397; *Proc. Roy. Soc.*, vol. VI, p. 321. — [3]) *Comptes Rendus*, t. LXI, p. 1023.

den Bewegungen des Mondes zu folgen. Der Mond bedient sich daher ihrer gegen die sich drehende Erde, welche sich wie ein Rad in einer festen Bremse herumbewegt, indem sie langsam Bewegung verliert und Wärme gewinnt, die sich schliesslich in den Raum ausbreitet.[1]) Dies muss (so weit wir sehen können) fortgehen, bis die Perioden der Erdrotation und des Mondumlaufs zusammenfallen. Ja, der Prozess wird — sollten unsere Meere so lange dauern — durch die schwächere Gezeiten hervorbringende Kraft der Sonne fortgesetzt werden, bis Tag und Nacht nicht mehr abwechseln, bis eine Seite unsres Planeten in beständige Dunkelheit getaucht ist und die andere von niemals wechselndem Lichte versengt wird.

Hieraus erkennen wir also den geheimnisvollen Grund, warum der Mond der Erde beständig dasselbe Gesicht zuwendet. Er besteht darin, dass in uranfänglichen Zeiten, als der Mond noch flüssig oder bildungsfähig war, eine von der Erde veranlasste Gezeitenwelle schnell und unwiderstehlich seine Rotation soweit reduzierte, dass sie, wie gegenwärtig, genau mit seiner Umlaufsperiode übereinstimmte. Dies hatte schon Kant geahnt,[2]) nahe ein Jahrhundert bevor die Notwendigkeit einer solchen Wirkung einem andern Denker in den Sinn gekommen war. In einem 1754 zu Königsberg wöchentlich erscheinenden Blatte hatte er die moderne Theorie der »Reibung durch die Gezeiten« klar dargelegt, sowohl hinsichtlich ihrer gegenwärtig im Gange befindlichen Wirkungen auf die Rotation der Erde, wie hinsichtlich ihrer bereits vollendeten Wirkungen auf die Rotation des Mondes. Die Gesamtheit dieser Abhandlungen sollte einen vorläufigen Versuch einer von ihm sogenannten »Naturgeschichte« des Himmels bilden. Seine scharfsinnige Andeutung jedoch blieb vollständig unbeachtet, bis sie — wie es scheint unabhängig hiervon — bei Julius Robert Mayer im Jahre 1848[3]) wieder auftauchte, während ähnliche und wahrscheinlich ebenfalls ursprüngliche Folgerungen von William Ferrel zu Allensville in Kentucky im Jahre 1858[4]) gezogen wurden.

---

[1]) G. H. Darwin berechnet, dass die im Verlaufe der Verlängerung der Erdrotationsperiode von 23 auf 24 Stunden durch Reibung der Gezeiten erzeugte Wärme dreiundzwanzig Millionen mal so gross ist, als der Betrag ihres gegenwärtigen jährlichen Verlustes durch Abkühlung. *Nature,* vol. XXXIV, p. 422. — [2]) Sämtliche Werke (ed. 1839), Th. VI, pp. 5—12. Siehe auch C. J. Monro's wertvolle Angaben in *Nature,* vol. VII, p. 241. — [3]) *Dynamik des Himmels,* p. 40. — [4]) Gould's *Astr. Journ.,* vol. III, p. 138.

Delaunay war also nicht der Erfinder oder Entdecker der Reibung durch die Gezeiten; er erklärte sie nur als eine wirksame Ursache einer Veränderung. Er führte Gründe dafür an, dass ihre Wirkung in der Hemmung der Erdrotation, weit entfernt, wie Ferrel angenommen hatte, durch Zusammenziehung der Erde infolge von Abkühlung aufgehoben zu werden, eine Thatsache war, mit der man nicht nur bei der Berechnung der Bewegung der Himmelskörper, sondern auch bei der spekulativen Betrachtung ihrer Geschichte zu rechnen hatte. Die noch restierende Beschleunigung des Mondes war damit sogleich erklärt. Sie wurde als eine nur scheinbare hingestellt — als der Wiederschein einer wirklichen Verlängerung des Tages um eine Sekunde in 100 000 Jahren. Aber über diesen Punkt ist das letzte Wort noch nicht gesprochen.

Professor Newcomb unternahm im Jahre 1870 den mühevollen Versuch, die Abweichungen von Hansen's Mondtafeln im Vergleich zu Beobachtungen, die vor dem Jahre 1750 angestellt waren, zu untersuchen. Die im Jahre 1878[1]) veröffentlichten Resultate hatten etwas Überraschendes. Sie zielten im allgemeinen darauf hin, den durch Laplace's Gravitationstheorie noch unerklärt gelassenen Betrag der Acceleration zu reduzieren und im Verhältnis dazu die Wichtigkeit der Rolle, welche die Reibung durch die Gezeiten spielte, herabzusetzen. Um aber diese Herabsetzung zu Wege zu bringen und zugleich die alexandrinischen und arabischen Beobachtungen in Übereinstimmung zu setzen, musste er die Totalität der alten, als die von Thales und Larissa, bekannten Sonnenfinsternisse schlechterdings verwerfen. Es kann dies ein notwendiger Ausweg sein, doch muss man zugestehen, dass es ein sehr gewagter Ausweg ist.

Es wurde ferner gezeigt, dass kleine Unregelmässigkeiten sich noch immer in den Bewegungen unseres Satelliten zeigen, die weder durch irgend eine bekannte Einwirkung der Schwerkraft, noch durch einen sich gleichbleibenden Wert, der der säkularen Acceleration zugeschrieben werde könnte,[2]) erklärlich sind. Werden sie auf Rechnung der Unvollkommenheiten in der »Zeitmessung« der Erde gesetzt, so kann dies nur unter der willkürlichen Annahme von Schwankungen in ihrer Bewegungsgeschwindigkeit, die selbst wieder der Erklärung bedürfen, geschehen. Dieselbe könnte allerdings, wie

---

[1]) *Wash. Obs.* für 1875, vol. XXII, App. II. — [2]) Newcomb, *Pop. Astr.*, (4. ed.) p. 101.

Sir W. Thomson im Jahre 1876[1]) dargelegt hat, in sehr kleinen Gestaltsänderungen, deren Vorkommen nicht ganz unwahrscheinlich ist, gefunden werden. Aber auf dieses neblige und spekulative Gebiet gehen die Astronomen zur Zeit nicht gern ein. Sie haben es lieber, wenn irgend möglich, nur mit berechenbaren Ursachen zu thun und ziehen es vor, »ihrer vollkommensten aller Wissenschaften« das besondere Vorrecht sicher eintreffender Prophezeiungen zu bewahren.

---

1) *Report Brit. Ass.*, 1876, p. 12.

Achtes Kapitel.

Planeten und Satelliten. (Fortsetzung.)

»Die Analogie zwischen **Mars** und der Erde ist vielleicht die bei weitem grösste in dem ganzen Sonnensystem.« So schrieb Herschel im Jahre 1783,[1]) und so kann man heute, nach weiteren hundert Jahren der Forschung, ohne Gefahr wiederholen. Dieser Umstand verleiht den Untersuchungen über die physischen Verhältnisse unseres äusseren Nachbarplaneten ein besonderes Interesse.

Fontana war der erste, der während der Jahre 1636 und 1638[2]) zu Neapel dunkle Flecken auf der rötlichen Scheibe des Mars wahrnahm. Sodann wurden sie gesehen von Hooke und Cassini im Jahre 1666 und zwar diesmal deutlich genug, um als Hinweise auf eine Rotation des Planeten zu dienen, die nach des letzteren Bestimmung in einer Periode von vierundzwanzig Stunden und vierzig Minuten vor sich geht.[3]) Grössere Zuverlässigkeit wurde diesem Resultate durch Maraldi's genaue Bestätigung desselben im Jahre 1719[4]) verliehen. Unter den von ihm beobachteten Flecken zeichneten sich zwei durch ihre Beständigkeit in der Lage aus, während ihr Umfang sich veränderte. Sie waren von einem eigentümlichen Charakter, insofern sie sich als helle Flecken um die Pole herum zeigten, und waren schon sechzig Jahre lang beobachtet worden. Die herrschende Vermutung, dass sie Schnee seien, wurde zur Gewissheit, als Herschel ihre Schwankungen in der Ausdehnung mit dem Vorrücken der Jahreszeiten auf dem Mars in Verbindung brachte. Man konnte sich dem Schlusse auf eisige Niederschläge nicht verschliessen, als man deutlich wahrnahm, dass die schimmernden Polarzonen wirklich abwechselnd ab- und zunahmen, je nachdem Sommer

---

[1]) *Phil. Trans.*, vol. LXXIV, p. 260. — [2]) *Novae Observationes*, p. 105. — [3]) *Phil. Trans.*, vol. I, p. 243. — [4]) *Mém. de l'Ac.*, 1720, p. 146.

und Winter auf der entsprechenden Halbkugel miteinander abwechselten.

Dies war, wie man behaupten kann, der Anfang unsrer Bekanntschaft mit dem auf der Oberfläche des Mars herrschenden Zustande der Dinge. Dazu kam die feste Behauptung von Seiten Herschel's, dass die dunklen Merkzeichen eine beständige Dauer hätten, ungeachtet teilweiser Verdunklungen durch Wolken und Dämpfe, die in einer »beträchtlichen, aber gemässigten Atmosphäre« schwebten. Hieraus schloss man, dass die vermeintlichen Bewohner des Planeten »sich wahrscheinlich einer Lage erfreuten, die in vielen Beziehungen unsrer eigenen ähnlich war.«[1])

Schröter dagegen war hinsichtlich des Mars weit von der Wahrheit entfernt. Er glaubte, dass die uns sichtbare Oberfläche eine blosse Hülle treibender Wolken ist, die aus dem Einfluss der unten liegenden, aber unsichtbaren Gestaltungen der Oberfläche des Mars[2]) auf Verdampfung und Verdichtung eine gewisse scheinbare Stabilität erhielten; und seine Ansicht erhielt bei seinen Zeitgenossen die Oberhand. Sie wurde jedoch von Kunowsky im Jahre 1822 verworfen und schliesslich durch Beer und Mädler's sorgfältige Studien während fünf aufeinanderfolgender Oppositionen in den Jahren 1830—39 vollständig über den Haufen geworfen. Sie erkannten bei jeder dieser Oppositionen dieselben dunklen Flecken wieder, die zwar häufig mit Nebel überzogen waren, besonders wenn an dem betreffenden Orte Winter herrschte, aber im Grunde unverändert blieben.[3]) Im Jahre 1862 konstatierte Lockyer eine »wunderbare Übereinstimmung« mit den Resultaten von Beer und Mädler in dem Jahre 1830, die keinen Zweifel hinsichtlich der vollständigen Festigkeit der hauptsächlichen Bildungen trotz der »täglichen, ja stündlichen« Veränderungen in den Einzelheiten infolge des Vorüberziehens von Wolken übrig liessen.[4]) An siebzehn Nächten derselben Opposition erhielt F. Kaiser zu Leyden Zeichnungen, in welchen nahezu alle Merkmale, die 1830 zu Berlin beobachtet worden waren, wieder zum Vorschein kamen, und ausserdem Flecken, die oft gesehen worden waren resp. von Arago im Jahre 1813, von Herschel 1783, und

[1]) *Phil. Trans.*, vol. LXXIV, p. 273. — [2]) Ein umfangreiches Werk unter dem Titel „*Areographische Fragmente*," in welchem Schröter die Resultate seiner Arbeiten über Mars in den Jahren 1785—1803 zusammenfasste, entging mit knapper Not dem Brande im Jahre 1813 und wurde veröffentlicht zu Leyden im Jahre 1881. — [3]) *Beiträge*, p. 124. — [4]) *Mem. R. A. Soc.*, vol. XXXII, p. 183.

von denen einer von Huygens 1672 mit einer Schreibfeder in seinem Tagebuche skizziert worden war.[1]) Aus diesen Angaben erhielt der Leydener Beobachter eine Rotationsperiode von 24 Stunden 37 Minuten 22.62 Sekunden, die gerade um eine Sekunde kürzer war als die von Beer und Mädler ausschliesslich aus ihren eigenen Beobachtungen abgeleitete. Die Genauigkeit dieses Resultats ist durch die neueren Untersuchungen von Professor Bakhuyzen zu Leyden[2]) praktisch bestätigt worden. Indem er die wieder entdeckten Beobachtungen von Schröter mit denen von Huygens einerseits und denen Schiaparelli's andrerseits, welche letzteren um 220 Jahre auseinanderlagen, verglich, war er imstande mit nahezu absoluter Gewissheit zu zeigen, dass die Umdrehungszeit (24 st 37 m 22.735 s), welche Proctor[3]) im Vertrauen auf eine von Hooke im Jahre 1666 ausgeführte Zeichnung dem Mars zugeschrieben hatte, um nahezu eine zehntel Sekunde zu lang war. Die Geringfügigkeit der Korrektion ist ein Zeichen für die Ängstlichkeit der angewandten Sorgfalt. Und sie war nicht vergeblich angewandt worden. Denn infolge des verhältnismässig hohen Alters der in diesem Falle verwertbaren Aufzeichnungen wird ein fast unendlich kleiner Irrtum durch häufige Wiederholung so vervielfältigt, dass er handgreifliche Abweichungen in den Lagen der Flecken in weiten Zwischenräumen hervorbringen muss. Daher ist Bakhuyzen's Periode von 24 st 37 m 22.66 s unzweifelhaft von einer Genauigkeit, wie sie bei einem andern Himmelskörper, von der Erde selbst abgesehen, noch nicht erreicht ist.

Zwei Thatsachen, welche von dem Zustande der Dinge an der Oberfläche des Mars Zeugnis ablegten, waren somit in oder vor dem Jahre 1862 wissenschaftlich festgestellt. Die erste bestand in den Schwankungen der polaren Flecken während der verschiedenen Jahreszeiten, die zweite war die der Permanenz gewisser dunkelgrauer oder grünlicher Flecken, die sich im Teleskop auf dem tiefgelben Grunde der Scheibe deutlich abhoben. Während des letzten halben Jahrhunderts gewann die Ansicht immer mehr an Bestand, dass diese Verschiedenheiten in der Färbung wirklichen Verschiedenheiten einer teils aus Land teils aus Wasser bestehenden Kugel entsprachen, indem die Teile, welche den Anblick eines »Kornfeldes zur Zeit der Reife«[4]) gewährten, Land, die dunklen Flecken

[1]) *Astr. Nachr.*, No. 1468. — [2]) *Observatory,* vol. VIII, p. 437. — [3]) *Month. Not.*, vols. XXVIII, p. 37; XXIX, p. 232; XXXIII, p. 552. — [4]) Flammarion, *L'Astronomie,* t. I, p. 266.

und Streifen aber Meere und Wasserstrassen darstellten. Sir J. Herschel schrieb im Jahre 1830 zuerst die rötliche Farbe des Planetenlichtes einer inhärenten Eigentümlichkeit des Bodens zu.[1]) Früher war sie eher der Glut unseres Sonnenuntergangs als unseren roten Sandsteingebilden verglichen worden — d. h. man hatte sie einer Absorption von blauen Strahlen in der Atmosphäre zugeschrieben. Aber die ausgedehnte Atmosphäre des Mars, an die man auf Grund gewisser irrtümlicher Beobachtungen von Cassini und Römer im siebzehnten Jahrhundert unbedingt glaubte, verschwand vor der scharfen Bedeckung eines kleinen Sterns im Löwen, die 1822[2]) Sir James South beobachtete, und Dawes' Beobachtung im Jahre 1865,[3]) dass die rötliche Farbe in der Nähe der mittleren Teile der Scheibe am tiefsten ist, bestätigte ihren nichtatmosphärischen Ursprung. Die absolut weisse Farbe der Schneehauben am Pol wurde zur Unterstützung desselben Schlusses von Dr. Huggins im Jahre 1867 angeführt.[4])

Alle neueren Beobachtungen kommen darauf hinaus zu zeigen, dass die Atmosphäre des Mars viel weniger dicht ist als unsere eigene. Dies konnte von vornherein erwartet werden, da eine gleiche verhältnismässige Luftmenge bei dem kleinen Umfange und dem geringeren spezifischen Gewicht des Mars im Vergleich zur Erde eine weit dünnere Decke über jeder Quadratmeile seiner Oberfläche bilden würde.[5]) Ausserdem besitzt die Schwere daselbst eine viel weniger als halb so grosse Kraft wie hier auf der Erde, so dass diese dünnere Decke weniger wiegen und weniger kondensiert sein würde, als wenn sie die Erde umhüllte. Der atmosphärische Druck wird daher etwa gleich zwei und ein Viertel, anstatt fünfzehn irdische Pfund auf jeden Quadratzoll sein. Dies stimmt mit dem überein, was das Teleskop uns zeigt. Es ist ausserordentlich zweifelhaft, ob irgend welche Bildungen auf der wirklichen Oberfläche der Erde von einem Beobachter auf einem andern Planeten, wenn er auch mit optischen Hilfsmitteln wohl versehen wäre, unterschieden werden könnten. Professor Langley's Untersuchungen[6]) haben ihn zu dem Schlusse geführt, dass gerade zweimal soviel Licht durch unsere Luft absorbiert

---

[1]) Smyth, *Cel. Cycle*, vol. I, p. 148 (1. ed.). — [2]) *Phil. Trans.*, vol. CXXI, p. 417. — [3]) *Month. Not.*, vol. XXV, p. 227. — [4]) *Phil. Mag.*, vol. XXXIV, p. 75. — [5]) Proctor, *Quart. Journ. of Science*, vol. X, p. 185; Maunder, *Sunday Mag.*, Jan., Feb., March 1882. — [6]) *Am. Journ. of Sc.*, vol. XXVIII, p. 163.

wird, als früher angenommen worden war, nämlich vierzig Prozent der vertikal auffallenden Strahlen bei klarem Himmel. Von den die Erdoberfläche erreichenden sechzig Prozent würden auch vom weissen Sandstein weniger als ein Viertel reflektiert werden, und dieses Viertel wird wiederum schweren Zoll bezahlen müssen bei seinem Übergange in den Raum. Daher würden nicht mehr als vielleicht zehn oder zwölf von den ursprünglichen von der Sonne uns gesandten hundert Prozent unter den günstigsten Verhältnissen und gerade von dem Mittelpunkte der Erdscheibe aus das Auge eines Beobachters auf dem Mars oder Monde erreichen. Das Licht, durch welches er unsere Welt sieht, ist, darüber besteht nur wenig Zweifel, Licht, welches von den verschiedenen Schichten unserer teils wolken- oder nebelbeladenen teils heiteren Atmosphäre reflektiert wird, wobei gelegentlich die mit Schnee bedeckten Berge wie permanente weisse Flecken erscheinen.

Diese Betrachtung zeigt uns sogleich, wie viel zarter die Luft des Mars sein muss, da sie topographische Schilderungen der Marskugel gestattet. Zudem scheinen die Wolken, die sich auf ihm bilden, eher von der Art der auf dem Erdboden lagernden Nebel als von der Art schwerer Haufenwolken zu sein.[1]) In der That ist Wasserdampf im Überfluss vorhanden. Eine charakteristische Gruppe von dunklen Linien, von seiner absorbierenden Wirkung herrührend, wurde von Dr. Huggins in dem analysierten Lichte des Planeten im Jahre 1867 [2]) entdeckt und erhebt die Vermutung von schneeumlagerten Polen zu einer Wahrscheinlichkeit, die von Gewissheit kaum zu unterscheiden ist.

Das Klima des Mars scheint unerwartet mild zu sein. Seine theoretische mittlere Temperatur ist, wenn man sowohl auf seine Entfernung von der Sonne wie auf seine Weisse Rücksicht nimmt, vierunddreissig Grad Celsius unter dem Gefrierpunkt.[3]) Und doch sind die Schneelager um die Pole weniger ausgedehnt und weniger andauernd als die auf der Erde. Schiaparelli bemerkte 1877, dass die südliche weisse Haube, welche stets excentrisch gelegen ist, den Sommer nur als ein kleiner seitlicher Flecken überdauert hatte, während der Pol selbst vollständig frei von Schnee war. Wir

---

[1]) Burton, *Trans. Roy. Dublin Soc.*, vol. I, 1880, p. 169. — [2]) *Month. Not.*, vol. XXVII, p. 179. — [3]) C. Christiansen, *Beiblätter zu Wiedemann's Annalen*, 1886, p. 582.

würden aber erwarten dürfen, zu sehen, dass jedenfalls die ganze Winterhalbkugel von Eis erstarrt ist, da die Sonne weniger als halb so viel Wärme auf den Mars ausstrahlt wie auf die Erde. Trotzdem scheint es, als ob überall ausserhalb der Polargegenden Wasser in der Regel ungefroren bliebe. Wir können uns nicht denken, durch welche gütige Vorkehrungen die als natürlich zu betrachtenden eisigstrengen Verhältnisse zu einem Klima herabgemildert werden, welches Geschöpfe, wie wir selbst, erträglich finden könnten.

Von der Topographie des Mars kann man sagen, dass sie heutzutage eine besondere Unterabteilung der deskriptiven Astronomie bildet. Die vielen Einzelheiten, welche durch eingehende Erforschung einer kleinen Scheibe, welche einmal in fünfzehn Jahren ein Maximum von etwa $\frac{1}{5000}$ des Areals des Vollmondes erreicht, zu Tage gefördert worden sind, müssen Erstaunen erregen und könnten mit Ungläubigkeit aufgenommen werden. Falsche Entdeckungen haben indessen wenig Aussicht auf dauernde Geltung, wo es so viele Mitbewerber giebt, die durchaus ebenso bereit sind, zu bestreiten wie zu bestätigen.

Die erste wirklich gute Karte des Mars wurde 1869 von Proctor nach Zeichnungen von Dawes ausgeführt. Kaiser in Leyden folgte 1872 mit einer Darstellung, die sich auf Angaben seiner eigenen Beobachtungen in den Jahren 1862—64 gründete; und Terby legte in seiner wertvollen *Aréographie* der Brüsseler Akademie im Jahre 1874[1]) eine sorgfältige Diskussion aller wichtigen Beobachtungen von der Zeit Fontana's an vor und erweiterte durch übersichtliche Zusammenstellung und Durchdenkung des Gegenstandes unsere Kenntnis von demselben. Die bemerkenswerte Opposition vom 5. September 1877 bezeichnete eine neue Epoche in dem Studium des Mars. Während der Ausführung einer trigonometrischen Vermessung der Scheibe (der ersten, welche versucht wurde), die damals die ungewöhnliche Grösse von 25″ Durchmesser hatte, entdeckte G. V. Schiaparelli, Direktor der Sternwarte zu Mailand, eine neue und seltsame Bildung. Was man als Kontinente auf dem Mars betrachtet hatte, waren in Wirklichkeit Anhäufungen von Inseln, die durch ein Netz von sogenannten »Kanälen« von einander getrennt waren. Dieselben sind augenscheinlich Ausläufer der Meere, in denen sie ihren Ursprung und ihren Ausgang und mit denen sie die grau-

---

[1]) *Mémoires couronnés,* t. XXXIX.

grüne Farbe gemeinsam haben; sie erstrecken sich zuweilen in gerader Linie bis zu einer Länge von 650—850 Meilen und behalten durchgängig eine nahezu gleichmässige Breite von etwa dreizehn Meilen. Weitere Untersuchungen haben die an der Mailänder Sternwarte gemachte Entdeckung vollkommen bestätigt. Die »Kanäle« des Mars sind ein wirklich existierendes und andauerndes Phänomen. Eine Untersuchung der in seinem Besitze befindlichen Zeichnungen zeigte Terby, dass sie von Dawes, Secchi und Holden gesehen, wenn auch nicht deutlich als solche erkannt worden waren; einige waren unabhängig davon von Burton bei der Opposition von 1879 aufgezeichnet worden, und in ihrer Gesamtheit wurden sie von Schiaparelli selbst in den Jahren 1879 und 1881—82 wieder entdeckt.

Als der Planet am 26. Dezember 1881 um Mitternacht kulminierte und somit in Opposition stand, war seine Entfernung grösser und sein scheinbarer Durchmesser kleiner als 1877 und zwar im Verhältnis von sechszehn zu fünfundzwanzig. Seine Atmosphäre war jedoch durchsichtiger und unsere eigene den nördlichen Beobachtern weniger hinderlich, da das Objekt der Untersuchung am nördlichen Himmel beträchtlich höher stand. Jedenfalls ist das wahre Aussehen des Mars nie zuvor so deutlich wahrgenommen worden wie mit dem $8\frac{3}{4}$-zölligen Merz'schen Refraktor der Sternwarte zu Mailand zwischen Dezember 1881 und Februar 1882. Die Kanäle waren alle wieder vorhanden, aber diesmal wurden sie — in nicht weniger als zwanzig Fällen — doppelt gesehen; d. h. ein Zwillingskanal lief parallel mit dem ursprünglichen in einem Abstande von 40 bis 80 Meilen.[1])

Wir stehen hier vor einem scheinbar unlösbaren Rätsel. Schiaparelli betrachtet die »Verdoppelung« seiner Kanäle als ein periodisches von den Jahreszeiten des Mars abhängendes Phänomen. Es war jedenfalls kein trügerisches, da es während der Opposition von 1886 von Perrotin und Thollon mit dem 15-zölligen Äquatorial zu Nizza deutlich wahrgenommen wurde;[2]) doch wäre es voreilig, sich über seine Entstehung ein Urteil bilden zu wollen. Hoffentlich wird die nächste günstige Opposition im Jahre 1892 neue Aufschlüsse darüber bringen.

Inzwischen bleibt die enge Übereinstimmung mit den Verhält-

---

[1]) *Mem. Spettr. Italiani,* t. XI, p. 28. — [2]) *Bull. Astr.,* t. III, p. 324.

nissen auf unserer Erde doch etwas lückenhaft. Die Verteilung von Land und Wasser auf dem Mars scheint jedenfalls einen durchaus eigentümlichen Charakter zu haben. Das Durchbrechen der Kontinente durch Meeresarme (wenn dies die richtige Erklärung der wahrgenommenen Erscheinung ist) deutet darauf hin, dass ihre Höhen sich kaum von einander unterscheiden,[1]) und Schiaparelli, Bakhuyzen und andere sind der Ansicht, dass ihre Umrisse nicht absolut konstant sind, da das Übergreifen von dunklen auf hellere Farben die Möglichkeit ausgedehnter Überschwemmungen vermuten lässt. Andrerseits scheinen N. E. Green's beachtenswerte Beobachtungen zu Madeira im Jahre 1877 auf eine hüglige südliche Polargegend hinzuweisen. Der Kontour der Schneehaube erschien nicht nur wie durch Berge und Thäler ausgezackt, sondern es wurden auch helle Punkte ausserhalb des weissen Feldes wahrgenommen, die man einzeln stehenden Schneespitzen zuschrieb.[2]) Noch höher muss (wenn eine analoge Erklärung richtig ist) die »Eisinsel« sein, die Dawes im Januar 1865 in einer verhältnismässig niedrigen Breite gesehen hat.

Mars war willkürlich mit ein Paar Monden ausgestattet worden, lange bevor man wirklich gefunden hatte, dass er solche besitzt. Kepler deutete Galilei's Anagramm von dem »dreifachen« Saturn in diesem Sinne; sie wurden von Gernegross bei seiner langen Reise durch den Raum wahrgenommen, und die Astronomen der Liliputer waren sogar zur Kenntnis ihrer Entfernungen und Umlaufszeiten gekommen, die nach den Umständen merkwürdig genau war. Aber irdische Beobachter konnten erst in der Nacht des 11. August 1877 etwas von ihnen sehen. Der Planet war damals nicht mehr einen Monat von seiner zweiten grössten Annäherung an die Erde während dieses Jahrhunderts entfernt, und im Jahre 1845 existierte der Washingtoner 26-zöllige Refraktor noch nicht.[3]) Professor Asaph Hall beschloss daher, die Gelegenheit zu einer erschöpfenden Untersuchung der Umgebungen des Mars zu benutzen. Indem er das Fernrohr so richtete, dass die funkelnde Scheibe des Mars gerade ausserhalb des Gesichtsfeldes sich befand, erhaschte er am 11. August einen kleinen begleitenden Lichtpunkt. Doch trat

---

[1]) Flammarion, *L'Astronomie,* t. I, p. 206. — [2]) *Month. Not.,* vol. XXXVIII, p. 41. — [3]) Siehe Wentworth Erck's Bemerkung in *Trans. Roy. Dublin Soc.,* vol. I, p. 29.

inzwischen schlechtes Wetter ein, und erst am 16. konnte er feststellen, dass er war, was er schien — ein Satellit. Am folgenden Abend wurde ein zweiter, der dem Hauptkörper noch näher stand, entdeckt, welcher durch die irreführende Schnelligkeit seiner Bewegung hierhin und dorthin anfangs ganz und gar den Eindruck eines ganzen Haufens kleiner Monde hervorrief.[1])

Diese beiden kleinen Objekte sind seitdem wiederholt sowohl in Europa wie in Amerika sogar mit verhältnismässig kleinen Instrumenten beobachtet worden. Bei jeder Opposition seit der von 1877 hatte aber die Entfernung des Planeten mehr und mehr zugenommen und im Jahre 1884 war sie zu gross, als dass die beiden Monde anderswo als in Washington hätten entdeckt werden können. Es ist nicht wahrscheinlich, dass sie vor 1888 oder 1890 wieder werden gesehen werden.

Die für sie gewählten Namen wurden der Iliade entnommen, woselbst »Deimos« und »Phobos« (Furcht und Schrecken) als die Begleiter des Ares im Kampf dargestellt werden. In verschiedenen Beziehungen sind sie interessante und merkwürdige Körper. Hinsichtlich ihrer Grösse kann man behaupten, dass sie mitten zwischen Meteoriten und Satelliten stehen. Aus sorgfältigen in den Jahren 1877 und 1879 zu Harvard ausgeführten photometrischen Messungen schloss Professor Pickering, dass ihre Durchmesser bezüglich sechs und sieben englische Meilen lang sind.[2]) Dabei ist die Voraussetzung gemacht, dass sie den nämlichen Teil des auf sie fallenden Lichtes reflektieren wie ihr Hauptkörper. Doch kann es sehr wohl der Fall sein, dass sie ein geringeres Zurückstrahlungsvermögen besitzen, in welchem Falle sie weit grössere Ausdehnung besitzen würden. Die Weisse des Mars ist nach Zöllner 0.2762, d. h. seine Oberfläche giebt 27.62 Prozent der sie treffenden Strahlen zurück. Wenn wir die Weisse seiner Satelliten gleich derjenigen unseres Mondes, also gleich 0.1195 annehmen, so würden ihre Durchmesser von 6 und 7 auf 14 und 16 englische Meilen anwachsen, wo Phobos, der innere, der grössere ist. Ihre wirklichen Dimensionen können diese Werte kaum überschreiten. Es ist interessant zu bemerken, dass Deimos nach der sehr deutlichen Wahrnehmung von Professor Pickering die rötliche Farbe des Mars nicht teilt.

---

[1]) *Month. Not.*, vol. XXXVIII, p. 206. — [2]) *Annals Havard Coll. Obs.*, vol. XI, pt. II, p. 317.

Beide Satelliten bewegen sich schnell in kurzen Bahnen. Deimos vollendet einen Umlauf in dreissig Stunden achtzehn Minuten bei einer Entfernung von 2720 Meilen von der Oberfläche des Hauptkörpers; Phobos in sieben Stunden neununddreissig Minuten zweiundzwanzig Sekunden bei einer Entfernung von nur 817 Meilen. Es ist dies das einzige bekannte Beispiel eines Satelliten, der seinen Umlauf schneller vollendet, als sein Hauptkörper seine Rotation, und bildet einen Umstand von einiger Wichtigkeit hinsichtlich der Theorien der Entstehung der Planeten. Einem Beobachter auf dem Mars würde sich die merkwürdige Erscheinung eines Himmelskörpers darbieten, der anscheinend eine Ausnahme macht von der allgemeinen Bewegung des Himmelsgewölbes, im Westen auf-, im Osten untergeht und zweimal oder sogar dreimal am Tage kulminiert, und der überdies in höheren Breiten als 69° nördlich und südlich dauernd und vollständig von der dazwischen befindlichen Krümmung der Marskugel verdeckt werden würde.

Die Entdeckung neuer Mitglieder des Sonnensystems ist eins der alltäglichsten astronomischen Ereignisse geworden. Seit 1846 ist kein einziges Jahr vergangen, ohne seinen Beitrag der Entdeckung von **Asteroiden** geleistet zu haben. In dem letzten der siebziger Jahre allein sind volle zwanzig solcher Miniaturplaneten von den dichtgedrängten Sternen, unter denen sie sich zu bewegen scheinen, unterschieden worden; 1875 brachte siebzehn solche Entdeckungen; ihre Zahl erreichte in einer einzigen einen kleinsten Wert im Jahre 1881, stieg 1882 auf elf, fiel 1883 auf vier, betrug 1884 und 1885 je neun und erreichte 1886 wiederum elf. Am 1. Januar 1887 waren 264 Asteroiden, die sich zwischen den Bahnen des Mars und Jupiter um die Sonne bewegen, bekannt. Von diesen nimmt nicht weniger als siebenundfünfzig ein einziger Beobachter — Professor J. Palisa zu Wien — für sich in Anspruch; Dr. C. H. F. Peters zu Clinton im Staate New York folgt als guter Zweiter mit sechsundvierzig; Watson, Borrelly, Luther, Hind, Goldschmidt, Tempel, Paul und Prosper Henry und viele andere haben jeder zahlreiche Beiträge zur Erhöhung der Gesamtzahl geliefert. Die Konstruktion ekliptischer Karten durch Chacornac und seine Nachfolger zu Paris und in neuerer Zeit durch Peters zu Clinton, welche alle Sterne bis zur dreizehnten und vierzehnten Grösse resp. zeigen, macht die Entdeckung sich bewegender Objekte von grösserer Helligkeit als diese nur noch zu einer Frage der Zeit und der Umsicht. Weit mühevoller ist der Versuch, sie, nachdem sie einmal entdeckt sind, im Gesicht zu behalten, ihre Bahnen zu verfolgen, ihre Plätze zu bestimmen und die störenden Wirkungen der mächtigen Jupitersmasse auf sie zu berechnen. Diese komplicierten Operationen sind unter Oberaufsicht von Professor Tietjen zu Berlin centralisiert worden, und ihre Resultate werden der Öffentlichkeit durch Vermittlung des *Berliner astronomischen Jahrbuchs* übergeben.

Die Menge der so enthüllten Bahnen ladet zu aufmerksamer Betrachtung ein. D'Arrest bemerkte im Jahre 1851,[1]) als nur erst dreizehn kleinere Planeten bekannt waren, dass unter der Annahme, dass ihre Bahnen durch feste Reifen dargestellt würden, auch nicht einer von den dreizehn von seinem Platze weggenommen werden könnte, ohne die andern mit sich fort zu ziehen. Die Kompliciertheit dieser auf diese Weise erläuterten verflochtenen Bahnen hat beinahe in demselben Verhältnis wie ihre Zahl zugenommen. Und doch schneiden sich keine zwei wirklich, weil keine zwei genau in derselben Ebene liegen, so dass die Gefahr eines Zusammenstosses zur Zeit gleich Null ist. Es giebt in der That nur einen Fall, in welchem ein solcher Zusammenstoss möglich erscheint. Lespiault hat dargelegt, dass die von »Fides« und »Maïa« durchlaufenen Bahnen einander so nahe kommen, dass eine Zeit kommen kann, wo die in Frage stehenden Körper entweder zu einem verschmelzen oder sich vereinigen zu einem Binarsystem.[2])

Die von den264 Asteroiden durchwanderten Irrwege kontrastieren in eigentümlicher Weise mit den harmonisch angeordneten und rythmisch von einander abstehenden Bahnen der grösseren Planeten. Und doch ist die scheinbare Verwirrung nicht ohne Plan. Die kleineren Planeten sind weit entfernt, die feststehenden Regeln unseres Systems zu missachten, die Bahn der Pallas mit ihrer Neigung von 34° 42′ bildet ungefähr die Grenze für die Abweichung von der Ebene der Ekliptik. Die mittlere Ebene der Asteroidenbahnen unterscheidet sich nur etwa um einen Grad von der des Sonnenäquators; ihre mittlere Excentricität liegt unterhalb derjenigen der von Merkur beschriebenen Kurve und alle ohne Ausnahme werden zurückgelegt in derselben Richtung wie die Planetenbahnen, nämlich von West nach Ost.

---

[1]) *Astr. Nachr.*, No. 752. — [2]) L. Niesten, *Annuaire*, Bruxelles 1881, p. 269.

Die Zone, innerhalb welcher diese kleinen Körper sich bewegen, ist etwa dreimal so weit wie die Entfernung der Erde von der Sonne. Sie erstreckt sich bis in die gefährliche Nähe des Jupiter und reicht wirklich über die Sphäre des Mars hinaus. In einer seiner Vorlesungen am Gresham College im Jahre 1879[1]) bemerkte Ledger, dass der kleinere Planet Äthra, wenn er sich im Perihelion befindet, dem im Aphelium befindlichen Mars bis auf nicht mehr als 1087000 Meilen nahe kommt, aber in so verschiedener Höhe im Raum, dass eine engere Vereinigung nicht stattfinden kann.

Die Verteilung der Asteroiden über die von ihnen eingenommene Zone ist sehr ungleichmässig. Sie sind dichter angehäuft um die Stelle herum, wo nach Bode's Gesetz ein einziger Planet sich bewegen sollte; man kann in der That behaupten, dass nur einige Verirrte vom Hauptkörper aus mehr denn elf Millionen Meilen innerhalb oder ausserhalb einer mittleren Entfernung von der Sonne angetroffen werden, die 2—8mal so gross ist als die der Erde. Bedeutsame Lücken aber kommen da vor, wo eine ihr Vorhandensein hindernde Kraft wirksam zu sein scheint. Wie die Beschaffenheit einer solchen Kraft sein kann, deutete Professor Daniel Kirkwood an der Universität von Indiana an, und zwar zuerst im Jahre 1866, wo die Anzahl der bekannten Asteroiden erst achtundachtzig betrug, und ferner mit grösserer Bestimmtheit im Jahre 1872 nach der Untersuchung eines damals schon 172[2]) umfassenden Verzeichnisses. Es scheint, als ob diese leeren Räume gerade da gefunden würden, wo ein sich um die Erde bewegender Körper eine Umlaufszeit besitzen würde, die mit der des Jupiter durch eine einfache Relation zusammenhängt. Er würde zwei oder drei Umläufe vollenden, wenn Jupiter einen, fünf, wenn dieser zwei, neun, wenn dieser fünf, u, s. w. vollendet. Kirkwood's Schluss besteht darin, dass die in Rede stehenden Lücken durch die attraktive Einwirkung des Jupiter von Asteroiden frei gehalten werden. Denn von Zeit zu Zeit nahe an derselben Stelle der Bahn wiederkehrende Störungen — infolge der Kommensurabilität der Umlaufszeiten — würden sich allmählich angehäuft haben, bis die Form jener Bahn beträchtlich geändert war. Der auf diese Weise aus seiner Bahn gedrängte Planet müsste mit andern kosmischen Teilchen von derselben Familie wie er selbst in Berührung gekommen sein, — die damals, wie angenommen werden kann,

---

[1]) *Sun and Planets,* p. 267. — [2]) *Smiths. Report,* 1876, p. 358.

gleichmässiger verteilt waren wie jetzt —, würde sich mit ihnen vereinigt und dauernd seine ursprüngliche Bahn verlassen haben. Auf diese Weise würden die Gegenden, wo die Störungen am grössten waren, nach und nach von den sie besetzt haltenden Körpern entblösst worden sein.

Wir können kaum zweifeln, dass dieses Gesetz der Kommensurabilität grossen Einfluss auf die gegenwärtige Verteilung der Asteroiden gehabt hat. Die Übereinstimmung der Thatsachen mit der Hypothese ist im allgemeinen überraschend. Zugleich ist sie nicht vollkommen. Der kleine Planet Menippus z. B. vollendet beinahe genau fünf Umläufe, während Jupiter einen vollendet; und (wie Professor Newcomb gezeigt hat)[1]) verschiedene seiner Gefährten haben Umlaufszeiten, die nahe gleich drei Achteln derjenigen des störenden Planeten sind. Deshalb braucht die von Professor Kirkwood gegebene Andeutung noch nicht verworfen zu werden; doch bedarf es hier wie anderswo noch weiterer Untersuchungen.

Leverrier setzte im Jahre 1853[2]) ein Viertel der Erdmasse als äusserste Grenze für die Massen aller zwischen Mars und Jupiter umlaufenden Körper zusammengenommen fest; doch ist es lange nicht wahrscheinlich, dass dieses Maximum überhaupt auch nur annähernd erreicht wird. Niesten war der Meinung, dass die Gesamtheit der 216 bis zum August 1880 entdeckten Asteroiden dem Volumen nach nur $\frac{1}{4000}$ unsrer Erdkugel betrage,[3]) und wir können ohne Gefahr hinzufügen — da sie Körper für Körper ziemlich sicher leichter als die Erde sind —, dass ihre verhältnismässige Masse noch kleiner ist. Professor Pickering giebt nach seinen Bestimmungen der Lichtintensität der Vesta einen Durchmesser von 69 Meilen, Pallas einen solchen von 36, Juno einen solchen von 20 Meilen bis herab zu $2\frac{1}{2}$ und 3 Meilen für die kleineren Glieder der Gruppe[4]). Eine Weisse gleich der des Mars ist dabei als Grundlage für die Rechnung angenommen worden. In noch neuerer Zeit hat Professor G. Müller in Potsdam[5]) die Phasen von sieben kleineren Planeten photometrisch untersucht; von diesen befanden sich vier, nämlich Vesta, Iris, Massalia nnd Amphitrite in genauer Übereinstimmung mit dem Verhalten des Mars hinsichtlich des Licht-

---

[1]) *Pop. Astr.*, p. 338 (2. ed.). — [2]) *Comptes Rendus*, t. XXXVII, p. 797. — [3]) *Annuaire*, Bruxelles 1881, p. 243. — [4]) *Harvard Annals*, vol. XI, part. II, p. 294. — [5]) *Astr. Nachr.*, No. 2724—5.

wechsels mit der Lage, während Ceres, Pallas und Irene sich nach Art des Mondes und Merkur veränderten. Es wurde daraus geschlossen, dass die erste Gruppe dem Mars glich in der physischen Konstitution, in der Beschaffenheit der Atmosphäre und dem Reflexionsvermögen, während die zweite Gruppe mondähnliche Körper waren. Da die geringe Weisse sie im Vergleich zur Ausdehnung ihrer Oberfläche weniger deutlich erkennen lässt, so müssen die Durchmesser derselben, zu denen Pickering gelangt ist, wahrscheinlich etwas vergrössert werden. Vesta jedoch (deren Grösse, wie sie durch die Schätzung des Harvader Astronomen festgestellt worden, durch die Potsdamer Beobachtungen bestätigt wurde) behält immer noch seine bevorzugte Stellung als grösster der kleineren Planeten. Die schnellen und regelmässigen Veränderungen ihrer Helligkeit, welche von Professor M. W. Harrington[1]) zu Ann Arbor beobachtet und für die eines schnell rotierenden und ungleichmässig reflektierenden Körpers gehalten wurden, sind von Müller nicht bestätigt und bezweifelt worden.

Es giebt kein direktes Zeugnis dafür, dass irgend einer der kleineren Planeten eine Atmosphäre besitzt. Die Aureolen, welche Schröter um Ceres und Pallas gesehen hatte, sind durch optische Verbesserungen verschwunden. Vogel glaubte 1872 im Spektrum der Vesta[2]) eine Luftlinie entdeckt zu haben; doch gab er zu, dass das Vorhandensein derselben weiterer Bestätigung bedürfe, die bisher nicht erbracht worden ist.

Lassen wir die Zone der Asteroiden auf unserer Reise von der Sonne hinter uns, so treffen wir auf eine Gruppe von Körpern, die ganz verschieden ist von den »unteren» oder terrestrischen Planeten. Ihre riesenhafte Grösse, ihr geringes spezifisches Gewicht und schnelle Rotation stellen augenscheinlich die **„oberen Planeten“** von Anfang an in eine besondere Klasse; und die neuere Forschung hat noch bedeutsamere Eigenschaften ihrer abweichenden physischen Beschaffenheit hinzugefügt. **Jupiter,** eine gewaltige Kugel von 18670 (engl. 86000) Meilen Durchmesser, nimmt den hervorragendsten Platz unter ihnen ein. Er ist indessen nur der Erste unter Seinesgleichen; alle weiteren Schlüsse über seine Verhältnisse lassen sich mit nur geringer Gefahr eines Irrtums auf seine Gefährten ausdehnen,

---

[1]) *Am. Journ. of Sc.,* vol. XXVI (3. ser.) p. 464. — [2]) *Spektra der Planeten,* p. 24.

und Schlüsse über ihn ruhen auf sichererem Boden als bei den andern infolge der Vorteile für die teleskopische Erforschung, die aus seiner verhältnismässigen Nähe entspringen.

Nun ist die wesentlichste Entdeckung der neueren Zeit hinsichtlich des Jupiter die, dass er in seinem kosmischen Zustande die Mitte hält zwischen der Sonne und der Erde, dass er, wenn wir wollen, eine im Verfall begriffene Sonne oder eine sich entwickelnde Erde ist, deren weite noch unverwendete Wärmevorräte im grossen und ganzen, wenn nicht allein, ausreichen, um die inneren Erregungen hervorzubringen, die sich in den wechselnden Gestaltungen seiner sichtbaren Scheibe offenbaren. Diese Ansicht wurde schon im vergangenen Jahrhundert ausgesprochen. Buffon schrieb in seinen *Époques de la Nature* (1778):[1]) »Die Oberfläche des Jupiter ist bekanntlich wahrnehmbaren Veränderungen unterworfen, welche darauf hinzuweisen scheinen, dass sich dieser grosse Planet noch in einem unfertigen und siedenden Zustande befindet.«

Die ursprüngliche Weissglut, welche nach seiner fantastischen Ansicht die Erzeugung der Planeten durch Zusammenstösse von Kometen mit der Sonne begleitet, vereinigte sich, wie er meinte, mit einem grossen Volumen, um dieses Resultat hervorzubringen. Jupiter hat noch nicht Zeit gehabt, sich abzukühlen. Einer ähnlichen Ansicht war Kant im Jahre 1785;[2]) doch fand diese Vorstellung bei den Astronomen der damaligen Zeit keinen Beifall und kam ganz in Vergessenheit, bis Nasmyth im Jahre 1853[3]) von neuem zu ihr gelangte. Auch damals aber behaupteten sich noch die angenommenen Analogien mit der Erde. Die dunklen Streifen, welche sich parallel mit dem Äquator dahinziehen und zuerst 1630 zu Neapel gesehen worden waren, wurden auch ferner noch — wie es Herschel 1781 gethan hatte — mit auf dem Jupiter herrschenden Passatwinden in Verbindung gebracht, und es wurde angenommen, dass die zu ihrer Erzeugung nicht ausreichende Kraft der Sonne durch vermehrte Rotationsgeschwindigkeit ausgeglichen würde. Doch durfte man es hier bei Vermutungen nicht bewenden lassen.

Im Jahre 1860 erhielt G. P. Bond zu Cambridge in den Vereinigten Staaten aus Versuchen über das Licht des Jupiter[4]) einige bemerkenswerte Fingerzeige. Sie zeigten, dass von den den Planeten

---

[1]) Tom. I, p. 93. — [2]) *Berlinische Monatsschrift*, 1785, p. 211. — [3]) *Month. Not.*, vol. XIII, p. 40. — [4]) *Mem. Am. Ac.*, vol. VIII, p. 221.

treffenden photographischen Strahlen vierzehnmal mehr reflektiert werden als von unserem Monde, und dass, verschieden von unserem Monde, welcher seine dichtesten Strahlen von dem Rande aussendet, Jupiter in der Nähe des Mittelpunktes am hellsten ist. Aber der überraschendste Teil seiner Resultate bestand darin, dass Jupiter wirklich mehr Licht auszustrahlen schien als er empfing. Die auf diese Weise bestimmt aufgeworfene Frage nach ursprünglichem eigenen Lichte kann sicherlich nicht in uneingeschränkt negativem Sinne beantwortet werden. Doch betrachtete Bond seine Angaben als zu unsicher, um eine so kühne Annahme darauf zu stützen, und glaubte, selbst wenn die Existenz von eigenem Lichte erwiesen wäre, dass es von Wolken ähnlich denen der Erde ausströmen könnte. Die Vorstellung eines sonnenähnlichen Planeten lag noch fern und schien extravagant zu sein.

Erst seitdem sie von Zöllner im Jahre 1865 angenommen[1]) und begründet worden war, kann sie als eine dauernde Errungenschaft der Wissenschaft betrachtet werden. Die raschen Veränderungen in den Wolkenstreifen sowohl des Jupiter als des Saturn bezeugen nach ihm eine hohe innere Temperatur. Denn wir wissen, dass alle atmosphärischen Bewegungen auf der Erde in Bewegung umgesetze Sonnenwärme sind. Die Sonnenwärme besitzt aber in der Entfernung des Jupiter nur $\frac{1}{27}$, in der des Saturn nur $\frac{1}{100}$ von ihrer Kraft bei uns. Der grosse Betrag der Energie, der in jenen fernen Welten augenscheinlich wirksam ist, muss daher eine andere Quelle haben, die nirgends anders als in ihrem eigenen wirksamen und alles durchdringenden Feuer, welches noch nicht durch eine dicke feste Rinde eingedämmt ist, gefunden werden kann.

Der nämliche scharfsinnige Forscher bestand im Jahre 1871[2]) auf der Ähnlichkeit der Art der Rotation der grossen Planeten und der Sonne, indem er dieselben Erklärungsprinzipien auf jeden einzelnen Fall anwandte. Die Thatsache dieser Ähnlichkeit ist unbestreitbar. Cassini[3]) und Schröter bemerkten beide, dass Flecken auf dem Jupiter sich um so schneller bewegten, je näher sie dem Äquator desselben waren, und Cassini wies sogar auf die Möglichkeit ihrer Vergleichung mit den Sonnenflecken hin.[4]) Heutzutage ist es wohl festgestellt, dass in der Regel (nicht ohne Ausnahmen) äqua-

---

[1]) *Photometr. Unters.*, p. 303. — [2]) *Astr. Nachr.*, No. 1851. — [3]) *Mém de l'Ac.*, t. X, p. 514. — [4]) *Ibid.*, 1692, p. 7.

toriale Flecken eine Periode ergeben, die etwa $5\frac{1}{2}$ Minuten kürzer ist als die, welche aus den in einer Breite von ungefähr 30° gelegenen Flecken folgt. Wie jedoch Denning dargelegt hat,[1]) wird eine einzige Periode weder den Beobachtungen verschiedener Flecken zu derselben Epoche noch denen desselben Fleckens zu verschiedenen Epochen genügen. Beschleunigungen und Verzögerungen, welche von Prozessen der Vergrösserung oder der Veränderung abhängen, finden in ganz derselben Weise statt wie bei den Sonnenflecken und deuten unwiderstehlich auf eine Analogie des Ursprungs hin.

Unter den populären Schriftstellern hat vor allem Proctor auf den noch äusserst primitiven Zustand dieser riesigen Himmelskörper aufmerksam gemacht und dem grossen Publikum die Thatsachen und ihre logischen Konsequenzen zum Bewusstsein gebracht. Die Langsamkeit der Verbreitung von Vorstellungen über diesen Gegenstand ist siegreich bekämpft worden durch die Argumente, welche er in den mannigfaltigen und wohlbekannten von ihm seit 1870 veröffentlichten Werken fortwährend wiederholte. Es kann hinzugefügt werden, dass Mattieu Williams in seinem Werke *Fuel of the Sun* ebenso früh ähnlichen Ansichten huldigte.

Die interessante Frage nach dem leuchtenden Zustande der Oberfläche des Jupiter ist seit Bond's Zeit mit allen Hilfsmitteln, welche die moderne Erfindungskraft dem Physiker an die Hand gab, studiert worden, ohne aber bis jetzt zu einer definitiven Beantwortung gelangt zu sein. Zöllner schätzte 1865 ihre Weisse auf 0.62, während die des frisch gefallenen Schnees 0.78 und die des weissen Papiers 0.70 ist.[2]) Die Scheibe des Jupiter ist aber durchaus nicht rein weiss. Der allgemeine Grund ist ockergelb, die Polarzonen sind blei- oder rehfarbig, weite Räume sind zuweilen gefärbt oder übergossen mit chokoladenbrauner und rosiger Farbe. Gelegentlich sieht man sie von Pol zu Pol von dunklen Querstrichen durchzogen, und sie ist nie ganz frei von dunklen Flecken. Der Umstand, dass sie im ganzen 62 Prozent der auf sie auffallenden Strahlen reflektiert, kann sehr wohl auf eine Verstärkung durch eigenes Licht hinweisen.

Trotzdem unterstützt das Spektroskop nur wenig die Annahme irgend einer erheblichen andauernden Lichtausstrahlung. Das Spektrum des Jupiter, wie es von Huggins in den Jahren 1862—64 und von Vogel in den Jahren 1871—73 untersucht wurde, zeigt die

---

[1]) *Month. Not.*, vol. XLIV, p. 63. — [2]) *Photometr. Unters.*, pp. 165, 273.

bekannten zum reflektierten Sonnenlicht gehörigen Fraunhofer'schen Strahlen. Doch zeigt es auch Linien von eigenartiger Absorption. Einige von diesen sind identisch mit den durch die Wirkung unserer eigenen Atmosphäre hervorgebrachten, besonders eine oder mehrere vom Wasserdampf herrührende Gruppen; andere sind unbekannten Ursprungs, und es ist bemerkenswert, dass eine von diesen letzteren — ein starker Streifen im Rot — der Lage nach übereinstimmt mit einer dunklen Linie im Spektrum gewisser roter Fixsterne.[1]) Ausserdem ist eine allgemeine Absorption von blauen Strahlen vorhanden, die, wie Le Sueur 1869[2]) zu Melbourne beobachtet hat, in den dunklen Flecken intensiver ist, offenbar vermöge der grösseren Tiefe der atmosphärischen Schichten, welche das von ihnen ausgehende Licht zu durchlaufen hat.

Alle diese Beobachtungen jedoch kommen (wenn man von den Fixsternlinien wegen ihrer zweifelhaften Bedeutung absieht) auf eine kalte Atmosphäre des Planeten hinaus. Es giebt unserer Meinung nach nur ein einziges Zeugnis, welches unverkennbar auf das Vorhandensein eigenen Lichtes hinweist. Am 27. September 1879 erhielt Dr. Henry Draper ein photographisches Bild des Spektrums des Jupiter, bei welchem eine Verstärkung des Eindruckes in den den äquatorialen Gegenden des Planeten entsprechenden Teilen sichtbar war.[3]) Dies würde gerade der rechte Beweis sein, wenn er nicht völlig ausnahmsweise sich ergeben hätte. Wir werden daher zu dem Schlusse gedrängt, dass eigene Lichtausströmungen von der sichtbaren Oberfläche des Jupiter nur lokaler und zufälliger, nicht dauernder und allgemeiner Natur sind. In der That beweist das gänzliche Verschwinden seiner Satelliten beim Eintreten in seinen Schattenkegel zur Genüge, dass sie von ihm nicht merklich erleuchtet werden. Dieser Schluss entkräftet jedoch durchaus nicht den von seiner hohen inneren Temperatur.

Die seltsamen Erscheinungen, welche die Durchgänge der Jupitersmonde begleiten, können teils als Kontrastwirkungen teils als Folgen von temporären Verdunkelungen der kleinen auf die grosse Jupitersscheibe projizierten Scheiben erklärt werden. Bei ihrem ersten Eintreten in die am Rande befindlichen Teile, welche zwei- oder dreimal weniger hell sind als die in der Nähe des Mittelpunktes ge-

---

[1]) Vogel, *Spektra der Planeten*, S. 33, Anm. — [2]) *Proc. Royal Soc.*, vol. XVIII, p. 250. — [3]) *Month. Not.*, vol. XL, p. 433.

legenen, erscheinen die Monde gewöhnlich als helle Flecken, verschwinden sodann und tauchen, je heller der Hintergrund bei ihrem allmählichen Vorrücken wird, als dunkle Flecken wieder auf. Doch erscheinen sie zuweilen auch durchgängig hell, während entgegengesetzte Beispiele nicht selten sind, besonders beim dritten und vierten Satelliten, die sich in solche schwarze Finsternis zurückziehen, dass man sie mit ihren eigenen Schatten verwechseln kann. Der früheste Beobachter eines »schwarzen Durchgangs« war Cassini am 2. September 1665; Römer 1677 und Maraldi 1707 und 1713 machten ähnliche Beobachtungen, die sich in dem gegenwärtigen Jahrhundert vielfach wiederholt haben. In einigen Fällen wurde der Prozess der Verdunkelung sichtlich von der Bildung oder dem Sichtbarwerden von Flecken auf dem vorbeiziehenden Körper begleitet, wie z. B. von den beiden Bond's zu Harvard am 18. März 1848[1]) wahrgenommen wurde. Der dritte Satellit wurde, als er am 21. August 1867[2]) vor der Jupitersscheibe vorbeiging, von Dawes halb hell, halb dunkel, von Davidson in Kalifornien am 15. Jan. 1884 bei ähnlicher Gelegenheit ein Drittel dunkel gesehen;[3]) und Schröter, Secchi, Dawes und Lassell bemerkten, dass er sowohl auf dem Planeten als ausserhalb desselben unverkennbar mit Flecken besetzt war.

Die verschiedenen von den Jupiterstrabanten bei ihrem Durchgange hervorgebrachten Effekte ergeben sich in natürlicher Weise aus der markanten Veränderlichkeit ihres Lichtes[4]), und diese ihre Veränderlichkeit scheint in gewissem Grade von der Lage in ihrer Bahn abzuhängen. Es bedeutet dies, dass sie, wie Herschel 1797 folgerte, gleichwie unser Mond stets dieselbe Seite ihrem Hauptplaneten zukehren und daher uns, wenn sie sich in denselben relativen Lagen befinden, stets dieselben dunklen oder hellen Teile ihrer Kugeln zeigen. Hinsichtlich des äussern Planeten machen dies die Untersuchungen Engelmann's vom Jahre 1871 und die des nunmehr verstorbenen C. E. Burton vom Jahre 1873 beinahe gewiss, und bei den anderen drei findet höchst wahrscheinlich das-

---

[1]) Engelmann, *Über die Helligkeitsverhältnisse der Jupiterstrabanten*, S. 59. — [2]) *Month. Not.*, vol. XXVIII, p. 11. — [3]) *Observatory*, vol. VII, p. 175. — [4]) Hinsichtlich der Veränderlichkeit aller Jupiterstrabanten stimmen alle Beobachter überein, obwohl Pickering bei seinen genauen Messungen ihres Lichtes seltsamer Weise keine Spur derselben findet. Siehe *Harvard Annals*, vol. XI, pt. II, p. 245.

selbe statt. Indessen sind die Erscheinungen zu unregelmässig, als dass sie sich durch ein so einfaches und auf der Hand liegendes Prinzip vollständig erklären liessen. Wir müssen auch Veränderungen in dem Reflektionsvermögen der Satelliten selbst zulassen, die wir nach Vogel's Entdeckung von Linien oder Spuren von solchen in ihrem Spektrum, welche auf eine gasförmige Umhüllung ähnlich der des Jupiter hinweisen, als möglicherweise von atmosphärischem Herkommen betrachten dürfen.

Bei seinen Beobachtungen des Jupiter zu Brüssel im Jahre 1878 erstaunte Niesten über eine rosenfarbige Wolke, welche mit einer weisslichen Zone unterhalb des dunklen südlichen Äquatorialstreifens verbunden war.[1]) Ihr Umfang war ungeheuer. In der Entfernung des Jupiter bedeuteten ihre gemessenen Dimensionen von 13″ und 3″ eine wirkliche Ausdehnung von 6500 Meilen in der Länge und 1500 Meilen in der Breite. Der früheste Bericht über ihr Auftreten scheint von Professor Pritchett, dem Direktor der Morrison'schen Sternwarte in den Vereinigten Staaten, herzurühren, der sie am 9. Juli 1878[2]) abzeichnete und beschrieb. Sie wurde ebenfalls von Tempel zu Florenz am 9. August[3]) abgezeichnet. Im folgenden Jahre erregte sie das Staunen und die Aufmerksamkeit fast jedes Besitzers eines Teleskops. Ihre Farbe hatte sich zu jener Zeit zu völligem Ziegelrot verdunkelt und hob sich durch ihren Kontrast scharf ab von einem weissen äquatorialen Flecken von ungewöhnlicher Helligkeit. Während der folgenden drei Jahre boten diese merkwürdigen Objekte fortgesetzt eine deutliche und überraschende Illustration der zusammengesetzten Natur der Rotation des Planeten dar. Der rote Flecken vollendete einen Umlauf in neun Stunden fünfundfünfzig Minuten sechsunddreissig Sekunden, der weisse Flecken brauchte dazu etwa fünf und eine halbe Minute weniger. Ihre relative Bewegung betrug daher nicht weniger als $56\frac{2}{5}$ (engl. 260) Meilen in der Stunde, und sie kamen in dem nämlichen Meridiane zusammen in Zwischenräumen von vierundvierzig Tagen zehn Stunden zweiundvierzig Minuten. Keiner von beiden bewahrte indessen beständig dieselbe gleichförmige Geschwindigkeit. Die Periode eines jeden von ihnen hatte sich im Jahre 1883 um einige Sekunden verlängert, während plötzliche, an das Vorwärtsspringen eines Sonnenfleckens

[1]) *Bull. Ac. R. Bruxelles,* t. XLVIII, p. 607. — [2]) *Astr. Nachr.*, No. 2294. — [3]) *Ibid.*, No. 2284.

erinnernde Veränderungen in der Lage des weissen Fleckens,[1]) die mit einem Wiederaufflackern des Glanzes nach wiederholten Abschwächungen verbunden waren; beobachtet wurden. Gerade die entgegengesetzte Wirkung hatte die letzte Wiederaufhellung des andern Objekts begleitet. Während er 1882—84 halb erlosch, verlor er nur wenig an seiner Bewegung; dagegen wurde eine neue Zunahme der Verzögerung in Verbindung mit einer Vermehrung der Helligkeit im Jahre 1886 von Professor Young[2]) beobachtet. Dieses deutet sehr stark darauf hin, dass der rote Flecken von unten aus beleuchtet wird. Eine leuchtende Aureole von »Fackeln,« wie sie nach der Schilderung von Bredichin zu Moskau und Lohse zu Potsdam den Flecken im September 1879[3]) umgab, bestärkte noch die Analogie mit der Sonne.

Die deutliche Sichtbarkeit dieses staunenswerten Objekts dauerte drei Jahre. Als der Planet im Jahre 1882—83 zur Opposition zurückkehrte, war dasselbe so beträchtlich abgeschwächt, dass Riccò's ungewisses flüchtiges Erblicken desselben zu Palermo am 31. Mai 1883 aller Erwartung nach das letzte war. Trotzdem begann es im Dezember sich wieder zu erholen und anfangs 1886 bot sich Denning fast derselbe Anblick dar, wie im Oktober 1882.[4]) Beobachtet von ihm in einem Zwischenzustande am 25. Februar 1885, wo es ein »blosses Skelet seines früheren Ich's war,« gewährte es eine überraschende Ähnlichkeit »mit einem elliptischen Ringe,« den 1869—70 Gledhill zu Halifax in der nämlichen Breite beobachtet hatte. In der That könnte dieser die vorläufige Skizze des seltsamen zehn Jahre später zur Vollendung gekommenen Objektes genannt werden, das aber C. Russell in Sydney gewissermassen in dem Zustande eines Embryos, bevor er den Mutterleib, den dunklen südtropischen Streifen, verlassen hat, im Jahre 1876[5]) gesehen und abgezeichnet hatte. In früheren Zeiten war ferner ein »zugleich fester und vergänglicher Flecken« wiederholentlich in Verbindung mit dem südlichsten der centralen Streifen wahrgenommen worden. Er lieferte Cassini im Jahre 1665 eine Rotationsperiode von neun Stunden sechsundfünfzig Minuten,[6]) erschien und verschwand wieder während der nächsten dreiundvierzig Jahre und

[1]) Denning, *Month. Not.*, vol. XLIV, pp. 64, 66; *Nature*, vol. XXV, p. 226. — [2]) *Sidereal Mess.*, Dez. 1886, p. 289. — [3]) *Astr. Nachr.*, No. 2280, 2282. — [4]) *Month. Not.*, vol. XLVI, p. 117. — [5]) *Proc. Roy. Soc. N. S. Wales*, vol. XIV, p. 68. — [6]) *Phil. Trans.*, vol. I, p. 143.

wurde zuletzt 1713 von Maraldi gesehen. Er war jedoch sehr viel kleiner als das neuere Objekt und zeigte keine ungewöhnliche Farbe.

Die fleissigen von Denning zu Bristol und Professor Hough zu Chicago angestellten Beobachtungen »des grossen roten Fleckens« boten nur für negative Schlüsse hinsichtlich seiner Natur eine Grundlage. Er stellte sicherlich nicht die Ausflüsse eines Vulkans des Jupiter dar; er hing durchaus in keinem Zusammenhange mit dem Erdboden des Jupiter — wenn man diesen Ausdruck auf jenen Planeten anwenden darf; er war nicht eine blosse durch die wirbelnden Dämpfe verratene glühende Masse, die irgendwo überwallte. Es lag einiger Grund zu der Annahme vor, dass seine Oberfläche sich unter die durchschnittliche Wolkenhöhe herabsenkte und dass die Höhlung mit Dämpfen angefüllt war; aber es war beinahe gewiss, dass er nicht selbstleuchtend war, da ein bei seinem Vorüberziehen auf denselben projicierter Satellit ebenso hell gesehen worden war, wie auf den dunklen äquatorialen Streifen.

Im Jahre 1870 sammelte Ranyard,[1]) einem früheren Rate des Dr. Huggins folgend, Berichte über ungewöhnliche Erscheinungen auf der Jupitersscheibe in der Absicht, die Frage nach ihrer Rückkehr in regelmässigen Zwischenräumen zu untersuchen. Er folgerte, dass die Entwickelung tieferer Farbentinten und der äquatorialen wie »Schiesslöcher« aussehenden Flecken, welche mit regelmässiger Abwechselung von hell und dunkel die Kugel umgaben, so weit man feststellen konnte, mit den Epochen des Sonnenfleckenmaximums übereinstimmte. Die ferneren Untersuchungen von Dr. Lohse zu Bothkamp im Jahre 1873[2]) bestätigten dieses Zusammentreffen, welches Zöllner 1871[3]) a priori vorausgesagt hatte. Und doch hat die spätere Erfahrung die Zweifel an der Richtigkeit des ersten Schlusses eher vermehrt als beseitigt. Es kann freilich als festgestellt betrachtet werden, dass das, was Hahn[4]) den allgemeinen Pulsschlag des Sonnensystems nennt, auch die Veränderungen des Jupiter leitet; aber das Gesetz dieser Veränderungen ist weit entfernt, sich dem rythmischen Gange der centralen Störung so augenscheinlich unterzuordnen, wie es gewisse irdische Erscheinungen thun. Die fundamentale Übereinstimmung, welche wahrscheinlich

---

[1]) *Month. Not.*, vol. XXXI, p. 34. — [2]) *Beobachtungen*, Heft II, S. 99. — [3]) *Berichte d. Sächs. Gesellschaft d. Wiss.*, 1871, S. 553. — [4]) *Beziehungen der Sonnenfleckenperiode*, p. 175.

vorhanden ist, wird in ihrem Spiel durch sekundäre Ursachen in Verwirrung gebracht.

Wahrscheinlich befindet sich **Saturn** in einem noch früheren Zustande der planetarischen Entwickelung als Jupiter. Er ist im Verhältnis zu seiner Grösse der leichteste aller Planeten. In der That würde er im Wasser schwimmen. Und da seine Dichtigkeit, wie sich aus dem Betrag seiner äquatorialen Anschwellung erkennen lässt, nach dem Mittelpunkte hin[1]) zunimmt, so folgt, dass das Material seiner Oberfläche ein so geringes specifisches Gewicht haben muss, dass es unter jeder nur wahrscheinlichen Annahme mit dem festen oder flüssigen Zustande unverträglich ist. Überdies finden die Hauptargumente zu Gunsten einer hohen Temperatur des Jupiter in noch stärkerem Masse auf Saturn Anwendung, so dass man ohne grosse Gefahr eines Irrtums schliessen kann, dass ein grosser Teil seiner voluminösen Kugel von 15650 Meilen Durchmesser aus glühenden Dämpfen besteht, die durch den Prozess der Abkühlung in Cirkulation versetzt werden.

Die eigenartige Reihe von Anhängseln des Saturn hat seit der Mitte dieses Jahrhunderts den Gegenstand sowohl theoretischer wie teleskopischer Forschung und ergiebiger Untersuchungen gebildet. Das mechanische Problem der Stabilität des Saturnsringes war von Laplace in einem sehr unbefriedigenden Zustande gelassen worden. Indem er sie als rotierende feste Körper betrachtete, legte er dar, dass sie ihre Lage nicht würden beibehalten können, wofern nicht ihr Gewicht in gewisser Weise unsymmetrisch verteilt wäre; doch machte er keinen Versuch, die Art oder den Betrag der Unregelmässigkeit, die zur Erreichung jenes Zieles erforderlich wäre, zu bestimmen. Gewisse Beobachtungen Herschel's entschuldigten die Astronomen, wenn sie das Erfülltsein dieser so oberflächlich geforderten Bedingung als verbürgt annahmen; und die Frage blieb in der Schwebe, bis sie im Jahre 1850 durch die Entdeckung des inneren dunklen Ringes wieder einmal um einen bedeutenden Schritt vorwärts gebracht wurde.

Der jüngere Bond war unter den neueren Astronomen der erste, welcher die Festigkeit der Struktur leugnete. Die Schwankungen in ihrem Aussehen sind, wie er im Jahre 1851 behauptete,[2]) mit einer

---

[1]) A. Hall, *Astr. Nachr.*, No. 2269. — [2]) *Astr. Journ.* (Gould's), vol. II, p. 17.

solchen Hypothese unverträglich. Die feinen dunklen Trennungslinien, welche so oft in beiden hellen Ringen entdeckt worden waren und ebenso oft wieder sich der Wahrnehmung entzogen hatten, rührten nach seiner Meinung von der wirklichen Beweglichkeit ihrer Teile her und deuteten auf eine flüssige Formation hin. Professor Benjamin Peirce von der Harvarder Universität folgte unmittelbar mit einem theoretischen Beweise, dass sie nicht fest seien.[1]) Ströme eines gewissen Fluidums, welches dichter als Wasser war, bildeten nach seiner Behauptung die physische Ursache, welche die anomale zuerst durch Galileï's Fernrohr entdeckte Erscheinung hervorbrachte.

Der Mechanismus der Saturnsringe, welcher als Thema für die Bewerbung um den Adams'schen Preis ausgeschrieben war, wurde von dem jetzt verstorbenen James Clerk Maxwell im Jahre 1857 behandelt. Seine Untersuchung bildet die Grundlage für jede bisher über diesen Gegenstand bekannte. Seine Absicht war zu zeigen, dass weder feste noch flüssige Ringe fortdauernd existieren könnten und dass die einzig mögliche Zusammensetzung des Systems eine Anhäufung unzusammenhängender Teilchen wäre, die unabhängig von einander in einer ihrer Entfernung von dem Planeten entsprechenden Periode sich um den Planeten herumbewegten.[2]) Dieser Gedanke einer Satellitenbildung ist, merkwürdig genug, zu verschiedenen Zeiten ausgesprochen und wieder vergessen worden. Er wurde zuerst von Roberval im siebzehnten Jahrhundert, sodann von Johann Cassini im Jahre 1715 und mit vollkommener Bestimmtheit von Wright zu Durham im Jahre 1750[3]) auseinandergesetzt. Indessen hatte man diese zufälligen Vorahnungen einer Wahrheit wenig beachtet, die nun, eine wirkliche Neuigkeit, als das folgerechte Ergebnis der feinsten neueren Methoden erschien.

Die Einzelheiten der teleskopischen Beobachtung stimmen im grossen und ganzen in bewundernswerter Weise mit dieser Hypothese überein. Die Veränderungen oder das Verschwinden sekundärer Trennungslinien — das eigenartige gefurchte Aussehen, welches zuerst von Short im achtzehnten Jahrhundert, zuletzt von Perrotin und Lockyer zu Nizza am 18. März 1884[4]) bemerkt worden war — zeigten die Wirkungen von Störungswellen, welche eine in Bewegung

[1]) *Astr. Journ.* (Gould's), vol. II, p. 5. — [2]) *On the Stability of the Motion of Saturn's Rings*, p. 67. — [3]) *Mém. de l'Ac.*, 1715, p. 47; Montucla, *Hist. des Math.*, t. IV, p. 19; *An Original Theory of the Universe*, p. 115. — [4]) *Comptes Rendus*, t. XCVIII, p. 718.

befindliche Masse schwerer Partikelchen durchzogen;[1]) die gebrochenen und sich ändernden Umrisse des Planetenschattens auf dem Ringe legten Zeugnis dafür ab, dass die Ebenen der von diesen Partikelchen beschriebenen Bahnen verschieden sind. Doch giebt es eine wichtige Abweichung.

Nach der Satellitentheorie besteht der dunkle innere Ring aus ähnlichen kleinen Körpern wie die, welche sich zu den hellen Gliedern des Systems zusammengehäuft haben, nur dass sie viel weniger dicht ausgestreut sind und daher auch viel weniger Licht zurückstrahlen. Man sieht jedoch nicht leicht ein, wie so diese dünneren Schwärme als ein dichter dunkler Schatten auf dem Körper des Saturn sich zeigen sollten. Und doch ist dies unveränderlich der Fall. Der Einwurf, dessen Richtigkeit man schon lange gefühlt hatte, ist in neuerer Zeit mit Nachdruck geltend gemacht worden von Professor Hastings zu Baltimore. Die hellsten Teile dieser Anhänge, bemerkt er,[2]) sind heller als die Kugel, welche sie umgeben; wenn aber der innere Ring aus gleichem Material besteht und daher auch voraussichtlich ein gleiches Reflektionsvermögen besitzt, so würde die blosse Thatsache einer spärlichen Verteilung dieses Materials nicht die Ursache dafür sein können, dass der Ring gegenüber dem nämlichen Körper als dunkel erscheint. Es scheint der Schluss nicht umgangen werden zu können, dass der helle und dunkle Ring nicht aus einerlei Material bestehen.

Eine Frage von besonderem Interesse, die wir uns nicht enthalten können anzuführen, ist die, ob wir in den Ringen des Saturn eine abgeschlossene Bildung sehen, die bestimmt ist, in dem Haushalt des Systems eine dauernde Rolle zu spielen, oder ob sie bloss ein Stadium in dem Prozess der Entwickelung aus dem chaotischen Zustande, in welchem die Materialien sämtlicher Planeten sich ursprünglich unzweifelhaft befanden, darstellen. Otto Struve hat es versucht, auf diese wichtige Frage eine bestimmte Antwort zu geben.

Ein Studium der früheren und späteren Aufzeichnungen von Beobachtungen liess ihn im Jahre 1851 eine scheinbare fortschreitende Annäherung des inneren Randes des hellen Ringes an den Planeten erkennen. Die Geschwindigkeit der Annäherung schätzte er auf etwa 57 englische Meilen im Jahre oder auf 11000 englische

[1]) Proctor, *Saturn and his System* (1865), p. 125. — [2]) Smiths. *Report*, 1880 (Holden).

Meilen während der seit Huygens verflossenen 194 Jahre.[1]) Ginge sie so weiter fort, so müsste das Zusammenstürzen des Systems innerhalb dreier Jahrhunderte grosse Fortschritte gemacht haben. War aber die Veränderung wirklich oder illusorisch, etwa ein plausibler, aber trügerischer Schluss aus unzuverlässigen Angaben? Struve beschloss, die Probe zu machen. Eine Reihe von mühevollen und sorgfältigen mikrometrischen Messungen der Dimensionen der Saturnsringe, welche er selbst im Herbste 1851 zu Pulkowa ausgeführt hatte, wurde als Massstab für eine künftige Vergleichung bestimmt, und er vermochte sie unter nahezu gleichen Umständen im Jahre 1882[2]) zu erneuern. Aber die erwartete Verringerung des Raumes zwischen der Kugel des Saturn und seinen Ringen hatte nicht stattgefunden. Es zeigte sich allerdings eine kleine Ausdehnung in der Weite des Systems, sowohl nach aussen wie nach innen; dieselbe war aber so geringfügig, dass sie kaum als ausserhalb der Grenzen des wahrscheinlichen Fehlers liegend betrachtet werden konnte. Dennoch ist es beachtenswert, dass gerade eine solche Trennung der Ringe durch Clerk Maxwell's Theorie angedeutet wurde, so dass es a priori wahrscheinlich ist, dass eine solche Trennung im Fortschreiten begriffen ist. Überdies ist es ganz sicher, dass, seit 1657, wo Huygens den Zwischenraum zwischen dem Ringe und dem Planeten eher als grösser wie die Breite des Ringes beschrieb, eine Zunahme nach innen wirklich stattgefunden hat. Denn die beiden hellen Ringe zusammengenommen sind heutzutage, anstatt schmaler als jener Zwischenraum, mehr wie anderthalbmal so breit. Hiernach sind die von Huygens angewandten Darstellungen ebenso wie der grösste Teil der alten Zeichnungen in offenbarer Nichtübereinstimmung mit der gegenwärtigen Erscheinung des Planeten.

Es scheint Grund zu der Annahme vorhanden zu sein, dass Kirkwood's Gesetz der Kommensurabilität wirksam gewesen ist, um die gegenwärtige Verteilung der diese Anhänge bildenden Materie hervorzubringen. Hier sind die störenden Körper die Monde des Saturn, während die Trennungen und Grenzen der Ringe die Räume darstellen, wo ihre störende Wirkung sich vereinigt, um die innerhalb derselben kreisenden Partikel wegzuschaffen. In der That zeigte 1867[3]) Kirkwood, dass ein in der als »Cassini's Trennung«

---

[1]) *Mém. de l'Ac. Imp.* (St. Petersb.), t. VII, 1853, p. 464. — [2]) *Astr. Nachr.*, No. 2498. — [3]) *Meteoric Astronomy,* chap. XII. Er führte 1871 den Gegenstand etwas weiter aus. Siehe *Observatory,* vol. VI, p. 335.

bekannten Lücke zwischen den hellen Ringen cirkulierender Körper eine Umlaufszeit haben würde, die mit der von vier unter acht Monden nahezu kommensurabel ist; und Dr. Meyer zu Genf hat neuerdings alle derartigen Kombinationen berechnet, mit dem Resultat, dass die Gegenden grösster Störung mit den Grenz- und Trennungslinien des Systems zusammenfallen.[1]) Dies ist an und für sich eine kräftige Bestätigung der Ansicht, dass die Ringe aus unabhängig von einander kreisenden kleinen Körpern bestehen.

Am 7. Dezember 1876 entdeckte Professor Asaph Hall zu Washington einen hellen äquatorialen Flecken auf dem Saturn, den er durch mehr als sechzig Rotationen, von denen jede in zehn Stunden vierzehn Minuten vierundzwanzig Sekunden ausgeführt wurde,[2]) verfolgte und mass. Er ist so vorsichtig hinzuzufügen, dass dieses nicht notwendig die Umdrehungszeit des Planeten, sondern nur die des besonderen Fleckens darstellt. Die einzige vorhergehende Bestimmung der Drehung des Saturns um eine Achse (wenn man von einigen unzuverlässigen Schätzungen Schröter's absieht) war die von Herschel im Jahre 1794, welche eine Periode von zehn Stunden sechzehn Minuten ergab.

Saturns äusserster Satellit, Japetus, ist merkwürdig veränderlich, so veränderlich, dass er uns bei seiner grössten Helligkeit gerade $4\frac{1}{2}$-mal so viel Licht zusendet als zur Zeit, wo er am schwächsten ist. Ferner hängen seine Schwankungen von der Stellung in seiner Bahn in solcher Weise ab, dass er ein deutlich wahrnehmbares teleskopisches Objekt ist, wenn er westlich vom Planeten sich befindet, dagegen kaum wahrnehmbar ist, sobald er östlich von ihm steht. Herschel's Schluss[3]) auf eine teilweise verfinsterte Kugel, die ihrem Hauptkörper stets die nämliche Seite zuwendet, scheint der einzig zulässige zu sein und wird bestätigt durch Pickering's Messungen der sich ändernden Intensität ihres Lichtes. Er bemerkt ferner, dass die dunkle und helle Hemisphäre so gestellt sein müssen, dass sie die Scheibe, vom Saturn aus gesehen, in nahezu gleiche Teile teilen, so dass dieser Saturnsmond, auch wenn er »voll« ist, nicht viel über die Hälfte seiner Oberfläche erleuchtet erscheint.[4])

Das Spektrum des Saturn ist ganz ähnlich dem des Jupiter. Es zeigt die charakteristische dunkle Linie im Rot, die wir die

---

[1]) *Astr. Nachr.*, No. 2527. — [2]) *Am. Journ. of Sc.*, vol. XIV, p. 325. — [3]) *Phil. Trans.*, vol. LXXXII, p. 14. — [4]) *Smiths. Report*, 1880.

»Linie der roten Fixsterne« nennen können; und Janssen, der dasselbe vom Gipfel des Ätna aus im Jahre 1867 [1]) untersuchte, fand unverkennbare Spuren der vom Wasserdampf herrührenden Absorption. Das Licht vom Ringe wird weit weniger durch die Wirkung der eigenen Atmosphäre modificiert.

Wenn **Uranus** günstig gelegen ist, kann er noch leicht mit blossem Auge als ein Stern etwas unter fünfter Grösse gesehen werden. Er erscheint daher beträchtlich heller als bei seiner Entdeckung vor 106 Jahren. Jedoch nicht wegen irgend einer inneren Veränderung. Vielmehr ist er gegenwärtig einfach deshalb deutlicher sichtbar, weil er erst jüngst durch sein Perihel [2]) gegangen ist. Dieser Umstand setzte die Astronomen, ausgerüstet mit den mächtigen Teleskopen der Neuzeit, wie sie waren, in den Stand, einige höchst interessante Beobachtungen über diesen entfernten Planeten zu machen.

Man wird sich erinnern, dass Uranus das ungewöhnliche Schauspiel eines Systems von Satelliten darbietet, welche nahezu unter rechtem Winkel gegen die Ebene der Ekliptik sich bewegen. Das Bestehen dieser Anomalie verleiht den Untersuchungen über seine Umdrehungsbewegung, die, wie man nach Analogie der andern Planeten versucht sein könnte anzunehmen, in derselben geneigten Ebene ausgeführt werden müsste, ein besonderes Interesse. Jedoch scheint jenes, streng genommen, nicht der Fall zu sein.

In den Jahren 1870—72 nahm Buffham Spuren von hellen Flecken auf der Uranusscheibe wahr, die, freilich mit grosser Unsicherheit, auf eine Rotation in etwa zwölf Stunden und in einer Ebene hinwiesen, die nicht mit derjenigen, in welcher seine Satelliten kreisen, zusammenfiel. [3]) Dunkle Streifen, ähnlich denen des Jupiter, aber sehr schwach, konnte Professor Young zu Princeton im Jahre 1883 zur Not noch unterscheiden. Obwohl sie durchaus für äquatorial gehalten werden mussten, bildeten sie doch mit der Richtung der Satellitenbahnen einen beträchtlichen Winkel. [4]) Deutlicher wurden von den Brüdern Henry mit Hilfe ihres ausgezeichneten Refraktors in jeder klaren Nacht vom Januar bis Juni 1884 zu Paris zwei parallele graue Streifen, welche von einander durch eine helle Zone getrennt waren, unterschieden. [5]) Was man für die Polargegenden

---

[1]) *Comptes Rendus*, t. LXIV, p. 1304. — [2]) Tebbutt, *Trans. Roy. Soc. N. S. Wales*, vol. XIV, p. 23. — [3]) *Month. Not.*, vol. XXXIII, p. 164. — [4]) *Astr. Nachr.*, No. 2545. — [5]) *Comptes Rendus*, t. XCVIII, p. 1419.

halten musste, erschien verhältnismässig dunkel. Die Richtung der äquatorialen Streifen (denn so müssen wir sie gegenwärtig nennen) machte einen Winkel von 40° mit der Richtung der Bahnebene der Satelliten. Ähnliche Beobachtungen wurden vom März bis Juni 1884 zu Nizza von Perrotin und Thollon[1]) gemacht, indem ein heller Flecken nahe am Äquator noch überdies auf eine Rotation innerhalb einer Periode von etwa zehn Stunden hinwies.

Messungen der kleinen meergrünen Scheibe, welche uns der gewaltige Körper des Uranus zeigt, ergeben indessen ein verschiedenes Resultat. Young, Schiaparelli,[2]) Safarik und in allerneuester Zeit H. C. Wilson in Cincinnati[3]) haben ihn deutlich abgeplattet gefunden, und alle stimmen darin überein, dass der Wulst gerade in der Ebene der Satellitenbahnen liegt. Ist dem so, so kann kein Zweifel bestehen, dass die nämliche Ebene auch die Rotationsebene des Planeten ist, da die sphäroidische Gestalt eines rotierenden Körpers die notwendige Folge einer grösseren Geschwindigkeit seiner Teilchen am Äquator ist. Aber die »äquatorialen« Flecken zeigen deutlich eine äusserst schnelle rotatorische Bewegung in einer Richtung, die nahezu einen halben rechten Winkel mit jener Ebene bildet. Was sollen wir nun glauben? Wo so kleine Grössen, wie die Unterschiede zwischen den verschiedenen Durchmessern einer etwa vier Sekunden im Durchmesser haltenden Scheibe, in Betracht kommen, könnten Schlüsse höchst misslich erscheinen. Und doch werden sie uns so wohl verbürgt, dass man kaum an ihrer wirklichen Richtigkeit zweifeln kann. Andrerseits scheinen uns die parallelen Streifen, welche zu Princeton sowohl wie zu Nizza und Paris gesehen worden waren, die positive Gewissheit zu geben, dass Uranus heutzutage in einer Ebene rotiert, die von der, in welcher die von ihm abhängigen Körper ihren Kreislauf vollenden, weit verschieden ist. Die Abweichung ist augenscheinlich. Eine Vereinigung der beiden Beobachtungsreihen erscheint unmöglich. Eine von beiden muss das Feld räumen; doch scheint es gegenwärtig keine thun zu wollen. Das Rätsel vermehrt das Interesse, welches schon lange durch die anomale Rotation des Uranus wachgerufen worden ist.

Das Spektrum dieses Planeten wurde zuerst 1869 von Pater Secchi und später mit grösserer Gewähr der Zuverlässigkeit von

---

[1]) *Comptes Rendus,* t. XCVIII, pp. 718, 967. — [2]) *Astr. Nachr.,* No. 2526. — [3]) *Ibid.,* No. 2730.

Huggins und Vogel untersucht. Es ist ein sehr merkwürdiges. An Stelle der Fraunhofer'schen Linien reflektierten Lichtes, die vielleicht wegen der Schwäche desselben nicht wahrnehmbar waren, erschienen sechs breite Banden eigentümlicher Absorption,[1]) von denen eine dem blaugrünen Strahle des Wasserstoffs (F), eine andere der »Roten-Fixstern-Linie« des Jupiter und Saturn entspricht, während die übrigen noch nicht identifiziert sind. Die Wasserstoffbande erscheint viel zu stark und ausgebreitet, als dass sie der blosse Wiederschein einer Sonnenlinie sein könnte, und deutet demzufolge auf die Existenz von freiem Wasserstoff in der Uranusatmosphäre hin, wo daher eine Temperatur herrschen muss, die genügend hoch ist, um Wasser in seine Bestandteile zu zerlegen.

Nach den Andeutungen in einem beinahe verschwindenden Spektrum zu urteilen, ist **Neptun** hinsichtlich seiner physischen Beschaffenheit der Zwillingsbruder von Uranus, wie Saturn vom Jupiter. Über die Verhältnisse seiner Rotation wissen wir so gut wie gar nichts. Maxwell Hall bemerkte allerdings im November und Dezember 1883 zu Jamaica gewisse regelmässige Schwankungen in seiner Helligkeit, welche auf eine Umdrehung um eine Achse in etwas weniger denn acht Stunden hinwiesen;[2]) aber Professor Pickering reduziert die vermeintliche Veränderlichkeit auf einen Betrag, der viel zu gering für eine sichere Wahrnehmung ist, und Dr. G. Müller leugnet ihre Existenz ganz und gar. Freilich waren ihre Beobachtungen nicht genau gleichzeitig mit denen von Hall,[3]), welcher glaubt, dass die von ihm bemerkten teilweisen Verdunkelungen nur vorübergehender Art waren und nach vierzehntägigem Bestehen wieder aufhörten. Ihre minder deutliche Wiederholung wurde von ihm im November 1884 gesehen und bestätigte eine Rotationsperiode von 7.92 Stunden.

Dass Neptun nicht der entfernteste um die Sonne kreisende Körper sein möchte, hat man, schon seitdem seine Existenz bekannt geworden, für möglich gehalten. Innerhalb der letzten wenigen Jahre ist die Lage eines weit jenseits desselben befindlichen Planeten zu einer gegebenen Zeit von zwei verschiedenen Forschern annähernd bestimmt worden. Seine wirkliche Entdeckung ist vielleicht einer der den Astronomen der Zukunft vorbehaltenen Preise.

---

[1]) Vogel, *Annalen der Physik*, Bd. CLVIII, S. 470. — [2]) *Month. Not.*, vol. XLIV, p. 257. — [3]) *Observatory*, vol. VII, pp. 134, 221, 264.

Professor George Forbes zu Edinburg bediente sich im Jahre 1880 eines neuen Planes zur Aufsuchung unbekannter Mitglieder des Sonnensystems, dessen erste Idee von Flammarion im November 1879 angegeben worden war.[1]) Er hängt ab von den Bewegungen der Kometen. Es ist bekannt, dass die Kometen von ziemlich kurzer Umlaufszeit aus irgend welchen Gründen mit den grösseren Planeten in solchem Zusammenhange stehen, dass die Aphelien der Kometen in die Nähe gewisser Planetenbahnen fallen. Jupiter nimmt mehr als ein Dutzend solcher teilweiser Klienten für sich in Anspruch, Neptun masst sich sechs an, und es giebt zwei ansehnliche Gruppen, deren weiteste Abstände von der Sonne resp. nahe an 100- und 300-mal so gross sind wie die der Erde. In jedem dieser ungeheuren Abstände, von denen der erste eine Umlaufszeit von 1000, der letzte eine solche von 5000 Jahren erfordert, kreist nach Professor Forbes' Behauptung ein ungesehener Planet. Er hat sogar für den näheren der beiden Elemente berechnet und seinen Ort an der Himmelsphäre bestimmt.[2])

Inzwischen hat Professor Todd dasselbe Ziel mittelst einer ganz verschiedenen Reihe von Angaben zu erreichen versucht. Er wandte die alte bewährte Methode der Störungen an; diejenigen des Neptun haben aber noch kaum Zeit gehabt sich geltend zu machen, so dass er auf die »restierenden Fehler« des Uranus zurückgreifen musste. Sie ergaben für den neuen Planeten wirklich dieselbe Lage, wie die, zu welcher Professor Forbes gekommen war.[3]) Dieses Zusammentreffen der Resultate ist sehr bemerkenswert, um so mehr, als jeder Forscher in völliger Unkenntnis der Resultate des andern arbeitete.

---

[1]) *Astr. Pop.*, p. 661; *La Nature,* Jan. 3, 1880. — [2]) *Proc. Roy. Soc. Edinb.*, vol. X, p. 429; *Observatory*, vol. III, p. 439. — [3]) *Am. Journ. of Sc.*, vol. XX, p. 225.

Neuntes Kapitel.

Theorien über die Entstehung der Planeten.

Unzweifelhaft ist das Sonnensystem, so wie wir es sehen, das Resultat eines gewissen organischen Entwickelungsprozesses; während unzähliger Jahrhunderte arbeiteten die Naturkräfte an dem für dasselbe bereit liegenden Material, um es in die Form zu bringen, welche die allmächtige Weisheit von Anfang an für dasselbe bestimmt hatte. Der Versuch, das Wesen dieses Prozesses zu erforschen, kann als eine Verwegenheit gelten; trotzdem ist er berechtigt, ja geradezu unumgänglich. Denn der dem Menschen angeborene Trieb, »in die Vergangenheit und Zukunft zu blicken«, erstreckt sich nicht auf sein eigenes kurzes Leben allein, er zieht die gesamte Geschichte der Schöpfung von den höchsten bis zu den niedrigsten Wesen, von dem mikroskopischen Keime einer Alge oder eines Schwammes bis zu dem sichtbaren Gebäude und der Ausstattung des Himmels in Betracht.

Kant war der Meinung, dass die Erforschung der Entstehungsweise der Welt eines der leichtesten von der Natur gestellten Probleme sei; aber man kann nicht behaupten, dass seine eigene Lösung desselben eine befriedigende gewesen wäre. Er entwarf jedoch 1755 einen Plan, nach dem sich das wissenschaftliche Denken über diesen Gegenstand heute noch richtet. In seiner *„Allgemeinen Naturgeschichte"* verfolgte er das Wachstum der Sonne und der Planeten von ihrer Entstehung aus einer ungeheuren formlosen Masse gleichmässig zerstreuter Partikelchen an und suchte die Gleichförmigkeit ihrer Bewegungen durch die gleichmässige Wirkung attraktiver und repulsiver Kräfte, unter deren Einfluss ihre weitere Entwickelung vor sich ging, zu erklären.

In ihrer neueren Gestalt trat die »Nebel-Hypothese« im Jahre 1796 [1]) auf. Sie wurde von Laplace aufgestellt, nicht ohne das beengende Gefühl, dass es eine Spekulation sei, die mannigfache

---

[1]) *Exposition du Système du Monde,* t. II, p. 295.

Thatsachen unerklärt liess, aber doch mit sichtlicher Freude darüber, dass es ihm, wie er glaubte, gelungen sei, in die Geburtsgeheimnisse unseres Systems einen Blick zu thun. Allerdings bedurfte er einer grösseren Zahl von Postulaten, als Kant. Er ging von einer bereits fertigen Sonne[1]) aus, die mit einer ungeheuren glühenden Atmosphäre umgeben war, welche sich im Raume bis über die Bahn des entferntesten Planeten hinaus erstreckte und eine langsame rotatorische Bewegung besass. In dem Masse, wie diese Atmosphäre oder Nebelmasse sich abkühlte, zog sie sich zusammen, und in dem Masse, wie sie sich zusammenzog, wurde ihre Rotation nach einem wohlbekannten mechanischen Gesetze beschleunigt. Schliesslich trat eine Zeit ein, wo die tangentiale Geschwindigkeit am Äquator grösser als die zusammenhaltende Kraft der Schwere geworden war, und das Gleichgewicht wurde wiederhergestellt durch Abtrennung eines Nebelringes, der in der nämlichen Zeit wie die erzeugende Masse rotierte. Nach einiger Zeit zerbrach der Ring in Stücke, die sich schliesslich wieder zu einem einzigen sich um sich selbst und um den Mutterkörper bewegenden Körper vereinigten. Dies war der erste und entfernteste Planet.

Mittlerweile zog sich der erzeugende Nebel immer weiter zusammen und drehte sich immer schneller und schneller; dabei durchlief er eine Reihe von Gleichgewichtsstörungen, deren jede die Bildung eines Planeten in geringerer Entfernung von seinem Mittelpunkte und mit kürzerer Umlaufsperiode wie sein Vorgänger zur Folge hatte und mit dieser zugleich ihren Abschluss fand. Bei diesen sekundären Körpern wiederholte sich derselbe Prozess in geringerem Massstabe, indem ihre Kontraktion je nach den Umständen entweder die Erzeugung von Satelliten zur Folge hatte oder nicht. Der Saturnsring brachte seiner Meinung nach überdies eine auffallende Bestätigung der Theorie von der Abtrennung von Ringen,[2]) und schien in seiner ursprünglichen Form nur deshalb geblieben zu sein, um Licht über die Entstehung des gesamten Sonnensystems zu verbreiten; wogegen die vier zuerst entdeckten Asteroiden ein Beispiel darboten, in welchem es den Trümmern eines geborstenen Ringes nicht gelungen war, sich zu einem einzigen Körper zu vereinigen.

---

[1]) In späteren Ausgaben wurde eine rückblickende Anmerkung hinzugefügt, welche das vorherige Bestehen eines sehr dünnen Nebelballs zugab. — [2]) *Méc. Cél.,* liv. XIV, Ch. III.

Dieses System der Entstehung des Kosmos war ein charakteristisches Vermächtnis, welches das achtzehnte Jahrhundert dem neunzehnten hinterliess. Es besass die sich selbst genügende Symmetrie und Vollständigkeit, welche den Vorstellungen einer Zeit der Renaissance eigen sind, wo man auf die Kompliziertheit der Natur gegenüber der überlegenen Gesetzmässigkeit des menschlichen Denkens mit Geringschätzung herabblickte. Seitdem es aufgestellt worden ist, hat indessen die Wissenschaft an vielen Stellen die engen Schranken überschritten und viele scharfsinnige Theorien umgestossen. Wie ist es der Laplace'schen Hypothese über den Ursprung der Welt ergangen? Nun wenigstens ist sie nicht als abgenutzt verworfen worden. Trotzdem ist sie natürlich unzulänglich. Für vieles giebt sie gar keine oder eine irrige Erklärung. Gewiss ist, dass der Gang der Ereignisse nicht überall — wenn überhaupt irgendwo — genau dem von ihr vorgeschriebenen Wege folgte. Und doch versucht es die moderne Wissenschaft nur sie zu ergänzen, wagt aber kaum, sie zu beseitigen.

Das wissenschaftliche Denken hat seit der aus dem Jahre 1842 datierenden Mayer' und Joule'schen Entdeckung von der Äquivalenz von Wärme und Bewegung in vielen Beziehungen eine tiefgreifende Veränderung erfahren. Die unmittelbare Folge jener Entdeckung war die erhabene Idee von der »Erhaltung der Energie,« die heutzutage eines der Grundprinzipien der Wissenschaft bildet. Sie besagt, dass, unter den gewöhnlichen Umständen der Beobachtung, der alte Grundsatz »Aus Nichts wird nichts« ebensowohl auf die Kraft wie auf die Materie Anwendung findet. Die Vorräte von Wärme, Licht, Elektrizität müssen erhalten werden, oder der Strom hört auf zu fliessen. Die Frage nach der Unterhaltung der Sonnenwärme musste sich daher unvermeidlich aufdrängen; und mit der Frage nach der Unterhaltung ist die nach ihrem Ursprunge unlöslich verbunden.

Dr. Julius Robert Mayer, ein Arzt zu Heilbronn, benutzte zuerst die neue Erkenntnis zur Untersuchung dessen, was von Sir John Herschel das »grosse Geheimnis« genannt worden war. Er zeigte, dass, wenn die Sonne entweder ein sich einfach abkühlender oder in dem Zustande der Verbrennung befindlicher Körper wäre, sie schon längst »ausgegangen« sein müsste. Wäre eine gleichgrosse Kohlenmasse vier oder fünf Jahrhunderte nach der Errichtung der Cheopspyramide aufgeschichtet und in solchem Grade brennend erhalten worden, dass sie während der Zwischenzeit das Licht und die

Wärme der Sonne ersetzen konnte, so würde heute nur noch ein wenig Asche anstatt unserer unverkleinerten herrlichen Sonnenkugel übrig sein. Mayer sah sich nach einer Erklärung hierfür um und fand sie in der »Meteor-Hypothese[1])« der Erhaltung der Sonnenenergie. Man fing gerade damals (1848) an, die Wichtigkeit der als »fallende Sterne« bekannten Körper für den Haushalt unseres Systems zu erkennen. Man wusste, dass sie in zahllosen Schwärmen die Sonne umkreisten, dass die Erde täglich Millionen derselben begegnete, und man vermutete, dass der Kegel des Zodiakallichtes ihre sichtbare Koncentration nach einem anziehenden Mittelpunkte hin darstellte. Vom Zodiakallichte entnahm daher Mayer den Vorrat, welcher zur Erhaltung der Sonnenausstrahlung erforderlich war. Er bewies, dass durch die Hemmung in ihrer Bewegung beim Hineinfallen in die Sonne die Körper 4600- bis 9200-mal so viel Wärme (je nach ihrer schliesslichen Geschwindigkeit) entwickelten, als sich aus dem Verbrennen gleicher Mengen von Kohle ergeben würde. Das Hinabstürzen auf die Sonnenoberfläche aber wird veranlasst durch das widerstehende Mittel, welches auch, wie beobachtet worden war, die Umläufe des Encke'schen Kometen beeinflusste. Doch war eine Schwierigkeit vorhanden. Die Quantität der Materie, welche erforderlich wäre, um unter Aufopferung ihrer Bewegung das Herz unseres Systems warm und leuchtend zu erhalten, würde sehr beträchtlich sein. Mayer's niedrigste Schätzung nahm sie auf 94000 Billionen Kilogramm pro Sekunde an, oder auf eine Masse gleich derjenigen unseres Mondes alle zwei Jahre. Aber eine so bedeutende Vermehrung der Anziehungskraft der Sonne würde bald in der Bewegung der von ihr abhängenden Körper merklich werden. Ihre Umläufe würden wahrnehmbar beschleunigt werden. Mayer gab zu, dass jedes Jahr um einen nicht unerheblichen Bruchteil einer Sekunde kürzer sein würde als das vorhergehende, und postulierte eine unaufhörliche Aufzehrung der Substanz von solcher Art, wie sie nach Newton's Annahme die Ausströmung materieller Lichtkörperchen begleiten musste, um die fortwährende Verstärkung der anziehenden Kraft auszugleichen.

Mayer's Ansichten wurden nur sehr wenig bekannt und erhielten in Waterston in England einen von Mayer unabhängigen Vertreter. Er legte die meteorische oder »dynamische« Theorie der

---

[1]) *Beiträge zur Dynamik des Himmels,* S. 12.

Erhaltung der Sonne der Britischen Gesellschaft im Jahre 1853 vor. Sie wurde mit gewohnter Geschicklichkeit im folgenden Jahre von Sir William Thomson weiter entwickelt. Das Hineinstürzen von Meteoriten in die Sonne, bemerkte er, »ist die einzige von allen denkbaren Ursachen der Sonnenwärme, deren Existenz wir aus unmittelbarer Erfahrung kennen.«[1]) Wir wissen, dass sie existiert, aber wir wissen jetzt ferner, dass sie vollständig unzureichend ist. Die Vorräte, welche der Annahme nach in dem Zodiakallicht enthalten sind, würden bald vollständig erschöpft sein; ein konstanter Zufluss aus dem Raume würde erforderlich sein, um dem Bedarf zu genügen. Wenn aber sich bewegende Körper auch nur einigermassen in dem erforderlichen Verhältnisse in die Sonne hineingezogen würden, so müsste die Luft auch bei uns in 20 Millionen Meilen Entfernung von ihnen wimmeln; die Erde würde rotglühend sein infolge ihres Anpralles;[2]) die geologischen Lager würden grossenteils meteorischer Natur sein,[3]) abgesehen noch von den Wirkungen auf den Mechanismus des Himmels. Sir William Thomson machte selbst die Unzulässigkeit der »ausserplanetarischen« Theorie des meteorischen Vorrats geltend aus dem sehr begreiflichen Grunde, dass, wenn sie wahr wäre, das Jahr gegenwärtig in Wirklichkeit um sechs Wochen kürzer sein würde als zu Beginn der christlichen Zeitrechnung. Der »innerplanetarische« Vorrat ist indessen zu gering, um etwas mehr als eine augenblickliche Aushilfe zu sein.

Die Meteorhypothese wurde in naturgemässer Weise von der Erhaltung der Sonnenwärme auf die Bildung der um die Sonne kreisenden Körper ausgedehnt. Die Erde ist — nicht minder zweifellos als die andern Planeten — immer noch im Wachsen begriffen. Sie fegt beim Verfolgen ihrer Bahn um die Sonne nach Professor Newton's Schätzung täglich den Betrag von 100 Tonnen kosmischer Materie in Form von Sternschnuppen und Aeroliten zusammen. Unvermeidlich drängt sich der Gedanke auf, dass dieser Aneignungsprozess den Schlüssel zur Lebensgeschichte unserer Erdkugel giebt, und dass die momentanen Feuerstreifen am sommerlichen Himmel ein schwaches Überbleibsel des glühenden Hagelsturmes seien, welcher in uralten Zeiten die Erdkugel bildete und erwärmte. Diese Ansicht der Entstehung der Planeten wurde 1864 von E. W. Brayley vor-

---

[1]) *Trans. Roy. Soc. of Edinburgh,* vol. XXI, p. 66. — [2]) Newcomb, *Pop. Astr.*, p. 521 (2. ed.). — [3]) M. Williams, *Nature,* vol. III, p. 26.

gelegt[1]) und von Haidinger, Helmholtz, Proctor und Faye nicht ungünstig aufgenommen. Aber das entgegenstehende Zeugnis geologischer Funde scheint verhängnisvoll für sie zu sein.

Die heutzutage allgemein als die richtige betrachtete Theorie der Sonnenenergie wurde von Helmholtz in einem im Jahre 1854 gehaltenen populären Vortrage ausgesprochen. Sie gründet sich auf dasselbe Prinzip der Äquivalenz von Wärme und Bewegung, welches die Meteor-Hypothese angeregt hatte. Hier gehört aber die abgegebene und in Wärme umgesetzte Bewegung nicht Teilchen irgend welcher ausserhalb befindlicher Körper, sondern den Teilchen der Sonne selbst an. Aus weitem Umkreis durch ihre eigene Schwere zusammengezogen, müssen sie durch ihren Fall nach dem Sonnencentrum einen ungeheuren Wärmevorrat erzeugt haben, von welchem der Rechnung nach bereits $\frac{453}{454}$ aufgewendet worden sind. Voraussichtlich jedoch fliesst dieser Strom fortwährender Erneuerung immer noch. Gerade während des Aktes der Wärmeabgabe entwickelt die Sonne frischen Vorrat. Ihre Ausstrahlung ist, kurz gesagt, das direkte Resultat der Zusammenziehung infolge der Abkühlung. Eine Verminderung des Sonnendurchmessers um 116 Meter jährlich würde gerade genügen, um den gegenwärtigen Betrag der Austrahlung zu decken und würde bei unsern Beobachtungsmitteln auf Jahrhunderte hinaus unbemerkbar bleiben, da die Verringerung der Winkelausdehnung nach Verlauf von 6000 Jahren kaum eine Sekunde betragen würde.[2]) Aber obwohl der Prozess noch nicht zu Ende ist, so muss er doch unter allen Umständen einmal ein Ende nehmen. In weniger als fünf Millionen Jahren wird sich die Sonne auf die Hälfte ihres jetzigen Volumens zusammengezogen haben. In weiteren sieben Millionen Jahren wird sie ebenso dicht sein wie die Erde. Es ist schwer zu glauben, dass sie alsdann noch ein leuchtender Körper sein wird;[3]) auch kann man nicht annehmen, dass sie es von Ewigkeit her gewesen sei. Helmholtz war der Ansicht, dass ihre Ausstrahlung bei ihrer jetzigen Intensität 22 Millionen Jahre fortdauern könnte, während Langley nur 18 Millionen Jahre annimmt. Diese Periode kann auch bei den günstigsten Annahmen kaum bis auf das Doppelte der letzteren Zahl ausgedehnt werden. Aber damit werden die Forderungen der Geologen und Biologen lange nicht befriedigt.

---

[1]) *Comp. Brit. Almanac,* p. 94. — [2]) Radau, *Bull. Astr.,* t. II, p. 316. — [3]) Newcomb, *Pop. Astr.,* pp. 521—525.

In jüngster Zeit hat man den geistreichen Versuch gemacht, die Sonne mit einer Maschine ähnlich derjenigen eines Regenerativofens auszustatten, welche sie in den Stand setzt, dasselbe Heizungsmaterial immer von neuem wieder zu verzehren und so ihr gütiges Dasein ins Unendliche zu verlängern. Die unmässige »Vergeudung« der Energie, welche unseren Begriffen von Sparsamkeit zuwiderläuft, wurde damit gleichzeitig beseitigt. Von der Erde wird der 2250 millionste Teil der Sonnenstrahlung absorbiert und zu verschiedenen Zwecken verwendet; jeder der andern Planeten und Satelliten nimmt einen verhältnismässigen Teil für sich in Anspruch; der Rest, welcher der bei weitem erheblichste Teil des Ganzen ist, wird in den endlosen Raum zerstreut, um unbekannten Zwecken zu dienen. Nach des verstorbenen Sir William Siemens' Plan würde nun dieser unüberlegte Aufwand einmal aufhören; die Einnahmen und Ausgaben der Sonne würden nach bewährten ökonomischen Prinzipien reguliert und der unvermeidliche schliessliche Bankerott würde bis zu entlegenen Zeitaltern verschoben werden. Sehen wir zu, wie dies möglich sein soll.

Wir müssen uns zunächst den Raum mit brennbaren Substanzen — Wasserstoff, Kohlenwasserstoff und Sauerstoff — in ausserordentlich verdünntem Zustande erfüllt denken. Sodann stelle man sich vor, dass die Sonne vermöge ihrer Rotation auf diese schwebende Materie eine fächerartige Wirkung unterhält, indem sie dieselbe in der Gegend ihrer Pole nach innen treibt und sie am Äquator nach aussen schleudert »in einem fortwährenden kreisförmigen Strome.«[1]) Doch wird sie sich nicht unverändert von der Sonne entfernen. Vielmehr wird inzwischen eine Verbrennung stattgefunden haben. Mit andern Worten, die eingesaugten Teilchen werden ihre aufgestapelte Energie in der Form von Wärme und Licht abgegeben haben, und sie werden sich von der Sonne trennen als Stoffe, die nicht weiter verbrennbar, sondern vielmehr die blossen indifferenten Produkte der Verbrennung sind. Gerade durch die Kraft der Strahlen, zu deren Ergänzung sie beigetragen, können sie aber wieder zu neuer Thätigkeit erweckt werden. Sir William Siemens erhielt gewisse experimentelle Beweise dafür, dass Kohlensäure und Wasser durch die Einwirkung direkten Sonnenscheins möglicherweise im Raume zerlegt werden, wie sie es unzweifelhaft

[1]) *Proc. Roy. Soc.*, vol. XXXIII, p. 393.

in den Blättern von Pflanzen sind. Ihre Teilchen, die auf diese Weise zwangsweise von einander getrennt und dadurch von neuem mit Energie ausgerüstet werden, werden sich schnell wieder unter neuer Entwickelung von Wärme und Licht mit einander vereinigen. Auf diese Weise ist eine mechanische kreisförmige Bewegung mit einer sich immer wiederholenden chemischen Veränderung verbunden, und der Kreislauf könnte beständig so weitergehen, wenn nur eine Bedingung erfüllt wäre. Diese eine Bedingung ist ein unbegrenzter Vorrat von bewegender Kraft. Es ist jedoch ein unerbittliches Naturgesetz, dass ohne Aufzehrung von Kraft keine Arbeit geleistet werden kann. *Ex nihilo nihil fit.* (Aus Nichts wird nichts.)

In diesem Falle beruht der Herzschlag des kreisenden Systems auf der Rotation der Sonne. Hierin ist ein gewisser bestimmter Betrag mechanischer Kraft enthalten, die nach Sir W. Thomson, wenn direkt in Wärme verwandelt, ausreichen würde, um die Ausstrahlung der Sonne 116 Jahre und 6 Tage lang zu unterhalten — ein blosser Augenblick für die kosmische Zeitrechnung. Sparsamer angewendet, würde sie ohne Zweifel länger aushalten. Ihre Erschöpfung würde trotzdem unter den günstigsten Umständen in verhältnismässig kurzer Zeit erfolgen.[1]) Mehrere andere Einwände, die ebenso unwiderlegbar sind, sind gegen diese »regenerative« Hypothese geltend gemacht worden, aber dieser eine genügt.

Es bleibt somit als die einzige begreifliche Erklärung der Erhaltung der Sonne die Helmholtz'sche Theorie der Zusammenziehung. Und diese hat eine sehr wichtige Beziehung zu der Nebeltheorie der Planetenbildung. In der That kann sie die Ergänzung der letzteren genannt werden. Denn sie involviert die Vorstellung, dass die Materialien der Sonne, die einst über ungeheure Räume zerstreut waren, sich allmählich auf ihr gegenwärtiges Volumen unter Entwickelung von Wärme und Licht und, wie man in plausibler Weise hinzufügen kann, unter Abtrennung der von ihr abhängigen Planeten, zusammenzogen. Überdies begünstigen die von der Spektralanalyse gelieferten Angaben die Annahme eines gemeinschaftlichen Ursprungs der Sonne und der Planeten, indem sie die Gemeinsamkeit ihrer Substanz zeigen, während gasförmige Nebel

[1]) Diesem widerstreitenden Argumente, welches E. Douglas Archibald geltend machte, hielt Sir W. Siemens den Zuwachs der Rotationsgeschwindigkeit infolge der Kontraktion entgegen (*Nature*, vol. XXV, p. 505). Kontraktion jedoch kann die verlorene bewegende Kraft nicht wieder herstellen.

Beispiele von ungeheuren Mengen dünner Dämpfe von derselben Art wie die, aus denen aller Wahrscheinlichkeit nach unser System ursprünglich entstanden ist, darstellen.

Aber wenn auch die neuere Wissenschaft die Grundidee der Laplace'schen Kosmogonie in gewissem Grade bestätigt, so erhebt sie doch gegen die Einzelheiten manche Einwürfe. Die Entdeckung der rückläufigen Bewegung des Satelliten des Neptun liess erkennen, dass die anomalen Verhältnisse der Uranuswelt von keiner aussergewöhnlichen Störung herrührten, sondern von einer systematischen Verschiedenheit der Anordnung in den äusseren Gebieten des Sonnenreiches. Wenn demnach jenseits des Neptun ein Planet entdeckt werden sollte, so würden wir vollständig darauf gefasst sein können zu finden, dass er rotiert und von Satelliten umgeben ist, die ihn in der Richtung von Ost nach West umkreisen. Die Gleichförmigkeit der Bewegung, deren Existenz der französiche Geometer für wahrscheinlich hielt und auf die er deshalb hauptsächlich sein System gründete, zerfällt auf diese Weise sogleich in Nichts.

Die ausserordentlich rasche Umlaufsbewegung des inneren Mondes des Mars ist ein weiterer Stein des Anstosses. Nach Laplace's Ansicht kann kein Satellit in kürzerer Zeit seinen Umlauf vollenden als sein Hauptplanet rotiert; denn in seiner Umlaufsperiode lebt die Rotationsperiode der erzeugenden Masse fort, welche die Sphäre seiner Bahn zur Zeit seiner Entstehung erfüllte. Und da die Rotation schneller wird, je weiter die Kontraktion fortschreitet, so würde die früher vorhandene Rotationszeit beständig die längere sein müssen. Dieses Hindernis kann indessen, wie es scheint, beseitigt werden.

Ein ernsthafterer Einwand hängt mit den Umlaufszeiten der Planeten zusammen und wurde von Babinet im Jahre 1861 erhoben.[1]) Um sie mit der Hypothese der successiven Absonderung von einem rotierenden und sich zusammenziehenden Körper in Übereinstimmung zu bringen, haben gewisse willkürliche Annahmen von Schwankungen in der Verteilung der jenen Körper in den verschiedenen Epochen der Absonderung bildenden Materie gemacht werden müssen.[2]) Solche Notbehelfe verdienen in der Regel das Misstrauen, welches sie erwecken.

Ferner wurde von Professor Kirkwood im Jahre 1869 [3]) ein-

---

[1]) *Comptes Rendus*, t. LII, p. 481. Siehe auch Kirkwood, *Observatory*, vol. III, p. 409. — [2]) Fouché, *Comptes Rendus*, t. XCIX, p. 903. — [3]) *Month. Not.*, vol. XXIX, p. 96.

geworfen, dass die Kohäsion in einer so enorm ausgedehnten Masse wie die ist, aus welcher die Planeten der Annahme nach entstanden sind, nicht hinreichend sein dürfte, um die weiten Zwischenräume zwischen ihnen zu erklären. Die infolge des zunehmenden Überschusses der Centrifugal-Geschwindigkeit sich lostrennende Masse würde sich nicht durch in gewissen Zwischenräumen wiederkehrende Kraftäusserungen, sondern fortwährend, in kleinen Bruchstücken, in gleichem Schritt mit der Verdichtung und Beschleunigung losgerissen haben. Jeder Nebelstreifen würde, sobald er sich zu übermässiger Eile angetrieben fühlte, seine Unabhängigkeit erklärt und angefangen haben, auf eigene Faust zu kreisen und sich zu verdichten. Das Resultat würde ein System von Meteoren, aber kein System von Planeten, gewesen sein.

Überdies ist es noch die Frage, ob nicht die relativen Alter der Planeten in einer Ordnung auf einander folgen, die der von Laplace gefolgerten gerade entgegengesetzt ist. Professor Newcomb ist der Ansicht, dass die Ringe, welche schliesslich die Planeten bildeten, sich von dem Hauptkörper des Nebels beinahe gleichzeitig absonderten und dass die Priorität, wenn überhaupt eine solche existiert, auf Seiten der inneren und kleineren Planeten liegt.[1]) Und in Faye's neuer Kosmogonie[2]) wird die rückläufige Bewegung der von den beiden äusseren Planeten gebildeten Systeme — aus allerdings anfechtbaren Gründen — ihrer verhältnismässig späten Entstehung zugeschrieben.

Dieses scharfsinnige System ist bestimmt, nicht bloss das Laplace'sche zu ergänzen, sondern ganz zu beseitigen, da dieses unzweifelhaft infolge der Thatsache, dass im Sonnensystem entgegengesetzt gerichtete Rotationsbewegungen vorkommen, seines Anspruches, die fundamentalen Eigentümlichkeiten der Struktur des Sonnensystems einfach und nur auf eine einzige Weise zu erklären, verlustig geht.

Faye stützt sich hauptsächlich darauf, dass, unter den von Laplace angenommenen Umständen, nicht die beiden äusseren Planeten allein, sondern die ganze Gesellschaft rückläufige Bewegungen besitzen müssten. Denn sie wurden — der Voraussetzung nach — später als die Sonne gebildet; die centrale Verdichtung hatte schon ein vorgerücktes Stadium erreicht, als die

---

[1]) *Pop. Astr.*, p. 257. — [2]) *Sur l'Origine du Monde*, 1884.

Ringe, aus denen sie entstanden sind, sich losrissen; es trat infolge dessen das Newton'sche Gesetz in Kraft und die Kepler'schen Gesetze waren in voller Wirkung. Nun können aber Partikel, welche nach diesen Gesetzen kreisen, da ihre Geschwindigkeit mit der Entfernung vom anziehenden Centrum abnimmt, nur zu einer Kugel mit rückwärts gerichteter Rotationsbewegung sich vereinigen. Auch erkannte Laplace diesen Fehler in seiner Theorie sehr wohl; doch war seine Bemühung, ihn zu beseitigen, obwohl er den grössten Teil eines Jahrhunderts hindurch geduldet wurde,[1]) kaum von Erfolg. Seine planetenbildenden Ringe rotierten alle aus einem Stück; ihre äusseren Teile mussten daher notwendig mit grösserer linearer Geschwindigkeit als ihre inneren Teile sich bewegen und sich schliesslich, ebenfalls mit Notwendigkeit, zu einem nach vorn sich drehenden Körper vereinigen. Die hierzu erforderliche Stärke der Kohäsion kann indessen ohne Gefahr als unmöglich bezeichnet werden, besonders, wenn man in Betracht zieht, dass Nebelmassen in Frage stehen.

Die von Faye vorgeschlagene Verbesserung besteht nun darin, anzunehmen, dass sämtliche Planeten diesseits des Uranus früher als die Sonne entstanden sind, — dass sie Kugelform annahmen inmitten eines nahezu homogenen Nebels, der sich in einer einzigen Periode mit einer vom Centrum nach dem Umfange zunehmenden Geschwindigkeit herumbewegte und daher sich zu Massen mit rechtläufiger Rotation zusammenballte. Uranus und Neptun verdanken ihre ausnahmsweisen Eigenschaften ihrem späteren Ursprung. Als sie in das Dasein traten, war die Entwickelung der Sonne bereits weit vorgeschritten; die Centralkraft hatte in Wirklichkeit ihre gegenwärtige Stärke erhalten, die Einheit der Periode war durch die vorwiegende Grösse derselben beseitigt und die Bewegung nach aussen verzögert worden.

Auf diese Weise ist das, was wir die Chronologie des Sonnensystems nennen können, wiederum in Verwirrung geraten. Die Altersfolge der Planeten ist jetzt nicht leichter zu bestimmen, als das »Wer zuerst, wer zuletzt?« unter den Opfern von Hektors Speer. Denn Faye's Anordnungen können, ungeachtet der Geschicklichkeit, mit welcher er sie dargestellt hat, nicht ohne Vorbehalt angenommen werden. Die Einwürfe dagegen, die mit grossem Scharfsinn von

---

[1]) Kirkwood stiess auf ihn im Jahre 1864. *Am. Journ.*, vol. XXXVIII, p. I.

C. Wolf[1]) und G. H. Darwin[2]) geltend gemacht wurden, wiegen schwer. Nicht am wenigsten wird es gerügt, dass er es unterlassen hat, auf die Wirkung einer Veränderung Rücksicht zu nehmen, die wir jetzt betrachten wollen.

Wir kommen jetzt zu einer sehr bemerkenswerten Untersuchung — einer Untersuchung in der That, die einzig dasteht in dem Bekenntnis, dass sie uns mit mathematischer Gewissheit zurück bis zur Entstehung eines Himmelskörpers führen wolle. Wir meinen G. H. Darwin's Untersuchungen über die früheren Beziehungen der Erde und des Mondes.[3])

Sie handeln ausschliesslich von den Wirkungen der Reibung durch die Gezeiten, und zwar hauptsächlich von denen, welche sich nicht aus den Gezeiten des Ozeans, sondern aus den »körperlichen« Gezeiten ergeben, wie sie in vergangenen Zeiten Sonne und Mond auf einer flüssigen oder halbstarren Erde hervorgerufen haben müssen. Die unmittelbare Wirkung einer jeden besteht, wie bereits auseinandergesetzt wurde, darin, dass sie die Rotation des Körpers, auf welchem die Gezeiten sich erheben, hinsichtlich des die Gezeiten hervorrufenden Körpers soweit zu verzögern streben, bis er stets seinem Störer dieselbe Seite zukehrt. Dies ist, wie wir sehen können, in dem Falle des Mondes bereits vollständig bewerkstelligt. Es giebt indessen auch einen sekundären oder rückwirkenden Effekt. Die Wirkung ist stets gegenseitig. Genau soviel, als der Mond die irdische Gezeitenwelle nach rückwärts stösst, treibt die Gezeitenwelle den Mond vorwärts. Aber das Vorwärtsstossen eines Körpers in seiner Bahn hat die Erweiterung dieser Bahn zur Folge, d. h. der Mond entfernt sich infolge der Reibung durch die Gezeiten sehr langsam von der Erde. Dies wird (wenn die andern Umstände ungeändert bleiben) solange fortgehen, bis der sich verlängernde Tag gleich dem sich langsamer verlängernden Monate geworden ist, wo dann beide etwa 1400 Stunden dauern.[4]) Es wird dann eine Lage erreicht sein, die wir das Gezeiten-Gleichgewicht zwischen Erde und Mond nennen können (abgesehen von der Störung durch andere Körper).

Ist es jedoch richtig, dass in der Zukunft der Mond viel weiter von uns entfernt sein wird, so folgt daraus, dass er in der Vergangen-

---

[1]) *Bull. Astr.*, t. II. — [2]) *Nature,* vol. XXXI, p. 506. — [3]) *Phil. Trans.*, vol. CLXXI, p. 713. — [4]) J. Nolan hat gezeigt (*Nature,* vol. XXXIV, p. 287), dass die Länge des gleichen Tages und Monats durch den Einfluss der durch die Sonne veranlassten Gezeiten auf 1240 Stunden reduziert wird.

heit uns viel näher war, als er jetzt ist. Verfolgen wir an der Hand der Darwin'schen Enthüllungen die Geschichte des Mondes rückwärts, so finden wir schliesslich, dass er sich einmal in einer Periode, die zwischen zwei und vier Stunden lag, herumbewegte und beinahe im Kontakt mit einer Erde sich befand, die gerade mit derselben Geschwindigkeit rotierte. Dies war zur Zeit, ehe noch die Reibung durch die Gezeiten begonnen hatte, die Geschwindigkeit der Rotation zu vermindern und die Bahn des umlaufenden Körpers zu erweitern. Doch war die Lage keine von stabilem Gleichgewicht. Die geringste Unregelmässigkeit musste eine Reihe nicht ausgeglichener Veränderungen hervorbringen. Wenn der Mond auch nur um die geringste Kleinigkeit sich schneller bewegte, als die Erde sich umdrehte, musste er sich auf sie losstürzen. Seine jetzige Existenz zeigt, dass die auf- und niederschwingende Wage sich schliesslich nach der andern Seite neigte. Anfangs übertraf der Monat den Tag nur um eine oder zwei Sekunden; die Gezeitenwelle kroch dem Monde voraus, die Reibung durch die Gezeiten fing an zu spielen und unser Satellit begann seine lange spiralförmige Reise nach auswärts vom Mutterkörper. Dies muss, wie berechnet wurde, vor mindestens vierundfünfzig Millionen Jahren eingetreten sein.

Dass diese Art von Gegenwirkung der Gezeiten bei der Versetzung des Mondes in seine gegenwärtige Lage eine Rolle spielte und auch noch bis zu gewisser geringer Ausdehnung wirksam ist, dieselbe zu verändern, darüber kann gar kein Zweifel bestehen. Eine unwiderstehliche Vermutung führte den Erforscher ihrer streng deduktiven Konsequenzen einen Schritt über diese hinaus. Die Umlaufszeit des Mondes muss, als er der Erde so nahe war, dass er sie fast berührte, nach Kepler's Gesetz mehr denn zwei und weniger als zwei und eine halbe Stunde betragen haben. Nun trifft es sich zufällig, dass die grösste Dauer der Rotation einer flüssigen Masse von der mittleren Dichtigkeit der Erde, die mit dem sphäroidischen Gleichgewicht verträglich ist, zwei Stunden und zwanzig Minuten beträgt. Beschleunigt sich aber die Bewegung auch nur um eine Sekunde, so fliegt die Kugel auseinander. Hieraus ergiebt sich der Schluss, dass die Erde infolge der überschnellen Rotation wirklich auseinanderflog, und dass der erfolgende Bruch den Eintritt der Geburt des Mondes darstellte. Es ist wahrscheinlich, dass das Ereignis durch die Störung der von der Sonne herrührenden Gezeiten noch beschleunigt und unterstützt wurde.

Überblicken wir diese Deduktion nochmals. Die Analysis verfolgt die beiden Körper bis zurück zu der Zeit, wo sie in sehr naher Nachbarschaft zu einander stehen, und wo der eine in nahezu derselben Zeit rotiert, in welcher der andere seinen Umlauf vollendet. Diese Zeit ist sicher nicht weit verschieden von — und möglicherweise ganz identisch mit — der kritischen Periode, wo die Stabilität des Erdsphäroids aufhört. »Ist dies,« fragt Darwin, »ein bloss zufälliges Zusammentreffen, oder weist es nicht vielmehr wirklich auf das Zerbrechen des ursprünglichen Planeten in zwei Massen infolge allzu schneller Rotation hin?« [1])

Wir sind versucht, diese Frage uneingeschränkt zu bejahen, und doch vermögen wir es nicht. James Nolan zu Victoria hat jüngst klargelegt, dass der Mond unter dem mächtigen disruptiven Zuge, welcher auf ihn gewirkt haben musste, als er fast in Berührung mit der gegenwärtigen Oberfläche der Erde sich bewegte, als eine zusammenhängende Masse nicht würde haben bestehen können; und Darwin, der die Berechtigung dieses Einwandes zugiebt, nimmt daher an, dass unser Satellit in seinem ursprünglichen Zustande die Form eines Meteoritenschwarmes gehabt habe. [2]) Aber ein solcher Schwarm würde sich infolge der Wirkung der Gezeiten schnell in einen meteorischen Ring ausgebreitet haben, und der Mond bliebe unerklärt. Das Zeugnis für die Wirksamkeit der Reibung durch die Gezeiten bei der Hervorbringung der gegenwärtigen Konfiguration des aus Mond und Erde bestehenden Systems wird jedoch nicht dadurch umgestossen, dass es auf diese Weise nicht gelingt, in die Geheimnisse seiner Erzeugung einzudringen. Unter ihrem Einfluss ergeben sich für die Hauptelemente dieses Systems ungezwungene gegenseitige Beziehungen. Sie bringt sowohl kausal wie quantitativ die Perioden der Revolution des Mondes und der Rotation der Erde, die Schiefe der Ekliptik, die Neigung und Excentrizität der Mondbahn in Zusammenhang mit einander. Alles dies kann kaum zufällig sein.

Darwin's erste Untersuchungen über diesen Gegenstand wurden der Königlichen Gesellschaft am 18. Dezember 1879 mitgeteilt. Ihnen folgte am 20. Januar 1881 [3]) eine Untersuchung der früheren

---

[1]) *Phil. Trans.*, vol. CLXXI, p. 835. — [2]) *Nature*, vol. XXXIII, p. 368. Siehe auch Nolan, *Ibid.*, vol. XXXIV, p. 286. — [3]) *Phil. Trans.*, vol. CLXXII, p. 491.

Verhältnisse des gesamten Sonnensystems nach denselben Prinzipien. Die Resultate waren eine Warnung vor übereilter Verallgemeinerung. Sie zeigten, dass das System von Erde und Mond, weit entfernt ein Muster für die Entwickelung der von der Sonne regierten Körper zu sein, vielmehr eine hervorragende Ausnahme unter denselben bildete. Seine Besonderheit besteht in der Thatsache, dass der Mond verhältnismässig der bei weitem massigste Begleiter irgend eines bekannten Planeten ist. Seine störende Einwirkung auf seinen Hauptkörper ist daher unverhältnismässig gross, und demnach hat die Reibung durch die Gezeiten auch eine hervorragende Rolle gespielt, um die gegenseitigen Beziehungen zwischen ihnen in ihren jetzigen Zustand überzuführen.

Die vergleichsweise späte Entstehung des Mondes dient zu einer Bestätigung dieses Schlusses. Die Dimensionen der Erde unterschieden sich (nach Darwin) zu der Zeit, wo ihr einziger Sprössling auf irgend eine Weise ins Dasein trat, nicht sehr weit von ihrem jetzigen Zustande. Dies ist aber bei keinem andern von den Planeten der Fall gewesen. Es ist unwahrscheinlich, dass die Satelliten des Jupiter, Saturn oder Mars (und, wie wir ohne Gefahr hinzufügen können, des Uranus und Neptun) jemals in viel engeren Bahnen sich bewegt hätten, als sie es jetzt thun; es ist in Wirklichkeit sicher, dass sie nicht sehr nahe an den jetzigen Oberflächen ihrer Hauptkörper ihre Entstehung erhielten, wie dies bei unserm Monde der Fall war.[1]) Was folgt hieraus? Die Gezeiten hervorbringende Kraft eines Körpers nimmt mit der Nähe in einem rasch beschleunigten Verhältnis zu. Die vom Monde hervorgerufenen Gezeiten müssen daher ungeheuer gross gewesen sein, als der Mond sich in einer Entfernung um die Erde bewegte, die nur ein Bruchteil seiner jetzigen war. Kein anderer bekannter Satellit aber nahm zu irgend einer Zeit eine entsprechende Lage ein. Daher besass kein anderer Satellit jemals eine solche Fähigkeit, Gezeiten hervorzubringen, die mit der des Mondes irgendwie vergleichbar wäre. Wir schliesen wiederum, dass die Reibung durch die Gezeiten bei unserer Erde eine ganz andere Wirkung ausübte, als anderswo.

Doch besitzt der Gegenstand noch eine andere Seite. Wir wissen, dass sowohl die Sonne wie der Mond auf unsern Meeren Gezeiten veranlassen. Es muss daher sowohl die Sonne wie der

---

[1]) *Phil. Trans.*, vol. CLXXII, p. 530.

Mond eine Reibung vermittelst derselben hervorbringen. Da erhebt sich sogleich die Frage: welche Rolle hat die von der Sonne herrührende in der Entwickelung des Sonnensystems gespielt? Ist sie je von hervorragender Wichtigkeit gewesen, oder ist ihr Einfluss stets nur ein untergeordneter und fast zu vernachlässigender gewesen wie heutzutage? Auch hierauf giebt Darwin eine Antwort.

Es kann ohne Zögern behauptet werden, dass die Sonne nicht in der Weise, wie die Erde der Annahme nach den Mond erzeugte, auch die Planeten erzeugte, nämlich durch das Zerbrechen ihrer bereits verdichteten, obwohl noch bildungsfähigen und glühenden Masse, und durch darauffolgende allmähliche Abstossung von ihrer Oberfläche weg in ihre gegenwärtigen Lagen. Denn die grösste mögliche Zunahme in der Länge des Jahres infolge der Reibung durch die Gezeiten beträgt eine Stunde; und fünf Minuten ist eine wahrscheinlichere Schätzung.[1]) So weit daher der Stoss der Gezeitenwellen, welche von den Planeten auf der Sonne hervorgerufen werden, in Betracht kommt, sind die Entfernungen der letzteren niemals erheblich von den jetzigen verschieden gewesen, wenn auch jene Ursache die von ihnen beschriebenen Bahnen aus Kreisen in Elipsen verwandelt haben kann.

Auf ihre physische Geschichte ist sie jedoch wahrscheinlich in weit höherem Grade einflussreich gewesen. Die erste Lebensfrage für jeden von ihnen war — Satelliten oder keine Satelliten? Sollten sie zugleich Herrscher und Beherrschte sein, oder sollten sie in unfruchtbarer Einsamkeit durch die Äonen ihres künftigen Daseins hindurch sich um die Sonne bewegen? Man hat starken Grund zu glauben, dass die Reibung durch die von der Sonne herrührenden Gezeiten die vorherrschende Gewalt war. Es ist merkwürdig, dass die planetarische Fruchtbarkeit — wenigstens bis zur Entfernung des Saturn — zunimmt mit dem Abstande von der Sonne. Können diese beiden Thatsachen in irgend welcher Weise in Beziehung zu einander gesetzt werden? In andern Worten, giebt es irgend einen denkbaren Grund, infolgedessen der Einfluss der Gezeiten das Abstossen sekundärer Körper aufhalten oder hindern konnte? Wir brauchen nur einen Augenblick nachzudenken, um zu sehen, dass dies genau eines seiner direkten Resultate ist.[2])

---

[1]) *Phil. Trans.*, vol. CLXXII, p. 533. — [2]) Dies wurde von Éd. Roche im Jahre 1872 bemerkt. *Mém. de l'Acad. des Sciences de Montpellier*, t. VIII, p. 247.

Die Reibung durch die Gezeiten, mögen dieselben nun von der Sonne oder von dem Monde herrühren, zielt darauf hin, die Rotationsgeschwindigkeit des Körpers, auf welchen sie einwirkt, zu verringern. Die Lostrennung von Satelliten hängt aber — der angenommenen Ansicht zufolge — von der Erreichung einer disruptiven Rotationsgeschwindigkeit ab. Wenn daher die Reibung durch die Sonnenflut stark genug wäre, den Schritt unter diesem kritischen Punkte zu erhalten, so würde die sich zusammenziehende Masse intakt bleiben — es würde keine Satellitenbildung stattfinden. Dies ist aller Wahrscheinlichkeit nach beim Merkur und bei der Venus wirklich der Fall gewesen. Sie kühlten sich ab, ohne sich zu spalten, da die Einwirkung der Sonne zu stark war, um eine Vergrösserung der Geschwindigkeit über die Grenzen des Gleichgewichts hinaus zu gestatten. Die Erde entging mit knapper Not dem nämlichen Schicksal der Verlassenheit. Die Zeit, wo sie zum ersten und einzigen Male ihre Stabilität verlor, zog sich hinaus, bis die Erde beinahe ihren jetzigen Zustand erreicht hatte. Das späte Erscheinen des Mondes erklärt seinen relativ grossen Umfang — wegen der vermehrten Kohäsion einer bereits stark kondensierten Muttermasse — und die besonderen Eigentümlichkeiten seiner Geschichte und seines Einflusses auf die Kugel, die ihn hervorbrachte.

Die Reibung der von der Sonne hervorgerufenen Gezeiten ist auch, obwohl sie die Bildung zweier kleiner Begleiter des Mars nicht hinderte, zur Erklärung des aussergewöhnlich schnellen Umlaufs des einen von ihnen herangezogen worden. Phobos vollendet, wie wir gesehen haben, mehr als drei Umläufe, während sich Mars einmal herumdreht. Doch war dies wahrscheinlich nicht immer der Fall. Die beiden Perioden waren ursprünglich beinahe gleich. Die Differenz, wird behauptet, wurde durch Gezeitenwellen, welche die Sonne auf dem zähflüssigen Sphäroid des Mars hervorrief, zustande gebracht. Die Rotationsgeschwindigkeit des Mars wurde dadurch beeinträchtigt, der Tag desselben wurde länger und, als weitere Folge, die Umlaufsperiode des inneren Satelliten, welche kürzer als der verlängerte Tag geworden war, begann sich immer weiter zu verkürzen. Es war daher Phobos, unähnlich unserm Monde, im Anfang weiter von seinem Hauptkörper entfernt als jetzt.

Hier ruft uns aber Nolan wieder ein »Vorgesehen!« zu. Indem er durch numerische Berechnung eine einfache Probe machte, zeigte er, dass, bevor die Reibung der Sonnengezeiten die Rotationsperiode des Mars nur um eine Minute verlängern konnte, sich Phobos schon hätte auf seine Oberfläche stürzen müssen.[1]) Denn der enorme Unterschied der Massen zwischen ihm und der Sonne ist so wenig durch die enorme Differenz ihrer bezüglichen Entfernungen vom Mars ausgeglichen, dass die Kraft der von der Sonne veranlassten Gezeiten allein fünfmal so gross ist als die des kleinen Satelliten. Aber die Wirkungen der Gezeiten eines Satelliten, der schneller kreist als sein Hauptkörper sich um sich selbst dreht, sind genau umgekehrt wie diejenigen eines Satelliten, der sich wie unser Mond verhältnismässig langsam bewegt, so dass die durch Phobos hervorgerufenen Gezeiten beide Perioden zu verkürzen streben. Sein Umlaufsmoment ist indessen so ausserordentlich klein im Verhältnis zum Umdrehungsmoment des Mars, dass jede wahrnehmbare Einbusse des letzteren von einem verschwenderischen und verderblichen Aufwande der ersteren begleitet ist. Es ist als ob ein Mensch, der sich im Besitze eines einzigen Fünfmarkscheins befindet, zu gleichen Einsätzen spielen wollte mit einem, der eine Million besitzt. Der sicher erfolgende Bankerott ist ein Vorbild für das künftige Geschick des inneren Satelliten des Mars. Um die Katastrophe seines Zusammenstosses mit Mars herbeizuführen, würde es im Vergleich zu der Reibung, welche erforderlich wäre, um den Tag des Mars um eine Minute zu verlängern, nur eines sehr schwachen gegenwirkenden Stosses bedürfen. Und aus der verhältnismässigen Stärke der wirkenden Kräfte geht mit völliger Sicherheit hervor, dass ein Resultat nicht ohne das andere eintreten kann. Auch in der Vergangenheit kann die Sachlage nicht wesentlich verschieden gewesen sein. Demnach muss die Vorstellung aufgegeben werden, dass die ursprüngliche Rotationszeit des Mars noch aus der Umlaufsperiode seines inneren Satelliten zu erkennen wäre.

Die anomale Kürze der letzteren kann indessen nach Wolf's Meinung[2]) durch die »traînées elliptiques,« durch welche Roche die Nebelringbildung ergänzte, erklärt werden.[3]) Sie wurden rückwärts verfolgt bis zu der Zeit, wo die sich lostrennenden Schichten von den mittleren Breiten des grossen Nebelsphäroids herabstiegen nach der Ebene seines Äquators. Da somit ihre Rotationsgeschwindigkeit verhältnismässig klein war, bildeten sie »innere Ringe«, die dem

[1]) *Nature,* vol. XXXIV, p. 287. — [2]) *Bull. Astr.,* t. II, p. 223. — [3]) *Montpellier Mém.,* t. VIII, p. 242.

Verdichtungsmittelpunkt viel näher waren, als nach der unveränderten Laplace'schen Theorie möglich gewesen wäre. Phobos könnte nach dieser Ansicht ein polarer Sprössling des Mars genannt werden, und die Ringe des Saturn hielt man für ähnlichen Ursprungs.

Von der Reibung, welche die von der Sonne veranlassten Gezeiten hervorrufen, kann man gegenwärtig kaum behaupten, dass sie ausserhalb der Bahn des Mars noch irgend welche merkliche Kraft besitze. Doch ist es lange nicht sicher, dass dies immer so war. Es erscheint nicht unwahrscheinlich, dass ihr Einfluss bei der Bestimmung der Richtung der Rotation der Planeten der vorherrschende war. Faye wandte, wie wir gesehen haben, gegen das Laplace'sche System ein, dass nur rückläufige sekundäre Systeme dadurch erzeugt worden sein könnten. Hierin war ihm Kirkwood zuvorgekommen, der jedoch eine Antwort auf seinen eigenen Einwand an die Hand gab.[1])

Die von der Sonne herrührenden Gezeiten müssen mit grosser Kraft auf die zerstreuten Massen der im Entstehen begriffenen Planeten gewirkt haben. Vermittelst derselben wurden die letzteren ohne Zweifel bald dahin gebracht, dass sie (nach Art des Mondes) stets dieselbe Hemisphäre ihrem Bewegungsmittelpunkte zuwandten. Dies bedeutet, dass sie, auch wenn sie zuerst in rückläufiger Rotation sich befanden, doch bald durch die Reibung der von der Sonne veranlassten Gezeiten in rechtläufiger Richtung rotierten. Denn es ist kaum nötig darzulegen, dass ein Planet, der der Sonne beständig dieselbe Seite zeigt, in der nämlichen Richtung, in welcher er sich in seiner Bahn bewegt, auch rotiert und dass die Zeitdauer in beiden Fällen dieselbe ist. Da mit dem Fortschreiten der Verdichtung die Gezeiten schwächer werden und die Rotation schneller wird, so wird notwendig die beschleunigte Umdrehung in dem ihr so vorgeschriebenen Sinne weitergehen. Hiernach können die rückläufigen Umdrehungsbewegungen beim Uranus und Neptun sehr wohl noch Überbleibsel eines ursprünglich allgemein durch das ganze System herrschenden Zustandes der Dinge sein, welches von der Unwirksamkeit der Sonnengezeiten in ihrer grossen Entfernung herrührt.

Das allgemeine Ergebnis der Untersuchungen von Darwin ist daher gewesen, dass die Laplace'sche Kosmogonie unberührt gelassen wurde. Er hat nichts gegen sie vorgebracht und hat, was vielleicht

---

[1]) *Am. Journ.*, vol. XXXVIII (1864), p. 1.

noch mehr Gewicht hat, nichts an ihre Stelle zu setzen gehabt. Wenn wir überhaupt über die Entstehung des Planetensystems nachdenken, werden wir in der einen oder andern Form immer wieder auf die breiten Umrisse der Nebelhypothese zurückkommen, wenigstens insoweit, dass wir eine ursprüngliche Einheit der Materie und der bewegenden Ursache annehmen. Wir können aber nunmehr besser wie zuvor erkennen, dass diese Spekulationen nur eine enge und unvollkommene Skizze der Wahrheit darbieten. Wir würden schwer irren, wollten wir annehmen, dass wir mit Hilfe irgend welcher Erkenntnis, die nur je das Menschengeschlecht besitzen mag, die wirkliche und vollständige Geschichte unseres bewunderungswürdigen Systems rekonstruieren könnten. »Die Spitzfindigkeit der Natur,« sagt Bacon, »übersteigt in mannigfacher Weise die Spitzfindigkeit des Verstandes und der Sinne des Menschen.« Nicht durch eine blosse trockene Entwickelungsformel, die ohne Unterschied auf alle anwendbar ist, wurden die Resultate, die wir bewundern, und deren einer Teil unser Leben bedingt, hervorgebracht, sondern durch das mannigfaltige Spiel von Kräften, die in verschiedener Weise modifiziert und in verschiedener Weise geltend gemacht werden je nach den lokalen Anforderungen des Planes, den auszuführen sie bestimmt sind.

Zehntes Kapitel.

Neuere Kometen.

Am 2. Juni 1858 entdeckte Giambattista Donati zu Florenz einen schwachen runden Nebel im Sternbilde des Löwen mit einem Durchmesser, der etwa ein Zehntel des Vollmonddurchmessers betrug. Es fand sich, dass es ein der Sonne sich nähernder Komet war. Doch änderte er einige Wochen hindurch nur wenig seinen scheinbaren Platz oder seine Helligkeit. Die allmähliche Entfaltung einer centralen Lichtverstärkung war das erste Anzeichen seines künftigen Glanzes. Zu Harvard wurde um die Mitte des Juli ein starker sternartiger Kern gesehen; am 14. August begann sich ein Schweif zu entwickeln. Als der Komet noch über sechs Wochen vom Durchgange durch sein Perihel entfernt war, wurde es klar, dass grosse Dinge von ihm zu erwarten waren. Und in der That verwirklichten sie sich.

Erst in den ersten Tagen des September konnte er von jedem mit blossen Augen erkannt werden, obwohl er am 19. August zu Pulkowa ohne Hilfe eines Glases gesehen worden war. Von da ab aber war sein Wachstum ein überraschend schnelles, bis er mit beschleunigter Bewegung unter der Hinterpfote des Grossen Bären weg bis über die Sternenlocken der Berenice hinausreichte. Ein plötzlicher Sprung in der Helligkeit wurde am 12. September wahrgenommen, wo der Kern fast die Helligkeit des Polarsterns hatte und der Schweif, ungeachtet einer vorhergegangenen grossen Verkürzung, mit der geringsten teleskopischen Vergrösserung über sechs Grade der Himmelskugel verfolgt werden konnte. Der Anhang erreichte indessen seine völlige Entwickelung erst nach dem Durchgang durch das Perihel am 30. September, zu welcher Zeit er überdies nahezu einen rechten Winkel mit der Gesichtslinie von der Erde aus bildete. Am 10. Oktober erstreckte er sich in einer prachtvollen säbelförmigen Kurve über ein Drittel und mehr der sichtbaren Hemisphäre, was einer wirklichen räumlichen Ausdehnung von mehr als $11\frac{2}{3}$ Millionen

Meilen entspricht. Die auffälligste Ansicht aber bot sich am 5. Oktober dar, als der glänzende Stern Arcturus in die hellsten Teile des Schweifes eingehüllt wurde und, da sein Glanz durch den dazwischenliegenden Nebelschleier nicht vermindert wurde, viele Stunden lang dazu beitrug, die Pracht des majestätischen Himmelsobjektes, dessen Eindruck noch in der Erinnerung fortlebt, zu erhöhen. Donati's Komet wurde nach dem Zeugnis des Admirals Smyth[1]) »als ein blosses Schauobjekt« von dem grossen Kometen im Jahre 1811 übertroffen; aber was ihm an Glanz abging, wurde durch die Schönheit und Mannigfaltigkeit dessen, was man die »Bühnen«-Effekte nennen könnte, ersetzt.

Einige von diesen waren nicht weniger interessant für den Forscher wie sie eindrucksvoll waren für den Zuschauer. Am 16. September beobachtete Winnecke[2]) zu Pulkowa eine schwache äussere Hülle nach Art eines etwas weit um den Kopf geschlungenen Schleiers von fast verschwindendem Gewebe. Am nächsten Abend erschien der erste der »sekundären« Schweife, möglicherweise als Teil desselben Phänomens. Dies war ein schmaler gerader Streifen, der eine Tangente an die starke Kurve des Hauptschweifes bildete und bis zu einer noch grösseren Entfernung von dem Kerne hinaufreichte. Er blieb etwa drei Wochen lang sichtbar und wurde während eines Teiles dieser Zeit doppelt gesehen. Denn von dem Hauptzuge selbst ging in einem Punkte, wo sich seine Krümmung plötzlich änderte, gleichsam infolge einer Abstossung eines Teiles seines Materials, ein zweiter Streifen nahezu parallel dem ersten aus, dessen scharfe Begrenzung mit dem zart diffusen und wallenden Aussehen der Lichtfeder, aus welcher er entsprang, in eigentümlicher Weise kontrastierte. Die Olbers'sche Theorie ungleicher repulsiver Kräfte ist niemals schöner veranschaulicht worden. Der dreifache Schweif war eine sichtbare Analyse der Masse des Kometen durch die Sonne.

Der Prozess leuchtender Ausströmung, welcher bei diesem Körper vor sich ging, rief mit Gewalt die an den Kometen vom Jahre 1744 und 1835 gemachten Beobachtungen in die Erinnerung zurück. Von der Mitte des September an war der Kern, der nach Bond's Schätzung noch nicht 110 (engl. 500) Meilen im Durchmesser hatte, der Herd einer höchst energischen Thätigkeit. Sieben deutlich erkennbare »Hüllen« wurden nach und nach von der den Kopf umgebenden

---

[1]) *Month. Not.*, vol. XIX, p. 27. — [2]) *Mém. de l'Ac. Imp.*, t. II, 1859, p. 46.

Nebelmasse abgesondert und gaben, nachdem sie während Perioden von vier bis sieben Tagen nach der Sonne hin aufgestiegen waren, schliesslich ihr Material zur Bildung des rechten und linken Zweiges des grossen Schweifes wieder ab. Die Trennung dieser durch eine dunkle Achse — dicht über dem Kerne anscheinend so schwarz wie der Himmel — deutete eine hohle kegelförmige Struktur des Schweifes an;[1]) während die Wiederholung gewisser Flecken und Streifen in derselben bezüglichen Lage auf einer Enveloppe nach der andern zeigte, dass der Kern — bis auf eine gewisse lokale Eigentümlichkeit, von der sie zweifellos herstammten — keine eigentliche Rotation hatte, sondern sich nur in einer Weise um eine Achse herumdrehte, welche hinreichte, damit er nach der Sonne hin, so lange er sich um sie bewegte, denselben Anblick bewahren konnte.[2]) Die Beobachtung Bond's bestätigte durchaus die Bessel'sche Hypothese entgegengesetzter Polaritäten auf entgegengesetzten Seiten solcher Objekte.

Das Fortstossen eines brillant leuchtenden fächerartigen Abschnittes gegen die Sonne hin am 25. September vervollständigte die Ähnlichkeit mit Halley's Kometen. Die Erscheinung des Kopfes glich jetzt einigermassen einer Gasflamme, welche die Form eines Fledermausflügels hat. Dagegen gab es keine Schwingungen hin und her, wie sie Bessel im Jahre 1835 gesehen und betrachtet hatte. So lange sich der Umfang des Kerns mit der Annäherung an sein Perihel zusammenzog, nahm seine Intensität zu. Am 2. Oktober überstrahlte er Arcturus und während einer Woche oder zehn Tagen konnte er eine halbe Stunde nach Sonnenuntergang deutlich wahrgenommen werden. Seine Helligkeit war — abgesehen von dem vom Schweife ausgehenden Lichte — zu jener Zeit 6300-mal so gross, als sie am 15. Juni gewesen war, obwohl sie theoretisch — d. h. wenn man nur die Unterschiede in den Entfernungen von der Sonne und der Erde in Betracht zieht — nur $\frac{1}{33}$ jenes Betrages hätte sein müssen. Dies war, könnte man denken, ein überzeugender Beweis dafür, dass der Komet selbst unter der zunehmenden Intensität der Sonnenstrahlen entzündet wurde. Versuche mit dem Polariskop indessen wurden in einem verschiedenen Sinne ausgelegt, und man beruhigte sich allgemein bei dem Bond'schen Schlusse, dass der Komet uns in Wirklichkeit unvermischtes reflektiertes

---

[1]) *Harvard Annals*, vol. III, p. 368. — [2]) *Ibid.*, p. 371.

Sonnenlicht zusendet. Doch wurde dieser Schluss sogleich bei der ersten Anwendung des Spektroskops auf diese Körper wieder aufgegeben.

Sehr wenige Kometen sind so gut oder so lange beobachtet worden wie der Donati'sche. Er war dem blossen Auge 112 Tage hindurch sichtbar; mit dem Teleskop konnte er während 275 Tagen wahrgenommen werden, da die letzte Beobachtung am 4. März 1859 von Dr. Mann am Kap der guten Hoffnung gemacht wurde. Sein Gang am Himmel und die Stellung der Erde in ihrer Bahn vereinigten sich in ausgezeichneter Weise zu Gunsten eines merkwürdigen Anblicks. Der Schweif verlor, als er seiner grössten Entfaltung nahe war, fast gar nicht durch perspektivische Wirkungen und befand sich gleichzeitig in einer Ebene, die hinreichend gegen die Gesichtslinie geneigt war, um seine ausgezeichneten Kurven mit dem grössten Vorteil zu zeigen. Selbst das Wetter war zu beiden Seiten des atlantischen Ozeans während der das grösste Interesse darbietenden Periode günstig und der Mond so wenig als möglich störend. Das prachtvolle Werk des jüngeren Bond ist ein Denkmal der Sorgfalt und Geschicklichkeit, mit welcher diese Vorteile ausgenutzt wurden. Und doch bezeichnete diese herrliche Erscheinung keinen Wendepunkt in der Geschichte der Wissenschaft der Kometen. Durch das Studium derselben wurde zwar das Wissen materiell gefördert, aber nur in den alten Bahnen. Keine schnelle und lebendige Erleuchtung brach sich Bahn. Ganz unbedeutende Objekte haben, wie wir zum Teil schon gesehen haben, sich öfters wesentlicher instruktiv gezeigt.

Donati's Komet ist mit keinem andern identificiert worden. Seine Bahn ist eine ungeheuer lang gestreckte Ellipse, die in einer von der Ebene der Planetenbahnen weit abweichenden Ebene liegt und die ihn im Perihel bis innerhalb der Bahn der Venus, im Aphel aber $5\frac{1}{2}$-mal so weit in den Raum hinausführt, als die Entfernung des Neptun von der Sonne beträgt. Der vollständige Umlauf dauert über 2000 Jahre und wird in rückläufiger Richtung oder gegen die Tierkreisordnung ausgeführt. Vor seiner nächsten Wiederkehr, etwa ums Jahr 4000 n. Chr., dürfte das Rätsel seines Daseins und seines Zweckes bis zu einem gewissen Grade, obwohl sicherlich nicht vollständig, aufgehellt sein.

Am 30. Juni 1861 ging die Erde zum zweiten Male in diesem Jahrhundert durch den Schweif eines grossen

Kometen hindurch. Viele unsrer Leser werden sich der unerwarteten Erscheinung eines so merkwürdigen, die allgemeine Aufmerksamkeit erregenden Objekts, als die Sonne sich an jenem Abend unter den Horizont zurückgezogen hatte, erinnern. Eine goldgelbe planetarische Scheibe, in dichten Nebel eingehüllt, zeigte sich deutlich, während noch die in unseren Breiten besonders helle Juni-Dämmerung in ihrem ersten Stadium war. Die Anzahl und Kompliciertheit der den Kopf umgebenden Enveloppen brachte nach der Schilderung des verstorbenen Webb[1]) eine prachtvolle Wirkung hervor. Teile von sechs verschiedenen Ausströmungen konnte man verfolgen. »Es war, als ob eine Anzahl zarter nebliger Wolken um einen Miniaturvollmond herumschwebten.« Sobald das Tageslicht schwächer wurde, kam der Schweif zum Vorschein.[2]) Obwohl er an Helligkeit und an scharfer Begrenzung sich nicht mit dem Schauspiel von 1858 messen konnte, waren doch seine Dimensionen ausserordentlich gross. Er reichte, wenn der Kopf bereits untergegangen war, immer noch bis über das Zenith hinaus. Nach einigen Gewährsmännern wurde seine ausserordentliche Länge auf 118^0 bestimmt, und von einer Krümmung war keine Spur zu sehen. Am merkwürdigsten jedoch war die Erscheinung zweier weit divergierender Streifen, die beide nach dem Kopfe zuliefen, obwohl sie von ihm durch den dunklen Himmel abgeschnitten wurden; einer von ihnen wurde von Webb gesehen, während Williams zu Liverpool eine Viertelstunde vor Mitternacht beide wahrnahm. Es erscheint nicht zweifelhaft, dass Webb's Erklärung die richtige ist, und dass diese Streifen in der That »die perspektivische Darstellung eines konischen oder cylindrischen Schweifes waren, der nahe über unsern Häuptern hing und wahrscheinlich gerade aus unserer Atmosphäre ausgeschnitten wurde.«[3]) Der Kometenzug entfernte sich damals schnell von der Erde, so dass die Seiten des »ausgebreiteten Lichtfächers,« welchen er zeigte, als wir uns gerade in der Richtung seiner Achse befanden, bei der Entfernung des Kometen so aussehen mussten (wie es wirklich der Fall war), als ob sie sich zusammenlegten. Die Schnelligkeit, mit welcher sich der scheinbar geöffnete Fächer schloss, bewies seine Nähe, und in der That zeigten Hind's Rechnungen, dass wir uns damals gerade wirklich innerhalb seiner Falten befanden.

---

[1]) *Month. Not.*, vol. XXII, p. 306. — [2]) Stothard, *Ibid.*, vol. XXI, p. 243. — [3]) *Intell. Observer*, vol. I, p. 65.

Aus seinen Beobachtungen zu Rio de Janeiro vom 11. bis 14. Juni hatte bereits Liais auf die Wahrscheinlichkeit einer solchen Begegnung hingewiesen und hatte später gezeigt, dass sie in der Weise vor sich gehen musste, dass sie ein Eintauchen der Erde in die Masse des Kometen bis zu einer Tiefe von etwas über 65000 Meilen zur Folge hatte.[1]) Der Komet befand sich damals zwischen der Erde und der Sonne in einer Entfernung von etwa drei Millionen Meilen von der ersteren; sein Schweif dehnte sich nach aussen gerade längs der Schnittlinie seiner eigenen Bahn mit der Bahn der Erde bis zu 3260000 Meilen aus, so dass unsere Erdkugel, die zu jener Zeit gerade durch diesen Ort hindurchging, während einiger Stunden von dem zarten Anhange eingehüllt wurde.

Durch das Zusammentreffen wurden keine sichtbaren Wirkungen hervorgebracht; man wusste nur auf theoretischem Wege, dass ein solches stattgefunden hatte. Ein besonderer Schimmer am Himmel, den einige am Abend des 30. Juni wollten wahrgenommen haben, war zum mindesten nicht auffällig. Auch gab es keine Anzeichen von ungewöhnlicher elektrischer Erregung. Die Greenwicher Instrumente zeigten allerdings in der folgenden Nacht eine Störung; doch wäre es voreilig, zu schliessen, dass der Komet bei ihrer Erregung eine Rolle spielte.

Der Durchgang dieses Körpers durch das Perihel geschah am 11. Juni 1861 und seine Bahn war, wie Kreutz zu Bonn aus einer sehr vollständigen Untersuchung von Beobachtungen, die sich beinahe über ein Jahr erstreckten, fand, eine Ellipse, die in einer Periode von $409\frac{1}{2}$ Jahren durchlaufen wurde.[2])

Gegen Ende des August 1862 wurde hoch am nördlichen Himmel ein Komet dem blossen Auge sichtbar mit einem Kern, der an Helligkeit den kleineren Sternen im grossen Bären gleichkam, und mit einem schwachen 20^{0} langen Schweife. Er nahm somit unter den Mitgliedern seiner Gattung durchaus nur eine sekundäre Stellung ein. Trotzdem war er ein prächtiges Objekt gegenüber einem teleskopischen Nebel, der von Tempel in Marseille am 19. Dezember 1865 entdeckt wurde. Dieser, der einzige Komet des Jahres 1866, schlüpfte am 11. Januar 1866 durch das Perihel, ohne pomphaftes Gefolge oder andere Anhängsel, und hätte kaum der Mühe, welche sein Verfolgen verursachte, wert

---

[1]) *Comptes Rendus,* t. LXI, p. 953. — [2]) *Smiths. Report,* 1881 (Holden).

erscheinen können. Glücklicherweise teilten jedoch die Beobachter und Berechner diese Ansicht nicht, da sich auf die erlangte Kenntnis der Bewegungen dieser beiden Körper eine der bedeutsamsten Entdeckungen der neueren Zeit gründete. Der erste von ihnen wird heutzutage der Komet (1862 III) der August-Meteore, der zweite (1866 I) der der November-Meteore genannt. Die Schritte, welche zur Feststellung dieser seltsamen Verbindung führten, waren sehr zahlreich und wurden nach und nach von einer Anzahl verschiedener Personen ausgeführt. Aber das Endresultat wurde von Schiaparelli zu Mailand erhalten und bleibt mit Recht für immer mit seinem Namen verbunden.

Die im letzten Jahrhundert vorherrschende Vorstellung hinsichtlich der Natur der Sternschnuppen war die, dass sie blosse atmosphärische Irrlichter — brennbare Dämpfe wären, die sich zufällig in unserer Atmosphäre entzündet hätten. Aber schon Halley hatte die Ansicht von ihrem kosmischen Ursprunge ausgesprochen, und Chladni bildete 1794 in formeller Weise die Theorie aus, dass der Raum mit kleinen cirkulierenden Atomen erfüllt sei, welche, von der Erde angezogen und durch Reibung in ihrer gasförmigen Umhüllung entzündet, die so häufig gesehenen Lichterscheinungen hervorbringen.[1]) Nach seinen Andeutungen begannen 1798 Brandes und Benzenberg, zwei Studenten an der Universität zu Göttingen, die Höhen der fallenden Sterne durch gleichzeitige Beobachtungen an zwei getrennten Orten zu bestimmen. Sie fanden bald, dass sie sich mit planetarischer Geschwindigkeit in den obersten Schichten unsrer Atmosphäre bewegten, und legten durch Feststellung dieser Thatsache den Grund zu einer besonderen Wissenschaft derselben. Einige der gesammelten Daten dienten indessen nur dazu, die allgemeinen Ansichten zu verwirren und veranlassten sogar Chladni, zeitweilig auf seine eigene Meinung zu verzichten. Viele ausgezeichnete Autoritäten, an deren Spitze 1802 Laplace stand, erklärten sich für den Ursprung der Meteoriten aus Mondvulkanen; doch waren die Vorstellungen über den Gegenstand noch sehr verworren und die Untersuchung schien nur den Schlamm der Unwissenheit aufzurühren. Es bedurfte eines jener staunenerregenden Schauspiele, denen der Mensch nicht mehr in feiger Furcht vor seinem eigenen zerbrechlichen Geschicke, sondern mit durchdringender Neugier und leb-

---

[1]) *Über den Ursprung der von Pallas gefundenen Eisenmassen,* S. 24.

hafter Hoffnung auf Erwerbung neuer Erkenntnis zusieht, um eine Aufklärung herbeizuführen.

In der Nacht vom 12. zum 13. November 1833 brach ein Unwetter von Sternschnuppen über die Erde herein. Nordamerika erfuhr die Gewalt seines Tobens. Vom Golf von Mexiko an bis Halifax wurde der Himmel nach allen Richtungen hin von feurigen Bahnen durchzogen und von majestätischen Feuerkugeln erleuchtet, bis der hereinbrechende Tag dem Schauspiel mit Gewalt ein Ende setzte. Zu Boston schätzte man die Häufigkeit der Meteore etwa halb so gross wie die Zahl der Schneeflocken bei einem mittelmässigen Schneegestöber. Ihre Anzahl liess sich während ihres ersten heftigen Auftretens absolut nicht feststellen; aber als sich der Sturm etwas gelegt hatte, versuchte man sie zu zählen, und es ergab sich, dass, auch wenn man jenes stark verminderte Verhältnis zu Grunde legte, doch während des neun Stunden dauernden Falles 240000 zu sehen gewesen sein mussten.[1])

Nun ergab sich ein sehr bemerkenswertes Resultat, welches allen den unzählig vielen kleinen Körpern, welche in jener Nacht unsere Atmosphäre durchschnitten oder von ihr verschlungen wurden, gemeinsam war. Sie schienen sämtlich von dem nämlichen Teile des Himmels herzukommen. Verfolgte man ihre Bahnen rückwärts, so ergab sich stets, dass sie nach einem Punkte im Sternbilde des Löwen konvergierten. Überdies bewegte sich jener Punkt zugleich mit den Sternen in ihrer nächtlichen Runde. In andern Worten, er war vollständig unabhängig von der Erde und ihrer Rotation. Es war ein Punkt in dem von den Planeten durchwandelten Raume.

Die effektive Erkenntnis dieser Thatsache[2]) lief auf eine Entdeckung hinaus, wie von Olmstedt und Twining, die gleichzeitig über diesen Gegenstand nachdachten, zuerst gezeigt wurde. Denison Olmstedt war damals Professor der Mathematik am Yale College. Er zeigte schon anfangs des Jahres 1834,[3]) dass die Ausströmung des Meteorschauers von einem festen Radiationspunkte aus auf eine Annäherung desselben gegen die Erde in nahezu parallelen Linien

---

[1]) Arago, *Annuaire,* 1836, p. 294. — [2]) Humboldt hatte 1799 die Ausströmung von Sternschnuppen von einem einzigen Punkte oder »Radiationspunkte,« wie er viel später von Greg genannt wurde, ebenfalls bemerkt, aber ohne weitere Schlüsse auf diese Beobachtung zu gründen. — [3]) *Am. Journ. of Sc.,* vol. XXVI, p. 132.

hindeutete, und dass ihre scheinbare Divergenz nur eine Wirkung der Perspektive war; ferner dass diese parallelen Linien Teile der Bahnen sein mussten, welche sie um die Sonne beschrieben und die die Bahn der Erde schnitten. Denn das Novemberphänomen war jetzt als ein periodisches erkannt worden. In derselben Nacht des Jahres 1832 war es, obwohl mit weniger blendendem und allgemeinem Glanze, wie 1833 in Amerika, über einen grossen Teil von Europa und in Arabien wahrgenommen worden. Olmstedt bestimmte demzufolge für das Zusammentreffen des Schwarms kosmischer Partikelchen (oder des »Kometen,« wie er ihn zu nennen für gut fand) mit der Erde, wodurch nach seiner Ansicht die in Rede stehenden Erscheinungen hervorgebracht wurden, eine Periode von ungefähr 182 Tagen, und für ihre Bahn eine schmale Ellipse, die nahe an ihrem von der Sonne entferntesten Punkte mit dem Platze zusammentraf, welchen die Erde am 12. November einnahm.

Von nun an wurde daher, als Resultat des Sternschnuppenfalls von 1833, das Studium der leuchtenden Meteore ein integrierender Teil der Astronomie. Dass sie Mitglieder des Sonnensystems seien, war nicht mehr eine blosse Theorie oder Vermutung —, es war eine begründete Thatsache. Die Entdeckung könnte mit der der Asteroidengruppe verglichen werden, wenn sie die letztere nicht an Bedeutung weit überträfe. »Es ist eine neue planetarische Welt,« schrieb Arago,[1]) »welche sich vor uns zu enthüllen beginnt.«

Die Beweise für die Periodicität häuften sich immer mehr. Es wurde daran erinnert, dass Humboldt und Bonpland in der Nacht des 12. November 1799 zu Cumana einen Feuerregen beobachtet hatten, der wenig schwächer war wie der von 1833, und von dem berichtet worden war, dass er vom Äquator bis nach Grönland sichtbar gewesen wäre. Überdies gab es im Jahre 1834 und in einigen folgenden Jahren schwächere Wiederholungen des Schauspiels, als ob sich der meteorische Vorrat allmählich verringerte. Die ausserordentliche Unregelmässigkeit ihrer Verteilung wurde 1837 von Olbers bemerkt, welcher die Vermutung aussprach, dass wir bis 1867 würden warten müssen, um das Phänomen in derselben Pracht wie früher wiederzusehen.[2]) Dies war der erste Hinweis auf eine Periode von dreiunddreissig oder vierunddreissig Jahren.

Die Sternschnuppen des November waren es nicht allein, die die

---

[1]) *Annuaire,* 1836, p. 297. — [2]) *Ann. de l'Observ.,* Bruxelles 1839, p. 248.

Aufmerksamkeit der Gelehrten auf sich zogen. Ähnliche Erscheinungen traten der Überlieferung nach regelmässig am 10. August ein, wo sie im Volksmunde als »die Thränen des heiligen Laurentius« bekannt waren. Aber auf mittelalterliches Zeugnis hin konnte man einen solchen Zusammenhang mit jenem Datum nicht auf Treu und Glauben hinnehmen. Er musste wissenschaftlich festgestellt werden, und dies gelang Quetelet zu Brüssel im Dezember 1836.[1])

Es wurde auf diese Weise gezeigt, dass ein zweiter um die Sonne kreisender Meteorschwarm existierte. Aber die Begründung dieser Thatsache erwies sich sogleich als verhängnisvoll für die Olmsted'sche Hypothese einer »kosmischen Wolke.« Denn wenn es schon ein Verstoss gegen die Wahrscheinlichkeit war, einem solchen Haufen eine Periode von genau einem Jahre oder dem genauen Teile eines Jahres zuzuschreiben, so musste es vollständig absurd sein anzunehmen, dass sich die Bewegungen von zweien oder mehreren nach solchen äusserst kunstvollen Bedingungen regeln sollten. Ein Ausweg aus diesem Dilemma wurde von Adolf Ermann zu Berlin im Jahre 1839 vorgeschlagen.[2]) Nicht mehr in Form von Wolken, sondern in Form von geschlossenen Ringen sollte nach seiner Annahme die Meteormasse um die Sonne sich bewegen. Auf diese Weise würde der blosse Umstand des Durchschnittes der Erdbahn mit der Bahn der Meteore, ohne dass die Perioden zusammenzufallen brauchten, die Erklärung dafür abgeben, dass die Erde bei jedem jährlichen Durchgang durch den »Knoten« oder den Schnittpunkt der Bahnen einige Mitglieder des Systems antrifft. Dies war ein wichtiger Schritt vorwärts; doch brachte er hinsichtlich der Formen der Bahnen solcher ringförmigen Anhäufungen keine Entscheidung, und ein Vierteljahrhundert lang blieb er nach jeder Richtung hin ohne Nachfolge.

Im Jahre 1864 nahm indessen Professor Hubert A. Newton vom Yale College den fallengelassenen Faden der Untersuchung wieder auf.[3]) Durch eine Erforschung der alten Berichte verfolgte er das Novemberphänomen bis zurück zum Jahre 902 n. Chr., welches schon lange als das »Jahr der Sternschnuppen« bekannt war. Denn in derselben Nacht, in welcher Taormina von den Sarazenen gefangen genommen wurde und der grausame Tyrann Ibrahim

[1]) *Ann. de l'Observ.*, Bruxelles 1837, p. 272. — [2]) *Astr. Nachr.*, No 385, 390. — [3]) *Am. Journ. of Sc.*, vol. XXXVII (2. ser.), p. 377.

ibn Ahmed aus dem Geschlecht der Aghlabiten durch »Gottesurteil« vor Cosenza seinen Tod fand, fielen in solcher Menge Sterne vom Himmel, dass sie die Zuschauer nah und fern in Furcht und Schrecken setzten. Dies geschah am 13. Oktober, und die Wiederkehr dieser Erscheinung wurde durch die nachfolgenden Jahrhunderte verfolgt, wobei sich stets etwa in je siebzig Jahren eine Verspätung von einem Tage ergab. Ausserdem konnte man aus den Angaben leicht einen Cyklus von $33\frac{1}{4}$ Jahren ableiten, so dass Professor Newton nicht zögerte, für den 13. bis 14. November 1866 die Vorstellung eines ungewöhnlich auffälligen Meteorschauspiels vorauszusagen.[1])

Für die astronomische Erklärung der Phänomene griff man zurück auf eine Methode, welche Erman für die Berechnung der Bahnen der Meteore eingeführt hatte. Man fand jedoch, dass die alle drei- oder vierunddreissig Jahre erfolgende prächtige Wiederkehr derselben auch erklärt werden konnte durch die Annahme von fünf weit von einander verschiedenen Perioden im Verein mit einer Veränderung in der Ausdehnung der sich um die Sonne bewegenden Gruppen. Professor Newton selbst gab der kürzesten von diesen fünf Perioden, nämlich einer Periode von $354\frac{1}{2}$ Tagen, den Vorzug, wies aber zugleich darauf hin, wie man mit Sicherheit über die Richtigkeit der einen oder andern Annahme entscheiden könne. Dies geschah durch die fortschreitende Bewegung des Knotens oder durch jene Verspätung des Novemberschauers um einen Tag in je siebzig Jahren, deren Entdeckung die Angaben der alten Chroniken ermöglicht hatten. Denn dies ist eine genau messbare Wirkung der Störungen durch die verschiedenen Planeten, deren Betrag natürlich abhängt von der Bahn, welche die gestörten Körper durchlaufen. Hier kamen die grossen mathematischen Kenntnisse des Professor Adams zu Hilfe. Durch mühevolle Rechnungen stellte er fest, dass vier von den fünf möglichen Perioden Newton's vollständig unverträglich waren mit der beobachteten Verschiebung des Knotens, während bei der fünften — der von $33\frac{1}{4}$ Jahren — ein vollkommen übereinstimmendes Resultat erhalten wurde.[2]) Dies war das letzte Glied in der Kette des Beweises dafür, dass die Novembermeteore — oder »Leoniden,« wie sie seit jener Zeit genannt werden — in einer Periode von 33.27

---

[1]) *Am. Journ. of Sc.*, vol. XXXVII (2. ser.), p. 377. — [2]) *Month. Not.*, vol. XXVII, p. 247.

Jahren und in einer Ellipse die Sonne umlaufen, die die weite Kluft zwischen den Bahnen der Erde und des Uranus umspannte, während die Gruppe eine solche Ausdehnung hatte, dass sie sechs oder acht Jahre brauchte, um an dem Schauplatz der Begegnungen mit der Erde vorbeizukommen. Bevor jene Untersuchung aber im März 1867 vollendet war, hatte der Gegenstand ein neues Aussehen gewonnen und eine neue Wichtigkeit erhalten.

Professor Newton's Vorhersagung eines merkwürdigen Sternschnuppenfalls im November 1866 ging pünktlich in Erfüllung. Diesmal diente Europa als Hauptzielscheibe der himmlischen Geschosse, und die Beobachter waren zahlreich und vorbereitet. Das Schauspiel war, wenn auch nach der Erinnerung von Baxendell[1]) schwächer als das im Jahre 1833, doch von ausserordentlichem Eindruck. Dichte Haufen von Meteoren, an Glanz den hellsten Sternen gleich und zum Teil mit Venus bei ihrer grössten Helligkeit[2]) wetteifernd, schossen von Ost nach West quer über den Himmel mit ausserordentlichen scheinbaren Geschwindigkeiten und mit einer gewissen Bestimmtheit des Zieles, gleich als ob sie zu einem bestimmten Zweck und nach einem bestimmten Gegenstande geschleudert würden.[3]) Fast alle liessen Schweife von smaragdgrünem oder hellblauem Licht hinter sich, welche zuweilen mehrere Minuten dauerten, ehe sie zusammenschrumpften und aus dem Gesichte sich verloren. Der grösste Niedersturz trat kurz nach ein Uhr am Morgen des 14. November ein, wo die Versuche, sie zu zählen, durch ihre Häufigkeit vereitelt wurden. Aber vorher zählten während eines Zeitraums von sieben Minuten und fünf Sekunden vier Beobachter auf Bishop's Sternwarte zu Twickenham 514 Sternschnuppen und während einer Stunde 1120.[4]) Vor Tagesanbruch hatte die Erde in aller Ruhe ihren Weg durch die sternenerzeugende Schicht vollendet; die »Himmelsraketen« hatten aufgehört zu fliegen.

Dieses Ereignis brachte den Gegenstand der Sternschnuppen den Astronomen noch einmal lebhaft in Erinnerung. In der That war bereits Schiaparelli durch dasselbe angezogen worden. Die Resultate seiner Untersuchungen wurden in vier bemerkenswerten Briefen bekannt gemacht, die vor Schluss des Jahres 1866 an Pater

---

[1]) *Am. Journ. of Sc.*, vol. XLIII (2. ser.), p. 87. — [2]) Grant, *Month. Not.*, vol. XXVII, p. 29. — [3]) P. Smyth, *Ibid.*, p. 256. — [4]) Hind, *Ibid.*, p. 49.

Secchi gerichtet und in dem Bulletin der Sternwarte zu Rom [1]) veröffentlich worden waren. Ihre Absicht war, an erster Stelle zu zeigen, dass Meteore eine wirkliche Geschwindigkeit besitzen, die erheblich grösser ist als die der Erde und demzufolge sich viel weiter von der Sonne weg entfernen in Bahnen, die den Kometenbahnen gleichen, insofern sie sehr excentrisch sind, in den verschiedensten Ebenen liegen und in jeder Richtung zurückgelegt werden. Sodann wurde geschlossen, dass Kometen und Meteore in gleicher Weise ausserhalb des Sonnensystems ihren Ursprung haben, aber durch die Anziehung der Sonne für einige Zeit in dasselbe hineingezogen und hin und wieder durch den Rückstoss eines gewissen Planeten in ihm festgehalten werden. Aber die Thatsache, welche seinen Untersuchungen die Krone aufsetzte, wurde bis zuletzt aufbehalten. Es war der überraschende Umstand, dass sich die Augustmeteore in derselben Bahn bewegten, wie der helle Komet von 1862 — dass der Komet thatsächlich nur ein grösseres Glied der Familie der Perseiden (so genannt, weil ihr Radiationspunkt im Sternbilde des Perseus liegt) ist.

Dieser Entdeckung folgten schnell andere derselben Art. Leverrier veröffentlichte am 21. Januar 1867 [2]) Elemente für den Novemberschwarm, die sich auf die neuesten und zuverlässigsten Beobachtungen stützten; dieselben wurden sogleich von Dr. C. F. W. Peters zu Altona mit Oppolzer's Elementen für Tempel's Kometen vom Jahre 1866 [3]) identifiziert. Wenige Tage später gelangte Schiaparelli, nachdem er die Bahnen der Meteore nach verbesserten Angaben nochmals berechnet hatte, zu demselben Schlusse, während Professor Weiss zu Wien auf die Übereinstimmung zwischen der Bahn eines im Jahre 1861 erschienenen Kometen und der eines Sternschnuppenschwarmes, der am 20. April wieder erschienen war (Lyraiden), sowie auf die Übeinstimmung zwischen den Bahnen des Biela'schen Kometen und gewisser auffälliger Meteore vom 28. November hinwies. [4])

Diese Beispiele scheinen nicht selten vorzukommen. Die Zahl der bekannten oder vermuteten Übereinstimmungen der Bahnen von Kometen mit denen von Meteorschwärmen, welche in einem von Professor Alexander S. Herschel (der diesen Gegenstand zu seinem Spezialstudium gemacht hatte) 1878 [5]) zusammengestellten Ver-

---

[1]) Reproduziert in *Les Mondes*, t. XIII. — [2]) *Comptes Rendus*, t. LXIV, p. 96. — [3]) *Astr. Nachr.*, No. 1626. — [4]) *Ibid.*, No. 1632. — [5]) *Month. Not.*, vol. XXXVIII, p. 369.

zeichnis enthalten sind, beträgt sechsundsiebzig, wenn auch die vier zuerst entdeckten immer noch die hervorragendsten und vielleicht die alleinigen absolut sicheren Beispiele einer Beziehung bleiben, die eben so bedeutsam ist, wie sie den meisten Astronomen unerwartet war.

Allerdings hatte man schon früher ähnliche Vorstellungen. Nicht auf Kepler's Vergleichung der Sternschnuppen mit »kleinen Kometen« oder Maskelyne's »forse risulterà che essi sono comete«, (vielleicht entstehen sie aus einem Kometen) wie es in einem Briefe an den Abate Cesaris vom 12. Dezember 1783 [1]) heisst, braucht man viel zu geben. Aber Chladni hielt sie im Jahre 1819 [2]) beide für Bruchstücke oder Teile derselben ursprünglichen Masse, die unregelmässig durch den Raum als Nebel zerstreut wäre; und Morstadt von Prag deutete im Jahr 1837 [3]) an, dass die Novembermeteore zerstreute Atome vom Schweife des Biela'schen Kometen, dessen Bahn um jene Zeit von der Erde durchschnitten wurde, sein könnten. Professor Kirkwood indessen durchdrang in einer lichtvollen Betrachtung das ganze Geheimnis, so weit es bis dahin bekannt geworden war. In einem Aufsatz, den er in der *Danville Quarterly Review* für Dezember 1861 veröffentlichte oder vielmehr vergrub, schloss er aus der beobachteten Teilung des Biela'schen Kometen und anderer minder bekannten Beispiele derselben Art, dass die Sonne einen »scheidenden Einfluss« auf die Kerne der Kometen ausübt, der, wie man annehmen kann, so lange seine Wirkung fortsetzt, bis ihre körperliche Existenz (so zu sagen) in vollständiger Zerstäubung endet. »Können nicht«, fuhr er fort, »unsere periodischen Meteore die Trümmer ehemaliger, aber nunmehr aufgelöster Kometen sein, deren Masse längs ihrer Bahnen verteilt worden ist?« [4])

Der Inhalt der Entdeckung Schiaparelli's konnte nicht klarer angegeben werden. Denn es muss daran erinnert werden, dass diese mit dem schliesslichen Schicksal von Kometenschweifen nichts zu thun hat. Die zarte, sie bildende Materie ist ohne Zweifel dauernd für den Körper verloren, von welchem sie ausgeströmt war; aber die Wissenschaft masst sich nicht an, ihre weitere Wanderung durch den Raum zu verfolgen. Sie kann indessen kategorisch be-

---

[1]) Schiaparelli, *Le Stelle Cadenti*, p. 54. — [2]) *Über Feuermeteore*, S. 406. — [3]) *Astr. Nachr.*, No. 347 (Mädler); siehe auch Boguslawski, *Die Kometen*, S. 98, 1857. — [4]) *Nature*, vol. VI, p. 148.

haupten, dass dieselbe nicht mehr den Weg entlang geführt werden wird, den sie unter dem Einfluss der Sonne verlassen hat. Von den centralen und wahrscheinlich festen Teilen von Kometen andrerseits stammen die Teilchen her, durch deren schnelles Vorbeiziehen unser Himmel mit periodischen Feuermalen bedeckt wird. Es ist sicher, dass eine lose zusammengeballte Masse (für welche wir Kometenkerne zu halten allen Grund haben) allmählich unter der ungleichen Wirkung der Schwere an ihren verschiedenen Teilen oder, in andern Worten, infolge des Einflusses der von der Sonne erzeugten Gezeiten auseinandergehen muss. Demgemäss werden ihre Bruchstücke unabhängig von einander in parallelen Bahnen zuerst als ein Schwarm, schliesslich, wenn das Zurückbleiben der sich langsamer bewegenden Teilchen Zeit gehabt hat, sich zu seiner vollen Wirkung zu entwickeln, als ein geschlossener Ring um die Sonne bewegen. In dem ersten Zustande befindet sich noch in höherem oder geringerem Grade der Schwarm der Novembermeteore; der vom August ist bereits in den zweiten eingetreten. Aus diesem Grunde sprach Leverrier im Jahre 1867 aus, dass die Perseiden von älterer Entstehung seien als das System der Leoniden. Er gab sogar eine Zeit an, zu welcher die Überführung der letzterwähnten Körper in ihre jetzige Bahn infolge des Einflusses des Uranus wahrscheinlich bewirkt worden wäre.[1]) Im Jahre 126 n. Chr. muss eine sehr nahe Annäherung zwischen dem Planeten und dem erzeugenden Kometen der Novembermeteore stattgefunden haben, nach welcher seine regelmässige Wiederkehr zum Perihel und der dadurch hervorgerufene Prozess der Auflösung ihren Anfang nahmen. Wenn er auch noch nicht zu Ende ist, ist er doch bereits weit vorgeschritten.

Die Ansicht, dass Meteoriten der Staub zerfallender Kometen sind, sollte nunmehr auf eine bestimmte Probe gestellt werden. Biela's Komet war seit seiner doppelten Wiederkehr im Jahre 1852 nicht mehr gesehen worden. Und doch hatte man mit den besten Teleskopen sorgfältig nach ihm ausgespäht; seine Bahn war genau

---

[1]) Proctor's neue Untersuchungen haben gezeigt, dass die Wirkung einer einzigen Begegnung mit einem Planeten nicht hinreichen kann (wie es nach der gewöhnlichen Theorie der Fall sein sollte), um einen Körper, der sich aus unbegrenzter Entfernung der Sonne nähert, zu veranlassen, hinfort sich in einer Bahn um die Sonne zu bewegen, die ihr Aphel in der Nähe des Begegnungsortes hat. Doch vermögen dies verschiedene aufeinanderfolgende Begegnungen zu thun.

bekannt; jede Störung, die er erleiden konnte, war peinlichst in Rechnung gezogen worden. Unter diesen Umständen konnte sein wiederholtes Nichterscheinen zur rechten Zeit billigerweise für ein Anzeichen gehalten werden, dass er überhaupt aufgehört habe, in wahrnehmbarer Form zu existieren. Konnte es indessen nicht möglich sein, dass er in einer andern Form erschien — dass ein Sternschnuppenschwarm daraus entstanden wäre und seine Auflösung verraten würde?

Eine ungewöhnlich grosse Zahl von Sternschnuppen wurde am 6. Dezember 1798 von Brandes gesehen. Ähnliche Schauspiele wurden in den Jahren 1830, 1838 und 1847 wahrgenommen, und als Punkt, von welchem sie herkamen, wurde von Heis zu Aix-la-Chapelle ein Punkt in der Nähe des hellen Sternes γ in der Andromeda angegeben.[1]) Nun ist dies genau die Richtung, in welcher die Bahn des Biela'schen Kometen zu liegen scheinen würde, sobald sie die der Erde ganz nahe an dem Orte, wo sich dieselbe an den obigen Zeitpunkten befindet, von oben her schneidet. Der Schluss war somit leicht, dass die Meteore denselben Weg verfolgten wie der Komet, und es waren einzeln zu demselben schon im Jahre 1867 Weiss, D'Arrest und Galle[2]) gelangt. Aber Biela's Komet bewegt sich in entgegengesetzter Richtung wie Tempel's Komet und die ihn begleitenden »Leoniden«; seine Bewegung ist rechtläufig, von West nach Ost, während die der letzteren rückläufig ist. Demgemäss geschieht auch die Bewegung seines Knotens in der entgegengesetzten Richtung. Mit andern Worten, der Treffpunkt seiner Bahn und der der Erde geht längs der Ekliptik rückwärts (und zwar sehr schnell) anstatt vorwärts. Wenn daher die von der Andromeda herkommenden Meteore in der vorausgesetzten engen Beziehung zum Biela'schen Kometen standen, so konnte man erwarten, dass die Zeiten ihrer Wiederkehr etwa um eine Woche in einem halben Jahrhundert vorrückten. Man kann behaupten, dass jeder Zweifel hinsichtlich dieser Thatsache durch Zezioli gehoben wurde, welcher den jährlichen Sternschnuppenschauer in mehr als gewöhnlicher Fülle zu Bergamo am 30. November 1867 beobachtete.

Der ausgebliebene Komet musste im Jahre 1872 wieder in die Sonnennähe kommen, und sowohl Weiss wie Galle hielten es für

---

[1]) A. S. Herschel, *Month. Not.*, vol. XXXII, p. 355. — [2]) *Astr. Nachr.*, No. 1632 1633, 1635.

wahrscheinlich, dass derselbe durch ein ziemlich dichtes Gestöber von Sternschnuppen ersetzt sein würde. Das genaue Datum des Ereignisses war nicht leicht zu bestimmen, doch glaubte Galle, dass der 28. November am meisten für sich habe. Dasselbe trat vierundzwanzig Stunden eher ein, als vorhergesagt war. Kaum war die Sonne am 27. November im westlichen Europa untergegangen, als es augenscheinlich wurde, dass Biela's Komet die staubförmigen Produkte seiner Auflösung über uns ausschüttete. Die Meteore schossen in ganzen Salven aus dem Fusse der gefesselten Jungfrau hervor, und ihre Zahl vereitelte bisweilen den Versuch, sie zu zählen. Zu Moncalieri bildeten sie ungefähr um 8 Uhr abends (wie Pater Denza sagt)[1]) einen »wahren Feuerregen.« Vier Beobachter zählten im Durchschnitt vierhundert in je anderthalb Minuten, und nicht wenige Feuerkugeln, an Durchmesser dem Monde gleich, durchschnitten den Himmel. Im Ganzen aber waren die Meteore vom Jahre 1872, obwohl ungefähr ebenso zahlreich, doch weniger prachtvoll wie die von 1866; die phosphorescierenden Züge, welche ihre Wege bezeichneten, waren verhältnismässig unbedeutend und ihre Bewegungen langsam. Dies begreift man leicht, wenn man sich erinnert, dass die Andromedaiden hinter der Erde einhertreiben, während sich die Leoniden von vorn auf sie stürzen. Die Geschwindigkeit des Zusammentreffens ist für die erste Klasse von Körpern unter $2\frac{3}{4}$ Meilen, für die zweite über $9\frac{1}{2}$ Meilen in der Sekunde. Dessenungeachtet war das Schauspiel grossartig. Es bot sich nach und nach verschiedenen Teilen der Erde dar, von Bombay und der Mauritiusinsel bis nach Neu-Braunschweig und Venezuela, und wurde äusserst sorgfältig und vollständig beobachtet. Bei uns war es um Mitternacht beinahe zu Ende.[2])

Es war begleitet von einem schwachen Nordlicht, und obwohl Tacchini telegraphiert hatte, dass der Zustand der Sonne das Auftreten von Polarlichtern wahrscheinlich machte, waren sie doch zu oft in Begleitung von Sternschnuppenfällen gesehen worden, als dass man das Zusammentreffen als zufällig betrachten konnte. Admiral Wrangel pflegte zu schildern, wie während der Erscheinung eines Nordlichts an der Küste Sibiriens der Vorbeizug eines Meteors niemals verfehlte, die Beleuchtung über vorher dunkle Teile des Himmels auszudehnen;[3]) und die Fähigkeit, elektrische Störungen her-

---

[1]) *Nature,* vol. VII, p. 122. — [2]) A. S. Herschel, *Report Brit. Ass.,* 1873, p. 390. — [3]) Humboldt, *Cosmos,* vol. I, p. 114 (Otté's Übers.).

vorzubringen, scheint allen solchen umherschwirrenden kosmischen Atomen eigen zu sein.

Ein eigenartiger Vorfall, der mit den Meteoren von 1872 in Zusammenhang steht, muss jetzt erzählt werden. Der verstorbene Professor Klinkerfues, welcher sie zu Göttingen sehr vollständig beobachtet hatte, kam zu der Ansicht, dass nicht bloss die Trümmer des Kometen längs seiner Bahn zerstreut wären, sondern dass der Komet selbst in nächster Nachbarschaft zu der Erde während des Erscheinens derselben sich befunden haben musste.[1]) Ist dies der Fall, so könnte es, dachte er, möglich sein, ihn zu erspähen, sobald er sich in der diametral entgegengesetzten Richtung wie die, in welcher er sich genähert hatte, wieder entfernte. Am 30. November telegraphierte er daher an Pogson, den Astronomen in Madras: »Biela berührte die Erde am 27. November; suchen Sie in der Nähe von Theta Centauri,« — der »Anti-Radiationspunkt,« wie er genannt wird, lag nämlich nahe bei diesem Sterne. Schlechtes Wetter verhinderte die Beobachtung sechsunddreissig Stunden lang; als aber die Regenwolken am Morgen des 2. Dezember sich brachen, stand ein Komet gerade an dem angegebenen Orte. Seiner Erscheinung nach hätte er sehr wohl für einen der Biela'schen Zwillinge gelten können. Er hatte keinen Schweif, aber einen entschiedenen Kern und war etwa 45 Sekunden im Durchmesser gross, so dass er mit blossem Auge ganz und gar nicht wahrgenommen werden konnte. Er wurde nochmals am 3. Dezember beobachtet, wo ein kurzer Schweif sichtbar war; doch überzog sich inzwischen der Himmel, und seitdem ist er niemals wieder gesehen worden. Seine Identität blieb daher zweifelhaft. Es scheint indess ziemlich sicher zu sein, dass er nicht der vermisste Komet war, der jenen Fleck zwölf Wochen früher hätte passieren müssen und keiner erdenklichen Störung unterworfen war, die seine Umlaufsperiode so weit hätte verlängern können. Andererseits ist es höchst wahrscheinlich, dass er zu demselben System gehörte —,[2]) dass er ein drittes Bruchstück war, welches sich vom Mutterkörper der Andromedaiden zu einer früheren Periode, als da unsere ersten Beobachtungen desselben stattfanden, losgerissen hat.

In dreizehn Jahren durchläuft der Biela'sche Komet (oder seine Überbleibsel) nahezu zweimal seine Bahn, so dass eine Wiederkehr

---

[1]) *Month. Not.*, vol. XXXIII, p. 128. — [2]) Auch dies wurde geleugnet von Bruhns *Astr. Nachr.*, No. 2054.

des Meteorschwarms von 1872 an demselben Tage des Jahres 1885 erwartet werden konnte; auf das wahrscheinliche Eintreffen derselben hatte schon vorher ein Rundschreiben von Dunecht aus nachdrücklichst aufmerksam gemacht. Die Astronomen waren daher auf der Hut, und sie wurden nicht getäuscht. In England wurde die Beobachtung zum Teil durch Wolken gehindert; aber zu Malta, Palermo, Beyrut und andern südlichen Stationen war das Schauspiel höchst überraschend. Die Meteore waren sowohl grösser wie zahlreicher als im Jahre 1872. Ihre Anzahl im dichtesten Teile des Schwarms wurde von Professor Newton auf 75000 in der Stunde geschätzt, die von derselben Stelle aus von so vielen Beobachtern gesehen wurden, dass in Wirklichkeit keiner verfehlt werden konnte. Und doch fand er, dass jeder dieser zahlreichen kleinen Körper sich in einem freien kubischen Raume bewegte, dessen Seite über vier (engl. 20) Meilen mass.[1]) Daher wurde der blendende Effekt eines leuchtenden Schwarms durch Teilchen, die, wie man beinahe behaupten könnte, im leeren Raume isoliert waren, ohne Zusammenstösse und ohne Verwirrung hervorgebracht.

Ihr Anblick war höchst charakteristisch für die Meteorfamilie der Andromeda. »Sie legten ohne Unterschied,« schrieb Denning,[2]) »kurze Strecken mit sehr langsamer Bewegung zurück und erloschen in breiten Strömen gelblicher Funken.« Der Schluss erschien naheliegend, »dass diese Meteore aus sehr zarter Materie bestehen, welche sich während des Erhitzens ausdehnt und unmittelbar darauf zerkrümelt und in feinen Staub zerstreut wird.«

Die Biela'schen Meteore von 1885 erfreuten die Astronomen nicht bloss durch die Erfüllung einer Vorhersagung, sondern gaben ihnen auch Stoff für manche wertvolle Belehrung. Obwohl ihr Hauptkörper von der in Bewegung befindlichen Erde in sechs Stunden durchschnitten wurde und nicht mehr als etwa 22000 (engl. 100000) Meilen Durchmesser hatte, wurden doch zu beiden Seiten des kompakten centralen Heeres Vorposten bis zu 220000 Meilen ausgeschickt. Mitglieder des Systems hatten am 26. November nach Denning's Bericht eine Geschwindigkeit von 28 (engl. 130) Meilen in der Stunde, und auch bis zum 1. Dezember waren noch welche sichtbar. Sie boten ausserdem ein besonders markantes Beispiel jener Zerstreutheit in der Radiation, welche früher bei einigen weniger in die Augen

---

[1]) *Am. Journ.*, vol. XXXI, p. 425. — [2]) *Month. Not.*, vol. XLVI, p. 69.

fallenden Schauspielen beobachtet worden war. Ihre Bahnen schienen eher von einem Felde, als von einem Punkte am Himmel auszugehen. Sie vereinigten sich so schlecht in einem Punkte, dass zwischen den auf das zuverlässigste bestimmten Radiationspunkten Abweichungen von mehreren Graden gefunden wurden. Diese Abweichungen wurden von Professor Newton der unregelmässigen Form der Meteoriten zugeschrieben, welche einen unsymmetrischen Widerstand von Seiten der Luft hervorruft und auf diese Weise veranlasst, dass sie beim Eintritt in dieselbe von ihrer ursprünglichen Richtung zur Seite abweichen. Daher stellten ihre leuchtenden Züge nicht immer (auch abgesehen von den Wirkungen der Attraktion der Erde) die wahre Verlängerung ihres Weges durch den Raum dar.

Die Andromedaiden von 1872 waren Nachzügler des Kometen, aus welchem sie entsprangen; die von 1885 waren Vorläufer desselben. Jener zerstörte und auseinander geborstene Körper kam erst am 26. Januar 1886 zum Knoten, d. h. sechzig Tage, nachdem die Erde mit seinen meteorischen Bruchstücken zusammengetroffen war. Dieselben sind daher jetzt über mehr als fünfundsechszig (engl. 300) Millionen Meilen seiner Bahn zerstreut, und doch ist Professor Newton der Ansicht, dass sie alle einen kompakten Haufen mit Biela's Komet zur Zeit seiner grossen Annäherung an den Jupiter um die Mitte des Jahres 1841 gebildet haben müssen. Denn sonst hätten nicht der Komet sowohl wie die Meteoriten dieselbe Art und denselben Betrag der Störung erleiden können, wie es wirklich der Fall zu sein scheint. Die Schnelligkeit der Auflösung eines Kometen wird so in merkwürdiger Weise illustriert.

Biela's Komet bietet nicht das einzige Beispiel für das Zerbersten eines Kometen. Lassen wir die unzuverlässigen Berichte früherer Chronikenschreiber bei Seite, so begegnen wir zuerst dem am 27. Februar 1860 zu Olinda in Brasilien von Liais entdeckten »doppelten Kometen,« dessen Teilung erst kürzlich vor sich gegangen zu sein schien und im Begriffe stand, sich weiter auszudehnen.[1]) Ist aber einmal eine Teilung erfolgt, so muss die Trennung immer weiter fortschreiten. Die Perioden der Bruchstücke werden niemals identisch sein; das eine muss bei jedem Umlauf etwas hinter dem andern zurübleiben, bis sie zuletzt in entlegenen Teilen nahezu der nämlichen Bahn sich einherbewegen. So hatte sich der

---

[1]) *Month. Not.*, vol. XX, p. 336.

von Klinkerfues vorhergesagte und von Pogson entdeckte Komet bereits um zwölf Wochen verspätet, und wir werden weiter unten Beispielen begegnen, wo die Verzögerung nicht nach Wochen, sondern nach Jahren zählt. Bei diesen kann sich die ursprüngliche Identität nur aus der Berechnung und Vergleichung ihrer Bahnen ergeben.

Kometen verzehren sich daher, wie Kepler vor langer Zeit schrieb, *sicut bombyces filo fundendo* (wie Seidenraupen durch Erzeugung des Fadens). Diese Gewissheit wenigstens, auf die Kirkwood im Jahre 1861 hingewiesen hat, haben wir aus der Entdeckung ihres ursächlichen Zusammenhanges mit den Meteoren erhalten. Ja, ihre wirklichen Materialien werden in kleineren oder grösseren Teilen unserer eigenen Erde einverleibt. Allerdings wird nicht allgemein zugegeben, dass die schweren Massen, von denen nach Daubrée's Schätzung[1]) mindestens 600 jährlich aus dem Raume auf die Erde fallen, jemals einen Teil der uns als Kometen bekannten Körper bildeten. Einige folgen Tschermak, indem sie den Aërolithen einen ganz anderen Ursprung wie den periodischer Sternschnuppen zuweisen. Dass sich keine deutliche Grenzlinie ziehen lässt, ist kein stichhaltiger Grund für die Behauptung, dass kein wirklicher Unterschied existiert; und es ist sicherlich bemerkenswert, dass ein Bombardement von Meteoren Stunden lang anhalten kann, ohne dass ein einziges festes Geschoss sein Ziel erreicht. Es könnte scheinen, als ob die Armee des Himmels mit tauben Kartätschen ausgerüstet wäre. In der That hat es sehr viel Wahrscheinlichkeit für sich, dass die Bestandteile der neueren brillanten Sternschnuppenschauer nur ausnahmsweise den Umfang eines Kanariensamens überschritten. Und doch ist, seitdem man gefunden, dass einige zerplatzende Meteore von sicher festgestellten Radiationspunkten von Sternschnuppen ausgingen,[2]) die Wahrscheinlichkeit gering, dass irgend ein wesentlicher Unterschied zwischen ihnen bestehen sollte.

Eine auffallende, ja beinahe stutzigmachende Eigentümlichkeit andrerseits scheidet eine Klasse von Meteoren, die während einer zehnjährigen beharrlichen Beobachtung solcher Phänomene von Denning zu Bristol erkannt worden sind,[3]) von ihres Gleichen. Sie

---

[1]) *Revue d. deux Mondes,* Déc. 15, 1885, p. 889. — [2]) *Report Brit. Ass.,* 1880, p. 40. — [3]) *Month. Not.,* vol. XLV, p. 93.

werden beschrieben als »Meteore mit stationären Radiationspunkten«, da sie Monate hindurch insgesamt aus denselben festen Punkten des Himmels herzukommen schienen. Die Richtung der Radiationspunkte der Meteore erleidet eine Art von Aberration, ähnlich der Aberration des Lichts. Sie ist eine Folge der Zusammensetzung der Bewegung der Erde und der der Meteore. Hiernach muss sich, wofern nicht die Bewegung der Erde in ihrer Bahn verhältnismässig unbedeutend ist, die Gesichtslinie des Gefechts, wenn nicht wahrnehmbar von Tag zu Tag, so doch jedenfalls merklich von Monat zu Monat ändern. Die Beobachtung von Denning, dass etwa ein halbes Dutzend oder noch mehr Systeme beständig aus denselben Punkten herkommen, scheint die Annahme erforderlich zu machen, dass ihre Glieder sich so schnell bewegen, dass die Bewegung der Erde absolut nicht in Betracht kommt. Die hierzu erforderliche Geschwindigkeit würde nach Ranyard's Rechnung mindestens 190 (engl. 880) Meilen in der Sekunde betragen.[1]) Doch rechtfertigt der Anblick der Meteore keine solche extravagante Annahme. Ihre scheinbare Geschwindigkeit ist sehr verschieden und ist — was hochbedeutsam ist — erheblich geringer, wenn sie hinter der Erde einhergehen, als wenn sie dieselbe von vorn treffen. Und doch, »so unglaublich und unerklärbar« [2]) sie auch ist, scheint die Thatsache der Existenz dieser »langen Radianten« unbestreitbar zu sein.

Die erste erfolgreiche Anwendung des Spektroskops auf die Kometen wurde im Jahre 1864 [3]) von Donati gemacht. Ein von Tempel am 4. Juli entdeckter Komet wurde immer glänzender, bis er wie ein Stern von nahezu zweiter Grösse erschien, und hatte einen schwachen 30° langen Schweif. Er war dadurch bemerkenswert, dass er am 7. August einen kleinen Stern vollständig verfinsterte — ein sehr seltenes Ereignis.[4]) Am 5. August liess Donati sein Licht durch sein Spektroskop gehen und fand, dass dasselbe, auf diese Weise zerlegt, aus drei hellen Streifen — gelb, grün und blau — bestand, die durch weite dunkle Zwischenräume von einander getrennt waren. Dies bedeutete sehr viel. Früher hatte man, wie wir gesehen haben, angenommen, dass die Kometen hauptsächlich, wenn nicht ganz und gar, mit reflektiertem Sonnenlichte leuchteten. Jetzt kam man zu der Erkenntnis, dass sie selbstleuch-

---

[1]) *Observatory,* vol. VIII, p. 4. — [2]) Denning, *Month. Not.,* vol. XXXVIII, p. 114. — [3]) *Astr. Nachr.,* No. 1488. — [4]) *Annuaire,* Paris 1883, p. 185.

tend waren und zum grossen Teile aus glühenden Gasen bestanden. Der nächste Schritt galt der Bestimmung, welcher Art das in ihnen glühende Gas war; und dieser Schritt wurde von Dr. Huggins im Jahre 1868 gethan.[1])

Ein Komet von untergeordnetem Glanze, der als Komet 1868 II. oder zuweilen auch als der Winnecke'sche Komet bezeichnet wird, war der Gegenstand seiner Versuche. Durch Vergleichung seines Spektrums mit demjenigen eines ölbildenden Gases in einer durch Elektrizität leuchtend gemachten Geisler'schen Röhre fand er eine völlige Übereinstimmung. Dies ist seitdem oftmals bestätigt worden. Alle achtzehn Kometen, deren Licht bis zum Jahre 1880 analysiert worden war, zeigten das charakteristische Kohlenwasserstoffspektrum[2]), welches der ganzen Gruppe jener Zusammensetzungen gemeinsam ist, aber wahrscheinlich unmittelbar von dem Vorhandensein des Acetylens herrührt. Einige kleine scheinbare Abweichungen rühren fast sicher nicht von einem wirklichen Unterschiede in der Konstitution, sondern von dem Mangel an Leuchtkraft her, wodurch die Beobachtungen schwierig und unsicher werden. Je heller der Komet war, um so vollkommener erwies sich seine Übereinstimmung mit dem Typus.

Der früheste Komet erster Helligkeitsklasse, welcher sich einer spektroskopischen Untersuchung darbot, war der von Coggia zu Marseille am 17. April 1874 entdeckte. Dem blossen Auge bis zum Juni unsichtbar, blitzte er im Juli zu einer prachtvollen Zierde unseres nördlichen Himmels auf mit einem eben wahrnehmbar gekrümmten Schweife, der vom Horizont aus bis zur halben Höhe des Zeniths reichte, und mit einem Kerne, der an Glanz die hellsten Sterne im Schwan übertraf. Bredichin, Vogel und Huggins[3]) sprachen sich einstimmig dahin aus, dass sein Spektrum dasjenige des Sumpfgases oder ölbildenden Gases sei. Pater Secchi vermochte bei dem klaren Himmel Roms die Identifizierung noch bestimmter, als zuvor geschehen war, auszuführen. Das vollständige Kohlenwasserstoffspektrum besteht aus fünf Zonen verschiedenfarbigen Lichtes. Nur drei von ihnen — die drei in der Mitte — waren bis dahin von Kometen erhalten worden, und zwar, wie man annahm, aus dem

---

[1]) *Phil. Trans.*, vol. CLVIII, p. 556. — [2]) Hasselberg, *Mém. de l'Ac. Imp. de St. Pétersbourg*, t. XXVIII (7. ser.), No. 2, p. 66. — [3]) *Proc. Roy. Soc.*, vol. XXIII, p. 154.

Grunde, weil die Temperatur derselben nicht hoch genug war, um die andern hervorzubringen. Beim Lichte des Coggia'schen Kometen fanden sich indessen alle fünf, indem Spuren des violetten Streifens am 4. Juni, Spuren des roten am 2. Juli [1]) sich zeigten. Vermutlich würden sich allgemein in den Spektren der Kometen alle fünf zeigen, wenn die zerstreuten Strahlen kräftig genug wären, dass wir sie zu sehen vermöchten.

Die gasigen Umgebungen der Kometen bestehen daher aus einer Verbindung von Wasserstoff und Kohlenstoff. Auch noch andere Stoffe sind vorhanden, wie wir sogleich sehen werden; doch ist der Kohlenwasserstoff wahrscheinlich das nie fehlende und vorherrschende Element. Ihr Licht ist fast unzweifelhaft eine Wirkung elektrischer Erregung. Zöllner zeigte im Jahre 1872,[2]) dass infolge der Verdunstung und anderer durch die schnelle Annäherung an die Sonne hervorgerufener Veränderungen elektrische Processe von beträchtlicher Intensität in den Kometen stattfinden müssen, und die Thatsache, dass ihr ursprüngliches Licht in unmittelbarem Zusammenhange mit solchen steht und nur eine indirekte Folge der Sonnenstrahlung ist, kann als eine Wahrheit betrachtet werden, die dauernd der Wissenschaft erworben ist.[3]) Sie sind also nicht, wie es scheint, durch Wärme in glühenden Zustand versetzte Körper, sondern solche, die durch Elektrizität zum Leuchten gebracht werden; und dies verträgt sich mit einer verhältnismässig niedrigen Temperatur.

Das gasige Spektrum von Kometen ist in verschiedenem Grade von einem kontinuirlichen Spektrum begleitet. Dies stammt gewöhnlich am stärksten von dem Kerne her, erstreckt sich aber, mehr oder weniger, auch auf die nebligen Anhänge. Zum Teil rührt es sicher vom reflektierten Sonnenlicht, zum Teil wahrscheinlich von der Entzündung kleiner fester Teilchen her.

---

[1]) Hasselberg, *loc. cit.*, p. 58. — [2]) *Über die Natur der Kometen,* S. 112. — [3]) Hasselberg, *loc. cit.*, p. 38.

Elftes Kapitel.

Neuere Kometen. (Fortsetzung.)

Das Geheimnis der Kometenschweife hat man bis zu einem gewissen Grade durchdrungen, wenigstens soweit, dass man unter gewissen Annahmen, welche durch die thatsächlichen Erscheinungen gerechtfertigt werden, ihre Formen mit sehr angenäherter Genauigkeit im Voraus berechnen kann. Wir haben daher die Gewissheit, dass diese ausserordentlichen Anhänge aus keinem ätherischen oder übernatürlichen Stoffe, sondern aus Materie bestehen, wie wir sie kennen, und die, obwohl in einem Zustande ausserordentlicher Dünnheit, doch den gewöhnlichen Bewegungsgesetzen unterworfen ist.

Wie bereits erwähnt, sprach Olbers im Jahre 1812 die Ansicht aus, dass die Schweife von Kometen aus Partikelchen bestehen, die einer von der Sonne ausgehenden elektrischen Repulsionskraft unterliegen. Sie wurde durch die Bessel'sche Erörterung der vom Halley'schen Kometen im Jahre 1835 dargebotenen Erscheinungen weiter entwickelt und bestätigt. Bessel stellte ferner eine Formel zur Berechnung der Bewegung eines Teilchens unter dem Einfluss einer repulsiven Kraft von beliebig gegebener Intensität auf und legte dadurch den sicheren Grund zu einer mathematischen Theorie der Kometenschweife. Professor W. A. Norton vom Yale College verbesserte dieselbe erheblich durch Untersuchungen, die er im Jahre 1844 begann und bei der Erscheinung des Donati'schen Kometen wieder aufnahm, und Dr. C. F. Pape zu Altona[1]) gab numerische Werte für die von der Sonne weggerichteten Impulse, welche auf die Substanzen, aus denen der dasselbe prächtige und staunenerregende Objekt schmückende krumme und gerade Schweif bestand, gewirkt haben mussten.

Die physische Theorie der Repulsion schwebte indessen noch

---

[1]) *Astr. Nachr.*, No. 1172—74.

sozusagen in der Luft. Sie erhielt erst ein leidlich plausibles Ansehen, als sie Zöllner im Jahre 1871 [1]) in Angriff nahm. Es ist eine vollkommen sicher festgestellte Thatsache, dass die Energie des Stosses oder des Zuges, welcher durch Elektrizität hervorgerufen wird (unter sonst gleichen Verhältnissen), von der Oberfläche des ihrer Wirkung ausgesetzten Körpers abhängt, während die der Schwerkraft durch seine Masse bedingt ist. Die Wirksamkeit der elektrischen Repulsion der Sonne wird daher im Vergleich zu der durch die Schwere bewirkten Attraktion derselben stärker werden, je mehr sich die Grösse des Teilchens verringert. Macht man dieses klein genug, so wird es in Wirklichkeit aufhören, der Schwere zu folgen, und wird ohne Einschränkung dem Impulse der Abstossung gehorchen.

Dieses Prinzip wandte zuerst Zöllner auf die Kometen an. Es giebt den Schlüssel für ihre Konstitution. Nehmen wir an (wozu wir gezwungen zu sein scheinen), dass die Sonne und die Kometen mit gleichartiger Elektrizität geladen sind, so werden die Teile der letzteren, in welchen grössere Massen angehäuft sind, nach dem Zuge der Schwerkraft der Sonne folgen, während die feinverteilten, von den Kometen ausgehenden Partikelchen einfach wegen ihrer Kleinheit unter die Gewalt der rückstossenden elektrischen Kraft der Sonne fallen. Sie werden mit anderen Worten »Schweife« bilden. Auch bedarf es keiner extravaganten Annahme über die Intensität der elektrischen Ladung, welche zur Hervorbringung dieser Effekte erforderlich ist. Zöllner zeigte in der That,[2]) dass sie nicht höher zu sein braucht als die, welche die besten Autoritäten der Erdoberfläche zuerteilen.

Es ist jetzt fast ein Vierteljahrhundert her, seit Bredichin, Direktor der Moskauer Sternwarte, seine Aufmerksamkeit auf diese seltsame Erscheinung richtete. Seine beharrlichen Untersuchungen über den Gegenstand datieren aber erst von dem Erscheinen des Coggia'schen Kometen im Jahre 1874. Indem er den Wert der repulsiven Kraft, welche bei der Bildung seines Schweifes ausgeübt wurde, berechnete und ihn mit Werten der nämlichen Kraft, zu denen er 1862 bei einigen andern hervorragenden Kometen gelangt war, verglich, fiel es ihm auf, dass die sie darstellenden Zahlen in drei wohlbegrenzte Klassen zerfielen. »Ich vermute,« schrieb er im

---

1) *Berichte der Sächs. Ges.*, 1871, S. 174. — 2) *Natur der Kometen*, S. 124; *Astr. Nachr.*, No. 2086.

Jahre 1877, »dass sich die Kometen in Gruppen teilen lassen, für deren jede die repulsive Kraft vielleicht dieselbe ist.«[1]) Dieser Gedanke wurde bei vollständiger Untersuchung bestätigt. Im Jahre 1882 hatte er die Schweife von sechsunddreissig wohlbeobachteten Kometen theoretisch rekonstruiert, ohne einer einzigen Ausnahme von der Regel der drei Typen begegnet zu sein. Eine weitere Untersuchung von vierzig Kometen führte indessen 1885 zu einer Modifikation der numerischen Resultate, zu denen er früher gekommen war.

In der ersten von diesen drei Klassen ist die rückstossende Energie der Sonne vierzehnmal so gross als die Energie ihrer Anziehung;[2]) die Teilchen, welche die ungeheuer langen, geradlinigen, von jener Art von Kometen ausgesandten Schweife bilden, verlassen den Kern mit einer mittleren Geschwindigkeit von genau sieben Kilometern in der Sekunde, und diese führt sie, da sie beständig grösser wird, in wenig Tagen bis zur Grenze der Sichtbarkeit. Die grossen Kometen von 1811, 1843 und 1861, der von 1744 (so weit, als sein Hauptschweif in Betracht gezogen wird) und der Halley'sche Komet in seinen verschiedenen Erscheinungen gehören in diese Klasse. Bei der zweiten Klasse ist der Wert der aufgewendeten repulsiven Kraft weniger eng begrenzt. In der Achse des Schweifes überschreitet sie um ein Zehntel (= 1.1), die Schwerkraft der Sonne; an dem vorderen Rande ist sie mehr als zweimal (2.2), am hinteren nur einhalbmal so gross. Die entsprechende Anfangsgeschwindigkeit ist (für die Achse) 1500 Meter in der Sekunde, und der resultierende Anhang ein pallaschähnlicher oder federförmiger Schweif, wovon Donati's und Coggia's Kometen prachtvolle Beispiele lieferten. Schweife der dritten Art werden durch Repulsionskräfte der Sonne gebildet, die zwischen einem nnd drei Zehnteln ihrer Schwerkraft liegen und eine beschleunigte Bewegung der verdünnten Materie von dem Kerne weg zur Folge haben, die mit der geringen Geschwindigkeit von 300 bis 600 Metern in der Sekunde beginnt. Sie sind kurze, scharf gekrümmte, pinselförmige Ausflüsse und scheinen bei hellen Kometen sich nur in Verbindung mit Schweifen der höheren Klassen zu finden. Vielfache Schweife, d. h.

[1]) *Annales de l'Obs. de Moscou,* t. III, pt. I, p. 37. — [2]) *Bull. Astr.,* t. III, p. 598. Der Wert der Repulsionskraft für den Kometen von 1811 (welcher besondere Erleichterungen der Bestimmung derselben darbot) wurde = 17.5 gefunden.

Schweife von verschiedener Gattung, die gleichzeitig von einem Kometen ausgehen, erweisen sich in der That, je weiter die Erfahrung fortschreitet und je schärfer die Beobachtungen werden, eher als Regel denn als Ausnahme.[1])

Was haben nun diese drei Typen für eine Bedeutung? Ist irgend eine Übertragung derselben in eine physikalische Thatsache möglich? Auf diese Frage gab Bredichin im Jahre 1879 eine plausible Antwort.[2]) Es war bereits eine gäng und gäbe Annahme, dass vielfache Schweife aus verschiedenen Arten von Materie, auf welche die Sonne verschieden wirkt, bestehen. Sowohl Olbers wie Bessel hatten diese Erklärung der geraden und gekrümmten Schweife des Kometen von 1807 angedeutet; Norton hatte sie auf die schwachen Lichtstreifen, welche vom Donati'schen Kometen ausgingen, angewendet,[3]) Winnecke ebenso auf die wechselnden Krümmungen seines glänzenderen Federbusches. Bredichin erklärte und begründete die Vermutung. Er unternahm es, die verschiedenen Arten von Materie, welche den drei Klassen von Schweifen einzeln eigen sind, zu bestimmen (bis jetzt vorläufig). Er fand Wasserstoff für die erste, Kohlenwasserstoff für die zweite und Eisen für die dritte Klasse. Der Grund für diese Verteilung liegt darin, dass die Atomgewichte dieser Substanzen zu einander dasselbe umgekehrte Verhältnis haben, wie die repulsiven Kräfte, welche angewendet werden zur Hervorbringung der von ihnen der Annahme nach gebildeten Anhänge; und Zöllner hatte 1875 gezeigt, dass die »Heliofugal«-Kraft, durch welche Kometenschweife entwickelt werden, in der That gerade in jenem Verhältnis wirksam ist.[4]) Wasserstoff, als das leichteste bekannte Element — d. h. das am wenigsten dem Einfluss der Schwerkraft unterworfene — wurde natürlich ausgewählt als dasjenige, welches sich der Einwirkung der Elektrizität am willfährigsten zeigte. Kohlenwasserstoff war durch das Spektroskop in den Kometen nachgewiesen worden und war wegen seines spezifischen Gewichts, verglichen mit dem des Wasserstoffs, geeignet, Schweife der zweiten Art zu bilden; dagegen waren die Atome des Eisens gerade schwer genug, um die dritte Art

---

[1]) Faye, *Comptes Rendus*, t. XCIII, p. 13. — [2]) *Annales*, t. V, pt. II, p. 137. — [3]) *Am. Journ. of Sc.*, vol. XXXII (2. ser.), p. 57. — [4]) *Astr. Nachr.*, No. 2082. Bredichin hat jedoch (wie wir soeben gesehen haben) seine ursprünglichen Werte für die repulsive Kraft in diesen drei Typen in jüngster Zeit abgeändert.

hervorzubringen, und wegen seines reichlichen Auftretens in den Meteoriten konnte angenommen werden, dass es in nicht unerheblichen Mengen in der Masse von Kometen vorkomme. Es wurde aber durchaus nicht angenommen, dass diese drei Substanzen die einzigen Bestandteile der fraglichen Schweife seien. Im Gegenteil, die grosse Breite der der Kürze wegen mit dem charakteristischen Namen der »eisenhaltigen Schweife« belegten Anhänge wurde dem Vorhandensein verschiedener Arten von Materie von hohem und nur wenig von einander abweichendem spezifischen Gewichte [1]) zugeschrieben, während von dem ausgebreiteten Federbusche des Donati'schen Kometen gezeigt wurde, dass er in Wirklichkeit ein ganzes System von Schweifen bildete, die aus verschiedenen Substanzen bestanden, von denen jede sich zu einem besonderen hohlen Kegel ausbreitete, die ihrerseits wieder mehr oder weniger von den andern sich wegbogen und zum Teil über sie lagerten.

Niemals ist eine Theorie schneller oder verschwenderischer illustriert worden, als diese von Bredichin. Innerhalb dreier Jahre nach ihrer Veröffentlichung erschienen fünf glänzende Kometen, die je eine gewisse besondere Eigentümlichkeit darboten, durch welche die Erkenntnis dieser merkwürdigen Objekte materiell gefördert wurde. Der erste von diesen lebt als »der grosse südliche Komet« in der Erinnerung. Er war niemals in unsern Breiten sichtbar, sondern machte einen kurzen, aber prunkvollen Gang durch den südlichen Himmel. Seine erste Entdeckung geschah zu Cordova am letzten Abend des Januar 1880, und am 1. Februar wurde er in Neu-Süd-Wales, Montevideo und dem Kap der guten Hoffnung als ein Lichtstreifen gesehen, der sich gleich nach Sonnenuntergang vom südwestlichen Horizonte bis zum Pole erstreckte. Der Kopf verlor sich in den Sonnenstrahlen bis zum 4. Februar, wo Dr. Gould, Direktor der Nationalsternwarte der Argentinischen Republik zu Cordova, einen flüchtigen Blick von ihm tief unten im Westen erhaschte, und am folgenden Abend entdeckte Eddie zu Grahams Town einen schwachen Kern von strohgelber Farbe und etwa dem Umfange des ringförmigen Nebels in der Leier. Seine Dichte war indessen sehr unvollkommen, und die gesamte Erscheinung war von ausnehmend zarter Textur. Der Schweif war ungeheuer lang. Am 5. Februar erstreckte er sich trotz grosser Verkürzung durch die Perspektive, über einen Bogen

---

[1]) *Annales,* t. VI, pt. I, p. 60.

von 50°; aber seine Helligkeit übertraf nirgends diejenige der Milchstrasse im Sternbilde des Stiers. Eine kleine Krümmung war bemerkbar; die Ränder des Schweifes liefen parallel und bildeten einen nebligen Pfad von Stern zu Stern; der Vergleich mit einem Nordlichtstreifen war ein sehr passender. Das Aussehen des berühmten Kometen von 1843 kam Janisch, dem Gouverneur von St. Helena, mit Gewalt wieder ins Gedächtnis, und die Ähnlichkeit erwies sich nicht bloss als oberflächlich. Aber der Komet von 1880 war weniger hell und sogar eher im Verschwinden begriffen. Nach nur achttägiger Sichtbarkeit war er so schwach geworden, dass er nicht weiter mehr auffiel, wenn er auch noch mit blossen Augen entdeckt werden konnte; und am 20. Februar konnte er auch mit dem nach seinem bekannten Platze gerichteten Äquatorial zu Cordova nicht mehr gesehen werden.

Der überraschendste, bei diesem Körper zu Tage getretene Umstand ist aber die Identität seiner Bahn mit derjenigen seines Vorgängers im Jahre 1843. Diese ist unleugbar. Dr. Gould,[1]) Hind und Dr. Copeland[2]) berechneten jeder für sich eine Reihe von Elementen aus den ersten rohen Beobachtungen, und jeder war erstaunt über die Übereinstimmung der beiden Bahnen, die so vollständig war, das sie in Wirklichkeit nicht unterschieden werden konnten. »Kann es wohl möglich sein,« schrieb Hind an Sir George Airy, »dass es einen solchen Kometen in dem System giebt, der in seinem Perihel beinahe die Oberfläche der Sonne streift und in weniger denn siebenunddreissig Jahren um sie herumläuft? Ich gestehe, es wird mir schwer es zuzugeben trotz der oben erwähnten ausserordentlichen Ähnlichkeit der Bahnen.«[3])

Hind's Verlegenheit teilten auch andere Astronomen. Es würde in der That ein Verstoss gegen den gesunden Menschenverstand sein, wollte man annehmen, dass ein in seiner Erscheinung so auffälliger Besuch am Himmel Jahrhunderte hindurch unbemerkt an unserm Firmament erschienen sein sollte. Es wurden daher verschiedene Aushilfsmittel hervorgesucht, um aus dieser Anomalie herauszukommen. Dasjenige, welches auf den ersten Blick am verheissungsvollsten war, war das des »widerstehenden Mittels.« Es war kaum glaublich, dass ein in hohem Grade dampfförmiger Körper, welcher an der Sonne

---

[1]) *Astr. Nachr.*, No. 2307. — [2]) *Ibid.*, No. 2304. — [3]) *Observatory*, vol. III, p. 390.

in einer Entfernung von weniger als 22 000 Meilen von ihrer Oberfläche vorbeischoss, ohne gewaltige Verzögerung weggekommen sein sollte. Er musste gerade mitten durch die Korona hindurchgegangen und leicht mit einer Protuberanz wirklich zusammengeraten sein. Ein Entrinnen aus solcher Nähe konnte in der That sehr wohl von vornherein als unmöglich betrachtet werden. Ja, wenn man auch keine andere Art von Widerstand annehmen wollte, als der war, welchen Encke's und Winnecke's Komet erfuhren, musste die Wirkung desselben in der Verkürzung der Periode aufs deutlichste sichtbar werden. Oppolzer[1]) hatte bewiesen, dass, wenn der Komet von 1843 aus dem Sternenraume mit parabolischer Geschwindigkeit in unser System eingetreten wäre, er durch die Wirkung eines Mittels, wie es Encke forderte (welches sich in seiner Dichtigkeit umgekehrt wie das Quadrat der Entfernung von der Sonne ändert), bei seinem ersten Durchgange durch das Perihel zu einer elliptischen Bewegung mit einer Periode von vierundzwanzig Jahren gezwungen worden wäre, und dass diese Periode so schnell verkleinert worden wäre, dass seine nächste Wiederkehr in etwa zehn Jahren stattgefunden haben würde. Aber solche beschränkte Beobachtungen, wie sie bei jeder Gelegenheit seiner Sichtbarkeit gemacht werden konnten, ergaben keine Spur eines so schnellen Vorwärtsstürzens zum Abgrunde.

Eine andere Form der Theorie wurde von Klinkerfues verteidigt. Er nahm an, dass eine viermalige Wiederkehr desselben Körpers innerhalb historischer Zeit beobachtet worden sei — die erste im Jahre 371 v. Chr., die zweite im Jahre 1668, ausserdem die von 1843 und 1880; infolge der bei jedem Durchgange durch das Perihel eingetretenen Verminderung der bei dem Durcheilen seiner Bahn vom weitesten Endpunkte bis zur Sonne erlangten Geschwindigkeit um den 1320. Teil sei die ursprüngliche Periode von 2039 Jahren nach und nach auf 175 und 37 Jahre reduziert worden. Eine Fortsetzung des Prozesses würde den Kometen von 1880 wieder im Jahre 1897 erscheinen lassen.

Unglücklicherweise kann die früheste dieser Erscheinungen nicht mit den neueren in Übereinstimmung gebracht werden, wenn man nicht dem klaren Sinne der Aristotelischen Worte bei ihrer Beschreibung Gewalt anthun will. Er behauptet, dass der Komet zuerst gesehen wurde »während der Kälte und an dem klaren Himmel

---

[1]) *Astr. Nachr.*, No. 2319.

des Winters« und dass er genau im Westen nahe zu derselben Zeit wie die Sonne unterging.[1]) Dies deutet auf eine beträchtliche nördliche Breite hin. Aber die jüngst beobachteten Objekte hatten in Wirklichkeit keine nördliche Breite. Sie vollendeten ihren ganzen Lauf oberhalb der Ekliptik in zwei und einer viertel Stunde, während welcher Zeit sie kaum sozusagen eine Handbreite von der Sonnenoberfläche entfernt waren. Um die erforderliche Übereinstimmung darzubieten, hätte der Aristotelische Komet im März erschienen sein müssen. Es ist jedoch nicht glaublich, dass selbst ein Eingeborener Thraciens den März als »Winter« bezeichnet haben sollte.

Bei dem Kometen von 1668 liegt die Sache zweifelhafter. Die Umstände seiner Erscheinung sind kaum vereinbar mit der ihm zugeschriebenen Identität, obwohl dieselben zu oberflächlich bekannt sind, um auf die eine oder andere Weise Gewissheit erhalten zu können. Es könnte indessen erwartet werden, dass neuere Beobachtungen mindestens die Fragen entscheiden würden, ob der Komet von 1843 in weniger als siebenunddreissig Jahren wiedergekehrt sein könnte und ob der Komet von 1880 nach Verlauf von $17\frac{1}{2}$ Jahren wieder zu erwarten ist. Die Wahrheit ist aber, dass diese beiden Objekte nur über einen so kleinen Bogen — 8^0 und 3^0 respektive — beobachtet wurden, dass ihre Perioden in Wirklichkeit unbestimmt blieben. Denn obwohl die Gestalt und Lage ihrer Bahnen mit sehr grosser Annäherung an die Genauigkeit bestimmt werden konnte und bestimmt worden ist, kann die Länge dieser Bahnen, ohne dass irgend eine sehr beträchtliche Differenz in dem kleinen Teile der in der Nähe der Sonne zurückgelegten Kurven hervorgebracht würde, ausserordentlich variieren. Es ist jedoch bemerkenswert, dass Dr. Wilhelm Meyer durch eine mühevolle Diskussion für den Kometen von 1880 zu einer Periode von siebenunddreissig Jahren gelangte,[2]) während die Beobachtungen von 1843 eingestandenermassen sich am besten der Hubbard'schen Ellipse mit einer Periode von 533 Jahren anbequemen. Doch nimmt Dr. Meyer an, dass diese mit einer konstanten Quelle von Fehlern behaftet sind, wie sie z. B. hervorgebracht werden würden durch eine irrige Schätzung der Lage des Schwerpunktes des Kometen. Er folgert schliesslich, dass wir es, trotz früherer Nichterscheinungen, wirklich mit einem regulären Mitbürger unseres Systems zu thun haben, welcher einmal in siebenunddreissig

[1]) *Meteor.*, lib. I, cap. 6. — [2]) *Mém. Soc. Phys. de Genève*, t. XXVIII, p. 23.

Jahren längs einer Bahn von so extremer Excentricität wiederkehrt, dass seine Bewegung eher als ein Sichlosstürzen auf die Sonne und schnelles Entfliehen von derselben, denn als eine ruhige Cirkulation um sie beschrieben werden könnte.

Die geometrische Probe der Identität ist bisher die einzige auf die Kometen anwendbare gewesen, und in dem vorliegenden Falle hat sie uns, wie wir ehrlich gestehen müssen, im Stich gelassen. Wir können sodann versuchsweise und mit einigem Zögern eine physische Probe machen, obwohl eine solche, genau gesprochen, bis jetzt kaum anwendbar ist. Wir haben gesehen, dass die Kometen von 1843 und 1880 in ihrer allgemeinen Erscheinung einander auffallend ähnlich waren, obwohl der Mangel eines eigentlichen Kerns in dem letzteren und sein schwächerer Glanz die überzeugende Wirkung des Vergleichs beeinträchtigen. Auch wurde sie durch Prüfung mittelst exakter Forschungen nicht unterstützt. Bredichin fand, dass der riesige Schweif, welchen der Komet von 1843 aussandte, zu seiner ersten Klasse gehörte, der des Kometen von 1880 aber zum Typus No. 2.[1]) Auf die den ersteren bildenden Teilchen wirkte eine repulsive Kraft, die zehnmal so stark war als die, welche auf die Teilchen des andern wirkte. Allerdings wurde ein zweiter, wahrnehmbar gekrümmter Schweif in Chili am 1. März und zu Madras am 11. März 1843 gesehen, und Bredichin hält daher die Vermutung gerechtfertigt, dass die bei dieser Gelegenheit den Hauptschweif bildenden Stoffe erschöpft worden und daher die des sekundären allein übriggeblieben und allein in dem Kohlenwasserstoffschweife von 1880 wieder erschienen seien. Aber das einzige in diesem Punkte bekannte Beispiel ist gegen eine solche Annahme. Der Halley'sche Komet, der einzige grosse Komet, dessen Wiederkehr jedesmal mit Sicherheit festgestellt und sorgfältig beobachtet wurde, hat seinen »Typus« durch viele aufeinanderfolgende Umläufe unverändert beibehalten. Das Dilemma, in welches der grosse südliche Komet von 1880 die Astronomen versetzt hatte, erneuerte sich unerwarteterweise im folgenden Jahre.

Am 22. Mai 1881 bemerkte John Tebbutt zu Windsor in Neu-Süd-Wales, als er den westlichen Himmel durchforschte, ein nebelartiges Objekt, das, wie er sicher fühlte, ein fremdes war. Ein Schiffsteleskop löste es sogleich in zwei kleine Sterne und einen

---

[1]) *Annales,* t. VII, pt. I, p. 60.

Kometen auf, welcher letztere schnell die grösste Aufmerksamkeit der Astronomen auf sich lenkte; denn Dr. Gould, der seine Bahn aus seinen ersten Beobachtungen zu Cordova berechnete, fand sie in so naher Übereinstimmung mit derjenigen, zu welcher Bessel für den Kometen von 1807 gelangt war, dass er am 1. Juni die unerwartete Wiederkehr jenes Körpers auf telegraphischem Wege nach Europa meldete. Dieselbe war deshalb so unerwartet, weil sie theoretisch vor dem Jahre 3346 nicht möglich war und die Bessel'sche Untersuchung Vertrauen erweckte und in hervorragendem Masse verdiente. Hier war also wiederum die unbequeme Wahl zu treffen zwischen einer vorzeitigen und unerklärlichen Wiederkehr und der Zulassung von mehreren sich nahe in denselben Bahnen bewegenden Kometen. In diesem Falle erwiesen sich jedoch Thatsachen als entscheidend.

Tebbutt's Komet passierte die Sonne am 16. Juni in einer Entfernung von fast fünfzehn Millionen Meilen und wurde sechs Tage später in Europa sichtbar. Er war nach der Ansicht einiger das feinste Objekt dieser Art seit 1861. Als er bei seinem Auftreten in unsern Breiten das Sternbild des Fuhrmanns durchwanderte, übertraf er Capella an Helligkeit. Am 14. Juni und in einigen folgenden Nächten überstrahlte er an Glanz jeden Stern am Himmel. Im Teleskop erschienen die beiden »eingeflochtenen Lichtbogen,« welche das Haupt des Coggia'schen Kometen geschmückt hatten, wieder, während ein merkwürdiger dorsaler Fortsatz von scharfer Beleuchtung die Achse des Schweifes, der sich bei klarem Himmel über einen Bogen von zwanzig Grad erstreckte, bildete. Er gehörte zu demselben Typus, wie die grosse Feder des Donati'schen Kometen, indem die ihn bildenden Teilchen von der Sonne mit einer Kraft fortgetrieben wurden, die zweimal so gross war, wie die Kraft, mit welcher sie nach der Sonne hingezogen wurden.[1]) Während einiger Nächte wurde der Anhang von zwei Beobachtern nur zweifelhaft erkannt. Tempel am 27. Juni und Lewis Boss zu Albany im Staate New-York am 26. und 28. Juni sahen einen langen geraden Strahl, der einer weit höheren Ausströmungsgeschwindigkeit entsprach wie der gekrümmte Schweif, und der, wie Bredichin zeigte, ein Mitglied der (sogenannten) Wasserstoffklasse war. Er verschwand am 1. Juli, erschien aber zeitweilig wieder am 22. Juli.[2])

---

1) Bredichin, *Annales,* t. VIII, p. 68. — 2) *Am. Journ. of Soc.,* vol. XXII, p. 305.

Die Anhänge dieses Kometen waren von bemerkenswerter Durchsichtigkeit. Kleine Sterne leuchteten durchaus ungetrübt durch den Schweif hindurch, und ein sehr nahe centraler Vorbeigang des Kopfes vor einem Sterne siebenter Grösse in der Nacht vom 29. Juni brachte, wenn überhaupt eine Veränderung, eher eine Vergrösserung der Helligkeit an dem Objekte dieses von selbst sich darbietenden Experimentes hervor.[1]) Und doch fand Dr. Meyer an der Sternwarte zu Genf deutliche Spuren von Brechung, welche die Strahlen der Sterne unter diesen Umständen erfuhren. Dreimal verfolgte er mit mikrometrischen Messungen den Gang eines Sternes durch die Umgebungen des Kometen, und bei jeder Gelegenheit wurde die Gleichmässigkeit seines Vorrückens in einer Weise gestört, die der optischen Wirkung einer gasförmigen Masse entsprach, deren Dichtigkeit und Brechungsvermögen in demselben Masse zunimmt, wie das Quadrat der Entfernung von dem Kerne abnimmt. Unter der Annahme, dass ölbildendes Gas in Frage kommt, wurde seine Dichtigkeit, 102 000 Kilometer vom Kern auf $\frac{7}{1000}$ derjenigen unserer Atmosphäre in Meereshöhe geschätzt.[2]) Dies war der erste erfolgreiche Versuch, die Wirkungen der Brechung durch einen Kometen zu messen; derselbe wird ohne Zweifel bei einer günstigen Gelegenheit erneuert werden.

Die von diesem Kometen beschriebene Bahn war für die Beobachtung desselben besonders vorteilhaft. Vom Fuhrmann durch die Giraffe hindurch aufsteigend, stand er am 19. Juli in einer Linie zwischen den Hinterrädern des Himmelswagens und dem Polarstern innerhalb einer Entfernung von 8° von letzterem, und blieb daher eine beträchtliche Zeit hindurch beständig für nördliche Beobachter über dem Horizont. Seine Helligkeit bestand ferner nicht in einem vorübergehenden Aufblitzen, sondern hatte eine dauernde Beschaffenheit, vermöge deren er während nahezu neun Monaten gesehen werden konnte. Dem blossen Auge bis Ende August sichtbar, wurde er zum letzten Male mit dem Teleskop am 14. Februar 1882 gesehen, wo seine Entfernung von der Erde 65 (engl. 300) Millionen Meilen erheblich überstieg. Unter diesen Umständen war die von seiner Bahn erlangte Kenntnis von mehr als gewöhnlicher Genauigkeit

---

[1]) Burton und Green beobachteten eine Verzerrung des Sternbildes zu einem verschwommenen Striche infolge des Durchgangs der Strahlen des Sterns durch einen Hof um den Kern des Kometen. *Am. Journ. of Sc.*, vol. XXII, p. 163. — [2]) *Archives des Sciences*, t. VIII, p. 535. Meyer gründete seine Schlüsse auf die Theorie von Gustave Cellérier.

und zeigte entscheidend, dass der Komet keine einfache Wiederkehr des Bessel'schen war; denn dieses würde eine Periode von vierundsiebzig Jahren erfordern, während Tebbutt's Komet erst nach Verlauf von nahe an drei Tausend Jahren die Sonne wieder besuchen kann. Trotzdem bewegen sich die beiden Körper so nahe in derselben Bahn, dass ein ursprünglicher Zusammenhang irgend welcher Art augenscheinlich ist; und dass neue Beispiel des Biela'schen Kometen weist leicht auf eine Vermutung darüber hin, welcher Art dieser Zusammenhang gewesen sein mag. Die Kometen von 1807 und 1881 werden daher mit grosser Wahrscheinlichkeit für Bruchstücke eines ursprünglichen, zerborstenen Körpers gehalten, die einander in demselben Fahrwasser mit einem Zwischenraum von vierundsiebzig Jahren folgen.

Tebbutt's Komet war der erste, von welchem ein befriedigendes photograpisches Bild erhalten wurde. Die zu überwindenden Schwierigkeiten waren sehr gross. Die chemische Intensität des Kometenlichtes, um damit zu beginnen, ist ausserordentlich gering. Janssen schätzt sie auf $\frac{1}{300000}$ von derjenigen des Mondlichtes.[1]) Wenn daher das gewöhnliche Verfahren, nach welchem photographische Aufnahmen des Mondes gemacht werden, auf den Kometen von 1881 angewandt worden wäre, so hätten die Platten mindestens drei Tage ausgesetzt werden müssen, um einen Eindruck vom Kopfe und etwa dem zehnten Teile des Schweifes zu zeigen. Aber zu jener Zeit war eine neue, bedeutend empfindlichere Methode erfunden worden, nach welcher trockene Galatinplatten an Stelle der bisher üblichen feuchten Kollodiumplatten angewendet wurden; und diese Verbesserung allein reduzierte die erforderliche Zeit der Aussetzung auf zwei Stunden. Sie wurde auf eine halbe Stunde erniedrigt durch Janssen's Anwendung eines Reflektors, der speziell dazu eingerichtet war, ein acht- oder zehnmal so scharf beleuchtetes Bild zu geben, wie das, welches im Brennpunkte eines gewöhnlichen Teleskops erzeugt wurde.[2])

Die photographische Schwäche der Kometenstrahlen war nicht das einzige Hindernis auf dem Wege des Erfolges. Die eigene Bewegung dieser Körper ist so schnell, dass die gewöhnlichen Kunstgriffe, um einen Himmelskörper beständig im Gesichtsfelde zu behalten, völlig unbrauchbar sind. Die Maschinerie, durch welche man

---

[1]) *Annuaire*, Paris 1882, p. 781. — [2]) *Ibid.*, p. 776.

der täglichen Bewegung der Himmelskugel folgen kann, muss in besonderer Weise modificiert werden, um jeder excentrischen Bewegung zu folgen. Auch dies geschah, und am 30. Juni 1881 erhielt Janssen ein vollkommenes Photogramm des glänzenden damals sichtbaren Objekts, welches die Struktur des Schweifes mit schöner Deutlichkeit bis zu einer Entfernung von $2\frac{1}{2}^{0}$ vom Kopfe zeigte. Ein Eindruck bis nahe an 10^{0} wurde zu derselben Zeit von Dr. Henry Draper zu New York bei einer Aussetzung von 162 Minuten [1]) erhalten.

Tebbutt's Komet (oder Komet 1881 III) war auch der erste Komet, dessen Spektrum photographisch abzuzeichnen wenigstens versucht wurde. Sowohl Dr. Huggins wie Dr. Draper hatten Erfolge in dieser Beziehung, aber die des Dr. Huggins waren die vollständigeren. [2]) Die Wichtigkeit des Kunststückes bestand darin, dass es einen dem Auge unsichtbaren Teil des Spektrums der Untersuchung erschloss und so ein weiteres Zeugnis für die Konstitution des Kometen beibrachte. Das Resultat bestätigte vollkommen den den sichtbaren Strahlen zugeschriebenen Ursprung aus Kohlenstoffverbindungen, indem es die weiteren zu der nämlichen Reihe gehörigen Banden im Ultraviolett zeigte; ferner stellte es unverkennbar das Vorhandensein eines nicht unerheblichen Teils von reflektiertem Sonnenlicht durch den deutlichen Abdruck einiger der hauptsächlichsten Fraunhofer'schen Linien fest. Es fand sich daher, dass das Polariskop die Wahrheit, wenn auch nicht die ganze Wahrheit gesagt hatte.

Das so erfreulich viel verkündende Photogramm wurde von Dr. Huggins in der Nacht vom 24. Juni aufgenommen; und am 29. hatte man zu Greenwich bemerkt, dass die vielsagenden Fraunhofer'schen Linien den sichtbaren Teil des Spektrums unterbrachen. Dasselbe war zuerst so lebhaft kontinuirlich, dass die charakteristischen Banden des Kometen kaum von ihrem hellen Hintergrunde losgetrennt werden konnten. Sobald aber der Kern gegen Ende des Juni dahinschwand, wurden sie sehr scharf, und man konnte zu Greenwich wie zu Princeton immer deutlicher erkennen, dass sie nicht mit dem Spektrum von Kohlenwasserstoffen, welche in einer Geisler'schen Röhre durch die elektrische Entladung entzündet wurden, sondern mit dem derselben Substanzen, die in einer Bunsen'schen Flamme

---

[1]) *Am. Journ. of Sc.*, vol. XXII, p. 134. — [2]) *Report Brit. Ass.*, 1881, p. 520.

verbrennen,[1]) übereinstimmen. Hieraus erhalten wir eine weitere Aufklärung über den Molekularzustand der Materie der Kometen. Man darf indessen nicht schliessen, dass sie wirklich in einem Zustand der Verbrennung ist. Dies kann nach allem, was wir wissen, eine Unmöglichkeit genannt werden. Die daraus zu folgernde Wahrheit scheint eher die zu sein, dass die Elektricität, durch welche die Kometen leuchtend gemacht werden, von sehr geringer Intensität ist.[2])

Das Spektrum des Schweifes fand man bei diesem Kometen nicht wesentlich verschieden von dem des Kopfes. Professor Wright vom Yale College stellte fest, dass ein grosser, aber wahrscheinlich veränderlicher Teil seines Lichtes in einer durch die Sonne gehenden Ebene polarisiert wurde und daher reflektiertes Sonnenlicht war.[3]) Ein schwaches kontinuierliches Spektrum entsprach diesem Teile seines Lichtes; aber auch gasige Lichtausströmungen waren vorhanden. Am 30. Juni wurden die Kohlenwasserstoffbanden von Vogel zu Potsdam sogar bis zum Ende des Schweifes verfolgt[4]) und von Young in grösserer Entfernung von dem Kerne wahrgenommen, als das gleichförmiger zerstreute Licht. Es scheint nur wenig zweifelhaft zu sein, dass, wie in der Korona der Sonne, die relative Stärke der beiden Arten von Spektren Schwankungen unterworfen ist.

Der Komet 1881 III hatte also für die Wissenschaft eine hervorragende Bedeutung. Er gab, verglichen mit dem Kometen von 1807, das erste unbestreitbare Beispiel zweier solchen Körper, die sich so nahe in derselben Bahn bewegten, dass absolut kein Zweifel über das Vorhandensein eines ursächlichen Zusammenhanges zwischen ihnen übrig blieb. Die Photographie der Kometen erntete an ihm ihre ersten Früchte, und die Spektroskopie derselben machte mit seiner Hilfe einen beachtenswerten Fortschritt. Bevor er noch ausser Sicht war, hatte er schon einen Nachfolger.

Am 14. Juli entdeckte Dr. Schäberle auf der Sternwarte zu Ann Arbor im Staate Michigan einen Kometen, welcher, da sein Anspruch auf die Priorität der Entdeckung unbestreitbar ist, oft nach ihm benannt wird. In strenger wissenschaftlicher Sprache wird er jedoch als Komet 1881 IV bezeichnet. Er wurde drei Tage später in Europa beobachtet, wurde auch dem

---

[1]) *Month. Not.*, vol. XLII, p. 14; *Am. Journ. of Sc.*, vol. XXII, p. 136. — [2]) Piazzi Smyth, *Nature*, vol. XXIV, p. 430. — [3]) *Astr. Nachr.*, No. 2395. — [4]) *Ibid.*, No. 2395.

blossen Auge gegen das Ende des Juli hin sichtbar und hellte sich bis zu seinem Durchgang durch das Perihel am 22. August, wo er noch etwa elf Millionen Meilen von der Sonne entfernt war, immer mehr auf. Während mehrerer Tage in jenem Monat bot sich das ungewöhnliche Schauspiel zweier heller Kometen dar, die zusammen, wenn auch in weit verschiedenen Entfernungen, um den Nordpol des Himmels kreisten. Der Nachkömmling erreichte jedoch niemals den früheren Glanz seines Vorgängers. Sein Kern war bei seiner grössten Helligkeit dem als Herz Karls II. bezeichneten Sterne vergleichbar, und von ihm ging ein schmaler vollkommen gerader Schweif bis zu einer Entfernung von 10^0 aus. Dieser gehörte, wie Bredichin leicht zeigte, zu dem Wasserstofftypus der Schweife,[1]) während ein »neuer, schwacher, zweiter Schweif oder eine Gabelung des ersten,« welchen Kapitän Noble am 24. August beobachtete,[2]) zu der Kohlenwasserstoffklasse der Schweife gehörte. Er wurde am 22. und 24. August von Dr. F. Terby zu Louvain[3]) als ein kurzer nebliger Pinsel, der gleichsam den misslungenen Versuch der Bildung eines Haufens von gekrümmten Schweifen darstellte, gesehen; doch erschien er nicht mehr wieder. Seine wohlbeglaubigte Existenz giebt jedoch Zeugnis von der komplizierten Konstitution solcher Körper und der mannigfachen Art der in ihnen thätigen Kräfte.

Die einzige Eigentümlichkeit in dem Spektrum des Schäberle'schen Kometen bestand in dem fast gänzlichen Fehlen von kontinuierlichem Lichte. Die Kohlenstoffbanden waren nahezu allein vorhanden und sehr hell. Nur vom Kern ging ein regenbogenfarbiger Streifen aus, das Kennzeichen einer festen oder flüssigen Materie, die bei diesem Kometen von nur sehr geringem Betrage gewesen sein muss. Sein Besuch der Sonne im Jahre 1881 war, so weit bekannt ist, der erste. Die Elemente seiner Bahn zeigten keine Ähnlichkeit mit denen irgend eines früheren Kometen und auch keine erkennbaren Spuren von Periodicität. Obwohl dies für wahrscheinlich gehalten werden kann, wissen wir doch nicht bestimmt, ob er sich in einer geschlossenen Kurve bewegt oder jemals wieder in den Bereich des Sonnensystems kommen wird. Er wurde zum letzten Male auf der südlichen Halbkugel am 19. Oktober 1881 gesehen.

---

[1]) *Astr. Nachr.*, No. 2411. — [2]) *Month. Not.*, vol. XLII, p. 49. — [3]) *Astr. Nachr.*, No. 2414.

Der dritte des Vierblatts glänzender Kometen, welche innerhalb sechzehn Monaten zu sehen waren, wurde am 17. März 1882 von C. S. Wells an der Dudley'schen Sternwarte Albany entdeckt. Zwei Tage später wurde er von Lewis Boss als »ein grosser Komet im Kleinen« geschildert — so scharf begrenzt und regelmässig entwickelt waren seine verschiedenen Teile und Anhänge. Ohne optische Hilfsmittel wurde er anfangs Mai wahrgenommen und am 5. Juni wurde er unter dem Meridian von Albany kurz vor Mittag beobachtet — ein astronomisches Ereignis von ausserordentlicher Seltenheit. Der Komet von Wells wurde jedoch, weil er sich in der Abenddämmerung unseres nördlichen Juni verlor, niemals ein so in die Augen fallendes Objekt, dass er hätte die allgemeine Aufmerksamkeit erregen können.

Dagegen enthüllte das Studium seines Spektrums neue Thatsachen von äusserstem Interesse. Alle bis dahin untersuchten Kometen hatten sich in Bezug auf ihre Lichtaustrahlung von einem unveränderlichen Typus gezeigt. Es gab zwar individuelle Besonderheiten, aber keine wesentlichen Unterschiede. Nun hatten sich aber alle diese Körper in einer respektvollen Entfernung von der Sonne gehalten; denn der grosse Komet von 1880 war spektroskopisch nicht untersucht worden. Der Wells'sche Komet dagegen näherte sich am 10. Juni 1882 ihrer Oberfläche fast bis auf 1 100 000 Meilen; und es unterliegt keinem Zweifel, dass von diesem Umstande die neue Erscheinung in seinem Lichte herrührt.

Während der ersten Hälfte des April war sein Spektrum von dem normalen Typus, wenn auch die Kohlenstoffbanden ungewöhnlich schwach waren; aber mit grösserer Annäherung an die Sonne erloschen sie ganz und gar, und das gesamte Licht schien in einen schmalen, ununterbrochenen glänzenden Streifen, der kaum vom Spektrum eines Sterns zu unterscheiden war, koncentriert zu werden. Dieses ungewöhnliche Verhalten erregte Aufmerksamkeit, und es wurde strenge Wacht gehalten. Dieselbe wurde am 27. Mai auf der Sternwarte zu Dunecht durch die Wahrnehmung eines nie zuvor bei einem Kometen gesehenen Phänomens — des gelben Natriumstrahles — belohnt.[1]) Am 1. Juni hatte sich dieser zu einer Flamme entzündet, die alle andern Ausstrahlungen überwältigte. Das Licht des Kometen war in Wirklichkeit einfarbig; und das Bild des ganzen

---

[1]) *Copernicus*, vol. II, p. 229.

Kopfes und der Wurzel seines Schweifes konnte, ähnlich dem einer Sonnenprotuberanz, beobachtet werden, wie es sich in seinem neuen saffrangelben Kleide von lebhafter Beleuchtung innerhalb der Ränder eines offenen Spaltes abzeichnete.

Mit Erstaunen nahm Vogel in Potsdam am 31. Mai die helle gelbe Linie wahr und identifizierte sie am folgenden Abend mit der Fraunhofer'schen Linie »D.« Ihr Charakter liess ihn auf eine sehr beträchtliche Dichtigkeit in dem glühenden, sie ausstrahlenden Dampfe schliessen.[1]) Hasselberg gründete einen weiteren Beweis zu Gunsten des elektrischen Ursprungs des Kometenlichtes auf die Veränderungen in dem Spektrum des Wells'schen Kometen.[2]) Denn diese fanden ihr genaues Analogon in gewissen früheren Versuchen Wiedemann's, nach welchen die gasigen Spektren in Geisler'schen Röhren sogleich erloschen bei Einführung metallischer Dämpfe. Es schien, als ob das Metall durch die Hitze nicht schnell genug verflüchtigt werden konnte, um die gesamte Pflicht der elektrischen Entladung an sich zu reissen, so dass das resultierende Licht ausschliesslich von ihm allein herrührte. Wäre einfaches Erglühen infolge Erhitzung in Frage gewesen, so würde der Effekt ein anderer gewesen sein; die beiden Spektren würden sich, ohne gegenseitige Beeinträchtigung, über einander gelagert haben. In analoger Weise bewies die Ersetzung der Kohlenwasserstoffbanden im Spektrum des Kometen durch die Natriumlinie, dass Elektricität im Spiele war. Denn die zunehmende erwärmende Kraft der Sonnenstrahlen konnte wohl das Natrium entzündet, aber sie konnte nicht die Kohlenwasserstoffe vernichtet haben.

Dr. Huggins gelang es durch eine Exposition von einer und einer viertel Stunde das Spektrum des Wells'schen Kometen zu photographieren.[3]) Das Resultat bestätigte die Neuheit seiner Natur. Keine von den ultravioletten Kohlenstoffgruppen zeigte sich; vielmehr hatten gewisse helle, bisher noch nicht identifizierte Strahlen einen Eindruck hinterlassen. Anderwärts war das Spektrum durchaus kontinuierlich und wurde nicht einmal durch die Fraunhofer'schen Linien, die man im Spektrum des Tebbutt'schen Kometen entdeckt hatte, unterbrochen. Hieraus schloss man, dass ein kleiner Teil von reflektiertem Lichte bei dem späteren Ankömmling sich mit dem ihm eigentümlichen Lichte vermischte.

---

[1]) *Astr. Nachr.*, No. 2434, 2437. — [2]) *Ibid.*, No. 2441. — [3]) *Report Brit. Ass.*, 1882, p. 442.

Alles, was über die Ausdehnung der Bahn, welche der erste Komet von 1882 durchlief, sicher bekannt ist, ist das, dass er aus ungeheuer weit entlegenen Tiefen des Raumes kam und sich jetzt wieder dorthin zurückzieht. Ein amerikanischer Berechner[1]) gab für ihn eine Periode von nicht weniger als 400 000 Jahren an; A. Thraen zu Dingelstädt gelangte zu einer Periode von 3617 Jahren.[2]) Beide sind vielleicht in gleichem Grade unsicher.

Wir haben nun kurz eine der merkwürdigsten und — mit alleiniger Ausnahme der unter Halley's Namen bekannten — auch eine der für die Astronomen instruktivsten Kometenerscheinungen zu berichten. Die von ihm erhaltene Belehrung war ebenso mannigfaltig und bedeutsam, wie sein Anblick prachtvoll war, wenn auch infolge des Umstandes, dass er im allgemeinen nur vor Sonnenaufgang zu sehen war, der Zuschauer seines Glanzes nur verhältnismässig wenige waren.

Die Entdeckung eines grossen Kometen am 11. September 1882 zu Rio de Janeiro wurde in Europa durch ein Telegramm von Cruls, dem Direktor der dortigen Sternwarte, bekannt. Er war jedoch schon, (wie sich in der Folge herausstellte) am 8. von Finlay, dem Assistenten an der Sternwarte am Kap der guten Hoffnung, und auf der Lord Aucklands-Insel sogar bereits am 3. September gesehen worden. Eine spätere, aber ganz eigenartige Entdeckung, die mit keiner der früheren in Zusammenhang stand, wurde von Common zu Ealing ausgeführt. Seit der Sonnenfinsternis vom 17. Mai, wo ein Komet, der zu Ehren des Khedive von Ägypten »Tewfik« genannt worden war, auf Dr. Schuster's Photogramm erwischt wurde, als er sich gewissermassen in den äusseren Strahlen der Korona verwickelt hatte, hatte Common die Nachbarschaft der Sonne in der äusserst vagen Hoffnung, vielleicht noch einen andern solchen Körper bei seiner schnellen Reise um die Sonne abzufangen, durchforscht. Mit Erstaunen berichten wir, dass sich nach einem Zwischenraum von gerade vier Monaten jene höchst vage Hoffnung wirklich erfüllte.

Am Vormittag eines Sonntags, des 17. Septembers, sah er einen grossen Kometen dicht an der Sonne, der sich dieser schnell näherte. Er hatte damals in der That nur noch wenige Stunden bis zu sei-

---

[1]) J. J. Parsons, *Am. Journ. of Sc.*, vol. XXVII, p. 34. — [2]) *Astr. Nachr.*, No. 2441.

nem Perihel. Einige Messungen seiner Lage wurden sogleich vorgenommen; doch bedeckte ein Wolkenschleier das interessante Schauspiel, als der Mittag kaum vorbei war. Finlay am Kap der guten Hoffnung hatte mehr Glück. Von seinem Mitbeobachter um die halbe Welt getrennt, vollendete er, ohne etwas von jenem zu wissen, unter einem klaren Himmel seine ununterbrochene Beobachtung. Der Komet, dessen silberfarbenes Licht in auffallender Weise mit dem rötlichgelben Schimmer des Sonnenrandes, dem er sich näherte, kontrastierte, wurde »fortwährend gerade bis in den Siedekessel des Randes hinein« verfolgt — ein Umstand, der einzig dasteht in der Geschichte der Kometen.[1]) Dr. Elkin, welcher den Fortgang des Ereignisses mit einem andern Instrumente beobachtete, war der Ansicht, dass die eigene Helligkeit des Kerns kaum von der der Sonnenoberfläche übertroffen wurde. Und doch hatte er sie kaum berührt, als er verschwand, wie wenn er in Nichts zerfallen wäre. So plötzlich war das Verschwinden (um 4 st 50 m 58 s mittlerer Zeit am Kap), dass man zuerst glaubte, der Komet müsse hinter die Sonne getreten sein. Doch zeigte sichs, dass dies nicht der Fall gewesen war. Die Beobachter am Kap waren Augenzeugen eines eigentlichen Durchgangs. Auch konnte die Unsichtbarkeit nicht durch die Gleichheit der Helligkeit erklärt werden. Denn die Abstufungen des Lichtes auf der Sonnenscheibe sind gross genug, um jedes Objekt, welches an Helligkeit mit dem Mittelpunkte wetteifert, gegen den dunklen Hintergrund des Randes hervortreten zu lassen, während ein Gegenstand, der genau ebenso hell ist wie der Rand, im Mittelpunkt unumgänglich dunkel erscheinen muss. Die einzig annehmbare Ansicht ist daher, dass der Körper des Kometen von allzu zarter Textur und sein voraussichtlich fester Kern zu klein war, als dass er hätte irgend einen erheblichen Teil der Sonnenstrahlen auffangen können — eine Bereicherung des Wissens, die wert ist, im Gedächtnis behalten zu werden.

Am folgenden Morgen zeigte das Objekt dieser einzigartigen Beobachtung (nach Dr. Gill's Worten) »einen erstaunlichen Glanz, als er sich hinter den Bergen im Osten der Tafelbai erhob, und schien, als einige Minuten später die Sonne aufging, von seiner Helligkeit nichts zu verlieren. Man brauchte nur das direkte Sonnenlicht durch Vorhalten der Hand in Armes Länge vom Auge fern-

---

[1]) *Observatory*, vol. V, p. 355.

zuhalten, um den Kometen mit seinem glänzenden weissen Kern und seinem dichten, weissen, scharf begrenzten Schweif von gut einem halben Grad Länge zu sehen.«[1]) Über die ganze Welt, wo nur immer der Himmel an jenem Tage, dem 18. September, heiter war, konnte er mit blossem Auge wahrgenommen werden. Seit 1843 war nichts Ähnliches gesehen worden. Aus Spanien, Italien, Algier, Süd-Frankreich kamen Depeschen, welche die ausserordentliche Erscheinung meldeten. In Cordova in Südamerika bildete »der Komet in der Nähe der Sonne« das einzige Gesprächsthema.[2]) Ferner — und dies ist ganz und gar aussergewöhnlich — erstreckten sich die Berichte, dass er am hellen Tage mit blossem Auge sichtbar gewesen sei, über drei Tage. Zu Reus in der Nähe von Tarragona zeigte er sich hell genug, dass er durch eine vorüberziehende Wolke gesehen werden konnte, als er nur drei Sonnendurchmesser vom Sonnenrande entfernt war, kurz vor seinem Durchgang durch das Perihel am 17. September, und am 19. September wurde er zu Carthagena in Spanien während zwei Stunden vor und zwei Stunden nach Mittag wahrgenommen, und in ähnlicher Weise war er an demselben Tage in Algier sichtbar.[3])

Noch überraschender aber als die Erscheinung des Körpers selbst war die Beschaffenheit und die Natur der Bahn, in welcher er sich bewegte. Die ersten rohen Elemente, welche S. C. Chandler zu Harvard und White, Assistent an der Sternwarte zu Melbourne, für ihn berechneten, zeigten sogleich eine überraschende Ähnlichkeit mit denen der beiden Zwillingskometen von 1843 und 1880. Diese bedeutungsvolle Thatsache wurde am 27. September durch ein Dunechter Cirkular in England bekannt. Sie ist durch nachfolgende Untersuchungen, für welche glücklicherweise reichliche Gelegenheiten sich darboten, völlig bestätigt worden. Die Ähnlichkeit war freilich nicht so absolut vollkommen, wie in dem früheren Falle; sie enthielt einige geringfügige, aber wirkliche Abweichungen; doch trug sie einen ausgeprägten und unverkennbaren Stempel, der dringend eine Erklärung erheischte.

Zwei Annahmen allein waren in Wirklichkeit zulässig. Entweder war der Komet von 1882 eine beschleunigte Wiederkehr derjenigen von 1843 und 1880, oder er war ein Bruchstück einer ursprünglichen

---

[1]) *Observatory,* vol. V, p. 354. — [2]) Gould, *Astr. Nachr.,* No. 2481. — [3]) Flammarion, *Comptes Rendus,* t. XCV, p. 558.

Masse, zu der sie ebenfalls gehört hatten. Zur Unterstützung der ersten Ansicht wurde wiederum das »widerstehende Mittel« herangezogen. Die sie vertretende Meinung war eine Zeit lang vorherrschend und populär, und bildete überdies die Grundlage einer Art sensationellen panischen Schreckens. Denn ein Komet, welcher bei einem einzigen Durchgang durch die Sonnenatmosphäre einem Widerstand begegnete, der hinreichend war, um seine Umlaufsperiode von siebenunddreissig Jahren auf zwei Jahre und acht Monate zu verkürzen, musste in unmittelbarer Zukunft auf der Oberfläche der Sonne zur Ruhe kommen; und den daraus entstehenden Sonnenbrand schilderte man in einigen Gegenden, mehr in zügelloser Phantasie als mit wissenschaftlichen Gründen, als vermutlich von verhängnisvoller Bedeutung für die Bewohner unseres kleinen Planeten.

Im Jahre 1882 konnte man indessen eine Probe anstellen, deren Anwendung weder im Jahre 1843 noch im Jahre 1880 möglich war. Die beiden in den letzteren Jahren sichtbaren Körper waren erst beobachtet worden, nachdem sie bereits das Perihel hinter sich hatten; [1]) das dritte Glied der Gruppe dagegen war sowohl eine Woche vor diesem Ereignis wie mehrere Monate lang nach demselben genau verfolgt worden. Finlay's und Dr. Elkin's Beobachtung seines Verschwindens am Sonnenrande bildete ausserdem eine besonders feine Probe für seine Bewegung. Es wurde auf diese Weise durch direkte Vergleichung der Geschwindigkeit des Kometen vor und nach seinem gefahrvollen Eintauchen in die Umgebungen der Sonne die Gelegenheit geboten, mit einiger Annäherung an Gewissheit festzustellen, ob der Komet im Verlaufe jenes Hineintauchens irgend eine erhebliche Verzögerung erfahren habe. Die deutlich gegebene Antwort auf diese Frage war, dass dies nicht geschehen war. Die berechneten und beobachteten Stellungen zu beiden Seiten der Sonne stimmten harmonisch miteinander überein. Die Wirkung, wenn überhaupt eine solche hervorgebracht worden war, war zu klein, um wahrnehmbar zu sein.

Dieses Ergebnis ist an sich bemerkenswert. Es scheint der Encke'schen Theorie eines widerstehenden, nach innen an Dichte schnell zunehmenden Mittels, die überdies durch Backlund's Untersuchung etwas in Misskredit geraten war, den Gnadenstoss zu geben.

---

[1]) Kapitän Ray's Beobachtung des Kometen von 1843 wenige Stunden vor seinem Perihel mit Hilfe des Sextanten, war zu roh, um verwertet werden zu können.

Denn die Entfernung des Perihels von der Sonne beim Kometen von 1882 war, wenn auch etwas grösser denn die seiner Vorgänger, trotzdem ausserordentlich klein. Er ging in weniger denn 65 000 Meilen Entfernung vor der Sonnenoberfläche vorüber. Aber die ätherische Substanz, welche der Annahme nach die Bewegung des Encke'schen Kometen gehemmt haben sollte, würde daselbst nahezu 2000-mal dichter sein, als im Perihel dieses kleineren Körpers, und müsste einen augenfälligen verzögernden Einfluss ausgeübt haben. Dass kein solcher entdeckt werden konnte, scheint zu beweisen, dass kein derartiges Medium existiert.

An weiteren Zeugnissen von entscheidender Art fehlte es bei der Frage nach der Identität nicht. Der »Grosse September-Komet« von 1882 hatte keine so grosse Eile, sich der neugierigen Musterung von der Erde aus zu entziehen. Er wurde noch am 7. März 1883 zu Cordova mit blossem Auge wahrgenommen und zeigte sich in dem Felde des grossen Äquatorials am 1. Juni noch als ein »ausserordentlich schwacher weisser Flecken.«[1]) Er war damals etwa 100 Millionen Meilen von der Erde entfernt, eine Entfernung, bis zu welcher kein andrer Komet, abgesehen von dem im Jahre 1729, verfolgt worden war.[2]) Ausserdem war ein Bogen von 340° von den 360 Graden eines vollständigen Umlaufs unter den Augen der Astronomen beschrieben worden, so dass sein Lauf sehr wohl bekannt geworden war. Es kann daher als festgestellt betrachtet werden, dass seine Bewegung in einer sehr excentrischen Ellipse vor sich geht, die in einigen hundert Jahren durchlaufen wird. Die niedrigste Schätzung der Periode, die sich auf hinreichend umfassende Angaben stützt, beträgt $652\frac{1}{2}$ Jahre (Morrison); die höchste, welche noch einiges Vertrauen verdient, ist die von Kreutz auf 843 Jahre.[3]) Man hat Grund zu glauben, dass diese letztere nicht sehr weit von der Wahrheit entfernt liegt.

Diese Folgerung einer nach vielen Jahrhunderten zählenden Periode versichert uns positiv, dass der Komet von 1882 nicht eine Wiederkehr der beiden so eng mit ihm zusammenhängenden Körper war. Aber weiter erstreckt sich auch die Anwendung dieser Folgerung auf jene Körper nicht.[4]) Denn sehr wenig von einander abweichende Störungen eines jeden würden genügen, um eine markante

---

[1]) *Astr. Nachr.*, No. 2538. — [2]) *Nature,* vol. XXIX, p. 135. — [3]) *Astr. Nachr.*, No. 2482. — [4]) Professor Young zu Princeton im Staate New Jersey hatte die Güte, die Aufmerksamkeit der Verfasserin auf diesen Punkt zu richten.

Verschiedenheit in ihren Perioden hervorzubringen. Ein Verlust an Geschwindigkeit im Perihel von nur 49 Metern in der Sekunde (weniger als $\frac{1}{10000}$ der ganzen) würde z. B. veranlassen, dass ein vorher in 175 Jahren einen Umlauf vollendender Komet nunmehr eine Periode von 37 Jahren erhält.[1]) Und doch würde die Bahn sonst nahezu ungeändert bleiben. Ein in ihr sich bewegender Körper würde nur in einer beträchtlichen Entfernung von der Sonne von seinem früheren Wege merklich abweichen. Hiernach hat jeder dieser drei Kometen ohne Zweifel eine Periode für sich.

Das unerwartete Bekanntwerden eines vierten Mitgliedes der Familie macht das Problem, dem sie uns gegenüberstellen, noch verwickelter. Am 18. Januar 1887 entdeckte Thome zu Cordova einen Kometen, welcher mit merkwürdiger Treue dieselben Umrisse zeigte, wie der sieben Jahre vorher in denselben Breiten beobachtete. Der schmale Lichtstreifen, der sich nach der Sonne zu zusammenzog und von ihr weg bis zu einer Entfernung von fünfunddreissig Graden reichte, der masselose Kopf — ein verschleiertes Nichts, wie es schien, da keine Spur eines Kernes herausgefunden werden konnte, das schnelle Erblassen bis zur Unsichtbarkeit waren alles übereinstimmende Eigentümlichkeiten, und sie wurden noch verstärkt durch einige rohe Berechnungen seiner Bahn, welche zeigten, dass geometrische Verwandtschaft nicht weniger unverkennbar war, als ihre physische Ähnlichkeit. Man könnte indessen starken Grund zu der Vermutung zu haben glauben, dass hier nicht blosse Verwandtschaft, sondern Identität vorliege, und dass »Thome's Komet« wirklich eine beschleunigte Wiederkehr des Kometen von 1880 wäre. Wenn dem so wäre, so würde sein Herabsturz in die Sonne nahe bevorstehen; doch scheint die Wahrscheinlichkeit, wenn alle Thatsachen in Betracht gezogen werden, für die andere Annahme zu sprechen. Bindende Beweise über diesen Punkt werden vielleicht niemals erlangt werden können. Infolge der besonderen Beschaffenheit der neueren Erscheinung liessen sich nur sehr wenige und nicht sehr zuverlässige Beobachtungen anstellen, und auch diese erst lange nach dem Perihel, welches am 11. Januar passiert wurde. Es ist bemerkenswert, dass Meyer auch den »Finsternis-Kometen« von 1882 zu dieser ausserordentlichen Gruppe

---

[1]) Rebeur-Paschwitz, *Sirius*, Bd. XVI, p. 233. Dieses Raisonnement sollte die mögliche Identität der Kometen von 1668, 1843 und 1880 erweisen.

hinzufügt und in jüngster Zeit einige Argumente zur Unterstützung seiner Behauptung angeführt hat.[1])

Die Idee von Kometensystemen wurde zuerst von Thomas Clausen im Jahre 1831 ausgesprochen.[2]) Sie wurde durch die scharfsinnigen Untersuchungen des verstorbenen Hoek, dem Direktor der Sternwarte zu Utrecht, im Jahre 1865 und in einigen folgenden Jahren weiter entwickelt.[3]) Er fand, dass in einer durchaus beträchtlichen Anzahl von Fällen die Bahnen von zwei oder drei Kometen einen gemeinsamen Schnittpunkt weit draussen im Raume haben, der mit grosser Wahrscheinlichkeit eine Gemeinsamkeit des Ursprungs andeutete. Dieser bestand nach seiner Vermutung in dem Zerbersten eines Mutterkörpers während seines Umlaufs um den zuletzt besuchten Stern. Sei dem wie ihm wolle, die Thatsache ist unzweifelhaft, dass zahlreiche Kometen in Gruppen zerfallen, bei welchen die Verwandtschaft geometrischer Relationen einen früher bestehenden physischen Zusammenhang verrät. Nie zuvor jedoch ist geometrische Verwandtschaft so notorisch gewesen, wie zwischen den eben betrachteten vier Kometen, und nie zuvor waren bei einem Kometen, der gewissermassen noch in der Blüte seines Lebens stand, physische Eigentümlichkeiten, welche jene Verwandtschaft zu erklären strebten, so augenscheinlich gewesen wie bei dem zweitletzten dieser Gruppe.

Die Beobachtung einer körnigen Struktur bei Kometenkernen reicht weit zurück in das siebzehnte Jahrhundert, wo Cysatus und Hevelius die centralen Teile der Kometen von 1618 und 1652 respektive als aus einem Haufen kleiner Sterne bestehend schilderten. Analoge Anzeichen einer losen Anhäufung sind in neuerer Zeit nicht selten bei teleskopischen Kometen entdeckt worden, abgesehen von den Beispielen wirklicher Teilung, welche die unter Biela's und Liais's Namen bekannten Kometen darbieten. Die Kräfte, welche bei der Hervorbringung dieser Wirkungen in Betracht kommen, scheinen bei dem grossen Kometen von 1882 besonders energisch gewesen zu sein.

Die Zerteilung des Kernes wurde zuerst bemerkt in den Vereinigten Staaten und am Kap der guten Hoffnung am 30. September. Sie schritt rasch vorwärts. Am 5. und 7. Oktober nahm Professor Krüger zu Kiel zwei Verdichtungsmittelpunkte wahr. Eine be-

---

[1]) *Astr. Nachr.*, No. 2717. — [2]) Gruithuisen's *Analekten*, Heft VII, p. 48. — [3]) *Month. Not.*, vols. XXV, XXVI, XXVIII.

stimmte und fortschreitende Trennung in drei Massen wurde von Professor Holden am 13. und 17. Oktober[1]) beobachtet. Wenige Tage später fand Tempel, dass der Kopf aus vier hellen Haufen bestand, die nahe in der Verlängerung der Achse des Schweifes sich anordneten;[2]) und Common sah am 27. Januar 1883 fünf Kerne in einer Linie »gleichwie Perlen an einer Schnur.«[3]) Diesen merkwürdigen Charakter behielt der Komet bis zum letzten Augenblicke seiner deutlichen Sichtbarkeit.

Es gab indessen noch andere merkwürdige Beweise eines hervorstechenden Strebens dieses Körpers, sich in Teile zu zerlegen. Am 9. Oktober entdeckte Schmidt zu Athen ein nebelförmiges Objekt 4° südwestlich von dem grossen Kometen, welches sich in derselben Richtung bewegte. Es blieb einige Tage sichtbar und nach Oppenheim's und Hind's Berechnungen kann es nur wenig zweifelhaft sein, dass es wirklich ein durch Spaltung erzeugter Abkömmling des Körpers war, den es begleitete.[4]) Dies wird noch wahrscheinlicher gemacht durch das unerhörte Schauspiel, welches sich am 14. Oktober E. E. Barnard zu Nashville im Staate Tennessee darbot, wobei sich sechs oder acht gesonderte kometarische Massen innerhalb 6° südwestlich von dem Kopfe des Kometen zeigten, von denen bei der nächsten, einer Aufsuchung günstigen Gelegenheit keiner mehr zu sehen war.[5]) Eine Woche später aber wurde ein ähnliches Objekt von Brooks zu Phelps im Staate New York in der entgegengesetzten Richtung vom Kometen wahrgenommen. Es schien daher der Raum längs des Weges seines Rückzuges von der Sonne mit den zarten Trümmern dieses ausserordentlichen Körpers erfüllt zu sein.

Sein Schweif wurde an Länge (wenn überhaupt von einem) nur von dem des Kometen von 1843 erreicht. Er dehnte sich in den Raum bis zu der ungeheuren Entfernung von $43\frac{1}{2}$ Millionen Meilen von dem Kopfe aus, aber seine Teile zeigten sich den Beobachtern auf der Erde so unvollkommen, dass er zu keiner Zeit am Himmel einen Bogen von mehr als 30° bedeckte. Diese scheinbare Ausdehnung wurde während einiger Tage vor dem 25. September von einem schwachen, dünnen, geraden Streifen erreicht, der nur von wenigen Beobachtern — von Elkin am Kap der guten Hoffnung, von Eddie zu Grahamstown und Cruls zu Rio Janeiro — bemerkt

---

[1]) *Nature*, vol. XXVII, p. 246. — [2]) *Astr. Nachr.*, No. 2468. — [3]) *Athenäum*, Febr. 3, 1883. — [4]) *Astr. Nachr.*, No. 2462, 2466. — [5]) *Ibid.*, No. 2489.

wurde. Er wich um einen kleinen Winkel von dem dichteren gekrümmten Schweife ab und wurde nach Bredichin[1]) durch die Wirkung einer Repulsionskraft hervorgebracht, die zwölfmal so stark war, als der Gegenzug der Schwerkraft. D. h. er gehörte zum Typus No. 1, während der grosse, allen Augen sichtbare, gegabelte Schweif der geringeren, für den Typus No. 2 charakteristischen Emissionsgeschwindigkeit entsprach. Der letztere war bemerkenswert wegen seiner vollkommen scharfen Begrenzung, wegen seiner stark gegabelten Form und seiner ungewöhnlichen Dauer. Bis zum Ende des Januar 1883 war seine Länge nach Schmidt's Beobachtungen noch über 20 Millionen Meilen und eine Woche später noch blieb er dem blossen Auge sichtbar ohne bemerkbare Verkürzung.

Am eigentümlichsten von allem war eine anomale Ausdehnung des Schweifes gegen die Sonne hin. Während des grösseren Teiles des Oktober und November schien eine leuchtende »Röhre« oder »Scheide« von ungeheuren Dimensionen den Kopf zu umgeben und in einer Richtung fortgeschleudert zu werden, die derjenigen der gewöhnlichen Auswürfe verdünnter Materie nahezu entgegengesetzt war. Ihr Durchmesser war nach Schmidt's Berechnung am 15. Oktober etwa 900000 Meilen gross, und sie wurde von Cruls als ein »abgestumpfter nebliger Kegel« beschrieben, der sich 3 oder 4^0 nach der Sonne hin erstreckte.[2]) Es kann kein Zweifel sein, dass diese abnorme Art von Ausströmung eine Folge der furchtbaren physischen Störung, welche er im Perihel erlitten hatte, war, und es verdient daran erinnert zu werden, dass etwas Ähnliches an dem Kometen von 1680 (Newton's), der ebenfalls wegen seiner grossen Annäherung an die Sonne merkwürdig war, beobachtet worden war. Die einzige plausible Hypothese über die Art ihrer Entstehung ist die, dass sich die Teilchen, welche den ordentlichen und ausserordentlichen Anhang bilden, in einem entgegengesetzten elektrischen Zustande befinden.

Das Spektrum des grossen Kometen von 1882 war zum Teil eine Wiederholung desjenigen seines unmittelbaren Vorgängers und bestätigte somit den Schluss, dass die bis dahin beispiellose Natriumflamme bei beiden ein direktes Resultat der intensiven Wirkung der Sonne, der sie ausgesetzt waren, ist. Doch wurde diesmal die

---

[1]) *Annales*, Moscou, t. IX, pt. II, p. 52. — [2]) *Comptes Rendus*, t. XCVII, p. 797.

D-Linie nicht allein gesehen. Am Morgen des 18. September gelang es Dr. Copeland und Dr. J. G. Lohse zu Dunecht sechs helle Strahlen im Grün und Gelb mit ebenso vielen hervorragenden Eisenlinien zu identifizieren,[1]) eine sehr bedeutsame Erweiterung unserer Kenntnis von der Konstitution der Kometen, welche Bredichin's Annahme verschiedener Arten von Materie, welche vom Kerne mit Geschwindigkeiten, die sich umgekehrt, wie ihre Atomgewichte verhalten, ausgehen, in hohem Masse rechtfertigt. Alle Linien zeigten gleichmässig eine geringe Verschiebung, welche auf ein Zurückweichen von der Erde mit der Geschwindigkeit von 8 bis 10 Meilen in der Sekunde hinwies. Eine ähnliche Beobachtung, welche Thollon zu Nizza an demselben Tage machte, gab einen hoch erfreulichen Beweis für die Zuverlässigkeit der spektroskopischen Methode bei Schätzungen von Bewegungen in der Richtung der Gesichtslinie. Ehe noch etwas über die Bahn oder Geschwindigkeit des Kometen bekannt war, kündigte er allein auf Grund der Lage der doppelten Natriumlinie an, dass am 18. September 3 Uhr nachmittags seine Entfernung von unserm Planeten um 61 bis 76 Kilometer in der Sekunde zunahm.[2]) Bigourdan's spätere Rechnungen zeigten, dass die wirkliche Geschwindigkeit der Entfernung des Kometen in jenem Augenblicke 73 Kilometer betrug.

Bald zeigten sich Veränderungen in umgekehrter Ordnung wie die, welche im Spektrum des Wells'schen Kometen gesehen worden waren. Bei dem früheren Körper waren die Kohlenstoffbanden bei der Annäherung an das Perihel erloschen und durch Natriumstrahlen ersetzt worden. Bei seinem Nachfolger wurden die Natriumstrahlen schwächer und verschwanden ganz mit dem Rückzuge vom Perihel und wurden durch Kohlenstoffbanden ersetzt. Professor Riccò war in der That aus der Reihenfolge der spektroskopischen Erscheinungen zu folgern imstande, dass der Komet bereits die Sonne passiert hatte, und begründete so ein neues Kriterium zur Bestimmung der Lage eines Kometen in seiner Bahn vermittelst der verschiedenen Beschaffenheit seiner Strahlen.

Fassen wir nochmals zusammen, was wir von den fünf ausgezeichneten Kometen der Jahre 1880—82 gelernt haben, so finden wir, dass die hauptsächlichen für die Wissenschaft erworbenen Thatsachen die folgenden drei sind: Erstens, es giebt

---

[1]) *Copernicus,* vol. II, p. 235. — [2]) *Comptes Rendus,* t. XCVI, p. 371.

Gruppen von Kometen, die in Zwischenräumen von vielen Jahren einander in derselben oder in nahezu derselben Bahn folgen, so dass die Identität der Bahn nicht mehr als ein sicheres Zeugnis für individuelle Identität betrachtet werden kann. Zweitens, solche Körper können wenigstens durch die äussere Korona der Sonne, ohne irgend welchen sichtbaren Schaden und ohne eine wahrnehmbare Verzögerung ihrer Bewegungen zu erleiden, hindurchgehen. Endlich, ihre chemische Konstitution ist äusserst zusammengesetzt, und sie besitzen, jedenfalls in einigen Fällen, einen metallischen Kern ähnlich wie die Meteormassen, die gelegentlich aus dem planetarischen Raum die Erde erreichen.

Eine Gruppe von sechs Kometen, unter denen sich der Halley'sche befindet, bildet eine Art von Klientenschaft zu dem Planeten Neptun. Sie entfernen sich von der Sonne gerade ungefähr bis zu seinem Abstande von derselben, gleichsam als ob sie einem mächtigen Protektor, der ihre Bestätigung als periodische Besucher des Sonnensystems erwirkt hat, ihre Huldigung darbringen wollten. Der zweite von diesen Körpern, dessen Wiederkehr erwartet wurde, war ein von Pons am 20. Juli 1812 entdeckter Komet — der sechszehnte in zehn Jahren —, der sich, wie Encke gefunden hatte, in einer elliptischen Bahn mit einer Periode von beinahe 71 Jahren um die Sonne bewegte. Aber erst am 1. September 1883 entdeckte Brooks zu Phelps im Staate New York sein Wiedererscheinen; er ging durchs Perihel am 25. Januar und wurde zuletzt gesehen am 2. Juni 1884. Bei seiner grössten Helligkeit hatte er das Ansehen eines Sternes zweiter Grösse, der mit einem kärglich entwickelten doppelten Schweife versehen ist, und war mit blossem Auge im südlichen Europa von Dezember bis März ziemlich deutlich sichtbar. Ein ausnahmsweiser Charakterzug zeichnete ihn aus. Seine Schwankungen in der Form und Helligkeit waren beispiellos schnell und ausgedehnt. Am 21. September beobachtete ihn C. Chandler zu Harvard[1]) als einen sehr schwachen, verschwommenen Nebel mit geringer centraler Verdichtung. In der nächsten Nacht fand er an seiner Stelle einen hellen Stern achter Grösse, der sich durch eine geringe Spur ihn umgebenden Nebels nur gerade noch von den eigentlichen Sternen unterschied. Die Veränderung war begleitet von einer achtfachen Vermehrung des Lichts und war, wie durch Schia-

[1]) *Astr. Nachr.*, No. 2553.

parelli's bestätigende Beobachtungen [1]) bewiesen wurde, in wenigen Stunden vor sich gegangen. Die Verkleidung als Stern wurde bald wieder abgelegt. Der Komet erschien am 23. September als eine weite neblige Scheibe, und bald darauf welkte er hin bis zu seiner ursprünglichen Dunkelheit. Seine Entfernung von der Sonne betrug damals nicht weniger als $43\frac{1}{2}$ Millionen Meilen und sein Spektrum zeigte nichts Ungewöhnliches. Diese seltsamen Abwechslungen kehrten in kleinerem Massstabe am 15. Oktober und mit grösserem Nachdruck am 1. Januar wieder, wo sie Dr. Müller [2]) zu Potsdam mit Staunen beobachtete und auf photographischem Wege studierte. Der ganze Cyklus wurde diesmal in weniger als vier Stunden durcheilt — der Komet hatte sich mit einem lebhaften Aufblitzen des Lichts zu einem scheinbaren Stern verdichtet und der scheinbare Stern hatte sich wieder rückwärts in einen Kometen ausgedehnt.

Ein drittes Mitglied der Neptunsgruppe — Olbers' Komet von 1815 — hätte jetzt im Perihel sein müssen; doch war es nicht möglich gewesen, die Zeit seiner Wiederkehr in etwas engere Grenzen einzuschliessen.

Hinsichtlich des Ursprungs der Kometen hat es in den letzten Jahren viele scharfsinnige und leere Spekulationen gegeben, die zu betrachten indessen völlig überflüssig wäre. Und doch entbehren wir nicht ganz der Führung beglaubigter Thatsachen über den Gegenstand. Laplace nahm an, dass die fundamentale Form von Kometenbahnen, wenn dieselben nicht durch planetarische Störungen modifiziert werden, die einer Hyperbel ist, ein Umstand, der, wenn er wahr wäre, darauf hinweisen würde, dass sie, abgesehen von zufälligen Begegnungen, mit unserm System absolut keinen Zusammenhang haben. Gauss und Schiaparelli bewiesen aber im Gegenteil, dass diese Körper ihrer Natur nach sich in ungeheuer langen Ellipsen bewegen [3]) und dass die hyperbolische Form in den ausserordentlich seltenen Fällen, wo sie existieren kann, ein Resultat der Störung ist. Ist dem so, so folgt, dass ihr Zustand, bevor sie von der Sonne angezogen wurden, ein Zustand verhältnismässiger Ruhe war. [4]) In andern Worten, sie nahmen Teil an der fortschreitenden Bewegung des Sonnensystems durch den Raum.

---

[1]) *Astr. Nachr.*, No. 2553. — [2]) *Ibid.*, No. 2568. — [3]) Thury und Meyer, *Arch. des Sciences*, t. VI (3. ser.), p. 187. — [4]) W. Förster, *Pop. Mitth.*, 1879, p. 7.

Dieser bedeutungsvolle Schluss war aus andern Gründen als das Resultat von Untersuchungen angegeben worden, die im Jahre 1860 Carrington[1]) und Mohn[2]) unabhängig von einander in der Absicht unternommen hatten, die voraus vermutete Existenz einer Beziehung zwischen der allgemeinen Lage der Kometenbahnen und der Richtung der Bewegung des Sonnensystems festzustellen. Es ist ziemlich klar, dass, wenn sie aufs Geratewohl die interstellaren Gegenden durchwandelten, sie vorwiegend aus der Nachbarschaft des Sternbildes Herkules herzukommen scheinen müssten; mit andern Worten, es würden uns weit mehr Kometen entgegenkommen, als uns von hinten einholen würden, genau aus dem nämlichen Grunde, aus welchem die Sternschnuppen nach Mitternacht viel zahlreicher sind als vor Mitternacht. Ferner müssten sich die Kometen, die uns entgegenkommen, scheinbar schneller bewegen, als die, die uns von hinten erreichen, weil in dem einen Falle unsere eigene wirkliche Bewegung zu der ihrigen addiert, in dem andern von derselben subtrahiert werden würde. Aber von alle dem kann man nichts entdecken. Die Kometen nähern sich der Sonne ohne Unterschied aus allen Gegenden und mit Geschwindigkeiten, die völlig unabhängig sind von der Richtung.

Wir schliessen daher mit Schiaparelli und Förster, dass die »kosmische Strömung,« welche das Sonnensystem zu seinem unbekannten Ziele führt, auch Nebelmassen von unbeschränkter Ausdehnung und in einer unbeschränkten Entfernung mit sich führt, deren losgerissene Bruchstücke fortwährend in den Kreis der Sonnenattraktion eintreten und quer über unsern Himmel in der Form von Kometen hinwegziehen. Dieselben sind jedoch fast sicher insoweit Fremdlinge in unserm System, als sie keinen Teil hatten an dem langen Entwickelungsprozesse, durch welchen sein gegenwärtiger Zustand erreicht wurde. Sie sind vielleicht Überreste eines früheren, von uns nur schwer und dunkel begreifbaren Zustandes der Dinge, als das Chaos, aus welchem Sonne und Planeten nach hohem Ratschluss entstehen sollten, noch nicht abgesondert für sich zu existieren begonnen hatte.

---

[1]) *Mem. R. A. Soc.*, vol. XXIX, p. 335. — [2]) *Month. Not.*, vol. XXIII, p. 203.

Zwölftes Kapitel.

Fixsterne und Nebel.

Dass eine Wissenschaft der **Chemie der Sterne** nicht nur möglich geworden ist, sondern bereits materielle Fortschritte gemacht hat, ist sicherlich einer der erstaunlichsten Züge in dem schnellen Fortgang der Erkenntnis, dessen Augenzeuge unser Zeitalter gewesen ist. Auch die Zeit kann niemals die Bewunderung abschwächen, mit welcher wir die Wirkung jener Strahlen betrachten müssen, die von einer Quelle ohne merkliche Grösse durch unmessbare Entfernung hin ausströmen, um durch ihre Eigentümlichkeiten die Zusammensetzung dieser Quelle zu offenbaren. Die Entdeckung umeinander sich bewegender Doppelsterne versicherte uns, dass die grosse beherrschende Kraft der Bewegungen der Planeten sowie unserer eigenen materiellen Existenz in gleicher Weise auch die Wege der entferntesten Sonnen im Raume lenkt; die Anwendung prismatischer Analyse legte Zeugnis dafür ab, dass auch in den Sternen die uns bekannten Stoffe, aus denen nicht nur die Erde selbst, auf der wir dahinschreiten, sondern auch der aus ihrem Staube und den sie umgebenden Dünsten geschaffene menschliche Körper besteht, vorhanden sind.

Wie wir gesehen haben, stellte Fraunhofer schon im Jahre 1823 fest, dass an der Eigentümlichkeit, nach welcher das durch den Durchgang durch ein Prisma zerstreute Sonnenlicht zahlreiche dunkle Querstreifen zeigt, auch das Sternenlicht im allgemeinen teilnimmt. Kaum hatte Kirchhoff den Schlüssel für die geheimnisvolle Bedeutung jener Ziffernschrift gefunden, als man sich auch schon mit brennender Begier an die Erklärung der dunklen Streifen machte, welche das Spektrum der Sterne zeigte. Donati machte 1860 zu Florenz die ersten Anstrengungen in dieser Richtung, aber infolge der Unvollkommenheiten der instrumentalen Hilfsmittel, über die er verfügte, mit geringem Erfolge. Das verhältnismässige Fehlschlagen seiner Versuche war indessen ein Vorspiel für den Erfolg anderer. Beinahe gleichzeitig im Jahre 1862 wurde das neue Untersuchungsfeld betreten von Huggins und Miller in der Nähe von London, von Pater Secchi zu Rom und von Lewis M. Rutherfurd zu New York. Fraunhofer's Kunstgriff, nach welchem eine cylindrische Linse benutzt wurde, um ein nach zwei Dimensionen ausgedehntes Spektrum der Sterne zu erhalten, wurde von allen adoptiert und war in der That unentbehrlich. Denn ein leuchtender Punkt, als welcher ein Stern erscheint, wird, durch ein Prisma gesehen, eine bunte Linie, die für die Zwecke der Untersuchung fast unbrauchbar ist, solange sie nicht durch das Dazwischentreten einer cylindrischen Linse zu einem Bande verbreitert ist. Dieser Prozess des »Ausrollens« hat allerdings einen grossen Verlust an Licht — einer seltenen und kostbaren Waare, insofern sie von den Sternen herrührt — zur Folge, aber der Verlust ist unvermeidlich. Überdies wird er durch die grosse lichtsammelnde Kraft der modernen Teleskope so vollständig ausgeglichen, dass man heutzutage auch aus der spektroskopischen Untersuchung von Sternen, die mit blossem Auge absolut nicht mehr sichtbar sind, wichtige Belehrung schöpfen kann.

Die eigentlichen Begründer der Spektroskopie der Sterne waren (da Rutherfurd bald nachher seine Bemühungen anderswohin richtete) Pater Secchi, der ausgezeichnete Jesuit und Astronom am Collegio Romano, wo er am 26. Februar 1878 starb, und Dr. Huggins, mit dem der verstorbene Professor W. A. Miller zusammen arbeitete. Die Arbeiten eines jeden nahmen glücklicherweise eine solche Richtung, dass sie denen des andern zur Ergänzung dienten. Bei den weniger vollkommenen Instrumenten, die er besass, suchte der römische Astronom seinen Arbeiten lieber eine grössere Ausdehnung denn absolute Genauigkeit zu geben, während man zu Upper Tulse Hill lieber grössere Genauigkeit in einem kleineren Gebiete zu erreichen strebte und erreichte. Pater Secchi gebührt das Verdienst, zuerst eine spektroskopische Vermessung des Himmels ausgeführt zu haben. Über 4000 Sterne wurden im Ganzen von ihm untersucht und nach den verschiedenen Eigenschaften ihres Lichtes klassifiziert. Seine vorläufige Aufstellung (1863—67) von **vier Typen von Fixsternspektren**[1]) hat sich als eine wahre Förde-

[1]) *Report Brit. Ass.*, 1868, p. 166. Rutherfurd gab einen Versuch eines Schemas einer derartigen Klassifikation im Dezember 1862, der sich

rung der Erkenntnis infolge der Bequemlichkeiten, welche sie bei der Anordnung und Vergleichung sich schnell anhäufender Thatsachen bot, erwiesen. Überdies ist es kaum zweifelhaft, dass diese Verschiedenheiten im Spektrum Verschiedenheiten bezeichnender Art in den physischen Verhältnissen entsprechen.

Die erste Ordnung umfasst mehr als die Hälfte der sichtbaren Sterne und einen noch grösseren Teil derjenigen, welche durch ihren Glanz ausgezeichnet sind. Sirius, Wega, Regulus, Atair gehören zu ihren hauptsächlichsten Mitgliedern. Ihre Spektren zeichnen sich aus durch die Breite und Intensität der vier dunklen, von der Absorption des Wasserstoffes herrührenden Streifen und durch die ausserordentliche Schwäche der metallischen Linien, von denen trotzdem durch sorgfältige Untersuchung Hunderte entdeckt sind. Das Licht dieser dem Sirius gleichenden Sterne ist weiss oder bläulich und zeigt sich reich an ultravioletten Strahlen.

Capella und Arcturus gehören zu dem zweiten, der Sonne ähnlichen Typus der Fixsterne, welcher etwa ein Sechstel weniger zahlreich vertreten ist als der erste. Ihre Spektren sind ganz genau dem des Sonnenlichtes ähnlich, insofern sie von unzählig vielen feinen dunklen Linien durchzogen sind, und sie teilen die gelbliche Farbe desselben.

Die dritte Klasse enthält zumeist rote und (was gewöhnlich damit gleichbedeutend ist) veränderliche Sterne, von welchen Beteigeuze in der Schulter des Orion und Mira im Walfisch bekannte Beispiele sind. Ihr charakteristisches Spektrum ist von der »kannelierten« Art. Es sieht aus wie eine scharf beleuchtete Reihe von sieben oder acht verschieden gefärbten perspektivisch gesehenen Säulen, wobei das Licht von dem roten Ende nach dem violetten hinfällt. Diese Art der Absorption wird hervorgebracht durch die Dämpfe von Metalloiden oder zusammengesetzten Stoffen.

Zu der vierten Ordnung von Sternen gehört ebenfalls ein Säulen- (oder Banden-) Spektrum; dasselbe ist aber umgekehrt; das Licht kommt von der andern Seite. Die drei breiten Absorptionszonen, welche dasselbe unterbrechen, treten scharf hervor gegen das rote Ende und stufen sich unmerklich nach dem violetten Ende hin ab. Die zur vierten Klasse gehörenden Individuen sind gering

---

aber auf unvollkommene Beobachtungen stützte. Siehe *Am. Journ. of Sc.*, vol. XXXV, p. 77.

an Zahl und scheinbar unbedeutend, da die hellsten von ihnen die fünfte Grösse nicht überschreiten. Sie zeichnen sich gewöhnlich durch eine tiefrote Farbe aus und funkeln im Gesichtsfeld des Teleskops wie Rubinen. Pater Secchi, welcher die Besonderheit ihres analysierten Lichtes entdeckte, schrieb dieselbe dem Vorhandensein von Kohlenstoff in ihrer Atmosphäre unter gewisser Form zu, und dies wurde durch die neuesten Untersuchungen von H. C. Vogel[1]), dem jetzigen Direktor des astrophysikalischen Instituts zu Potsdam bestätigt. Die Kohlenwasserstoffbanden nämlich, welche bei den Kometen hell erscheinen, sind dunkel bei diesen ausgezeichneten Objekten — den einzigen am Himmel, (vielleicht mit Ausnahme einer Wimpel der Korona der Sonne oder eines seltenen Meteors)[2]) welche eine durch das Spektroskop enthüllte Analogie von fundamentaler Art mit den Kometen zeigen.

Die Glieder aller vier Ordnungen sind indessen ausgesprochene Sonnen. Sie besitzen, wie es scheint, alle Arten von Licht ausstrahlende Photosphären und unterscheiden sich (soweit wir zu beurteilen vermögen) von einander nur durch die verschiedene Beschaffenheit ihrer absorbierenden Atmosphären. Das Prinzip, dass die Farben der Sterne nicht die eigentliche Natur ihres Lichtes anzeigen, sondern von den Arten von Dämpfen, welche sie umgeben und gewisse Teile jenes Lichtes verschlucken, abhängen, wurde von Huggins im Jahre 1864 aufgestellt.[3]) Die von den Doppelsternen dargebotenen Erscheinungen scheinen einen Zusammenhang zwischen dem Zustande der sie umgebenden Atmosphären, durch deren Wirkung ihre oft prachtvoll kontrastierenden Farben hervorgebracht werden, und ihren gegenseitigen physischen Beziehungen anzudeuten. Eine bemerkenswerte tabellarische Zusammenstellung, welche Professor Holden im Juni 1880[4]) veröffentlichte, liess jedenfalls erkennen, dass eine Ungleichheit in der Grösse zwischen den Gliedern von Binarsystemen von einer Unähnlichkeit in der Farbe begleitet ist, und dass Sterne, die sich in der einen Hinsicht gleichförmiger verhalten, es auch ziemlich sicher in der andern thun. Überdies sind blaue und grüne Sterne von entschiedener Farbe niemals (so weit

---

[1]) *Publikationen d. astr.-phys. Inst. zu Potsdam*, No. 14, 1884, S. 31. — [2]) Von Konkoly erhielt einmal von einem sich langsam bewegenden Meteor ein Kohlenwasserstoffspektrum. A. S. Herschel, *Nature*, vol. XXIV, p. 507. — [3]) *Phil. Trans.*, vol. CLIV, p. 429. — [4]) *Am. Journ. of Sc.*, vol. XIX, p. 467.

man es sicher weiss) einzeln, sondern stets Glieder von Systemen, so dass die Vereinigung zu Systemen unzweifelhaft einen hervorragenden Einfluss auf die Farbe hat.

Trotzdem hat die von Zöllner im Jahre 1865 [1]) ausgesprochene unreife Vorstellung, dass gelbe und rote Sterne nur einfach weisse Sterne in verschiedenem Abkühlungszustande seien, unverdienter Weise allgemeinere Annahme gefunden. D'Arrest freilich protestierte gegen sie, aber Vogel nahm sie im Jahre 1874 als die »rationelle« Grundlage seiner Klassifikation an.[2]) Diese unterscheidet sich von derjenigen des Pater Secchi nur dadurch, dass sie dessen dritten und vierten Typus als Unterabteilungen derselben Klasse darstellt; dagegen enthält sie den allerdings verführerischen, wenn auch möglicher Weise irreleitenden Gedanken einer fortschreitenden Entwickelung. Z. B. werden die weissen, dem Sirius vergleichbaren Sterne als die jüngsten hingestellt, weil sie die heissesten der Fixsternfamilie sind; diejenigen, welche der Sonne als Muster folgen, haben bereits viel von ihrem Wärmevorrat durch Austrahlung vergeudet und sind etwa bis zur Mitte ihres Lebens vorgerückt, während die roten Sterne mit Bandenspektren als abgenutzte Sonnen betrachtet werden, die ihrem gänzlichen Erlöschen schnell entgegeneilen.[3])

Nun, die Wahrheit ist, dass wir ebenso wenig über das relative wie über das absolute Alter der Sterne etwas wissen. Der wesentliche Unterschied zwischen der einen und der andern Ordnung — soweit uns das Spektroskop darüber Auskunft giebt — beruht auf der Stärke und Beschaffenheit der von ihren Atmosphären ausgeübten Absorption. Es giebt keinen stichhaltigen Grund zu der Annahme, dass die absolute in einem weissen Sterne enthaltene Wärmemenge — unter sonst gleichen Umständen — grösser ist als die in einem roten enthaltene. Alles, was wir zu behaupten berechtigt sind, ist, dass ihre gasförmigen Umhüllungen bedeutend durchsichtiger und höchst wahrscheinlich viel beschränkter sind.

Vogel's Schema ist überdies unvollständig. Es zeichnet die

---

[1]) *Photom. Unters.*, S. 243. — [2]) *Astr. Nachr.*, No. 2000. — [3]) In der Einleitung zu seinem wertvollen Katalog der roten Sterne kommentiert J. Birmingham diese »eigentümliche Vorstellung« und bringt verschiedene Beispiele von Farbenwechsel in einer Richtung, die derjenigen entgegengesetzt ist, welche nach jener Annahme das unvermeidliche Resultat der Zeit sein müsste. *Trans. R. Irish Ac.*, vol. XXVI, pp. 251—253.

abwärtssteigende Kurve des Verfalls, giebt aber keine Rechenschaft von dem langsamen Emporsteigen zur Reife. Der gegenwärtige Glanz der Wega z. B. wurde, aller Analogie in der Schöpfungsgeschichte zufolge, erst durch schier endlose Prozesse schrittweiser Veränderung vorbereitet. Wie verhielt es sich früher damit? Wuchs derselbe durch Verdichtung, so musste Wega früher wahrscheinlich eine dichtere und ausgedehntere Atmosphäre besessen haben, als dies jetzt der Fall ist. Ihr gegenwärtiger unverhüllter Glanz müsste in diesem Falle aus der verhältnismässigen Dunkelheit sich entwickelt haben, welche infolge des Aufsteigens stürmisch erregter und verschiedenartiger Dämpfe bis zu grossen Höhen über ihre Photosphäre auf derselben lagerte. Sie würde damals ein »Bandenspektrum« gegeben haben, so dass mit Rücksicht hierauf rote Sterne jünger als weisse Sterne sein könnten. Man sollte indessen nicht ausser acht lassen, dass der Entwicklungsgang möglicherweise nichts mit dem Typus der Sterne zu thun hat. Man kann sich ganz gut denken, dass diese Typen charakteristische Merkmale von Anfang an verschiedener Arten, die sich niemals vermischen oder in einander verwandeln, sind.

Ein spektroskopischer Sternkatalog (der erste Versuch eines solchen) wird gegenwärtig zu Potsdam und Lund von Dr. Vogel und Dr. Dunér vorbereitet. Er wird alle Sterne bis zur $7\frac{1}{2}$. Grösse, welche zwischen dem Nordpole des Himmels und einem Grad südlich vom Äquator liegen enthalten. Der erste Teil, welcher die Resultate der Beobachtungen an den Spektren von 4051 Sternen giebt (beiläufig wurden 12000 untersucht), wurde im Jahre 1883 [1]) veröffentlicht, und ein weiterer Teil wird in Kurzem folgen. Die Beschaffung eines solchen reichlichen und zuverlässigen Vorrats von Daten, auf die man sich künftig beziehen kann, ist nach Vogel's Ansicht eine Pflicht, welche die jetzige Generation der Nachwelt schuldet, und die sich von unschätzbarem Werte für den Fortschritt der Entdeckung erweisen dürfte.

Inzwischen gab Dunér ein Spezialwerk von überraschendem Interesse im Jahre 1884 zu Stockholm heraus. Es ist dies ein Katalog von 352 Sternen mit Bandenspektren, von denen 297 zu Secchi's dritter und 55 zu seiner vierten Klasse (Vogel's Klassen IIIa und IIIb) gehören. Für die letztere Art sehr seltener Objekte ist die

---

1) *Publikationen*, No. 11, Potsdam 1883.

Aufzeichnung vollständig, so weit als die Entdeckung bisher fortgeschritten ist, während man im ganzen von 476 Sternen weiss, dass sie zu derselben Familie wie Mira und Beteigeuze gehören. Eine wohlbeglaubigte Thatsache hinsichtlich beider Arten ist die Unveränderlichkeit ihres Typus. Die prismatischen Kannelierungen der einen und die breiteren Zonen der anderen sind gleichsam stereotyp — sie erleiden in ihren Grundumrissen keine Veränderung beim Übergang von einem Stern zum andern. Sie sind stets begleitet von einem Spektrum dunkler Linien, oder lagern sich über ein solches, an dessen Hervorbringung Natrium und Eisen einen augenscheinlichen Anteil haben; aber eine eingehendere Untersuchung ist mit Schwierigkeiten verbunden. Nur Beteigeuze allein von allen Sternen mit Bandenspektren ist einer genaueren Untersuchung unterzogen worden.

Eine den Umständen nach vollständige Antwort auf die Frage: Woraus bestehen die Fixsterne? wurde von Dr. Huggins im Jahre 1864 [1]) gegeben. Durch mühselige Vergleichungen der dunklen Linien der Sterne und der hellen, von irdischen Substanzen ausgesandten Strahlen erhielt er, wenn auch mit grossem Aufwand von Zeit und Mühe, vollkommen zuverlässige Schlüsse. Er versichert uns freilich, dass, wenn man auf die durch die Ungunst des Wetters und die Stellung der Sterne veranlassten Störungen Rücksicht nimmt, die vollständige Durchforschung eines einzigen Sternspektrums das Werk einiger Jahre sein würde. Von zweien jedoch — den Spektren von Beteigeuze und Aldebaran — vermochte er eingehende und genaue Zeichnungen zu liefern. Die dunklen Riefen in dem prismatischen Lichte des ersten von diesen Sternen sind nicht mit der Absorption irgend eines besonderen Stoffes identifiziert worden; aber mit ihnen im Zusammenhang stehen Linien, welche das Vorhandensein von Natrium, Eisen, Kalcium, Magnesium und Wismut verraten. Auch wenig in die Augen fallende Spuren von Wasserstoffstrahlen sind vorhanden. Dass eine sehr hohe Temperatur, wenigstens in den unteren Schichten der Atmosphäre, herrscht, wird durch die Verdampfung von Stoffen daselbst bezeugt, welche eine ebensolche Feuerbeständigkeit haben wie Eisen.[2])

---

[1]) *Phil. Trans.*, vol. CLIV, p. 413. Einige vorläufige Resultate waren in einer »Note« zusammengestellt, die der Königlichen Gesellschaft am 19. Februar 1863 mitgeteilt worden war (*Proc. Roy. Soc.*, vol. XII, p. 444). — [2]) *Phil. Trans.*, vol. CLIV, p. 429, Note.

Neun Elemente — nämlich ausser den bei Beteigeuze gefundenen noch Tellur, Antimon und Quecksilber — drücken dem Spektrum des Aldebaran seinen besonderen Charakter auf, während beim Sirius und nahezu allen andern untersuchten Sternen die Existenz von Wasserstoff, Natrium, Eisen und Magnesium mit Sicherheit oder hoher Wahrscheinlichkeit festgestellt worden ist. Man betrachtete dies nur als eine dürftige Ernte von Resultaten, und in der That ist kein Grund zu der Annahme vorhanden, dass irgend einer dieser mit unserer Sonne gleichartigen Körper derselben in Bezug auf die Kompliziertheit seiner Konstitution nachstehen sollte.

Das vom Spektroskop gegebene Zeugnis qualitativer und quantitativer Schwankungen in dem Lichte veränderlicher Sterne deutet auf eine Erklärung der von ihnen dargebotenen überraschenden Erscheinungen hin, von der man hoffen darf, dass sie schliesslich alle andern aus dem Felde schlagen wird. Allgemein gesprochen, ist die Veränderlichkeit der Sterne stets verbunden mit einer rötlichen Farbe und einem Bandenspektrum. Mit andern Worten, sie herrscht vor bei Sternen, welche von stark absorbierenden Atmosphären umgeben sind. Überdies nimmt die Stärke ihrer Absorption zu, je mehr sich das Licht vermindert, vielleicht könnten wir behaupten, dass das Licht sich vermindert, w e i l die Absorption zunimmt.

Früher waren die Erklärungen der Veränderlichkeit, welche man hauptsächlich gelten liess, die folgenden beiden: Rotation um eine Achse, wodurch abwechselnd eine dunklere und eine hellere Seite sichtbar wurde, und das Dazwischentreten eines nichtleuchtenden Körpers, welcher um einen Stern sich herumbewegte und denselben periodisch verfinsterte. In Wahrheit aber stimmten die Thatsachen grösstenteils nur sehr schlecht mit der einen oder andern zusammen und befanden sich nicht selten in grellem Widerspruch mit beiden. Es giebt jedoch einige Ausnahmefälle, auf welche die »Verfinsterungs«-Theorie für besonders anwendbar gehalten worden war, und sicherlich wird sie, wenn sie bei diesen fehlschlägt, irgend wo anders keinen grösseren Erfolg haben. Das hauptsächlichste Mitglied dieser kleinen Gruppe ist der Stern Algol im Haupte der Medusa.

Er unterscheidet sich in vielen Beziehungen von den meisten andern veränderlichen Sternen. In erster Linie ist er ein weisser Stern und zeigt ein Spektrum nach dem Muster des Sirius — zwei Umstände, die besonders für die Beständigkeit seines Glanzes sprechen.

Ferner nimmt die Verminderung seines Lichtes einen streng unparteiischen Verlauf; kein einzelner Strahl wird mehr angegriffen wie ein anderer; er bleibt in seiner Art ungeändert, auch wenn er auf ein Sechstel seines ursprünglichen Betrages reduziert ist. Endlich ist der Zeitpunkt der Ab- oder Zunahme seines Lichtes, anstatt mehr oder weniger unregelmässig über seine ganze Periode verteilt zu sein, an vollkommen bestimmte Bruchteile derselben gebunden. Während etwas mehr als $2\frac{1}{2}$ Tagen leuchtet er vollkommen stetig wie ein Stern der zweiten Grösse; sein Niedergang bis zur vierten Grösse und seine Wiedererholung bis zur zweiten geschieht in der kurzen Zeit von ungefähr sieben Stunden.

Dieses Verhalten führte Goodricke, welcher im Jahre 1782 die periodische Veränderlichkeit des Algol entdeckte, auf den Gedanken, dass sich ein grosser Satellit dazwischenstelle, und diese Erklärung wurde allgemein angenommen. Die Bedingungen, unter denen dieselbe wirklich gelten konnte, wurden erst im Jahre 1880 von Professor Pickering strenge untersucht.[1]) Er fand, dass die fraglichen Erscheinungen in durchaus zufriedenstellender Weise erklärt werden könnten durch die Annahme, dass ein dunkler Körper mit einem Durchmesser, der 0.764-mal so gross wie sein eigener wäre, und mit einer Periode von 2 Tagen 20 Stunden 49 Minuten um den Stern sich herumbewege. Es bedarf indessen eines in der gefügigen Annahme autoritativ vorgetragener Ansichten geübten Geistes, um ohne ungläubiges Kopfschütteln sich ein System vorzustellen, in welchem ein Satellit von derselben relativen Grösse, wie sie 466 Jupiter zu unserer Sonne haben würden, und in einer relativen Nähe zu seinem Hauptkörper, die nur wenig grösser ist als die, in welcher sich Mars und sein innerer Satellit zu einander befinden, cirkuliert. Aber freilich, wie Professor Pickering in einem ähnlichen Zusammenhange bemerkt, »was könnte unwahrscheinlicher sein als das Phänomen selbst, wäre es nicht durch Beobachtung bestätigt?«[2])

Die Klasse von veränderlichen Sternen, zu welcher Algol gehört, enthält bis jetzt nur acht Mitglieder. Wenn die Hypothese von einem verfinsternden Körper die Wahrheit in dem einen Falle dar-

[1]) *Proc. Am. Ac. Sc.*, vol. XVI, p. 17; *Observatory*, vol. IV, p. 116. In Betreff eines vorhergehenden Versuchs von T. S. Aldis im Jahre 1870 siehe *Phil. Mag.*, vol. XXXIX, p. 363. — [2]) *Proc. Am. Ac.*, vol. XVI, p. 259.

stellt, muss sie sich auch auf alle andern anwenden lassen. Der Versuch aber, sie auf einen merkwürdigen Stern im Sternbilde des Cepheus, welcher von Ceraski zu Moskau am 23. Juni 1880 entdeckt wurde, anzuwenden, kann als gescheitert betrachtet werden. Seine Phasen sind von derselben schnellen und wohlbestimmten Art, wie die des Algol, und kehren in der noch kürzeren Periode von zwei und einem halben Tage wieder. Seine bläulich weissen Strahlen aber werden rötlich zur Zeit des Minimums, was nicht auf eine blosse Hemmung sondern auf eine selektive Absorption hinweist. Man mutet uns indessen zu, anzunehmen, dass in diesem Falle die Verfinsterung eine totale ist und durch einen zum Teil leuchtenden Körper hervorgebracht wird, dessen Licht natürlich röter angenommen werden könnte als das seines Hauptkörpers. Aber dies ist nicht die einzige Schwierigkeit. Es sind Unregelmässigkeiten und Komplikationen entdeckt worden, welche die angegebene Erklärung vollständig umstossen. Nicht allein sind Abweichungen von zehn bis dreizehn Minuten von den berechneten Zeiten des Minimums durch Knott's Beobachtungen in den Jahren 1880—84[1]) aufgefunden worden — einmal trat das Minimum, wie Baxendell bemerkte, sogar mehr als vierzig Minuten früher ein —, sondern man fand auch, dass hohe und niedrige Minima mit einander abwechseln, so dass die Periode und die Kurve des Lichtwechsels eine doppelte ist. Ferner endeckte Dr. Wilsing zu Potsdam mit Hilfe genauer photometrischer Vergleichungen, dass die beiden Kurven geometrisch unähnlich sind, indem das Licht bei Nr. I schneller zunimmt, als es sich vermindert, bei Nr. II aber schneller ab- als zunimmt.[2]) Verfinsterungen können, auch wenn ihre Anordnung noch so geschickt ersonnen ist, in diesen verworrenen Knäuel von Abwechselungen keine Ordnung bringen.

Gore's »Katalog der bekannten veränderlichen Sterne«[3]) enthielt im Jahre 1884 190 Individuen, und die Zahl derselben ist fortwährend im Wachsen. In der That ist Dr. Gould der Meinung, dass die meisten Sterne etwas in ihrer Helligkeit infolge von Veränderungen an der Oberfläche ähnlich denen auf der Sonne, aber in grösserem Massstabe wie diese, hin- und herschwanken. Die Analogie mit der Sonne könnte vielleicht noch etwas weiter geführt werden. Sie kann den Schlüssel zu vielen überraschenden Erschei-

---

1) *Astr. Nachr.*, No. 2596. — 2) *Ibid.* — 3) *Proc. Roy. Irish Ac.*, July 1884.

nungen im Verhalten der Fixsterne darbieten. Wolf wies im Jahre 1852 auf die überraschende Charakterähnlichkeit zwischen den die Häufigkeit der Sonnenflecken darstellenden Kurven und denjenigen Kurven hin, welche die Veränderungen der Intensität des Lichtes vieler veränderlicher Sterne veranschaulichen. Es war dasselbe steile Aufsteigen zum Maximum und mehr allmähliche Absteigen zum Minimum, dieselben Unregelmässigkeiten in Höhen und Tiefen und, wie man hinzufügen kann, dasselbe Streben nach einem doppelten Maximum und dieselbe Komplikation sich übereinander lagernder Perioden. Man kann unmöglich die auf diese Weise graphisch dargestellten beiden Reihen von Phänomenen vergleichen, ohne zu dem Schlusse zu kommen, dass sie von nahe verwandtem Ursprunge sind — dass unsere Sonne in der That zur Sippe der veränderlichen Sterne gehört, wenn auch die Familieneigentümlichkeiten bei ihr aus gewissen Gründen verhältnismässig unentwickelt blieben.

Jede Art und jeder Grad von Veränderlichkeit ist am Himmel vertreten. Am unteren Ende der Skala stehen Sterne von der Art unserer Sonne, deren Glanz — soweit unsere instrumentellen Hilfsmittel ein Probe gestatten — merklich stetig ist. Am andern Ende befinden sich die wunderbaren Erscheinungen von »neuen« oder »temporären« Sternen. Innerhalb der letzten zwanzig Jahre haben sich fünf dieser stellaren Gäste (wie die Chinesen sie nennen) vorgestellt, und noch weiter zurück treffen wir auf einen sechsten am 27. April 1848. Aber von dem »neuen Stern« im Schlangenträger, den Hind in jener Nacht entdeckte, konnte man wenig mehr lernen als von den glänzenden von Tycho und Kepler beobachteten Objekten derselben Art. Das Spektroskop war damals noch nicht erfunden. Hören wir, was es uns von den jüngsten Ankömmlingen zu erzählen hat.

Zwischen halb und dreiviertel Zwölf in der Nacht vom 12. Mai 1866 sah John Birmingham zu Millbrook in der Nähe von Tuam in Irland mit Erstaunen einen hellen Stern von der zweiten Grösse im Sternbilde der nördlichen Krone, der ihm unbekannt war. Vier Stunden vorher hatte Schmidt in Athen denselben Teil des Himmels durchforscht und konnte bezeugen, dass er dort nicht sichtbar war. D. h. wenige Stunden oder möglicherweise wenige Minuten reichten hin, um einen Brand zu entfachen, von dem wir wegen der weiten räumlichen Entfernung vielleicht erst nach Hunderten von Jahren Nachricht erhalten haben. Die Strahlen, welche die Überbringer dieser Nachricht waren, zeigten, als sie Dr. Huggins am 16. Mai in den Spalt seines Spektroskops einliess, eine Zusammensetzung, die hinsichtlich der Natur der Katastrophe höchst bezeichnend war. Der Stern, der inzwischen bis unter die dritte Grösse herabgesunken war, zeigte ein sogenanntes doppeltes Spektrum. Zu den dunklen Kannelierungen des dritten Secchi'schen Typus waren vier helle Streifen hinzugetreten.[1]) Der hauptsächlichste von diesen stimmte der Lage nach mit Linien des Wasserstoffs überein, so dass man deutlich erkennen konnte, dass die unmittelbare Ursache des Ausbruchs die Eruption oder die Entzündung ungeheurer Massen jener feinen Art von Materie gewesen war, deren allgemeine Wichtigkeit im ganzen Kosmos eine der merkwürdigsten Thatsachen ist, welche uns das Spektroskop enthüllt hat.

T Coronae (wie der neue Stern genannt wurde) verlor bald seinen anfänglichen Glanz. Neun Tage nach seiner Entdeckung war er dem blossen Auge wieder unsichtbar. Er ist jetzt ein blass-gelber, wenig veränderlicher Stern von etwa zehnter Grösse und ist als solcher in Argelander's Karten zu finden. Er war somit schon dunkel bekannt, bevor er seinen plötzlichen Sprung zur Berühmtheit machte.

Die glühende Gashülle, mit welcher er sich für kurze Zeit umgab, ist ein dauernder oder wiederkehrender Zug bei einigen andern Sternen. Zwei von diesen — β in der Leier, ein weisser Stern, der sich (eine seltene Ausnahme) in einer Periode von zwölf Tagen und beinahe zweiundzwanzig Stunden ändert, und γ in der Cassiopeja — wurden von Pater Secchi am Anfang seiner spektroskopischen Untersuchungen bemerkt. Beide zeigen helle Linien von Wasserstoff und Helium, so dass die Besonderheit ihres Zustandes wahrscheinlich in der ungewöhnlichen Ausdehnung und der intensiven Glut ihrer chromosphärischen Umgebungen besteht. Aber dieser Zustand ist Veränderungen unterworfen. Die diese Veränderungen andeutenden hellen Strahlen vergehen und blitzen wieder auf mit sehr eigentümlichen Abwechselungen. Dr. Vogel's Beobachtungen zu Bothkamp in den Jahren 1871—72 liessen ihn bereits solche Abwechselungen vermuten,[2]) aber das Verdienst, sie sicher festgestellt zu haben, gebührt Eugen v. Gothard. Nach der Vollendung seines neuen astro-

---

[1]) *Proc. Roy. Soc.*, vol. XV, p. 146. — [2]) *Bothkamper Beobachtungen*, Heft II, S. 29.

physikalischen Observatoriums zu Herény im Herbst 1881 beobachtete er wiederholt die Spektra der beiden Sterne, ohne eine Spur von hellen Linien wahrzunehmen, und war daher völlig überrascht, als er am 13. August 1883[1]) bei γ in der Cassiopeja die karmoisinrote C-Linie erblickte. Wenige Tage später war die ganze Reihe (einschliesslich D_3) hell. Gebührend unterrichtet von der Wiederkehr eines Phänomens, welches er selbst seit einigen Jahren vergeblich erwartet hatte, nahm v. Konkoly die günstige Gelegenheit, welche ihm der zu seiner Verfügung gestellte grosse Wiener Refraktor bot, wahr, um mit ihm das hell gewordene Spektrum am 27. August zu untersuchen.[2]) Die Linie C war von blendendem Lichte; D_3 und der grüne und blaue Wasserstoffstreifen leuchteten etwas weniger lebhaft, D und die Gruppe b erschienen schwach dunkel, während drei breite Absorptionsbanden, scharf begrenzt nach dem roten, verwaschen nach dem violetten Ende zu, das Spektrum in der Nähe seiner entgegengesetzten Enden beschatteten. Sie stimmten daher mit den Zonen der »Kohlenstoffsterne« in dem Plane ihrer Struktur, wenn auch nicht ganz in der Lage überein, und bewiesen in bezeichnender Weise — was das Spektrum von T Coronae bereits ersichtlich gemacht hatte —, dass in den Atmosphären der Sterne eine Banden-Absorption mit einem hohen Glühzustande verträglich ist.

Das vorherige Fehlen heller Linien im Spektrum dieses Sternes hatte jedoch durchaus nicht solange gedauert und war lange nicht so vollständig gewesen, als v. Gothard annahm. Zu Dunecht wurde am 20. Dezember 1879[3]) die Linie C von Lord Lindsay, Dr. Copeland und Dr. J. G. Lohse prächtig gesehen; F wurde am 28. Oktober desselben Jahres und sehr häufig in den Jahren 1880—81 zu Greenwich hell gesehen, in der That weit auffälliger so, als drei Jahre später. Überdies hatte Dr. Copeland auf die merkwürdige Thatsache aufmerksam gemacht, dass C viel veränderlicher ist als F. Vogel vermochte am 18. Juni 1872 die erste nicht zu sehen, während die zweite hell war; zu Dunecht waren am 11. Januar 1887 die Verhältnisse insofern umgekehrt, als C glänzend hell und F verhältnismässig dunkel war.

Das Spektrum von β in der Leier ist ähnlichen Übergängen unterworfen. Vollkommen kontinuierlich, als es am 17. Juni und

---

[1]) *Astr. Nachr.*, No. 2539. — [2]) *Ibid.*, No. 2548. — [3]) *Observatory*, vol. X, p. 82. — [4]) *Astr. Nachr.*, No. 2581.

24. Juli 1882 zu Herény beobachtet wurde, war es am 5. September von dunklen Wasserstofflinien unterbrochen. Diese wurden zuerst hell gesehen von v. Gothard am 26. August 1883. Er fand jedoch, dass der Heliumstreifen sich unabhängig von den Wasserstofflinien und sogar auffälliger wie diese änderte. Während des Jahres 1884 wurde er durch verschiedene vollständige Cyklen von blendendem Glanze bis zu vollständigem Verlöschen in einer vorläufig auf sieben Tage geschätzten Periode verfolgt.[1]) Bisher ist zwischen diesen unerklärlichen Veränderungen und den Schwankungen in dem allgemeinen Lichte des Sterns noch kein Zusammenhang hergestellt worden, und ähnliche Veränderungen in den ausgesandten Strahlen finden bei γ in der Cassiopeja ohne jede wahrnehmbare Veränderlichkeit in der Helligkeit statt. Beide Sterne sollten sorgfältig und ohne Unterlass und, wenn möglich, unter besseren klimatischen Verhältnissen als unseren eigenen beobachtet werden.

Diese beiden Sterne bildeten den Grundstock einer besonderen, jetzt allgemein als solche anerkannten Klasse der Fixsterne. Zu ihr gehören der ausserordentlich veränderliche Stern η in der Argo nebst γ in demselben Sternbilde, die 1871 von Respighi untersucht wurden; sie enthält ferner drei kleine Sterne im Schwan, deren besonderer Charakter 1867 von Wolf und Rayet an der Pariser Sternwarte[2]) entdeckt wurde. Ihr Licht verriet einen hauptsächlich von Gasen herrührenden Ursprung, indem es sich in etwa fünf Linien oder Banden zerlegte, die bei jedem Stern dieselben und miteinander durch ein fast verschwindendes kontinuierliches Spektrum verbunden waren. Von einer derselben fand Vogel mit Hilfe des 27-zölligen Wiener Äquatorials im Sommer 1883, dass sie der grünen Wasserstofflinie entspricht. Die andern sind noch nicht identifiziert. Er vermochte keine Spur einer Veränderung seit seinen letzten vor zehn Jahren angestellten Beobachtungen dieser merkwürdigen Spektren zu entdecken.[3]) Sieben ähnliche Objekte sind seitdem von Professor Pickering und zwar die vier letzten durch photographische Hilfsmittel aufgefunden worden;[4]) fünf weitere wurden 1883 von Dr. Copeland bei Gelegenheit einer Exkursion nach den Anden gefunden, die er unternommen hatte, um für Beobachtungen möglichst günstig gelegene Stationen auszukundschaften,[5]) und ausserdem

[1]) *Astr. Nachr.*, No. 2651—2. — [2]) *Comptes Rendus*, t. LXV, p. 292. — [3]) *Sirius*, Bd. XVII, p. 135. — [4]) *Nature*, vol. XXXIV, p. 440. — [5]) *Copernicus*, vol. III, p. 207.

noch (im Jahre 1884 zu Dunecht) ein schönes weiteres Beispiel im Schwan.

Es entsteht nun die Frage: Haben wir es hier überhaupt mit Sternen in dem gewöhnlichen Sinne zu thun, d. h. mit Sonnen, wie unsere eigene eine ist, die nur durch ihre ungeheure Entfernung zu funkelnden Lichtpunkten reduziert werden? Wir würden im negativen Sinne antworten müssen, wenn die obige Definition angenommen wird; aber unsere Leser werden bereits gefolgert haben, dass dieselbe eine weitere Ausdehnung und Modifikation erfordert. Wie weit wir sie heutzutage ausdehnen dürfen und inwiefern unsere Vorstellungen von dem, was ein »Stern« ist, schliesslich abgeändert werden müssen, darüber hat uns ein neues erwähnenswertes Ereignis wichtige Andeutungen gegeben.

Am 24. November 1876 entdeckte Dr. Schmidt zu Athen einen neuen Stern im Sternbilde des Schwans. Er war damals nahezu von der dritten Grösse und musste in seinem früheren Zustande noch unterhalb der neunten Grösse gewesen sein, da Argelander sein Vorhandensein nicht erwähnt. Sein Spektrum wurde am 2. Dezember durch Cornu zu Paris[1]) und einige Tage später von Vogel und O. Lohse zu Potsdam[2]) untersucht. Es erwies sich von ganz ähnlichem Charakter wie das von T Coronae. Eine Reihe von hellen Linien, unter denen sich die des Wasserstoffs, des Heliums und vielleicht des Gases der Korona (1474) befanden, hob sich von einem kontinuierlichen Hintergrunde ab, der durch Absorption stark »kanneliert« war. Man kann annehmen, dass in Wirklichkeit die gasförmigen Stoffe, die durch ihr plötzliches Erglühen den scheinbaren Brand hervorgebracht hatten, verhältnismässig nahe an der Oberfläche des Sternes liegen, während der Schirm kälterer Substanzen, welcher in gesetzmässiger Weise weite Teile seines Lichtes auffing, in einer beträchtlichen Höhe in seiner Atmosphäre lag.

Das Objekt welkte inzwischen stetig dahin. Am Ende des Jahres war er nur noch von siebenter Grösse. Nach der zweiten Woche des März 1877 hinderte die stärker werdende Dämmerung im Verein mit der Abnahme seines Lichtes eine weitere Beobachtung. Dieselbe wurde am 2. September zu Dunecht mit einem seltsamen Resultate wieder aufgenommen. In Wirklichkeit hatte sich die

---

[1]) *Comptes Rendus*, t. LXXXIII, p. 1172. — [2]) *Monatsber.*, Berlin 1877, S. 241, 826.

Gesamtheit seines kärglichen Lichtes (er war damals unter die zehnte Grösse hinabgesunken) zu einer einzigen hellen Linie im Grün und der charakteristischsten Linie der gasförmigen Nebel[1]) gesammelt. Der Stern hatte sich in der That, soweit sein äusseres Aussehen in Betracht kommt, in einen planetarischen Nebel verwandelt, von denen viele so klein sind, dass sie von kleinen Sternen nur durch die Beschaffenheit ihrer Lichtstrahlen unterschieden werden können. Die Nebelphase scheint indessen nur vorübergehend gewesen zu sein. Im Laufe des Jahres 1880 fand Professor Pickering, dass der neue Stern im Schwan ein gewöhnliches Sternenspektrum von kaum wahrnehmbarem kontinuierlichem Lichte gab;[2]) und seine Beobachtung wurde auf negative Weise bestätigt zu Dunecht am 1. Februar 1881.

Dieses rätselhafte Objekt ist gegenwärtig bis zur sechzehnten Grösse herabgesunken und entzieht sich daher vollständig der spektroskopischen Untersuchung. Die Belehrung, die wir aus seinen Veränderungen erhalten, scheint keine geringere zu sein als diese: Eine deutliche Scheidelinie zwischen Sternen und Nebeln kann nicht gezogen werden; in den sogenannten »planetarischen Nebeln« auf der einen Seite und den »gasförmigen Sternen« (dies sind die, die ein Spektrum von hellen Linien geben) auf der andern begegnen wir Übergangsformen, welche dazu dienen, die Kluft zwischen solchen ungeheueren und — wenn der Ausdruck gestattet ist — ihrem Ende nahen Körpern wie Sirius und dem im Anfangszustand befindlichen, schwachleuchtenden Stoffe, welcher sich um das Trapez des Orion verdichtet, zu überbrücken.

Ein vermeintlicher neuer Stern in der Keule des Orion (nahe bei χ'Orionis), welchen J. E. Gore am 13. Dezember 1885 beobachtet hatte, erwies sich als ein bis dahin unbekannter und hoch interessanter veränderlicher Stern, der mit Mira nahe verwandt war. Am Ende des April hatte er von fast sechster bis über die neunte Grösse hinaus abgenommen,[3]) erhob sich aber am 12. Dezember 1886 zu einem zweiten Maximum (welches von Dr. Müller bestimmt wurde). Seine Periode von 364 Tagen ist gerade einen Kalendermonat länger denn die des »wunderbaren» Sterns im Cetus, und er zeigt ein genau ähnliches säulenförmiges Spektrum von grosser Lebhaftigkeit und Schönheit.[4])

---

[1]) *Copernicus,* vol. II, p. 101. — [2]) *Annual Report,* 1880, p. 7. — [3]) Müller, *Astr. Nachr.,* No. 2734. — [4]) C. Wolf, *Comptes Rendus,* t. CI, p. 1444.

Vielleicht hat keine der wunderbaren am Himmel beobachteten Veränderungen einen deutlicheren Fingerzeig hinsichtlich des Baues des Himmels gegeben, wie die Sternenkerze, welche in dem Herzen des grossen Andromeda-Nebels eine unbestimmte Anzahl von Jahren oder Jahrhunderten, bevor ihre Strahlen im Monat August 1885 die Erde erreichten, entzündet wurde. Die zuerst bekanntgegebene Entdeckung war die von Dr. Hartwich zu Dorpat am 31. August; doch stellte es sich heraus, dass der neue Stern bereits am 19. von Isaak W. Ward zu Belfast und am 17. von Ludovic Gully zu Rouen gesehen worden war. Da er von Tempel[1]) und Max Wolf am 16. noch nicht beobachtet worden war, so liess sich die Zeit seiner Erscheinung sehr eng begrenzen. Trotzdem erreichte er nicht, wie die meisten temporären Sterne, sein Helligkeitsmaximum auf einmal. Als er zuerst entdeckt wurde, war er von der neunten Grösse; am 1. September hatte er sich bis zur siebenten Grösse erhoben, von der er so schnell wieder herabfiel, dass er im März der Grenze der Sichtbarkeit mit dem 26-zölligen Washingtoner Refraktor (sechzehnte Grösse) nahe kam. Sein Licht wurde, als es abnahm, sehr bemerklich bleicher.[2]) Während der früheren Stadien seines Niederganges war der Kontrast zwischen der scharf begrenzten rötlichen Scheibe des Sterns und dem nebligen grünlich-weissen Hintergrunde, auf welchen er projiziert wurde,[3]) und mit dem er durchaus in einer gewissen Art von physischer Verbindung stehen musste, in hohem Grade auffällig.

Sehen wir zu, was wir wirklich zu Gunsten dieses Punktes sagen können. Die Stellung des Sterns war, um damit zu beginnen, nicht genau central. Er lag sechzehn Bogensekunden südwestlich von dem eigentlichen Nebelkern. Seine Erscheinung deutete daher nicht auf ein plötzliches Fortschreiten des Nebels zur Verdichtung hin, und wurde von keiner sichtlichen Veränderung in demselben begleitet, abgesehen von der vorübergehenden Wirkung teilweisen Erlöschens infolge überlegener Helligkeit.

Ebensowenig gab das Spektroskop eine entscheidende Belehrung. Vogel, Hasselberg und Young schien das Licht des neuen Sterns vollkommen kontinuierlich zu sein; doch erhaschte Dr. Huggins

---

[1]) *Astr. Nachr.*, No. 2682. — [2]) A. Hall, *Am. Journ. of Sc.*, vol. XXXI. p. 301. — [3]) Young, *Sid. Messenger*, vol. IV, p. 282; Hasselberg, *Astr. Nachr.*, No. 2690.

am 3. September Spuren von hellen Linien, die am 9. bestätigt wurden,[1]) und Dr. Copeland gelang es am 30. September mit einem besonderen spitzwinkligen Prisma, welches eigens zu diesem Zwecke hergestellt war, drei helle Banden zu messen.[2]) Ein Schimmer von F war vermutet und auch wahrgenommen worden von O. T. Sherman am Yale College. Doch war der Effekt weit verschieden von dem des charakteristischen hellen Spektrums eines temporären Sterns, und liess die Vermutung aufkommen, dass hier zugleich ein veränderlicher Stern in Untersuchung stehen könnte. Der Stern war indessen sicher insofern »neu«, als seine Strahlen, bevor ihre Intensität eine plötzliche Vergrösserung erfahren hatte, zu schwach waren, um selbst unsere optisch unterstützten Sinne zu affizieren. Nicht einer von den 1283 kleinen, in den Nebelkarten verzeichneten Sternen konnte mit ihm identifiziert werden; und ein von Common am 16. August 1884 aufgenommenes Photogramm, auf welchem eine Menge von Sternen bis zur fünfzehnten Grösse zu sehen waren, zeigte, dass die gleichmässige sanfte Abstufung des nebligen Lichtes durch eine Spur eines Sterns an dem Flecke, der künftig von dem neuen Sterne eingenommen werden sollte,[3]) absolut nicht unterbrochen wurde.

So weit könnte also die Ansicht, dass seine Beziehung zu dem Nebel eine bloss optische war, gerechtfertigt sein; aber sie wurde ganz und gar unhaltbar, als man fand, dass das, was man für ein zufälliges Zusammentreffen gehalten hatte, innerhalb eines Zeitalters wiederholt vorgekommen war. Am 21. Mai 1860 nahm Auwers zu Königsberg einen Stern siebenter Grösse wahr, der nahe im Mittelpunkte eines, in Messier's Katalog mit der Zahl 80 bezeichneten, Nebels im Skorpion leuchtete.[4]) Drei Tage vorher war der Stern sicher nicht dort und drei Wochen später war er verschwunden. Pogson (welcher am 28. Mai die Veränderung selbständig entdeckte)[5]) schien es, als ob der Nebel durch einen Stern ersetzt worden wäre, so vollständig wurde sein trübes Licht durch die koncentrierte Flamme in seiner Mitte überwältigt. Nun ist es einfach unglaublich, dass zwei Erscheinungen von so ungewöhnlichem Charakter zufällig gerade in der Gesichtslinie zwischen uns und

---

[1]) *Report Brit. Ass.*, 1885, p. 935. — [2]) *Month. Not.*, vol. XLVII, p. 54. — [3]) *Nature*, vol. XXXII, p. 522. — [4]) *Astr. Nachr.*, No. 1267, 2715. — [5]) *Month. Not.*, vol. XXI, p. 32.

den centralen Teilen zweier Nebel eingetreten sein sollten; wir müssen daher schliessen, dass sie sich an diesen Objekten zeigten, weil sie innerhalb derselben stattfanden. Die am meisten begünstigte Erklärung ist die, dass sie gewissermassen Wirkungen des Zusammensturzes waren, dass einige von den zahlreichen kleinen Körpern, welche vermutlich die Nebel bilden, in ihren verwickelten Bahnen zusammenstiessen und für ihre Opfer an Bewegung durch Wärme entschädigt wurden. Aber dies ist kaum mehr als ein plausibler Notbehelf eines in Verlegenheit gebrachten Geistes. W. H. S. Monck andrerseits hat die Ansicht ausgesprochen, dass nur Sterne sichtbar würden, wenn dunkle Körper beim Durcheilen gasiger Felder des Raumes aufleuchteten,[1]) gerade so wie Meteore in unserer Atmosphäre sich entzünden. Die Idee ist geistreich, findet aber (wozu sie auch nicht bestimmt war) auf unsern vorliegenden Fall keine Anwendung. Keins der durch die auffälligen soeben geschilderten Veränderungen ausgezeichneten Objekte ist von gasförmiger Konstitution. Der Nebel im Skorpion erscheint unter Anwendung sehr starker Vergrösserungen als ein »zusammengedrängter Haufen«, der in der Andromeda ist vielleicht, wie Sir J. Herschel vermutete, nur »ein optischer Nebel infolge der Kleinheit der ihn bildenden Sterne«[2]) — wenn sie Sterne genannt zu werden verdienen.

Wir haben uns veranlasst gesehen, unserer Berichterstattung über die Untersuchungen der Natur der Nebel etwas vorzugreifen. Die Ausschweifungen der Spekulation über diesen Punkt wurden plötzlich gehemmt und begrenzt durch die Anwendung des Spektroskops auf die Nebel. Am 29. August 1864 untersuchte Dr. Huggins die Strahlen eines hellen planetarischen Nebels im Drachen vermittelst seiner Prismen.[3]) Zu seiner unendlichen Überraschung zeigten sie sich hauptsächlich von einer Farbe. In andern Worten, sie verrieten ihren Ursprung aus einer Masse glühenden Dampfes. Auf die Frage, von welcher Art der Dampf sein möchte, durch welchen Herschel's Annahme eines verschieden durch den Kosmos verteilten »leuchtenden Fluidums« auf so unerwartete Weise bestätigt wurde, war eine Antwort ebenfalls bei der Hand. Die hervorstechende helle Linie des Nebels im Drachen gehörte höchst wahrscheinlich zum Stickstoff; von ihren zwei schwächeren Gefährten

---

[1]) *Observatory*, vol. VIII, p. 335. — [2]) *Ibid.*, vol. VIII, p. 325 (Maunder). — [3]) *Phil. Trans.*, vol. CLIV, p. 437.

war die eine unverkennbar die F-Linie des Wasserstoffs, während die andere, in mittlerer Lage zwischen den beiden, noch nicht identifiziert werden konnte. Die ausserordentliche Schwäche des Nebellichtes war, wie hierdurch experimentell gezeigt wurde, hinreichender Grund für das Alleinauftreten der respektive vom Stickstoff und Wasserstoff ausgehenden Linie im Spektrum; denn die übrigbleibenden Strahlen des Nebellichtes waren genau diejenigen, welche einem Verlöschen am längsten widerstanden.

Während des Jahres 1868 hatte Dr. Huggins die Spektra von etwa siebzig Nebeln, von denen ein Drittel einen gasförmigen Charakter zeigte, hinlänglich untersucht.[1]) In allen diesen (und die Regel hat sich bisher ohne Ausnahme gezeigt) trat die Stickstofflinie auf, wenn sie auch in einigen Fällen, wie zum Beispiel beim »Dumb-bell«-Nebel im Sternbilde des Fuchses, allein erschien. Andrerseits wurde später neben den gewöhnlichen drei Linien noch eine vierte Linie — die dunkle blaue Wasserstofflinie — in dem Lichte des grossen Orion-Nebels entdeckt. Aber im Grunde kann die Zusammensetzung aller Körper dieser Klasse als die nämliche betrachtet werden. Die Unterschiede in ihrem Lichte scheinen solche der Intensität, nicht der Art zu sein. Alle planetarischen und ringförmigen Nebel sowohl wie die sogenannten »irregulären,« welche in der Gegend der Milchstrasse häufig vorkommen, gehören zu ihr. Daher erwiesen sich die Anzeichen von Auflösbarkeit, welche zu Parsonstown und Cambridge in den Vereinigten Staaten im Orion- und Dumb-bell-Nebel wahrgenommen worden waren, als trügerisch, wenigstens insofern, als sie für Andeutungen einer stellaren Konstitution gehalten worden waren; dagegen konnte sie allerdings der Existenz diskreter Mengen glühender Dämpfe, die anderswo gleichmässiger verteilt waren, durchaus entsprochen haben.

Der wohlbekannte Nebel in der Andromeda und der grosse spiralförmige Nebel in den Jagdhunden sind mit die merkwürdigsten von denen, welche ein kontinuierliches Spektrum geben; und — als allgemeine Regel — die Ausstrahlungen aller solcher Nebel, welche die Erscheinung von Sternhaufen, die infolge der ausserordentlichen Entfernung neblig geworden sind, darbieten, gehören zu derselben Art. Es würde indessen allzu voreilig sein, daraus schliessen zu wollen, dass sie wirkliche Anhäufungen sonnenähnlicher Körper seien

---

[1]) *Phil. Trans.*, vol. CLVIII, p. 540.

Die Unwahrscheinlichkeit eines solchen Schlusses ist durch das Aufblitzen von Sternen, welches inmitten zweier innerhalb eines Zeitraumes von einem Vierteljahrhundert vorgekommen war, erheblich vergrössert worden. Denn es ist in Wirklichkeit gewiss, dass, wie entfernt auch immer die Nebel sein mochten, die Sterne ebenso weit entfernt waren; wenn daher die Bestandteile der ersteren Sonnen sind, so müssen die unvergleichlich grösseren Körper, durch welche ihr schwaches Licht fast ganz verdunkelt wurde, wie Proctor schloss, von einer Grösse gewesen sein, die zu denken selbst die Phantasie zurückschreckt.

Unter den wohlbeglaubigten Analogien zwischen Stern- und Nebelsystemen befindet sich die der Veränderlichkeit des Lichts. Am 11. Oktober 1852 entdeckte Hind einen kleinen Nebel im Stier. Chacornac beobachtete ihn 1854 zu Marseille, fand aber vier Jahre später zu seinem Erstaunen, dass er verschwunden war. D'Arrest vermisste ihn am 3. Oktober 1861 und entdeckte ihn am 29. Dezember wieder. Er wurde in den Jahren 1865—66 leicht gesehen, war aber 1877—80[1]) auch durch die mächtigsten Instrumente nicht zu entdecken. Dies war das erste unbestrittene Beispiel eines veränderlichen Nebels. Nachdem es von D'Arrest im Jahre 1862[2]) zur Kenntnis der Astronomen gebracht worden war, ist es seitdem von andern derselben Art bestätigt worden. Zwei solche, welche wahrscheinlich periodische Veränderungen darbieten, wurden 1879 von Winnecke[3]) beigebracht; und Professor Holden, der in seinem ausgezeichneten *„Monograph of the Nebula of Orion“*[4]) die Resultate aller hervorragenderen Untersuchungen über den Bau dieser wunderbaren Objekte seit 1758 zusammengestellt hatte, kam zu dem Schlusse, dass, während die Form ihrer verschiedenen Teile (mit nur einer möglichen Ausnahme) dieselbe geblieben war, ihre Helligkeit in einem Zustande fortwährender Schwankung gewesen und noch heute ist. Dies stimmt genau mit der von O. Struve im Jahre 1857[5]) ausgesprochenen Ansicht überein und bedarf, um als eine sicher festgestellte Thatsache angenommen zu werden, nur der Bestätigung, die man aus einer Vergleichung der in mehrjährigen Zwischenräumen aufgenommenen Photogramme zu erhalten hoffen darf.

---

[1]) Chambers, *Descriptive Astronomy* (3. ed.), p. 543; Flammarion, *L'Univers Sidéral*, p. 818. — [2]) *Astr. Nachr.*, No. 1366. — [3]) *Month. Not.*, vol. XXXVIII, p. 105; *Astr. Nachr.*, No. 2293. — [4]) *Wash. Obs.*, vol. XXV, App. I. — [5]) *Month. Not.*, vol. XVII, p. 230.

Zweifelhafter liegt der Fall bei dem »dreiteiligen Nebel« im Schützen, der 1877 von Professor Holden untersucht wurde.[1]) Dass eine Veränderung irgend welcher Art eingetreten ist, wird freilich durch eine Vergleichung seiner und anderer Beobachtungen mit denjenigen der beiden Herschel festgestellt, aber Holden neigt zu der Ansicht, dass hier Bewegung, mit oder ohne eine begleitende Lichtveränderung, den Wechsel bewirkt. Was sicher feststeht, ist das, dass ein bemerkenswerter dreifacher Stern, welcher während der Jahre 1784—1833 eine centrale Lage in einem dunklen Raume zwischen den drei grossen Lappen des Nebels hatte, sich seitdem in einen von diesen eingehüllt hat; und da der Stern keine Spur einer merklichen Ortsveränderung zeigt, so muss die Bewegung, wenn es überhaupt Bewegung war, dem Nebel zugeschrieben werden.

Ein ähnliches Beispiel wurde 1885 von H. Sadler[2]) beigebracht, doch werden die Gründe, auf denen es beruht, bestritten. Die sichere Feststellung einer wirklichen eigenen Bewegung bei einem Nebel würde mehr interessieren, als seine vollständige Neuheit. Bisher hat diese Klasse von Körpern keine Spur einer Teilnahme an den geschäftigen Reisen der Sterne gezeigt.[3]) Sie sind so sichtlich fest an ihrem Platze geblieben, als ob sie mit den zahlreichen Gästen der Milchstrassenwelt in gar keiner Beziehung ständen. Diese eigentümliche Unbeweglichkeit könnte bei oberflächlichem Hinblick auf Rechnung der ungeheuren Entfernung gesetzt werden, da kein einziger Nebel bisher auch nur die allergeringste Spur einer parallaktischen Verschiebung zeigte. Doch giebt es ein Verfahren, die Bewegung, unabhängig von der Entfernung, schätzen zu können, und auch diesem haben sich die Nebel bisher unzugänglich gezeigt.

Das Prinzip, nach welchem eine »Bewegung in der Gesichtslinie« mit dem Spektroskop entdeckt und gemessen werden kann, ist bereits auseinandergesetzt worden.[4]) Es hängt, wie sich unsere Leser erinnern werden, von der Verschiebung gewisser, heller oder dunkler (gleichviel welcher), Linien von ihrem normalen Platze um fast unendlich kleine Beträge ab. Das ganze Spektrum des sich bewegenden Körpers wird in der That sehr wenig hierher oder dort-

---

[1]) *Am. Journ. of Sc.,* vol. XIV, p. 433. — [2]) *Observatory,* vol. VIII, p. 127. Über Dreyer's zurückweisende Gründe siehe *Ibid.* p. 175. — [3]) Einige Beispiele vermeintlicher Umlaufsbewegungen bei »Doppel-Nebeln« sind von Flammarion, *Comptes Rendus,* t. LXXXVIII, p. 27, angegeben. — [4]) Siehe oben S. 257.

hin verschoben, je nachdem sich derselbe nach dem Auge hin oder von ihm weg bewegt; zum Zwecke der Messung aber wird gewöhnlich eine Linie aus den übrigen herausgegriffen und auf diese die Aufmerksamkeit koncentriert. Die Anwendung dieser Methode auf die Sterne aber ist mit Schwierigkeiten verbunden. Man bedarf eines Spektroskops von gewaltiger zerstreuender Kraft, um lineare Verschiebungen von der in Frage stehenden geringfügigen Ordnung zu erkennen; und eine hohe Dispersion hat eine genau proportionale Schwächung des Lichts zur Folge. Dieses kann, wo der Vorrat selbst bereits ein jämmerlich karger ist, schwer beschafft werden; und daraus folgt, dass die Operation der Bestimmung der Annäherung oder Entfernung eines Sterns, auch abgesehen von atmosphärischen Hindernissen, eine höchst delikate ist.

Sie wurde zuerst mit Erfolg anfangs 1868 von Dr. Huggins ausgeführt.[1]) Die hellsten Sterne am Himmel wurden als die am meisten versprechenden Versuchsobjekte ausgewählt und erwiesen sich als günstig. Im Spektrum des Sirius nahm man wahr, dass die F-Linie gerade soviel von ihrem Platze nach dem Rot hin verschoben wurde, dass sich daraus (nachdem die Geschwindigkeit der Erde in ihrer Bahn in Abzug gebracht ist) ein Zurückweichen mit einer Geschwindigkeit von $6\frac{1}{3}$ (engl. 29) Meilen in der Sekunde ergab. Ein unbestimmter Teil hiervon war ohne Zweifel dem Vorrücken des Sonnensystems im Raume, für welches Struve's Schätzung den fast sicher zu kleinen Wert von etwa einer Meile in der Sekunde angegeben hatte, zuzuschreiben. Trotzdem blieb noch ein grosser Überschuss für die eigene Bewegung des Sirius. Ihre Existenz und Richtung wurde durch Vogel's und Lohse's Beobachtung einer ähnlichen, aber noch beträchtlicheren Verschiebung am 22. März 1871 ausser Zweifel gesetzt.[2]) Die Untersuchung wurde von Dr. Huggins mit verbesserten Apparaten im folgenden Jahre wieder aufgenommen, wo die Bewegungen von dreissig Sternen annähernd bestimmt wurden.[3]) Die Geschwindigkeit des Zurückweichens des Sirius wurde jetzt auf etwa $4\frac{1}{3}$ (engl. 20) Meilen in der Sekunde herabgesetzt, und eine ähnliche Bewegung mit Geschwindigkeiten von $2\frac{3}{5}$ bis $6\frac{3}{10}$ (engl. 12 bis 29) Meilen wurde bei Beteigeuze, Rigel, Castor, Regulus und fünf der hauptsächlichsten Sterne im grossen Bären wahrgenommen.

---

[1]) *Phil. Trans.*, vol. CLVIII, p. 529. — [2]) Schellen, *Die Spektralanalyse*, Bd. II, S. 326 (1883). — [3]) *Proc. Roy. Soc.*, vol. XX, p. 386.

Arcturus dagegen gab Anzeichen einer schnellen Annäherung (zwölf [engl. 55] Meilen in der Sekunde), ebenso Pollux, Wega, Deneb im Schwan und die Sterne α und β im grossen Bären.

Die Anwendung dieser Methode, die Bewegungen der Sterne zu ermitteln, hat eine weit grössere Bedeutung, als man sich nach der blossen Aufzählung ihrer vorläufigen Resultate denken kann. Man kann sicher erwarten, dass sie bei der Enthüllung der weiten und komplizierten Relationen, die, wie wir dunkel ahnen können, unter den zahllosen Mitgliedern der Sternenwelt herrschen, eine Hauptrolle spielen wird; denn sie ergänzt die Hilfsmittel, die wir besitzen, um durch direkte Beobachtung Bewegungen quer zur Gesichtslinie zu messen, und vervollständigt so unsere Kenntnis der Bahnen und Geschwindigkeiten von Sternen in bestimmten Entfernungen, indem sie vor allem einen wertvollen Hinweis auf den Betrag der perspektivischen Verkürzung der scheinbaren Bewegung an die Hand giebt. Auf diese Weise kann man schliesslich eine, wenn auch unvollkommene, Kenntnis von den Umlaufsbewegungen der Sterne — von den Systemen, die sie zusammen bilden, von den Bahnen, die sie respektive verfolgen, und von den Kräften, unter deren Einwirkung sie sich bewegen, erhalten.

Obwohl die Methode noch kaum aus dem Versuchsstadium herausgekommen ist, ist doch bereits eine sehr merkwürdige Thatsache ans Licht gebracht worden. Seit 1874 haben spektroskopische Messungen der in die Gesichtslinie fallenden Komponente der Bewegungen der Sterne einen Teil der regulären Arbeiten an der königlichen Sternwarte zu Greenwich gebildet. Die Resultate haben die des Dr. Huggins im grossen Ganzen vollauf bestätigt. Nur in der Bewegung des Sirius war eine überraschende Veränderung vor sich gegangen. Im März 1876 vergrösserte sich seine Entfernung von der Erde der Schätzung nach in jeder Sekunde um 6 (engl. 27) Meilen. Im Jahre 1877 wurde eine Abnahme der Geschwindigkeit wahrgenommen, und diese schritt immer weiter vor, bis sie im Jahre 1882 nur noch $1\frac{1}{2}$ (engl. 7) Meilen oder weniger in der Sekunde betrug. Eine Umkehrung der Richtung wurde sogar vorhergesehen und trat auch kurz darauf ein. Das Spektrum hatte sich am 16. November 1883 nach dem blauen Ende hin in wahrnehmbarer Weise geändert,[1]) und eine von Maunder in dreizehn Nächten des

[1]) *Month. Not.*, vol. XLIV, p. 91.

Jahres 1884 ausgeführte Reihe von fünfundvierzig Messungen ergab für den Stern eine mittlere Annäherungsbewegung von fast fünf (engl. 22) Meilen in der Sekunde.[1]) Es scheint nicht, als ob die bekannte elliptische Umlaufsbewegung des Sirius um den Schwerpunkt seines Systems diese Änderungen erkläre, obwohl es merkwürdig ist, dass sie vermutlich auch in gewissem Grade den Lauf des Procyon affizieren, eines Sternes, der sich in ähnlichen Umständen befindet wie Sirius, insofern er sich in der Nähe einer verhältnismässig dunklen Störungsquelle befindet. Die weitere Enthüllung dieser bedeutsamen Änderungen wird vom höchsten Interesse sein.

Die Kenntnis der Geschwindigkeiten der Sterne wird schliesslich zur Kenntnis der relativen Geschwindigkeit der Sonne führen. Bereits hat Homann einen vorläufigen Versuch gemacht, aus den spektroskopisch bestimmten Bewegungen von 49 Sternen ein gewisses Urteil über den Lauf unseres Systems durch den Raum zu gewinnen, und zwar mit dem Resultat (das man für das nehmen muss, was es wert ist), dass sich der Apex der Bewegung nicht im Sternbilde des Herkules, sondern in einem Punkte der Milchstrasse nahe am Schwanz des Schwans befindet.[2]) Die entsprechende Geschwindigkeit der Sonne ist etwa $3\frac{1}{4}$ (engl. 15) Meilen in der Sekunde.

Keiner der bisher untersuchten Nebel zeigt die geringste Spur einer Verschiebung in der Richtung der Gesichtslinie.[3]) Und dieser Schluss hat, nicht so wie Schätzungen einer scheinbaren Bewegung quer über den Himmel, durchaus keinen Zusammenhang mit einer grösseren oder geringeren Entfernung derselben. Wir scheinen dadurch zu einer Folgerung veranlasst zu werden, welche unsere Vorstellungen von dem gesamten Bau des Himmels bedeutend affizieren muss, nämlich dass Nebel, als Klasse, sich sehr viel langsamer bewegende Körper sind als Sterne.

Die Anwendung der Photographie bei Untersuchungen über die Himmelskörper wird jedes Jahr eine mannigfaltigere und tritt immer mehr in den Vordergrund. Die frühesten, auf chemischem Wege hergestellten Sternbilder waren die von Castor

---

[1]) *Observatory*, vol. III, p. 109. Dr. Huggins wies 1872 als auf eine mögliche Folge seiner Umlaufsbewegung im voraus darauf hin, dass das Eintreten solcher Veränderungen in der Bewegung des Sirius wirklich beobachtet werden würde. *Proc. Roy. Soc.*, vol. XX, p. 387. — [2]) *Vierteljahrsschrift der Astr. Ges.*, Jahrg. XXI, p. 59. — [3]) Huggins, *Proc. Roy. Soc.*, vol. XXII, p. 251.

und Wega, welche mit dem Cambridger Refraktor im Jahre 1850 von Whipple zu Boston unter Leitung von W. C. Bond erhalten wurden. Die Photographie der Doppelsterne wurde unter den Auspizien von G. P. Bond am 27. April 1857 mit einer in acht Sekunden bewerkstelligten Aufnahme von Mizar, dem mittelsten Sterne in der Deichsel des Himmelswagens, eingeleitet. Eine Reihe von Messungen an zweiundsechzig ähnlichen Bildern ergab die Entfernung und den Positionswinkel seines Begleiters mit ungefähr derselben Genauigkeit, wie sie durch gewöhnliche mikrometrische Operationen erreichbar ist; und die Methode und das Resultat dieser neuen Versuche wurden dargelegt in drei Abhandlungen, die in bemerkenswerter Weise die Zwecke auseinandersetzten, denen die Photographie der Sterne dienen sollte.[1]) Die Sache wurde sodann von Rutherfurd in die Hand genommen, der 1864 ein für die ultravioletten Strahlen besonders eingerichtetes und daher für gewöhnliche Sehzwecke unbrauchbares feines Objektiv (von $11\frac{1}{2}$ Zoll Duchmesser) vollendete. Das Opfer wurde durch hervorragenden Erfolg wieder aufgewogen. Eine Reihe von Messungen an seinen photographischen Aufnahmen von fast fünfzig Sternen in den Plejaden setzte 1866 Dr. Gould in den Stand, durch Vergleichung mit den von Bessel für dieselben Sterne angegebenen Örtern festzustellen, dass während des zwischenliegenden Vierteljahrhunderts in ihren relativen Lagen keine Änderungen von Wichtigkeit eingetreten waren.[2])

Die Herstellung photographischer Sternkarten von wirklichem und dauerndem Werte war daher als möglich erwiesen und wurde schnell zu einer Wirklichkeit von äusserster Bedeutung für die Zukunft der Wissenschaft. Bei der Ausführung einer ekliptischen Karte, deren letzte Hälfte von Chacornac vollendet wurde, begegneten die beiden Henry Abschnitten in der Milchstrasse, welche alle Bemühungen des Auges und der Hand, die darin befindlichen Sterne zu zählen, vereitelten und schliesslich dahin führten, dass man die photographische Kammer zu Hilfe nahm. Der vollkommene Erfolg einiger vorläufiger Versuche, welche mit einem

---

[1]) *Astr. Nachr.*, Bde. XLVII, S. 1; XLVIII, S. 1; XLIX, S. 81. Pickering, *Mem. Am. Ac.*, vol. XI, p. 180. — [2]) Gould über Photographie des Himmels, *Observatory*, vol. II, p. 16. Professor Pritchard teilte der Königlichen Astronomischen Gesellschaft am 9. Mai 1884 seine Entdeckung einiger kleiner gegenseitiger Bewegungen von Mitgliedern der Plejadengruppe mit. *Observatory*, vol. VII, p. 163.

eigens für den Zweck konstruierten Instrumente angestellt wurden, wurde der Pariser Akademie der Wissenschaften am 11. Mai 1885 mitgeteilt. Mittelst desselben verraten Sterne bis herab zur sechzehnten Grösse ganz deutlich ihr Vorhandensein und ihre Stellungen, und wir stehen daher ohne Zweifel im Begriff, die von Dr. Gill empfohlene Heranziehung der Mitarbeiterschaft der photographischen Ausmessung des Himmels zur Wirklichkeit gemacht zu sehen. Es ist indessen kaum möglich, dass dieses ausgezeichnete Projekt in dem beabsichtigten Massstabe innerhalb weniger als zehn Jahren ausgeführt werden kann. Etwa 14000 Platten müssen erst je eine Stunde lang bei einem vollkommen klaren dunklen Himmel, d. h. unter Bedingungen, die bei den gewöhnlichen auf plattem Lande befindlichen Sternwarten nicht allzu häufig erfüllt sind, ausgesetzt werden. Das in Aussicht genommene Ziel ist jedoch von so erhabener Bedeutung und die von ihm erweckte Begeisterung so stark und weitverbreitet, dass man an seiner schliesslichen Verwirklichung nicht zweifeln kann. Die Örter von mindestens zwanzig Millionen Sternen in einem gegebenen Zeitpunkt, von denen viele jenseits der optischen Leistungsfähigkeit der angewandten Teleskope liegen, werden dann zuverlässig bekannt sein. Das daraus sich ergebende ungeheure Anwachsen der Erkenntnis kann aus der Thatsache beurteilt werden, dass in einem 2^0 $15'$ langen und 3^0 breiten Raume der Milchstrasse im Schwan, woselbst nach der alten mühevollen Methode 170 Sterne in die Karten eingetragen worden waren, ungefähr 5000 ihr Bild auf einer einzigen Henry'schen Platte eingeprägt hatten.

Der auf diese Weise erhaltene ins Einzelne gehende und umfassende Himmelsatlas wird nicht nur künftigen Astronomen als ein wertvolles Kriterium der Veränderung dienen, der Fortschritt des Werkes wird ganz gewiss auch von Enthüllungen vom grössten Interesse begleitet sein. Schon im Verlaufe der dasselbe vorbereitenden Versuche sind neue Entdeckungen gemacht worden. Ein prachtvolles Photogramm von 1421 Sternen in den Plejaden, welches von den beiden Henry mit dreistündiger Aussetzung der Platten am 16. November 1885 aufgenommen worden war, zeigte, dass einer der hellsten von ihnen mit einem kleinen spiralförmigen Nebel, der einigermassen einem scharf gekrümmten Kometenschweife glich, verbunden war. Das Wiederauftreten dieses seltsamen Anhängsels auf drei weiteren Platten liess keinen Zweifel an seiner wirklichen

Existenz, die übrigens am 5. Februar 1886 zu Pulkowa durch eine der ersten Beobachtungen mit dem 30-zölligen Äquatorial auch optisch bestätigt wurde.[1]) Nun es bekannt ist, dass er dort existiert, genügen indessen viel kleinere Öffnungen, um den »Maja-Nebel« aufzufinden. Nicht nur erscheint er in dem Wiener 27-zölligen Refraktor von bedeutender Ausdehnung,[2]) auch Perrotin und Thollon haben ihn mit dem 15-zölligen Nizzaer und Kammermann zu Genf unter Anwendung besonderer Vorkehrungen mit einem Refraktor von nur zehn Zoll Öffnung gesehen.[3]) Die Einschiebung eines Uranblättchens in das Okular, die er mit Vorteil anwendete, um ihn ins Gesicht zu bringen, giebt neben seiner photographischen Intensität einen zwingenden Beweis dafür, dass ein grosser Teil des Lichtes dieses merkwürdigen Objekts von ultravioletter Art ist.

Dies ist nicht der einzige Nebel in den Plejaden. Am 19. Oktober 1859 entdeckte Wilhelm Tempel, der, von einem überwältigenden Impulse getrieben, eben erst seine Graveurwerkzeuge mit einem kleinen Teleskope vertauscht hatte, einen elliptischen Nebel, der südlich vom Sterne Merope seinen Anfang nahm und sich weithin erstreckte. Er ist seitdem fast unausgesetzt beobachtet worden, doch hat seine ausserordentliche Empfindlichkeit gegen ungünstige atmosphärische Einflüsse zu dem vielleicht unbegründeten Verdacht, dass er veränderlich sei, geführt. Etwas diesem delikaten Objekte Entsprechendes zeigte sich auf keiner der Henry'schen Platten, wohl aber anstatt dessen gewisse streifige Nebelflecken in der Nähe desselben Sterns, die nur Common mit Hilfe seines grossen Reflektors am 8. Februar 1880[4]) einmal wirklich gesehen hatte. Eine weitere Nebelmasse nahe bei Alcyone, die bei derselben Gelegenheit bemerkt worden war, empfing anderswo photographische Bestätigung.

Es ist jetzt ungefähr fünf Jahre her, seit Isaak Roberts zu Liverpool zuerst seine Aufmerksamkeit der Photographie der Himmelskörper zuwandte, und im März 1885 stellte Howard Grubb für ihn eigens zu diesem Zwecke einen zwanzigzölligen Reflektor mit silberüberzogenen Glasspiegeln auf, bei welchem zur Vermeidung des Verlustes an Licht durch eine zweite Reflektion das Bild von dem grossen Spiegel direkt auf die in seinem Brennpunkte aufgestellten empfindlichen Platten geworfen wird.[5]) Ein auf diese Weise am

---

[1]) *Astr. Nachr.*, No. 2719. — [2]) *Ibid.*, No. 2726. — [3]) *Ibid.*, No. 2730. — [4]) *Month. Not.*, vol. XL, p. 376. — [5]) *Ibid.*, vol. XLVI, p. 99.

23. Oktober 1886 in neunundachtzig Minuten erhaltenes Bild der Plejaden liess Nebelhüllen um nicht weniger als vier Hauptsterne der Gruppe, nämlich um Alcyone, Electra, Merope und Maja erkennen, und eine zweite Aufnahme, die in der folgenden Nacht in drei Stunden ausgeführt wurde, zeigte ferner, »dass der Nebel sich in Fähnchen und flockigen Massen ausdehnt, bis er fast die Räume zwischen den Sternen auszufüllen und sich weit über sie hinaus zu erstrecken scheint.«[1]) Man braucht nicht lange zu zögern mit der Entscheidung, welche der beiden Erklärungen von Roberts anzunehmen sei. Dass die Hauptsterne in den Plejaden in einen weiten Nebel eingehüllt sind, ist eine Wahrheit, die durch seine überraschenden Photogramme handgreiflich gemacht ist. Dass sie »direkt« in ihn eingehüllt sind und sich nicht bloss mit ihm »in derselben Gesichtslinie« befinden, machen die sichtlich engen Beziehungen der Sterne zu der Struktur des sie umgebenden Nebels kaum minder augenscheinlich. Daher hat Goldschmidt's Vorstellung, dass alle die zusammengehäuften Plejaden gewissermassen ein zweites Orion-Trapezium bilden, inmitten dessen ungeheurer Formation Tempel's Nebel bloss ein Bruchstück ist,[2]) bis zu gewissem Grade eine Bestätigung erhalten. Und doch schien sie 1863 noch phantastisch genug.

Inzwischen hat in beiden Halbkugeln eine leichtere Sternenvermessung, als die, welche auf dem Astronomischen Kongresse in Paris organisiert werden sollte, einige Fortschritte gemacht. Roberts unternahm es am 1. Mai 1885 eine photographische Karte des nördlichen Himmels in einem Massstabe, der zweimal so gross ist wie der in Argelander's Atlas angewandte, und eine weit grössere Anzahl von Sternen umfasst, herzustellen. Der angenommene Umfang eines Feldes ist 2^0 Deklination auf etwa $1\frac{1}{2}^0$ Rektascension, und jede Platte wird fünfzehn Minuten lang ausgesetzt.[3]) Die südliche *„Durchmusterung“*, die unter Dr. Gill und C. Ray Woods am Kap der guten Hoffnung in der Ausführung begriffen ist, wird die ersten neun oder zehn Grössenklassen enthalten und wird wahrscheinlich in ein paar Jahren vollendet sein. Jede Platte bedeckt ein Feld von ungefähr sechsunddreissig Quadratgraden, und ein Tausend solcher Platten werden aufgenommen werden. Die Aus-

---

[1]) *Month. Not.*, vol. XLVI, p. 24. — [2]) *Les Mondes*, t. III, p. 529. — [3]) *Month. Not.*, vol. XLVI, p. 99.

setzung derselben soll bei Anwendung einer sechszölligen Linse eine Stunde dauern. Der Katalog, für dessen Herstellung aus diesen Materialien bereits Abmachungen getroffen sind, wird sowohl vollständiger als auch zuverlässiger sein, als der Argelander's, da die in ihm enthaltenen schwachen Sterne weit zahlreicher und die Örter derselben bis auf eine Bogensekunde genau sein werden.

In der Anwendung der Photographie als eines Hilfsmittels zur Erforschung der **physischen** Beschaffenheit der Sterne geht Dr. Huggins als Führer voran. Im März 1863 erhielt er im Verein mit seinem Gehülfen Dr. Miller mikroskopische Abdrücke der Spektren von Sirius und Capella; doch liess sich aus ihnen nichts weiter herauslesen. Linien waren in ihnen nicht sichtbar. Es waren blosse Lichtstreifen ohne besondere Kennzeichen. Er nahm den Versuch im Jahre 1876, als der 18-zöllige Spiegel der Königlichen Gesellschaft in seinen Besitz gekommen war, unter Anwendung von Prismen aus isländischem Spat und Linsen aus Quarz wieder auf, und diesmal mit besserem Erfolge. Ein Photogramm des Spektrums der Wega zeigte sieben starke Linien.[2]) Doch war er noch nicht befriedigt. Er wartete und arbeitete drei Jahre weiter. Am 18. Dezember 1879 vermochte er endlich der Königlichen Gesellschaft seinen Erwartungen entsprechende Resultate mitzuteilen.[3]) Die Schärfe des Auges und die Geschicklichkeit der Hand, die erforderlich waren, um sie zu erhalten, lässt sich aus der einzigen Thatsache beurteilen, dass das Bild eines Sternes auf einem Spalt von $\frac{1}{350}$ Zoll Weite durch fortwährende kleine Adjustierungen eine Stunde lang genau festgehalten werden musste, um ihm Zeit zu lassen, die Merkmale seines analysierten Lichtes auf einer Gelatineplatte von dem höchsten Grade der Empfindlichkeit einzuprägen.

Das ultraviolette Spektrum der weissen Sterne, als deren Typus Wega genommen wurde, erwies sich auf diese Weise als ein sehr merkwürdiges. Zwölf starke Linien, die in nach oben regelmässig abnehmenden Zwischenräumen angeordnet waren, durchschnitten es. Sie gehörten vermutlich einer und derselben Substanz an, und da die beiden am wenigsten brechbaren bekannte Wasserstoffstrahlen waren, so konnte jene Substanz kaum etwas anderes als

---

1) *Month. Not.*, vol. XXIII, p. 180. — 2) *Proc. Roy. Soc.*, vol. XXV, p. 446. H. Draper gelang es im Jahre 1872 einen Abdruck von vier Linien im Spektrum desselben Sterns zu erhalten. — 3) *Phil. Trans.*, vol. CLXXI, p. 669.

Wasserstoff sein. Dies wurde durch direkte Photogramme des Wasserstoffspektrums, welche H. W. Vogel zu Berlin einige Monate früher aufgenommen hatte, bestätigt.[1]) In denselben waren sieben von den Liniengruppen weisser Sterne sichtbar, und die vollständige Reihe von zwölf solcher Gruppen zeigte sich 1886 auf den Cornu'schen Platten.[2])

In gelben Sternen, wie z. B. Capella und Arcturus, war dieselbe gesetzmässige Reihe zum Teil zu sehen, aber verbunden noch mit einer grösseren Zahl anderer Linien; ihr Zustand hinsichtlich der Absorption ultravioletter Strahlen glich daher einigermassen dem der Sonne, während die röteren Sterne einen so markanten Mangel an chemisch wirksamen Strahlen verrieten, dass man von Beteigeuze trotz einer vierzigmal so langen Aussetzung, als für Sirius erforderlich war, nur einen sehr schwachen Abdruck des Spektrums erhalten konnte, und von Aldebaran in dem vollkommen unsichtbaren Teile überhaupt fast gar keinen.

Das nämliche Verfahren wurde am 7. März 1882 auf den Orionnebel mit Erfolg angewendet.[3]) Fünf Linien im Ganzen prägten sich auf der Platte ein bei einer Aussetzung von fünfundvierzig Minuten. Von diesen gehörten vier zu bekannten sichtbaren Strahlen und die fünfte schien mit einer Wasserstofflinie, die sich auch bei Wega gezeigt hatte, übereinzustimmen. Fast gleichzeitig wurde dieses beachtenswerte Kunststück der Himmelsphotographie von Dr. Draper zu New York nachgeahmt,[4]) wenn auch sein Resultat insofern unvollständig war, als die charakteristische fünfte Linie sich nicht zeigte. Sowohl auf den englischen wie auf den amerikanischen Platten waren die hellen Strahlen mit einem schwachen kontinuierlichen Spektrum verbunden, welches von den »Nebel-Knoten« in der Nähe des Trapeziums herrührte. Dies wies, wie man annahm, auf eine im Fortschreiten begriffene centrale Verdichtung hin, möglicherweise sogar auf den Beginn des langen Entstehungsprozesses eines Systems in gesetzmässiger Weise um einander sich bewegender Körper, welches zur künftigen Wohnstätte vernünftiger Wesen aufbewahrt ist. Dies könnte wohl sein, denn die Wege der Schöpfungskraft sind dunkel. Doch können wir die Bemerkung nicht unter-

---

[1]) *Astr. Nachr.*, No. 2301. — [2]) *Journ. de Physique*, t. V, p. 98. — [3]) *Proc. Roy. Soc.*, vol. XXXIII, p. 425; *Report Brit. Ass.*, 1882, p. 444. — [4]) *Comptes Rendus*, t. XCIV, p. 1243.

drücken, dass das Vorhandensein so vieler völlig ausgebildeter und doch scheinbar in die ungeheuren jenen Teil des Himmels ausfüllenden Nebelmassen eingehüllter Sterne die Erwartung einer Entwickelung von Sternen aus diesen Nebeln etwas herabzudrücken scheint.

Eine photographische Untersuchung der Spektren aller helleren nördlichen Sterne nach einem neuen System ist jetzt unter der Form einer Gedenkschrift an den verstorbenen Dr. H. Draper an der Sternwarte des College zu Harvard im Gange. Die Spektren werden jetzt gewissermassen engros aufgenommen. Ein vor dem Objektivglase aufgestelltes grosses Prisma (ein ursprünglich von Pater Secchi angegebener Kunstgriff) analysiert mit wenig Lichtverlust die Strahlen aller im Gesichtsfelde befindlichen Sterne auf einmal. Nicht weniger als einhundert Spektren von Sternen bis zur elften Grösse können auf diese Weise auf einer einzigen Platte mittelst einer einmaligen Aussetzung aufgenommen werden. Eine cylindrische Linse wird nicht gebraucht. Die Bewegung der Sterne selbst bringt die erforderliche Weite ihrer Spektren hervor. Der Stern kann — durch Ausschaltung oder passende Regulierung der Uhr — sich langsam senkrecht zur Linie seines eigenen zerstreuten Lichtes bewegen und verbreitert sie so allmählich zu einem Bande. Ausgezeichnete Resultate sind auf diese Weise erlangt worden. Ungefähr fünfzig Linien zeigen sich in dem photographierten Spektrum des Aldebaran und acht in dem der Wega. Am 26. Januar 1886 wurde bei einer Exposition von vierunddreissig Minuten eine gleichzeitige Aufnahme der Spektren von nahezu vierzig Plejaden (ausser vielen anderen) erhalten. Mit wenigen und zweifelhaften Ausnahmen erwiesen sie sich alle als zu demselben Typus gehörig. Die Wasserstofflinien waren bei allen vorherrschend und traten in den meisten allein auf. Hierdurch haben wir einen weiteren Beweis für den gemeinschaftlichen Ursprung der diese schöne Gruppe bildenden Sterne erhalten.[1])

Das erste verheissungsvolle Photogramm des Orion-Nebels wurde am 30. September 1880 von Draper erhalten.[2]) Die augenfällige Annäherung an ein in noch vollkommenerer Weise zufriedenstellendes Resultat, welche seine Platten im März 1881 und 1882 verrieten, wurde leider durch seinen frühzeitigen Tod kurz abgeschnitten. In-

---

[1]) Pickering, *Mem. Am. Ac.*, vol. XI, p. 215. — [2]) *Wash. Obs.*, vol. XXV, App. I, p. 226.

zwischen arbeitete Janssen seit 1881 mit gewohntem Erfolge auf demselben Felde.[1]) Alle Mitbewerber liess aber A. Ainslie Common weit hinter sich mit einem prachtvollen Bilde, welches am 30. Januar 1883 mittelst einer siebenunddreissig Minuten langen Aussetzung in dem Brennpunkt seines dreifüssigen silberüberzogenen Glasspiegels aufgenommen wurde.[2]) Man kann behaupten, dass damit die Photographie definitiv das Amt eines Geschichtsschreibers der Nebel angenommen habe, da dieser eine Abdruck eine Menge von Thatsachen, die kaum durch Monate lange Arbeit mit dem Pinsel zusammengestellt werden könnten, umfasst und eine Zeichnung der Form und relativen Helligkeit in den verschiedenen Teilen des von ihm dargestellten erstaunlichen Gegenstandes bringt, welche sich für die Erforscher seines künftigen Zustandes unschätzbar erweisen muss. Die Schönheit und das Verdienst derselben wurde offiziell durch Verleihung der goldenen Medaille der Königlichen Gesellschaft im Jahre 1884 anerkannt.

Ein zweites Bild von gleichem Werte, welches auf dieselbe Weise mit einer einstündigen Exposition am 28. Februar 1883 erhalten wurde, ist in unserm Titelbilde reproduziert. Die Vignette enthält zwei Proben der Photographie von Planeten. Der Jupiter mit dem grossen auf der südlichen Hemisphäre sichtbaren roten Flecken stammt von Common. Das Bild datiert vom 3. September 1879 und war demgemäss eines der frühesten Resultate mit seinem 36-zölligen Reflektor, in welchem das Bild sich in einem Bruchteil einer Sekunde ausprägte; dasselbe ist später auf Papier etwa zwölfmal vergrössert worden. Das ausgezeichnete kleine Bild des Saturns wurde am 21. Dezember 1885 von Paul und Prosper Henry zu Paris mit ihrem $13\frac{1}{2}$-zölligen photographischen Refraktor aufgenommen. Das teleskopische Bild wurde in diesem Falle elfmal vergrössert, ehe es mit einer Aussetzung von etwa fünf Sekunden photographiert wurde, und die Gesamtvergrösserung, so wie es jetzt erscheint, ist eine neunzehnmalige. Die vollkommene Deutlichkeit (besonders auf der Negativen) der Trennung der Ringe — ein Zwischenraum von weniger als einer halben Sekunde — verheisst auch Erfolg bei der Messung der photographischen Bilder eng bei einander stehender Doppelsterne. Eine Spur des dunklen Ringes, welche auf der ursprünglichen Negativen wahrnehmbar war, hat sich bei dem Abdruck verloren.

---

[1]) *Comptes Rendus,* t. XCII, p. 261. — [2]) *Month. Not.,* vol. XLIII, p. 255.

Ein Photogramm des Orionnebels, welches von Roberts am 30. November 1886 in 67 Minuten aufgenommen wurde, macht eine merkwürdige Enthüllung über die Ausdehnung dieses wunderbaren Objekts. Ein Nebelfeld mehr als sechsmal so gross als das auf den Common'schen Platten wird von ihm bedeckt und zeigt deutlich, dass ein danebenbefindlicher Nebel, der von Messier besonders katalogisiert worden war, zu demselben ungeheuren Gebilde gehört.[1])

Das hehre Problem des Himmelsbaues ist inmitten der mannigfachen Aufgaben, welche den Pflegern der Astronomie durch die rapide Entwickelung der letzteren gestellt werden, nicht vernachlässigt worden. Aber Daten von weit höherem Grade der Genauigkeit und unendlich grösserer Menge, als diejenigen, welche Herschel oder Struve zur Verfügung standen, müssen zusammengetragen werden, ehe irgend welche bestimmten Schlüsse über den Gegenstand möglich werden. Der erste systematische Versuch, diesen Wunsch zu verwirklichen, wurde von der deutschen astronomischen Gesellschaft im Jahre 1865, zwei Jahre nach ihrer Gründung zu Heidelberg, unternommen. Der Entwurf, wie er ursprünglich vorgeschlagen wurde, bestand in der genauen Bestimmung der Örter von ungefähr 100000 Sternen, aus deren Wiederbeobachtung etwa im Jahre 1950 die Astronomen der künftigen zweiten oder dritten Generation einen weiten Vorrat von Kenntnis — direkt der scheinbaren Bewegungen, indirekt der gegenseitigen Beziehungen, welche die Sonnen und Systeme des Raumes mit einander verknüpfen — sammeln können. Vierzehn Sternwarten in Europa und Amerika verbanden sich zu dem Werke, welches jetzt bereits weit vorgeschritten ist. Die Sphäre desselben ist jedoch von Anfang an erweitert worden, so dass sie auch die südlichen Gegenden bis zum Wendekreis des Steinbocks einschliesst, und eine vorläufige Ausmessung der neuen Gegend nach Argelander's Plan ist jüngst von Schönfeld zu Bonn ausgeführt worden.

Durch Dr. Gould's unaufhörliche Bemühungen während seines fünfzehnjährigen Aufenthalts zu Cordova ist schliesslich eine genaue Bekanntschaft mit den südlichen Sternen herbeigeführt worden. Seine *Uranometria Argentina* (1879) zählt die Grössen von 8198 von 10649 unter jenem durchsichtigen Himmel dem blossen Auge sichtbaren Sternen auf; 73160 bis zur $9\frac{1}{2}$. Grösse sind in seinen »Zonen« ent-

[1]) R. C. Johnson, *Observatory*, vol. X, p. 99.

halten, ausser denjenigen, welche er als Material für einen 35000 Individuen enthaltenden Katalog nach Boston mit heimgebracht hat. Eine schätzbare Arbeit derselben Art wird von Professor O. Stone zu Virginien ausgeführt, während der *„Cape Catalogue for 1880“* des jetzigen Astronomen der Radcliffer Sternwarte den praktischen Astronomen südlich vom Äquator eine Hilfe leistet, deren Bedeutung man nicht leicht überschätzen kann. Ferner verdient das Riesenunternehmen, welches 1860 von Dr. C. H. F. Peters, dem Direktor an der Litchfield'schen Sternwarte zu Clinton im Staate New York, in Angriff genommen, und von welchem ein bedeutender Teil im Jahre 1882 vollendet wurde, einer ehrenvollen Erwähnung. Es bestand in nichts Geringerem, als alle Sterne bis zur vierzehnten Grösse und darüber hinaus, welche innerhalb 30^0 zu beiden Seiten der Ekliptik liegen, in eine Karte einzutragen und so »eine sichere Grundlage für Schlussfolgerungen hinsichtlich der am Sternenhimmel vorgehenden Veränderungen« zu schaffen.[1])

Man kann so ziemlich sicher voraussagen, dass kein Werk von der Art oder zu einem solchen Zwecke wie dieses jemals wieder wird unternommen werden. In einem kleinen Teile einer einzigen Nacht kann man heutzutage bewirken, dass die Sterne sich selbst und genauer registrieren, als das Auge und die Hand des geschicktesten Beobachters in einem Jahre aufzuzeichnen vermöchte. Fundamental-Kataloge, die nach der alten durch die Zeit achtungswert gewordenen Methode hergestellt wurden, werden auch ferner noch unerlässliche Ausgangspunkte für die Messung liefern,[2]) aber die relativen Örter der kleinen zusammengedrängten Sterne — des siderischen »grossen Haufens« — wird man hinfort aus ihrer Selbstaufzeichnung auf der photographischen Platte ableiten. Auch der erst in zweiter Linie kommende Zweck — der der Entdeckung von Asteroiden —, welchem eine eingehende Aufzählung der Sterne früher diente, wird sicherer durch Photographie als durch mühevolle Vergleichung des Anblicks des Himmels mit einer solchen Karte erreicht werden. Denn die Bewegung eines Planeten verrät sich selbst in verhältnismässig kurzer Zeit, indem das Bild des mit ihr behafteten Objekts nicht ein Punkt, sondern ein Strich wird.

Auch in der schwierigen Materie der Bestimmung der Entfer-

---

[1]) Gilbert, *Sidereal Messenger,* vol. I, p. 288. — [2]) Mouchez, *Comptes Rendus,* t. CII, p. 151.

nungen der Sterne sind Fortschritte gemacht worden. Gleichzeitig, aber doch unabhängig von einander, führten Dr. Gill und Dr. Elkin an der Sternwarte am Kap der guten Hoffnung in den Jahren 1882 bis 1883 eine bemerkenswert genaue Ermittelung der Parallaxen von neun südlichen Sternen aus. Einer derselben war der bekannte Stern α im Centauren, dessen Entfernung von der Erde gerade um ein Drittel grösser festgestellt wurde, als Henderson gefunden hatte. Die Parallaxe des Sirius andererseits wurde doppelt so gross, also seine Entfernung halb so gross gefunden, während man bei Canopus entdeckte, dass er unmessbar weit entfernt sei, ein Umstand, welcher mit Rücksicht darauf, dass ihm unter all den vielen Sternen nur allein der strahlende Hundsstern an Glanz gleichkommt, einen staunenerregenden Begriff von seiner Pracht und Ausdehnung giebt.

Untersuchungen dieser Art wurden während der letzten zwanzig Jahre mit Erfolg an der Sternwarte zu Dunsink nahe bei Dublin ausgeführt. Jährliche perspektivische Verschiebungen wurden von Dr. Brünnow an verschiedenen Sternen entdeckt und bei andern mit einer gerechtes Vertrauen einflössenden Sorgfalt gemessen. Seine Parallaxe für α in der Leier (0.13") wurde 1886 von Hall nach einer umfassenden Reihe von Beobachtungen (welche $\pi = 0.134''$ ergeben) bestätigt, und der angenommene Wert ($\pi = 0.09''$) für die Parallaxe des bemerkenswerten Sterns »Groombridge 1830« — soweit man weiss, des schnellsten Wanderers am Sternenhimmel — ist der von ihm im Jahre 1871 gefundene.

Sein Nachfolger als Chefastronom für Irland, Sir Robert Stawell Ball, hat demselben Gegenstande viele Aufmerksamkeit gewidmet. Ausser einer annähernden Bestätigung der Struve'schen Parallaxe für den 61. Stern im Schwan im Betrage von einer halben Bogensekunde, wies er im Jahre 1881 durch eine flüchtige Suche nach (sogenannten) »weiten« Parallaxen gewisse grundlose Vermutungen, dass die roten und temporären Sterne der Erde vergleichsweise nahe seien, zurück.[1]) Von 300 auf diese Weise flüchtig untersuchten Sternen zeigte nur ein einziger von der siebenten Grösse, der in Groombridge's Katalog der Cirkumpolarsterne die Nummer 1618 trägt, Spuren einer messbaren Nähe. Beachtenswert ist auch Otto Struve's Entdeckung einer Parallaxe von einer halben Sekunde für Aldebaran und Professor A. Hall's mit dem grossen Washingtoner

---

[1]) *Nature*, vol. XXIV, p. 91.

Refraktor in den Jahren 1880—86 ausgeführte Bestimmung der Parallaxen für den 61. Stern im Schwan, für Wega und den 40. (o^2) Stern im Sternbild des Eridanus, dem mittleren Stern aus einer ternären Gruppe.

Ein frischer Anstoss wird ohne Zweifel solchen Untersuchungen durch die mögliche Verwertung eines dieselbe ungeheuer vereinfachenden Hilfsmittels gegeben werden. Hieraus lässt sich die Bedeutung von Professor Pritchard's photographischer Bestimmung der Parallaxe von 61. Cygni entnehmen.[1]) Aus Messungen an 200 Negativen, die zwischen Mai und Dezember 1886 aufgenommen worden waren, wurde sie vorläufig auf 0.438" festgestellt, ein Wert, der in zufriedenstellender Weise mit dem Ball'schen 0.468" übereinstimmt. Eine eingehende Untersuchung überzeugte den Direktor der Sternwarte zu Greenwich (Christie), dass dieses Resultat genauer ist, als das von Bessel mit dem Heliometer gefundene. Proteste werden freilich vernehmbar; und es würde sicherlich unklug sein, bei diesem ersten Stadium der Untersuchung die Gefahren der Illusion zu übersehen, die ihre weitere Entwickelung sehr empfindlich herabdrücken könnte.

Die Beobachter von Doppelsternen gehören zu den verdienstvollsten Arbeitern der siderischen Astronomie und müssen zugleich die ausdauernsten und unverdrossensten derselben sein. Sie sind kaum so zahlreich als wünschenswert wäre. Dr. Doberck, der sich als Berechner von Sternenbahnen einen Namen erworben, beklagte es kürzlich,[2]) dass für den Zweck ausreichende Daten höchstens von 30 bis 40 Binarsystemen unter fünf oder sechs Hundert sicher oder wahrscheinlich existierenden gesammelt seien. Wenige haben sich mehr bemüht, diese Lücke auszufüllen als der verstorbene Baron Ercole Dembowski zu Mailand. Er widmete die letzten dreissig Jahre seines Lebens, welches am 19. Januar 1881 endete, einer Revision des Dorpater Katalogs und hinterliess einen Vorrat ebenso zahlreicher wie kostbarer mikrometrischer Messungen.

Unter den lebenden Beobachtern in diesem Zweige ist S. W. Burnham in Chikago ohne Frage der vorderste, trotzdem dass ihm seine Verpflichtungen als Rechtsgelehrter nur eine kurze Musse zur Erforschung des Himmels lassen. Seine Entdeckungen von meistens sehr nahe bei einander stehenden Doppelsternen (einige sind ausserordentlich schwer zu trennen) betrugen im Mai 1882, wo er seine

---

[1]) *Observatory,* vol. X, p. 84. — [2]) *Nature,* vol. XXVI, p. 177.

gewöhnliche astronomische Arbeit zum Abschluss brachte, ein Tausend an Zahl.[1]) Die seltsame Erscheinung eines Sternes, welcher um einen andern in kürzerer Zeit sich herumbewegte, als Jupiter um die Sonne, gelangte 1883[2]) zu seiner Kenntnis. Das fragliche sehr eng zusammenstehende Paar, welches Otto Struve im Jahre 1852 entdeckt hatte, ist unter der Bezeichnung δ des Pferdchens bekannt, und die ihm wahrscheinlich zukommende Periode beträgt 10.8 Jahre, bei weitem die kürzeste, welche man einem Mitgliede des Sternensystems beilegen kann.

Noch eine andere interessante Thatsache in diesem Zusammenhange ist, dass der 61. Stern im Schwan endlich Anzeichen blicken lässt, wonach er sein Geheimnis aufgeben zu wollen scheint. Die scheinbar parallelen Wege, die seine Komponenten ein und ein viertel Jahrhundert der Beobachtung hindurch befolgten, ergaben, wie Struve 1875 fand, Abweichungen, welche den Schluss eines Umlaufs um einander rechtfertigten; für denselben ergab sich 1880 als erste Annäherung eine Periode von etwa elf hundert Jahren.[3]) Aus einer neuen drei Jahre später angestellten Diskussion folgerte N. M. Mann zu Rochester im Staate New York, dass sie 1159 Jahre betrage, was (bei einer Parallaxe von 0.55″) für die vereinigte Masse der beiden Körper einen Wert ergiebt, der nur $\frac{1}{7}$ der Sonnenmasse ist.[4]) Die Bahn jedoch, welche Dr. C. F. W. Peters zu Kiel im Jahre 1885 für das Paar bestimmte,[5]) erhebt Anspruch auf grösseres Vertrauen. Sie wurde aus fünfjährigen Beobachtungen zu Dorpat und Pulkowa abgeleitet und wird in 783 Jahren bei einer mittleren Entfernung, die siebzigmal grösser ist als die der Erde von der Lenkerin ihrer Bewegung, durchlaufen. Nimmt man als Parallaxe einen Mittelwert zwischen dem Bessel'schen und Struve'schen an, so ergiebt sich aus diesen Daten die Masse des Systems gleich der Hälfte derjenigen der Sonne.

Die Photometrie der Sterne, welche vom älteren Herschel begonnen worden war, und für welche sein Sohn genaue Methoden angegeben hatte, hat in den letzten Jahren die Bedeutung eines eigenen Abschnittes der astronomischen Forschung angenommen. Zwei Monumentalwerke über den Gegenstand, die jüngst auf ent-

---

[1]) *Mem. R. A. Soc.*, vol. XLVII, p. 178. — [2]) *Observatory*, vol. VII, p. 13. — [3]) *Mém. de l'Ac. de St. Pétersbourg*, t. XXVII, p. 16. — [4]) *Sidereal Messenger*, vol. II, p. 22. — [5]) *Astr. Nachr.*, No. 2708—9.

gegengesetzten Seiten des atlantischen Ozeans vollendet wurden, wurden auch bei der Verleihung der goldenen Medaille der Königlichen Astronomischen Gesellschaft für das Jahr 1886 passend zusammengefasst. Die Sternwarte am College zu Harvard war unter der geschickten Leitung von Professor E. C. Pickering die Führerin auf dem Wege. Sein photometrischer Katalog von 4260 Sternen,[1]) der aus nahezu 95000 Beobachtungen der Lichtintensität während der Jahre 1879—82 zusammengestellt wurde, bildet ein Verzeichnis von unschätzbarem Werte für die Entdeckung und Schätzung der Veränderlichkeit der Sterne. Ihm folgte 1885 Professor Pritchard's *„Uranometria Nova Oxoniensis,“* welche photometrische Messungen der Grössen aller dem blossen Auge sichtbaren Sterne vom Pole bis zu zehn Grad südlich vom Äquator, im Ganzen von 2784 Sternen, enthielt. Das angewendete Instrument war das »Keilphotometer,« welches die Helligkeit durch die Widerstandsfähigkeit gegen das Verlöschen misst. Ein Keil von farblosem Glase, der nach einem Massstab genau geteilt ist, wird den Strahlen der Sterne entgegengestellt; die Dicke desselben, welche sie zu durchdringen vermögen, liefert ein Kriterium für ihre Intensität. Professor Pickering's »Meridianphotometer« andererseits ist gegründet auf das Prinzip einer durch einen Polarisationsapparat bewirkten Vergleichung. Schliesslich aber ist, wie Professor Pritchard beobachtete, »das Auge das eigentliche Photometer«, und das Urteil des Auges ist nur über eine begrenzte Ausdehnung hin gültig.[2]) Absolute Übereinstimmung in Schätzungen, die mit verschiedenen Hilfsmitteln, unter verschiedenen Verhältnissen und von verschiedenen Beobachtern gemacht wurden, kann daher nicht erwartet werden, und es ist erfreulich zu finden, dass im Wesentlichen eine Übereinstimmung erreichbar ist und auch erreicht wurde. Nur bei einem unbedeutenden Bruchteil von Sternen, die im Harvarder und Oxforder Katalog zugleich vorkommen, finden sich Differenzen, die ein Drittel einer Grösse überschreiten; ein grosser Teil (71 Prozent) stimmt bis auf ein Viertel, eine beträchtliche Minderheit (31 Prozent) bis auf ein Zehntel einer Grösse überein.[3])

Inzwischen können wir nicht umhin, dem erhabenen Gegenstande, für dessen künftige Klarstellung so viel ausdauernder Fleiss verwendet worden ist, unsere Gedanken wieder zuzuwenden. Auch

---

[1]) *Harvard Annals,* vol. XIV, pt. I, 1884. — [2]) *Observatory,* vol. VIII, p. 309. — [3]) *Month. Not.,* vol. XLVI, p. 277.

werden uns flüchtige Blicke auf Beziehungen, die vielleicht erst im langsamen Verlauf der Zeit vollständiger aufgedeckt werden können, nicht versagt. In der That sind einige wichtige Punkte im kosmischen Haushalte innerhalb der letzten dreissig Jahre vollständig klar geworden, ohne dass darüber noch länger Meinungsverschiedenheiten beständen. Einer von diesen ist der des wahren Zustandes der Nebel.

Dieser war durch Sir J. Herschel's Beschreibung der Struktur der Magellan'schen Wolken im Jahre 1847 eigentlich abgethan worden. Aber erst als Whewell im Jahre 1853 und Herbert Spencer im Jahre 1858[1]) die notwendig daraus abzuleitenden Schlüsse mit Nachdruck betonten, begann sich die Auffassung der Nebel als entfernte Milchstrassen, welche Lord Rosse's Auflösung vieler Nebel in kleine Sterne scheinbar unterstützte, in das Reich abgethaner und halbvergessener Spekulationen zurückzuziehen. In den Wolken »existieren,« wie Whewell hervorhob,[2]) »gleichzeitig in begrenztem Umfange und in nicht deutlich unterschiedenen Lagen Sterne, Sternhaufen, regelmässige und unregelmässige Nebel und neblige Streifen und Flecken nebeneinander. Diese sind also an sich verschiedene Arten von Dingen, nicht bloss verschieden für uns. Es existieren solche Dinge wie Nebel neben Sternen und Sternhaufen. Auflösbare Nebelmaterie kommt dicht neben unauflösbarer vor.«

Dieses Argument von der Koexistenz in fast derselben Gegend des Raumes wurde unter andern von Spencer wiederholt und bestätigt, und ist neuerdings wieder mit seiner gewohnten Kraft und Frische von Proctor hervorgehoben worden. Es ist unwiderlegbar. Es giebt nichts, was dafür spräche, dass Nebel einfach entfernte Sternenwelten in der Form einer Zusammenhäufung wie die grosse Wolke sind, die in ihrem (sicherlich geräumigen) Schosse sowohl Sterne wie Nebel enthält. Fügt man noch das Zeugnis des Spektroskops über die Thatsache, dass ein grosser Teil dieser überraschenden Objekte gasförmig ist, sowie die thatsächlichen Umstände in der Art ihrer Verteilung hinzu, welche von einem intimen Verhältnis zwischen der Art ihrer Ausstreuung und der Lage der Milchstrasse erzählt, so kann man unmöglich dem Schlusse widerstehen, dass

[1]) *Essays* (2. ser.), *The Nebular Hypothesis.* — [2]) *On the Plurality of Worlds,* p. 214 (2. ed.).

sowohl Nebel- wie Sternensysteme Teile eines einzigen Schemas sind.[1])

Hinsichtlich der Sterne selbst ist die Annahme ihrer ziemlich nahen Übereinstimmung in Grösse und Helligkeit in Wirklichkeit ganz beseitigt worden. Differenzen in der Entfernung können nicht mehr zur Erklärung der Ungleichheiten im Glanze herangezogen werden. Von kleinen Sternen, die ohne optische Hilfe gänzlich unsichtbar sind, hat man gefunden, dass sie uns unendlich viel näher sind, als solche strahlenden Objekte wie Capella, Regulus oder Procyon. Überdies hat man bemerkt, dass die Intensität des Lichts ein sehr unvollkommenes Kennzeichen der wirklichen Grösse ist. Glänzende Sonnen werden durch die anziehende Kraft sehr massiger und doch nur schwach leuchtender Begleiter aus ihren Bahnen abgelenkt und stehen unter dem Verdachte, dass sie durch das Dazwichentreten dunkler Körper Verfinsterungen erleiden. Ferner weiss man jetzt, dass die wirkliche Helligkeit nicht weniger von der Beschaffenheit der umgebenden Atmosphäre als von der Ausdehnung und ausstrahlenden Kraft der Oberfläche des Sterns abhängt. Rote Sterne müssen im Verhältnis zu dem von ihnen zerstreuten Licht weit grösser sein als weisse Sterne.[2]) Es ist höchst wahrscheinlich, dass unsere Sonne ihre Helligkeit mindestens verdoppeln würde, wenn die von ihren Strahlen erlittene Absorption in der Art, wie dies beim Sirius geschieht, vermindert werden würde, und dass sie andererseits die Hälfte ihrer jetzigen Wirksamkeit als Lichtquelle einbüssen würde, wenn die ihren Glanz teilweise verhüllende Atmosphäre so dicht wie diejenige Aldebaran's wäre.

Daher sind Verschiedenheiten aller Arten am Himmel im Überfluss vorhanden, und man muss zugestehen, dass die unvermeidliche Beseitigung aller Hypothesen über die relativen Entfernungen der Sterne die Frage nach ihrer Anordnung im Raume in hervorragendem Masse kompliziert. Trotzdem haben wir auch über diesen Punkt etwas gelernt, und das Streben der modernen Forschung geht dahin, die von Herschel im Jahre 1802 ausgesprochenen Ansichten im allgemeinen zu bestätigen. Er betrachtete damals die Milchstrasse nicht mehr als den blossen Gesichtseffekt einer ungeheuer ausgedehnten Sternenschicht, sondern als eine wirkliche, im

[1]) Proctor, *Month. Not.*, vol. XXIX, p. 342. — [2]) Diese Bemerkung stammt vom verstorbenen J. Birmingham.

Bau höchst unregelmässige Anhäufung von Wolken und Gruppen und Gewirren von Sternen. Alle seitdem festgestellten Thatsachen passen zu dieser Auffassung; und zu ihnen hat Proctor sozusagen die Entdeckung hinzugefügt, dass die die Milchstrasse bildenden Sterne nicht nur näher bei einander gelegen, sondern auch sowohl wirklich wie scheinbar von kleineren Dimensionen sind als die hellen Sterne, welche unsern Himmel schmücken. Durch das mühevolle Verfahren einer isographischen Aufzeichnung der Gesamtheit der Argelander'schen 324000 Sterne legte er 1871[1]) dar, dass die helleren Sterne in ihrer Verteilung eine nahe Beziehung zu den komplizierten Verzweigungen der Milchstrasse zeigen, indem sie in augenfälligem Grade ihre Lücken vermeiden und in ihren dichteren Windungen sich zusammendrängen. Es folgt daraus, dass sie wirklich unter sie gemischt sein müssen. Für jede Sonne einer solchen Windung giebt es daher zweifellos Schwärme von kleinen Sternen, — von Körpern, die vielleicht nicht grösser als unser eigener kleiner Planet, aber selbstleuchtend und nach dem unerforschlichen Ratschluss des Schöpfers verschwenderisch in ihrem wohlthuenden Einflusse sind.

Der erste Schritt zur Entwirrung des verwickelten Gewebes der Sternenbewegungen wurde gethan, als Herschel die Wirklichkeit der Bewegung des Sonnensystems begründete und die Richtung derselben angab. Aber die allmähliche Rückwärtsbewegung der gesamten Himmelsscenerie, in deren Mitte wir uns vorwärtsbewegen, erklärt nur zum Teil die beobachteten Verschiebungen. Die Sterne haben, ausser dass sie unsere Bewegung wiederspiegeln, auch noch ihre eigenen Bewegungen. Alle Versuche aber, das allgemeine Schema dieser Bewegungen zu erfassen, sind bisher fehlgeschlagen. Und doch sind sie nicht völlig fruchtlos geblieben. Die Gemeinsamkeit langsamer Bewegungen im Stier, auf welche Mädler seine berühmte Theorie gegründet hatte, erwies sich als eine Thatsache und zwar als eine von sehr ausgedehnter Bedeutung.

Im Jahre 1870 unternahm es Proctor, die Richtungen und proportionalen Beträge von etwa 1600 Eigenbewegungen, wie sie von Stone und Main bestimmt worden waren, zusammenzustellen, und förderte dadurch das merkwürdige von ihm als »stardrift«

---

[1]) *Month. Not.*, vols. XXXI, p. 175; XXXII, p. 1.

(Sterntrieb) bezeichnete Phänomen zu Tage.[1]) Durchaus unverkennbar konnte man bemerken, dass weite Gruppen von Sternen, die sonst scheinbar in keinem Zusammenhang mit einander standen, in der nämlichen Richtung und mit derselben Geschwindigkeit quer durch den Himmel zusammen fortrückten. Ein auffälliges Beispiel dieser Art von Einigkeit bieten die fünf mittleren Sterne des Himmelswagens dar. So deutlich unterschieden sie sich von ihren Genossen in demselben Sternbilde, dass Proctor es wagte, die Hilfe des Spektroskops als eines sicheren Mittels, den Unterschied zu bestätigen, anzurufen. Und als solches erwies es sich in der That. Die fünf vereinigten Sterne befanden sich, wie Dr. Huggins 1872[2]) bemerkte, in schnellem Rückzuge von der Erde, während der hellste der beiden die Hinterräder bildenden Sterne und der vorderste Stern in der Deichsel des Himmelswagens ihre vermutete Unabhängigkeit bestätigten, indem der eine dieser beiden Sterne eine diametral entgegengesetzte, der andere eine weit verschiedene Geschwindigkeit der Bewegung zeigte.

Hier haben wir also ein System von so ungeheurem Massstab, dass die Phantasie vor der Anstrengung, es sich vorzustellen, zurückschreckt. Keiner der dasselbe bildenden Sterne hat eine wahrnehmbare Parallaxe, so dass sie sicher unsere Sonne vielmals — ja vielleicht Tausende von Malen — an Ausdehnung und Glanz übertreffen. Ferner müssen die sie trennenden Abstände ungeheuer sein — sie müssen nach Billionen von Meilen oder nach Jahren Lichtzeit gerechnet werden. Und doch vereinigt sie ein besonderes Band; sie unterliegen dem Zuge einer gemeinsamen Kraft, die ihre Bewegungen in harmonischer Übereinstimmung regiert, und sie üben jedenfalls auf einander gegenseitige Einflüsse aus, ohne welche ihre Funktion im Kosmos nur unvollkommen erfüllt sein würde.

Und dies ist durchaus kein vereinzeltes Beispiel. Vereinigungen zu besonderen Systemen scheinen in der That, wie Michell vor 120 Jahren vermutete, eher die Regel als eine Ausnahme in dem Sternensystem zu sein. Sterne sind zu zweien, dreien, Dutzenden, ja Hunderten aneinandergekettet. Unsere eigene Sonne ist vielleicht nicht ausgenommen von diesem Geselligkeitstriebe. Dr. Gould vermutet, dass sie zu einer Gruppe von etwa vierhundert der hellsten sichtbaren Sterne, welche ein untergeordnetes System innerhalb

---

[1]) *Proc. Roy. Soc.*, vol. XVIII, p. 169. — [2]) *Ibid.*, vol. XX, p. 392.

der Grenzen der Milchstrasse bilden, gehört.[1]) Ein anderes solches würde die Gruppe der Plejaden sein. Die Gesetze und Umlaufsbewegungen solcher majestätischen Gemeinschaften liegen zur Zeit noch weit ausserhalb des Bereiches möglicher Erkenntnis; Jahrhunderte können vergehen, ehe sich auch nur eine rohe Bekanntschaft mit denselben zu entwickeln beginnt, während der Haushalt des höheren Gesellschaftskreises, den sie, wie wir vernünftigerweise glauben müssen, zusammen bilden, möglicherweise bis ans Ende der Zeit fortfahren wird, die Neugier des Menschen zu erregen und zu täuschen.

---

[1]) *Month. Not.*, vol. XL, p. 249.

Dreizehntes Kapitel.

Hilfsmittel der Forschung.

Vergleicht man die jetzt für astronomische Untersuchungen zur Verfügung stehenden Hilfsmittel mit denen, welche vor dreissig Jahren im Gebrauch waren, so fällt einem sogleich die Thatsache auf, dass ihre Zahl eine grössere geworden ist. Das Teleskop ist durch das Spektroskop und die photographische Kammer ergänzt worden. Nun schliesst dies in Wirklichkeit eine ganze Welt von Veränderungen ein. Es besagt, dass die Astronomie den isolierten Platz, auf dem sie in entzückter Vereinigung mit der Mathematik, unbekümmert um alles auf der Erde, ausser allein um die mechanischen Verbesserungen, mit deren Hilfe sie weiter in den Himmel eindringen konnte, geweilt hatte, verlassen hat und herabgestiegen ist auf das Forum des menschlichen Wissens, ein Bittsteller und Schutzpatron in einer Person, der abwechselnd die Hilfe einer jeden der Wissenschaften anruft und einer jeden wiederum seinen Beistand verheisst und geduldig den Fortschritt aller fördert. Die Wissenschaft der Himmelskörper ist mit einem Worte ein Zweig der irdischen Physik oder besser eine höhere Art von Zusammenfassung und Vervollständigung aller ihrer Resultate geworden. Sie hat jedoch diese Haupteigentümlichkeit, dass die Materialien für alle ihre Untersuchungen auf teleskopischem Wege geliefert werden. Dieselben sind von solcher Art, dass das unbewaffnete Auge gar keine oder nur sehr unvollkommene Kenntnis von ihnen vermitteln kann.

Spektroskopische und photographische Apparate sind einfach Ergänzungen des Teleskops; sie machen es nicht überflüssig und setzen auch seine Wichtigkeit nicht herab. Im Gegenteil hängt der Erfolg ihrer Wirksamkeit hauptsächlich von den optischen Eigenschaften des Instrumentes ab, mit dem sie verbunden sind. Hiernach ist die Entfaltung der Fähigkeiten des Teleskops zu ihrer vollsten Ausdehnung von wesentlicher Bedeutung für den Fortschritt der modernen physikalischen Astronomie, während die ältere mathematische Astronomie ihr gegenüber verhältnismässig gleichgültig bleiben konnte.

Der kolossale Rosse'sche Reflektor bezeichnet, was die Grösse anbelangt, auch heute noch das Non plus ultra der Leistungen in dieser Beziehung. Ihm am nächsten kommt von allen existierenden Spiegeln der vier Fuss im Durchmesser haltende, welchen der verstorbene Thomas Grubb zu Dublin im Jahre 1870 nach Melbourne geliefert hat. Derselbe ist nach der Cassegrain'schen Art eingerichtet, so dass der Beobachter in gerader Linie durch ihn hindurch nach dem beobachteten Objekte schaut, von dem er in Wirklichkeit ein zweimal reflektiertes Bild sieht. Er ist von ausgezeichneter Schärfe und von äusserst zweckmässiger Einrichtung; doch wird versichert, dass die staubbeladene Atmosphäre von Melbourne die Anwendbarkeit desselben sehr unangenehm beeinträchtigt.

Man kann Zweifel daran hegen, ob ein so grosser Spiegel je wieder hergestellt werden wird. Ein neues Material für die Spiegel von Reflektionsteleskopen wurde von Léon Foucault im Jahre 1857[1]) eingeführt, welches bereits zu grossem Teile die Anwendung einer Metalllegierung verdrängt hat. Es besteht dies in Glas, auf welches nach einem als das Drayton'sche bekannten Verfahren eine dünne Silberschicht aufgetragen ist. Es giebt eine besonders hell reflektierende Oberfläche, indem es mehr Licht als ein Metallspiegel von gleicher Fläche und zwar etwa im Verhältnis von sechzehn zu neun zurückwirft. Nur das leichte Trübewerden beeinträchtigt zum Teil diesen grossen Vorteil. Das grösste Instrument, welches bisher mit Erfolg nach diesem Plane hergestellt ist, ist Common's 36-zölliger Reflektor, der im Jahre 1879 vollendet wurde. Seinen ausgezeichneten Eigenschaften verdankt Common hauptsächlich seine Erfolge in der Photographie der Himmelskörper. Ein bei ihm nach demselben Prinzip im Bau befindliches Instrument, welches aber eine Öffnung von fünf Fuss haben soll, wird mehr Licht koncentrieren als irgend ein bis jetzt konstruiertes Teleskop. Wie sein Vorgänger wird es hauptsächlich der chemischen Aufzeichnung der Himmelskörper gewidmet sein.

Die hervorragendsten Fortschritte sind jedoch neuerdings in der Konstruktion von Refraktionsfernrohren ge-

---

[1]) *Comptes Rendus,* t. XLIV, p. 339.

macht worden. Das achromatische 15-zöllige Fernrohr des College zu Harvard wurde aufgestellt und zur Arbeit fertig gemacht im Juni 1847. Ein ähnliches Instrument befand sich bereits seit einigen Jahren in Pulkowa. Lange dauerte es, ehe irgend ein Optiker es für möglich hielt, diese Meisterstücke deutscher Geschicklichkeit zu übertreffen. Fünfzehn Jahre lang schien es, als ob gerade mit ihnen die Grenze erreicht wäre. Sie wurde zuerst in Amerika überschritten. Ein Portraitmaler in Cambridgeport in Massachusetts, namens Alvan Clark, hatte sich in seinen Mussestunden mit dem Schleifen von Linsen vergnügt, deren ausgezeichnete Vorzüge von Dawes in England im Jahre 1853 entdeckt wurden.[1]) Sieben Jahre vergingen, als eine Bestellung der Universität von Mississippi auf ein Objektiv von der beispiellosen Grösse von achtzehn Zoll im Durchmesser einlief. Ein versuchsweiser Blick durch dasselbe, um seine Definition zu prüfen, hatte, wie wir gesehen haben, die Entdeckung des Begleiters des Sirius am 31. Januar 1862 zur Folge. Seinen Bestimmungsort im Süden erreichte es nie; Kriegsunruhen kamen dazwischen, und schliesslich wurde es nach Chicago gesandt, woselbst es Professor Hough bei seinen Untersuchungen des Jupiter und Burnham bei seiner Erforschung der Doppelsterne treffliche Dienste geleistet hat.

Der nächste Schritt war ein noch grösserer und wurde wiederum von einem nicht berufsmässigen Optiker Thomas Cooke, dem Sohn eines Schuhmachers zu Allerthorpe im Ostbezirk von Yorkshire, ausgeführt. Newall zu Gateshead bestellte 1863 bei ihm ein 25-zölliges Objektiv. Es wurde anfangs 1868 vollendet, aber seine Herstellung verkürzte das Leben seines Verfertigers, welcher am 19. Oktober 1869 starb, bevor noch der Riesenrefraktor, an dem er fünf Jahre lang gearbeitet hatte, vollständig aufgestellt war. Obwohl er noch heute für das feinste Fernrohr in England gehalten wird, werden doch seine hohen Eigenschaften durch eine ungünstige Lage grossenteils aufgehoben.

Seiner Vollendung folgte bald darauf der 26-zöllige Refraktor zu Washington, für welchen an Alvan Clark die Summe von achtzigtausend Mark gezahlt wurde. Nachdem er im Jahre 1873 fertiggestellt war, ist der hervorragendste Punkt seiner Wirksamkeit bis jetzt die Entdeckung der Satelliten des Mars gewesen. Seit deren

---

[1]) Newcomb, *Pop. Astr.*, p. 137.

Existenz einmal festgestellt ist, lassen sie sich freilich mit weit geringeren optischen Hilfsmitteln wahrnehmen (z. B. sah Wentworth Erck den Satelliten Deimos mit einem $7\frac{1}{2}$-zölligen Clark'schen Refraktor); aber die erste Entdeckung so kleiner Objekte ist ein ganz anderes Ding wie ihre spätere Beobachtung.

Etwas länger wie acht Jahre behielt der Washingtoner Refraktor den ersten Rang. Er musste aber im Dezember 1880 einer riesenhaften achromatischen Linse von siebenundzwanzig Zoll Öffnung, welche Howard Grubb (der Sohn und Nachfolger von Thomas Grubb) für die Wiener Sternwarte verfertigt hatte, den Ehrenplatz abtreten. Diese ihrerseits ist von zwei Linsen von respektive $29\frac{1}{2}$ und 30 Zoll Öffnung übertroffen worden, welche Gautier zu Paris für Nizza und Alvan Clark für Pulkowa hergestellt haben, und ein Objektiv von vollen drei Fuss im Durchmesser ist soeben von der letzteren Firma für die Lick'sche Sternwarte in Kalifornien vollendet worden. Die Schwierigkeiten indessen, welche sich der Beschaffung von Glasscheiben von der Grösse und Reinheit, wie sie für dieses letzte Wagestück erforderlich waren, entgegenstellten, scheinen darauf hinzuweisen, dass eine Grenze für den Fortschritt in dieser Richtung nicht mehr weit ist. Das Flintglas wurde allerdings in der Fabrik von Feil zu Paris verhältnismässig leicht gegossen. Die fehlerfreie Masse wog 170 Kilogramm, hatte über 38 Zoll im Durchmesser und kostete 40000 Mark. Aber bei dem aus Crownglas bestehenden Teile der beabsichtigten achromatischen Verbindung gingen die Dinge weniger glatt ab. Die Herstellung einer vollkommenen Scheibe gelang erst nach neunzehn misslungenen Versuchen, was eine Verzögerung von mehr als zwei Jahren zur Folge hatte; und das Glas für eine dritte Linse, welche das Fernrohr nach Belieben auch für photographische Zwecke nutzbar machen sollte, erwies sich als zu spröde und brach daher beim Schleifen in Stücke.

Die Schwierigkeit, geeignetes Material herzustellen, so vorwiegend sie ist, ist doch nicht das einzige Hindernis für eine weitere Vergrösserung des Umfangs der Refraktoren. Farbige Fransen stehen ebenfalls im Wege und erfordern, bei solchen weiten Öffnungen, wie man neuerdings angewendet hat, zu ihrer vollständigen oder doch nahezu vollständigen Beseitigung eine so exorbitante Fokallänge, dass sie unter den gewöhnlichen Montierungsverhältnissen praktisch nicht in Frage kommen kann. Überdies verliert ein Refraktionsfernrohr einen seiner Hauptvorzüge vor einem Reflektor, wenn seine Grösse über eine gewisse Grenze hinausgeht. Dieser Vorzug ist die grössere Helligkeit der von ihm gelieferten Bilder. Es wird erheblich mehr Licht durch eine Glaslinse hindurchgelassen als von einer gleichgrossen metallischen Oberfläche reflektiert wird. Jedoch nur so lange beide von mässigen Dimensionen sind. Denn das Glas muss notwendig dicker werden, wenn seine Fläche zunimmt, und verschluckt demzufolge einen grösseren Prozentsatz der von ihm gebrochenen Strahlen, so dass man schliesslich zu einem Punkte gelangt, — der von dem verstorbenen Dr. Robinson auf einen Durchmesser von etwas weniger als drei Fuss bestimmt wird[1]) —, wo das Glas und das Metall in dieser Hinsicht einander die Wage halten, während darüber hinaus das Metall im Vorteil ist. Und da versilbertes Glas erheblich mehr Licht zurückwirft als ein Metallspiegel, so wird der Punkt, wo Glaslinse und Spiegel gleich wirksam sind, noch schneller erreicht, wenn man für letzteren jene Masse anwendet.

Es wird daher wahrscheinlich lange dauern, ehe die lichtsammelnde Kraft des Common'schen dreifüssigen Spiegels von einem Refraktor übertroffen wird. Bei den Untersuchungen aber, für welche die grossen Teleskope der Neuzeit besonders bestimmt sind, ist grosse lichtsammelnde Kraft die Hauptsache. Bei der spektroskopischen Untersuchung der Sterne, bei der Messung ihrer Bewegungen in der Richtung der Gesichtslinie, bei dem Studium der Nebel, bei der Photographie der Sterne und Nebel ertönt beständig der Ruf »Mehr Licht!« Abgesehen von den Bedürfnissen dieser und einiger anderen interessanten Forschungszweige könnte durch eine Vergrösserung der Kraft optischer Apparate wenig gewonnen werden. Aber der Verlust ist gross. Die Busse für die Dicke ist schwer. Eine vollkommene Schärfe ist bei zunehmender Grösse immer schwerer zu erreichen; ist sie einmal erreicht, so wird es immer schwieriger, sie zu erhalten. Denn die gewaltigen Massen des Materials, welche für grosse Objektive oder Spiegel zur Verwendung kommen, erleiden bei jeder Bewegung eine Deformation durch ihr eigenes Gewicht. Ein grösseres Gewicht hat eine unangenehme Vermehrung der Unbehilflichkeit zur Folge. Jeder Blick durch ein grosses Instrument wird mit grösserem Aufwand von Zeit

---

[1]) H. Grubb, *Trans. Roy. Dub. Soc.*, vol. I (new ser.), p. 2.

und Mühe erkauft. Und häufig ist der so bezahlte Blick noch nicht einmal ein erfreulicher. Auch atmosphärische Störungen beeinträchtigen ihn.

Diese sind die schlimmsten aller Plagen, von denen der Astronom gequält wird. Keine mechanische Geschicklichkeit vermag sie zu beseitigen oder zu lindern. Sie nehmen in rasch steigendem Verhältnis mit jeder Erweiterung der Öffnung des Teleskops oder der Verstärkung der auf dasselbe angewandten Vergrösserungen zu. Ihnen hauptsächlich ist die steigende Unzufriedenheit mit den Leistungen der kolossalen Instrumente der Neuzeit zuzuschreiben. Es wird allgemein zugegeben, dass für die gewöhnliche Thätigkeit einer Sternwarte eine Öffnung von zehn oder zwölf Zoll die äusserste Grenze der Brauchbarkeit bezeichnet; aber auch in dem Gebiete der deskriptiven Forschung, wo man erwarten könnte, dass Helligkeit und Vergrösserung von hervorragendster Wichtigkeit seien, findet man wider Erwarten Resultate, die aller Voraussicht widersprechen. So erhielt Schiaparelli mit einer achtzölligen achromatischen Linse Ansichten vom Mars, wie sie Harkness oder Hall auch mit Benutzung des Washingtoner 26-zölligen Refraktors niemals erblickt hatten, und nach Denning[1]) zeigten sich Einzelheiten der Oberfläche des Jupiter in einem unbedeutenden $4\frac{1}{2}$-zölligen Refraktor, die mit dem majestätischen Refraktor der Dearborn'schen Sternwarte zu Chicago unsichtbar geblieben waren.

Dies liegt nun nicht an Unvollkommenheiten der Instrumente selbst; es rührt her von den Verhältnissen unseres Wohnens auf einer luftumhüllten Kugel. Nicht allein dass weit weniger als die Hälfte des auf die Oberfläche des Luftmeers fallenden Lichtes bis zum Grunde desselben durchdringt! Dieser Verlust könnte bis zu gewissem Grade wieder ersetzt werden; aber wovon uns kein optischer Kunstgriff befreien kann, ist die Störung, welche die uns erreichenden Strahlen erfahren. Das Funkeln der Sterne für das blosse Auge ist nur ein schwaches Anzeichen für ihr Verhalten im Teleskop, während die Bilder der Sonne, des Mondes und der Planeten an den Rändern »in Wallung« sind oder durch Wellen einer Erregung verwaschen oder verzerrt werden, die durch die vergrösserten Strömungen der unruhigen Dünste, durch

---

[1]) *Observatory,* vols. VIII, p. 79; IX, p. 277.

die wir hindurchsehen, veranlasst ist. Der Übelstand nimmt nach einer Schätzung des Dr. Robinson im Falle der Reflektoren mit dem Kubus ihrer Durchmesser zu, und man findet in der Praxis oft, dass das Beobachten mit einem kleinen Teleskop vollkommen gut von statten geht, während es bei einem grossen neben jenem stehenden durchaus unmöglich ist. Unter einem solchen Himmel wie dem unsrigen giebt es in der That nicht mehr als drei oder vier Nächte im Jahre, wo eine Öffnung von achtzehn Zoll mit wirklichem Nutzen angewendet werden kann; und Newall bemerkte 1885, dass er während fünfzehn Jahren nur eine einzige schöne Nacht gekannt habe [1]) — schön natürlich in dem Sinne, dass sie eine Beobachtung mit seinem grossen Refraktor gestattete. Allerdings haben sich Stimmen — und zwar Stimmen von grosser Autorität — zur Verteidigung grosser Teleskope erhoben. Professor Young spricht seine Meinung dahin aus, dass man bei der Beobachtung von Planeten »alles, was man mit einer kleineren Öffnung erblickt, auch stets bei einer grösseren Öffnung sehen kann und leichter sehen kann.« [2]) Hough behauptet, dass er, mögen die atmosphärischen Verhältnisse sein, wie sie wollen, mit seinem $18\frac{1}{2}$-zölligen Refraktor besser beobachten kann, als mit jedem kleineren Instrument; [3]) und Burnham nimmt dieselbe Partei, obwohl er vollständig zugiebt, dass bei Reflektoren die grössere Lichtfülle durch eine geringere Schärfe wieder aufgewogen wird. [4])

Trotzdem erscheint es offenbar, dass wir einen Wendepunkt in der Geschichte der teleskopischen Verbesserungen erreicht haben. Nicht allein sind die materiellen Hindernisse, welche einer weiteren Vergrösserung entgegenstehen, beinahe unüberwindlich geworden, es drängt sich uns auch die Überzeugung auf, dass, wenn die Astronomen auch wirklich Instrumente von grösserer Kraft, als sie jetzt besitzen, in Händen hätten, diese Instrumente doch beinahe nutzlos bleiben würden ausser unter einer Bedingung, nämlich, dass das Klima ein besseres wäre. Schon seit der Zeit, wo das Parsonstowner Teleskop aufgestellt worden war, ist es offenbar gewesen, dass die Grenze einer vorteilhaften Vergrösserung der Öffnung erreicht, wenn nicht schon überschritten worden war; und Lord Rosse war einer der ersten, der die Notwendigkeit einer Ruhepause erkannte, um die

---

[1]) *Observatory,* vol. VIII, p. 80. — [2]) *Ibid.,* vol. IX, p. 92. — [3]) *Ibid,* vol. VIII, p. 275. — [4]) *Ibid.,* p. 342.

Welt nach einer klareren und ruhigeren Luft zu durchsuchen, als im vereinigten britischen Königreiche zu finden war. Zu diesem besonderen Zwecke brachte Lassell im Jahre 1852 sein zweifüssiges Newton'sches Teleskop nach Malta und stellte dort im Jahre 1860 ein ähnliches Instrument von vierfacher Kapazität auf, mit welchem er im Laufe von ungefähr zwei Jahren 600 neue Nebel entdeckte. Professor Piazzi Smyth's Erfahrungen während eines im Jahre 1856 nach dem Pik von Teneriffa zur Ermittelung günstiger astronomischer Gelegenheiten unternommenen Abstechers [1]) unterstützten die sanguinischsten Hoffnungen auf Befreiung von gewissen drückenden Verhältnissen niedrig gelegener Sternwarten an angemessen hoch gelegenen Stationen; und doch wurde eine Reihe von Jahren hindurch nichts Wesentliches zur Verwirklichung derselben gethan. Jetzt endlich sind Sternwarten auf Bergen nicht nur ein anerkanntes Bedürfnis, sondern eine vollendete Thatsache, und Newton's Vorahnung einer Zeit, wo die Astronomen durch die sich immer mehr steigernde Kraft ihrer Teleskope veranlasst werden würden, sie hoch über den »dichteren Wolken« aufzustellen, um sie benutzen zu können, [2]) ist durch den Erfolg gerechtfertigt worden.

James Lick, ein Millionär in San Francisco, hatte, als er am 1. Oktober 1876 starb, bereits einen Platz für die neue Sternwarte gewählt, für deren Erbauung und Einrichtung er einen Teil seines grossen Vermögens bestimmt hatte. Die Anstalt wartet nur noch auf die Vollendung des 36-zölligen Refraktors und seines grossen Schutzdaches, um seine volle Thätigkeit entfalten zu können. In der That ist ihre gegenwärtige instrumentale Ausstattung, unter der ein 12-zölliges Clark'sches achromatisches Fernrohr sich befindet, eine hoch ausgezeichnete. Die Lage der Lick'schen Sternwarte ist eine aussergewöhnliche und prachtvolle. Errichtet auf einer der drei Spitzen des Mount Hamilton, einem der Hauptberge des Kalifornischen Küstenzuges, in einer Höhe von 1280 Metern über dem Meere, in einem Klima, das auf der Welt kaum seines Gleichen hat, bietet sie Aussichten auf den Himmel und die Erde, an denen der Liebhaber der Natur und der Astronomie in gleicher Weise seine Freude haben kann. Hindernisse der Beobachtung sind dort auf das geringste Mass beschränkt. Professor Holden, welcher im Jahre 1885 zum Präsidenten der Universität von Kalifornien und zum

---

[1]) *Phil. Trans.*, vol. CXLVIII, p. 465. — [2]) *Optice*, p. 107 (2. Ausg. 1719).

Direktor der ihr unterstellten neuen Sternwarte berufen wurde, erzählt uns, dass während sechs oder sieben Monaten im Jahr ein ununterbrochener heiterer Himmel herrscht und dass die Hälfte der übrigen Nächte klar ist.[1]) Die auf diese Weise ermöglichte fortwährende Thätigkeit ist an sich schon ein unschätzbarer Vorteil; und im Verein mit den hohen Vorzügen der Beobachtung, welche durch Burnham's Entdeckung von zweiundvierzig neuen Doppelsternen mit einem sechszölligen Refraktor während eines zweimonatlichen Aufenthalts zu Mount Hamilton bezeugt werden, lässt sie auf eine glänzende Zukunft für die Lick'sche Sternwarte hoffen. An ihren Vorzügen soll nach der edelmütigen Absicht des Professor Holden die ganze astronomische Welt Anteil nehmen können. Das grosse Äquatorial in seiner unvergleichlichen Lage soll, soweit möglich, jedermann zur Verfügung gestellt werden. Spezialisten jeden Erdteils soll willkommene Gelegenheit geboten werden, mit seiner Hilfe die sich ihnen darbietenden Schwierigkeiten aufzuklären, ihre Fragen über die Sterne zu beantworten.[2])

Eine grössere Höhe als die verhältnismässig bescheidene, auf welche sie gestellt ist, würde sich für eine grosse permanente Sternwarte kaum als zweckmässig erweisen; aber beträchtlich höhere Stationen zu vorübergehenden astronomischen Verrichtungen sollen geschaffen werden und werden binnen kurzem als unerlässlich betrachtet werden. Eine solche wurde 1882 nahe am Gipfel des Ätna eingerichtet. Der Bau ist der höchste in Europa, da er sich in einer Höhe von 2945 Metern über dem Meere befindet, und schliesst in seinen Wällen die »Casa Inglese« ein, in welcher Reisende sich zu erholen pflegten, bevor sie den schliesslichen Aufstieg zum Gipfel versuchten. Auf prachtvolle Gelegenheiten zu teleskopischer Forschung weisen Professor Langley's experimentelle Beobachtungen hin, die er unter allen möglichen sonstigen Unannehmlichkeiten im Winter 1879—80 ausführte; und von dem aus Merz's Werkstätte hervorgegangenen Äquatorial von nahezu vierzehn Zoll Öffnung, welches für das Etablissement auf dem Ätna angeschafft ist, darf man hoffen, dass es, ohne durch den Dunst und die unaufhörlichen Strömungen der niederen Atmosphäre gehindert zu werden, von ausgezeichneter Wirksamkeit sich erweisen wird.

---

1) *Observatory*, vol. VIII, p. 85. — 2) Holden über Photographie des Himmels in *Overland Monthly*, Nov. 1886.

Auch der Pic du Midi ist für eine astronomische Station bestimmt. Ein meteorologisches Observatorium war im Jahre 1881 dank der Bemühungen des Generals de Nansouty und Vaussenat's auf seinem Gipfel in einer Höhe von 2930 Metern eröffnet worden; und der von Thollon und Trépied im Jahre 1883[1]) erstattete begeisterte Bericht von den Vorteilen, welche die dunkle Durchsichtigkeit seines Himmels darbot, bestimmte den Admiral Mouchez daselbst eine Art »Rettungsstation« für die Pariser Sternwarte zu erbauen, woselbst verzweifelnde Astronomen durch die sichere Aussicht, den allzubekannten Unbilden der Witterung entflohen zu sein und den Himmel auch beinahe von den dünnsten und feinsten Spuren seiner atmosphärischen Hülle frei zu finden, in wenigen Stunden sich erholen könnten. Ein achtzölliges Äquatorial ist bereits für den Gebrauch auf dem Pik angeschafft worden, dagegen sind die Gelder für die Errichtung eines Gebäudes noch nicht flüssig.

Die Verminderung des »Flimmerns« an solchen hochgelegenen Stationen ist für Untersuchungen der Sonne von der grössten Wichtigkeit; und wenn Dr. Huggins' geistreiche Erfindungen zur Photographierung der Korona nicht eine blosse wissenschaftliche Merkwürdigkeit bleiben, sondern zur Förderung der Wissenschaft praktisch beitragen sollen, so kann dies nur durch Versuche geschehen, die durch die verwaschenden Wirkungen verworrener Reflektionen in dichterer Luft nicht gehemmt werden. Bei der Photographie der Sterne und Nebel andererseits sind helle und ungetrübte Bilder das Hauptерfordernis, und diese können im allgemeinen auf einer zweckmässig gewählten Anhöhe erhalten werden. In der That kann während eines nur wenige Wochen dauernden Aufenthalts in grösserer Höhe ein Vorrat von Material gesammelt werden, zu dessen Erörterung und Erklärung das ganze übrige Jahr kaum Musse genug bietet. In Betreff der Spektroskopie der Sterne zeigen Dr. Copeland's flüchtige Beobachtungen in den Anden, welche Leistungen man erwarten darf, wenn man zu den Spitzen dieser aufsteigt. Vorher nicht gesehene Eigentümlichkeiten werden augenscheinlich, die Messung ist erleichtert, Entdeckungen von seltsamem Interesse drängen sich förmlich dem überraschten Beobachter auf. Man kann in der That unbedenklich vorhersagen, dass die Kenntnis der Spektren schwacher Sterne erst dann eine umfassende und genaue werden wird,

1) *Comptes Rendus,* t. XCVII, p. 834.

wenn reichliche Mittel für den Zweck, sie in der dünneren Luft der Berge zu studieren, verwendbar werden.

Dünste und Luftströmungen sind es indessen nicht allein, welche den Gebrauch der Riesenteleskope beeinträchtigen. Mechanische Schwierigkeiten drohen ebenfalls jeder weiteren Vermehrung der Grösse eine unüberwindliche Schranke entgegenzustellen. Was aber eine unüberwindliche Schranke zu sein scheint, erweist sich oft nur als ein neuer Ausgangspunkt, und Anzeichen dafür, dass dies hier der Fall sein könnte, fehlen nicht. Es ist möglich, dass die Monumentalbauten und die gewaltigen beweglichen Röhren unserer jetzigen Sternwarten in wenigen Jahren nichts anderes sein werden für die Zukunft, wie Huygens' »Luft«-Teleskop für uns. Sicher ist, dass in den alten Plan der äquatorialen Aufstellung bereits der scharfe Rand des Keils der Neuerung getrieben ist.

Loewy, der gegenwärtige Subdirektor der Pariser Sternwarte, schlug Delaunay im Jahre 1871 die Errichtung eines Teleskops nach einem neuen System vor. Der Entwurf schien ausführbar und wurde angenommen; aber Delaunay's Tod und die andern widrigen Verhältnisse der Zeit unterbrachen seine Ausführung. Seine Wiederaufnahme nach einigen Jahren wurde durch Bischoffheim's Geschenk von 25000 Francs zur Erstattung der Kosten ermöglicht, und das Coudé oder »gebogene« Äquatorial ist seit 1882 eins der Hauptinstrumente der Pariser Sternwarte gewesen.

Sein Prinzip ist kurz folgendes. Das Teleskop ist gewissermassen seine eigene nach dem Pole gerichtete Achse. Der vordere Teil der Röhre ist an beiden Enden unterstützt und wird daher in einer nach dem Pole gehenden Richtung so festgehalten, dass er sich nur um seine Achse drehen kann. Der hintere Teil ist an diesen unter rechtem Winkel angefügt und enthält das Objektivglas in solcher Lage, dass es mit dem Himmelsäquator übereinstimmt, in dessen Ebene es sich herumdrehen kann. Die Strahlen von Sternen aus jedem andern Teile des Himmels werden auf das Objektivglas reflektiert vermittelst eines ebenen vor ihm aufgestellten rotierenden Spiegels. Der Beobachter sieht beständig die feste Röhre hinunter nach dem unsichtbaren südlichen Pole. Er würde natürlich gar nichts sehen, wenn nicht ein zweiter ebener Spiegel an dem Knie des Instrumentes derart befestigt wäre, dass es die durch das Objektiv durchgegangenen Strahlen in sein Auge sendet.

Er braucht sich niemals von seinem Platze zu bewegen. Er beobachtet die Sterne, in einem warmen Zimmer im Lehnstuhle sitzend, mit ebenso vollkommener Behaglichkeit, als ob er den Samen eines Pilzes mit dem Mikroskop beobachtete. Doch ist dies nicht bloss ein Gewinn an persönlicher Bequemlichkeit. Die Beseitigung der persönlichen Beschwerden hat eine sehr bedeutende Vergrösserung der Leistungsfähigkeit zur Folge.[1])

Unter andern Vorteilen dieser Konstruktionsmethode befindet sich zunächst der der vermehrten Stabilität, da die dem gewöhnlichen Äquatorial gegebene Bewegung zum Teil auf einen Hilfsspiegel übertragen ist. Der zweite ist der der vergrösserten Brennweite. Der feste Teil der Röhre kann beinahe unendlich lang gemacht werden, ohne Unbequemlichkeit, aber mit ungeheurer Steigerung der optischen Eigenschaften eines grossen Instruments. Schliesslich ist dadurch der kostspielige und unlenksame Kuppelbau beseitigt worden, indem ein blosses Dach allen für das »Coudé« erforderlichen Schutz gewährt.

Das Bedürfnis irgend einer solchen Änderung, wie die, welche Loewy verwirklicht hat, ist auch von andern empfunden worden. Professor Pickering entwarf im Jahre 1881 einen Plan, um grosse Refraktoren in einer beständig horizontalen Lage festzuhalten und mit Hilfe eines sich drehenden Spiegels die Objekte, welche man zu beobachten wünschte, in dieselben zu reflektieren.[2]) Die Beobachtungen für seinen photometrischen Katalog wurden in der That mit einem »gebrochenen Passageinstrument« gemacht, in welchem die Sehlinie beständig horizontal blieb, welches auch immer die Höhe des beobachteten Sternes war. Ein Instrument mit »siderostatischer« Aufstellung von Howard Grubb ist an Lord Crawford's Sternwarte zu Cork seit 1882 im Gebrauch gewesen; in einer am 21. Januar 1884 vor der Königlichen Gesellschaft gelesenen Abhandlung machte er den Vorschlag, das Prinzip nach einem grösseren Massstabe auszuführen[3]), und kurz darauf versuchte er seine Anwendung auf ein Teleskop von achtzehn Zoll Öffnung für die Sternwarte zu Armagh.[4]) Die Hauptehre ist jedoch dem Pariser Erfinder geblieben. Alle prophezeiten Gründe des Misslingens sind

[1]) Loewy, *Bull. Astr.*, t. I, p. 286; *Nature,* vol. XXIX, p. 36. — [2]) *Nature,* vol. XXIV, p. 389. — [3]) *Ibid.*, vol. XXIX, p. 470. — [4]) *Trans. R. Dublin Soc.*, vol. III, p. 61.

nicht stichhaltig gewesen. Der Lichtverlust infolge der doppelten Reflektion ist unbedeutend. Die in Aussicht gestellte Verzerrung der Bilder ist dank der ausgezeichneten Geschicklichkeit der Herren Henry in der Erzeugung ebener Spiegel von fast absoluter Vollkommenheit durchaus unmerklich. Die Schärfe des neuen $10\frac{1}{2}$-zölligen Äquatorials ist, wie zugegeben wird, ausnehmend gut. Dr. Gill behauptet, dass er niemals einen Doppelstern so leicht gemessen habe, wie er es mit seiner Hilfe bei γ im Löwen vermochte.[1]) Lockyer hält es für »eins der Instrumente der Zukunft,« und das Prinzip seiner Konstruktion ist bereits von den Direktoren der Sternwarten zu Besançon und Algier sowie für ein 17-zölliges Teleskop angenommen worden, welches einen Teil der prächtigen Ausstattung der neuen Sternwarte zu Buenos Ayres bildet. In hochgelegenen Stationen besonders dürfte die Beseitigung des bisher unerlässlichen massiven Kuppelbaues, welcher allen dort zu Zeiten mit ausserordentlicher Heftigkeit wehenden Winden des Himmels ausgesetzt ist, zu seinen Gunsten entscheidend sein, während man von der Anwendung dieses Prinzips auf Reflektoren hoffen darf, dass sie die Wage zu Gunsten der silberüberzogenen Glasspiegel als der grossen künftigen Werkzeuge physikalischer Untersuchungen in der Astronomie zum Ausschlag bringen wird.

Die Himmelsphotographie ist noch nicht fünfzig Jahre alt, und doch scheinen die ersten Anfänge schon Jahrhunderte hinter ihrer jetzigen Ausbildung zurückzuliegen. Die Einzelheiten ihres schrittweisen und doch schnellen Fortganges sind von zu technischer Art, als dass sie hier einen Platz finden könnten. Es genüge zu bemerken, dass das Verfahren mit »trockenen Platten,« durch welches so wunderbare Resultate erreicht worden sind, zuerst von Dr. Huggins beim Photographieren des Spektrums der Wega im Jahre 1876 verwertet worden zu sein scheint, und dass es dann nach und nach von Common, Draper und Janssen angenommen wurde. Auch darf Kapitän Abney's bemerkenswerte Ausdehnung der Fähigkeiten der photographischen Kammer nicht unerwähnt bleiben. Er begann seine Experimente über die chemische Wirkung der roten und infraroten Strahlen im Jahre 1874, und es gelang ihm schliesslich eine für diese langsameren Schwingungen des Lichts höchst empfindliche Substanz — das »blaue« Silberbromid — zu erhalten. Mit seiner

---

[1]) *Observatory,* vol. VII, p. 167. — [2]) Loewy, *Bull. Astr.,* t. I, p. 265.

Hilfe durchforschte er eine weite, unbekannte und für immer unsichtbare Gegend des Sonnenspektrums und legte am 5. Dezember 1879[1]) der Königlichen Gesellschaft eine eingehende Karte seines infraroten Teiles (Wellenlängen 7600 bis 10750) vor, aus welcher noch wertvolle Schlüsse über den Zustand der verschiedenen Arten von Materie, welche in der Sonnenatmosphäre glühen, gezogen werden können.

Die chemische Platte besitzt zwei Vorzüge vor der menschlichen Netzhaut.[2]) Erstens ist sie empfindlich gegen Strahlen, welche durchaus nicht imstande sind, einen Seheffekt hervorzubringen; zweitens vermag sie Eindrücke beinahe unbeschränkt anzuhäufen, während dieselben von der Netzhaut nach einer Zehntel-Sekunde wieder verschwinden und letztere daher immer wieder als tabula rasa zurücklassen.

Es ist daher vollkommen möglich, Objekte zu photographieren, die so schwach sind, dass sie von keinem Teleskop aufgefunden zu werden vermögen; und wir können daher schliesslich erfahren, ob ein leerer Raum am Himmel wirklich das Ende des Sternenuniversums in jener Richtung darstellt, oder ob fernere und fernere Welten noch darüber hinaus sich bewegen und leuchten, eingehüllt in das Dunkel unmessbarer Entfernung.

Von den vielerlei geistreichen Verbesserungen in den spektroskopischen Apparaten bezieht sich die fundamental wichtigste auf das, was unter der Bezeichnung »Gitter« bekannt ist. Es sind dies sehr feingeriefte Flächen, durch welche Lichtwellen zur Interferenz gebracht und auf diese Weise, genau übereinstimmend mit ihren verschiedenen Längen, zu »normalen« Spektren verwandelt werden. Da an irgend welchen andern keine allgemein gültigen Messungen gemacht werden können, so ist die Erzeugung derselben durchaus unerlässlich für die spektroskopische Wissenschaft. Fraunhofer, welcher das Studium des Diffraktionsspektrums zuerst in Angriff nahm, benutzte ein wirkliches Gitter von sehr feinen Drahtstäben; von seinen Nachfolgern wurde aber liniiertes Glas angewendet, und dieses wurde von Nobert mit solcher vollendeten Geschicklichkeit hergestellt, dass ein einziger Quadratzoll Fläche 100000 mit der Hand gezogene Linien enthielt. Solche seltenen und kostspieligen

---

[1]) *Phil. Trans.*, vol. CLXXI, p. 653. — [2]) Janssen, *L'Astronomie*, t. II, p. 121.

Meisterstücke der Kunst gelangen aber nur in sehr wenige Hände, und eine praktische Verwendung dieser Art von Instrumenten wurde erst ermöglicht durch die Erfindungsgabe und mechanische Fertigkeit zweier amerikanischer Forscher. Sowohl Rutherfurd's wie Rowland's Gitter sind mit der Maschine liniiert und reflektieren die Strahlen, die sie analysieren, anstatt sie durchzulassen, aber Rowland's Gitter bieten denselben eine weit grössere beugende Fläche und besitzen demzufolge eine höhere zerlegende Kraft. Mit seiner Maschine kann er eine metallische Fläche von $6\frac{1}{4}$ Zoll Länge und $4\frac{1}{4}$ Zoll Breite mit ausgezeichneter Genauigkeit beinahe bis zu jedem Grade der Feinheit liniieren, doch betrachtet er 43000 Linien auf den Zoll als die Grenze der Brauchbarkeit.[1]) Die liniierte Fläche ist ferner konkav und bringt daher das Spektrum in einen Brennpunkt ohne ein Teleskop. Ein Spalt und ein Okular sind allein zu seiner Beobachtung erforderlich und Absorption des Lichtes durch Glaslinsen ist vermieden — ein Vorteil, der besonders bei der Behandlung derjenigen Strahlen merklich wird, welche ober- oder unterhalb der Sichtbarkeit liegen.

Die hohen Eigenschaften von Professor Rowland's grosser photographischer Karte des Sonnenspektrums, die jetzt im Erscheinen ist, beruhen daher auf der vorherigen Verbesserung der bei ihrer Ausführung benutzten instrumentellen Hilfsmittel. Wie detailliert sie ist, wird illustriert durch das Auftreten von 150 Linien zwischen H und K auf den Negativen, und viele Linien stellten sich als doppelt vor, die früher, ehe sie mit einem konkaven Gitter untersucht wurden, für einfach und unzerlegbar gegolten hatten. Ein analoges Werk, für welches Thollon 1886 den Lalande'schen Preis erhalten hatte, war nach einem ganz verschiedenen Prinzip hergestellt worden. Es war eine Zeichnung, kein Photogramm, und stellt nicht das Beugungsspektrum, sondern das prismatische Spektrum dar, wie es mittelst eines Doppeltschwefelkohlenstoff-Prismas von grosser zerstreuender Kraft erhalten wurde. Etwa ein Drittel der sichtbaren Skala der Sonnenstrahlen (A bis b) wird von ihm bedeckt; es enthält 3200 Linien und ist über zehn Meter lang.[2])

Die Hilfsmittel, welche den Astronomen zur Verfügung stehen, haben sich in nicht höherem Masse vermehrt, wie die Aufgaben, welche ihnen gestellt sind. Blicken wir zurück zum Jahre 1800,

[1]) *Phil. Mag.*, vol. XIII, 1882, p. 469. — [2]) *Bull. Astr.*, t. III, p. 331.

so können wir unser Erstaunen über die Veränderung nicht unterdrücken. Die verhältnismässig einfache und klare Wissenschaft der unsern Vorfahren bekannten Himmelskörper, die beinahe vollkommen war, soweit sie sich erstreckte, aber sich nicht kümmerte um das, was ausserhalb ihres Bereiches lag, hat sich zu einem Körper von mannigfachen Kräften und Gliedern entwickelt, jedes mit seiner eigenen Art und Weise des Wachstums, voll von tüchtiger Lebenskraft, aber beseelt von einem ruhelosen und unbefriedigten Geiste, beunruhigt von dem Sinne ungelöster Probleme und gequält durch das Bewusstsein der Ohnmacht, die Unermesslichkeiten, denen es beständig gegenübersteht, zu ergründen.

Man kann sagen, dass das Wissen damals auf das Sonnensystem beschränkt war; aber auch das Sonnensystem zeigte damals ein Aussehen, welches ausserordentlich von dem heutigen verschieden war. Es bestand aus der Sonne, sieben Planeten und zweimal so viel Satelliten, die alle in harmonischer Weise nach einem allgemeinen Gesetze kreisten, durch dessen ausgleichende Wirkung die unbeschränkte Stabilität ihrer gegenseitigen Beziehungen gesichert wurde. Der gelegentliche Einfall eines Kometen oder die periodische Wiederkehr eines einzigen solchen Wanderers, der durch die Anziehung der Planeten gehindert wurde, in den äusseren Raum zu entwischen, vermochte nicht die Symmetrie des majestätischen Schauspiels zu stören.

Heute sind nicht nur die sicher festgestellten Grenzen des Systems durch Hinzufügung von noch einem Riesenplaneten und sechs Satelliten zu den alten Klassen seiner Mitglieder um 220 Millionen Meilen erweitert worden, auch seine Verfassung ist so kompliziert geworden, dass sie jeder Beschreibung oder Vorstellung spottet. Zweihundertunddreiundsiebzig cirkulierende planetarische Körper überbrücken die Kluft zwischen Mars und Jupiter; die vollständige Ermittelung der Bewegungen eines jeden von ihnen würde eine zu grosse Aufgabe für eine lebenslängliche Thätigkeit sein. Meteoriten, Fremdlinge scheinbar in der fundamentalen Ordnung des Sonnenhaushalts, schwärmen trotzdem zu Millionen in jeder Lücke seines Raumes, kehren in regelmässigen Zwischenräumen gleich den ihnen so ausgezeichnet nahe stehenden Kometen wieder oder schweifen, auf ihrer Reise vielleicht von einem entfernten Sterne, mit hyperbolischer Geschwindigkeit quer über denselben hin. Und jedes dieser kosmischen Staubkörner hat eine Theorie, die weit verwickelter ist, als die des Jupiter; es trägt in sich das Geheimnis seines Ursprungs und erfüllt eine Funktion in dem Universum. Die Sonne selbst ist nicht mehr die halb fabelhafte, feuerumgürtete Kugel, sondern der ungeheure Schauplatz für das Spiel bisher uns noch nicht vollkommen bekannter Kräfte, die ein unbegrenztes Feld für die schwierigsten und anregendsten Untersuchungen darbietet. Unter den Planeten herrscht die grösste Verschiedenheit in ihren physischen Verhältnissen, und jeder wird anerkannt als eine Welt für sich, die zu Untersuchungen einladet, die, um erfolgreich zu sein, notwendig speziell sein und ins Einzelne gehen müssen. Ja unser eigener Mond droht sich von den Fesseln der Rechnung loszureissen, und begeht »Fehler«, welche die eigentlichen Grundlagen der Mondtheorie untergraben und auf die entsetzliche Notwendigkeit einer Revision derselben hinweisen. Ja die feste Erde sogar hat das unbedingte Vertrauen, welches auf sie wie auf einen Chronometer gesetzt war, verwirkt, und Fragen hinsichtlich der Stabilität der Erdachse und der Konstanz der Rotationsgeschwindigkeit der Erde gehören zu denen, welche die Zukunft zu beantworten hat. Überall giebt es eine Verschiedenartigkeit und eine Veränderung, welche eine Neugier erregen, deren Befriedigung die rasche Entwickelung der Hilfsmittel der Forschung wenigstens teilweise ermöglicht.

Ausserhalb des Sonnensystems sind die Probleme, welche eine praktische Lösung verlangen, fast unendlich an Zahl und Ausdehnung. Und diese sind sämtlich erst entstanden und haben sich unserm Nachdenken dargeboten innerhalb weniger als hundert Jahren. Denn die Wissenschaft der Sterne wurde ein anerkannter Zweig der Astronomie erst infolge der Herschel'schen Entdeckung der Revolutionen der Doppelsterne im Jahre 1802. Und doch kann sie bereits, wie es geschehen ist, »die Astronomie der Zukunft« genannt werden. So schnell hat die Entwickelung eines regen und allgemeinen Interesses das Wachstum einer Fähigkeit, diesen erhabenen Gegenstand zu untersuchen, begleitet und gefördert. Was gethan worden ist, ist wenig — ist kaum ein Anfang, und doch ist es viel im Vergleich zu dem absoluten Nichts vor einem Jahrhundert. Und unsere Kenntnis wieder wird, wie wir völlig überzeugt sind, denen, die nach uns kommen, als die reinste Unwissenheit erscheinen. Und doch darf man sie nicht verachten, da sie es ist, die uns emporhebt zu den Stufen des Thrones des Allerhöchsten.

Chronologische Tafel.

1774—1887.

(Die eingeklammerten Zahlen bezeichnen die Seiten.)

1774, 4. März	Herschel's erste Beobachtung. Gegenstand: der Orionnebel (15).
1774,	Wilson beweist geometrisch, dass die Sonnenflecken Einsenkungen seien (69).
1774,	Erste experimentelle Bestimmung der mittleren Dichtigkeit der Erde durch Maskelyne (324).
1781, 13. März	Entdeckung des Uranus (16).
1782,	Herschel's erster Doppelsternkatalog (21).
1783,	Herschel's erste Untersuchung der Bewegung der Sonne im Raume (19).
1784,	Er weist die Analogie zwischen Mars und der Erde nach (339).
1784,	Herschel untersucht den Bau des Himmels nach seiner Methode des Sternaichens. Die Milchstrasse besitzt nach ihm die Form einer am Rande „gespaltenen linsenförmigen Schicht“ (25).
1786,	Herschel's erster Nebelkatalog (28).
1787, 11. Jan.	Herschel's Entdeckung zweier Monde des Uranus (Oberon und Titania) (111).
1787, 19. Nov.	Laplace erklärt die Acceleration des Mondes (335).
1789,	Herschel's zweiter Nebelkatalog und Klassifikation dieser Objekte als siderische Systeme in mehr oder weniger vorgerücktem Verdichtungszustande (29).
1789,	Vollendung von Herschel's vierzigfüssigem Reflektor (144).
1789, 28. Aug., 17. Sept.	Er entdeckt mit ihm die beiden inneren Satelliten des Saturn (145).
1791,	Herschel zieht seine Meinung, dass alle Nebel siderischer Natur seien, zurück und räumt die Existenz eines selbstleuchtenden Fluidums im Raume ein (31).
1792,	Schröter behauptet das Vorhandensein einer atmosphärischen Brechung bei der Venus (316).
1794,	Herschel bestimmt die Rotationsperiode des Saturn auf 10 st 16 m (365).

1795,		Herschel veröffentlicht seine Theorie der Sonnenkonstitution (70).
1796,		Herschel's erste Messungen der relativen Leuchtkraft der Sterne (16).
1796,		Laplace veröffentlicht seine Nebelhypothese in seiner *Exposition du Système du Monde* (33).
1797,		Olbers veröffentlicht seine Methode der Berechnung von Kometenbahnen (117).
1798,		Herschel entdeckt die rückläufigen Bewegungen der Satelliten des Uranus (114).
1799,		Veröffentlichung der beiden ersten Bände der *Mécanique Céleste* (3).
1799,	12. Nov.	Humboldt beobachtet zu Cumana einen Sternschnuppenregen [(398).
1800,		v. Zach gründet die *Monatliche Korrespondenz* (8).
1800,		Herschel entdeckt im Sonnenspektrum unsichtbare Wärmestrahlen.
1801,	1. Jan.	Entdeckung der Ceres durch Piazzi (95).
1801,		Veröffentlichung von Lalande's *Histoire Céleste* (40).
1801,		Herschel untersucht die mit der Entwickelung von Sonnenflecken verbundene Veränderlichkeit der Sonnenstrahlung (169).
1802,	28. März	Entdeckung der Pallas durch Olbers (97).
1802,		Herschel's Entdeckung von Binarsternen (23).
1802,		Herschel bemerkt Spuren einer Haufenbildung in der Milchstrasse (26).
1802,		Wollaston beobachtet die Unterbrechung des Sonnenspektrums durch sieben dunkle Linien (175).
1804,	2. Sept.	Entdeckung der Juno durch Harding (98).
1804,		Gründung des Optischen Instituts zu München (37).
1805,		Herschel's zweite Bestimmung des „Apex" der Sonnenbewegung (105).
1807,	29. März	Entdeckung der Vesta durch Olbers (98).
1811,		Herschel verteidigt die Theorie der Entwickelung von Sternen aus Nebeln (32).
1811,	12. Sept.	Durchgang eines grossen Kometen durchs Perihel (130).
1812,		Olbers stellt die Theorie der elektrischen Repulsion bei Kometen auf (130).
1812,	15. Sept.	Durchgang des Pons'schen Kometen durchs Perihel (441).
1814,		Herschel beweist die unregelmässige Verteilung der Sterne im Raume.
1815,		Fraunhofer bestimmt die Lagen von 324 dunklen Linien im Sonnenspektrum (175).

1818,	Bessel veröffentlicht seine *Fundamenta Astronomiae* (42).
1819, 26. Juni	Durchgang der Erde durch den Schweif eines Kometen (132).
1820,	Gründung der *Royal Astronomical Society* (7).
1821,	Gründung der Sternwarte zu Paramatta (8).
1821, Sept.	Erste Nummer der *Astronomischen Nachrichten* (8).
1822, 24. Mai	Erste berechnete Wiederkehr des Encke'schen Kometen (119).
1822, 25. Aug.	Herschel's Tod (17).
1823,	Bessel führt die Korrektion der Beobachtungen durch die persönliche Gleichung ein (162).
1823,	Fraunhofer untersucht die Spektra von Fixsternen (175).
1824,	Encke leitet für die Entfernung der Sonne von der Erde den Betrag von $20^2/_3$ Millionen Meilen ab (290).
1824,	Veröffentlichung von Lohrmann's Mondkarte (328).
1824,	Aufstellung des Dorpater Refraktors (44).
1826,	Beginn von Schwabe's Beobachtungen von Sonnenflecken (164).
1826, 27. Febr.	Biela entdeckt den nach ihm benannten Kometen (126).
1829,	Vollendung einer Sternwarte am Kap der guten Hoffnung (8).
1829,	Aufstellung des Königsberger Heliometers (45).
1832,	Brewster entdeckt im Sonnenspektrum „atmosphärische Linien" (177).
1833,	Die erste magnetische Warte wird zu Göttingen errichtet (166).
1833, 12-13. Nov.	Sternschnuppenschauer sichtbar in Nordamerika (397).
1834, 16. Jan.	Sir J. Herschel's Landung am Kap der guten Hoffnung (60).
1835,	Airy wird Chefastronom zu Greenwich (*Astronomer Royal*) (104).
1835, 16. Nov.	Durchgang des Halley'schen Kometen durchs Perihel (134).
1836, 15. Mai	Ringförmige Sonnenfinsternis und Erscheinung von „Baily's Perlen" (80).
1837,	Veröffentlichung von Beer und Mädler's „*Der Mond*" (329).
1837,	Veröffentlichung von Struve's *Mensurae Micrometricae* (56).
1837, 16. Dez.	Aufblitzen von η Argus von Sir J. Herschel beobachtet (63).
1837,	Thermische Kraft der Sonne bestimmt von Herschel und Pouillet (274).
1838,	Parallaxe von 61 Cygni von Bessel bestimmt (47).
1839, 9. Jan.	Parallaxe von α Centauri von Henderson angegeben (48).
1839,	Vollendung der Sternwarte zu Pulkowa und Struve's Anstellung als Direktor derselben (58).
1839,	Hopkins folgert die Festigkeit der Erde (321).
1840,	Erster von J. W. Draper gemachter Versuch, den Mond zu photographieren (202).
1842,	Doppler spricht das Prinzip aus, dass sich die Brechbarkeit des Lichts durch Bewegung ändert (256).

1842,		Abschluss der Baily'schen Versuche, das Gewicht der Erde zu bestimmen (79).
1842,	8. Juli	Totale Sonnenfinsternis. Korona und Protuberanzen beobachtet von Airy, Baily, Arago und Struve (81).
1843,	27. Febr.	Durchgang eines grossen Kometen durch sein Perihel. Derselbe ist am 28. Februar gegen Mittag für das blosse Auge sichtbar (136).
1845,	Febr.	Vollendung des Parsonstowner Reflektors (153).
1845,	Apr.	Entdeckung spiralförmiger Nebel durch denselben (155).
1845,	2. Apr.	Foucault und Fizeau nehmen ein Daguerreotyp der Sonne auf (203).
1845,	Dez.	Adams bestimmt den Ort des Neptun (104).
1845,	8. Dez.	Entdeckung der Astraea durch Hencke (100).
1845,	29. Dez.	Verdoppelung des Biela'schen Kometen beobachtet am Yale College (127).
1846,		Melloni's Entdeckung der wärmenden Wirkungen des Mondlichts (333).
1846,	17. März	Bessel's Tod (55).
1846,	23. Sept.	Entdeckung des Neptun durch Galle (106).
1846,	10. Okt.	Lassell entdeckt einen Satelliten des Neptun (109).
1847,		Veröffentlichung von Sir John Herschel's *Results of Astronomical Observations at the Cape of Good Hope* (61).
1847,		Er stellt die Wirbelsturmtheorie der Sonnenflecken auf (190).
1848,		J. R. Mayer stellt die Hypothese von der Unterhaltung der Sonne durch Meteorfälle auf (373).
1848,		Fizeau bemerkt die Verschiebung der Fraunhofer'schen Linien infolge Bewegung der Lichtquelle (258).
1848,	27. Apr.	Hind beobachtet einen neuen Stern im Schlangenträger (454).
1848,	19. Sept.	Gleichzeitige Entdeckung des Hyperion durch Bond und Lassell (111).
1849,		Erste experimentelle Bestimmung der Lichtgeschwindigkeit (Fizeau) (292).
1850,	17. Juli	Photographische Abbildung der Wega am Harvarder College (469).
1850,	15. Nov.	Entdeckung des dunklen Ringes des Saturn durch Bond (113).
1851,		O. Struve's erste Messungen des Ringsystems des Saturn (363).
1851,	28. Juli	Beobachtung einer totalen Sonnenfinsternis in Schweden (91).
1851,	24. Okt.	Entdeckung zweier inneren Uranusmonde durch Lassell (114).
1851,		Humboldt kündigt die Schwabe'sche Entdeckung der Sonnenfleckenperiodicität an (166).
1852,	6. Mai	Sabine behauptet das Zuzammenfallen der Periode der magnetischen Störungen mit der der Sonnenflecken (167).

1852, 11. Okt.	Hind entdeckt einen veränderlichen Nebel im Stier (464).
1852,	Lassell bringt seinen zweifüssigen Reflektor nach Malta (495).
1853,	Adams behauptet, dass die Laplace'sche Erklärung der Acceleration des Mondes unvollständig ist (335).
1854,	Hansen folgert aus den Bewegungen des Mondes die Notwendigkeit, den Encke'schen Wert der Entfernung der Sonne von der Erde zu erniedrigen (290).
1854,	Helmholtz stellt die „Gravitationstheorie" der Sonnenenergie auf (375).
1856,	Piazzi Smyth's Beobachtungen auf dem Pik von Teneriffa (495).
1857,	Clerk Maxwell zeigt, dass die Saturnsringe von meteorischer Natur seien (362).
1857, 27. Apr.	Am Harvarder College nimmt die Photographie der Doppelsterne ihren Anfang (469).
1858,	Beginn der Photographie der Sonne zu Kew (204).
1858, 30. Sept.	Durchgang des Donati'schen Kometen durch sein Perihel (390).
1859,	Kirchhoff und Bunsen geben der Spektralanalyse eine sichere Grundlage (174).
1859,	Ankündigung von Carrington's Entdeckung der zusammengesetzten Natur der Rotation der Sonne (194).
1859, 26. März	Lescarbault's vermeintlicher Durchgang des Vulkan (312).
1859, 1. Sept.	Lichtausbruch in der Sonne (211).
1859, 19. Okt.	Tempel entdeckt den Merope-Nebel (471).
1859, 15. Dez.	Kirchhoff's Darlegung der chemischen Konstitution der Sonne (178).
1860, 27. Febr.	Entdeckung eines „Doppelkometen" durch Liais (409).
1860, 21. Mai	Auwers' Entdeckung eines neuen Sterns im Skorpion (461).
1860, 18. Juli	Beobachtung einer totalen Sonnenfinsternis in Spanien. Durch Photographie wird gezeigt, dass die Protuberanzen Anhänge der Sonne sind (220).
1861, 30. Juni	Die Erde wird vom Schweife eines grossen Kometen eingehüllt (393).
1861—62,	Kirchhoff's Zeichnung des Sonnenspektrums (180).
1862,	Ångström behauptet das Vorhandensein von Wasserstoff in der Sonne (270).
1862,	Nasmyth schildert das „weidenlaubartige" Aussehen der Sonnenoberfläche (217).
1862, 31. Jan.	Alvan Clark jun. entdeckt den Begleiter des Sirius (54).
1862,	Foucault wendet die Kenntnis der Geschwindigkeit des Lichts auf die Bestimmung der Entfernung der Sonne an (293).
1862,	Vollendung der *Bonner Durchmusterung* (42).
1863,	Secchi's erste Klassifikation der Spektren der Sterne (445).

1863,	Gründung der Deutschen Astronomischen Gesellschaft (7).
1864, 5. März	Kaiser bestimmt die Rotationsperiode des Mars (341).
1864,	Huggins' erste Resultate in der spektroskopischen Untersuchung der Sterne. Untersuchung der Spektren von Beteigeuze und Aldebaran (450).
1864, 5. Aug.	Donati wendet das Spektroskop auf Tempel's Kometen an. Er findet, dass er selbstleuchtend und gasförmiger Natur ist (411).
1864, 29. Aug.	Entdeckung gasförmiger Nebel durch Huggins (462).
1864,	Reduktion des angenommenen Wertes der Entfernung der Sonne auf 91 Millionen englische Meilen (293).
1864,	Croll's Erklärung der Eisepochen (323).
1864, 23. Nov.	Struve's Tod (58).
1865, 4. Jan.	Spektroskopische Beobachtung der Bedeckung des Sterns ε in den Fischen durch Huggins (327).
1865, 16. Jan.	Faye veröffentlicht seine Theorie der Sonnenkonstitution (199).
1865,	Erste Veröffentlichung der Resultate der Kewer Beobachter (204).
1865,	Zöllner verteidigt die hohe innere Temperatur der grossen Planeten (354).
1866,	Schiaparelli behauptet die Identität der Bahnen der Augustmeteore und derjenigen des Kometen 1862 III (402).
1866, 4. März	Lockyer beginnt das spektroskopische Studium der Sonnenoberfläche (206).
1866, 12. Mai	Zu Birmingham wird ein neuer Stern in der nördlichen Krone entdeckt (454).
1866, Okt.	Schmidt behauptet das Verschwinden des Mondkraters Linné (331).
1866, 13. Nov.	Meteorschauer in Europa sichtbar. Von H. A. Newton vorhergesagt (400—401).
1867,	Adams bestimmt die Periode der Novembermeteore (400).
1867, 29. Aug.	Totale Sonnenfinsternis. Grosch zu Santiago beobachtet den dem Sonnenfleckenminimum entsprechenden Typus der Korona (235).
1868, 18. Aug.	Grosse Indische Finsternis. Beobachtung des Spektrums der Protuberanzen (222).
1868, 19. Aug.	Erste Beobachtungen der Protuberanzen bei unverfinsterter Sonne (durch Janssen) (224).
1868, 26. Okt.	Lockyer und Janssen kündigen unabhängig von einander ihre Entdeckung einer Methode an, die Protuberanzen auch bei unverfinsterter Sonne spektroskopisch beobachten zu können (225).

1868,	Huggins wendet das Doppler'sche Prinzip auf die Bestimmung der Bewegungen der Sterne in der Sehlinie an. Die Geschwindigkeit des Zurückweichens des Sirius wird bestimmt (258, 466).
1868,	Veröffentlichung von Ångström's Zeichnung des normalen Sonnenspektrums (269).
1868,	Huggins analysiert das Licht des Winnecke'schen Kometen. Er findet, dass sein Spektrum mit dem des ölbildenden Gases übereinstimmt (412).
1869, 11. Febr.	Lockyer und Frankland folgern die ausserordentliche Dünnheit der chromosphärischen Gase (245).
1869, 13. Febr.	Huggins beobachtet eine Protuberanz mit Hilfe eines „offenen Spaltes" (252).
1869, 7. Aug.	Amerikanische Finsternis. Entdeckung des hellliningen Spektrums der Korona (226).
1870,	Proctor weist auf das Vorherrschen von „Trift-Bewegungen" unter den Sternen hin (485).
1870, 22. Dez.	Sicilianische Finsternis. Young entdeckt die „umkehrende Schicht" (227).
1871, 11. Mai	Sir J. Herschel's Tod (66).
1871, 9. Juni	Vogel entdeckt die von der Rotation der Sonne herrührende Verschiebung der Linien im Spektrum (258).
1871, 12. Dez.	Totale Finsternis in Indien sichtbar. Janssen beobachtet im Spektrum der Korona von reflektiertem Lichte herrührende Fraunhofer'sche Linien (230).
1872,	Lord Rosse beendet seine dreijährigen Beobachtungen über die Wärmewirkungen des Mondes (333).
1872,	Faye stellt seine Wirbeltheorie der Sonnenflecken auf (190).
1872,	Young's spektroskopische Beobachtungen der Sonne auf dem Mount Sherman (260).
1872,	Cornu's Versuche über die Geschwindigkeit des Lichts (293).
1872, 27. Nov.	Meteorschauer im Zusammenhang mit Biela's Kometen (406).
1873,	Bestimmung der mittleren Dichtigkeit der Erde durch Cornu und Baille (324).
1874,	Bestimmung der Lichtgleichung durch Glasenapp (292).
1874,	Vogel's Klassifikation der Spektra der Sterne (448).
1874, 8. Dez.	Venusdurchgang (294).
1876,	Veröffentlichung von Neison's *The Moon* (329).
1876, 24. Nov.	Entdeckung eines neuen Sterns im Schwan durch Schmidt (458).
1876,	Huggins photographiert das Spektrum der Wega (473).
1877, 19. Mai	Klein beobachtet einen vermeintlichen neuen Mondkrater (Hyginus N.) (332).

1877,	H. Draper erkennt im Sonnenspektrum helle Sauerstofflinien (271).
1877,	Messung der selektiven Absorption in der Sonnenatmosphäre durch Vogel (281).
1877, 16.—17. Aug.	Entdeckung zweier Monde des Mars durch Hall zu Washington (346).
1877,	Entdeckung der Kanäle des Mars durch Schiaparelli (344).
1877,	Beobachtung der Opposition des Mars durch Gill zu Ascension. Die Sonnenparallaxe wird zu 8″.78 bestimmt (300).
1877,	Holden behauptet, Veränderungen bei dreiteiligen Nebeln wahrgenommen zu haben (465).
1878,	Veröffentlichung von Schmidt's Karte der Gebirge des Mondes (329).
1878,	Abschluss von Newcomb's Untersuchungen über die Theorie des Mondes (337).
1878,	Gründung der *Selenographical Society* (329).
1878, 29. Juli	Totale Finsternis in Amerika sichtbar. Bedeutende äquatoriale Ausdehnung der Korona (232).
1878, 12. Dez.	Lockyer teilt der Königlichen Gesellschaft seine Theorie der Dissociation bei Himmelskörpern mit (262).
1879,	Michelson's Versuche über die Geschwindigkeit des Lichts (303).
1879, Nov.	Die Beobachtung der Spektren der Sonnenflecken wird zu South Kensington begonnen (264).
1879, 5. Dez.	Abney legt der Königlichen Gesellschaft seine Zeichnung des infraroten Teils des Sonnenspektrums vor (501).
1879, 18. Dez.	Huggins legt der Königlichen Gesellschaft ultraviolette Spektren von weissen Sternen vor (473).
1879, 18. Dez.	G. H. Darwin's Untersuchungen über die frühere Geschichte des Mondes werden der Königlichen Gesellschaft mitgeteilt (383).
1880, 31. Jan.	Entdeckung eines grossen südlichen Kometen zu Cordova (418).
1880, 30. Sept.	Draper's Photogramm des Orionnebels (475).
1880,	Erfindung des Bolometers durch Langley (282).
1881, 20. Jan.	G. H. Darwin teilt der Königlichen Gesellschaft seine Untersuchungen über die Wirkungen der Reibung durch die Gezeiten auf die Entstehung des Sonnensystems mit (383).
1881,	Langley's Beobachtungen der atmosphärischen Absorption auf dem Mount Whitney (283).
1881, 16. Juni	Perihel des Tebbutt'schen Kometen (423).
1881, 24. Juni	Huggins photographiert das Spektrum desselben (426).

1881, Juni	Photogramme des Tebbutt'schen Kometen von Janssen und und Draper (425).
1881, 22. Aug.	Perihel von Schäberle's Kometen (428).
1882,	Struve's zweite Messungen des Ringsystems des Saturn; dasselbe zeigt keine sichere Veränderungen seit 1851 (364).
1882,	Newcomb's Bestimmung der Geschwindigkeit des Lichts. Daraus sich ergebende Sonnenparallaxe gleich 8″.79 (304).
1882,	Verbesserung der Struve'schen Aberrationskonstante durch Nyrén (304).
1882, 7. März	Die fünfte Linie im Spektrum des Orionnebels wird von Huggins photographiert (474).
1882, 17. Mai	Beobachtung einer totalen Sonnenfinsternis zu Sohag in Ägypten (237).
1882, 27. Mai	Die Natriumlinien im Spektrum des Wells'schen Kometen zu Dunecht beobachtet (429).
1882, 10. Juni	Perihel des Wells'schen Kometen (429).
1882, 17. Sept.	Perihel eines grossen Kometen. Entdeckung desselben am Tage durch Common. Verschwinden desselben bei seinem Vorbeigang vor der Sonne am Kap der guten Hoffnung beobachtet (431).
1882, 18. Sept.	Copeland und J. G. Lohse erkennen Eisenlinien in seinem Spektrum (440).
1882, 6. Dez.	Venusdurchgang (301).
1882,	Schiaparelli beobachtet die Verdoppelung der Kanäle des Mars (345).
1882,	G. H. Darwin folgert aus Beobachtungen der Gezeiten die Starrheit der Erde (322).
1882,	Gründung der Liverpooler Astronomischen Gesellschaft.
1882,	Versuche von Huggins, die Korona bei unverfinsterter Sonne zu photographieren (239).
1882,	Veröffentlichung von Holden's *Monograph of the Orion Nebula* [(464).
1883, 30. Jan.	Der Orionnebel wird von Common in 37 Minuten photographiert (476).
1883, 6. Mai	Sonnenfinsternis auf der Karolineninsel (241).
1883, 1. Juni	Der grosse Komet von 1882 wird zu Cordova in einer Entfernung von etwa 100 Millionen Meilen von der Erde beobachtet (435)
1883, 13. Aug.	v. Gothard entdeckt die Veränderlichkeit in dem helllinigen Spektrum des Sterns γ in der Cassiopeja (456).
1883, 16. Nov.	Zu Greenwich wird beobachtet, dass die zurückweichende Bewegung des Sirius sich in eine sich nähernde verwandelt hat (467).

1883,	Die Parallaxen von neun Sternen des südlichen Himmels werden von Gill und Klein bestimmt (479).
1883,	Katalog der Spektra von 4051 Sternen von Vogel und Dunér (449).
1884, 25. Jan.	Perihel des Pons'schen Kometen (441).
1884,	Pickering's photometrischer Katalog von 4260 Sternen (481).
1884,	Veröffentlichung von Faye's *Origine du Monde* (379).
1884, 4. Okt.	Mondfinsternis. Wärmephasen gemessen von Boeddicker zu Parsonstown (333).
1884,	Dunér's Katalog von Sternen mit Bandenspektren (449).
1885, Febr.	Langley misst das Wärmespektrum des Mondes (334).
1885,	Berechnung der Bahn von 61 Cygni durch C. F. W. Peters (481).
1885,	Veröffentlichung der *Uranometria Nova Oxoniensis* (482).
1885, 17. Aug.	Gully bemerkt einen neuen Stern im Andromeda-Nebel (460).
1885, 5. Sept.	Thollon legt der Pariser Akademie seine Zeichnung des Sonnenspektrums vor (502).
1885, 9. Sept.	Sonnenfinsternis sichtbar in Neu-Seeland (247).
1885, 16. Nov.	Paul und Prosper Henry entdecken mit Hilfe der Photographie einen Nebel in den Plejaden (470).
1885, 27. Nov.	Schwarm der Biela'schen Meteore (408).
1885, 13. Dez.	Gore entdeckt einen merkwürdigen neuen veränderlichen Stern im Orion (459).
1885,	Veröffentlichung von Rowland's Photogramm des normalen Sonnenspektrums (502).
1885,	Sternenphotogramme von Paul und Prosper Henry (476).
1885,	Bakhuyzen's Bestimmung der Rotationsperiode des Mars (341).
1886, 26. Jan.	Gleichzeitige photographische Aufnahme der Spektren von vierzig Plejaden am Harvarder College (475).
1886, 6. Mai	Lockyer behauptet Veränderungen in den Spektren von Sonnenflecken im Zusammenhang mit dem Fortschreiten der Fleckenperiode (210).
1886, 29. Aug.	Beobachtung einer totalen Sonnenfinsternis zu Granada (247).
1886, 23. Okt.	Roberts nimmt mit dreistündiger Exposition ein Photogramm der Plejaden auf, welches ausgedehnte neblige Umgebungen erkennen lässt (472).
1887, 18. Jan.	Thome zu Cordova entdeckt einen grossen Kometen, der sich in derselben Bahn bewegt wie die von 1843, 1880 und 1882 (436).
1887,	Veröffentlichung von Lockyer's *Chemistry of the Sun* (210).

Namen-Register.

(Die Zahlen nach den einzelnen Angaben bezeichnen die Seiten.)

Sach-Register.

GPSR Compliance

The European Union's (EU) General Product Safety Regulation (GPSR) is a set of rules that requires consumer products to be safe and our obligations to ensure this.

If you have any concerns about our products, you can contact us on ProductSafety@springernature.com

In case Publisher is established outside the EU, the EU authorized representative is:

Springer Nature Customer Service Center GmbH
Europaplatz 3
69115 Heidelberg, Germany

Batch number: 10682323

Printed by Printforce, the Netherlands